Eberhard Ehlers
Chemie I

Chemie I

Kurzlehrbuch
Allgemeine und anorganische Chemie

von Eberhard Ehlers

8., überarbeitete Auflage
mit 172 Abbildungen und 106 Tabellen

Deutscher Apotheker Verlag Stuttgart 2003

Wissen & Praxis

Anschrift des Autors:
Privatdozent Dr. Eberhard Ehlers
Lorsbacher Str. 54 B
65719 Hofheim

Ein Warenzeichen kann warenrechtlich geschützt sein, auch wenn ein Hinweis auf etwa bestehende Schutzrechte fehlt.

Bibliografische Information Der Deutschen Bibliothek
Die Deutsche Bibliothek verzeichnet diese Publikation in der Deutschen Nationalbibliografie; detaillierte bibliografische Daten sind im Internet über http://dnb.ddb.de abrufbar.
  ISBN 3-7692-3214-3

© 2003 Deutscher Apotheker Verlag Stuttgart
Birkenwaldstr. 44, 70191 Stuttgart
Printed in Germany
Satz: primustype R. Hurler GmbH, Notzingen
Druck und Bindung: Kösel, Kempten
Umschlaggestaltung: Atelier Schäfer, Esslingen

Vorwort zur 8. Auflage

Das vorliegende, komplett überarbeitete Kurzlehrbuch „**Chemie I**" umfasst alle Prüfungsinhalte der **„Allgemeinen und Anorganischen Chemie"** gemäß der Prüfungsstoffliste für den Ersten Abschnitt der Pharmazeutischen Prüfung (AppO vom 28. Juli 1989 und 2. AppO-ÄndV vom 20. Dezember 2000).

Die Gliederung des Kurzlehrbuches erfolgte in enger Anlehnung an den aktuellen Gegenstandskatalog, sodass Multiple-Choice-Fragenband und Kurzlehrbuch denselben Aufbau besitzen. Die Lösungen der meisten MC-Fragen wurden in den Kommentartext eingefügt, was eine enge Verknüpfung beider Bände gewährleistet. Viele Berechnungen (zu Gleichgewichtskonstanten, pH-Werten, Redoxpotenzialen) aus den betreffenden Fragen des MC-Teils können im Kommentartext detailliert nachvollzogen werden. Rechenhilfen hierzu sind im Anhang aufgelistet.

Obwohl einige Themenbereiche der Wärmelehre sowie die Eigenschaften und Zustandsformen der Materie schwerpunktmäßig dem Prüfungsfach Physik zuzuordnen sind, werden sie im Abschnitt 1.8 *„Zustandsformen der Materie, Lösungen und heterogene Systeme"* mitbehandelt, zumal für diese Themen auch viele MC-Fragen aus den Chemie-Prüfungen vorliegen. Einige Abschnitte wie *„Fraktionierte Destillation"* oder *„Fullerene"* sind neu in den Kommentartext aufgenommen worden.

Lernschwerpunkte – in Form optisch abgesetzter und umrandeter Textstellen – sollen dazu dienen, wesentliche Themen des umfangreichen Lernstoffes komprimiert und kurzfristig wiederholen zu können. Das Layout zahlreicher Grafiken und Tabellen wurde neu gestaltet.

Vielen Kollegen und Studenten habe ich für wertvolle Anregungen und Hinweise zur Überarbeitung des Kommentartextes zu danken.

Ich hoffe, dass das vorliegende Kurzlehrbuch zur „Allgemeinen und Anorganischen Chemie" in seiner neuen Gestaltung den Studenten bei ihren Prüfungsvorbereitungen wertvolle Dienste leisten kann und wünsche allen hierzu viel Erfolg.

Hofheim, im Frühjahr 2003 Dr. Eberhard Ehlers

Inhaltsverzeichnis

1. Allgemeine Chemie

2. Anorganische Chemie

1. Allgemeine Chemie

1.1 Atombau

1.1.1 Elementarteilchen

1.1.1.1 Protonen, Neutronen, Elektronen

Als **Atom** bezeichnet man das kleinste Teilchen eines Elements, das mit chemischen Verfahren nicht weiter zerlegbar ist. Mit Ausnahme des Wasserstoffatoms konnten **Elektronen, Protonen** und **Neutronen** als subatomare Bestandteile aller Atome nachgewiesen werden. Das *Wasserstoffatom* besteht nur aus einem Proton und einem Elektron [vgl. **MC-Fragen Nr. 3, 4, 14, 33, 642, 1908**].

Elektronen (e^-) tragen eine **negative Elementarladung**, während **Protonen** (p^+) **positiv** geladen sind. **Neutronen** (n) besitzen keine elektrische Ladung. Daher werden Neutronen – im Gegensatz zu Elektronen und Protonen – auch *nicht* in einem elektrischen oder magnetischen Feld beschleunigt [vgl. **MC-Fragen Nr. 10, 11**]. Die **Elementarladung** (e) ist definiert als der Quotient aus der **Faraday-Konstanten** (F) und der **Avogadro-Konstanten** (N_A) (siehe auch Kap. 1.1.1.5 und **MC-Fragen Nr. 13–15, 26**):

$$\begin{aligned} \textbf{Elementarladung} &= \textbf{Faraday-Konstante/Avogadro-Konstante} \\ \text{e} &= \text{F/N}_A \\ &= \mathbf{1{,}60219 \cdot 10^{-19}\ A \cdot s\ (Coulomb)} \end{aligned}$$

Protonen und **Neutronen** haben näherungsweise die **relative Masse** 1 u. Ihre Masse ist etwa 1836mal größer als die eines Elektrons. Eine **Atommasseneinheit** (u) beträgt $\mathbf{1{,}66053 \cdot 10^{-24}}$ **g** (vgl. Kap. 1.1.1.5).

Neutronen scheinen nur als Bestandteil von Atomkernen stabil zu sein. Freie Neutronen wandeln sich mit einer Halbwertszeit von ca. 13 min in ein Elektron und ein Proton um.

$$n \longrightarrow p^+ + e^-$$

Freie Neutronen entstehen in Kernspaltungsreaktoren beim Bestrahlen leichterer Elemente [Li, Be oder B] mit α-Teilchen sowie bei der Spaltung des Uranisotops ^{235}U (siehe Kap. 1.1.3.6 und **MC-Frage Nr. 9**).

$$^{9}_{4}Be + {}^{4}_{2}He \longrightarrow [{}^{13}_{6}C] \longrightarrow {}^{12}_{6}C + {}^{1}_{0}n$$

oder

$$^{11}_{5}B + {}^{4}_{2}He \longrightarrow [{}^{15}_{7}N] \longrightarrow {}^{14}_{7}N + {}^{1}_{0}n$$

Tab. 1.1: **Masse und Ladung von Elementarteilchen**

Elementar- teilchen	Relative Atommasse	Masse (in g)	Elektr. Ladung	Aufent- halt
Elektron	0,000549 u	$0,9109 \cdot 10^{-27}$	- e	Hülle
Proton	1,007276 u	$1,6725 \cdot 10^{-24}$	+ e	Kern
Neutron	1,008665 u	$1,6748 \cdot 10^{-24}$	Neutral	Kern

In Tab. 1.1 sind die wichtigsten Eigenschaften der Elementarteilchen nochmals aufgelistet [vgl. **MC-Fragen Nr. 1–5, 8, 20–22, 67, 69, 71**].

Neben Elektronen, Protonen und Neutronen kennt man eine Reihe weiterer Elementarteilchen (Positronen, Mesonen u. a.), die allerdings häufig instabil und für das Verständnis der Chemie ohne Bedeutung sind.

Elementarteilchen : **Protonen** } **Nucleonen**
Neutronen }
Elektronen

1.1.1.2 Aufbau der Atome (Rutherford-Modell)

Im Zentrum eines Atoms befindet sich der **positiv geladene Atomkern**, der aus **Protonen** und den geringfügig schwereren **Neutronen** besteht. Diese Kernbausteine werden auch als **Nucleonen** bezeichnet.

Der Atomkern enthält den größten Teil (99,95 bis 99,98%) der Masse eines Atoms. Ihn umgibt die lockere, **negativ geladene Atomhülle**. Sie besteht aus den **Elektronen**, die sich in ständiger Bewegung befinden. Die Elektronen nehmen fast das gesamte **Volumen** des Atoms ein, das in der Größenordnung von 10^{-29} m^3 liegt [vgl. **MC-Fragen Nr. 4, 6, 16, 19, 1433**].

Der **Radius eines Atoms** beträgt ungefähr 10^{-10} m, der des **Atomkerns** etwa 10^{-15} m.

Ein Atom besteht aus Elektronen, Protonen und Neutronen. Protonen und Neutronen befinden sich im positiv geladenen Atomkern, der praktisch die Gesamtmasse des Atoms in sich vereint. Den Kern umgibt eine lockere Hülle mit einer konkreten Anzahl negativ geladener Elektronen.

Die Struktur des Atomkerns ist für Fragen der atomaren Stabilität, der Radioaktivität usw. von Bedeutung. Sie hat hingegen – mit Ausnahme des sog. *Isotopeneffektes* (siehe Kap. 1.1.2.2) – nur einen geringen Einfluss auf das chemische Verhalten der Atome. Die chemischen Eigenschaften von Atomen und den aus ihnen aufgebauten Molekülen werden ausschließlich durch die Struktur der Elektronenhülle bestimmt.

1.1.1.3 Kernkräfte, Massendefekt

Die Natur der nur über kurze Distanzen (10^{-13} cm) wirkenden **Kernkräfte** ist noch relativ wenig erforscht. Eine wesentliche Bedeutung für den Zusammenhalt des Atomkerns scheint die rasche gegenseitige Umwandlung eines Protons in ein Neutron zu besitzen [vgl. **MC-Frage Nr. 1**].

$$[n_1] \quad + \quad [p_2]^+ \quad \rightleftharpoons \quad [p_1]^+ \quad + \quad [n_2]$$

Durch diesen dauernden Austausch der elektrischen Ladung bewirken die Neutronen gewissermaßen als „Kittsubstanz" den Zusammenhalt der als gleichnamig geladene Teilchen sich abstoßenden Protonen. Stabile Atome enthalten genauso viele bis 1,5mal soviele Neutronen wie Protonen.

Den sehr starken Kernkräften entspricht eine hohe nucleare Bindungsenergie, die beim Aufbau eines Kerns aus seinen Nucleonen frei wird. Diese Energie zeigt sich im sog. **Massendefekt**, d. h. in der Tatsache, dass die Summe der Einzelmassen aller Nucleonen eines bestimmten Atomkerns größer ist als die betreffende Kernmasse. Mit anderen Worten, beim Zusammentritt von Protonen und Neutronen zu einem Atomkern geht dem System nach der speziellen Relativitätstheorie eine der freiwerdenden **Bindungsenergie** äquivalente Masse verloren.

Der Zusammenhang zwischen der Bindungsenergie des Atomkerns und dem Massendefekt ist nach **Einstein** gegeben durch:

$$E \quad = \quad \Delta m \cdot c^2$$

$$
\begin{aligned}
E &= \text{Energie} \\
\Delta m &= \text{Massendefekt} \\
c &= \text{Lichtgeschwindigkeit}
\end{aligned}
$$

Für ein Heliumatom berechnet sich der Massendefekt wie folgt [vgl. **MC-Frage Nr. 18**]:

Masse von 2 Protonen:	$2 \cdot 1{,}00727$ u = $2{,}01454$ u
Masse von 2 Neutronen:	$2 \cdot 1{,}00866$ u = $2{,}01732$ u
Masse von 2 Elektronen:	$2 \cdot 0{,}00055$ u = $0{,}00110$ u
Summe der Einzelmassen:	$4{,}03296$ u
Masse des Heliumatoms:	$4{,}00259$ u
Massendefekt (Δm):	$0{,}03037$ u

Daraus ergibt sich für die molare Bindungsenergie (E_{He}) des Heliumkerns:

$$
\begin{aligned}
E_{He} = \quad \Delta m_{He} \cdot c^2 \quad = \quad & - 0{,}3037 \text{ (g/mol)} \cdot 3 \cdot 10^{10} \text{ (cm/s)}^2 \\
& - 2{,}73 \cdot 10^{19} \text{ erg/mol} \\
& -27{,}74 \cdot 10^{11} \text{ J/mol}
\end{aligned}
$$

Das Minuszeichen bedeutet, dass dieser Energiebetrag bei der Bildung des Atomkerns aus seinen Nucleonen abgegeben wird (vgl. hierzu auch Kap. 1.9.2).

1.1.1.4 Elemente, Elementsymbole (Atomsymbole)

> Unter einem Element versteht man einen Stoff, dessen Atome die gleiche Kernladung besitzen.

Jedes chemische Element ist somit durch die Anzahl der Protonen in seinem Atomkern eindeutig charakterisiert. Diese Zahl wird **Kernladungszahl** (Z) genannt. Sie entspricht auch der **Ordnungszahl** des betreffenden Elements im Periodensystem (vgl. Kap. 1.2.1). Darüber hinaus ist in einem ungeladenen Atom die Anzahl der Protonen identisch mit der Gesamtzahl der Elektronen.

> Kernladungszahl = Anzahl der Protonen = Anzahl der Elektronen = Ordnungszahl

Da die Masse eines Protons und die eines Neutrons etwa eine atomare Masseneinheit betragen, ist die Differenz aus der **Massenzahl (Nucleonenzahl)** (A) und der Kernladungszahl (Z) gleich der Anzahl (N) der im Kern befindlichen Neutronen.

> Massenzahl = Kernladungszahl + Neutronenzahl
> A = Z + N

Zur abgekürzten Darstellung eines bestimmten Atomkerns schreibt man nun links oberhalb des betreffenden Elementsymbols seine Massenzahl und links unten seine Protonenzahl (Ordnungszahl) [vgl. **MC-Fragen Nr. 24, 25, 1343**].

Massenzahl $\boxed{\text{Elementsymbol}}$ z.B. $^{12}_{6}C$, $^{14}_{7}N$, $^{70}_{50}Sn$, $^{238}_{92}U$
Ordnungszahl

Berücksichtigt man, dass Atome Elektronen aufnehmen oder abgeben können und dabei in negativ bzw. positiv geladene **Ionen** übergehen, und dass **Moleküle** auch mehrere Atome des gleichen Elements enthalten können, so ist eine vollständige Charakterisierung wie folgt möglich:

Massenzahl $\boxed{\text{Elementsymbol}}$ Ladung(szahl) z.B. $^{16}_{8}O^{2-}_{2}$
Ordnungszahl Atomzahl

> Elektrisch geladene Teilchen, die aus einem oder mehreren Atomen bestehen, nennt man Ionen. Ihre Ladung ergibt sich aus der Summe der positiven Ladungen der Protonen und der negativen Ladungen der Elektronen.

1.1.1.5 Relative Atommassen

Die **Masse von Atomen** ist extrem klein und bewegt sich in der Größenordnung von 10^{-24} bis 10^{-22} **g.**

Da sich bei der Verwendung der Einheit „Gramm" sehr kleine, unhandliche Zahlenwerte ergeben, hat man die **relative Atommasseneinheit (u)** eingeführt.

Bezugsgröße für die Masse eines Atoms ist danach die **Masse des ^{12}C-Nuclids**, die man willkürlich zu 12 Einheiten **[12 u]** festgelegt hat [vgl. **MC-Fragen Nr. 17, 1077, 1862]**.

$$1 \text{ u} = 1/12 \text{ der Masse des } ^{12}\text{C-Nuclids}$$
$$= 1 \text{ g}/N_A = 1 \text{ g}/6{,}02205 \cdot 10^{23}$$
$$= 1{,}6606 \cdot 10^{-24} \text{ g} = 1{,}6606 \cdot 10^{-27} \text{ kg}$$

$(N_A = \text{Avogadro-Zahl})$

Die relative Masse eines bestimmten Atoms ist dann das Vielfache des zwölften Teils der Masse des Kohlenstoffnuclids ^{12}C bzw. das Vielfache der Atommasseneinheit (u).

Daraus errechnet sich z. B.

* die Atommasse von Wasserstoff zu:
  $A_H = 1{,}0079 \text{ u} = 1{,}0079 \cdot 1{,}6606 \cdot 10^{-24} \text{ g}$
  $= 1{,}673 \cdot 10^{-24} \text{ g} = 1{,}673 \cdot 10^{-27} \text{ kg}$
* die Atommasse von Sauerstoff zu:
  $A_O = 15{,}9994 \text{ u} = 15{,}9994 \cdot 1{,}6606 \cdot 10^{-24} \text{ g}$
  $= 2{,}658 \cdot 10^{-23} \text{ g} = 2{,}658 \cdot 10^{-26} \text{ kg}$

Die meisten in der Natur vorkommenden Elemente sind jedoch Isotopengemische (vgl. Kap. 1.1.2.1) und ihre Atommasse hängt von der Isotopenzusammensetzung ab, die bei natürlichen Elementen einen konstanten Wert besitzt. Die **mittlere Atommasse** eines Elements ergibt sich dann aus den Massen seiner Isotope unter Berücksichtigung ihrer relativen Häufigkeit.

* Zum Beispiel besteht das Element **Kohlenstoff** aus den Nucliden ^{12}C und ^{13}C und einem nicht ins Gewicht fallenden Anteil an ^{14}C.

    98,892% ^{12}C-Isotop mit einer Masse von 12,0000 u = 11,8671 u
    1,108% ^{13}C-Isotop mit einer Masse von 13,0034 u = 0,1441 u

Die mittlere Atommasse des C-Atoms beträgt somit **12,0112 u** oder

$12{,}0112 \cdot 1{,}6606 \cdot 10^{-24} = 1{,}995 \cdot 10^{-23}$ g. [**MC-Frage Nr. 23**]

In der Chemie rechnet man unter Weglassen der Einheit ausschließlich mit **relativen Atommassen (A_r)**, die in atomaren Einheiten (u) ausgedrückt sind. Man rechnet also mit den Zahlenwerten 1,0079 für Wasserstoff, 15,9994 für Sauerstoff, 12,0112 für Kohlenstoff, 22,9898 für Natrium usw.

1.1.1.6 Mol-Begriff, Avogadro Zahl, Molekülmassen

Grundsätzlich gilt, dass in den Mengen verschiedener Elemente, die zahlenmäßig der *Atommasse* in *Gramm* entsprechen, immer die gleiche Anzahl von Atomen enthalten sind.

Zum Beispiel sind in 15,9994 g Sauerstoff(atome) ebenso viele Teilchen vorhanden wie Natriumatome in 22,9898 g Natrium oder Heliumatome in 4,003 g Heliumgas.

Diese Zahl wird als **Avogadrosche Zahl (N_A)** bezeichnet (in der deutschsprachigen Literatur auch *Loschmidtsche Zahl*). Ihr Zahlenwert beträgt:

$$N_A \quad = \quad 6,02205 \cdot 10^{23} \quad [mol^{-1}]$$

Die Avogadro-Zahl lässt sich experimentell aus elektroanalytischen oder kristallographischen Daten, aus der kinetischen Gastheorie, aus der Brownschen Bewegung oder aus Sedimentationsgleichgewichten ermitteln. Eine weitere Bestimmungsmöglichkeit bietet der radioaktive Zerfall.

Die **Stoffmenge**, die aus $6 \cdot 10^{23}$ Teilchen (Atome, Moleküle, Ionen) besteht, wird als **ein Mol** bezeichnet. Das Mol zählt zu den SI-Basiseinheiten (SI-Symbol: **mol**). Die Masse eines Mols wird **molare Masse** (oder Molmasse) genannt [vgl. **MC-Fragen Nr. 26, 27, 30**].

$$1 \text{ Mol} = 6,02205 \cdot 10^{23} \text{ elementare Einheiten}$$

1 Mol ist die Stoffmenge eines Systems, das aus ebenso vielen Teilchen besteht, wie in 12 g des Nuclids ^{12}C vorhanden sind. Verschiedenartige Substanzen enthalten pro Mol jeweils die gleiche Anzahl von elementaren Einheiten.

Elementare Einheiten sind Elektronen, Protonen, Neutronen, Atome, Ionen oder Moleküle.

Zum Beispiel sind in 0,1 Mol NaCl [vgl. **MC-Frage Nr. 29**]

$$* \, 0,1 \cdot 6 \cdot 10^{23} \text{ Na}^+\text{-Ionen} + 0,1 \cdot 6 \cdot 10^{23} \text{ Cl}^-\text{-Ionen}$$

insgesamt **$1,2 \cdot 10^{23}$** elementare Einheiten (Ionen) vorhanden.

Bei Mengenangaben in Mol muss stets ausgeführt werden, um welche Teilchen es sich handelt. Beispielsweise enthält 1 Mol Chloratome $6,02205 \cdot 10^{23}$ Cl-Atome und besitzt eine Masse von 35,453 g. Demgegenüber enthält 1 Mol Chlor $6,02205 \cdot 10^{23}$ Cl_2-Moleküle und hat die Masse 70,906 g. Bei molekularen Substanzen ergibt sich die **relative Molekülmasse (M_r)** aus der Summe der relativen Atommassen (A_r) aller das Molekül aufbauenden Atome. Daher enthalten zum Beispiel 18 g Wasser [H_2O] ebenso viele Moleküle wie 78 g Benzol [C_6H_6] [vgl. **MC-Frage Nr. 28**].

Die **Stoffmenge n(X) (in mol)** eines beliebigen Stoffes X erhält man, wenn die *Masse des Stoffes m(X)*(in Gramm) durch seine *molare Masse M(X)*(in Gramm/mol) dividiert wird.

$$n(X) \ [mol] \quad = \quad \frac{m(X) \quad [g]}{M(X) \quad [g/mol]}$$

Bezüglich weiterer Mengenangaben und Konzentrationsmaße siehe Kap. 1.8 und Ehlers, **Analytik II**, Kap. 4.1.

1.1.2 Isotope

1.1.2.1 Reinelemente, Mischelemente

Alle Atome eines Elements haben die gleiche Kernladungszahl (Ordnungszahl). Für einige Elemente existieren jedoch *Atome*, die aufgrund unterschiedlicher Neutronenzahlen *verschiedene Massenzahlen* aufweisen.

Ein Atom ist erst dann eindeutig charakterisiert, wenn neben seiner Kernladungszahl auch die Anzahl der Neutronen bekannt ist, die in engen Grenzen variieren kann [vgl. **MC-Fragen Nr. 31–38, 1352, 1548, 1761**].

Nuclide gleicher Protonenzahl mit einer unterschiedlichen Anzahl von Neutronen werden als Isotope oder isotope Nuclide bezeichnet. Isotope besitzen unterschiedliche Atommassen.

Über den Kernaufbau einiger wichtiger Elemente informiert Tab. 1.2

Die meisten natürlichen Elemente sind **Mischelemente**, d. h., sie bestehen aus einem Gemisch mehrerer Isotope. Elemente, die nur aus einem einzigen Nuclid aufgebaut sind, werden als **Reinelemente** bezeichnet. Zu den in der Natur vorkommenden isotopenreinen Elementen zählen u. a. *Fluor - Natrium - Aluminium- Phosphor - Arsen - Mangan - Gold - Kobalt -Bismut* und *Iod* [vgl. **MC-Frage Nr. 1687**].

Tab. 1.2: **Kernaufbau ausgewählter Elemente**

Atom Nr.	Element	Symbol	Kernaufbau	Massenzahlen	Natürlich vorkommende Massenzahlen
1	Wasserstoff	H	1 p + 0 bis 2 n	1 bis 3	1,2,3
2	Helium	He	2 p + 1 bis 6 n	3 bis 8	3,4
3	Lithium	Li	3 p + 2 bis 8 n	5 bis 11	6,7
4	Beryllium	Be	4 p + 2 bis 8 n	6 bis 12	9,10
5	Bor	B	5 p + 3 bis 10 n	8 bis 15	10,11
6	Kohlenstoff	C	6 p + 3 bis 10 n	9 bis 16	12,13,14
7	Stickstoff	N	7 p + 5 bis 11 n	12 bis 18	14,15
8	Sauerstoff	O	8 p + 5 bis 12 n	13 bis 20	16,17,18
9	Fluor	F	9 p + 7 bis 13 n	16 bis 22	19
10	Neon	Ne	10 p + 7 bis 14 n	17 bis 24	20,21,22
·	·	·	·	·	·
·	·	·	·	·	·
·	·	·	·	·	·
·		·		·	·
92	Uran	U	92 p + 135 bis 148 n	227 bis 240	234,235,238
93	Neptunium	Np	93 p + 135 bis 148 n	228 bis 241	237
94	Plutonium	Pu	94 p + 138 bis 152 n	232 bis 246	239

Element: Aufbau aus einer einzigen Atomart
Reinelement: Aufbau aus Kernen gleicher Masse
Mischelement: Aufbau aus Kernen unterschiedlicher Masse

Isotope haben infolge identischer Protonenzahlen die *gleiche Struktur* in ihren *Elektronenhüllen* und stehen an derselben Stelle im Periodensystem. Da die Elektronenhülle eines Atoms vorrangig dessen *chemische Eigenschaften* bestimmt, verhalten sich die einzelnen Isotope eines Elements chemisch gleichartig. Zu ihrer wirksamen Trennung muss man sich physikalischer Methoden bedienen, deren Trennwirkung auf den unterschiedlichen Massen der Isotope beruht, wie z. B. die bereits 1919 von **Aston** entwickelte **Massenspektrometrie** [vgl. **MC-Frage Nr. 1285**].

Einige Isotope von in der Natur vorkommenden Elementen sind allerdings *instabil* und zerfallen unter Aussendung *radioaktiver Strahlen* (siehe Kap. 1.1.3). Solche Isotope werden als *radioaktive Nuclide* oder *Radioisotope* bezeichnet.

Tab. 1.3 gibt Auskunft über die relative Häufigkeit und Stabilität einiger natürlicher Isotope [vgl. **MC-Fragen Nr. 39–42, 1318, 1392**].

Darüber hinaus kann man heute in Atomreaktoren oder Teilchenbeschleunigern durch Kernumwandlung (siehe Kap. 1.1.3.5) *künstliche radioaktive Nuclide* in beliebigen Mengen erzeugen. Einige dieser Radioisotope zerfallen in Sekunden, andere besitzen hingegen extrem lange Halbwertszeiten (siehe Kap. 1.1.3.4).

Tab. 1.3:   **Eigenschaften in der Natur vorkommender Isotope**

Element	Massenzahl	Symbol	Relative Häufigkeit [%]	Stabilität
Wasserstoff (Deuterium) Tritium)	1 2 3	^1H ^2H, D ^3H, T	99,986 0,014 Spur	Stabil Stabil Instabil [*]
Kohlenstoff	12 13 14	^{12}C ^{13}C ^{14}C	98,892 1,108 Spur	Stabil Stabil Instabil [*]
Stickstoff	14 15	^{14}N ^{15}N	99,635 0,365	Stabil Stabil
Sauerstoff	16 17 18	^{16}O ^{17}O ^{18}O	99,759 0,037 0,204	Stabil Stabil Stabil
Chlor	35 37	^{35}Cl ^{37}Cl	75,4 24,6	Stabil Stabil

[*] β-Strahler

Isobare: Darunter versteht man Atomarten gleicher Masse (Nucleonenzahl) aber unterschiedlicher Kernladung (Protonenzahl). Bei Isobaren handelt es sich also um verschiedene Elemente, die demzufolge auf chemischem Wege voneinander getrennt werden können [vgl. **MC-Fragen Nr. 1549, 1894**].

1.1.2.2 Isotopeneffekte

Aufgrund ihrer identischen Elektronenhüllen zeigen isotope Nuclide eine hohe Übereinstimmung in ihren chemischen Eigenschaften. Graduelle Abweichungen treten dann auf, wenn die Massenunterschiede zwischen den einzelnen Isotopen relativ groß sind. Daher zeigen sich **Isotopeneffekte** vor allem bei den Elementen mit niedrigen Massenzahlen.

Besonders stark ausgeprägt sind die **Isotopeneffekte** bei den **Wasserstoffisotopen** ^{1}H, ^{2}H (**Deuterium**; Symbol: **D**) und ^{3}H (**Tritium**; Symbol: **T**) mit einem Massenverhältnis von 1 : 2 : 3. Bei keinem anderen Element ist der Massenunterschied so groß wie beim Wasserstoff. Aus diesem Grund unterscheiden sich die Isotope des Wasserstoffs bezüglich ihren Reaktionsgeschwindigkeiten oder Dissoziationskonstanten relativ stark voneinander. Die Eigenschaften der Wasserstoffisotope werden im Kap. 2.2.2 noch explicit vorgestellt.

1.1.3 Radioaktiver Zerfall und Strahlungsarten

1.1.3.1 Strahlungsarten natürlicher Zerfallsprozesse, Zerfallsreihen

Manche Atomkerne sind nicht stabil. Sie wandeln sich unter Aussendung einer charakteristischen Strahlung in energieärmere, stabilere Kerne um. Diese Erscheinung wird **Radioaktivität** genannt. *Radioaktivität ist somit eine Eigenschaft des Atomkerns.*

Hierbei lassen sich drei Arten von **natürlicher radioaktiver Strahlung** nachweisen [vgl. **MC-Frage Nr. 45**]:

– **α-Strahlen**
– **β-Strahlen**
– **γ-Strahlen**

Die emittierten α-, β- und γ-Strahlen zeigen ein *unterschiedliches Verhalten* in ihrer

– Ablenkung in einem elektrischen oder magnetischen Feld,
– Reichweite in Luft,
– Fähigkeit, Atome oder Moleküle zu ionisieren,
– Fähigkeit, Materie zu durchdringen.

α-Strahlen sind **Heliumkerne**, d. h. *doppelt positiv geladene Heliumatome* [Korpuskularstrahlen]. Sie können aufgrund ihrer Ladung und Masse in einem elektrischen und magnetischen Feld abgelenkt werden. Ihre Reichweite in Luft beträgt

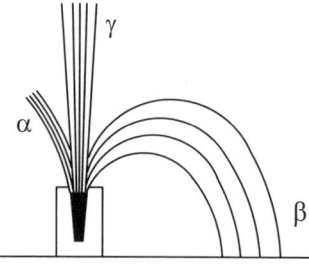

Abb. 1.1: **Ablenkung radioaktiver Strahlen in einem Magnetfeld**

nur wenige Zentimeter. Sie durchdringen in der Regel nicht einmal Papier. Beim Zusammenstoß mit Luftmolekülen verlieren sie an Geschwindigkeit, fangen zwei Elektronen ein und werden zu Heliumatomen. Aus radioaktiven Substanzen werden sie mit Geschwindigkeiten zwischen 10 000 und 30 000 km/s emittiert [vgl. **MC-Fragen Nr. 46, 50–52, 72, 74–77**].

β-Strahlen sind gleichfalls Korpuskularstrahlen und bestehen aus **Elektronen**, die mit einer Geschwindigkeit von ca. 130 000 km/s aus dem Atomkern austreten. Bei der Emission von β-Strahlen wandelt sich im Kern ein Neutron in ein Proton um [vgl. **MC-Fragen Nr. 8, 47, 49, 51, 52, 68, 76, 1839**].

$$n^0 \longrightarrow p^+ + e^-$$

β-Strahlen bewegen sich nahezu mit Lichtgeschwindigkeit. Ihre kinetische Energie liegt zwischen 0,02 und 4 meV. [Die kinetische Energie eines Elektrons, das im Vakuum durch ein elektrisches Feld von 1 Volt beschleunigt wurde, beträgt **1 eV** = $1,6021 \cdot 10^{-19}$ J]. β-Strahlen können bereits ein Aluminiumblech von 1 cm Dicke nicht mehr durchdringen. Sie besitzen eine größere Reichweite als α-Strahlen.

γ-Strahlen sind elektromagnetische Strahlen sehr kurzer Wellenlänge, d. h. extrem kurzwelliges, energiereiches Röntgenlicht. Sie werden – im Gegensatz zu α- oder β-Strahlen – weder in einem elektrischen noch in einem magnetischen Feld abgelenkt. Die Fähigkeit, Materie zu durchdringen, ist bei den γ-Strahlen am stärksten ausgeprägt. Die Aussendung von γ-Strahlen kann gleichzeitig mit der von α- oder β-Strahlen erfolgen. Die γ-Strahlung stellt hierbei den Energiebetrag dar, der beim Kernzerfall frei und nicht als kinetische Energie für die Bewegung der α- und β-Strahlen verbraucht wird [vgl. **MC-Fragen Nr. 52, 75, 76**].

Die beim Zerfall von radioaktiven Nucliden entstehenden Tochterisotope sind meistens wieder radioaktiv und zerfallen weiter. Man kann drei **natürliche Zerfallsreihen** unterscheiden:

– Uran-Zerfallsreihe, die vom Uran-238 ausgeht,
– Actinium-Zerfallsreihe, ausgehend von Uran-235 sowie die
– Thorium-Zerfallsreihe, die vom ^{232}Th ausgeht.

Alle drei natürlichen Zerfallsreihen enden bei einem *stabilen* Blei-Isotop: Die erste bei Blei-206, die zweite bei Blei-207 und die dritte bei Blei-208.

Außer den Elementen dieser Zerfallsreihen kennt man noch einige andere natürliche Elemente mit schwacher Radioaktivität, wie z. B. $^3_1$H, $^{14}_6$C, $^{40}_{19}$K oder $^{87}_{37}$Rb.

1.1.3.2 Kernchemische Gleichung, radioaktive Verschiebungssätze

Die beim radioaktiven Zerfall im Atomkern auftretenden Veränderungen können durch eine **kernchemische Gleichung** wiedergegeben werden. Man verwendet dabei für die Nuclide die Isotopenschreibweise mit Kernladungs- und Massenzahlen unter Berücksichtigung, dass

* die Summe der Massenzahlen (A) auf der linken Seite der kernchemischen Gleichung der auf der rechten Seite entspricht.

Für natürliche radioaktive Vorgänge ergeben sich folgende **Verschiebungssätze** [vgl. **MC-Fragen Nr. 53–66, 1414, 1688, 1839**]:

– Die Kernladung (Protonenzahl) (Z) eines **α-Strahlers** nimmt um Zwei ab, seine Nucleonenzahl (Massenzahl) (A) nimmt um Vier ab. Da die Ordnungszahl um Zwei abnimmt, entsteht ein Element (E'), das im PSE zwei Stellen vor dem Ausgangselement (E) angeordnet ist.

$$\alpha\text{-Strahler:} \qquad {}^{A}_{Z}\text{E} \longrightarrow {}^{A-4}_{Z-2}\text{E'} + {}^{4}_{2}\text{He}$$

[MC-Fragen Nr. 64, 66]

$$ {}^{238}_{92}\text{U} \longrightarrow {}^{234}_{90}\text{Th} + {}^{4}_{2}\text{He}$$

– Durch Umwandlung eines Neutrons in ein Proton nimmt die Kernladung (Protonenzahl) (Z) eines **β-Strahlers** um Eins zu, sodass das neu entstehende Element gleicher Masse (Nucleonenzahl) der nächstfolgenden Gruppe des PSE angehört.

β-Strahler:
[MC-Frage Nr. 1839]

$$ {}^{A}_{Z}\text{E} \longrightarrow {}^{A}_{Z+1}\text{E'} + e^{-}$$

[MC-Frage Nr. 65]

$$ {}^{234}_{90}\text{Th} \longrightarrow {}^{234}_{91}\text{Pa} + \beta^{-}$$

$$ {}^{40}_{19}\text{K} \longrightarrow {}^{40}_{20}\text{Ca} + \beta^{-}$$

[MC-Frage Nr. 1075]

$$ {}^{14}_{6}\text{C} \longrightarrow {}^{14}_{7}\text{N} + \beta^{-}$$

$$ {}^{3}_{2}\text{H} \longrightarrow {}^{3}_{1}\text{He} + \beta^{-}$$

1.1.3.3 Nachweis der Radioaktivität

Zum Nachweis radioaktiver Strahlen dient ihre Fähigkeit zur

- **Ionisation** von Atomen oder Molekülen in Gasen [Geiger-Müller-Zählrohr, Wilsonsche Nebelkammer, Elektroskop].
- **Szintillation.** Man versteht darunter die Absorption von radioaktiver Strahlung durch bestimmte Verbindungen und die anschließende Umwandlung der absorbierten Strahlung in sichtbares Licht. Zum Beispiel leuchtet **Zinksulfid** [ZnS] bei radioaktiver Bestrahlung grünlich auf.
- **Schwärzung photographischer Platten** (Autoradiographie). Durch Einwirkung radioaktiver Strahlen wird aus dem **Silberbromid** [AgBr] des Films elementares Silber abgeschieden.
- **Veränderung von organischen Molekülen.**

1.1.3.4 Kinetik des radioaktiven Zerfalls

Der **radioaktive Zerfall** kann weder mit chemischen noch physikalischen Methoden beeinflusst werden. Ebensowenig ist er vom Druck und der Temperatur abhängig. Der radioaktive Zerfall ist eine Eigenschaft des Atomkerns und *gehorcht rein statistischen Gesetzen*. Es besteht eine bestimmte Wahrscheinlichkeit dafür, dass ein Atomkern in einem gegebenen Zeitabschnitt mit einer definierten Geschwindigkeit zerfallen wird. Diese Wahrscheinlichkeit ist um so höher, je größer die Anzahl der Atome in einer Substanzprobe ist.

Die *Geschwindigkeit* jedes radioaktiven Zerfalls gehorcht einem **Zeitgesetz 1. Ordnung** und ist proportional der zu einem bestimmten Zeitpunkt vorhandenen Anzahl unzerfallener Atome (siehe auch Kap. 1.13 und **MC-Fragen Nr. 79, 82, 1583**).

$$- dN/dt \quad = \quad \lambda \cdot N$$

$-dN/dt$ = Geschwindigkeit des radioaktiven Zerfalls
N = Anzahl der Atome zur Zeit t
λ = Zerfallskonstante

Bezeichnet man mit N_0 die zum Zeitpunkt t = 0 vorhandene Anzahl von Radionucliden, so erhält man durch Integration obiger Gleichung:

$$\ln N/N_0 = - \lambda \cdot t \qquad \text{oder in exponentieller} \atop \text{Schreibweise} \qquad N = N_0 \cdot e^{-\lambda \cdot t}$$

Trägt man die Anzahl der Atome gegen die Zeit auf, so ergibt sich eine exponentiell abfallende Kurve, wie sie in Abb. 1.2 dargestellt ist. Trägt man hingegen den Logarithmus der jeweiligen Restmenge an Radionucliden gegen die Zeit auf, so resultiert eine Gerade (vgl. auch Kap. 1.13 und **MC-Frage Nr. 83**).

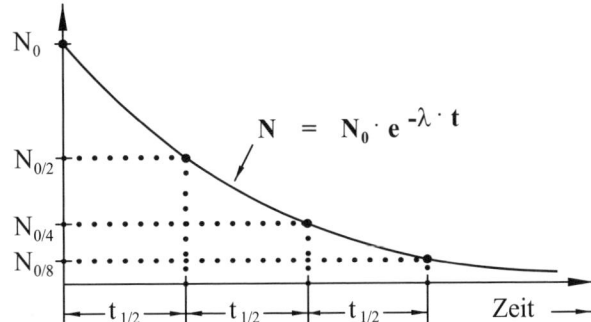

Abb. 1.2: Graphische Darstellung des radioaktiven Zerfalls

Beispiel [in Klammer Nummer der MC-Frage]
[80] Aus Abb. 1 dieser Frage ergibt sich für t = 0 Zeiteinheiten:
$$A = A_0 = 1000 \text{ Bq} \longrightarrow \lg A/A_0 = \lg 1 = 0,$$
und für t = 4 Zeiteinheiten gilt:
$$A = 100 \text{ Bq und } A_0 = 1000 \text{ Bq} \longrightarrow \lg A/A_0 = \lg 0,1 = -1.$$
Die Gerade **C** in Abb. 2 dieser Frage stellt somit die richtige Lösung dar.

Bezeichnet man die Zeit t, in der die Aktivität eines radioaktiven Nuclids auf die Hälfte zurückgegangen ist, als **Halbwertszeit $t_{1/2}$**, so erhält man durch Einsetzen von $N = N_0/2$ in die o.a. Gleichung:

$$\ln (N_0/2) / N_0 = -\lambda \cdot t_{1/2} \longrightarrow \qquad \mathbf{t_{1/2} = \ln 2/ \lambda = 0,693 /\lambda}$$

Da die Zerfallskonstante λ für jeden radioaktiven Zerfall einen bestimmten, charakteristischen Zahlenwert besitzt, ist auch die Halbwertszeit eine für jede Zerfallsreaktion charakteristische Konstante und *unabhängig* von der Anzahl der zum Zeitpunkt t vorhandenen Radionuklide [vgl. **MC-Fragen Nr. 81, 84, 85, 89, 91**].

Beispiele [in Klammer Nummer der MC-Frage]
[86] Das radioaktive $^{137}_{55}$Cs-Nuclid zerfällt mit einer Halbwertszeit von 30 Jahren. Nach drei Halbwertszeiten (90a) sind somit nur noch 12,5 % der ursprünglichen Nuclidmenge vorhanden und nach **100a** hat der Ausgangswert auf etwa **10 %** abgenommen.

Tab. 1.4: Zusammenhang zwischen Halbwertszeit und vorhandener Restmenge an Radionucliden

Zeit t	Vorhandene Menge Nuclide in %	Zerfallene Menge Nuclide in %
0	100,00	0,00
$1 \cdot t_{1/2}$	50,00	50,00
$2 \cdot t_{1/2}$	25,00	75,00
$3 \cdot t_{1/2}$	12,50	87,50
$4 \cdot t_{1/2}$	6,25	93,75

[87] 40 ng eines radioaktiven Stoffes zerfallen mit einer Halbwertszeit von 2 Stunden. Danach liegen noch 20 ng des Stoffes vor. Nach 4 Stunden beträgt die Restmenge 10 ng, nach 6 Stunden noch 5 ng, und nach **8 Stunden** (vier Halbwertszeiten) sind noch **2,5 ng** des Radionuclids vorhanden.

[88] Das radioaktive Kohlenstoffisotop ^{14}C besitzt eine Halbwertszeit von 5760 Jahren. Daher sind nach zwei Halbwertszeiten, also **11 520** Jahren, nur noch 25 % der ursprünglichen ^{14}C-Menge vorhanden.

Der radioaktive Zerfall verläuft mit einer bestimmten Geschwindigkeit und gehorcht einem Zeitgesetz 1.Ordnung. Pro Zeiteinheit zerfällt prozentual zur Menge der vorhandenen Nuclide immer die gleiche Anzahl an radioaktiven Atomkernen. Die Geschwindigkeit des radioaktiven Zerfalls ist unabhängig davon, welche Zerfallsprodukte gebildet werden. Die Halbwertszeit ($t_{1/2}$) eines Radioisotops gibt hierbei an, in welchem Zeitraum die Hälfte der Menge des betreffenden Nuclids zerfallen ist. Die Halbwertszeit ist unabhängig von der Ausgangskonzentration (N_0) des Isotops und umgekehrt proportional zur Zerfallskonstanten (λ).

1.1.3.5 Künstliche Radioaktivität

Gewisse *künstlich* hergestellte Isotope können auch Protonen, Neutronen oder Positronen emittieren.

H-Emission: $\quad ^{65}_{30}Zn \longrightarrow ^{64}_{29}Cu + ^{1}_{1}H \quad$ [MC-Frage Nr. 66]

n-Emission: $\quad ^{17}_{8}O \longrightarrow ^{16}_{8}O + ^{1}_{0}n \quad$ [MC-Frage Nr. 66]

Die aus dem Atomkern stammenden **Positronen** (e^+) entstehen dadurch, dass sich ein Proton in ein Neutron umwandelt. Somit bildet sich bei der Abstrahlung eines Positrons ein neues Element, dessen Ordnungszahl um eine Einheit geringer ist, ohne dass sich die Masse des Atoms nennenswert ändert.

$$p^+ \longrightarrow n^0 + e^+ \quad (^{A}_{Z}E \longrightarrow ^{A}_{Z-1}E')$$

1.1.3.6 Kernumwandlungen, Kernspaltung

Will man ein Element in ein anderes umwandeln, so muss man die Zahl der Kernprotonen verändern. Dies gelingt nicht mit chemischen Methoden, sondern vollzieht sich in Kernreaktoren durch Kernspaltung, bei der Bestrahlung stabiler Nuclide mit Elementarteilchen und als Folgeprodukt eines radioaktiven Zerfalls [vgl. **MC-Fragen Nr. 43, 44, 1507**].

Als „Geschosse" zur Elementumwandlung dienen vor allem Atomkerne mit einer kleinen Kernladung [0 (**Neutron**, n), 1 (**Wasserstoffkern**, p) und 2 (**Heliumkern**, α)], da solche Teilchen aufgrund ihrer geringen positiven Ladung relativ leicht in andere, ebenfalls positiv geladene Atomkerne einzudringen vermögen.

Kernumwandlungen mit Heliumkernen: Trifft ein Heliumkern (α-Strahlung) auf einen Atomkern auf, so wird er im allgemeinen von diesem nicht nur eingefangen, sondern schleudert beim Aufprall meistens einen weiteren Kernbaustein – ein Proton oder ein Neutron – heraus.

Emission von Protonen:
[(α,p)-Prozess]
$$^{A}_{Z}E + ^{4}_{2}He \longrightarrow ^{A+3}_{Z+1}E' + ^{1}_{1}H$$

$$^{14}_{7}N + ^{4}_{2}He \longrightarrow ^{17}_{8}O + ^{1}_{1}H$$

Emission von Neutronen:
[(α,n)-Prozess]
$$^{A}_{Z}E + ^{4}_{2}He \longrightarrow ^{A+3}_{Z+2}E' + ^{1}_{0}n$$

[MC-Frage Nr. 9]
$$^{9}_{4}Be + ^{4}_{2}He \longrightarrow ^{12}_{6}C + ^{1}_{0}n$$

Man pflegt Elementumwandlungen dieser Art auch als (α,p)- bzw. (α,n)-Prozesse zu bezeichnen, wobei in der Klammer zuerst das eingeschossene und danach das emittierte Teilchen genannt wird.

Kernumwandlungen mit Neutronen: Hierbei können z. B. Protonen oder Heliumkerne abgestrahlt werden, sodass neue Elemente entstehen, die im PSE eine oder zwei Stellen vor dem Ausgangselement stehen.

Emission von Protonen:
[(n,p)-Prozess]
$$^{A}_{Z}E + ^{1}_{0}n \longrightarrow ^{A}_{Z-1}E' + ^{1}_{1}H$$

[MC-Frage Nr. 42]
$$^{14}_{7}N + ^{1}_{0}n \longrightarrow ^{14}_{6}C + ^{1}_{1}H$$

Emission von α-Teilchen:
[(n, α)-Prozess]
$$^{A}_{Z}E + ^{1}_{0}n \longrightarrow ^{A-3}_{Z-2}E' + ^{4}_{2}He$$

Ein weiterer Typ von Kernreaktionen als Folge der „Beschießung" von Atomkernen mit Neutronen stellt die von **Hahn, Straßmann** und **Meitner** entdeckte **Kernspaltung** dar.

Bestrahlt man z. B. **Uran-235** mit langsamen Neutronen, so bildet sich primär durch Neutronenaufnahme Uran-236, das aber spontan und unter großer Wärmeentwicklung in *zwei Bruchstücke* mit unterschiedlicher Masse (meistens um 95 und um 140) zerfällt [vgl. **MC-Frage Nr. 11**].

$$\overset{235}{\underset{92}{}}U + \overset{1}{\underset{0}{}}n \longrightarrow [\overset{236}{\underset{92}{}}U] \longrightarrow X + Y + 3n + \text{Wärme}$$

[X, Y = Ba, Kr, Sr, Y, I, Br, La, u.a.]

Die entstehenden Elemente sind wegen des in ihren Atomkernen vorhandenen großen Neutronenüberschusses radioaktiv und zerfallen weiter. Gleichzeitig werden 2 bis 3 Neutronen je Elementarakt freigesetzt. Diese Tatsache eröffnet die Möglichkeit zur Durchführung gemäßigter (gesteuerter) oder lawinenartig sich steigender **Kernkettenreaktionen.**

Lässt man hingegen Neutronen auf **natürliches Uran** einwirken, so findet *keine* Kettenreaktion statt, weil die bei der Spaltung von Uran-235 gebildeten Neutronen vom Uranisotop ^{238}U absorbiert und dadurch der weiteren Kettenreaktion entzogen werden. Das gebildete Uran-239 geht schließlich unter β-Emission in Plutonium über, das eine extrem lange Halbwertszeit besitzt.

$$\overset{238}{\underset{92}{}}U + \overset{1}{\underset{0}{}}n \longrightarrow [\overset{239}{\underset{92}{}}U] \overset{-\beta^-}{\longrightarrow} [\overset{239}{\underset{93}{}}Np] \overset{-\beta^-}{\longrightarrow} \overset{239}{\underset{94}{}}Pu$$

$$t_{1/2}: 23{,}5 \text{ min} \qquad 2{,}5 \text{ Tage} \qquad 24\,360 \text{ Jahre}$$

In der Natur vorkommendes **Uran** besteht zu 99,28 % aus Uran-238, zu 0,71 % aus Uran-235 und zu 0,006 % aus Uran-234, deren natürliche Radioaktivität durch einen **α-Zerfall** gekennzeichnet ist.

$$\overset{235}{\underset{92}{}}U \longrightarrow \overset{231}{\underset{90}{}}Th + \overset{4}{\underset{2}{}}He \qquad [t_{1/2} = 7{,}13 \cdot 10^8 \text{ Jahre}]$$

$$\overset{238}{\underset{92}{}}U \longrightarrow \overset{234}{\underset{90}{}}Th + \overset{4}{\underset{2}{}}He \qquad [t_{1/2} = 4{,}51 \cdot 10^9 \text{ Jahre}]$$

1.1.3.7 Anwendungsgebiete aktiver und stabiler Nuclide

Künstliche radioaktive Isotope haben heute einen breiten Anwendungsbereich gefunden. Man kann z. B. in chemischen Verbindungen bestimmte Positionen „*markieren*", indem man anstelle stabiler Atome deren radioaktive Isotope einbaut.

Das Arbeiten mit markierten Substanzen ist besonders zur Erforschung von *chemischen Vorgängen im lebenden Organismus* sowie zur Untersuchung des genauen *Ablaufs chemischer Reaktionen* geeignet. In der *Medizin* verwendet man Radionuclide für diagnostische und therapeutische Zwecke.

Auf der Existenz radioaktiver Isotope beruht auch eine Methode zur **Bestimmung des Alters von organischem Material**. Natürlicher Kohlenstoff enthält in sehr geringen Mengen das radioaktive Nuclid ^{14}C, das dadurch entsteht, dass Neutronen aus der Höhenstrahlung auf atmosphärischen Stickstoff einwirken. In lebenden pflanzlichen und tierischen Geweben ist das Verhältnis zwischen radioaktivem und inaktivem Kohlenstoff dasselbe wie in der Atmosphäre, in der sich ein Gleichgewicht zwischen dem radioaktiven Zerfall von ^{14}C und seiner Neubildung aus Stickstoff im Laufe der Jahre eingestellt hat. Nach dem Absterben der Pflanze oder des Tieres hört der Stoffwechsel auf, und der Gehalt an ^{14}C nimmt als Folge des radioaktiven Zerfalls stetig ab.

Durch die Bestimmung der Radioaktivität einer Kohlenstoffprobe fossiler Funde lässt sich aufgrund der bekannten Halbwertszeit von ^{14}C die Zeit bestimmen, die seit der Bindung des Kohlenstoffs (als CO_2) aus der Atmosphäre verstrichen ist.

Zur Altersbestimmung von Gesteinen ist die **14-C-Methode** *nicht* geeignet. Man muss hier die Zusammensetzung der Zerfallsprodukte radioaktiver Nuclide mit längeren Halbwertszeiten ermitteln. Zum Beispiel kann man in Uran-haltigen Mineralien aus dem **Bleigehalt** – dem Endprodukt der Uran-Zerfallsreihe – auf das Alter des Gesteins schließen. Statt des Bleis kann zur Altersbestimmung von Uranmineralien auch das durch den α-Zerfall gebildete, eingeschlossene **Heliumgas** herangezogen werden.

1.1.4 Atommodelle

1.1.4.1 Rutherford-Modell

Rutherford nahm an, dass sich die Elektronen auf kreisförmigen oder elliptischen Bahnen um den im Zentrum des Atoms befindlichen Atomkern bewegen.

Die Kräfte, die sich in diesem „mikrokosmischen Planetensystem" die Waage halten, sind die *elektrostatische Anziehungskraft* (**Coulomb-Kraft**) $[e^2/r^2]$ zwischen dem Kern und den Elektronen sowie die *Zentrifugalkraft* $[m \cdot v^2/r]$, die als Folge der Bewegung der Elektronen um den Atomkern auftritt.

$$\frac{m \cdot v^2}{r} = \frac{Z}{4\pi\,\varepsilon_0} \cdot \frac{e^2}{r^2}$$

m	– Masse des Elektrons
v	= Umlaufgeschwindigkeit
r	= Radius der Bahn
Z	= Kernladungszahl
ε_0	= Dielektrizitätszahl
e	= Elementarladung

Das Rutherfordsche Atommodell besitzt jedoch einige grundlegende *Mängel*. Eine sich beschleunigt bewegende elektrische Ladung, wie sie das um den Kern rotierende Elektron darstellt, müsste nach den Gesetzen der klassischen Elektrodynamik laufend Energie verlieren und diese Energie in Form von Licht abstrahlen. Bei einem Atom, das fortwährend Energie abgibt, würden sich aber die Elektronen allmählich auf immer enger werdenden Spiralbahnen dem Kern nähern und schließlich als Folge der elektrostatischen Anziehung ganz vom Kern aufgesogen werden. Parallel zur ständig ansteigenden Umlauffrequenz des Elektrons müsste die Frequenz der emittierten Strahlung stetig wachsen. Ein kontinuierliches Spektrum elektromagnetischer Wellen würde ausgestrahlt werden.

Man beobachtet aber, dass Atome nach entsprechender Anregung nur Licht definierter Wellenlängen in Form eines **Linienspektrums** auszusenden vermögen (vgl. Kap. 1.1.6). Die Rutherfordschen Überlegungen führten also *nicht* zu einem stabilen Atommodell.

1.1.4.2 Bohrsches Atommodell

Nils Bohr hielt im Prinzip an der Rutherfordschen Vorstellung fest, nach der die Zentrifugalkraft des um den Kern rotierenden Elektrons der Coulombschen Anziehungskraft zwischen Kern und Elektron gerade das Gleichgewicht hält und beide Kräfte an jeder Stelle der Umlaufbahn wirksam sind. Auch im Bohrschen Atommodell wird das bewegte Elektron als materielles Teilchen beschrieben [vgl. **MC-Fragen Nr. 94, 1433**].

Bohr beseitigte jedoch die Mängel des Rutherford-Modells durch Einführung sog. *Postulate*, die darauf hinausliefen, die Gesetze der klassischen Physik im atomaren Bereich außer Kraft zu setzen bzw. einzuschränken. Die **Bohr-Postulate** lauten:

* **Es gibt stabile Elektronenbahnen, auf denen Elektronen konzentrisch den Atomkern umkreisen können, ohne Energie durch Strahlung zu verlieren.**
* **Die Zahl dieser stabilen Bahnen ist begrenzt, und nur solche Bahnen sind möglich, für die der Drehimpuls [m · v · r] ein ganzzahliges Vielfaches von (h/2π) ist.**

$$m \cdot v \cdot r = n \cdot (h/2\pi) \qquad [n = 1,2,3,....]$$

Jede dieser Bahnen stellt einen bestimmten *stationären Zustand* des Elektrons im Atom dar. Die einzelnen stationären Zustände, die durch die **Hauptquantenzahl n** charakterisiert sind, werden als **Energieniveaus** (Energiezustände, Energieterme oder Schalen) **des Elektrons** bezeichnet. Dabei ist die kinetische Energie eines Elektron um so höher, je größer der Radius der jeweiligen Elektronenbahn ist. Elektronen in höheren Energieniveaus bewegen sich im zeitlichen Mittel weiter vom Kern entfernt als die energieärmeren, inneren Elektronen. Abb. 1.3 zeigt das Bohrsche Modell des Wasserstoffatoms.

* **Das Elektron emittiert oder absorbiert Energie z. B. in Form elektromagnetischer Strahlung nur beim sprunghaften Übergang von einer stationären Bahn auf eine andere. Dabei ist die Strahlungsfrequenz (ν) durch die Differenz (ΔE) der entsprechenden Energieniveaus gegeben. Es gilt** (vgl. Kap. 1.1.6.1 und **MC-Fragen Nr. 92, 93**):

$$\Delta E = E_{\ddot{a}} - E_i = h \cdot \nu$$

$E_{\ddot{a}}$ = äußeres, höheres Energieniveau
E_i = inneres, niedrigeres Energieniveau
h = Plancksches Wirkungsquantum

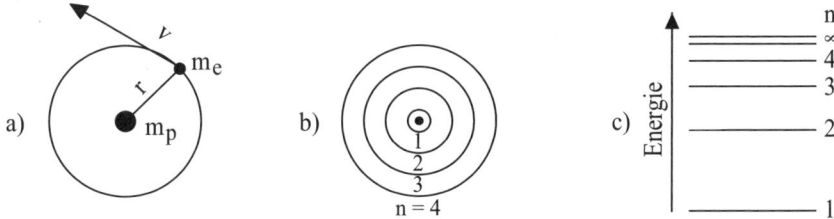

Abb. 1.3: Bohrsches Atommodell
a) Bohrsche Kreisbahn
   (m_p = Masse des Protons, m_e = Masse des Elektrons, v = Geschwindigkeit des Elektrons,
   r = Bahnradius)
b) Bohrsche Kreisbahnen des Wasserstoffatoms für n = 1, 2, 3, 4
c) Energieniveaus des Wasserstoffatoms für n = 1, 2, 3, 4, …, ∞

Die Abstände der Energieniveaus nehmen zu höheren Energiewerten hin ab und konvergieren schließlich gegen einen Grenzwert. Diese Anregungsenergie (E_∞) entspricht der *Ionisierungsenergie* des Atoms (siehe Kap. 1.2.4).

1.1.4.3 Energiestufen der Atome

Für die **Hauptquantenzahl n** dürfen nur ganze Zahlen (n = 1, 2, 3, usw.) eingesetzt werden (siehe auch Kap. 1.1.4.5). Zu jedem Wert von n gehört eine Umlaufbahn mit einer bestimmten Energie, die einem stationären Zustand (*diskretes Energieniveau*) des Elektrons entspricht.

Abb. 1.4 zeigt das **Energieniveauschema**, d. h. die relative Reihenfolge dieser Zustände im Wasserstoffatom und in Atomen mit höheren Ordnungszahlen.

Die **Hauptenergieniveaus** werden mit einer Zahl n oder mit den Buchstaben **K, L, M, N** usw. gekennzeichnet. Jede dieser Hauptenergiestufen **(Elektronenschalen)** kann nur eine bestimmte Anzahl von Elektronen aufnehmen, die sich nach folgender Formel berechnen lässt.

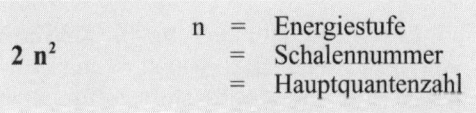

$$2\,n^2 \quad \begin{aligned} n &= \text{Energiestufe} \\ &= \text{Schalennummer} \\ &= \text{Hauptquantenzahl} \end{aligned}$$

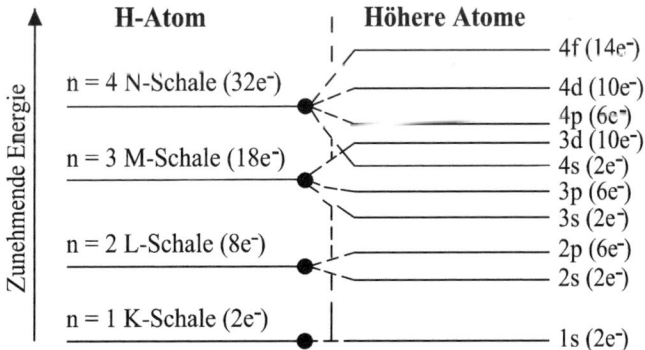

Abb. 1.4: Energieniveauschema des Wasserstoffatoms und von Atomen höherer Elemente

Somit kann die K-Schale (n=1) *maximal* mit **2**, die L-Schale (n=2) mit **8**, die M-Schale (n=3) mit **18** und schließlich die N-Schale (n=4) mit maximal **32** *Elektronen* besetzt sein [vgl. **MC-Fragen Nr. 96, 104**].

Die L-, M- oder N-Niveaus höherer Atome gliedern sich noch in eine bestimmte Anzahl von **Unterniveaus**, die zwar hinsichtlich ihrer Energie ähnlich aber nicht gleichwertig sind. Man unterscheidet als Untergruppen **s-, p-, d-**und **f-Zustände** (siehe auch Kap. 1.1.4.5).

1.1.4.4 Wellenmechanisches Atommodell

Die Bohrschen Postulate sind nach der klassischen Physik nicht verständlich. Darüber hinaus besitzt auch die Bohr-Theorie einige grundlegende Mängel, obwohl mit ihrer Hilfe die Gesetzmäßigkeiten der Atomspektren und der periodische Aufbau der Elektronenhülle veranschaulicht und interpretiert werden konnte. Die Bohr-Theorie versagt zudem bei Atomen höherer Elemente mit mehreren Elektronen. Daher versuchte man das Bohrsche Atommodell bereits kurz nach seiner Entwicklung zu verbessern.

Eine in dieser Hinsicht bahnbrechende Erkenntnis ist die **Heisenbergsche Unschärfebeziehung**. Sie besagt, dass es nicht möglich ist, den Aufenthaltsort (x) und den Impuls (p) bzw. die kinetische Energie eines Objektes *gleichzeitig* exakt zu bestimmen. Die Unschärferelation beinhaltet auch, dass wir den Ort eines Objektes umso weniger genau kennen, je exakter uns sein Impuls bekannt ist (und umgekehrt). Mit anderen Worten, der Versuch, ein Elektron zu orten, verändert seinen Impuls in drastischer Weise.

Nach Heisenberg ist das Produkt des Fehlers einer Ortsmessung (Δx) und des Fehlers einer Impulsmessung (Δp) mindestens von der Größenordnung des **Planckschen Wirkungsquantums** (h):

$$\Delta x \cdot \Delta p \sim h \qquad \Delta E \cdot \Delta t \sim h$$

Die Heisenbergsche Unbestimmtheitsbeziehung gilt für alle Variablen, deren Produkt die Dimension einer *Wirkung* besitzt, wie z. B. auch für das Produkt Energie (E) mal Zeit (t). Die Heisenbergsche Unschärfebeziehung hat nichts mit der durch die Unvollkommenheit unserer Messinstrumente gegebenen Ungenauigkeit der experimentellen Ergebnisse zu tun, sondern ist als Folge des **Welle-Teilchen-Dualismus** eine prinzipielle Genauigkeitsgrenze für die Messung zueinander komplementärer Systemgrößen.

Aus dieser Unschärferelation folgt, dass das klassische Bild des Elektrons als eine kompakte Masse, die sich kreisförmig um den Atomkern bewegt, wenig sinnvoll ist, denn die exakte Festlegung des Ortes eines Elektrons würde zu einer völligen Unsicherheit bezüglich seines Impulses führen. Für Elektronen lässt sich ihr *Aufenthaltsort* nur mit einer gewissen Unschärfe, d. h. nur mit einer gewissen *Wahrscheinlichkeit* angeben.

Eine solche räumliche Wahrscheinlichkeitsverteilung kann als eine in bestimmter Weise über das Atom verteilte *negative Ladungswolke* veranschaulicht werden,

Abb. 1.5: Ladungswolke des Wasserstoffatoms
a) Querschnitt durch die Ladungswolke (negative Ladungsverteilung) des H-Atoms
b) Grenzflächendarstellung der Ladungswolke, innerhalb der sich das Elektron mit
    einer 90%-Wahrscheinlichkeit aufhält

die an den Stellen größter **Aufenthaltswahrscheinlichkeit** für das Elektron ihre größte Dichte besitzt. Die graphische Darstellung solcher Ladungswolken in der Art der Abb. 1.5 muss man sich durch Summierung zahlreicher „Momentaufnahmen" des Elektrons entstanden denken. Ein Punkt entspricht hierbei dem Ort des Elektrons in einem bestimmten Augenblick. Dort, wo die Punkte dichter liegen, hält sich das Elektron häufiger auf. In Bereichen niedriger Wahrscheinlichkeit ist die Elektronenwolke diffuser.

Darüber hinaus sind experimentelle Befunde zu berücksichtigen, nach denen sich Elektronen je nach der Versuchsanordnung wie *Korpuskeln* (mit Masse, Energie und Impuls) oder wie *Wellen* verhalten können. Man kann nach **De Broglie** Elektronen hoher kinetischer Energie auch als **Materiewellen** von sehr kurzer Wellenlänge (λ) auffassen. Bei gewöhnlichen Objekten sind diese Wellenlängen sehr klein, sodass die Welleneigenschaften nicht nachweisbar sind. Bei Elementarteilchen mit kleiner Masse, wie z. B. Elektronen, können hingegen diese Wellenlängen, die umgekehrt proportional zum Impuls (m · v) des Elektrons sind, experimentell bestimmt werden. Es gilt:

$$\lambda = h \, / \, m \cdot v$$

    λ = De Broglie-Wellenlänge
    m = Masse des Elektrons
    v = Geschwindigkeit des Elektrons
    h = Plancksches Wirkungsquantum

Welle und Teilchen sind also nur zwei Erscheinungsformen derselben physikalischen Realität.

Diese Betrachtungsweise legt nahe, das Verhalten von Elektronen durch Gleichungen zu beschreiben, wie sie auch zur Darstellung anderer Arten von Wellenbewegungen verwendet werden. In der Quantenmechanik ersetzt man jedoch die einfachen Bewegungsgesetze durch Gleichungen, die Wahrscheinlichkeiten angeben. Die quantenmechanische Behandlung des Elektrons versucht, die Energie und den Impuls sowie andere charakteristische Eigenschaften des Elektrons zu seiner *Aufenthaltswahrscheinlichkeit* im Bereich um den Atomkern in eine mathematische Beziehung zu setzen [vgl. **MC-Frage Nr. 95**].

Die **Schrödinger-Gleichung,** eine partielle Differentialgleichung, verbindet nun die **Wellenfunktion Ψ des Elektrons** mit seiner Energie und den Raumkoordinaten, die zur Beschreibung dieses Systems notwendig sind. Die Funktion Ψ selbst besitzt keine anschauliche Bedeutung, hingegen bildet der Ausdruck [$\Psi^2 \cdot dx \cdot dy \cdot dz$] ein Maß für die Wahrscheinlichkeit, das Elektron in einem bestimmten Volumenelement [dx · dy · dz] anzutreffen. Ψ^2 gibt im zeitlichen Mittel die räumliche Ladungsverteilung des Elektrons an. Wenn man das Elektron als negative *Ladungswolke* auffasst, wird ihre *Form* durch Ψ bestimmt und ihre *Ladungsdichte* in einem definierten Volumenelement ist proportional zu Ψ^2.

Die Schrödinger-Gleichung bildet die Grundlage der Wellenmechanik. Sie macht eine Aussage über die atomare Elektronenverteilung und hat vereinfacht die Form:

$$\mathbf{H} \cdot \Psi \;=\; \mathbf{E} \cdot \Psi$$

H ist der *Hamilton-Operator* und bedeutet eine auf Ψ angewandte Rechenoperation. H stellt die allgemeine Form der Gesamtenergie dar. E ist der Zahlenwert der Energie für ein bestimmtes System. Die Lösung der Schrödinger-Gleichung ist unter Festlegung gewisser Rahmenbedingungen ein rein mathematisches Problem, auf das im Rahmen eines Kurzlehrbuches nicht näher eingegangen werden kann. Wellenfunktionen Ψ, die Lösungen der Schrödinger-Gleichung darstellen, heißen **Eigenfunktionen.** Man nennt sie auch **Atomorbitale** (AO) (siehe Kap. 1.1.4.6 und **MC-Frage Nr. 1809**). Diese Eigenfunktionen entsprechen den stationären Zuständen des Atoms im Bohrschen Modell. Die Energiewerte (E), die zu diesen Eigenfunktionen gehören, werden **Eigenwerte** genannt.

Man sagt, *ein Elektron besetzt ein Orbital*, und meint damit, dass es durch eine Wellenfunktion beschrieben werden kann, die eine Lösung der Schrödinger-Gleichung darstellt. Mit anderen Worten, ein **Orbital** ist der mathematische Ausdruck für die Wellenfunktion eines Elektrons in einem Atom.

1.1.4.5 Quantenzahlen

Die Schrödinger-Gleichung besitzt als Differentialgleichung viele mögliche Lösungen. Um für ein einfaches Atom eine sinnvolle und mit den beobachteten Atomspektren übereinstimmende Lösung zu erhalten, muss man zusätzliche Größen (Quantenzahlen) einführen. Zur eindeutigen Charakterisierung eines Elektrons benötigt man **vier Quantenzahlen,** die folgende Bedeutung besitzen [vgl. **MC-Frage Nr. 95**].

* **Hauptquantenzahl (n):** Sie bestimmt das **Hauptenergieniveau** und den *mittleren Abstand* des betreffenden Elektrons vom Atomkern. n ist ganzzahlig und kann 1, 2, 3 usw. betragen. Je kleiner n ist, desto näher befindet sich das Elektron am Atomkern, und desto höhere Energiebeträge sind erforderlich, das Elektron aus dem Atomverband zu entfernen. Im Bohrschen Atommodell kennzeichnet n die **Schale.** n ist auch ein grobes Maß für die *Größe der Elektronenwolke*. Je größer der Zahlenwert für n ist, desto größer ist das Volumen der Elektronenwolke (siehe auch Kap. 1.1.4.6 und **MC-Fragen Nr. 99, 163**).

$$n = 1, 2, 3, 4, 5, 6, \dots$$

* **Nebenquantenzahl (l)** (Orbitalquantenzahl): Sie gibt das Unterniveau eines Elektrons an, bestimmt die *räumliche Verteilung* seiner Ladungsdichte und hängt mit der *Gestalt der Elektronenwolke* zusammen. Der ganzzahlige Wert

von l gibt an, ob die Elektronenwolke kugelförmig, hantelförmig oder von noch komplizierterer Form ist. l ist auch ein Maß für den Bahndrehimpuls des um den Kern rotierenden Elektrons [vgl. **MC-Fragen Nr. 101, 103, 1738, 1809**].

Die möglichen Werte für l hängen von der Hauptquantenzahl n ab. l kann Werte von 0 bis n-1 annehmen.

$$l = 0, 1, 2, 3, ..., (n-1)$$

Nebenquantenzahl	0	1	2	3
Orbital	s	p	d	f
Zahl der Orbitale	1	3	5	7

Man spricht z. B. von einem s- oder p-Orbital und versteht darunter ein Atomorbital, für das die Nebenquantenzahl l den Wert Null bzw. Eins hat.

* **Magnetquantenzahl (m)**: Sie steht im Zusammenhang mit der *Orientierung des Orbitals* im Raum und bestimmt das Verhalten eines Elektrons in einem Magnetfeld. m bringt zum Ausdruck, dass eine sich bewegende elektrische Ladung in ihrer Umgebung ein Magnetfeld induziert und z. B. die p-, d- oder f-Zustände durch ein äußeres Magnetfeld aufgespalten werden können. m kann Werte von -l über 0 bis +l annehmen [vgl. **MC-Fragen Nr. 100, 103, 1739, 1809**].

$$m = -l, -l+1, ..., 0, ..., +l-1, +l$$

* **Spinquantenzahl (s)**: Sie gibt die Richtung des Elektronenspins an. Jedes Elektron zeigt eine *Eigenrotation*, die im Uhrzeiger- oder im Gegenuhrzeigersinn erfolgen kann. Mit der Eigenrotation ist ein *magnetisches Moment* verbunden, das sich parallel oder antiparallel zu einem äußeren Magnetfeld einstellen kann. Den möglichen Spinrichtungen entsprechen die beiden Quantenzahlen [vgl. **MC-Fragen Nr. 102, 103**]:

$$s = + 1/2 \text{ und } s = -1/2$$

Zwei Elektronen mit verschiedenen s-Werten haben einen *entgegengesetzten Spin*. In Tab. 1.5 sind die möglichen Elektronenzustände für die Hauptquantenzahlen n = 1 bis 4 zusammengestellt.

Jede erlaubte Kombination der Quantenzahlen stellt einen möglichen Zustand eines Elektrons in einem Atom dar. Alle Elektronen mit gleichen n-Werten gehören zur selben Schale. Elektronen mit gleichen Werten für n und l gehören zur selben Unterschale. Ein Elektronenpaar mit den gleichen Werten für n, l und m besetzt dasselbe Orbital [vgl. **MC-Fragen Nr. 1262, 1420, 1471, 1533, 1591, 1650**].

Tab. 1.5: **Quantenzahlen und mögliche Elektronenzustände**

n	l	Orbital	m	s	Anzahl der Kombinationen
1	0	1 s	0	+1/2, -1/2	2
2	0	2 s	0	+1/2, -1/2	2 ⎫
2	1	2 p	+1, 0, -1	+1/2, -1/2	6 ⎭ 8
3	0	3 s	0	+1/2, -1/2	2 ⎫
3	1	3 p	+1, 0, -1	+1/2, -1/2	6 ⎬ 18
3	2	3 d	+2, +1, 0, -1, -2	+1/2, -1/2	10 ⎭
4	0	4 s	0	+1/2, -1/2	2 ⎫
4	1	4 p	+1, 0, -1	+1/2, -1/2	6 ⎪
4	2	4 d	+2, +1, 0, -1, -2	+1/2, -1/2	10 ⎬ 32
4	3	4 f	+3, +2, +1, 0, -1, -2, -3	+1/2, -1/2	14 ⎭

1.1.4.6 Atomorbitale

Wellenfunktionen Ψ, die Lösungen der Schrödinger-Gleichung darstellen, heißen **Eigenfunktionen** oder **Atomorbitale** (AO). Sie entsprechen den stationären Zuständen im Bohrschen Atommodell. Fasst man ein Elektron als eine Art „negativer Ladungswolke" auf, so ist die Ladungsdichte in einem bestimmten Volumenelement proportional zu Ψ^2. Ψ^2 ist ein *Maß für die Wahrscheinlichkeit*, mit der ein Elektron an einem bestimmten Punkt im Raum anzutreffen ist [vgl. **MC-Fragen Nr. 97, 1262, 1394, 1533, 1591, 1650, 1809**].

Diese *„räumliche Wahrscheinlichkeitsverteilung"* besitzt an den Stellen größter Aufenthaltswahrscheinlichkeit ihre größte Dichte, während sie in den **Knotenflächen** Null ist. Nach außen hin haben solche Ladungswolken keine scharfen Grenzen. Man kann jedoch eine Fläche konstanter Aufenthaltswahrscheinlichkeit zeichnen, innerhalb der sich das Elektron mit hoher Wahrscheinlichkeit (meistens 90–99%) aufhält.

> Ein Atomorbital ist ein Aufenthaltsraum für Elektronen und kann durch Konturen, die allerdings keine scharfen Grenzen darstellen, eingegrenzt werden. Man zeichnet diese Konturen so, dass die Wahrscheinlichkeit, das Elektron in diesem Raum anzutreffen, zwischen 90 und 99% liegt.

Die *Gestalt eines Orbitals* wird durch die **Nebenquantenzahl l** charakterisiert. Eigenfunktion mit **l=0** werden als **s-**, Eigenfunktionen mit **l=1** als **p-** und solche mit **l=2** als **d-Orbitale** bezeichnet.

Eigenfunktionen, die zu Zuständen gleicher Energie führen, nennt man *entartet* oder *degeneriert*. Solche Orbitale besitzen die gleiche Form aber eine unterschiedliche Orientierung ihrer räumlichen Ausdehnung. Solange kein äußeres Magnet-

Abb. 1.6: **Elektronendichteverteilung des 1s- und 2s-Orbitals des Wasserstoffatoms**
a) Querschnitt durch das 1s-Orbital
b) Querschnitt durch das 2s-Orbital

feld vorhanden ist, stellt man keinen Unterschied zwischen den Elektronen in entarteten Orbitalen fest. Erst durch Anlegen eines äußeren Magnetfeldes wird die Entartung aufgehoben, d. h. die Orbitale sind dann energetisch nicht mehr gleichwertig. Die *Orientierung der Orbitale im Raum* wird durch die **Magnetquantenzahl m** beschrieben.

Abb. 1.6 zeigt die Ladungsverteilung des 1s- und 2s-Orbitals des Wasserstoffatoms. **Alle s-Orbitale besitzen eine kugelförmige Ladungsverteilung.** Beim 1s-Orbital ist die Ladungsdichte nahe dem Atomkern am größten und nimmt mit der Entfernung rasch ab. Für das 2s-Orbital existieren zwei Bereiche mit erhöhter Elektronendichte, einer in Kernnähe und ein zweiter mit einem etwas größeren Abstand zum Atomkern. Zwischen beiden Bereichen befindet sich eine kugelsymmetrische *Knotenfläche*.

In Abb. 1.7 sind die Grenzflächen des 1s-, 2s- und 3s-Orbitals schematisch dargestellt. Im Vergleich zur 1s-Funktion besitzt das 2s-Orbital eine größere Ausdehnung, d. h., das Elektron hält sich in diesem Zustand durchschnittlich weiter vom Kern entfernt auf. Beim 3s-Orbital mit zwei kugelförmigen Knotenflächen ist die Ladung noch weiter nach außen verlagert.

Die **p-Orbitale** sind **hantelförmig** und bezüglich einer Koordinatenachse **rotationssymmetrisch (axialsymmetrisch)**. Sie besitzen eine ebene Knotenfläche und unterscheiden sich in der räumlichen Orientierung dieser Fläche.
Auf jeder Seite der Knotenfläche findet sich ein Bereich erhöhter Ladungsdichte, während die Aufenthaltswahrscheinlichkeit des Elektrons in der Knotenebene Null ist. Wie Abb. 1.8 zeigt, kann diese Knotenfläche parallel zu den drei Raumkoordinaten orientiert sein, sodass sich insgesamt *drei entartete p-Zustände* ergeben. Man unterscheidet entsprechend der jeweiligen Vorzugsachse zwischen p_x-, p_y- und p_z-**Orbitalen** [vgl. **MC-Fragen Nr. 97, 1262, 1471**].

3p-, 4p-Orbitale haben im Prinzip die gleiche Gestalt. Die größte Ladungsdichte befindet sich jedoch im weiteren Abstand zum Atomkern.

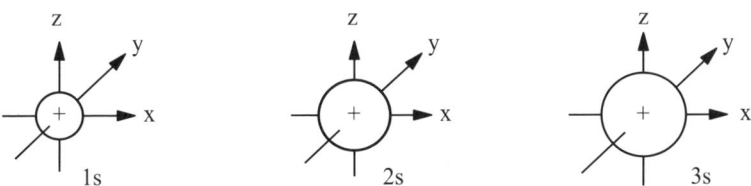

Abb. 1.7: **Schematisiertes Grenzflächendiagramm des kugelförmigen 1s-, 2s- und 3s-Orbitals**

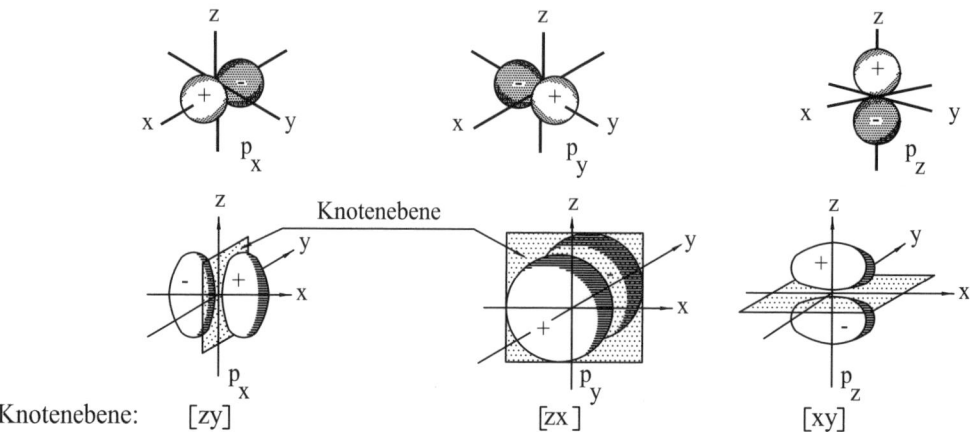

Knotenebene: [zy]   [zx]   [xy]

Abb. 1.8: **Schematisierte Grenzflächendiagramme der 2p-Orbitale**

In Abb. 1.9 sind die *fünf* entarteten **d-Orbitale** graphisch dargestellt. Sie haben jeweils zwei Knotenflächen. Mit Ausnahme des d_{z^2}-AO besitzen diese Orbitale eine **rosettenförmige** Gestalt (vgl. auch Kap. 1.5 und **MC-Fragen Nr. 1533, 1630**).

Die *Vorzeichen* der Orbitale in den obigen Abb. 1.7 bis 1.9 ergeben sich aus der mathematischen Beschreibung der Elektronen durch Wellenfunktionen, entsprechen also *nicht* Ladungen. Diese Vorzeichen müssen vor allem bei der Konstruktion von Hybridorbitalen (siehe Kap. 1.4.2) und der Kombination von Orbitalen zur Bildung kovalenter Bindungen berücksichtigt werden (vgl. Kap. 1.4.2).

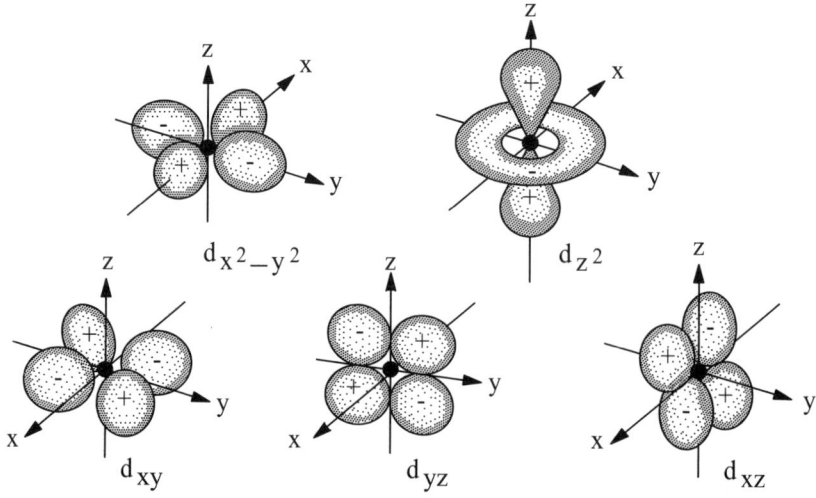

Abb. 1.9: **Schematisierte Grenzflächendiagramme der fünf 3d-Orbitale**

Tab. 1.6: **Aufbau der Elektronenhülle von Atomen**

Elektronen-schale	Hauptquanten-zahl (n)	Nebenquanten-zahl (l)	Zahl der Atomorbitale	Maximale Besetzung $Z = 2n^2$
K	1	0	Ein s	2
L	2	0, 1	Ein s + drei p	8
M	3	0, 1, 2	Ein s + drei p + fünf d	18
N	4	0, 1, 2, 3	Ein s + drei p + fünf d + sieben f	32

Zusammenfassung: Wellenfunktionen, welche stationäre Zustände des Elektrons beschreiben, werden Atomorbitale genannt. Die Hauptquantenzahl n charakterisiert das Hauptenergieniveau. Zustände gleicher Hauptquantenzahl bilden eine Schale.

Innerhalb dieser Schale bilden Zustände gleicher Nebenquantenzahl l eine Unterschale (z. B. s-, p-, d- oder f-Orbital).

Elektronenzustände, die die gleiche Energie besitzen und sich nur in ihrer räumlichen Lage unterscheiden, nennt man entartet (degeneriert). In Abwesenheit magnetischer Felder sind alle Orbitale einer Unterschale energetisch gleichwertig.

Im freien Atom besteht das p-Niveau aus drei, das d-Niveau aus fünf und das f-Niveau aus sieben entarteten AO.

In Tab. 1.6 sind nochmals die Zusammenhänge zwischen den einzelnen Elektronenschalen, ihrer maximalen Besetzung und der jeweiligen Anzahl von Atomorbitalen dargestellt.

Anmerkung zu ausgewählten MC-Fragen
[MC-Frage Nr. 104]: Entsprechend der $2n^2$-Regel für die Maximalbesetzung einer Elektronenschale können in der N-Schale (n = 4) insgesamt **32 Elektronen** untergebracht werden.
[MC-Frage Nr. 105]: Wie Tab. 1.6 ausweist, umfassen die vier Elektronenschalen K-N (n = 1 4) bereits 30 Atomorbitale. Zählt man 16 Orbitale (5s, 3×5p, 5×5d, 7×5f) hinzu, so stehen bei der Hauptquantenzahl n = 5 insgesamt **46 Orbitale** für die Besetzung mit Elektronen zur Verfügung.

1.1.4.7 Elektronenhülle höherer Atome

Die Gesamtenergie der Elektronenhülle eines Atoms mit mehreren Elektronen setzt sich zusammen aus den Eigenwerten, d. h. aus der Summe der Energien aller mit Elektronen besetzten Orbitale, und der Summe der Energien der abstoßenden Elektron-Elektron-Wechselwirkung.

Eine vollständige Lösung der Schrödinger-Gleichung für Atome mit mehreren Elektronen ist mit den derzeit verfügbaren Mitteln nicht durchführbar, da es unmöglich ist, die interelektronische Wechselwirkung mathematisch zu bewältigen. Man ist für die Berechnung der Eigenwerte auf Näherungsverfahren angewiesen.

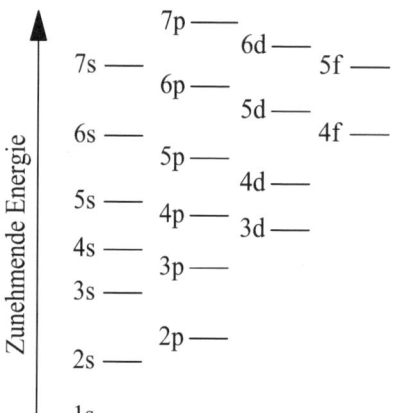

Abb. 1.10: **Relative Energien der Orbitale mehr-elektroniger Atome**

Allerdings sind die Eigenwerte experimentell aus den Atomspektren zugänglich (vgl. Kap. 1.1.6).

Als wichtigstes Ergebnis dieser Näherungsverfahren ist festzuhalten, dass – im Gegensatz zum Wasserstoffatom – in einem Atom mit mehreren Elektronen die verschiedenen Unterniveaus (s-, p-, d- und f-Zustände) derselben Hauptquantenzahl als Folge der abstoßenden Elektron-Elektron-Wechselwirkung energetisch *nicht* mehr gleichwertig sind (vgl. auch Abb. 1.4). Die p-Zustände sind stets energiereicher als die s-Zustände, und die jeweiligen d-Zustände liegen bei noch höheren Energiewerten.

Abb. 1.10 zeigt das Energieniveauschema der empirisch gefundenen relativen Energien der einzelnen Atomorbitale höherer Atome.

Das in Abb. 1.10 dargestellte Energieniveauschema gilt nur für Atome niedriger Ordnungszahlen (bis etwa Z = 24). Bei diesen Elementen sind die *4s-Elektronen energieärmer als die 3d-Elektronen*, eine Folge der *abschirmenden Wirkung der inneren Elektronen* auf die Kernladung. Bei schwereren Atomen bewirkt die hohe Kernladung dann eine weitgehende Angleichung der 4s- und 3d-Niveaus. Die Energieunterschiede zwischen diesen Orbitalen verwischen sich und schließlich werden die 3d-Orbitale energieärmer als das 4s-Niveau.

1.1.5 Elektronenbesetzung der Orbitale

1.1.5.1 Pauli-Prinzip

Jedes Elektron eines Mehrelektronenatoms kann durch vier Quantenzahlen (n, l, m, s) charakterisiert werden, d. h., jede erlaubte Kombination der vier Quantenzahlen stellt einen möglichen stationären Zustand eines Elektrons in einem Atom dar.

Nach **Pauli** dürfen aber in einem Atom niemals zwei Elektronen in bezug auf ihren Zustand übereinstimmen. Daher können zwei Elektronen eines Atoms **nie** dieselben Werte für alle vier Quantenzahlen besitzen.

Aufgrund dieses **Ausschlussprinzips** haben zwei Elektronen, die in den drei Quantenzahlen (n, l, m) übereinstimmen und somit durch die gleiche Wellenfunktion beschrieben werden bzw. dasselbe Orbital besetzen, einen *antiparallelen Spin*. D.h., sie unterscheiden sich in ihrer Spinquantenzahl s [vgl. **MC-Fragen Nr. 107–109, 111, 1420, 1533, 1650**].

Da sich in einem doppelt besetzten AO die beiden Spinrichtungen kompensieren, tritt insgesamt kein magnetisches Moment auf. Das Spinmoment eines mit zwei *(gepaarten)* Elektronen besetzten Orbitals ist Null. Substanzen, die nur doppelt besetzte Orbitale enthalten, sind *diamagnetisch*. [vgl. **MC-Frage Nr. 106**]

Enthält ein Atom (Molekül, Ion) *ungepaarte Elektronen*, d. h. nur mit einem Elektron besetzte Orbitale, so ergibt sich ein magnetisches Moment, dessen Größe durch die Zahl der insgesamt vorhandenen ungepaarten Elektronen bestimmt ist. Solche Substanzen sind *paramagnetisch* und werden auch als **Radikale** bezeichnet (vgl. Kap. 1.4).

1.1.5.2 Orbitalbesetzung, Hundsche Regel

Ein Atomorbital kann

– unbesetzt (leer),
– nur mit einem Elektron oder
– *maximal mit zwei Elektronen* besetzt sein,

sofern die beiden Elektronen entgegengesetzten Spin besitzen [vgl. **MC-Fragen Nr. 95, 106, 107, 1471, 1591**].

In einem mehrelektronigen Atom besetzen die Elektronen im **Grundzustand** (siehe Kap. 1.1.6) immer die *energieärmsten* zur Verfügung stehenden Zustände. Aus den möglichen Kombinationen der vier Quantenzahlen in Verbindung mit dem Energieniveauschema lässt sich dann die Besetzung der verschiedenen Zustände ableiten. Die daraus resultierende Verteilung der Elektronen eines Atoms auf die verschiedenen Orbitale wird **Elektronenkonfiguration** genannt (vgl. auch Kap. 1.2.3). Abb. 1.11 zeigt die Reihenfolge der Orbitalbesetzung in einem mehrelektronigen Atom [vgl. **MC-Fragen Nr. 98, 114, 133**].

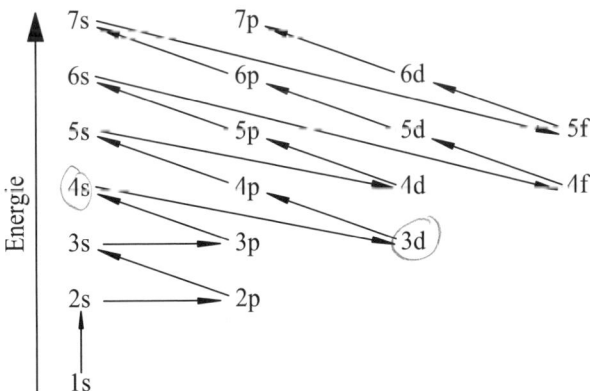

Abb. 1.11:   Reihenfolge der Besetzung von Atomorbitalen

Tab. 1.7: Reihenfolge der Besetzung der s-, p-, d- und f-Zustände

s	p	d	f
↿ s^1	↿ _ _ p^1	↿ _ _ _ _ d^1	↿ _ _ _ _ _ _ f^1
⇅ s^2	↿ ↿ _ p^2	↿ ↿ _ _ _ d^2	↿ ↿ _ _ _ _ _ f^2
	↿ ↿ ↿ p^3	↿ ↿ ↿ _ _ d^3	↿ ↿ ↿ _ _ _ _ f^3
	⇅ ↿ ↿ p^4	↿ ↿ ↿ ↿ _ d^4	↿ ↿ ↿ ↿ _ _ _ f^4
	⇅ ⇅ ↿ p^5	↿ ↿ ↿ ↿ ↿ d^5	↿ ↿ ↿ ↿ ↿ _ _ f^5
	⇅ ⇅ ⇅ p^6	⇅ ↿ ↿ ↿ ↿ d^6	↿ ↿ ↿ ↿ ↿ ↿ _ f^6
		⇅ ⇅ ↿ ↿ ↿ d^7	↿ ↿ ↿ ↿ ↿ ↿ ↿ f^7
		⇅ ⇅ ⇅ ↿ ↿ d^8	⇅ ↿ ↿ ↿ ↿ ↿ ↿ f^8
		⇅ ⇅ ⇅ ⇅ ↿ d^9	⇅ ⇅ ↿ ↿ ↿ ↿ ↿ f^9
		⇅ ⇅ ⇅ ⇅ ⇅ d^{10}	⇅ ⇅ ⇅ ↿ ↿ ↿ ↿ f^{10}
			⇅ ⇅ ⇅ ⇅ ↿ ↿ ↿ f^{11}
			⇅ ⇅ ⇅ ⇅ ⇅ ↿ ↿ f^{12}
			⇅ ⇅ ⇅ ⇅ ⇅ ⇅ ↿ f^{13}
			⇅ ⇅ ⇅ ⇅ ⇅ ⇅ ⇅ f^{14}

Niveaus unterschiedlicher Energie werden in der Reihenfolge zunehmender Energie aufgefüllt, während *(entartete)* Zustände gleicher Energie (z. B. die drei 2p- oder die fünf 3d-Zustände) gemäß der **Hundschen Regel** zunächst nur *einfach* von Elektronen mit parallelem Spin besetzt werden. Die Hundsche Regel ist eine Folge der negativen Elektronenladung (geringere abstoßende Wechselwirkung zwischen den einzelnen Elektronen) [vgl. **MC-Fragen Nr. 106, 107, 110, 112, 113**].

Die Elektronenzahl in einem Niveau wird als Index rechts oben an das Orbitalsymbol geschrieben. Die Kennzeichnung der Schale, zu der das Niveau gehört, erfolgt, indem man die zugehörige Hauptquantenzahl vor das Orbitalsymbol schreibt, z. B. $1s^2$, $2p^5$, $3d^8$ usw. (vgl. auch Kap. 1.2.3).

Das Pauli-Prinzip sagt aus, dass im Grundzustand eines Atoms keine zwei Elektronen den gleichen Satz von Quantenzahlen aufweisen, also nicht in allen vier Quantenzahlen übereinstimmen dürfen. Besetzen zwei Elektronen das gleiche Orbital, so unterscheiden sie sich in ihrer Spinquantenzahl.

Die Hundsche Regel der maximalen Multiplizität besagt, dass Elektronen sich so auf energiegleiche (entartete, degenerierte) Orbitale verteilen, dass eine maximale Anzahl von ungepaarten Elektronen mit parallelem Spin resultiert.

Tab. 1.7 zeigt die Reihenfolge der Besetzung von s-, p-, d- und f-Orbitalen mit Elektronen unter Berücksichtigung der Hundschen Regel. Die Pfeile kennzeichnen die jeweilige Spinrichtung.

1.1.6 Angeregte Atome

1.1.6.1 Grundzustand, angeregter Zustand

Der **Aufbau der Elektronenhülle** eines Atoms gehorcht rein mathematisch beschreibbaren Gesetzen. Die Elektronen besetzen unter Beachtung des Pauli Prinzips und der Hundschen Regel ganz bestimmte Orbitale. Maximal zwei Elektronen, sofern sie sich in ihrem Spin unterscheiden, können dasselbe Orbital besetzen; sie haben in bezug auf den Atomkern die gleiche Aufenthaltswahrscheinlichkeit. Jedes dieser Orbitale besitzt einen definierten Energieinhalt, wobei die Energie mit wachsender Entfernung des Elektrons vom Kern ansteigt.

Normalerweise befinden sich die Elektronen eines Atoms im energieärmsten Zustand, dem sog. **Grundzustand**. Der Grundzustand ist der stabilste Zustand eines Atoms. Außer den mit Elektronen *besetzten Orbitalen* existieren noch *unbesetzte Orbitale,* die einer höheren Gesamtenergie des Elektrons entsprechen.

Führt man nun einem Atom Energie in Form von thermischer, optischer oder elektrischer Energie zu, so können Elektronen von *energieärmeren* (inneren) auf *energiereichere* (äußere) *Zustände* (Schalen) angehoben werden, wie dies in Abb. 1.12 schematisch dargestellt ist. Man nennt diesen Vorgang **Absorption**. Das Atom befindet sich danach nicht mehr im Grundzustand sondern in einem **angeregten Zustand** [vgl. **MC-Fragen Nr. 115–117**].

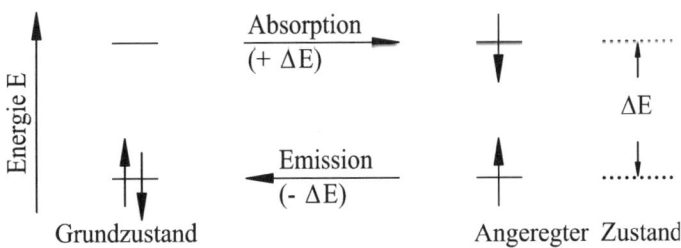

Abb. 1.12: **Grundzustand und angeregter Zustand eines Atoms**

Diese angeregten Zustände sind nicht stabil. Nach einer Lebensdauer von 10^{-9} bis 10^{-7} Sekunden gehen die Elektronen wieder in den Grundzustand, zumindest aber auf tiefere Energieniveaus zurück. Hierbei wird die der Differenz der beiden Zustände entsprechende Energie in Form elektromagnetischer Strahlung (Licht) definierter Wellenlänge ausgestrahlt. Man bezeichnet diesen Vorgang als **Emission**. Die Frequenz (ν) des ausgesandten Lichts hängt nach der **Planck-Einstein-Bedingung** mit der Energiedifferenz (ΔE) des Elektrons vor und nach der Elektronenanregung wie folgt zusammen:

$$\Delta E = h \cdot \nu = h \cdot c / \lambda$$

ΔE = Energiedifferenz zweier Zustände
ν = Frequenz des Lichts
λ = Wellenlänge des Lichts
c = Lichtgeschwindigkeit
h = Plancksches Wirkungsquantum

Die Photonenenergie (ΔE) des Lichts ist also proportional zu seiner Frequenz und umgekehrt proportional zu seiner Wellenlänge.

Da sich die Elektronen eines Atoms nur in ganz bestimmten Orbitalen mit definierten Energieinhalten aufhalten, können nur bestimmte Frequenzen (ν) emittiert werden. Es resultiert ein sog. **Linienspektrum**. Eine **Spektrallinie** entspricht dabei der Differenz zweier Energiezustände eines Elektrons. Die Frequenzen der emittierten Spektrallinien erlauben daher Rückschlüsse auf die Energiezustände eines Atoms. Die einzelnen Frequenzen eines solchen Linienspektrums stehen untereinander in einem bestimmten mathematischen Zusammenhang und lassen sich zu **Spektralserien** ordnen [vgl. **MC-Fragen Nr. 118–120**].

1.1.6.2 Spektrum des Wasserstoffatoms

Atomarer Wasserstoff ($H^\bullet$) kann z. B. in elektrischen Gasentladungsröhren aus molekularem Wasserstoff (H_2) dargestellt werden. Das entstandene Wasserstoffatom, das im Grundzustand über ein 1s-Elektron verfügt, ergibt nach der Anregung ein **Linienspektrum** mit Linien im ultravioletten, sichtbaren und infraroten Spektralbereich. Der Anregungsschritt lässt sich wie folgt beschreiben:

$$H^\bullet + \text{Energie} \quad H^{\bullet\,*}$$

In Abb. 1.13 ist der Zusammenhang zwischen den möglichen Elektronenübergängen und den Energiestufen des Wasserstoffatoms in Abhängigkeit von der Hauptquantenzahl graphisch dargestellt. Die Frequenzen der emittierten Spektrallinien lassen sich nach folgender Formel berechnen,

$$\nu\ (s^{-1}) = 3{,}289 \cdot 10^{15} \cdot [1 / (n_1)^2 - 1 / (n_2)^2]$$

wobei n_1 der Hauptquantenzahl einer inneren und n_2 der einer weiter außen liegenden Elektronenbahn entspricht.

Die einzelnen Spektrallinien des Wasserstoffatoms erscheinen in fünf Serien. Unter einer *Serie* werden diejenigen Spektrallinien zusammengefasst, die ihr Entstehen Elektronenübergängen von beliebig hohen Werten von n_2 auf denselben

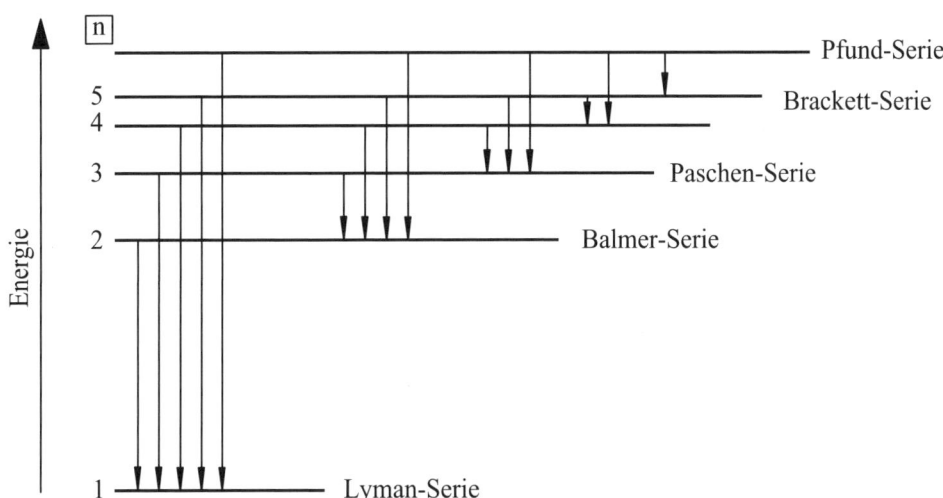

Abb. 1.13: **Zusammenhang zwischen den Elektronenübergängen und den Linien im Spektrum des Wasserstoffatoms**

Tab. 1.8: **Spektralserien des Wasserstoffs**

n_1	n_2	Name der Serie	Spektralbereich
1	2, 3, 4, ..	Lyman	Ultraviolett
2	3, 4, 5, ..	Balmer	Sichtbar
3	4, 5, 6, ..	Paschen	Nahes Infrarot
4	5, 6, 7, ..	Brackett	Infrarot
5	6, 7, 8, ..	Pfund	Fernes Infrarot

Wert von n_1 verdanken. Zum Beispiel ergibt sich die linienreichste **Lyman-Serie** durch die Rückkehr des Elektrons aus angeregten Zuständen ($n_2 = 2, 3, 4$ usw.) in den Grundzustand ($n_1 = 1$). Das Zustandekommen der **Balmer-Serie** erklärt man durch einen Übergang des angeregten Elektrons in ein Orbital mit der Hauptquantenzahl $n_1 = 2$. Die einzelnen Spektralserien des Wasserstoffs sind in Tab. 1.8 zusammen mit den jeweiligen Spektralbereichen aufgelistet [vgl. **MC-Fragen Nr. 121, 122**].

1.1.6.3 Emissionsspektrum, Absorptionsspektrum

Das nach der Anregung von Atomen ausgesandte Linienspektrum wird **Emissionsspektrum** genannt. Führt man die zur Anregung erforderliche Energie in Form von „weißem" (sichtbaren), d. h. ein kontinuierliches Spektrum ergebendem Licht zu, so werden die einzelnen Anregungsbeträge diesem Licht entnommen. Demzufolge treten im kontinuierlichen Spektrum des weißen Lichts bei den Frequenzen (Wellenlängen), die vom Atom absorbiert werden, dunkle **Absorptionslinien** auf

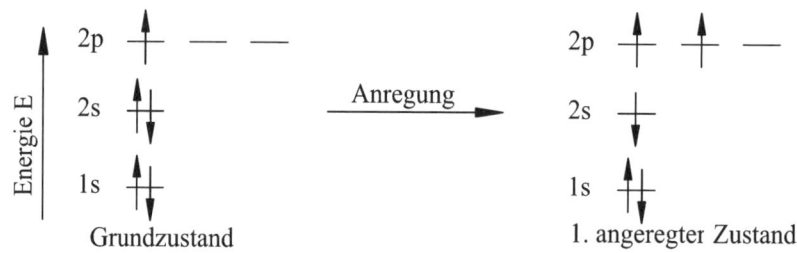

Abb. 1.14: Elektronenanregung im Boratom

sonst durchgehend hellem Hintergrund auf **(Absorptionsspektrum)**. Gemäß dem **Kirchhoffschen Gesetz** kann eine Substanz nur Licht der Wellenlänge (Frequenz) absorbieren, die sie selbst auch zu emittieren vermag.

Bei der Absorption, d. h. einem Elektronenübergang aus dem Grundzustand in einen angeregten Zustand, ändert sich die **Elektronenkonfiguration,** hingegen bleibt die Gesamtelektronenzahl eines Atoms konstant. Wie Abb. 1.14 veranschaulicht, hat z. B. das **Boratom** im Grundzustand die Elektronenkonfiguration $1s^2 2s^2 2p^1$ und im angeregten Zustand die Konfiguration $1s^2 2s^1 2p^2$ **[MC-Frage Nr. 124]**.

Weitere Beispiele [in Klammer Nummer der MC-Frage]

[123] Der Grundzustand des Mg-Atoms ist durch die Elektronenkonfiguration $1s^2 2s^2 2p^6 3s^2$ charakterisiert. Die Elektronenanregung führt zur Konfiguration $1s^2 2s^2 2p^6 3s^1 3p_X^1$.

[125] Das B^--Ion, das N^+-Ion sowie das Kohlenstoffatom besitzen im Grundzu-
[126] stand die Elektronenkonfiguration $1s^2 2s^2 2p^2$. Durch Energiezufuhr lassen sich das C-Atom und die beiden Ionen in den ersten angeregten Zustand mit der Elektronenkonfiguration $1s^2 2s^1 2p^3$ überführen.

1.1.6.4 Spektralanalyse, Flammenfärbung

Alle Elemente senden im atomaren oder ionisierten Zustand nach entsprechender Anregung Licht bestimmter „*Farbe*" aus, das aus definierten, für das jeweilige Element charakteristischen *Spektrallinien* besteht.

Ein solches Linienspektrum kommt dadurch zustande, dass die im Atom befindlichen **äußeren Elektronen (Valenzelektronen)** durch die Anregung kurzzeitig auf ein höheres Energieniveau gehoben werden, und beim Zurückspringen auf ein niederes Niveau die zugeführte Energie in Form von elektromagnetischer Strahlung einer bestimmten Wellenlänge wieder abgegeben wird. Die inneren Elektronen werden hierbei nicht beeinflusst. Sie können erst durch Zufuhr wesentlich höherer Energiebeträge angeregt werden. Die aus der anschließenden Lichtemission resultierenden Röntgenspektren werden im nachfolgenden Abschnitt behandelt (siehe Kap. 1.1.6.6).

Die *Anregungsbedingungen der Valenzelektronen* einzelner Elemente sind recht unterschiedlich. Bei den Alkali-, Erdalkali- und einigen anderen Elementen genügt, falls die Verbindungen leicht flüchtig sind, die Temperatur der Bunsen-

Tab. 1.9: **Flammenfärbung einiger pharmazeutisch wichtiger Elemente**

Element	Farbe und Wellenlänge der Spektrallinien
Lithium	670,8 nm Rot
Natrium	589,3 nm Gelb
Kalium	768,2 nm Rot und 404,4 nm Violett
Rubidium	780,0 nm Rot und 421,5 nm Violett
Caesium	458,0 nm Blau
Calcium	622,0 nm Rot und 533,3 nm Grün
Strontium	Mehrere rote Linien (650 - 660 nm), während die charakteristische blaue Linie bei 460,7 nm nur selten sichtbar wird
Barium	513,9 - 524,2 nm Schar grüner Linien
Thallium	ca. 527 nm Grün

flamme, bei manchen anderen muss man zur Gebläseflamme übergehen und bei den meisten Elementen benötigt man einen elektrischen Lichtbogen oder Funken (siehe auch Ehlers, **Analytik II**, Kap. 11.4 „Emissionsspektroskopie" und Kap. 11.7 „Atomabsorptionsspektrophotometrie").

Die **Flammenfärbung** einer Bunsenflamme lässt demnach bei Alkali- und Erdalkalielementen unter bestimmten Bedingungen eine Aussage über deren Vorhandensein zu. Da sich jedoch die Farben der Linien einzelner Elemente überdecken können, ist die Anwendung eines Spektralapparates vorteilhafter (vgl. auch Ehlers, **Analytik I**, Kap. 1.1.2). Zum spektralanalytischen Nachweis der Alkali- und Erdalkalielemente dienen die in Tab. 1.9 zusammengestellten Spektrallinien [vgl. **MC-Fragen Nr. 129, 130**].

1.1.6.5 Singulett-Zustände, Triplett-Zustände

In Atomen oder Molekülen, die eine *gerade Anzahl von Elektronen* enthalten, können alle Orbitale paarweise besetzt werden. Die entgegengesetzten Elektronenspins heben sich auf, sodass solche Substanzen kein Spinmoment besitzen. Diese elektronische Struktur wird **Singulett-Zustand** genannt.

Absorbiert eine Substanz im Singulett-Grundzustand (S^0) ein Photon hinreichender Energie, so wird sie unter *Beibehaltung der Spinrichtung* in einen angeregten Singulett-Zustand (S^1) übergeführt. Angeregte Zustände sind als Zustände höherer Energie instabil und nur von kurzer Lebensdauer. Aus S^1 wird in der Regel ein Photon emittiert und das Elektron kehrt wieder in den Grundzustand (S^0) zurück. Dieser **Elektronenübergang [$S^1 \longrightarrow S^0$]** wird **Fluoreszenz** genannt (siehe auch Ehlers, **Analytik II**, Kap. 11.6 „Fluorimetrie").

In S^1 kann aber auch eine *Spinumkehr* oder ein sog. **intersystem crossing** erfolgen und die Substanz geht in einen angeregten **Triplett-Zustand** (T^1) über. Infolge der Spinumkehr enthält das Molekül im Triplett-Zustand *zwei ungepaarte Elektronen* mit parallelem Spin [vgl. **MC-Frage Nr. 128**].

Im Allgemeinen ist der niedrigste Triplett-Zustand (T^1) energiereicher als der Grundzustand (S^0), aber energieärmer als der S^1-Zustand. Letzteres ist eine Folge des Pauli-Prinzips, nach dem Elektronen mit gleichgerichtetem Spin nach Möglichkeit getrennt bleiben.

Bei vielen Verbindungen ist die beschriebene Umkehr des Elektronenspins in S^1 ein unwahrscheinlicher Vorgang, und der Triplett-Zustand spielt in der Photochemie dieser Substanzen keine Rolle. Bei manchen Substanzen besitzt die Spinumkehr jedoch eine endliche Wahrscheinlichkeit. Da der Prozess des intersystem crossing nur etwa 10^{-9} s benötigt und die Lebensdauer von S^1 in der Größenordnung von 10^{-8} bis 10^{-7} s liegt, erleiden in diesen Fällen fast alle angeregten S^1-Zustände ein intersystem crossing zu T^1.

Angeregte Triplett-Zustände sind mit einer Lebensdauer von ca. 10^{-5} s recht langlebig. Manchmal erreichen sie sogar eine Lebensdauer bis zu einer Sekunde. Ein Grund für die Langlebigkeit ist, dass sich beim Übergang nach S^0 der Spin eines Elektrons erneut umkehren muss. Der **Elektronenübergang [$T^1 \longrightarrow S^0$]** wird als **Phosphoreszenz** bezeichnet.

In Abb. 1.15 sind die elektronischen Vorgänge schematisch dargestellt, die sich beim Auftreten von Fluoreszenz- und Phosphoreszenz-Erscheinungen abspielen. Diese Vorgänge sollen am Beispiel des **Berylliums** nochmals verdeutlicht werden **[MC-Frage Nr. 127]**. Beryllium besitzt im Grundzustand die Elektronenkonfiguration $1s^2 2s^2$ und im ersten elektronisch angeregten Zustand die Konfiguration $1s^2 2s^1 2p^1$. Sind die Elektronenspins in den Zuständen $2s^1$ und $2p^1$ antiparallel, spricht man von einem Singulett-Zustand, sind sie parallel, handelt es sich um einen Triplett-Zustand (siehe Abb. 1.16).

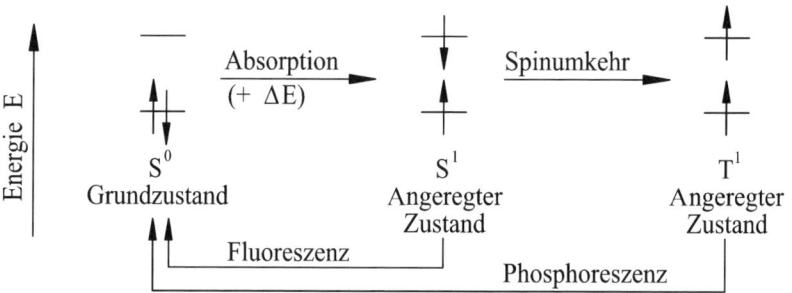

Abb. 1.15: **Schematische Darstellung von Fluoreszenz und Phosphoreszenz**

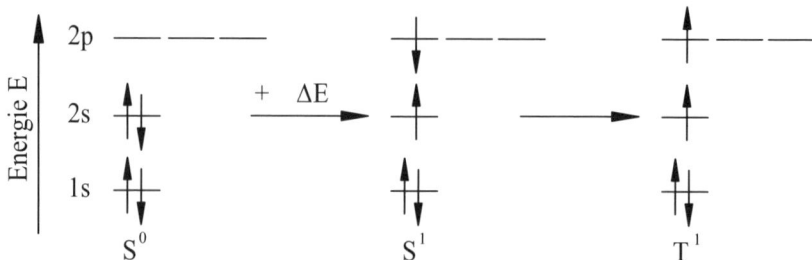

Abb. 1.16: **Singulett- und Triplett-Zustand des Berylliumatoms**

1.1.6.6 Röntgenspektren, Moseley-Gesetz

Treffen in einem Hochspannungsfeld beschleunigte Elektronen (Kathodenstrahlen) auf eine Anode, so werden sie durch die Atome des Anodenmaterials abgebremst. Sie besitzen danach aber immer noch soviel Energie, dass sie aus den Atomen des Anodenmaterials *Elektronen,* die sich auf *inneren Schalen* befinden, abspalten können. Die dadurch auf diesen Schalen entstandenen Lücken werden anschließend von Elektronen weiter außen liegender Schalen aufgefüllt. Die hierbei freiwerdende Energie wird in Form elektromagnetischer Strahlung sehr kurzer Wellenlänge **(Röntgenstrahlen)** ausgestrahlt.

Je nach dem Element, das als Anodenmaterial verwendet wurde, wird ein anderes Linienspektrum beobachtet. Die Röntgenspektren sind sehr einfach und bestehen nur aus zwei bis drei Gruppen von Spektrallinien, die auch als **K-, L-** oder **M-Serie** bezeichnet werden. Abb. 1.17 veranschaulicht das Entstehen solcher Röntgenserien.

Wird z. B. ein Elektron aus der K-Schale herausgeschlagen, so beobachtet man das sog. **K-Spektrum**, das durch Elektronenübergänge aus der L-, M-, N-Schale usw. zustandekommt. In der Regel wird nach der *Ionisierung* die Lücke in der K-Schale durch ein Elektron aus der L-Schale aufgefüllt, sodass die K_α-**Linie** die intensivste Linie im K-Spektrum ist. Abb. 1.18 zeigt das Zustandekommen der K_α-Linie beim **Lithium**.

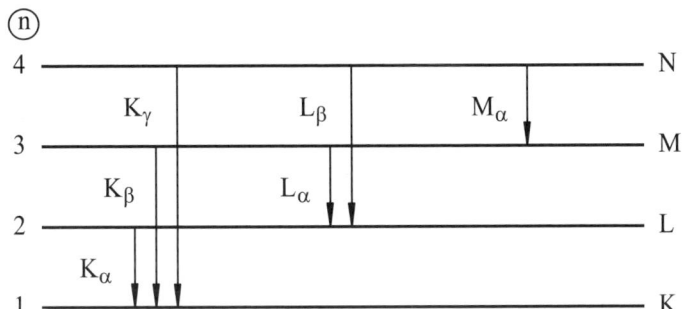

Abb. 1.17: **Schematische Darstellung des Entstehens der Röntgenserien**

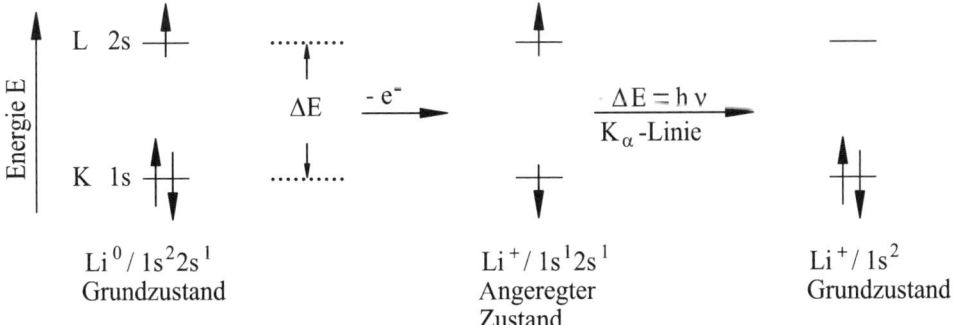

Abb. 1.18: **Entstehung der K_α-Linie des Lithiumatoms**

Für die Wellenlänge der K_α-Linie gilt:

$$1/\lambda = 3/4 \cdot R \cdot (Z-1)^2$$

Danach ist die *reziproke Wellenlänge* ($1/\lambda$) der emittierten K_α-Röntgenlinie eines Elements dem Quadrat der um Eins verminderten **Kernladungszahl** (Z) proportional. Diese als **Moseley-Gesetz** bekannte Beziehung ermöglicht die eindeutige Festlegung der Kernladungszahl eines Elements.

1.2 Periodensystem der Elemente (PSE)

1.2.1 Perioden, Gruppen

Das ursprüngliche Periodensystem der Elemente (PSE) von **Mendelejew** und **Meyer**, in dem die Elemente nach zunehmender *Atommasse* angeordnet waren, musste an mehreren Stellen korrigiert werden. In der heutigen Form des PSE sind die Elemente nach **steigender Protonenzahl (Ordnungszahl, Kernladungszahl)** schematisch in **Perioden** (horizontal) und **Gruppen** (vertikal) geordnet. Alle Nuclide mit einer bestimmten Kernladung stehen an derselben Stelle im PSE und bilden zusammen ein **Element**. Eine alphabetische Auflistung der Elemente, ihrer Symbole und Massen findet sich im Anhang [vgl. **MC-Fragen Nr. 131–133, 135, 1374, 1398, 1482, 1686, 1736, 1897**].

Die Reihenfolge der Elemente im PSE nach steigender Ordnungszahl konnte von **Moseley** aus den Röntgenspektren der Elemente ermittelt werden.

1.2.1.1 Perioden

Es gibt 7 Perioden. Sie werden mit arabischen Zahlen gekennzeichnet. *Periodennummer* und Hauptquantenzahl der äußersten Schale (Valenzschale) eines Elements stimmen überein.

Innerhalb einer Periode steigt die Ordnungszahl von links nach rechts jeweils um 1 an. In der Regel ist die rel. Atommasse des Elements zur rechten größer. Ausnahmen von dieser Regel nennt man **Inversionen**. Beispiele hierfür sind die Elementpaare Ar/K – Te/I und Co/Ni. Die chemischen Eigenschaften der Elemente einer Periode differieren stark [vgl. **MC-Fragen Nr. 140, 1263, 1737**].

1.2.1.2 Gruppen

Es gibt 16 Gruppen, 8 Haupt- und 8 Nebengruppen. Sie werden mit römischen Ziffern gekennzeichnet. Für einige Hauptgruppen (HG) sind auch Trivialnamen gebräuchlich, wie z. B. **Alkalimetalle** (I.HG), **Erdalkalimetalle** (II.HG), **Chalkogene** (VI.HG), **Halogene** (VII.HG) und **Edelgase** (VIII.HG). Die übrigen Hauptgruppen werden jeweils nach dem ersten Element der betreffenden Gruppe benannt: **Borgruppe** (III.HG), **Kohlenstoffgruppe** (IV.HG), **Stickstoffgruppe** (V.HG).

Die *Gruppennummer* eines Elements ist identisch mit der Zahl seiner Valenzelektronen. Da die Anzahl der Elektronen auf der äußersten Schale vorrangig die chemischen Eigenschaften eines Elements bestimmt, besitzen die Elemente einer Gruppe eine hohe Ähnlichkeit in ihren Eigenschaften und Verbindungsformen *(homologe Elemente)*. Die Elektronen der weiter innen liegenden Schalen, insbesondere die der zweitäußersten, modifizieren diese Eigenschaften und führen zu graduellen Unterschieden innerhalb einer Gruppe [vgl. **MC-Fragen Nr. 134, 168, 1508**].

1.2.2 Hauptgruppenelemente, Nebengruppenelemente

1.2.2.1 Hauptgruppenelemente

44 Elemente einschließlich der Edelgase sind in 8 Hauptgruppen angeordnet. Unter den Hauptgruppenelementen finden sich Metalle, Halbmetalle und Nichtmetalle (siehe auch Kap. 1.2.4.5).

Abb. 1.19 zeigt ein gekürztes Periodensystem, das nur die Hauptgruppenelemente enthält, wobei links oben neben dem Elementsymbol die dazugehörige Ordnungszahl angegeben ist. Ein vollständiges Periodensystem aller Elemente findet sich im Anhang [vgl. **MC-Fragen Nr. 136–139, 141–143, 145–152, 154, 156, 158, 1348, 1458, 1584**].

	I	II	III	IV	V	VI	VII	VIII
1	1 H							2 He
2	3 Li	4 Be	5 B	6 C	7 N	8 O	9 F	10 Ne
3	11 Na	12 Mg	13 Al	14 Si	15 P	16 S	17 Cl	18 Ar
4	19 K	20 Ca	31 Ga	32 Ge	33 As	34 Se	35 Br	36 Kr
5	37 Rb	38 Sr	49 In	50 Sn	51 Sb	52 Te	53 I	54 Xe
6	55 Cs	56 Ba	81 Tl	82 Pb	83 Bi	84 Po	85 At	86 Rn
7	87 Fr	88 Ra						

Abb. 1.19: Periodensystem der Hauptgruppenelemente
(An den mit einem Pfeil markierten Stellen sind die jeweiligen Nebengruppenelemente einzuordnen.)

1.2.2.2 Nebengruppenelemente (Übergangselemente)

65 Elemente einschließlich der inneren Übergangselemente sind in 8 Nebengruppen angeordnet. Alle Nebengruppenelemente sind *Metalle*. Zu den inneren Übergangselementen zählen die **Lanthaniden (seltene Erden)** und **Actiniden** [vgl. **MC-Frage Nr. 134**].

n	I	II	III	IV	V	VI	VII	VIII
4	Cu	Zn	Sc	Ti	V	Cr	Mn	Fe Co Ni
5	Ag	Cd	Y	Zr	Nb	Mo	Tc	Ru Rh Pd
6	Au	Hg	La	Hf	Ta	W	Re	Os Ir Pt
7			Ac					

Abb. 1.20:   **Periodensystem der Nebengruppenelemente**

Lanthaniden	Ce - Pr - Nd - Pm - Sm - Eu - Gd - Tb - Dy - Ho - Er - Tm - Yb - Lu
Actiniden	Th - Pa - U - Np - Pu - Am - Cm - Bk - Cf - Es - Fm - Md - No - Lr

Abb. 1.21:   **Lanthaniden- und Actinidenelemente**

Abb. 1.20 zeigt das Periodensystem der Nebengruppenelemente ohne die inneren Übergangselemente. Die Elemente der Lanthaniden- und Actinidengruppe sind in Abb. 1.21 zusammengestellt [vgl. **MC-Fragen Nr. 153, 155, 157, 159, 162, 1349, 1895, 1896**].

Wie bei den Hauptgruppenelementen sind auch bei den Nebengruppenelementen stetige Eigenschaftsänderungen zu beobachten, allerdings in abgeschwächter Form (vgl. hierzu Kap. 1.2.4 und **MC-Fragen Nr. 144, 160, 161**).

1.2.3 Elektronenkonfiguration der Elemente

Als **Elektronenkonfiguration** eines Atoms bezeichnet man die Verteilung seiner Elektronen auf die verschiedenen Orbitale, wobei zur Kennzeichnung die Hauptquantenzahl vor das Orbitalsymbol (s, p, d, f) geschrieben und die Zahl der Elektronen rechts oben als Exponent angegeben wird. Aufgrund ihrer Elektronenstruktur lassen sich die Elemente in vier Gruppen unterteilen:

1.2.3.1 Edelgase

Mit Ausnahme des Heliums (Konfiguration $1s^2$) besitzen alle übrigen Edelgase für die Schale mit der Hauptquantenzahl (n) die **Konfiguration ns^2np^6**. Edelgase zeigen ein *diamagnetisches* Verhalten, d. h., alle Elektronen liegen im Grundzustand paarweise vor [vgl. **MC-Fragen Nr. 169, 170**].

Diese **Edelgaskonfiguration [ns^2np^6]** scheint energetisch besonders stabil zu sein, was u. a. die extreme Reaktionsträgheit und die hohen Ionisierungsenergien (vgl. Kap. 1.2.4.1) dieser Elemente beweisen. Lediglich mit Fluor und Sauerstoff bilden die schwereren Edelgase Verbindungen (siehe Kap. 2.1).

1.2.3.2 Hauptgruppenelemente

Bei diesen Elementen wird beim Durchlaufen einer Periode von links nach rechts jeweils die äußerste Schale **(Valenzschale)** mit einem weiteren Elektron aufgefüllt. Bei den Hauptgruppenelementen sind mit Ausnahme der Valenzschale alle inneren Schalen voll besetzt bzw. besitzen eine ns^2np^6-Konfiguration. Die Elektronen in der äußersten Schale werden **Valenzelektronen** genannt. Sie bestimmen die chemischen Eigenschaften eines Elements [vgl. **MC-Fragen Nr. 134, 1286, 1508**].

In Abhängigkeit vom Orbitaltyp des jeweils zuletzt hinzukommenden Elektrons kann man diese Elemente auch in s- und p-Elemente unterteilen.

> **s-Elemente = I. und II. Hauptgruppe**
> **p-Elemente = III. bis VII. Hauptgruppe**

In Tab. 1.10 sind die Elektronenkonfigurationen der Hauptgruppenelemente nochmals aufgelistet [vgl. **MC-Fragen Nr. 165–167**].

Bei der Ermittlung der Zusammenhänge zwischen der Stellung des Elements im PSE und der Struktur seiner Elektronenhülle (Schalenaufbau) sind folgende Gesetzmäßigkeiten zu beachten:

- **Die Ordnungszahl entspricht der Gesamtzahl der Elektronen in der Atomhülle.**
- **Die Anzahl der Elektronen auf der äußersten Schale (Valenzschale) eines Hauptgruppenelements entspricht der Gruppennummer.**
- **Die Anzahl der mit Elektronen besetzten Schalen eines Elements ist gleich der Periodennummer.**
- **Mit Ausnahme des Heliums (2 Elektronen) besitzen alle Edelgase 8 Elektronen in der Valenzschale.**

Beispiele (in Klammer Nummer der MC-Frage)

[166] **Kohlenstoff** ist ein Element der 2. Periode und IV. Hauptgruppe. Es besitzt
[180] die Ordnungszahl 6. Somit hat das C-Atom die Konfiguration $1s^2 2s^2 2p^2$.

[165] **Beryllium**, ein Element der 2. Periode und II. Hauptgruppe mit der Ord-
[173] nungszahl 4, besitzt im Grundzustand die Konfiguration $1s^2 2s^2$. Durch Ab-
[182] spaltung zweier Elektronen entsteht ein Be^{2+}-Ion mit der Konfiguration $1s^2$.

Tab. 1.10: Elektronenstruktur der Hauptgruppenelemente im Grundzustand

Hauptgruppe	Konfiguration
Alkalimetalle	..... ns^1
Erdalkalimetalle	..... ns^2
Bor-Gruppe	..... $ns^2\,np^1$
Kohlenstoff-Gruppe	..... $ns^2\,np^2$
Stickstoff-Gruppe	..... $ns^2\,np^3$
Chalkogene	..... $ns^2\,np^4$
Halogene	..... $ns^2\,np^5$
Edelgase	..... $ns^2\,np^6$

[172] **Aluminium** ist ein Element der 3. Periode und der dritten Hauptgruppe. Die Gesamtelektronenzahl des Al-Atoms beträgt 13. Somit besitzt Aluminium die Elektronenkonfiguration $1s^2 2s^2 2p^6 3s^2 3p^1$. Das Al^{3+}-Ion hat mit $1s^2 2s^2 2p^6$ die Edelgaskonfiguration des Neons.

[172] **Fluor** ist ein Element der VII. Hauptgruppe. Es besitzt die Ordnungszahl 9.

[176] Seine Elektronenstruktur kann durch $1s^2 2s^2 2p^5$ beschrieben werden. Nach

[181] Aufnahme eines Elektrons ist das gebildete F^--Ion durch die Konfiguration $1s^2 2s^2 2p^6$ des Neons charakterisiert.

[171] Durch Elektronenaufnahme oder Elektronenabgabe aus neutralen Ato-

bis men wird die Elektronenkonfiguration des Heliums ($1s^2$) erreicht in Ionen

[179] wie H^-, D^-, Li^+ oder Be^{2+}. Eine Neon-Konfiguration ($1s^2 2s^2 2p^6$) liegt vor

[183] bei Ionen wie Na^+, Mg^{2+}, Al^{3+}, N^{3-}, O^{2-} und F^-. Eine Argon-Schale (…

[184] $3s^2 3p^6$) besitzen die Ionen K^+, Ca^{2+}, S^{2-}, Cl^- und die Elektronenkonfigura-

[196] tion des Kryptons (… $4s^2 4p^6$) findet sich bei Teilchen wie Rb^+, Sr^{2+} oder

[210] Br^-. Schließlich haben die Ionen Cs^+, Ba^{2+} und I^- die gleiche Elektronen-

[1840] konfiguration wie das Edelgas Xenon (… $5s^2 5p^6$).

Zur *abgekürzten Schreibweise* von Elektronenkonfigurationen kann man die inneren Elektronen durch das in eckige Klammern gesetzte Elementsymbol des vorausgehenden Edelgases kennzeichnen, z. B.:

$$\text{Na: } 1s^2 2s^2 2p^6 3s^1 = [\text{Ne}]\, 3s^1$$

1.2.3.3 Übergangselemente

Bei den Übergangsmetallen sind die beiden äußeren Schalen *nicht* vollbesetzt. Beim Durchlaufen einer Periode von links nach rechts werden die neu hinzukommenden Elektronen in die **d-Orbitale** der zweitäußersten Schale eingebaut. Bei diesen Elementen bestimmen sowohl die d-Elektronen der zweitäußersten als auch die s-Elektronen der äußeren Schale das chemische Verhalten. Es gibt insgesamt vier Reihen von Übergangselementen, bei denen jeweils die 3d-, 4d-, 5d- und 6d-Zustände mit Elektronen aufgefüllt werden.

In Tab. 1.11 sind die Valenzelektronenkonfigurationen einiger Übergangselemente aufgelistet [vgl. **MC-Frage Nr. 1320**].

Anomalien in der Abfolge der Besetzung treten dann auf, wenn *halbbesetzte* oder *vollständig besetzte d-Schalen* resultieren, weil solche Elektronenkonfigurationen besonders stabil sind. Dies ist der Fall bei Cr, Ag, Au, Cu, Mo und Pd [vgl. **MC-Fragen Nr. 186–188, 1209, 1319**].

Tab. 1.11: Valenzelektronenkonfiguration der ersten Nebengruppenelementperiode

	Sc	Ti	V	Cr	Mn	Fe	Co	Ni	Cu	Zn
3d	1	2	3	5	5	6	7	8	10	10
4s	2	2	2	1	2	2	2	2	1	2

Cr:	[Ar]	$3d^5\,4s^1$	**Pd:**	[Kr]	$4d^{10}5s^0$
Cu:	[Ar]	$3d^{10}4s^1$	**Ag:**	[Kr]	$4d^{10}5s^1$
Mo:	[Kr]	$4d^5\,5s^1$	**Au:**	[Xe]	$5d^{10}6s^1$

Da die s-Elektronen dieser Übergangsmetalle bei der *Ionisierung* bevorzugt abgespalten werden, ergeben sich für einige Ionen von Nebengruppenelementen folgende Elektronenkonfigurationen [vgl. **MC-Fragen Nr. 171, 185**].

Mn^{2+} : [Ar] $3d^5$	Cu^+ : [Ar] $3d^{10}$	Zn^{2+} : [Ar] $3d^{10}$

1.2.3.4 Innere Übergangselemente

Die **Lanthanoide (seltene Erden)** und **Actinoide** folgen im PSE den Elementen Lanthan bzw. Actinium und gehören in die 6. bzw. 7. Periode. Bei diesen Elementen werden die f-Niveaus der drittäußersten Schale sukzessive mit Elektronen aufgefüllt. Ihr chemisches Verhalten hängt somit von den drei letzten Schalen ab.

Lanthaniden	**Auffüllung der 4f-Schale**
Actiniden	**Auffüllung der 5f-Schale**

1.2.4 Periodische Eigenschaften der Elemente

Die chemischen und physikalischen Eigenschaften der Elemente variieren systematisch mit zunehmender Ordnungszahl, sodass die Stellung eines Elements im PSE allgemeine Aussagen über sein chemisches Verhalten zulässt. Einige dieser Eigenschaften werden in den nachfolgenden Abschnitten vorgestellt. Hierbei ist zu unterscheiden zwischen Eigenschaften, die den jeweiligen Haupt- und Nebengruppenelementen gemeinsam sind, und solchen, die nur für die Haupt- oder nur für die Nebengruppenelemente zutreffen. Eine tabellarische Zusammenstellung über die wichtigsten *Zusammenhänge innerhalb des PSE* findet sich in Tab. 1.12 auf Seite 47. Die Abhängigkeit der *Oxidationszahl* von der Stellung des Elements im PSE wird im Kap. 1.12.1 behandelt.

1.2.4.1 Ionisierungsenergie (Ionisierungspotential)

Ionisation (Ionisierung) bedeutet die Ablösung eines oder mehrerer Elektronen aus der Elektronenhülle eines Atoms, Moleküls oder Ions.

Als *erste Ionisierungsenergie (**1. IE**)* bezeichnet man die Energie, die zur vollständigen Abtrennung des jeweils am schwächsten gebundenen Elektrons aus einem Atom, Ion oder Molekül aufzuwenden ist [vgl. **MC-Fragen Nr. 192, 1411, 1545**].

$$\text{Atom (g)} \xrightarrow{\ +\ \textbf{IE}\ } \text{Kation}^+ \text{(g)} + e^-$$

Tab. 1.12:　Allgemeine Zusammenhänge im PSE

Chem. phys. Eigenschaften	Haupt- und Nebengruppen gemeinsam	Hauptgruppen	Nebengruppen
Metallcharakter		Metalle und Nichtmetalle. Metallcharakter nimmt innerhalb einer Periode von links nach rechts ab. In der Nähe der Diagonalen von links oben nach rechts unten stehen Halbmetalle.	Nur Metalle. Hier stehen die stärker Kationen bildenden Elemente links oben, die stärker Anionen bildenden rechts unten.
Basizität der Hydroxide	Nimmt innerhalb einer Periode von links nach rechts und beim gleichen Element mit steigender Oxidationsstufe ab.	Nimmt innerhalb einer Gruppe mit steigender Ordnungszahl zu.	Nimmt innerhalb einer Gruppe mit steigender Ordnungszahl schwach zu.
Säuretypen \n\n Beständigkeit der Orthoverbindungen	Durch die Stellung in der jeweiligen Gruppe gegeben. \n\n Nimmt innerhalb einer Gruppe mit steigender Ordnungszahl zu.		
Anzahl der Außenelektronen		Identisch mit der Gruppennummer	Maximal zwei (s). Ausnahme: s. Kap. 1.2.3.3
Elektronegativität		Nimmt i. d. R. innerhalb einer Gruppe mit steigender Ordnungszahl ab, innerhalb einer Periode mit steigender Ordnungszahl zu.	
Maximal mögliche Oxidationsstufe	Identisch mit der Gruppennummer	Ausnahme: O, F, Edelgase der VIII. Hauptgruppe, die diese nicht erreichen.	Ausnahme: Elemente der I. Nebengruppe, die diese überschreiten, und der VIII. Nebengruppe, die diese außer Ru und Os nicht erreichen.
Oxidationsstufen-intervall		Oft zwei.	Meistens eins.
Beständigkeit der maximalen Oxidationsstufe		Nimmt innerhalb einer Gruppe mit steigender Ordnungszahl ab.	Nimmt innerhalb einer Gruppe mit steigender Ordnungszahl zu. Ausnahme: II. Nebengruppe.
Minimal mögliche Oxidationsstufe		Maximale Oxidationsstufe -8 = minimale Oxidationsstufe.	
Thermische Beständigkeit der Hydride in der minimalen Oxidationsstufe		Nimmt innerhalb einer Gruppe mit steigender Ordnungszahl ab.	
Basizität der Hydride		Nimmt innerhalb einer Gruppe mit steigender Ordnungszahl ab.	
Unstetige Änderung der chemischen Eigenschaften		Starke Eigenschaftsänderungen zwischen dem ersten und zweiten Element innerhalb einer Gruppe. Schrägbeziehung!	

Tab. 1.13: Ionisierungsenergien der Elemente der 2. Periode

Element	Li	Be	B	C	N	O	F	Ne
IE (eV)	5,4	9,3	8,3	11,3	14,5	13,6	17,4	21,6

Da bei der Ionisation die Anziehungskraft des Atomkerns gegenüber einem Elektron zu überwinden ist, muss bei einem Ionisierungsvorgang *stets* Energie zugeführt werden. Die Ionisierungsenergie, die ein *direktes Maß für den Energiezustand des betreffenden Elektrons* darstellt, hängt von folgenden Faktoren ab:

* **Die Ionisierungsenergie ist umso geringer, je höher der Energieinhalt des jeweiligen Elektrons ist, d. h., je weiter das betreffende Elektron vom Atomkern entfernt ist.**
* **Im allgemeinen nimmt die Ionisierungsenergie mit wachsender Kernladung zu und mit wachsendem Atomradius ab.**

Daraus folgt, dass innerhalb einer *Periode* des PSE die Ionisierungsenergie von links nach rechts ansteigt (wachsende Kernladung, abnehmender Atomradius). Somit besitzen innerhalb einer Periode die *Edelgase* die jeweils höchsten Ionisierungspotentiale (vgl. Abb. 1.22 und **MC-Fragen Nr. 1169, 1764, 1810**). In Tab. 1.13 sind die Ionisierungsenergien der Elemente der 2. Periode des PSE aufgelistet. Sie sind in Elektronenvolt (eV) angegeben.

Innerhalb einer *Elementgruppe* des PSE nimmt die Ionisierungsenergie mit steigender Ordnungszahl von oben nach unten stark ab (Zunahme des Atomradius; das Elektron stammt aus einer weiter außen liegenden Schale), da hier die abschirmende Wirkung der inneren Elektronen die Erhöhung der Kernladung zu kompensieren vermag. Tab. 1.14 enthält die Ionisierungsenergien der Elemente der I. Hauptgruppe des PSE [vgl. **MC-Fragen Nr. 194, 195, 707, 708, 1560, 1810**].

Tab. 1.14: Ionisierungsenergien der Alkalimetalle

Element	Li	Na	K	Rb	Cs
IE (eV)	5,4	5,1	4,3	4,2	3,9

Aufgrund ihrer Stellung im PSE ist für Metalle eine relativ niedrige, für Nichtmetalle eine relativ hohe Ionisierungsenergie charakteristisch.

* Die Ionisierungsenergie hängt in hohem Maße von der Ladung des jeweiligen Atoms oder Moleküls ab.

Die Abspaltung eines zweiten Elektrons, d. h. die Ablösung eines weiteren Elektrons aus einem einwertigen Kation, erfordert mehr Energie als die Ablösung des

Tab. 1.15: **Ionisierungsenergien des Kohlenstoffs**

C-Atom	1.IE	2.IE	3.IE	4.IE	5.IE	6.IE
eV	11,3	24,4	47,9	64,5	391,9	666,8

ersten Elektrons aus einem neutralen Atom, weil mit der Ionisierung die Atome kleiner werden und die effektive Kernladung zunimmt. Die 2. Ionisierungsenergie eines Atoms ist daher beträchtlich größer als sein 1. Ionisierungspotential.

$$\text{Atom}^0 \xrightarrow[-\,e^-]{1.\text{IE}} \text{Kation}^+ \xrightarrow[-\,e^-]{2.\text{IE}} \text{Kation}^{2+} \xrightarrow[-\,e^-]{3.\text{IE}} \text{Kation}^{3+} \text{ usw.}$$

Es gilt: **1.IE < 2.IE < 3.IE < 4.IE < usw.**

Dies dokumentieren auch die in Tab. 1.15 aufgelisteten Ionisierungsenergien des Kohlenstoffs.

Ganz besonders groß ist die Zunahme der Ionisierungsenergie dann, wenn alle Elektronen einer Schale bereits abgespalten sind, und ein weiteres Elektron aus der nächstinneren Schale abgetrennt wird (z. B. 5.IE für $C^{4+} \rightarrow C^{5+}$).

In der Abb. 1.22 (S. 50) sind die 1. Ionisierungsenergien der Hauptgruppenelemente in Abhängigkeit von ihrer Ordnungszahl aufgetragen.

Die starke Zunahme der Ionisierungsenergie vom **Wasserstoff** zum **Helium** hin resultiert aus der erhöhten Kernladung.

Der nachfolgende starke Abfall zum **Lithium** hin ist eine Folge der Tatsache, dass hier das Valenzelektron (2s) zur 2. Schale gehört und die um eine Einheit gestiegene Kernladung durch die beiden 1s-Elektronen stark abgeschirmt wird.

Vom **Lithium** zum **Neon** hin nimmt die Ionisierungsenergie erwartungsgemäß wieder zu, weil die Kernladung stetig ansteigt und die Elektronen derselben Schale ein anderes Elektron aus der gleichen Schale kaum abschirmen.

Beim **Bor** beobachtet man eine deutliche Abnahme der Ionisierungsenergie, da die p-Elektronen etwas energiereicher sind als die s-Elektronen derselben Hauptquantenzahl.

Die im Vergleich zu Sauerstoff erhöhte Ionisierungsenergie des **Stickstoffs** wird mit der energetisch günstigeren Halbbesetzung des 2p-Zustandes erklärt [vgl. **MC-Fragen Nr. 1451, 1811**].

1.2.4.2 Elektronenaffinität

Unter **Elektronenaffinität** (EA) versteht man die mit der Aufnahme von Elektronen durch ein neutrales Atom verbundene Energie [vgl. **MC-Fragen Nr. 1239, 1410, 1545, 1863**].

$$\text{Atom}^0 \text{ (g)} \quad + \quad e^- \xrightarrow{\pm\,\text{EA}} \quad \text{Anion}^- \text{ (g)}$$

Es gelten hierbei analoge Zusammenhänge wie für die Ionisierungsenergie. Über die Elektronenaffinitäten einiger Nichtmetalle informiert Tab. 1.16 (Seite 51).

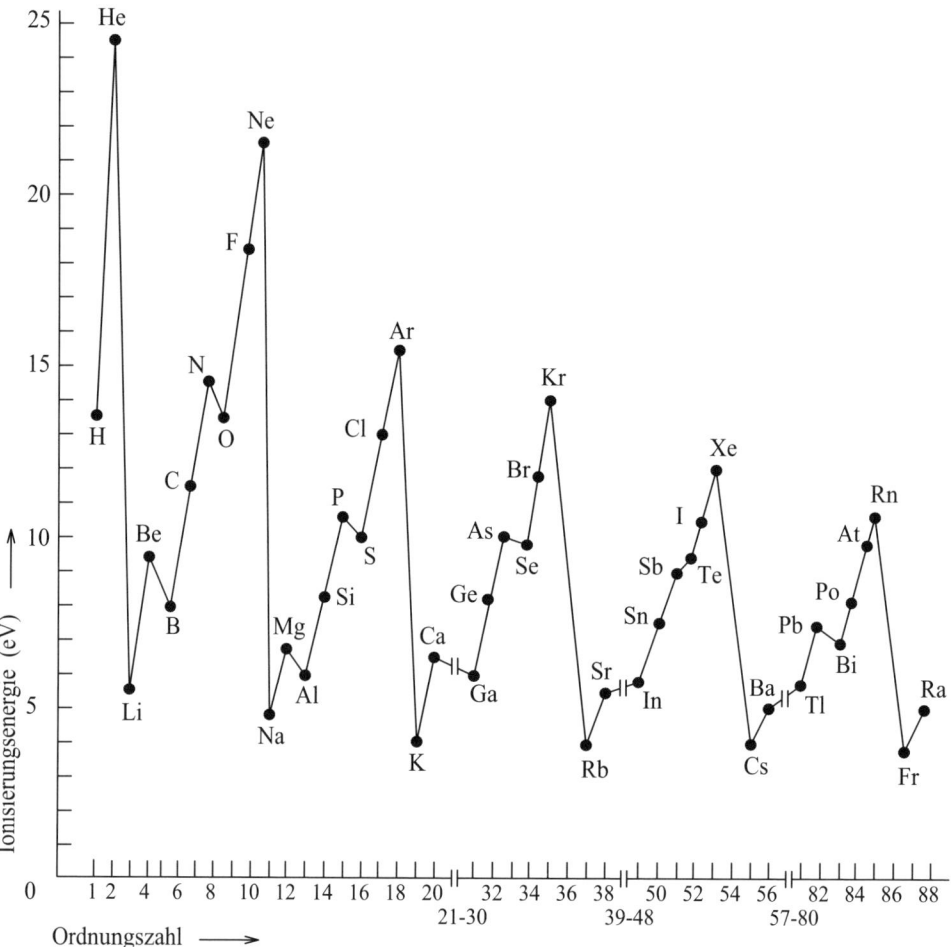

Abb. 1.22: Ionisierungspotentiale der Hauptgruppenelemente

Nähert sich ein Elektron einem Atom, so wird es vom Atomkern angezogen und von der Elektronenhülle abgestoßen. Je nachdem, ob die Anziehungs- oder Abstoßungskräfte überwiegen, wird bei der Anionenbildung Energie freigesetzt oder benötigt.

Wie Tab. 1.16 ausweist, erfolgt die Bildung einfach negativ geladener Ionen in *exothermer Reaktion*, d. h., bei der Bildung einwertiger Anionen wird Energie frei (vgl. auch Kap. 1.9). Das **Maximum der Elektronenaffinität beim Chlor** ist damit zu erklären, dass hier die vom Fluor zum Chlor hin zunehmende Kernladung die Wirkung des wachsenden Atomradius übertrifft [vgl. **MC-Fragen Nr. 277, 278**].

Die Bildung mehrfach negativ geladener Ionen [O^{2-}, S^{2-}, N^{3-}] geschieht stets stark *endotherm* [vgl. **MC-Frage Nr. 196**].

Tab 1.16:   Elektronenaffinität von Nichtmetallen (in kJ mol^{-1})

	+ 1 e$^-$			+ 2 e$^-$	
H	-73	F	-328	O	+704
P	-72	Cl	-349	S	+332
O	-141	Br	-325		
S	-200	I	-295		

1.2.4.3 Atomradius

Ein Atom hat keine definierte Oberfläche und kann nicht vermessen werden. Die Bestimmung der Atomgröße ist deshalb problematisch.

Bei *Metallen* bezeichnet man als Atomradius die Hälfte des mittels Röntgenbeugung bestimmten interatomaren Abstandes zweier Atomkerne im Metallgitter, während man für *Nichtmetalle* die halbe Bindungslänge der X-X-Einfachbindung als Atomradius annimmt.

Für den Atomradius ergeben sich folgende Gesetzmäßigkeiten [vgl. **MC-Frage Nr. 189**]:

Die Atomradien nehmen innerhalb einer Periode des PSE von links nach rechts ab, weil bei konstanter Zahl der Elektronenschalen die Kernladung zunimmt und die Atome durch die größere elektrostatische Anziehung der höheren Kernladung quasi schrumpfen.

Die Radien der Elemente der 2. Periode des PSE sind in Tab. 1.17 aufgelistet.

Tab. 1.17:   Atomradien der Elemente der 2. Periode des PSE

Element	Li	Be	B	C	N	O	F
Radius (pm)	152	112	88	77	70	66	64

Innerhalb einer Gruppe des PSE nimmt der Atomradius infolge des Aufbaus einer jeweils neuen (äußeren) Elektronenschale von oben nach unten mit steigender Ordnungszahl zu.

Tab. 1.18 zeigt die Atomradien der Elemente der I.Hauptgruppe des PSE.

Tab. 1.18:   Atomradien der Alkalimetalle

Element	Li	Na	K	Rb	Cs
Radius (pm)	152	186	231	244	262

1.2.4.4 Ionenradius

Ionen entstehen, wenn elektrisch neutrale Atome (bzw. Moleküle) Elektronen aufnehmen oder abgeben.

Positiv geladene Ionen (**Kationen**) sind stets beträchtlich kleiner als die entsprechenden Atome, während *negativ geladene Ionen* (**Anionen**) erheblich größer sind. Ursache hierfür ist, dass bei Ionen im Gegensatz zu neutralen Atomen die Kernladungszahl nicht mehr der Zahl der Elektronen in der Hülle entspricht.

Kationenradius < Atomradius < Anionenradius

Durch die bei der Kationenbildung erfolgende Verringerung der Elektronenzahl wird die interelektronische Abstoßung schwächer, und der Kern kann die verbleibenden Elektronen stärker anziehen. Bei der Anionenbildung erhöht sich die gegenseitige Abstoßung der Elektronen und die elektrostatische Anziehung durch den Atomkern ist geringer; die Valenzschale wird quasi aufgebläht. Durch das Ungleichgewicht von Protonen- und Elektronenzahl in Ionen erfahren die Elektronen in Kationen eine größere und in Anionen eine kleinere elektrostatische Anziehung durch den Kern wie in einem neutralen Atom [vgl. **MC-Fragen Nr. 191, 1690, 1793, 1864**].

In Abb. 1.23 sind die Ionen- und Atomradien der Hauptgruppenelemente vergleichend gegenübergestellt.

Ionenradien können aus den kürzesten Abständen zwischen den Ionen eines *Ionenkristalls (Salzes)* ermittelt werden (siehe auch Kap. 1.3.2). Es gelten folgende Regeln:

Innerhalb einer Elementgruppe nehmen die Ionenradien von oben nach unten zu (jeweils Aufbau einer neuen Schale) [vgl. **MC-Fragen Nr. 190, 1560**].

In Tab. 1.19 sind die Ionenradien einiger Haupt- und Nebengruppenelemente aufgelistet [vgl. **MC-Fragen Nr. 218, 380, 1449**].

Bei gleicher Elektronenanordnung ist das negative Ion größer als das positiv geladene [z. B.: F^- (136 pm) > Na^+ (98 pm) oder Cl^- (181 pm) > K^+ (133 pm)].
Der Ionenradius nimmt für positive Ionen innerhalb einer Periode ab [z. B.: K^+ (133 pm) > Ca^{2+} (99 pm) > Sc^{3+} (81 pm)].
Sind von einem Element mehrere positiv geladene Ionen bekannt, so nimmt der Radius mit zunehmender Ladung ab [z. B.: Mn^{7+} (46 pm) < Mn^{3+} (62 pm) < Mn^{2+} (80 pm)].

Die Atome und Ionen der **Nebengruppenelemente** unterscheiden sich durch die Anzahl der Elektronen auf der *zweitäußersten Schale*. Dabei schirmen die jeweils in eine innere Schale neu eintretenden Elektronen die erhöhte Kernladung so stark ab, dass die Radien innerhalb einer Reihe von Übergangselementen nur noch wenig abnehmen.

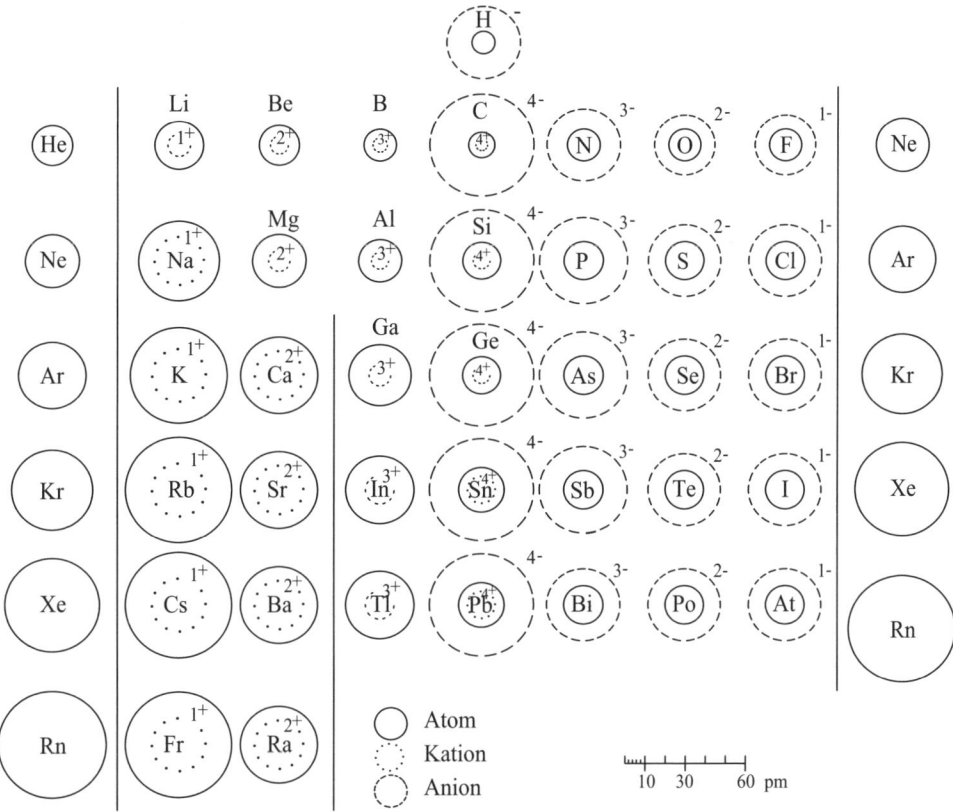

Abb. 1.23:   Atom- und Ionenradien von Hauptgruppenelementen

Tab. 1.19:   Ionenradien in pm [100 pm = 1 Å]

		H⁻	208	Li⁺	68	Be²⁺	31		
O^{2-}	140	F^-	136	Na^+	98	Mg^{2+}	65	Al^{3+}	51
S^{2-}	184	Cl^-	181	K^+	133	Ca^{2+}	99	Sc^{3+}	81
Se^{2-}	198	Br^-	195	Rb^+	148	Sr^{2+}	110	Y^{3+}	93
Te^{2-}	221	I^-	216	Cs^+	167	Ba^{2+}	135	La^{3+}	115

In Tab. 1.20 sind die Atom- und Ionenradien einiger 3d-Elemente zusammengestellt.

Die **Lanthaniden**, die sich nur im Aufbau der *drittäußersten Schale* (4f-Niveau) unterscheiden, bilden alle Ionen der Ladung +3. Innerhalb der Reihe der Lanthanoide nimmt der Ionenradius vom Lanthan [La^{3+}: 115 pm] zum Lutetium [Lu^{3+}: 85 pm] hin stetig ab **(Lanthanidenkontraktion)**. Dies ist eine Folge der wachsenden Kernladung bei gleichzeitiger Auffüllung einer inneren Elektronenschale.

Tab. 1.20: **Atom- und Ionenradien einiger Nebengruppenelemente**

Element	Elektronen-konfiguration	Atomradius (pm)	Ionenradius (pm)	
			Me^{2+}	Me^{3+}
Scandium	[Ar] $3d^1 4s^2$	160	-	81
Titan	[Ar] $3d^2 4s^2$	146	90	76
Vanadin	[Ar] $3d^3 4s^2$	131	88	74
Chrom	[Ar] $3d^5 4s^1$	125	84	69
Mangan	[Ar] $3d^5 4s^2$	129	80	66
Eisen	[Ar] $3d^6 4s^2$	126	76	64
Kobalt	[Ar] $3d^7 4s^2$	125	74	63
Nickel	[Ar] $3d^8 4s^2$	124	72	-
Kupfer	[Ar] $3d^{10} 4s^1$	128	72	-
Zink	[Ar] $3d^{10} 4s^2$	133	74	-

1.2.4.5 Metallischer und nichtmetallischer Charakter

Die Einteilung der Elemente in **Metalle, Halbmetalle** und **Nichtmetalle** gründet sich im wesentlichen auf ihre *elektrische Leitfähigkeit.*

Nichtmetalle sind **Isolatoren** und leiten den elektrischen Strom nicht. **Metalle** sind im allgemeinen sehr gute elektrische Leiter. Ihre Leitfähigkeit nimmt mit steigender Temperatur ab. **Halbmetalle [Bor, Silicium, Germanium, Arsen, Tellur]** leiten den elektrischen Strom nur mäßig. Im Gegensatz zu Metallen nimmt ihre Leitfähigkeit mit steigender Temperatur zu (vgl. auch Kap. 1.6.2 und **MC-Frage Nr. 1560**).

Innerhalb einer **Periode** des PSE nimmt der metallische Charakter von links nach rechts ab [z. B. Na → Cl] und innerhalb einer **Gruppe** von oben nach unten zu [z. B. C → Pb oder N → Bi]. Kohlenstoff und Stickstoff sind typische Nichtmetalle, Blei und Bismut sind typische Metalle. Für den nichtmetallischen Charakter gelten innerhalb des Periodensystems die umgekehrten Regeln.

Demzufolge stehen die typischen Metalle im PSE links und unten, die Nichtmetalle rechts und oben. Sie sind, wie Abb. 1.24 ausweist, durch eine diagonal vom

Li	Be	B	C	N	O	F
Na	Mg	Al	Si	P	S	Cl
K	Ca	Ga	Ge	As	Se	Br
Rb	Sr	In	Sn	Sb	Te	I
Cs	Ba	Tl	Pb	Bi	Po	At

Abb. 1.24: **Hauptgruppenelemente und Halbmetalle**

Bor zum Tellur hin verlaufende Reihe von Halbmetallen getrennt. Alle Nebengruppenelemente sind Metalle.

Man sollte sich allerdings bewusst sein, dass eine scharfe Trennungslinie nicht
gezogen werden kann, und eine Reihe von Elementen in mehreren Formen auftreten.

So ist z. B. **Phosphor** sowohl in seiner weißen als auch in der roten Modifikation
ein typisches Nichtmetall, während schwarzer Phosphor Halbmetalleigenschaften
besitzt (siehe Kap. 2.5.10). Graues **Zinn** zeigt die Eigenschaften eines Halbmetalls,
während weißes Zinn ein typischer metallischer Leiter ist (vgl. auch Kap. 2.6.7).

1.2.4.6 Schrägbeziehung

Die Erscheinung, dass das *erste Element einer Gruppe* des PSE in manchen Eigenschaften mehr dem *zweiten Element der folgenden Hauptgruppe* [Li → Mg;
Be → Al; B → Si] ähnelt als seinem nächsthöheren Homologen, wird **Schrägbeziehung** genannt. Sie ist immer in vergleichbaren Ladungsdichten und in ähnlichen
Atom- bzw. Ionenradien begründet [vgl. **MC-Fragen Nr. 163, 164, 1515, 1652**].

Die Tatsache, dass **Lithiumverbindungen** mehr den **Magnesium-** als den Na-
triumverbindungen gleichen, beruht auf der deformierenden Wirkung dieser Kationen. Hierbei wird die durch die Zunahme des Kationenradius [Li^+ → Na^+; Be^{2+}
→ Mg^{2+}] bedingte Verringerung der deformierenden Wirkung (siehe Kap. 1.3.1.4)
durch eine Zunahme der Kationenladung [Na^+ → Mg^{2+}; Mg^{2+} → Al^{3+}] wieder
kompensiert.

So sind Li_2CO_3 und Li_3PO_4 zum Unterschied von den Carbonaten und Phosphaten der übrigen Alkalimetalle und in Übereinstimmung mit $MgCO_3$ bzw.
$Mg_3(PO_4)_2$ in Wasser schwerlöslich. Ferner besitzen die Fluoride und Hydroxide
des Lithiums und Magnesiums ähnliche Löslichkeiten und Basizitäten. LiCl und
$MgCl_2$ sind hygroskopisch, NaCl hingegen nicht. Darüber hinaus bilden Li und Mg
mit elementarem Stickstoff salzartige Nitride [Li_3N, Mg_3N_2], die in Wasser leicht
zu Ammoniak hydrolysieren.

Metallisches **Beryllium** und **Aluminium** sind infolge der Bildung einer zusam-
menhängenden Oxidschicht gegenüber Säuren relativ inert. Auch sind $Be(OH)_2$
und $Al(OH)_3$ – im Gegensatz zum basischen $Mg(OH)_2$ – amphotere Hydroxide.

Bor und **Silicium** stellen harte, schlecht leitende Elemente dar, während Aluminium ein dehnbares, elektrisch gut leitendes Leichtmetall ist. Bor bildet wie Silicium ein feuerbeständiges Oxid und ein mit Fluorwasserstoff (HF) reagierendes
flüchtiges Fluorid. Bor- und Siliciumhydride sind flüchtig, leicht entzündlich und
hydrolysierbar. Dagegen ist Aluminiumhydrid ein hochpolymerer Feststoff. Ferner zeigen $B(OH)_3$ und $Si(OH)_4$ einen zwar schwachen, aber deutlich sauren Charakter, während $Al(OH)_3$ amphoter ist.

Schrägbeziehungen im PSE

Lithium/Magnesium
Beryllium/Aluminium
Bor/Silicium

1.2.5 Elektronegativität

Die **Elektronegativität** (EN) ist ein Maß für die Fähigkeit eines Atoms, in einer Kovalenzbindung (vgl. Kap. 1.4) das bindende Elektronenpaar anzuziehen [vgl. **MC-Fragen Nr. 197, 1363, 1409, 1545, 1592, 1645**].

Da die Elektronen eines Moleküls dem elektrischen Feld *aller* Kerne ausgesetzt sind, kann die Elektronegativität eines bestimmten Atoms in verschiedenen Molekülen nicht genau denselben Wert besitzen. Daher ist die Elektronegativität eine zwar nützliche, jedoch physikalisch nicht exakte Größe.

Die Elektronegativität hängt vom Anteil der positiven Kernladung ab, der trotz der Abschirmung durch die inneren Elektronenschalen auf die Valenzelektronen wirksam ist.

Da in den Perioden des PSE die Kernladung von links nach rechts ansteigt, ohne dass sich die Zahl der inneren Elektronen vermehrt, nimmt die Elektronegativität innerhalb einer Periode von links nach rechts zu. Innerhalb einer Gruppe nimmt sie hingegen von oben nach unten ab, weil die elektrostatische Wirkung des Kernfeldes auf die Valenzelektronen mit zunehmender Abschirmung durch die inneren Elektronen und wachsendem Atomradius kleiner wird [vgl. **MC-Fragen Nr. 197, 1363, 1395, 1560, 1592, 1897**].

Die *Elektronegativität* zeigt innerhalb des PSE den gleichen Gang wie die *Elektronenaffinität*. Beide Begriffe beschreiben die gleiche elektrostatische Anziehung zwischen Atomkern und Elektronen. Es besteht jedoch insofern ein Unterschied, als die Elektronenaffinität die Energie angibt, deren Auftreten mit der vollständigen Aufnahme eines Elektrons in das Elektronensystem des freien Atoms verbunden ist, während die Elektronegativität nur die partielle Anziehung der mit einem Bindungspartner gemeinsamen Elektronen innerhalb eines **kovalenten Moleküls** beschreibt.

Daraus ist auch abzuleiten, dass die Elektronegativität eines Elements physikalisch weniger klar definiert ist als seine Elektronenaffinität, sodass die Festlegung von Maßzahlen für die Elektronegativität auf experimentellem Wege nicht unmittelbar zugänglich ist, sondern nur indirekt erfolgen kann.

Als Regel kann gelten, dass die Elektronegativität eines Atoms dem *arithmetischen Mittel* aus seiner *Ionisierungsenergie* und seiner *Elektronenaffinität* proportional ist. Die Elektronegativität kann näherungsweise aus den *Bindungsenthalpien* berechnet werden (vgl. Kap. 1.4.3 und **MC-Fragen Nr. 197, 198, 1445, 1592**).

Obwohl bisher keine eindeutigen Methoden zur Messung der Elektronegativität existieren, hat sich dieser Begriff in der Praxis für qualitative und halbquantitative Betrachtungen als äußerst nützlich erwiesen. In Tab. 1.21 sind die *relativen Zahlenwerte* der Elektronegativitäten für eine Reihe wichtiger Elemente angegeben. **Fluor** wurde als dem **elektronegativsten Element** willkürlich der Zahlenwert **4** zugeordnet.

Man erkennt, dass EN-Werte für **Metalle** in der Regel kleiner als 2 sind und für die meisten **Nichtmetalle** zwischen 2,5 und 4,0 liegen. Die Elemente **Kohlenstoff** und **Wasserstoff** stehen ziemlich genau in der Mitte der von 0,8 bis 4,0 reichenden

Tab. 1.21: Relative Elektronegativitäten nach Pauling

			H 2,2			
Li 1,0	Be 1,6	B 2,0	C 2,6	N 3,0	O 3,4	F 4,0
Na 0,9	Mg 1,3	Al 1,6	Si 1,9	P 2,2	S 2,6	Cl 3,2
K 0,8	Ca 1,0	Ga 1,8	Ge 2,0	As 2,2	Se 2,6	Br 3,0
Rb 0,8	Sr 0,9	In 1,8	Sn 2,0	Sb 2,1	Te 2,1	I 2,7
Cs 0,8	Ba 0,9	Tl 2,0	Pb 2,3	Bi 2,0	Po 2,0	At 2,2

Tab. 1.22: Ionencharakter von Kovalenzbindungen

EN-Differenz	0	0,4	0,8	1,2	1,6	2,0	2,4
%-Ionencharakter	0	3	12	25	40	54	68
%-Kovalenzcharakter	100	97	88	75	60	46	32

Skala. **d-Elemente** besitzen Elektronegativitäten von 1,3 bis 2,4 und **f-Elemente** von 1,1 bis 1,2 [vgl. **MC-Fragen Nr. 199, 200, 202, 1034, 1287, 1564**].

Die EN-Werte hängen auch vom Hybridisierungszustand (vgl. Kap. 1.4) des betreffenden Atoms ab. Im allgemeinen nimmt die **Elektronegativität hybridisierter Atome** in folgender Reihe zu [vgl. **MC-Fragen Nr. 201, 1415**]:

$$sp^3 \; < \; sp^2 \; < \; sp$$

Je größer die Differenz zwischen den Elektronegativitäten zweier miteinander verbundener Atome ist, desto ausgeprägter ist der ionische Charakter der kovalenten Bindung, wobei das Atom mit der größeren Elektronegativität den negativen Bindungspartner darstellt (siehe auch Kap. 1.4.5). In Tab. 1.22 sind die prozentualen ionischen Anteile kovalenter Bindungen für einige EN-Differenzen aufgelistet.

Bei einer Elektronegativitätsdifferenz von 2 wie im BF_3 handelt es sich um eine Atombindung mit 54% Ionencharakter, bei kleineren Differenzen (z. B. NF_3) um vorwiegend kovalente, bei größeren Differenzen (z. B. NaF) um vorrangig ionische Bindungen. Für die metallische Bindung ist aufgrund der gleichartigen Bindungspartner eine Elektronegativitätsdifferenz ≤ 1 charakteristisch (vgl. auch **MC-Fragen Nr. 203, 204, 1353**).

Die Elektronegativität ist ein Maß für die Tendenz eines Atoms, in einer Kovalenzbindung Elektronen anzuziehen. Die Elektronegativität wächst mit zunehmender Kernladung und abnehmendem Atomradius eines Elements.

1.3 Ionenbindung

1.3.1 Bildung von Ionen und Ionengittern

1.3.1.1 Bildung von Ionen und Salzen

Verbinden sich zwei Atome von *Elementen stark unterschiedlicher Elektronegativität* miteinander, so kann ein vollständiger Übergang von Elektronen von einem auf das andere Element erfolgen. Aus **Metallen** entstehen positiv geladene **Kationen**, aus **Nichtmetallen** negativ geladene **Anionen**, die sich aufgrund ihrer entgegengesetzten Ladungen elektrostatisch anziehen.

$$\underset{\textbf{Metall}}{\textbf{Me}\cdot} \quad + \quad \underset{\textbf{Nichtmetall}}{\textbf{NMe}\cdot} \quad \longrightarrow \quad \underset{\textbf{Kation}}{\textbf{Me}^+} \quad + \quad \underset{\textbf{Anion}}{\textbf{NMe:}^-}$$

Voraussetzung für die Bildung ionischer Substanzen ist im allgemeinen, dass ein Bindungspartner eine relativ *niedrige Ionisierungsenergie* und der andere eine relativ *hohe Elektronenaffinität* besitzt [vgl. **MC-Fragen Nr. 208, 209, 1185, 1741**].

Die meisten Ionenverbindungen **(Salze)** resultieren daher aus Reaktionen von Elementen entgegengesetzter Bereiche des PSE. Es sind dies gewöhnlich Oxide, Sulfide und Halogenide der elektropositiven Metalle der I. bis III. Hauptgruppe sowie der Übergangsmetalle. Auch Blei bildet in der zweiwertigen Stufe mehr oder weniger ionische Verbindungen. Darüber hinaus werden von vielen Metallen Salze auch mit mehratomigen Ionen **(Molekülionen)** wie z. B. **Oxoanionen** (CO_3^{2-}, NO_3^-, SO_4^{2-}, ClO_4^- u. a.) gebildet.

1.3.1.2 Bildung von Ionengittern, Coulomb-Kräfte

Kationen und Anionen können (zumindest in der Gasphase) als inkompressible „Ionenkugeln" definierter Größe aufgefasst werden.

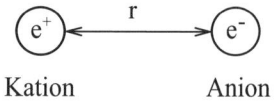

Die **Coulombsche Anziehungskraft** (K) zwischen Anionen und Kationen ist direkt proportional zum Produkt der beiden Ionenladungen und umgekehrt proportional zum Quadrat ihres Abstandes [$\sim r^{-2}$]. Darüber hinaus sind die Kräfte umgekehrt proportional zur Dielektrizitätszahl des Mediums, in dem sich die Ladungen befinden. Das **Coulomb-Gesetz** lautet [vgl. **MC-Fragen Nr. 205–207, 238**]:

$$K = \frac{1}{\varepsilon} \cdot \frac{e^+ \cdot e^-}{r^2}$$

K = Anziehungskraft
e^+ = Ladung des Kations
e^- = Ladung des Anions
r = Abstand der Ionen
ε = Dielektrizitätszahl des Mediums

Elektrostatische Kräfte sind ungerichtet und räumlich allseitig wirksam. Sie bilden ein kugelsymmetrisches elektrostatisches Feld. Dies führt dazu, dass sich eine möglichst große Zahl von Ionen um ein als Zentralion herausgegriffenes, entgegengesetzt geladenes Teilchen gruppiert, wie dies Abb. 1.25 zeigt. Die zunächst gebildeten **Ionenpaare** üben auf weitere Ionen Anziehungskräfte aus und bleiben nicht als Einzelmoleküle erhalten. Es kommt aufgrund der in allen drei Raumrichtungen gleich stark wirksamen Coulomb-Kräfte in einer exothermen Reaktion zur Bildung eines **Ionenkristalls**. Diese räumliche Struktur wird **Ionengitter** genannt. Der Aufbau des Ionenkristalls folgt hierbei rein geometrischen Gesichtspunkten, wobei das Verhältnis der **Ionenradien** eine entscheidende Rolle spielt (siehe auch Kap. 1.3.2.3). Die *Formel* einer Ionenverbindung gibt also nur das einfachste ganzzahlige Verhältnis der Ionen an [vgl. **MC-Fragen Nr. 208, 209, 214, 231, 1239, 1761**].

In einem Ionengitter werden die Bausteine ausschließlich durch allseitig wirkende Coulomb-Kräfte zusammengehalten, wobei das Prinzip der Elektroneutralität gewahrt ist. Dies bedeutet, dass in einem Ionenkristall die Summe der positiven Ladungen der Kationen mit der Summe der negativen Ladungen der Anionen übereinstimmt.

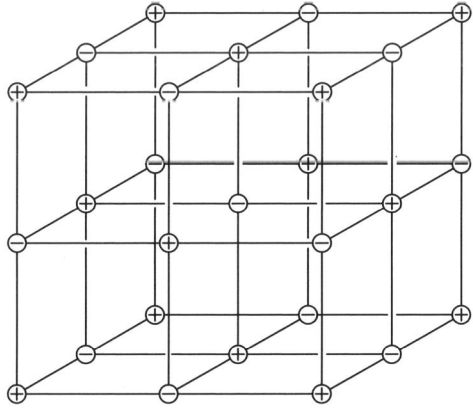

Abb. 1.25: Die Natriumchlorid-Struktur
[+ = Na$^+$-Ion, − = Cl$^-$-Ion]

1.3.1.3 Ionenwertigkeit, Edelgaskonfiguration

Die **Ionenwertigkeit** (Ladungszahl) entspricht der Zahl der Elementarladungen eines Ions. Sie hängt in starkem Maße von der Anzahl der Valenzelektronen im Ausgangsatom ab.

Hauptgruppenelemente nehmen Elektronen auf oder geben sie ab, wobei in der Regel Ionen entstehen, die mit Edelgasatomen *isoelektronisch* sind **(Edelgaskonfiguration)** (siehe Kap. 1.2.3).

1.3.1.4 Polarisation, Polarisierbarkeit
(vgl. auch Kap. 1.4.5)

Zwischen zwei benachbarten Ionen existiert neben der Coulomb-Anziehung und der Elektronenabstoßung eine weitere Wechselwirkung, die durch die gegenseitige Polarisation hervorgerufen wird. Abb. 1.26 veranschaulicht die Deformierung der Elektronenhülle großer Anionen durch kleine, hochgeladene Kationen.

Je kleiner und höher geladen ein Kation ist, desto mehr wird es dazu neigen, die Ladungsverteilung eines benachbarten Anions zu verzerren **(Deformation der Elektronenhülle)**. Ein grobes Maß für diese Polarisierungskraft eines Kations ist sein **Ionenpotential.**

Die **Polarisierbarkeit** (Elektronenverschiebbarkeit) eines Anions nimmt mit seiner Größe zu. Von zwei sonst vergleichbaren Anionen ist das größere leichter polarisierbar, weil seine Elektronen vom Kern weiter entfernt sind. Von zwei isoelektronischen Anionen, wie z. B. $O^{2-} > F^-$, wird das höher geladene stärker polarisierbar sein, weil die zusätzliche Elektron-Elektron-Abstoßung die Elektronenhülle aufbläht.

Daher wird bei den **Natriumhalogeniden** der ionische Anteil der Metall-Halogen-Bindung in der Reihenfolge Chlorid > Bromid > Iodid abnehmen, weil in der Reihe $Cl^- < Br^- < I^-$ die Polarisierbarkeit des Anions zunimmt (vgl. auch **MC-Frage Nr. 911**).

Da Kationen im Verhältnis zu Anionen signifikant kleiner sind, kann die Polarisierung eines Kations durch ein Anion in den meisten Fällen vernachlässigt werden. **Cäsiumfluorid** (CsF) ist wahrscheinlich eine Ausnahme!

Die Polarisierbarkeit des Anions und die Polarisierungskraft eines Kations haben allerdings nur geringe Auswirkungen auf die Gitterenergie kristalliner Ionenverbindungen.

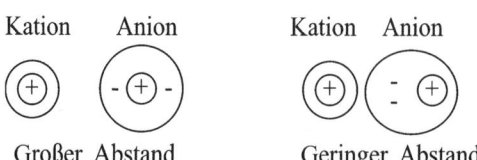

Abb. 1.26:   Schematische Darstellung der Polarisation der Elektronenhülle eines großen Anions durch ein kleines Kation

1.3.1.5 Ionenpotential

Zum Vergleich der Eigenschaften von Ionen mit unterschiedlicher Ladung und unterschiedlichem Ionenradius wird häufig das sog. **Ionenpotential** herangezogen. Das Ionenpotential [z/r] ist definiert als Quotient aus der Ionenladung (z) und dem Radius (r) des Ions. [z/r] kann als ein grobes Maß für die Stärke des von einem Ion ausgehenden elektrischen Feldes betrachtet werden.

Streng genommen ist aber ein Vergleich der chemischen Eigenschaften von Ionen aufgrund ihres Ionenpotentials nur auf Ionen mit gleicher Elektronenanordnung anwendbar. Darüber hinaus ist zu berücksichtigen, dass Ionen in Lösung solvatisiert vorliegen, sodass z. B. in wässriger Lösung der Radius des hydratisierten Ions maßgebend ist (vgl. Kap. 1.3.3).

In Tab. 1.23 sind die Ionenpotentiale einiger Kationen aufgelistet.

Ionen mit ähnlichem Ionenpotential zeigen vergleichbare chemische Eigenschaften. So besitzen z. B. **Ammoniumsalze** und **Kaliumsalze** ähnliche Löslichkeiten. Auch **Beryllium-** und **Aluminiumverbindungen** zeigen ein ähnliches chemisches Verhalten.

Tab. 1.23: **Ionenpotentiale ausgewählter Kationen**

Cs^+	Rb^+	NH_4^+	K^+	Na^+	Li^+	Ra^{2+}	Ba^{2+}	Sr^{2+}	Ca^{2+}
0,6	0,7	0,7	0,8	1,0	1,3	1,3	1,4	1,6	1,9
La^{3+}	Ce^{3+}	Mg^{2+}	Y^{3+}	Sc^{3+}	Zr^{4+}	Hf^{4+}	Al^{3+}	Be^{2+}	Ti^{4+}
2,5	2,5	2,6	2,8	3,6	4,6	4,6	5,3	5,9	6,2

1.3.2 Gitterenergie, Kristallstrukturen, Mischkristalle

1.3.2.1 Energiebilanz der Bildung von Salzen

Die Bildung von **Salzen** (Ionenverbindungen) aus einem Metall und einem Nichtmetall ist ein recht komplexer Vorgang, den man nach **Haber** und **Born** in eine Reihe von Teilschritten zerlegen kann (siehe Abb. 1.27).

Bevor ein Metall und ein Nichtmetall miteinander reagieren können, müssen aus den Elementen freie Atome entstehen und diese ggf. in den Gaszustand übergeführt werden. Hierfür sind die **Sublimationsenergie** (E_S) bzw. Verdampfungswärme und die **Bindungsenergie** (Dissoziationsenergie) ($1/2\ E_B$) aufzubringen.

Die Bildung der Kationen geschieht ebenfalls unter Aufwendung von Energie **(Ionisierungsenergie)** (IE), während bei der Bildung einfach negativ geladener

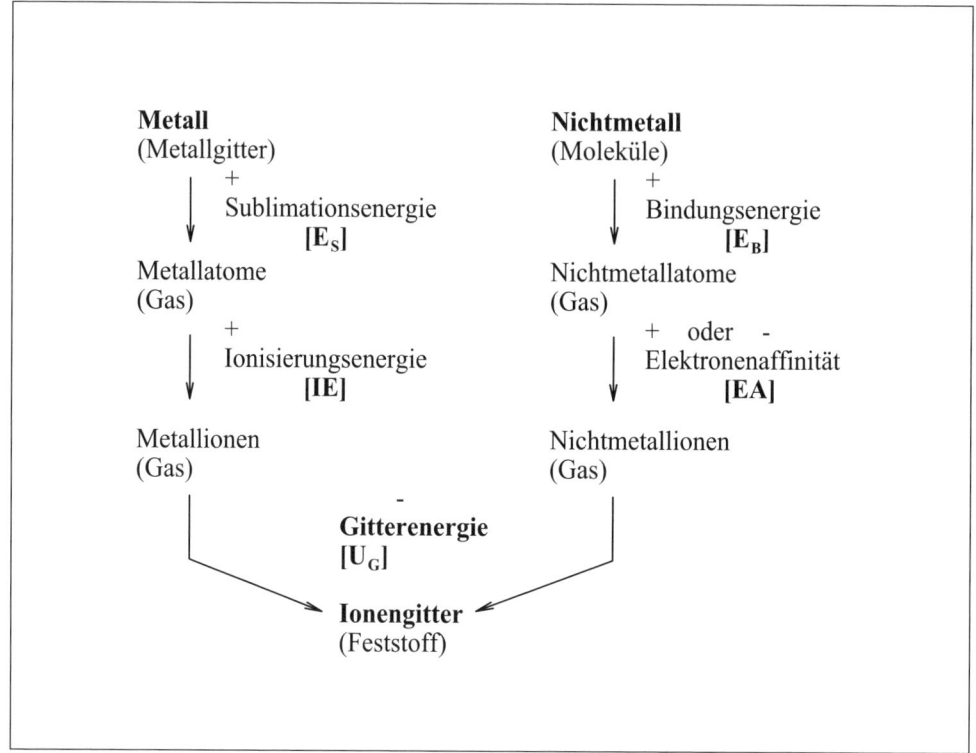

Abb. 1.27: **Energien bei der Bildung von Ionenverbindungen**
[+: für diesen Teilschritt wird Energie benötigt
−: bei diesem Teilschritt wird Energie frei]

Anionen [F^-, Cl^-, Br^-, I^-] Energie **(Elektronenaffinität)**(EA) frei wird. Die Bildung mehrwertiger Anionen [O^{2-}. S^{2-}] erfordert hingegen wieder einen beträchtlichen Energieaufwand.

Die entgegengesetzt geladenen Ionen ziehen sich elektrostatisch an, bilden ein Ionenpaar und lagern sich schließlich in das Ionengitter ein. Dabei wird die **Gitterenergie** (U_G) frei, die im allgemeinen die zur Ionenbildung benötigten Energiebeträge deutlich übertrifft [vgl. **MC-Fragen Nr. 212, 1338, 1691**].

Die Reaktionen eines Metalls mit einem zweiatomigen Nichtmetall kann auch mit Hilfe eines *Teilchenmodells* veranschaulicht werden. Abb. 1.28 zeigt, dass sich die gebildeten Ionen in ihrer Größe deutlich von den Atomen unterscheiden, aus den sie entstanden sind. Kationen sind erheblich kleiner als die jeweiligen Metallatome und Anionen sind größer als die Nichtmetallatome (siehe auch Kap. 1.2.4). Im Ionengitter ist jedes Teilchen von Ionen entgegengesetzter Ladung umhüllt. Ihre elektrostatische Anziehung hält das Raumgitter zusammen. Im Gitter führen die Ionen lediglich Schwingungen um eine bestimmte Schwerpunktlage aus [vgl. **MC-Fragen Nr. 213, 214**].

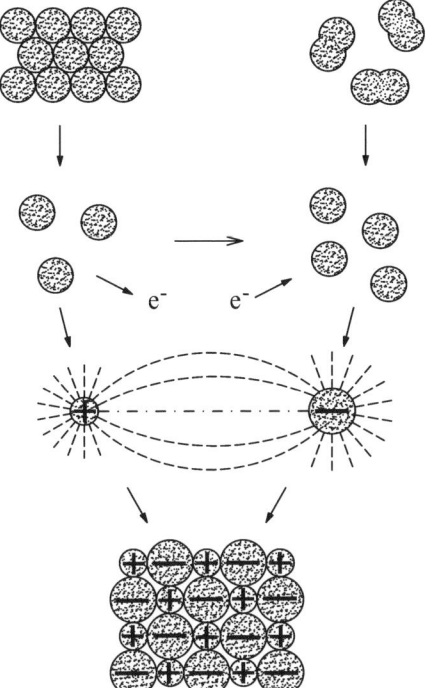

Abb. 1.28: Schematische Darstellung (Teilchen-modell) der Vorgänge bei der Bildung von Salzen aus ihren Elementen

1.3.2.2 Gitterenergie, Born-Haber-Kreisprozess

Nähern sich zwei Ionen entgegengesetzter Ladung (e) bis zum Abstand (r), so sinkt ihre potentielle Energie um den Betrag (e^2/r), der sog. **Coulomb-Energie**. Die Ionen können sich einander aber nicht beliebig nähern, da sich bei zu starker Annäherung die gleichsinnig geladenen Elektronenhüllen abstoßen. Mit kürzer werdendem Abstand der beiden Ionen nehmen diese Abstoßungskräfte drastisch zu.

In Abb. 1.29 ist die Abhängigkeit der potentiellen Energie vom Kernabstand beider Ionen graphisch dargestellt. Die potentielle Energie eines Ionenpaares zeigt bei einem bestimmten Abstand r_o ein Minimum. Es stellt sich also ein *Gleichgewichtszustand* zwischen Anziehung und Abstoßung ein. Für NaCl beträgt z. B. r_o = 238 pm.

Zur exakten Bestimmung der Gitterenergie eines dreidimensionalen Ionenkristalls müssen die Coulomb-Energie und die Abstoßungsenergie der Elektronenhüllen bekannt sein, wobei sich letztere nur schwer berechnen lässt. Die Gitterenergie (U_G) ist um rund 10% kleiner als die Energie der Coulomb-Anziehung allein.

Gitterenergie = Coulomb-Energie - Abstoßungsenergie

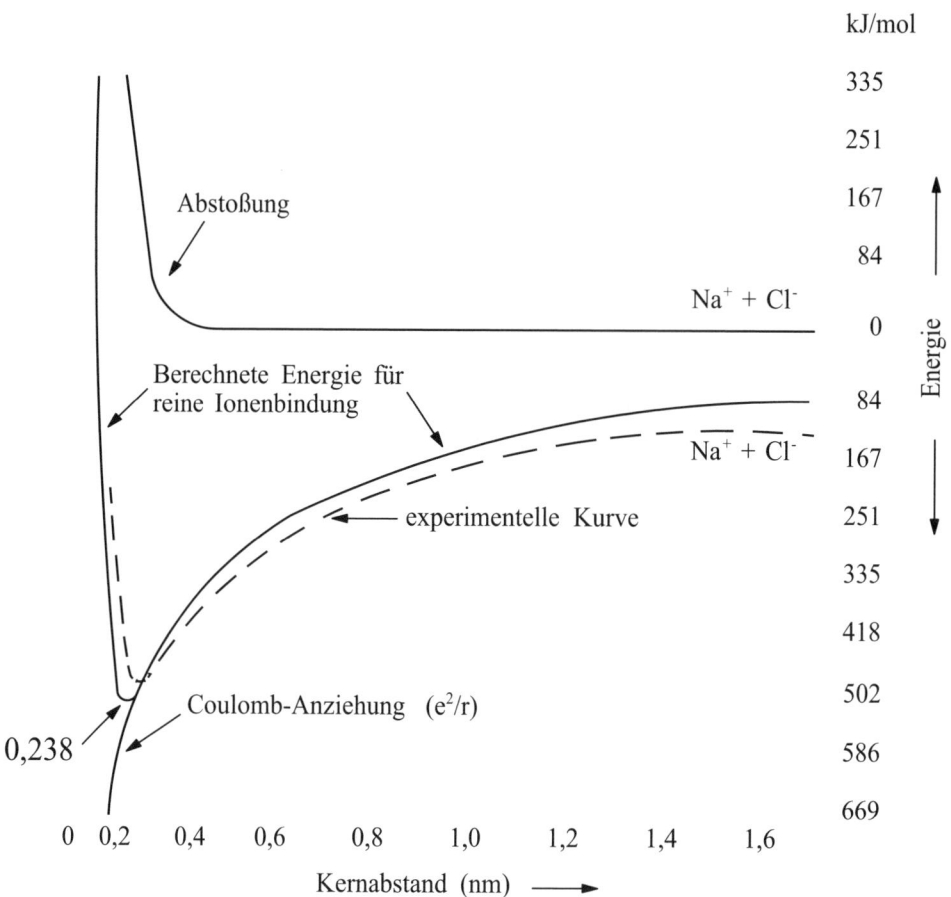

Abb. 1.29: **Potentielle Energie eines Ionenpaares als Funktion des Kernabstandes beider Ionen**

Es zeigt sich aber, dass die **Gitterenergie** sehr gut durch den Ausdruck

$$U_G \; = \; k \; \cdot \; e^2 \; / \; r$$

beschrieben werden kann. Die Gitterenergie ist daher umso größer, je kleiner und höher geladen die Ionen des Kristalls sind. Sie ist den Ionenladungen direkt und dem Kernabstand (Summe der Ionenradien) umgekehrt proportional.
Die Gitterenergie lässt sich nur in sehr wenigen Fällen direkt messen. Sie kann aber durch den **Born-Haber-Kreisprozess** zu experimentell leicht zugänglichen thermodynamischen Größen in Beziehung gesetzt und somit indirekt ermittelt werden. Der Born-Haber-Zyklus (Abb. 1.30) basiert auf dem **Satz von Hess**, wonach die Enthalpie einer chemischen Reaktion einen festen Betrag besitzt, unabhängig davon, in wievielen Einzelschritten diese Reaktion abläuft (vgl. Kap. 1.9). Beispielsweise gilt für **Natriumchlorid**:

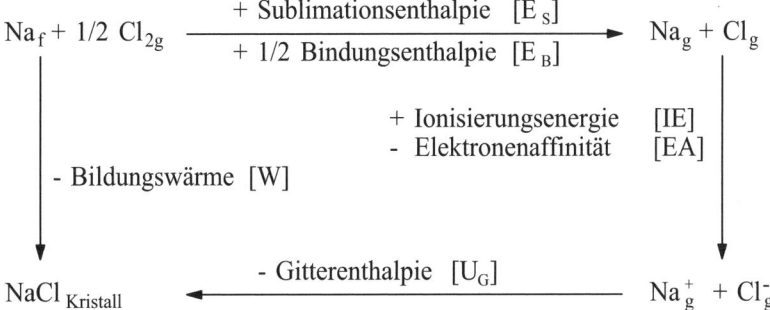

Abb. 1.30: Born-Haber-Kreisprozess für NaCl

Daraus ergibt sich [vgl. **MC-Fragen Nr. 1338, 1691**]:

$$W \; = \; U_G \; - \; IE \; + \; EA \; - \; E_S \; - \; 1/2 \; E_B$$

Diese Gleichung gestattet die *Berechnung der Gitterenergie*, da alle übrigen Größen einer direkten experimentellen Messung zugänglich sind.

Das Modell trifft näherungsweise aber nur auf Salze zu, bei denen starre, kugelförmige Ionen postuliert werden können. Relativ voluminöse Anionen werden durch die Wirkung kleiner Kationen stark polarisiert (deformiert), sodass sich die Elektronenhüllen partiell durchdringen und keine reine Ionenbindung mehr vorliegt (siehe Kap. 1.3.1.4 und Kap. 1.4.5).

Die Gitterenergien (Gitterenthalpien) ausgewählter Salze sind in Tab. 1.24 angegeben [vgl. **MC-Fragen Nr. 1336, 1521**].

Die Energie, die bei der Vereinigung äquivalenter Mengen gasförmiger Kationen und Anionen zu einem festen Ionenkristall frei wird, nennt man Gitterenergie.

$$X^+_{(gas)} + Y^-_{(gas)} \longrightarrow (X^+Y^-)_{(fest)} + \text{Gitterenergie}$$

Um diesen Energiebetrag ist das Koordinationsgitter stabiler als die isolierten Ionen. Die Gitterenergie stabilisiert den Ionenkristall. Es ist die Gitterenergie und nicht etwa die Tendenz zur Erreichung der Edelgaskonfiguration der gebildeten Ionen, die die stark exotherme Bildung vieler Salze aus ihren Elementen ermöglicht. Die Gitterenergie (Gitterenthalpie) ist umso größer, je kleiner und höher geladen die Ionen des Gitters sind.

Tab. 1.24: Gitterenthalpien einiger Salze (in kJ mol^{-1})

LiF	-1019	LiCl	-838	CaF_2	-2611	MgS	-3347
LiCl	- 838	NaCl	-766	$CaCl_2$	-2146	CaS	-3084
LiBr	- 798	KCl	-703	$CaBr_2$	-2025	BaS	-2707
LiI	- 742	RbCl	-665	CaI_2	-1920	MgO	-3929
		CsCl	-623			CaO	-3477
Al_2O_3	-15100					BaO	-3042

1.3.2.3 Kristallgitter und Gittertypen

Unter einem **Kristallgitter** versteht man die allseitig räumliche periodische Wiederholung einer bestimmten Anordnung der Gitterbausteine. Von einem **Ionengitter** spricht man, wenn die einzelnen Gitterpositionen des Kristalls von Ionen besetzt sind.

In einem Ionengitter ist jedes Ion von einer bestimmten Anzahl Ionen entgegengesetzter Ladung umgeben. Diese Zahl wird **Koordinationszahl** (KZ) genannt. Die Koordination erfolgt hierbei durch das gesamte Raumgitter. Die Koordinationszahl ist keine willkürliche Größe. Sie ergibt sich aus geometrischen Faktoren, insbesondere dem **Radienverhältnis** von Kation und Anion. Ein großes Ion kann von vielen kleinen, aber nur von wenigen ebenso großen Ionen umgeben sein. Die Koordinationszahl macht keine Angaben über die Bindungsverhältnisse im Kristall.

> Die Koordinationszahl eines Teilchens in einem Kristallgitter ist gleich der Zahl seiner nächsten Nachbarn. Die Struktur eines Ionengitters wird in erster Linie durch die Ionenladungen und das Verhältnis der Ionenradien bestimmt.

Beispielsweise beträgt im *kubisch-flächenzentrierten Natriumchlorid-Gitter* [NaCl] (Abb. 1.31) die Koordinationszahl **6**. D.h., jedes Na^+-Ion ist von sechs gleich weit entfernten Cl^--Ionen und jedes Cl^--Ion von sechs gleich weit entfernten Na^+-Ionen umgeben. Im *kubisch-raumzentrierten Caesiumchlorid-Gitter* [CsCl] (Abb. 1.32) haben beide Ionen die Koordinationszahl **8** und schließlich besitzen im *Zinksulfid-Gitter* [ZnS] (Abb. 1.32) beide Gitterbausteine [Zn^{2+}, S^{2-}] die Koordinationszahl **4**. Demgegenüber sind aufgrund der unterschiedlichen Ionenladungen im *Fluorit-Gitter* [CaF_2] die Koordinationszahlen nicht mehr gleich. Beim Calciumfluorid-Gitter ist das Kation [Ca^{2+}] von **8** Anionen [F^-] und jedes Anion tetraedrisch von **4** Kationen umgeben [vgl. **MC-Fragen Nr. 214–218, 220**].

Um die Koordinationszahlen in den chemischen Formeln zum Ausdruck zu bringen, wird häufig die sog. **Niggli-Schreibweise** verwendet, wobei im Zähler die Koordinationszahl des Kations und im Nenner die des Anions angegeben wird, z. B.:

$$\text{CsCl}_{8/8} - \text{NaCl}_{6/6} - \text{ZnS}_{4/4} - \text{CaF}_{8/4} - \text{TiO}_{6/3}$$

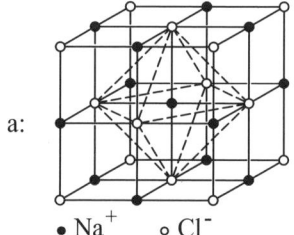

a:

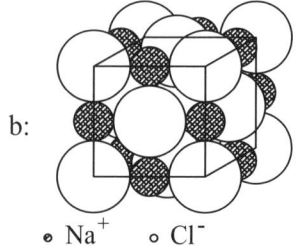

b:

• Na^+ ○ Cl^- • Na^+ ○ Cl^-

Abb. 1.31: Kochsalz-Kristall [a) Punktgitter b) Raumerfüllung]

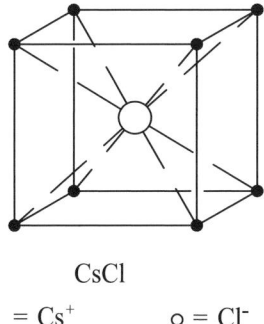
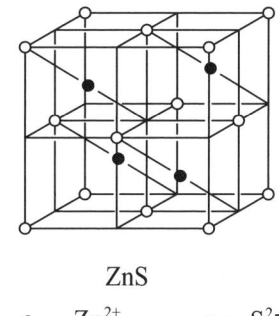

CsCl   ZnS

● = Cs$^+$ o = Cl$^-$ ● = Zn^{2+} o = S^{2-}

Abb. 1.32:   Die Cäsiumchlorid- und Zinkblende-Struktur

Allgemein lässt sich zur **Struktur eines Gitters** ausführen, dass jede Verbindung die Gitterordnung annehmen wird, die ihr die größte Stabilität, d. h. den niedrigsten Energieinhalt verleiht [vgl. **MC-Frage Nr. 214**].

Die zum *Energieinhalt eines Ionengitters* beitragenden Faktoren sind die elektrostatischen *Anziehungskräfte* zwischen den entgegengesetzt geladenen Ionen, die mit steigender Kernladungszahl abnehmen und die elektrostatischen *Abstoßungskräfte*, die sehr rasch ansteigen, wenn Ionen gleicher Ladung auf engem Raum zusammengedrängt werden.

Somit sollte die optimale Anordnung der Bausteine für einen Kristall diejenige sein, die es der größtmöglichen Zahl entgegengesetzt geladener Teilchen erlaubt, sich zu berühren, ohne dass dabei Ionen gleicher Ladung miteinander in Wechselwirkung treten.

> Die stabilste Struktur einer Substanz besitzt die größtmögliche Gitterenergie, die bei der jeweils dichtesten Teilchenanordnung auftritt.

Da aber in einem Ionenkristall in jedem kleinsten Kristallbereich Elektroneutralität herrschen muss, kann die Koordinationszahl nicht die geometrisch höchstmögliche [KZ = 12] der *dichtesten Kugelpackung* sein (vgl. Kap. 1.6). Sie ist in Ionenkristallen stets kleiner.

Würde z. B. CsCl in der NaCl-Struktur kristallisieren, so würden die Cl$^-$-Ionen durch die relativ großen Cs$^+$-Ionen auseinandergedrängt werden. Eine solche Struktur wäre lockerer und somit energetisch weniger stabil. Wenn umgekehrt NaCl in der CsCl-Struktur kristallisieren würde, so müssten sich die Cl$^-$-Ionen berühren und zwischen den Na$^+$- und Cl$^-$-Ionen wäre „leerer" Platz vorhanden. Auch dies ist weniger stabil.

Diese Überlegungen zeigen, dass die **Kristallstruktur** eines Salzes vorrangig durch das **Radienverhältnis** der Ionen bestimmt wird. Bei reinen Ionenverbindungen ist die zugehörige Struktur nur stabil, solange das tatsächliche Radienverhältnis größer als ein berechneter Grenzwert ist. Wegen oft vorhandener kovalenter Bindungsanteile gibt es allerdings zahlreiche Ausnahmen. In Tab. 1.25 sind die Grenzwerte der Radienverhältnisse einiger ausgewählter Salze aufgelistet [vgl. **MC-Fragen Nr. 214, 220**].

Tab. 1.25: Grenzradienverhältnisse wichtiger Strukturtypen von Ionenverbindungen

Zusammensetzung		Radienverhältnis
[AX]	[AX$_2$], [A$_2$X]	[r$_{Kation}$ / r$_{Anion}$]
CsCl	CaF$_2$	0,732
NaCl	TiO$_2$	0,414
ZnS	Na$_2$O	0,225

1.3.2.4 Mischkristallbildung, Isomorphie

Wie erwähnt wird in Ionenkristallen die Struktur durch das Radienverhältnis und die Ladung der betreffenden Ionen bestimmt. Die Art der Ionen spielt dabei nur eine untergeordnete Rolle. Daher können sich gleichwertige Ionen ähnlicher Größe im Kristall verdrängen, ohne dass der Kristalltyp entscheidend geändert wird [vgl. **MC-Fragen Nr. 222, 1534, 1812**]. So können die K$^+$-Ionen im festen **Kaliumchlorid** statistisch durch Rb$^+$-Ionen bzw. die Cl$^-$ Ionen durch Br$^-$-Ionen ersetzt werden. KCl und RbCl bzw. KCl und KBr bilden **Mischkristalle (feste Lösungen)**, die zwar in einer einheitlichen Struktur kristallisieren, jedoch keine definierte Zusammensetzung besitzen. Demgegenüber kristallisieren aus einer Lösung die beiden Substanzen NaCl und KCl getrennt aus, da die Radien der Na$^+$- und K$^+$-Ionen zu verschieden sind, um sich im Kristall gegenseitig ersetzen zu können. Hingegen lassen sich die Na$^+$-Ionen eines NaCl-Gitters durch Ag$^+$-Ionen ersetzen.

Auch bei Verbindungen mit isolierten Oxoanionen wird deren Kristallstruktur durch das Größenverhältnis von Kation zu Anion bestimmt. Es verwundert daher nicht, dass auch Substanzpaare wie CaCO$_3$/MgCO$_3$ oder KMnO$_4$/KClO$_4$ zueinander isomorph sind [vgl. **MC-Frage Nr. 1812**]. Man nennt Substanzen, die in der gleichen Gitterstruktur kristallisieren, zueinander *isotyp*. Bei gleicher Raumbeanspruchung (und Ladung) der Ionen ist bei isotypen Verbindungen die Bildung von Mischkristallen häufig. *Voraussetzung* zur Mischkristallbildung ist die Gleichheit des Formeltyps und der Ionenabstände im Kristallgitter. Bei der Mischkristallbildung **(Isomorphie)** unterscheidet man zwischen *vollständiger* und *unvollständiger Mischkristallbildung*, je nachdem, ob der gegenseitige Ersatz der Ionen unbegrenzt **(Mischkristalle ohne Mischungslücke)** oder nur begrenzt **(Mischkristalle mit Mischungslücke)** möglich ist [vgl. **MC-Frage Nr. 1762**]. Sind die Gitterabstände praktisch gleich (Differenz < 6 %), so findet man häufig eine unbegrenzte Mischbarkeit. Bei größeren Differenzen (> 6 %) vermag das Gitter des einen Salzes die Ionen des zweiten nur bis zu einem gewissen Grenzwert aufzunehmen. Es treten mehr oder minder große Mischungslücken auf.

Substanzen, deren Zusammensetzung innerhalb bestimmter Grenzen schwankt, werden als *nichtdaltonoide* oder *berthollide Verbindungen* bezeichnet. Nichtdaltonoide Verbindungen sind z. B. **Eisen(II)-sulfid** [FeS] und **Eisen(II)-oxid** FeO$_{0,95}$], die in gewissem Umfang stets Fe^{3+}-Ionen enthalten, sodass zum Ladungsausgleich einige Gitterplätze (*Leerstellen*) unbesetzt bleiben müssen.

1.3.2.5 Allgemeine Eigenschaften von Festkörpern

Die Eigenschaften eines Festkörpers (siehe auch Kap. 1.8.5) hängen nicht nur von der Art der Gitterbausteine und den zwischen ihnen wirksamen Kräften ab, sondern auch von ihrer räumlichen Anordnung, d. h. von der *Struktur des Festkörpers*.

Das typische Merkmal einer *kristallinen Substanz*, bestehend aus Atomen, Ionen oder Molekülen, ist eine gesetzmäßige geometrische Ordnung. Nichtkristalline Feststoffe, z. B. frisch gefällte Niederschläge oder **Gläser**, in denen diese Fernordnung fehlt, nennt man *amorph*. In solchen Stoffen sind die Teilchen wie im Kristall zwar auch stark aneinander gebunden, die Ordnung innerhalb der Substanz ist jedoch *nicht völlig regelmäßig*.

Eine Folge des gesetzmäßigen Gitteraufbaus von **Idealkristallen** ist das Phänomen der **Anisotropie**. Man versteht darunter die Erscheinung, dass einige *physikalische Eigenschaften* von Feststoffen wie z. B. die Wärmeleitfähigkeit, die elektrische Leitfähigkeit oder die Lichtabsorption *richtungsabhängig* sind. D.h., sie haben je nach der untersuchten Richtung im Kristall verschiedene Werte. Im Gegensatz dazu sind *amorphe Stoffe* und *Flüssigkeiten isotrop*, d. h., die Größe einer bestimmten Eigenschaft hängt nicht von der Raumrichtung ab.

Die Ursache der Anisotropie ist darin zu sehen, dass die Teilchenabstände in einem Kristallgitter in unterschiedlichen Richtungen verschieden sind und sich dabei sprunghaft – je nach der untersuchten Richtung – ändern können, wie dies in Abb. 1.33 schematisch dargestellt ist.

1.3.2.6 Elementarzelle, Gitterstrukturen

Ein Kristall stellt eine regelmäßige, räumliche Anordnung von Gitterbausteinen dar. Jedes derartige Raumgitter lässt sich in lauter kongruente (identische) Zellen zerlegen. Eine solche **Elementarzelle** kann als kleinste strukturelle Einheit betrachtet werden, deren vielfache, dreidimensionale Aufeinanderfolge schließlich den ganzen makroskopischen Kristall ergibt. Durch die Beschreibung dieser sich im Raumgitter immer wiederholenden Zellen wird gleichzeitig das gesamte Gitter beschrieben.

Größe und Form einer Elementarzelle sind, wie Abb. 1.34 zeigt, durch ihre sechs **Gitterkonstanten** charakterisierbar. Hierzu zählen die drei Kantenlängen (a, b, c) sowie die drei Winkel (α, β, γ) zwischen ihnen.

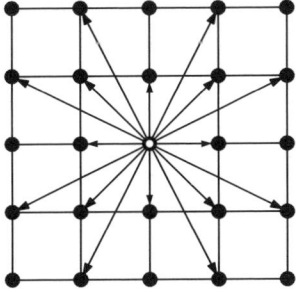

Abb. 1.33: Veranschaulichung der Anisotropie
[Die Abstände benachbarter Teilchen auf verschiedenen, durch denselben Punkt gehenden Geraden hängen von der Richtung ab.]

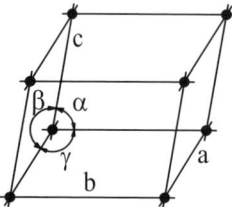

Abb. 1.34:   Elementarzelle mit Gitterkonstanten

Insgesamt sind 7 Typen von Elementarzellen und somit 7 Kristallsysteme bekannt. In Tab. 1.26 sind die möglichen Elementarzellen zusammengestellt.

Betrachtet man – wie in Abb. 1.35 gezeigt – nicht nur Elementarzellen mit Gitterbausteinen an den Eckpunkten, sondern auch solche, bei denen Gitterbausteine auf den Flächen (*flächenzentrierte Elementarzelle*) oder im Zentrum (*innenzentrierte Elementarzelle*) lokalisiert sind, so existieren insgesamt 14 mögliche Kombinationen, die sog. **14 Bravais-Gitter**.

Nach der *Art* der im Kristall vorhandenen *Teilchen* und den zwischen ihnen *wirkenden Kräften* kann man folgende Kristalltypen unterscheiden

Ionenkristalle:	Ionen als Gitterbausteine, zwischen ihnen wirken Coulomb-Kräfte [NaCl, CaF_2]
Molekülkristalle:	Moleküle als Gitterbausteine, zwischen ihnen wirken van der Waals-Kräfte [CO_2]
Atomkristalle:	Durch kovalente Bindungen verknüpfte Atome als Gitterbausteine [Diamant]
Metallkristalle:	Delokalisierte Elektronen bewirken die Bindung zwischen den Metallatomen [Na]
Edelgaskristalle:	van der Waals-Kräfte bewirken den Zusammenhalt der Gitterbausteine [Ar]

Nur die **Molekül-** und **Edelgaskristalle** bilden einigermaßen scharf umgrenzte Gittertypen. Bei ihnen sind als diskrete Gitterbausteine Moleküle oder Einzelatome vorhanden. Den Zusammenhalt bewirken schwache van der Waals-Kräfte (vgl. Kap. 1.7.1). Die Gitterenergien sind dementsprechend gering, die Kristalle sind

Tab. 1.26:   Typen von Elementarzellen

Kubisch	$a = b = c$	$\alpha = \beta = \gamma = 90°$	Steinsalz
Tetragonal	$a = b \neq c$	$\alpha = \beta = \gamma = 90°$	Weißes Zinn
Orthorhombisch	$a \neq b \neq c$	$\alpha = \beta = \gamma = 90°$	α-Schwefel
Monoklin	$a \neq b \neq c$	$\alpha = \gamma = 90°; \beta \neq 90°$	Kaliumchlorat
Triklin	$a \neq b \neq c$	α, β, γ	Kaliumdichromat
Hexagonal	$a \neq b \neq c$	$\alpha = \beta = 90°; \gamma = 120°$	Quarz
Rhomboedrisch	$a = b = c$	$\alpha, \beta, \gamma \neq 90°$	Calcit

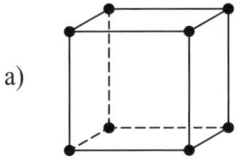 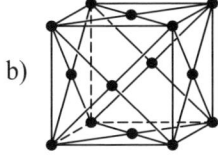 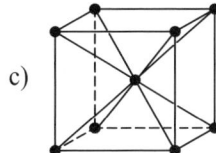

Abb. 1.35: Die drei Typen des kubischen Raumgitters
a) einfache kubische Elementarzelle
b) flächenzentrierte kubische Elementarzelle
c) innenzentrierte kubische Elementarzelle

weich und haben meistens niedrige Schmelzpunkte von < 300 °C. Bei Molekül-kristallen, in denen zwischen den Molekülen *Wasserstoffbrückenbindungen* [Eis, Rohrzucker] wirksam sind, können die Gitterenergien größer sein (siehe auch Kap. 1.7.3). In den meisten Gittern treten aber Übergänge zwischen den verschiedenen Bindungsarten auf. Die unterschiedlichen Bindungstypen sind eigentlich nur bei den **Alkalihalogeniden**, beim **Diamant** und bei den typischen **Metallen** in reiner Form verwirklicht.

Betrachtet man nicht die vorhandenen Gitterbausteine, sondern den *räumlichen Bau* der Kristalle, so lassen sich folgende *Strukturtypen* unterscheiden [vgl. **MC-Frage Nr. 221**]:

Koordinations-strukturen:	Dreidimensional-unbegrenzte Gitterverbände, in welchen keine kleineren, in sich abgegrenzte Atomverbände erkennbar sind [NaCl, Metalle, Diamant]
Schichten-strukturen:	Gitterbausteine sind zu Schichten geordnet; in zwei Dimensionen besonders enger Zusammenhalt der Bausteine [CdI_2, Graphit, Modifikationen des Phosphors und Arsens]
Ketten-strukturen:	Gitterbausteine sind zu Ketten geordnet; in einer Dimension besonders enger Zusammenhalt der Bausteine [$CuCl_2$]
Molekül-strukturen:	Moleküle (in sich abgegrenzte Atomverbände aus einer definierten Anzahl von Atomen) als Gitterbausteine [CO_2]

In den **Koordinationsstrukturen (Gerüststrukturen)** sind die Gitterbausteine dreidimensional durch chemische Bindungen miteinander verknüpft. Solche Substanzen sind sehr hart und besitzen hohe Schmelzpunkte. Sie leiten im allgemeinen den elektrischen Strom nicht oder nur schlecht.

Bei **Schichtenstrukturen** wirken chemische Bindungen nur in zwei Richtungen des Raumes. Zwischen den Schichten sind oft van der Waals-Kräfte wirksam. Diese Substanzen sind weich, besitzen aber hohe Schmelzpunkte.

Kettenstrukturen besitzen kovalente Verknüpfungen nur in einer Dimension des Raumes. Zwischen den Ketten wirken häufig van der Waals-Kräfte. Solche Substanzen haben eine faserige Gestalt und hohe Schmelzpunkte.

In den jeweiligen Gittern können die *Gitterbausteine Schwingungen* um ihre *Gleichgewichtslage* ausführen.

Die Struktur eines Festkörpers kann durch eine **Röntgenspektralanalyse** ermittelt werden. Im allgemeinen besteht zwischen der stöchiometrischen Formel und der Struktur eines Feststoffes kein Zusammenhang.

1.3.2.7 Amorphe Feststoffe, Alterung

Im Gegensatz zu Kristallen sind amorphe Substanzen völlig *isotrop*, eine Folge der mangelnden Ordnung der Teilchen. Allerdings ist die Vorstellung falsch, dass in amorphen Festkörpern die Teilchen vollkommen regellos angeordnet sind. Meistens herrscht im Nahbereich – in der Nachbarschaft eines bestimmten Teilchens – noch eine gesetzmäßige Ordnung, es fehlt lediglich die für einen Kristall charakteristische Fernordnung.

Ein Feststoff ist im amorphen, d. h. stark gittergestörten Zustand stets energiereicher als im kristallinen. Als Ursache von **Gitterstörungen** sind vor allem Dehnungen und Schrumpfungen des Gitters zu nennen. Diese **Defektstrukturen** nehmen mit steigender Temperatur zu.

Verbindungen im amorphen Zustand haben oft andere Eigenschaften als in kristalliner Form. So zeigen **Aluminiumhydroxid** [$Al(OH)_3$], **Kieselsäure** [$Si(OH)_4$] oder **Zinnsäure** [$Sn(OH)_4$] im *frisch gefällten Zustand* (als amorphe Hydroxide) ein anderes Verhalten als im *gealterten Zustand* (als kristalline Hydroxide). Zum Beispiel wird das kristalline $Al(OH)_3$ viel schwerer von Säuren oder Basen angegriffen als das amorphe (vgl. **MC-Frage Nr. 236**).

Der Grund hierfür ist einerseits die Verkleinerung der Oberfläche und andererseits der Abbau instabiler Stellen im amorphen Netzwerk bei der Kristallisation. Bei Raumtemperatur vollzieht sich die **Alterung** nur relativ langsam, bei höheren Temperaturen hingegen wesentlich schneller.

1.3.3 Physikalische und chemische Eigenschaften von Ionenverbindungen

Verbindungen, die aus Ionen aufgebaut sind, besitzen gewisse *typische Eigenschaften*. Es sind meistens harte und spröde Festkörper von hohem Schmelzpunkt. Beim Verschieben der Gitterebenen gegeneinander (siehe Abb. 1.36) geraten Ionen gleicher Ladung in eine enge Nachbarschaft. Sie stoßen sich ab und der Kristall zerbricht.

Ionenverbindungen im *geschmolzenen* oder *gelösten* Zustand sind gute **elektrische Leiter**, während sie in kristalliner Form den Strom nicht leiten, da die Ionen im Kristall fest verankert sind und lediglich Schwingungen um ihre Schwerpunktslage ausführen können [vgl. **MC-Fragen Nr. 213, 215, 230, 231**]. Ionenverbindungen sind häufig in polaren Lösungsmitteln wie Wasser löslich und lösen sich schlecht in Solventien mit kleiner Dielektrizitätszahl (vgl. auch Kap. 1.3.3.1). Dies sind aber die Eigenschaften typischer Salze, sodass man gleichsetzen kann:

Salze = Ionenverbindungen

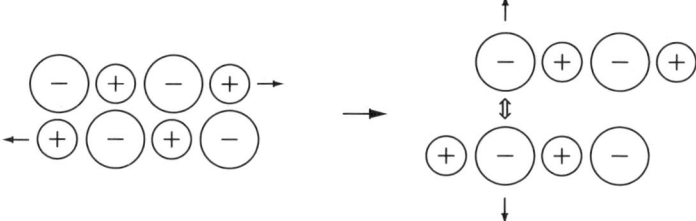

Abb. 1.36: **Effekt der Deformation von Ionenkristallen**

Alle **Salzeigenschaften** beruhen auf dem Vorhandensein von Ionen, die sich elektrostatisch anziehen [vgl. **MC-Fragen Nr. 232, 1841**]:

* Schwerflüchtigkeit als Folge hoher Gitterkräfte,
* Leitfähigkeit durch bewegliche Ionen,
* Löslichkeit durch Solvatation der geladenen Gitterbausteine.

Bei gleichem Gittertyp und gleicher Ionenladung nehmen im allgemeinen mit *wachsenden Ionenradien* die

– Höhe des Schmelzpunktes und Siedepunktes **ab**,
– thermische Ausdehnung und Kompressibilität **zu**,
– Härte **ab**.

Umgekehrt nehmen die erwähnten Eigenschaften bei gleichem Gittertyp und ungefähr gleichem Abstand der Ladungsschwerpunkte mit zunehmender Ionenladung zu [vgl. **MC-Fragen Nr. 223, 231, 1298, 1364**].

1.3.3.1 Leitfähigkeit von Salzen

Infolge ihres ionischen Aufbaus leiten Salze den elektrischen Strom sowohl im geschmolzenen Zustand als auch in wässriger Lösung, weil beim Anlegen einer Spannung die positiv geladenen Kationen zur negativen *Kathode* und die negativ geladenen Anionen zur positiven *Anode* wandern und auf diese Weise den elektrischen Strom transportieren.

Da anschließend an den Elektroden durch Aufnahme bzw. Abgabe von Elektronen eine Entladung eintritt, z. B. geschmolzenes NaCl bei der Elektrolyse an der Kathode zu metallischem Natrium reduziert und an der Anode zu elementarem Chlor oxidiert wird, ist die *Stromleitung* stets von einer *Zersetzung des Stromleiters* begleitet **(Leiter 2. Klasse)**. Die Leitfähigkeit von Salzlösungen bzw. Salzschmelzen nimmt mit steigender Temperatur zu, weil die Ladungsträger bei höheren Temperaturen beweglicher werden [vgl. **MC-Fragen Nr. 216, 230, 231, 1841**].

1.3.3.2 Solvatation, Hydratation
(vgl. auch Kap. 1.8.7, Seite 193)

Viele Stoffe lösen sich in Flüssigkeiten ohne chemische Reaktion; es entstehen **Lösungen**. Für das Auflösen einer Substanz sind zwei Erscheinungen von Bedeutung:

* **die Wechselwirkung zwischen Lösungsmittel und gelöstem Stoff** (die **Solvation** oder **Solvatation)** sowie

* die durch **thermische Bewegung** der Teilchen bedingte **Dispersion.**

Die Solvatation in Wasser als Lösungsmittel wird auch **Hydration** (oder **Hydratation)** genannt [vgl. **MC-Frage Nr. 1307**].

Im allgemeinen steigt die Löslichkeit eines Feststoffes mit zunehmender Temperatur. Für diese Regel existieren aber zahlreiche Ausnahmen (vgl. Kap. 1.8.7.2 und **MC-Frage Nr. 229**).

Besonders stark sind die Wechselwirkungen zwischen Lösungsmittel und gelöstem Stoff beim **Auflösen von Ionenkristallen**. Löst man Ionenkristalle z. B. in Wasser, so lagern sich die Wasserdipole an der Gitteroberfläche entgegengesetzt geladener Ionen an. Durch die dabei freiwerdende Energie werden einzelne Ionen aus dem Gitterverband herausgelöst und gehen in die wässrige Phase über. Die *Dielektrizitätszahl* (ε) *des Wassers* beträgt etwa **81**, d. h., die *Coulombsche Anziehungskraft* zwischen Kation und Anion ist in Wasser auf 1/81 der Coulomb-Kraft im Ionenkristall [$\varepsilon = 1$] verringert worden (vgl. Kap. 1.3.1). Die Wassermoleküle umhüllen (hydratisieren) schließlich die gelösten Ionen und bilden **Hydrate (Aquokomplexe)** (vgl. auch Kap. 1.5; zur Struktur der Hydrathülle siehe Kap. 1.8 und **MC-Fragen Nr. 224–228, 232, 954, 1740, 1773**).

In Tab. 1.27 sind die Dielektrizitätszahlen einiger Lösungsmittel bei 20 °C aufgelistet und in Abb. 1.37 ist der Vorgang der Hydratation nochmals schematisch dargestellt [vgl. **MC-Frage Nr. 1885**].

Beim Auflösen von Ionenverbindungen wird das Kristallgitter zerstört. Hierbei lösen sich Ionenverbindungen im allgemeinen in polaren Lösungsmitteln mit hohen Dielektrizitätszahlen besser als in unpolaren Solventien. Wasser besitzt ein gutes Lösevermögen für Salze, weil Wasser aufgrund seiner hohen Dielektrizitätszahl die elektrostatischen Anziehungskräfte der Ionen stark vermindern und als Dipol die Ionen gut solvatisieren kann.

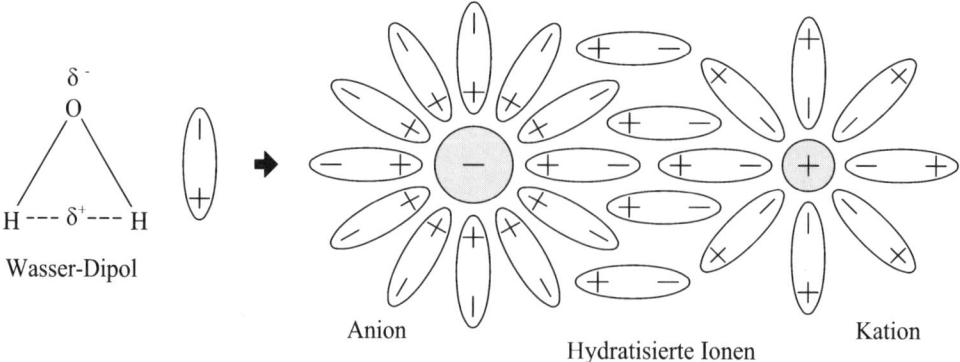

Abb. 1.37: Bildung hydratisierter Ionen (δ^-, δ^+ geben die Ladungsschwerpunkte an)

Tab. 1.27 **Dielektrizitätszahlen einiger Lösungsmittel**

Cyanwasserstoff	114,9	Methanol	32,6
Formamid	109,0	Ethanol	25,8
Wasser	81,8	Aceton	20,7
Dimethylsulfoxid	45,0	Ammoniak	17,0
Acetonitril	38,0	Pyridin	12,3
Dimethylformamid	36,1	Eisessig	6,2
Nitromethan	35,9	Diethylether	4,3

Der Vorgang der *Solvatisierung* bzw. *Hydratisierung* von Ionen (oder Molekülen) ist stets mit einer Energieänderung verbunden. Es handelt sich hierbei um einen *exothermen Prozess*, bei dem Energie in Form von Wärme freigesetzt wird. Sofern die Gitterenergie eines Salzes nicht allzu groß ist, bewirkt die freiwerdende **Solvatationsenthalpie** (-energie) bzw. **Hydratationsenthalpie** (-energie), dass sich weitere Ionen aus dem Gitter solange herauslösen, bis dieses schließlich ganz aufgelöst ist. Die *Solvatationsenthalpie stabilisiert die gelösten Ionen* und ermöglicht letztlich das Auflösen eines Salzes.

Alle Salze sind wasserlöslich, wenn auch manchmal nur in geringem Ausmaß und alle Ionen sind in Wasser hydratisiert. Beim Lösevorgang von Salzen in Wasser muss jedoch *nicht* immer eine vollständige Dissoziation eintreten (vgl. auch Kap. 1.8.9). Mitunter liegen die gelösten Salze auch als undissoziierte Ionenpaare vor.

Wie die Gitterenergie hängt auch die **Hydratationsenthalpie** vom Radius und der Ladung der Ionen ab. Kleine und hochgeladene Ionen sind besonders stark hydratisiert. In Tab. 1.28 sind die Hydratationsenthalpien (ΔH) einiger Ionen aufgelistet [vgl. **MC-Fragen Nr. 233–235, 380, 1291, 1449, 1748**].

Innerhalb einer **Periode** des PSE nimmt die Hydratationsenthalpie von links nach rechts zu, während sie innerhalb einer **Gruppe** von oben nach unten abnimmt. Besonders stark hydratisiert sind die *Ionen der Übergangsmetalle*, weil sich hier die freien Elektronenpaare von Wassermolekülen mit dem Elektronensystem

Tab. 1.28: Hydratationsenthalpien ausgewählter Ionen (in kJ mol^{-1})

ΔH		ΔH		ΔH		ΔH	
H_3O^+	1083,7	Mg^{2+}	1907,9	Fe^{2+}	1958,1	HO^-	364,0
Li^+	507,5	Ca^{2+}	1577,4	Fe^{3+}	4485,2	F^-	510,4
Na^+	398,3	Sr^{2+}	1430,9	Zn^{2+}	2054,3	Cl^-	375,7
K^+	313,8	Ba^{2+}	1288,7	Hg^{2+}	1820,0	Br^-	341,8
Rb^+	289,1	Al^{3+}	4602,4	Ag^+	468,2	I^-	298,3
Cs^+	256,1	NH_4^+	292,9			NO_3^-	255,2

des Ions, das noch *unbesetzte d-Orbitale* enthält, überlagern können. Dies bedeutet aber eine Änderung im Elektronzustand der solvatisierten Ionen, was sich häufig durch eine *Farbänderung* bemerkbar macht. So ist z. B. das freie Cu^{2+}-Ion farblos, das hydratisierte hingegen blau gefärbt.

Zum Zerfall eines Kristallgitters in Ionen oder Einzelmoleküle beim Lösen der Substanz in einem Solvens muss die Gitterenergie überwunden werden. Die freie Enthalpie des Lösevorgangs errechnet sich aus der Differenz der freien Gitterenthalpie und der freien Solvatationsenthalpie (Hydratationsenthalpie). Die Gitterenergie kann größer oder kleiner sein als die Solvatationsenergie, so dass Lösevorgänge exotherm oder endotherm verlaufen können. Die freie Hydratationsenthalpie, die die gelösten Ionen stabilisiert, nimmt mit zunehmendem Ionenradius bei steigender Ordnungszahl ab [vgl. **MC-Fragen Nr. 229, 230, 1240, 1275, 1535, 1586, 1606, 1655**].

Beim Lösen von Substanzen, die *nicht* aus Ionen aufgebaut sind, sondern aus *Molekülen* bestehen, sind die erwähnten Wechselwirkungen beim Lösevorgang naturgemäß geringer. Um hier eine merkliche Solvatation zu erzielen, müssen Anziehungskräfte zwischen gelösten Teilchen und Lösungsmittelmolekülen auftreten. Dies ist vor allem dann der Fall, wenn Dipolkräfte oder Wasserstoffbrücken wirksam werden, wie z. B. beim Lösen polarer Moleküle (Zucker, Alkohole) in Wasser. Bei unpolaren Substanzen (Hexan, Benzol, Tetrachlorkohlenstoff) sind diese zwischenmolekularen Bindungskräfte äußerst schwach (vgl. auch Kap. 1.7).

Bringt man nun unpolare Verbindungen wie **Tetrachlorkohlenstoff** [CCl_4] mit Wasser in Berührung, so würde man vermuten, dass sich diese Stoffe überhaupt nicht miteinander mischen. Man findet jedoch eine gewisse, wenn auch sehr geringe Mischbarkeit. Ursache hierfür ist, dass die *Lösung einen Zustand geringerer Ordnung* darstellt, daher die *Entropie* (vgl. Kap. 1.9) zunimmt und infolge der thermischen Bewegung ein gewisses Durchmischen der Substanzen stattfindet. Das Lösen ist somit eine Folge der **Dispersion** (ähnlich wie die Diffusion).

1.4 Kovalente Bindung

Ionenbindung:
ungerichtet

1.4.1 Elektronenpaarbindung, Oktettregel

1.4.1.1 Lewis-Theorie, Valenzstrukturen

Die **kovalente** oder **homöopolare Bindung (Atombindung, Elektronenpaarbindung)** bildet sich vorzugsweise zwischen *Elementen ähnlicher Elektronegativität* aus. Im Gegensatz zur Ionenbindung ist die Atombindung *gerichtet*. D. h., sie verbindet ganz bestimmte Atome unter definierten Bindungswinkeln in ganz bestimmten Abständen miteinander. Die Ladungsdichteverteilung der Elektronen zwischen den Kernen muss *nicht* symmetrisch sein (vgl. Kap. 1.4.5). Kovalente Bindungen können sowohl *homolytisch* unter Bildung von Radikalen als auch *heterolytisch* unter Bildung von Ionen gespalten werden [vgl. **MC-Fragen Nr. 242, 1353, 1594, 1742**].

$$X\cdot \ + \ Y\cdot \ \xleftarrow{\text{Homolyse}} \ X\text{-}Y \ \xrightarrow{\text{Heterolyse}} \ \begin{cases} X^+ \ + \ Y\,|^- \\ X\,|^- \ + \ Y^+ \end{cases}$$

Nach der **Theorie von Lewis** vermag ein Elektronenpaar, das zwei Atome *gemeinsam* angehört, eine kovalente *Einfachbindung* zwischen diesen Atomen herbeizuführen. Dabei entstehen im allgemeinen aus einer begrenzten Anzahl von Atomen neue Teilchen **(Moleküle)**, die als stoffliche Individuen existieren können.

Nach der Vorstellung von Lewis ist für die Bildung kovalenter Bindungen charakteristisch, dass jedes Atom eines Moleküls für sich eine **Edelgaskonfiguration** anstrebt. Für Wasserstoff ist es die Konfiguration des Heliums ($1s^2$), für die anderen Elemente ist es das *Oktett*, d. h. die Konfiguration ns^2np^6 **(Oktettregel)**. Die Anzahl der Bindungen **(Bindigkeit, Bindungsgrad)**, die ein Atom eingehen kann, ist daher durch die Zahl seiner **Valenzelektronen** in Verbindung mit der Oktettregel festgelegt. Sie ergibt sich aus der Zahl der bis zur Konfiguration des nächsthöheren Edelgases noch fehlenden Elektronen.

Die **Oktettregel** gilt streng nur für die Elemente der 2.Periode. Da die äußere Schale der Elemente der 3.Periode auch *d-Zustände* enthält, die ggf. besetzt werden, kann hier der Atomrumpf auch von mehr als 8 Elektronen umgeben sein. Zum Beispiel sind es 10 beim Phosphoratom wie im PCl_5 oder 12 beim Schwefelatom wie im SF_6 **(Oktettaufweitung)**. Auch in Molekülen mit ungerader Elektronenzahl **(Radikalen)**, wie z. B. NO oder NO_2, kann man keine Formel angeben, in der alle Atome die Oktettregel erfüllen (vgl. Kap. 1.4.4 und **MC-Fragen Nr. 1288, 1601**).

Zur zeichnerischen Darstellung der Molekülbildung gibt man nach einem Vorschlag von Lewis die **Valenzelektronen** eines Atoms in Form von Punkten um das Elementsymbol an und ordnet diese Punkte auf den Seiten eines gedachten Quadrates.

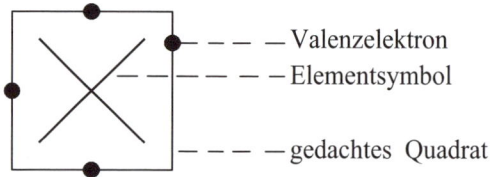

Zur formelmäßigen Darstellung von Molekülstrukturen ist es üblich, ein gemeinsames **(bindendes) Elektronenpaar**, das die Bindung zwischen zwei Atomen herstellt, durch einen Strich **(Valenzstrich)** zu symbolisieren. Valenzelektronenpaare, die an der Bindung nicht beteiligt sind, werden **nichtbindende (freie, einsame) Elektronenpaare** genannt. Sie werden überhaupt nicht, durch zwei Punkte oder ebenfalls durch einen Strich gekennzeichnet [vgl. **MC-Frage Nr. 279**].

$$H - \overline{\underline{Cl}} \,|\quad \text{Freies Elektronenpaar}$$

Bindendes Elektronenpaar

Formeln dieser Art werden als **Valenzstrukturen** oder **Lewis-Formeln** bezeichnet.

Die Elektronenpaarbindung nach Lewis in Verbindung mit der Oktettregel soll durch die nachfolgenden Beispiele nochmals verdeutlicht werden [vgl. **MC-Fragen Nr. 244, 245**].

$$H\cdot \;+\; \cdot H \;\longrightarrow\; H\text{-}H$$

$$H\cdot \;+\; \cdot\overline{F}| \;\longrightarrow\; H\text{-}\overline{F}|$$

$$H\cdot \;+\; \cdot\overline{O}\cdot \;+\; \cdot H \;\longrightarrow\; H\text{-}\overline{O}\text{-}H$$

$$3\,|\overline{Cl}\cdot \;+\; \cdot P: \;\longrightarrow\; |\overline{Cl}\text{-}P\text{-}\overline{Cl}|$$
$$|\overline{Cl}|$$

Zwei Atome können auch über *mehr* als ein gemeinsames Elektronenpaar miteinander verbunden sein. Man spricht dann von einer **Mehrfachbindung** (siehe Seite 89). Bei **Doppelbindungen** sind des **zwei**, bei **Dreifachbindungen drei** bindende Elektronenpaare.

$$\cdot\overline{N}: \;+\; :\overline{N}\cdot \;\longrightarrow\; \overline{N}\equiv\overline{N}$$

$$\overline{O}: \;+\; :C: \;+\; :\overline{O} \;\longrightarrow\; \overline{O}=C=\overline{O}$$

Normalerweise trägt jedes an einer Einfachbindung beteiligte Atom jeweils *ein* Elektron zum bindenden Elektronenpaar bei. Atombindungen, bei denen der eine

Bindungspartner *beide* Elektronen und der andere *kein* Elektron zur Verfügung stellt, werden **koordinative (dative) Bindungen** genannt (vgl. auch Kap. 1.5).

$$H_3N: \quad + \quad BF_3 \quad \longrightarrow \quad \overset{+}{H_3N} - \overset{-}{BF_3}$$

$$H_2O: \quad + \quad H^+ \quad \longrightarrow \quad \overset{+}{H_2O} - H \quad (H_3O^+)$$

$$H_3N: \quad + \quad H^+ \quad \longrightarrow \quad \overset{+}{H_3N} - H \quad (NH_4^+)$$

> Nach der Vorstellung von Lewis können ein oder mehrere Elektronenpaare, die zwei Atomen gemeinsam angehören und zwischen den Atomrümpfen lokalisiert sind, eine kovalente Einfach-, Doppel- oder Dreifachbindung zwischen den Bindungspartnern bewirken. Sie werden bindende Elektronenpaare genannt. Valenzelektronenpaare, die ein Atom für sich allein behält, heißen nichtbindende (freie) Elektronenpaare.

1.4.1.2 Mesomerie

(vgl. auch Ehlers, **Chemie II**, Kap. 3.1.4 und 3.1.5)

Im **Nitrat-Ion** $[NO_3^-]$ sind drei Sauerstoffatome kovalent mit einem Stickstoffatom verbunden. Da Stickstoff maximal nur vierbindig auftreten kann, resultiert eine Lewis-Formel, in der formal zwei O-Atome einfach und das dritte doppelt an das N-Atom gebunden sind. Dies entspricht aber nicht dem tatsächlichen Molekülzustand mit drei äquivalenten Sauerstoffatomen. Man versucht dieses Problem dadurch zu lösen, dass man alle denkbaren Valenzstrukturen angibt und durch einen **Doppelpfeil** miteinander verbindet.

$$\left[\begin{array}{ccc} {}^-O - \overset{+}{N} = O & \longleftrightarrow & O = \overset{+}{N} - O^- & \longleftrightarrow & {}^-O - \overset{+}{N} - O^- \\ | & & | & & || \\ O^- & & O^- & & O \end{array} \right]$$

Dieses Phänomen wird **Mesomerie** oder **Resonanz** genannt. Die einzelnen Formeln werden als **mesomere Grenzstrukturen** bezeichnet. Die realen Bindungsverhältnisse des Moleküls können quasi als eine Art Überlagerung aller Grenzformeln betrachtet werden. Die Mesomerie bringt für das Nitrat-Ion auch zum Ausdruck, dass die negative Ladung an den Sauerstoffatomen nicht lokalisiert ist, sondern sich zu gleichen Teilen auf alle drei Atome verteilt. Man sagt, die Ladung sei *delokalisiert*, wobei sich innerhalb mesomerer Systeme π-Bindungen verschieben lassen (siehe Kap. 1.4.2.4). Auch andere Oxoanionen wie Carbonat, Nitrit, Perchlorat, Phosphat, Sulfat usw. sind mesomeriestabilisierte Moleküle, deren negative Ladungen delokalisiert sind [vgl. **MC-Fragen Nr. 1552, 1866**].

1.4.1.3 Isosterie

Unter **isosteren Molekülen** versteht man Substanzen mit *gleicher Atom-* und *Elektronenzahl*. Tab. 1.29 zeigt einige Beispiele isosterer Moleküle.

Tab. 1.29: **Isostere Moleküle [vgl. MC-Fragen Nr. 246, 247, 328, 926, 1085, 1088, 1089, 1101, 1150, 1239, 1609, 1910]**

Elektronenzahl	Protonenzahl	Beispiele
10	9	BH_4^-
	11	NH_4^+
14	12	C_2^{2-}
	13	CN^-
	14	N_2, CO
	15	NO^+
22	21	N_3^-, NCO^-, CNO^-
	22	CO_2, N_2O, NO_2^+
32	29	BO_3^{3-}
	30	CO_3^{2-}
	31	HCO_3^-, NO_3^-
	32	HNO_3, H_2CO_3, $NOCl$, SO_2
	33	$H_2NO_3^+$

Isostere Verbindungen zeichnen sich, falls sie auch in der Summe ihrer Kernladungen übereinstimmen (*Isosterie im engeren Sinne*), durch ein ähnliches physikalisches Verhalten aus, wie dies Tab. 1.30 für die Verbindungspaare [CO/N_2] und [CO_2/N_2O] zeigt. Dies trifft nicht in gleichem Maße auf ihre chemischen Eigenschaften zu. So fungiert z. B. Kohlenmonoxid als Ligand in zahlreichen Komplexen, während elementarer Stickstoff hierfür nur wenig geeignet ist (vgl. Kap. 1.5 und **MC-Frage Nr. 328**).

Keine Ähnlichkeit in den physikalischen Eigenschaften ist dann zu erwarten, wenn sich die isosteren Moleküle in ihren Kernladungssummen unterscheiden, d. h., die Moleküle verschiedene Ladungen tragen. So sind z. B. mit den Neutralmolekülen CO und N_2 auch das Cyanid-Ion (CN^-), das Nitrosyl-Kation (NO^+) sowie das Acetylid-Ion (C_2^{2-}) isoster. Diese Spezies können naturgemäß aber physikalisch nicht miteinander verglichen werden. Analoges gilt auch für die mit dem

Tab. 1.30: **Physikalische Eigenschaften isosterer Verbindungspaare**

	CO	N_2	CO_2	N_2O
Schmelzpunkt (K)	68	63	217	182
Siedepunkt (K)	82	77	195	184
Löslichkeit in Wasser (l/l)	0,033	0,023	1,710	1,305

CO_2 und N_2O isosteren Ionen wie das Azid-Ion (N_3^-), das Cyanat-Ion (NCO^-) oder das Fulminat-Ion (CNO^-). Besser wäre es, hier den Begriff **isoelektronische Moleküle** zu verwenden.

Auch einfache Ionen wie H^-/Li^+ bzw. Cu^+/Zn^{2+} sind zueinander isoelektronisch und besitzen identische Elektronenkonfigurationen [vgl. **MC-Fragen Nr. 866, 1230**].

1.4.2 VB-Methode (Valence bond-Theorie)

1.4.2.1 Prinzip der Orbitalüberlappung

Zur Beschreibung einer kovalenten Bindung benutzt man heute im wesentlichen zwei Theorien:

- **Molekülorbital(MO)-Theorie**
- **Valenzbindungs(VB)-Theorie.**

Beide Methoden sind *Näherungsverfahren zur Lösung der Schrödinger-Gleichung* (vgl. Kap. 1.1.4). Während die VB-Methode die Individualität der beiden Atome und ihrer Orbitale beibehält, betrachtet die MO-Theorie alle Elektronen eines Moleküls als zu einem einheitlichen Elektronensystem gehörig.

Atombindungen entstehen danach durch die Überlagerung zweier einfach besetzter Atomorbitale (AO) zu paarweise besetzten Molekülorbitalen (MO), wobei beide Elektronen des MO *antiparallelen Spin* besitzen (siehe auch Kap. 1.4.4 und **MC-Frage Nr. 242**).

Die *Stärke* einer Atombindung wird weitgehend durch das Ausmaß der Überlagerung der Atomorbitale bestimmt (**Prinzip der maximalen Orbitalüberlappung**). Je stärker die gegenseitige Durchdringung der AO ist, desto stärker sind die bindenden Elektronen auf den Raum zwischen den beiden Atomrümpfen konzentriert, wo sie die gegenseitige Abstoßung der Atomkerne verringern und auf diese anziehend wirken, und umso stärker ist ihre bindende Wirkung.

1.4.2.2 Das Wasserstoffmolekül

In den zunächst voneinander getrennten *Wasserstoffatomen* werden die beiden Elektronen durch ihre atomaren Ψ-Funktionen beschrieben. Mit zunehmender Annäherung der H-Atome beginnen sich die Orbitale beider Elektronen zu überlappen. Ein Elektron, das bisher nur unter der Wirkung eines Kerns stand, gerät damit auch unter den Einfluss des anderen Atomkerns. Schließlich entsteht eine *einzige Elektronenwolke*, die beide Kerne umhüllt, wobei die Aufenthaltswahrscheinlichkeit der beiden Elektronen zwischen den Atomrümpfen besonders groß ist. Die erhöhte negative Ladungsdichte im Bereich zwischen den Atomrümpfen bewirkt durch elektrostatische Kräfte den Zusammenhalt des Moleküls. Dieser Zustand entspricht einem Minimum an Energie. Das **Wasserstoffmolekül** ist um etwa **436 kJ mol^{-1} energieärmer** als zwei getrennte Wasserstoffatome.

Abb. 1.38 zeigt nochmals die einzelnen Stationen der Bildung des H_2-Moleküls aus zwei H-Atomen.

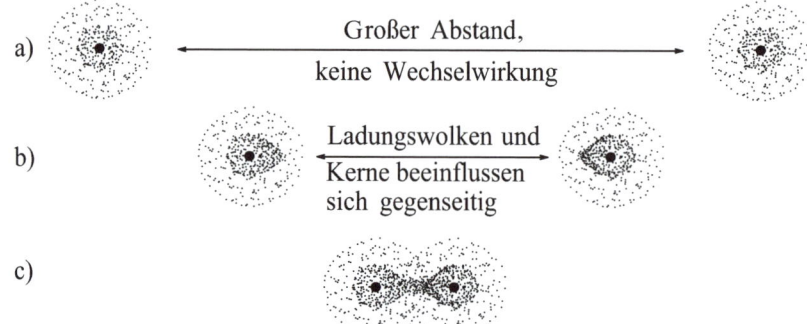

a) Großer Abstand, keine Wechselwirkung

b) Ladungswolken und Kerne beeinflussen sich gegenseitig

c)

Abb. 1.38: **Schematische Darstellung der Bildung des Wasserstoffmoleküls**

Beim Zusammenkommen zweier Wasserstoffatome durchdringen sich ihre Atomorbitale derart, dass die Elektronenwolke im Bereich zwischen den Atomkernen dichter wird. Die Bindung im Wasserstoffmolekül ist somit eine Folge der elektrostatischen Anziehung der beiden positiv geladenen Atomrümpfe und der negativen Ladungsanhäufung zwischen den Kernen.

Die *Energie des Wasserstoffmoleküls* setzt sich zusammen aus der kinetischen Energie der beiden Elektronen, der potentiellen Energie der Proton-Proton- und Elektron-Elektron-Abstoßung sowie der Coulomb-Anziehung zwischen Protonen und Elektronen. In Abb. 1.39 ist der Verlauf der Gesamtenergie des H_2-Moleküls in Abhängigkeit vom Abstand der beiden Wasserstoffatome graphisch dargestellt. Bei einem bestimmten Abstand [$r_O = 74$ pm] ist das Wasserstoffmolekül um 436 kJ mol^{-1} energieärmer als zwei getrennte H-Atome.

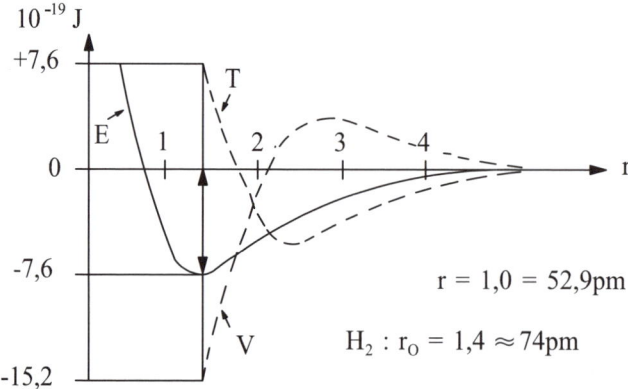

$r = 1,0 = 52,9$pm

$H_2 : r_O = 1,4 \approx 74$pm

Abb. 1.39: **Verlauf der Gesamtenergie (E), der kinetischen Energie (T) und der potentiellen Energie (V) des Wasserstoffmoleküls in Abhängigkeit vom Abstand (r) zweier Wasserstoffatome**

Würde man die Kerne einander noch näher bringen (r < 74 pm), so würde sich die kinetische Energie der Elektronen stark erhöhen; sie werden auf einem kleineren Raum zusammengedrängt. Umgekehrt nimmt bei einer Trennung bzw. Abstandsvergrößerung der Kerne (r > 74 pm) die potentielle Energie stark zu, weil nun Arbeit gegen die Anziehung der negativen Ladungen auf die positiven Atomkerne geleistet werden muss.

Die Bindung zwischen zwei H-Atomen kann durch Energiezufuhr auch wieder gelöst werden. Die Energie, die zur vollständigen Trennung einer Bindung benötigt wird, nennt man **Dissoziationsenergie** (vgl. Kap. 1.4.3). Sie beträgt für das H_2-Molekül 436 kJ mol^{-1} und entspricht der bei der Bildung von molekularem Wasserstoff freiwerdenden **Bindungsenergie** [vgl. **MC-Fragen Nr. 838, 1525**].

> Die Bildung von Molekülen durch Orbitalüberlappung ist mit einem Energiegewinn verbunden. Diese Bindungsenergie ist umso größer, je stärker sich die Orbitale überlagern, d. h., der Grad der Orbitalüberlappung ist ein Maß für die Stärke einer Bindung.
>
> $$\text{Atome} \underset{\text{+ Dissoziationsenergie}}{\overset{\text{– Bindungsenergie}}{\rightleftharpoons}} \text{Molekül}$$

Nach der **VB-Methode** kommt die bindende Wirkung des Elektronenpaares dadurch zustande, dass ein ungepaartes Elektron in dem Orbital des einen Atoms einer Art *„Austauschwechselwirkung"* mit einem ungepaarten Elektron des anderen Atoms unterworfen ist. Dies beinhaltet, dass beide Elektronen ihre Plätze wechseln können und nicht mehr zu unterscheiden sind.

Die extremen Elektronenverteilungen werden als **Grenzstrukturen** bezeichnet und man betrachtet den tatsächlichen Zustand des Moleküls als eine Kombination dieser Grenzstrukturen. Für das H_2-Molekül lassen sich folgende Grenzstrukturen formulieren:

I: $H_A \cdot 1\ 2 \cdot H_B$ und II: $H_A \cdot 2\ 1 \cdot H_B$

[A,B kennzeichnen die beiden H-Atome;
1,2 kennzeichnen die beiden Elektronen]

Grenzstrukturen sind in der Regel durch Lewis-Formeln darstellbar. Der *reale Zustand* entspricht einer Überlagerung der verschiedenen Grenzstrukturen und ist stets *energieärmer* als jede einzelne verwendete Grenzstruktur.

Die verschiedenen Grenzstrukturen müssen energetisch nicht gleichwertig sein. Wenn sich jedoch energiereichere und energieärmere Grenzstrukturen formulieren lassen, ist der Beitrag der energieärmeren zum tatsächlichen Zustand größer, d. h., dieser gleicht der Elektronenverteilung der energieärmeren Grenzstruktur stärker.

Man sollte sich aber stets bewusst sein, dass Grenzstrukturen *keinerlei Realität* besitzen und nur ein Hilfsmittel sind, um eine formelmäßig nicht erfassbare Elektronenverteilung angenähert wiederzugeben.

1.4.2.3 Hybridisierung von Atomorbitalen, insbesondere von Kohlenstoffatomen

Wie bereits ausgeführt, kommt eine **Kovalenzbindung** dadurch zustande, dass sich zwei einfach besetzte Atomorbitale (AO) zu einem paarweise besetzten Molekülorbital (MO) durchdringen, wobei die beiden Elektronen des MO antiparallelen Spin besitzen [vgl. **MC-Fragen Nr. 237, 1594**].

Molekülorbitale sind *polyzentrisch*, d. h., sie erstrecken sich über das ganze Molekül und schließen alle Atome ein. Daher muss man bei der Anwendung der MO-Methode auf mehratomige Moleküle die genaue Lage der Atomkerne zueinander kennen. Darüber hinaus ist zu berücksichtigen, dass die einzelnen *Bindungen* ganz bestimmte, *messbare Eigenschaften* besitzen, wie z. B. Bindungslänge, Bindungswinkel oder Bindungsenergie.

Betrachten wir zunächst das **Wassermolekül** [H-O-H]. Für die lineare Kombination stehen die beiden 1s-Orbitale der H-Atome sowie das $2p_x$- und das $2p_y$-Orbital des O-Atoms zur Verfügung. Die nichtbindenden Elektronen des Sauerstoffs besetzen paarweise das 2s- und das $2p_z$-Orbital. Die drei Atome schließen, wie in Abb. 1.40 dargestellt, einen Winkel von 90° ein. Der tatsächliche Bindungswinkel im Wassermolekül beträgt aber nicht 90° sondern 105° [vgl. **MC-Fragen Nr. 1510, 1528**].

Noch auffälliger sind die *Abweichungen* bei der Betrachtung des **Methanmoleküls [CH_4]**. Im CH_4-Molekül sind die vier H-Atome tetraedrisch um das C-Atom angeordnet; der Bindungswinkel beträgt etwa 109°. Auf diese Weise ist die gegenseitige Wechselwirkung sowohl zwischen den H-Atomen als auch zwischen den bindenden Elektronenpaaren am geringsten. Diese Konfiguration ist *energieärmer* (stabiler) als irgendeine andere mögliche Raumstruktur. **Es sind also energetische Gründe, die eine bestimmte Struktur ergeben und nicht eine für ein isoliertes Atom postulierte Ladungsdichte.**

Die **Elektronenkonfiguration des Kohlenstoffs** im Grundzustand [$1s^2 2s^2 2p^2$] würde aber ein Molekül „CH_2" mit einem Bindungswinkel von 90° erwarten lassen, da die beiden einfach besetzten 2p-Orbitale des Kohlenstoffs senkrecht zueinander angeordnet sind. Dies widerspricht den experimentellen Befunden und der beobachteten Vierbindigkeit des Kohlenstoffs [vgl. **MC-Frage Nr. 1387**].

sp^3-Hybridisierung: Damit ein Kohlenstoffatom vier Bindungen eingehen kann, muss ein Elektron aus dem 2s-Orbital in das höher liegende, leere 2p-AO angeho-

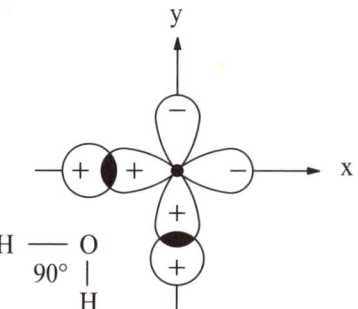

Abb. 1.40: **Bindungsrichtungen eines hypothetischen Wassermoleküls**

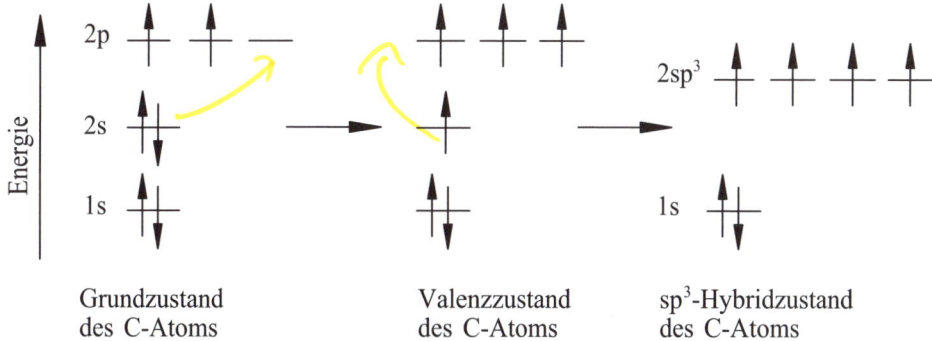

| Grundzustand des C-Atoms | Valenzzustand des C-Atoms | sp³-Hybridzustand des C-Atoms |

Abb. 1.41:   Energieniveauschema der sp³-Hybridisierung des Kohlenstoffatoms

ben werden, wie dies in Abb. 1.41 schematisch dargestellt ist. Das C-Atom geht in einen **angeregten Zustand (Valenzzustand)** über (vgl. auch Kap. 1.1.6). Die hierzu benötigte Energie **(Promotions-** oder **Promovierungsenergie)** wird durch den Energiegewinn bei der Molekülbildung aufgebracht.

Zu betonen ist, dass auch der Übergang eines C-Atoms vom Grund- in den Valenzzustand als *imaginärer Prozess* aufzufassen ist, denn man hat es immer nur mit Kohlenstoffatomen im Valenzzustand zu tun, sowohl im elementaren Kohlenstoff als auch in Kohlenstoffverbindungen. Der Begriff **Valenzzustand** ist nur für die Beschreibung der experimentell festgestellten Bindungszahlen und der Ladungsdichteverteilung von Bedeutung, weil mit seiner Hilfe die offenbare Nichtübereinstimmung zwischen dem Experiment und der Elektronenkonfiguration des C-Atoms im Grundzustand beseitigt werden kann.

Die Eigenschaften von Elektronen lassen sich durch **Wellenfunktionen** beschreiben. Eine Wellenfunktion ist ein *mathematischer Ausdruck*, der sich aus der Lösung der Schrödinger-Gleichung ergibt. Es lassen sich nun durch eine *mathematische Umformung* der Ψ-Funktionen eines 2s- und dreier 2p-Elektronen **vier** neue, völlig **äquivalente sp³-Hybridorbitale** erhalten, die nach den Ecken eines **Tetraeders** gerichtet sind, wie dies Abb. 1.42 veranschaulicht. Bei vollständiger Hybridisierung entspricht die Energie der Hybrid-AO dem arithmetischen Mittel der Energien der an der Hybridisierung beteiligten Ausgangs-AO.

Die Bezeichnung **sp³** kennzeichnet den Typ und die Anzahl der Orbitale, die bei der Hybridisierung miteinander kombiniert wurden. Der Exponent gibt somit

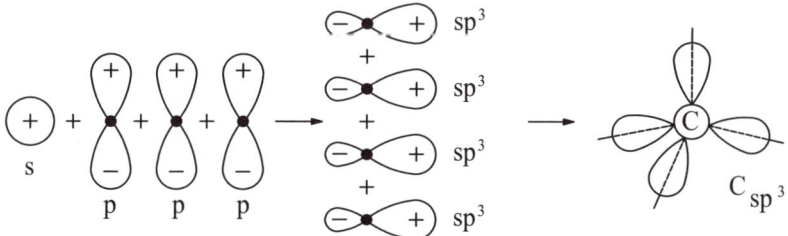

Abb. 1.42:   Bildung tetraedrisch gerichteter sp³-Hybridorbitale

keine Elektronenzahl an. Abschließend muss nochmals betont werden, dass der in den nachfolgenden Abbildungen symbolisierte Vorgang der Hybridisierung ein mathematisches, für Rechenoperationen entwickeltes Konzept ist und keinerlei physikalische Realität besitzt.

> Die Hybridisierung ist ein mathematisches Verfahren, bei dem die Wellenfunktionen von Atomorbitalen so miteinander kombiniert werden, dass ein neuer Satz gleichwertiger Orbitale erhalten wird, der der tatsächlichen Struktur des Moleküls entspricht.

Die lineare Kombination von vier sp³-Hybrid-AO des Kohlenstoffs mit je einem kugelsymmetrischen 1s-Orbital eines Wasserstoffatoms, wie dies Abb. 1.43 zeigt, ergibt eine den beobachteten Bindungsverhältnissen viel besser gerecht werdende Beschreibung der Ladungsdichteverteilung im **Methanmolekül.** Allerdings ist nochmals anzumerken, dass es *energetische Gründe* sind und nicht die für ein isoliertes Atom postulierte Ladungsdichte, die eine bestimmte **Struktur** ergeben (siehe auch Kap. 1.4.2.5). Die tetraedrische Anordnung der vier H-Atome um das C-Atom des CH₄-Moleküls ist die energieärmste Struktur, weil durch diese Anordnung die abstoßenden Wechselwirkungen zwischen den H-Atomen bzw. den bindenden Elektronenpaaren des Methanmoleküls am geringsten sind [vgl. **MC-Fragen Nr. 295, 1594, 1635**].

Auch das **Sauerstoffatom** im **Wasser** [H₂O], das **Stickstoffatom** im **Ammoniak** [NH₃] oder das **Kohlenstoffatom** im **Diamant** sind sp³-hybridisiert [vgl. **MC-Fragen Nr. 1309, 1594, 1813**].

Im **Ammoniakmolekül** (Abb. 1.44) können drei sp³-Hybridorbitale des N-Atoms mit je einem 1s-AO eines H-Atoms überlappen. Das vierte Hybridorbital wird durch das freie Elektronenpaar am Stickstoff besetzt [vgl. **MC-Frage Nr. 1795**].

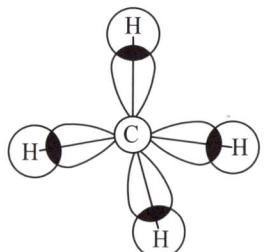

Abb. 1.43: **Bindungsrichtungen und bindende Elektronenpaare im Methanmolekül**

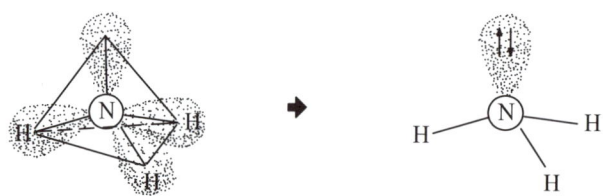

Abb. 1.44: **Bindungsrichtungen und freies Elektronenpaar im Ammoniakmolekül**

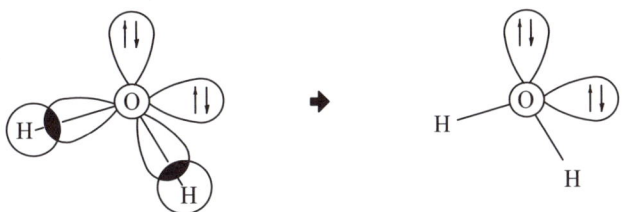

Abb. 1.45: **Bindungsrichtungen und freie Elektronenpaare im Wassermolekül**

Im **Wassermolekül** (Abb. 1.45) überlappen zwei sp^3-Hybrid-AO des Sauerstoffs mit je einem 1s-AO eines H-Atoms. Die restlichen zwei sp^3-Hybridorbitale werden von je einem freien Elektronenpaar am Sauerstoffatom besetzt.

In der Reihe Methan → Ammoniak → Wasser nimmt der *Bindungswinkel* ab [109° → 107° → 105°]. Das freie Elektronenpaar des NH_3-Moleküls beansprucht einen größeren Raum als die bindenden Paare. Dies hat zur Folge, dass sich dieses und die bindenden Paare stärker abstoßen als zwei bindende Elektronenpaare untereinander, sodass letztere zusammengedrängt werden und der Bindungswinkel kleiner wird. Im H_2O-Molekül sind sogar zwei freie Elektronenpaare vorhanden. Dadurch wird der Bindungswinkel noch kleiner (siehe auch Abb. 1.58 und **MC-Fragen Nr. 263, 1391, 1528**).

In Tab. 1.31 sind die Bindungswinkel einiger tetraedrisch konfigurierter Moleküle zusammengestellt.

Neben der sp^3-Hybridisierung existieren auch Hybridisierungen, an denen nicht alle Orbitale der Valenzschale beteiligt sind.

sp^2**-Hybridisierung**: Die Kombination eines s- mit zwei p-AO führt zu drei äquivalenten sp^2**-Hybridorbitalen**. Die sp^2-Hybrid-AO liegen in einer Ebene und schließen einen Winkel von 120° ein. Das dritte p-Orbital, das an der Hybridisierung nicht teilgenommen hat, steht senkrecht dazu.

Abb. 1.46 zeigt in schematisierter Form das Energieniveauschema des sp^2-hybridisierten Kohlenstoffs.

Für Bindungen sp^2-hybridisierter Atome stehen somit drei sp^2-Hybrid-AO und ein p-AO zur Verfügung (siehe auch Kap. 1.4.2.4). Solche Orbitale dienen zur Beschreibung der Bindungsverhältnisse **trigonal-planarer Moleküle**.

Tab. 1.31: **Bindungswinkel tetraedrisch gebauter Moleküle**

Winkel	Molekül
109°	CH_4, CH_3OH, NH_4^+, BH_4^-
107°	CH_3^-, NH_3, H_3O^+
105°	NH_2^-, H_2O, FH_2^+
92-93°	PH_3, H_2S

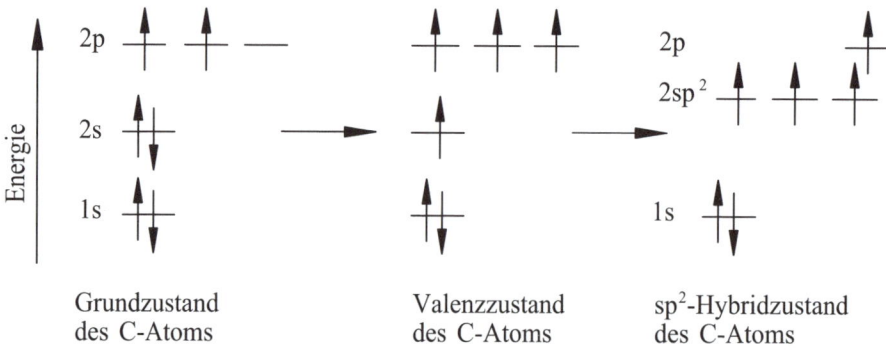

Abb. 1.46: Energieniveauschema der sp²-Hybridisierung des Kohlenstoffs

sp-Hybridisierung: Die Kombination eines s- und eines p-AO ergibt zwei äquivalente, **digonal** gerichtete **sp-Hybridorbitale,** die zur Beschreibung der Bindungen in *linearen Molekülen* herangezogen werden können.

Wie Abb. 1.47 am Beispiel des Kohlenstoffs zeigt, stehen für Bindungen sp-hybridisierter Atome zwei sp-Hybrid-AO und zwei p-AO zur Verfügung. Die beiden p-AO, die an der Hybridisierung nicht teilgenommen haben, stehen senkrecht zueinander und senkrecht zur sp-Bindungsachse.

In der anorganischen Chemie spielen außer sp-, sp²- und sp³-Hybridorbitalen auch Hybridisierungen eine Rolle, in die d-Orbitale miteinbezogen sind. Die d-Orbitale können zur Valenzschale oder zur nächsten Innenschale gehören, wie dies z. B. in den Schreibweisen **sp³d²** und **d²sp³** zum Ausdruck kommt (siehe Kap. 1.5).

Überlappungsfähigkeit: Die Kombination verschiedener AO, deren Energieinhalte von ähnlicher Größenordnung sind, führt zu Hybridorbitalen, die weit besser zur Überlappung mit den Orbitalen anderer Bindungspartner geeignet sind, als die Atomorbitale, aus denen die Hybrid-AO gebildet wurden.

Wie Tab. 1.32 ausweist, bieten Hybridorbitale wesentlich günstigere *Überlappungsmöglichkeiten,* weil die Ladungsdichten entlang der Bindungsachsen besonders hoch sind. Die Stärke solcher Bindungen ist daher besonders groß.

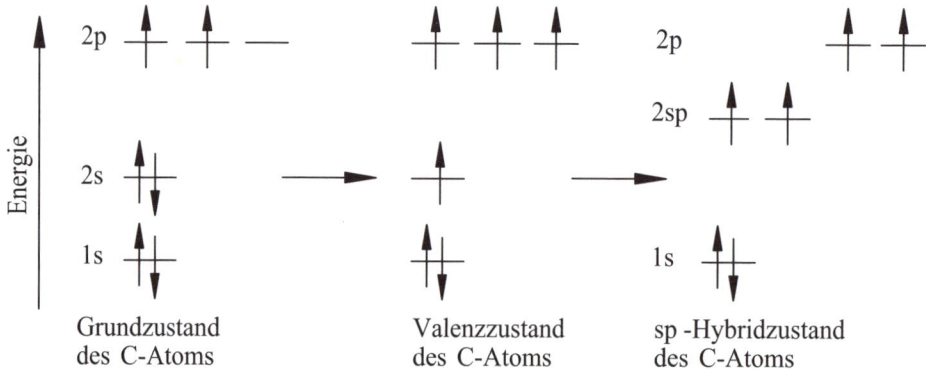

Abb. 1.47: Energieniveauschema der sp-Hybridisierung des Kohlenstoffs

Tab. 1.32: Relative Überlappungsfähigkeit einzelner Atomorbitale und Hybridorbitale

AO	Bindungsstärke	AO	Bindungsstärke
s	1,000	sp	1,932
p	1,732	sp^2	1,991
d_{z^2}	2,236	sp^3	2,000
d	1,936	d^2sp^3	2,923

1.4.2.4 σ- und π-Bindungen, Mehrfachbindungen

σ-Bindungen: In Abb. 1.48 sind einige bindende Kombinationen von s-, p- und d-AO sowie von sp^x-Hybridorbitalen graphisch dargestellt [vgl. **MC-Fragen Nr. 248, 282, 1387**].

Die Kombinationen zweier s-AO, einem s-AO und einem p_x-AO oder von zwei sp^3-Hybridorbitalen sind *rotationssymmetrisch* in bezug auf die Kern-Kern-Bindungsachse. Sie werden als **σ-Bindungen** (σ-MO) bezeichnet. Auch die Überlappung zweier sp^2-, zweier sp-Hybrid-AO oder durch achsensymmetrische Überlappung zweier p-Atomorbitale in der in Abb. 1.48 gezeigten Weise führt zu σ-Bindungen.

Ein wichtiges Charakteristikum solcher rotationssymmetrischer σ-Bindungen ist die freie Drehbarkeit der Atome um die sie verknüpfende Bindungsachse.

π-Bindungen: Die aus der Überlagerung zweier p_y- oder zweier p_z-Orbitale gebildeten MO besitzen eine *Knotenebene* und ihre Ladungsdichte verteilt sich auf zwei Bereiche ober- und unterhalb der Kern-Kern-Bindungsachse. Solche Bindungen werden **π-Bindungen** genannt (Abb. 1.49).

Bei den Elementen der 2. Periode (**Kohlenstoff, Stickstoff, Sauerstoff**) werden π-Bindungen ausschließlich durch p-Orbitale vermittelt (**p_π-p_π-Bindung**). Bei Elementen der 3. Periode (**Phosphor, Schwefel**) erfolgen sie aus energetischen Gründen auch zwischen p- und d-AO (**p_π-d_π-Bindung**) [vgl. **MC-Frage Nr. 280**].

Durch die Ausbildung einer Mehrfachbindung wird die freie Rotation um die Bindungsachse aufgehoben [vgl. **MC-Frage Nr. 1594**].

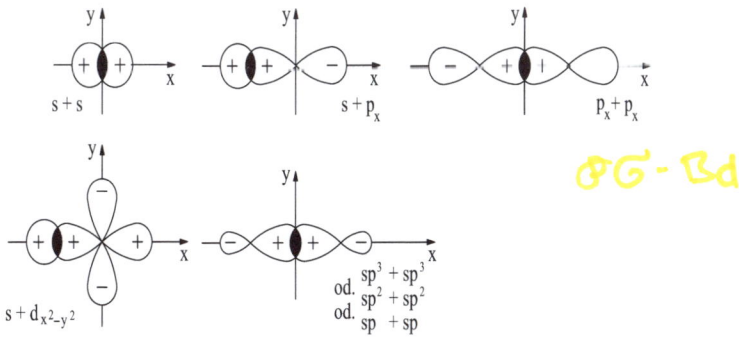

Abb. 1.48: Zustandekommen einer σ-Bindung durch einfache Orbitalüberlappung

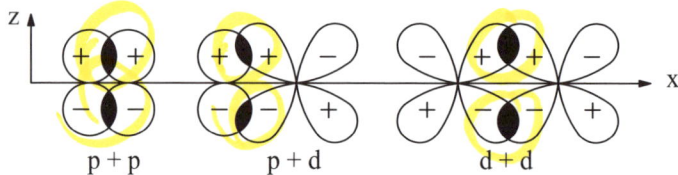

Abb. 1.49: **Zustandekommen von π-Bindungen durch doppelte Überlappung von p- und d-Atomorbitalen**

Bei der Bildung kovalenter Bindungen durch Orbitalüberlappung ist zu beachten, dass nur die Durchdringung von Orbitalen bzw. Orbitallappen *gleichen Vorzeichens* zu einer bindenden Wechselwirkung führt.

Beispielsweise ergibt die in Abb. 1.50 gezeigte Orbitalkombination *keine* bindende Wechselwirkung, da sich hier die Überlappungsgebiete in ihrer Wirkung aufheben.

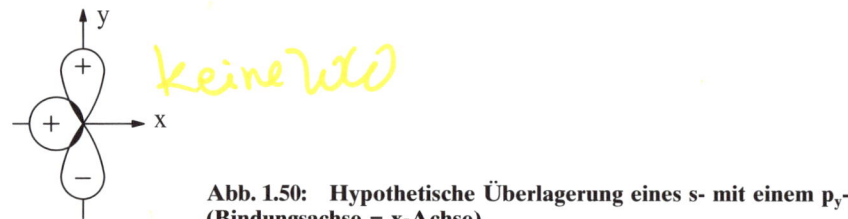

Abb. 1.50: **Hypothetische Überlagerung eines s- mit einem p_y-Orbital (Bindungsachse = x-Achse)**

Mehrfachbindungen: **Doppelbindungen** entstehen, wenn sich *je zwei einfach besetzte AO* zweier Bindungspartner durchdringen. Bei der Überlagerung von *je drei einfach besetzten AO* werden **Dreifachbindungen** gebildet.

Mehrfachbindungen existieren überwiegend bei den Elementen der 2.Periode **(Doppelbindungsregel)**, denn bei Atomen höherer Perioden sitzen die einfach besetzten AO an der Oberfläche größerer Atomrümpfe und können sich infolge der zunehmenden gegenseitigen Abstoßung dieser Rümpfe weniger stark überlagern.

Wie Abb. 1.51 zeigt, besteht eine Doppelbindung aus *einer* σ- und *einer* π-Bindung, während eine Dreifachbindung aus *einer* σ- und *zwei* π-Bindungen gebildet wird, wobei letztere senkrecht zueinander angeordnet sind.

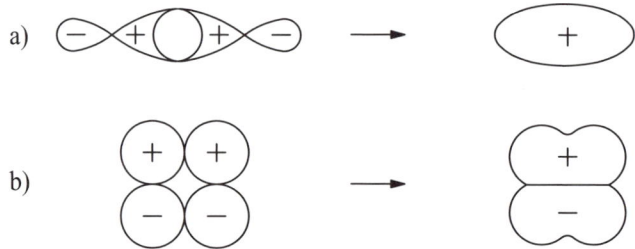

Abb. 1.51: **Doppelbindungen durch Orbitalüberlagerung**
a) σ-Bindung, aus zwei sp^2-Hybrid-AO gebildet
b) π-Bindung, aus zwei p-AO gebildet

Zum Beispiel können die Bindungsverhältnisse im **Ethen** [C_2H_4], im **Carbonat-Ion** [CO_3^{2-}] oder im **Graphit** am besten mit der Annahme einer sp²-Hybridisierung des C-Atoms beschrieben werden [vgl. **MC-Fragen Nr. 250, 1487, 1813**].

Wie Abb. 1.52 veranschaulicht, überlagert sich im **Ethen** je ein sp²-Hybridorbital der beiden C-Atome zu einer rotationssymmetrischen σ-Bindung [**C_σ-C_σ-Bindung**]. Die CH-Bindungen ergeben sich aus der Kombination der übrigen sp²-AO des Kohlenstoffs mit je einem 1s-AO eines H-Atoms [**C_σ-H_σ-Bindung**]. Bei jedem C-Atom verbleibt danach noch ein viertes Valenzelektron in einem $2p_z$-Orbital. Durch die Überlappung dieser beiden Orbitale kommt die zweite Bindung der C=C-Doppelbindung zustande [**p_π-p_π-Bindung**].

Im **Ethin** [C_2H_2] (Abb. 1.53) ist jedes C-Atom mit zwei weiteren Bindungspartnern verbunden. Man beschreibt die Bindungsverhältnisse des Moleküls am besten mit der Annahme einer sp-Hybridisierung der C-Atome. Durch Überlappung zweier sp-Hybrid-AO wird die C_σ-C_σ-Bindung gebildet. Die Überlagerung jeweils eines sp-Hybridorbitals mit dem 1s-Orbital des Wasserstoffs führt zur C_σ-H_σ-Bindung. Durch Kombination der jedem C-Atom verbleibenden jeweils einfach besetzten p_y-und p_z-AO ergeben sich die beiden senkrecht zueinander stehenden π-Bindungen [vgl. **MC-Frage Nr. 1634**].

Auch in Molekülen wie **Cyanwasserstoff** [H-C≡N] oder **Kohlendioxid** [O=C=O] betätigt der Kohlenstoff sp-Hybridorbitale [vgl. **MC-Fragen Nr. 1091, 1359, 1459, 1813**].

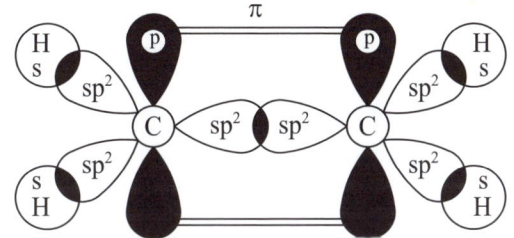

Abb. 1.52: Schematische Darstellung der Orbitalüberlappung im Ethenmolekül [$H_2C=CH_2$]

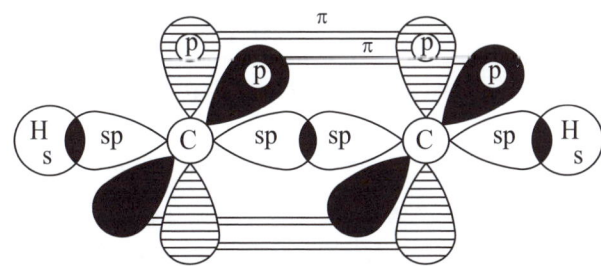

Abb. 1.53: Schematische Darstellung der Orbitalüberlappung im Ethinmolekül [HC≡CH]

1.4.2.5 Hybridisierung von Sauerstoff- und Stickstoffatomen

Das **N-Atom** besitzt die Elektronenkonfiguration $1s^2 2s^2 2p^3$. In Analogie zum Kohlenstoff besteht auch beim Stickstoff die Möglichkeit zur Bildung von Hybridorbitalen.

So lassen sich die Bindungsverhältnisse von Stickstoffatomen in Molekülen wie **Ammoniak [NH$_3$]**, **Aminen [R$_3$N, R$_2$NH, RNH$_2$]**, **Ammoniumionen [NH$_4^+$]**, **Hydroxylamin [H$_2$N-OH]** oder **Hydrazin [H$_2$N-NH$_2$]** am besten mit einer sp^3-Hybridisierung des jeweiligen N-Atoms beschreiben.

Dagegen liegen im **Nitrit- [NO$_2^-$]** bzw. **Nitrat-Ion [NO$_3^-$]** sp^2-Hybridorbitale vor. Auch **Pyridin** enthält einen sp^2-hybridisierten Stickstoff. Wie Abb. 1.54 zeigt, besetzt in diesem Molekül das freie Elektronenpaar ein sp^2-Hybridorbital [vgl. **MC-Fragen Nr. 249, 251, 1771**].

In Molekülen wie **Cyanwasserstoff** [HCN], **Nitrilen** [RCN] oder dem **Cyanidion** [CN$^-$], in denen eine C≡N-Dreifachbindung vorliegt, betätigt der Stickstoff sp-Hybrid-AO.

In all diesen Fällen dient stets eines der Hybridorbitale zur Aufnahme des freien Elektronenpaars am Stickstoff, z. B. ein sp^3-AO beim Ammoniak, ein sp^2-AO beim Pyridin oder ein sp-AO beim Cyanwasserstoff.

Das **O-Atom** besitzt die Elektronenkonfiguration $1s^2 2s^2 2p^4$. Es benutzt für die Bindungsbildung in Molekülen wie **Wasser** [HOH], **Alkoholen** [ROH] oder **Ethern** [ROR] vier gleichwertige sp^3-Hybridorbitale. Zwei der Hybrid-AO dienen zur Bildung von σ-Bindungen, die zwei verbleibenden sp^3-Hybrid-AO zur Unterbringung der beiden freien Elektronenpaare des Sauerstoffs.

Carbonylverbindungen, die eine C=O-Doppelbindung enthalten, werden am besten mit der Annahme einer sp^2-Hybridisierung des Sauerstoffs beschrieben.

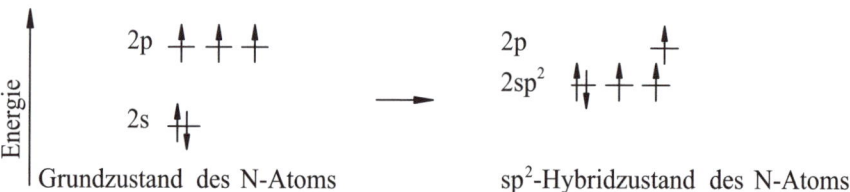

Abb. 1.54: Energieniveauschema des sp^2-hybridisierten Stickstoffatoms

1.4.2.6 Stereochemie anorganischer Moleküle

Auch Bindungen, die unter Beteiligung von Hybridorbitalen zustande kommen, sind *gerichtet*, d. h. sie verleihen dem Molekül eine typische *Gestalt*. Einzig bei den kugelsymmetrischen s-Orbitalen ist die Richtung, in der die Bindungen gebildet werden, unbestimmt.

Man kann nun die **räumlichen Strukturen von Molekülen** mit kovalenten oder überwiegend kovalenten Bindungsanteilen relativ leicht verstehen, wenn man annimmt, dass *bindende* und *freie Elektronenpaare* im Raum um ein Zentralatom möglichst symmetrisch angeordnet sind.

Das von **Gillespie** und **Nyholm** entwickelte **Valenzelektronenpaar-Abstoßungs-modell** betrachtet ausschließlich die Valenzschale eines Zentralatoms (Z) und berücksichtigt deren bindende und nichtbindende Elektronenpaare. Das Modell geht davon aus, dass die negativ geladenen, sich abstoßenden Elektronenpaare einen gedachten, kugelförmigen Raum um ein Zentralatom so aufteilen, dass sie so weit wie möglich voneinander entfernt sind *(minimalste Abstoßung)*. Allerdings bewirken Wechselwirkungen zwischen den freien Elektronenpaaren und den Liganden (L) (Nachbaratomen) oft geringe Abweichungen von den erwarteten, idealisierten geometrischen Strukturen.

Nach dieser Modellvorstellung wird die **Molekülgestalt**, die **nur** aufgrund der **Positionen der Atomkerne** beschrieben wird, durch folgende **Regeln** bestimmt:

Die Liganden (Nachbaratome) ordnen sich so um ein Zentralatom, dass der Abstand zwischen den Elektronenpaaren ein Maximum ist.

Bei gleichen Liganden und in Abwesenheit freier Elektronenpaare liegen besonders einfache Verhältnisse vor. Hier gehorcht die wahrscheinliche Lage der bindenden Elektronenpaare in der Valenzschale einfachen geometrischen Gesetzmäßigkeiten [vgl. **MC-Fragen Nr. 270, 271**].

Zwei Liganden	$[ZL_2]$	=	Lineare Anordnung (180°)
Drei Liganden	$[ZL_3]$	=	Gleichseitiges Dreieck (120°)
Vier Liganden	$[ZL_4]$	=	Tetraeder (109°)
Fünf Liganden	$[ZL_5]$	=	Trigonale Bipyramide > Quadratische Pyramide
Sechs Liganden	$[ZL_6]$	=	Oktaeder (90°)

Abb. 1.55 zeigt die Koordinationspolyeder einiger Fluoride mit penta-, hexa- und heptakoordiniertem Zentralatom.

Besitzt das Zentralatom bei gleichen Liganden neben bindenden auch freie Elektronenpaare, so werden die o. a. idealen geometrischen Anordnungen infolge unterschiedlicher Raumbeanspruchung verzerrt.

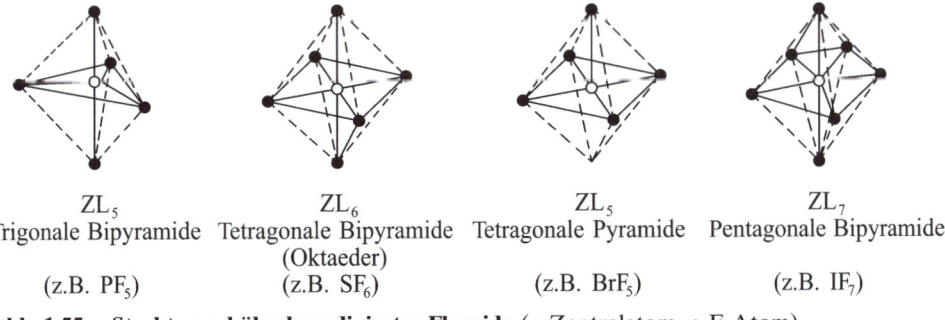

ZL_5	ZL_6	ZL_5	ZL_7
Trigonale Bipyramide	Tetragonale Bipyramide (Oktaeder)	Tetragonale Pyramide	Pentagonale Bipyramide
(z.B. PF_5)	(z.B. SF_6)	(z.B. BrF_5)	(z.B. IF_7)

Abb. 1.55: Strukturen höherkoordinierter Fluoride (○ Zentralatom, ● F-Atom)

Nichtbindende Elektronenpaare (n-Elektronenpaare) sind *diffuser* und nehmen daher mehr Platz in Anspruch als bindende Elektronenpaare. Für die Stärke der Abstoßung gilt folgende Reihenfolge:

Freies Elektronenpaar	⟷ freies Elektronenpaar	>
Freies Elektronenpaar	⟷ bindendes Elektronenpaar	>
Bindendes Elektronenpaar	⟷ bindendes Elektronenpaar	

Abb. 1.56 zeigt den Einfluss der freien Elektronenpaare auf die quadratisch-planare Anordnung der vier Chloratome im $[ICl_4]^-$-Komplex, und in Abb. 1.57 sind die Strukturen einiger Polyfluoride mit nichtbindenden Elektronenpaaren dargestellt.

Wie Abb. 1.58 dokumentiert, verursacht bei gleicher Konfiguration die *größere Abstoßungskraft freier Elektronenpaare* auch eine Verkleinerung der idealen Bindungswinkel [vgl. **MC-Fragen Nr. 263, 1510**].

Ist das Zentralatom mit Liganden unterschiedlicher Elektronegativität verknüpft, so kommen Winkeldeformationen dadurch zustande, dass die Raumbeanspruchung der bindenden Elektronenpaare mit zunehmender Elektronegativität der Liganden sinkt.

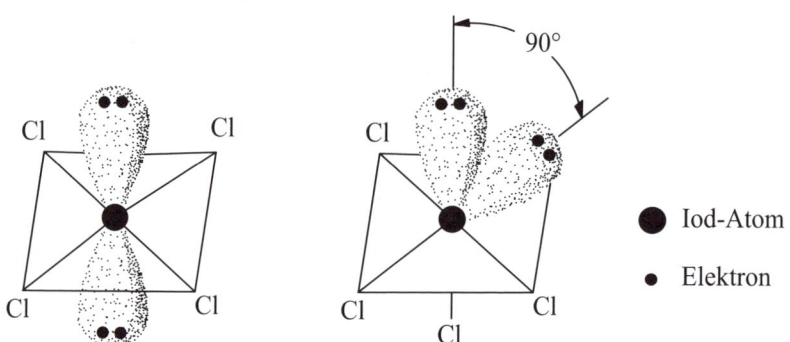

Abb. 1.56: Mögliche Anordnungen der bindenden und freien Elektronenpaare im $[ICl_4]^-$-Komplex

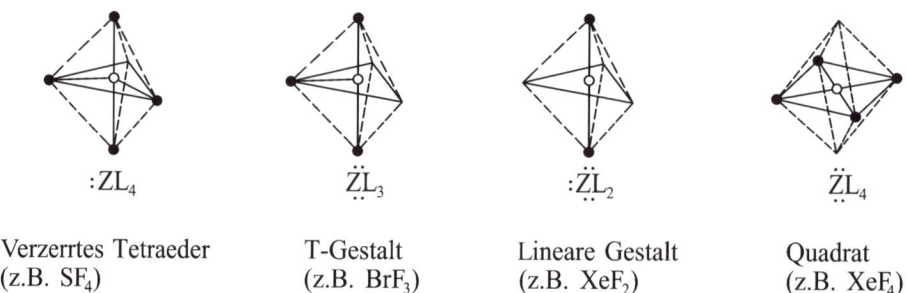

:ZL₄	ẐL₃	:Z̈L₂	Z̈L₄
Verzerrtes Tetraeder (z.B. SF_4)	T-Gestalt (z.B. BrF_3)	Lineare Gestalt (z.B. XeF_2)	Quadrat (z.B. XeF_4)

Abb. 1.57: Koodinationspolyeder von Fluoriden mit freien Elektronenpaaren

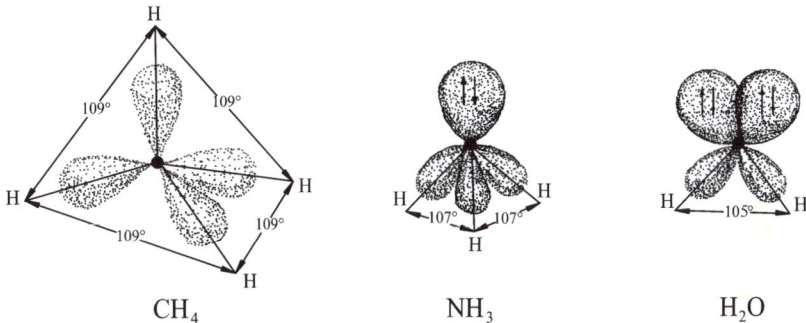

CH_4 NH_3 H_2O

Abb. 1.58: **Bindungsrichtungen und freie Elektronenpaare in den Molekülen Methan, Ammoniak und Wasser**

Je reiner also die Atombindung ist, desto mehr Platz nimmt das bindende Elektronenpaar ein. Die unterschiedlichen Abstoßungskräfte verschiedener bindender Elektronenpaare haben auch zur Folge, dass bei Anwesenheit unterschiedlicher Ligandensorten die einzelnen Liganden ganz bestimmte Positionen des Koordinationspolyeders besetzen.

Mehrfachbindungen beanspruchen mehr Raum als Einfachbindungen. Das π-Elektronenpaar bildet jedoch zusammen mit dem σ-Elektronenpaar eine abstoßende Einheit.

Tab. 1.33 gibt Auskunft über die Stereochemie einiger anorganischer Substanzen [vgl. **MC-Fragen Nr. 252–269, 1245, 1246, 1280, 1281, 1376, 1424, 1470, 1509, 1573, 1574, 1593, 1597, 1598, 1619, 1670, 1720, 1721, 1743, 1744, 1768, 1769, 1900, 1909**].

Im Gegensatz zur Ionenbindung sind kovalente Bindungen gerichtet. Ihre Wirkung beschränkt sich auf die Atome, die durch gemeinsame Elektronenpaare miteinander verknüpft sind. Gehen von einem Atom mehrere solcher Elektronenpaarbindungen aus, so stellen sie sich nach einfachen geometrischen Gesetzmäßigkeiten zueinander ein und führen zu einer definierten räumlichen Anordnung der Atome (Konfiguration). Hierbei muss man aber zwischen der Hybridisierung des jeweiligen Zentralatoms (Spalte 2, Tab. 1.33) und dem Bau des Moleküls (Spalte 4, Tab. 1.33) unterscheiden. Letzterer wird vor allem durch die Anzahl der Liganden und die Lage ihrer Atomkerne bestimmt.

Das bisher Ausgeführte soll an den nachfolgenden Beispielen nochmals erläutert werden:

Zwei Elektronenpaare: Zwei von einem Zentralatom ausgehende Elektronenpaarbindungen (sp-Hybride) ergeben eine *lineare Struktur* (Bindungswinkel 180°). Bei dieser Anordnung haben die bindenden Elektronenpaare den größtmöglichen Abstand voneinander.

Mehrfachbindungen verursachen keine Änderung der Molekülgeometrie, so dass Moleküle wie **Kohlendioxid** [O=C=O], **Cyanwasserstoff** [H-C≡N], **Allen**

Tab. 1.33: **Molekülgestalt von Verbindungen des Typs ZL_2, ZL_3, ZL_4, ZL_5, ZL_6 und ZL_7 (die jeweiligen Zentralatome sind fett gedruckt)**
[Z = Zentralatom, L = Ligand, X = Halogenatom, : = freies Elektronenpaar]

Summe der σ-, π- und n-Elektronenpaare	Anordnung der Elektronenpaare	Verbindungstyp	Anordnung der Liganden	Beispiele
2	Linear (sp)	ZL_2	Linear	BO_2^-, CO_2, NO_2^+, N_2O, **Hg**$_2Cl_2$, **Hg**Cl_2, HCN, NC-CN, HC≡CH, H**N**$_3$, **N**$_3^-$, **Be**Cl_2, Komplexe des Ag
3	Trigonal-planar (sp²)	ZL_3	Trigonal-planar	**B**X_3, **B**$(OH)_3$, **N**O_2X, H**N**O_3, **N**O_3^-, **C**O_3^{2-}, H**C**O_3^-, H$_2$**C**O_3, **C**OX_2, **S**O_3,
		:ZL_2	Gewinkelt	**Sn**X_2, **Pb**X_2, O**N**-X, **N**O_2^-, **O**$_3$, **S**O_2
4	Tetraedrisch (sp³)(d³s) Quadratisch (dsp²)	ZL_4	Tetraedrisch	**Xe**O_4, **P**$_4$ (weißer Phosphor), H$_3$**P**O_4, H$_3$**P**O_3, **P**OX_3, H$_3$**P**O_2, **Ni**$(CO)_4$
			Quadratisch-planar	Komplexe des Pt, Pd, Ni und Cu
		:ZL_3	Trigonal-pyramidal	**C**H_3^-, **N**H_3, H$_3$**O**$^+$, **P**X_3, **S**OX_2, **S**O_3^{2-}, H$_2$**S**O_3, **Cl**O_3^-, **Xe**O_3, **N**H_2OH, **N**H_2**N**H_2
		:̈ZL_2	Gewinkelt	**N**H_2^-, H$_2$**O**, H$_2$**F**$^+$, **S**X_2, **Cl**O_2^-, **Xe**O_2
5	Trigonal-bipyramidal (sp³d)(dsp³)	ZL_5	Trigonal-bipyramidal	**P**X_5, **Sb**X_5, **S**OF_4, **Xe**O_3F_2, **Fe**$(CO)_5$
		:ZL_4	Verzerrt tetraedrisch	**Sb**X_4^-, **S**X_4, **Se**X_4, **Te**X_4, **Xe**O_2F_2
		:̈ZL_3	T-förmig	**X**F_3, **Xe**OF_2, **V**O_3^-
		:̈ZL_2	Linear	I**Cl**$_2^-$, **IBr**Cl⁻, **I**$_3^-$, **Xe**F_2
6	Tetragonal-bipyramidal (sp³d²)(d²sp³)	ZL_6	Oktaedrisch	**Al**F_6^{3-}, **Si**F_6^{2-}, **P**X_6^-, **S**F_6, **Se**F_6, **I**OF_5, **Xe**O_2F_4, Komplexe des Fe und Co
		:ZL_5	Quadratisch-pyramidal	**Sb**F_5^{2-}, **S**F_5^-, **Br**F_5, **I**F_5, **Xe**OF_4
		:̈ZL_4	Quadratisch-planar	**Br**F_4^-, **I**Cl_4^-, **Xe**F_4
7	Pentagonal-bipyramidal (sp³d³)	ZL_7	Pentagonal-bipyramidal	**I**F_7, **Xe**OF_6
		:ZL_6	Verzerrt oktaedrisch	**Sb**Br_6^{3-}, **I**F_6^-, **Xe**F_6

[H$_2$C=C=CH$_2$], **Keten** [H$_2$C=C=O], **Dicyan** [N≡C-C≡N] oder das **Nitryl-Kation** [(O=N=O)$^+$] gleichfalls einen linearen Bau besitzen [vgl. **MC-Fragen Nr. 253, 257, 258, 1251, 1252**].

Drei Elektronenpaare: Abb. 1.59 zeigt einige Beispiele von Molekülen der allgemeinen Formel ZL_3. Drei von einem Zentralatom ausgehende bindende Elektronenpaare, wie sie im **Bortrifluorid** [BF$_3$] vorliegen, weisen in die Ecken eines gleichseitigen Dreiecks. Die Moleküle besitzen somit eine *trigonal-planare Struktur* mit einem Bindungswinkel von 120° [vgl. **MC-Frage Nr. 1605**].

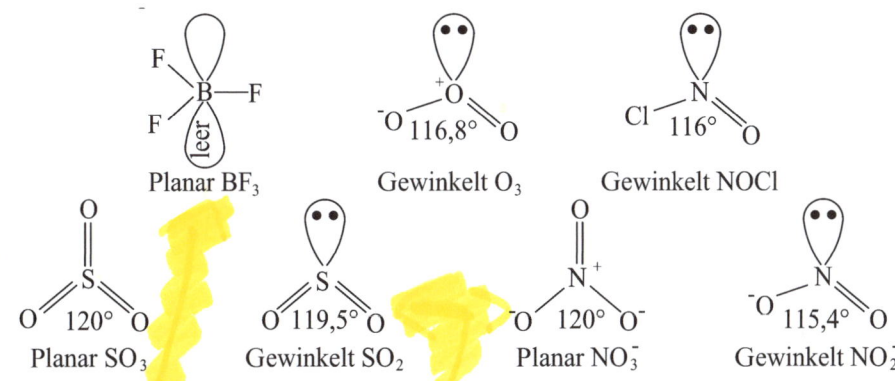

Abb. 1.59: Trigonal-planar- und gewinkelt-gebaute Moleküle

Auch hier bleibt, abgesehen von einer Änderung der Bindungswinkel, die trigonal-planare Struktur erhalten, wenn im Molekül statt einer Einfachbindung eine Doppelbindung vorhanden ist. Beispiele hierfür sind **Formaldehyd** [$H_2C=O$], **Phosgen** [$Cl_2C=O$], **Harnstoff** [$(H_2N)_2C=O$], **Schwefeltrioxid** [SO_3] sowie das **Nitrat-Ion** [NO_3^-] und **Carbonat-Ion** [CO_3^{2-}] bzw. das **Hydrogencarbonat-Ion** [HCO_3^-] [vgl. **MC-Fragen Nr. 259, 262, 1909**].

Enthält ein Molekül (mit oder ohne Doppelbindung) anstelle eines Liganden ein *freies Elektronenpaar,* wie im Falle des **Schwefeldioxids** [SO_2], **Nitrosylchlorids** [ON-Cl], **Zinn(II)-chlorids** [$SnCl_2$], **Ozons** [O_3] oder des **Nitrit-Ions** [NO_2^-], so wird aus der trigonal-planaren Molekülgestalt eine *gewinkelte Anordnung der Atome,* weil die Molekülstruktur nur durch die Lage der Atomschwerpunkte beschrieben wird.

Vier Elektronenpaare: Wie Abb. 1.60 zeigt, ordnen sich *vier* von einem Zentralatom ausgehende *bindende Elektronenpaare tetraedrisch* um ein Zentralatom an,

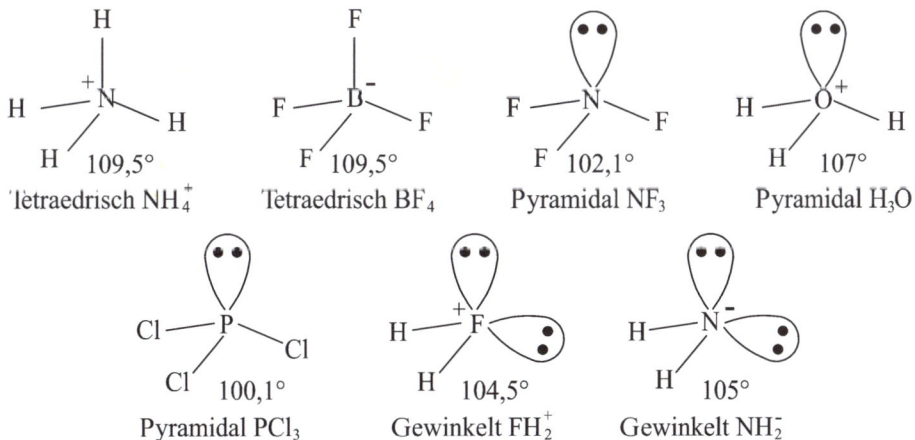

Abb. 1.60: Moleküle mit Einfachbindungen und tetraedrischer, pyramidaler und gewinkelter Struktur

weil der gegenseitige Abstand von vier Liganden in der Tetraederstruktur der größtmögliche ist. Die Moleküle können mit der Annahme einer sp³-Hybridisierung des Zentralatoms (Bindungswinkel 109,5°) beschrieben werden. Beispiele für Moleküle mit tetraedrischer Konfiguration sind **Methan** [CH₄], **Kohlenstofftetrahalogenide** [CX₄], **Ammonium-** [NH₄⁺], **Tetrafluoroborat-** [BF₄⁻] und **Tetrafluoroberyllat-Ionen** [BeF₄²⁻] oder **Siliciumtetrachlorid** [SiCl₄].

Ist *eines der vier Elektronenpaare ein freies Elektronenpaar* wie z. B. im **Methyl-Anion** [CH₃⁻], **Ammoniak** [NH₃], **Stickstoff-** [NX₃] und **Phosphortrihalogeniden** [PX₃] oder im **Hydroxonium-Ion** [H₃O⁺], wird aus dem Tetraeder eine *trigonale Pyramide,* da die vierte Tetraederecke ligandenfrei (unbesetzt) bleibt. Hierbei steht das Zentralatom an der Spitze einer Pyramide mit dreieckiger Basisfläche. Der Bindungswinkel wird kleiner sein als der Tetraederwinkel, weil das nichtbindende Elektronenpaar, das nur der Anziehung eines positiven Atomkerns ausgesetzt und somit voluminöser ist, stärkere Abstoßungskräfte ausübt als die bindenden Elektronenpaare, die unter dem Einfluss von zwei positiven Atomkernen stehen und daher weniger diffus sind. Die Abnahme des Bindungswinkels vom **Ammoniak** [NH₃] (106,8°) zum **Stickstofftrifluorid** [NF₃] (102,1°) ist erklärbar mit der stärkeren Polarisierung der N-F-Bindung.

Im **Wasser** [H₂O] oder **Amid-Ion** [NH₂⁻] mit *zwei freien Elektronenpaaren* [zwei unbesetzten Tetraederecken] liegen schließlich *gewinkelte Moleküle* in der Geometrie eines gleichschenkligen Dreiecks vor. Bei zwei Liganden und zwei freien Elektronenpaaren beträgt der Tetraederwinkel etwa 104,5°.

Da die σ- und die π-Bindung einer Doppelbindung *eine* abstoßende Einheit bilden, sind – wie Abb. 1.61 zeigt – auch Moleküle wie **Sulfurylchlorid** [SO₂Cl₂], **Phosphoroxychlorid** [POCl₃] sowie das **Sulfat-** [SO₄²⁻] und **Perchlorat-Ion** [ClO₄⁻] *tetraedrisch* gebaut [vgl. **MC-Frage Nr. 1909**]. Hingegen besitzt **Chlor(VI)-oxid** [ClO₃] eine *pyramidale* und das **Chlorit-Ion** [ClO₂⁻] eine *gewinkelte Struktur,* weil hier *eine* bzw. *zwei* Ecken des Tetraeders ligandenfrei sind.

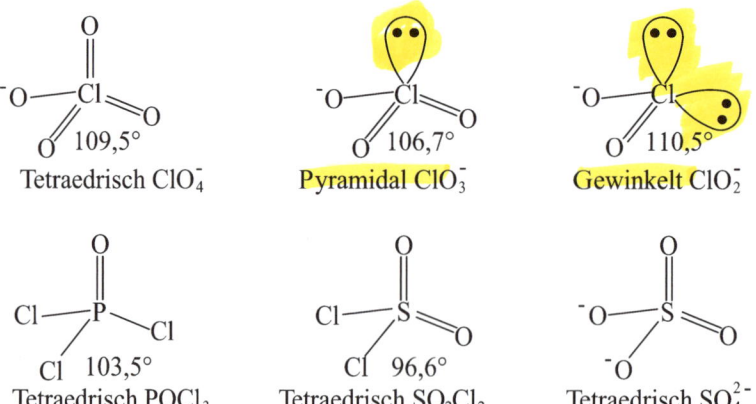

Abb. 1.61: **Moleküle mit Doppelbindungen und tetraedrischer, pyramidaler bzw. gewinkelter Struktur**

Fünf Elektronenpaare: In **Phosphorpentahalogeniden** [PX$_5$] ordnen sich die Liganden um ein Zentralatom zu einer <mark>trigonalen Bipyramide.</mark> Die Ψ-Funktionen von fünf gleichwertigen Elektronen können durch Hybridisierung von einem s-, drei p- und einem d-AO gebildet werden **(sp^{3}d-Hybridorbital)**. In der trigonalen Bipyramide sind die fünf Positionen nicht äquivalent. Die in der Ebene liegenden drei <mark>äquatorialen Liganden</mark> schließen einen Winkel von 120° ein, die beiden <mark>axialen Liganden</mark> an den Spitzen der Bipyramide bilden mit der Äquatorebene einen Winkel von 90° [vgl. **MC-Frage Nr. 1900**].

Auf die trigonale Bipyramide als Koordinationspolyeder lassen sich auch Moleküle wie **Schwefeltetrafluorid** [SF$_4$], **Chlortrifluorid** [ClF$_3$] oder **Xenondifluorid** [XeF$_2$] (Abb. 1.62) zurückführen. Damit erklärbar ist auch der <mark>deformierte Tetraeder des SF$_4$ (4 Liganden + 1 freies Elektronenpaar),</mark> die *T-Gestalt* des ClF$_3$ (3 Liganden + 2 freie Elektronenpaare) sowie die *lineare Struktur* des XeF$_2$ (2 Liganden + 3 freie Elektronenpaare). Dies rührt daher, dass in einer trigonalen Bipyramide <mark>freie Elektronenpaare vorzugsweise äquatoriale Positionen</mark> einnehmen.

Sechs Elektronenpaare: Ein Zentralatom wird von <mark>sechs Liganden oktaedrisch</mark> umgeben. Beispiele hierfür sind **Schwefelhexafluorid** [SF$_6$] und das **Hexafluoroaluminat-Ion** [AlF$_6^{3-}$]. Sechs gleichwertige Ψ-Funktionen entsprechen einer Kombination eines s-, dreier p- und zweier d-AO **(sp^{3}d^2-Hybridorbital)**.

Wie Abb. 1.63 zeigt, enthalten auch **Brompentafluorid** [BrF$_5$], **Xenontetrafluorid** [XeF$_4$] oder das **Iodtetrachlorid-Anion** [ICl$_4^-$] sechs Paare an bindenden und nichtbindenden Elektronen. Sie besitzen jedoch aufgrund freier Elektronenpaare die Gestalt einer *tetragonalen Pyramide* [5 bindende + 1 freies Elektronenpaar] bzw. sind *planar-quadratisch* [4 bindende + 2 freie Elektronenpaare] gebaut.

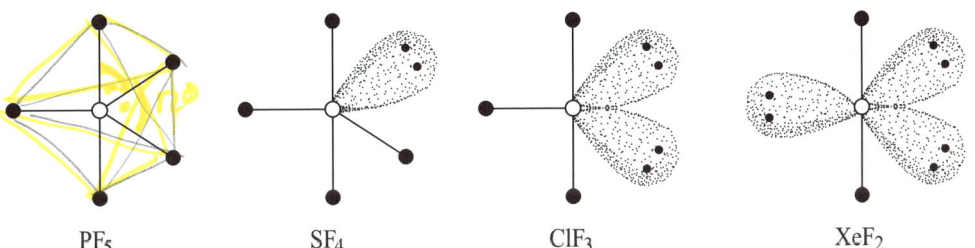

PF$_5$ SF$_4$ ClF$_3$ XeF$_2$

Abb. 1.62: **Moleküle mit fünf bindenden und nichtbindenden Elektronenpaaren** **[○ = Zentralatom, ● = F-Atom, : = freies Elektronenpaar]**

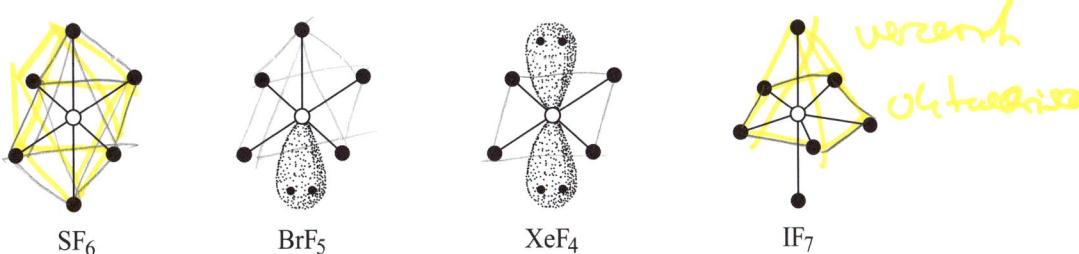

SF$_6$ BrF$_5$ XeF$_4$ IF$_7$

Abb. 1.63: **Moleküle mit sechs bzw. sieben bindenden und nichtbindenden Elektronenpaaren** **[○ = Zentralatom, ● = F-Atom, : = freies Elektronenpaar]**

Sieben Elektronenpaare: Sieben Liganden wie z. B. im **Iodheptafluorid** [IF$_7$] ordnen sich um ein Zentralatom *pentagonal-bipyramidal* an. Bei *sechs* Liganden und *einem* freien Elektronenpaar resultiert hieraus eine *verzerrt-oktaedrische* Struktur.

1.4.3 Bindungsparameter und Bindungsordnung

1.4.3.1 Bindigkeit (Bindungsgrad)

Die *Anzahl der effektiven Bindungen*, die ein bestimmtes Atom eingehen kann, heißt **Bindungsgrad** oder **Bindungsordnung**. Die Bindungsordnung entspricht in den Valenzstrich-Formeln der Zahl der Bindungsstriche, während sie in der MO-Theorie (siehe Kap. 1.4.4) als die Hälfte der Differenz aus der Anzahl der bindenden Elektronen minus der Zahl der antibindenden Elektronen definiert ist [vgl. **MC-Fragen Nr. 272, 273**].

$$\text{Bindungsordnung} = 1/2 \ (\text{Zahl der bindenden Elektronen} - \text{Zahl der antibindenden Elektronen}$$

Die Bindigkeit wird in erster Linie durch die Zahl der einfach besetzten AO bestimmt. In manchen Fällen ist dabei vor der Bindungsbildung eine Überführung in einen energiereicheren Valenzzustand mit anschließender Hybridisierung notwendig.

Für Wasserstoff und die Elemente der 2. Periode ergeben sich folgende Bindungsgrade (in Klammern gesetzt wurden die einfach besetzten AO):

H 1 (s)

Li 1 (s) - Be 2 (sp) - B 3 (sp^2) - C 4 (sp^3)
N 3 (p$_x$, p$_y$, p$_z$) - O 2 (p$_y$, p$_z$) - F 1 (p$_z$)

Gewisse Atome mit freiem Elektronenpaar (N, P, O, S) können auch dadurch Bindungen eingehen, dass sie einem Bindungspartner zwei Elektronen zur Verfügung stellen. Daraus resultiert eine **Vierbindigkeit** des Stickstoffs im **Ammonium-Ion** [NH$_4^+$], während der Sauerstoff im **Hydroxonium-Ion** [H$_3$O$^+$] **dreibindig** ist.

Bei den Elementen der 3. Periode (P, S, Cl) enthält die Valenzschale auch d-Orbitale, sodass s-, p- und d-AO hybridisiert werden können. Man findet daher oft Bindungsgrade von größer als 4.

1.4.3.2 Bindungslängen

Die **Bindungslänge** ist der lineare Abstand zwischen den Schwerpunkten zweier kovalent gebundener Atome. Sie ist abhängig von:

– der *Größe* (den Radien) der gebundenen Atome,
– der *Bindungsordnung* und
– der *Polarität* der Bindung.

Tab. 1.34: Bindungslängen von Kovalenzbindungen

Bindung	Bindungslänge (in pm)	Bindung	Bindungslänge (in pm)
H-H	74	C-C	154
H-C	107	C=C (Alken)	135
H-N	100	C=C (Benzen)	139
H-O	96	C≡C	120
H-F	92	C-O	143
H-Cl	127	C=O	122
H-Br	141	C-N	147
H-I	161	C=N	122
F-F	142	C≡N	111
Cl-Cl	199	C-S	181
Br-Br	228	C-F	136
I-I	267	C-Cl	176

Generell nimmt die Länge einer kovalenten Bindung mit zunehmender Bindungsordnung ab. Doppelbindungen und Dreifachbindungen sind kürzer als Einfachbindungen. Bei gleicher Bindungsordnung nimmt die Bindungslänge [A-X] mit steigendem Atomradius von X zu und mit steigender Elektronegativität von X ab. Stark polare Bindungen sind gewöhnlich kürzer als weniger polare, weil die zwischen den entgegengesetzt polarisierten Atomen zusätzlich wirkende elektrostatische Anziehung die Atome näher zusammenrücken lässt [vgl. **MC-Fragen Nr. 273–275, 1452**].

Darüber hinaus hängt die Bindungslänge von der Hybridisierung des jeweiligen Bindungspartners ab. So ist die **C-H-Bindung** im **Ethin** [HC≡CH] mit sp-hybridisiertem Kohlenstoff kürzer als im **Ethan** [H₃C-CH₃] mit sp^3-hybridisiertem C-Atom.

In Tab. 1.34 sind die Längen einiger Kovalenzbindungen aufgelistet. Zur *Messung* von Bindungslängen dienen neben der Röntgenstrukturanalyse an kristallinen Festkörpern hauptsächlich spektroskopische Methoden (IR, Raman).

1.4.3.3 Bindungsenthalpie, Dissoziationsenthalpie

Die zur vollständigen Trennung einer ganz bestimmten Bindung aufzuwendende Energie wird als **Dissoziationsenergie** bezeichnet. Sie kann bei zweiatomigen Molekülen relativ einfach mit spektroskopischen Methoden ermittelt werden. Energiebeträge, die aus thermodynamischen Messungen resultieren, bezeichnet man zweckmäßigerweise als **Dissoziationsenthalpien** (vgl. auch Kap. 1.9).

Bei mehratomigen Molekülen sind die Verhältnisse komplexer. Beispielsweise werden bei der Bildung von Wasser aus den Elementen 926 kJ/mol frei. Umgekehrt muss man diesen Energiebetrag aufwenden, wenn man nacheinander beide H-Atome aus dem Wassermolekül abtrennen will. Nun sind aber die zur Trennung der beiden H-O-Bindungen erforderlichen Energiebeträge *nicht* gleich groß. Die

Tab. 1.35: **Bindungsenthalpien von Kovalenzbindungen (in kJ/mol)**

H-H	436	H-C	413	H-F	567	C-C	348	C-O	358
O=O	498	H-N	391	H-Cl	431	C=C	594	C=O	745
N≡N	945	H-P	322	H-Br	366	C≡C	778		
F-F	159	H-As	245	H-I	298	C-F	489	C-N	305
Cl-Cl	242	H-O	463			C-Cl	339	C=N	569
Br-Br	193	H-S	367	O-F	193	C-Br	285	C≡N	891
I-I	151			O-Cl	208	C-I	218		

Dissoziationsenergie für die erste H-O-Bindung (im H_2O-Molekül) beträgt 497 kJ/mol, für die zweite (im daraus resultierenden HO^--Ion) nur 429 kJ/mol.

Man definiert daher für praktische Zwecke das *Mittel*, nämlich 926/2 = 463 kJ/mol, als die **Bindungsenthalpie** der H-O-Bindung. Die Bindungsenthalpie ist also eine, meistens aus thermodynamischen Messungen gewonnene Durchschnittsgröße.

Wie Tab. 1.35 ausweist, hängt die Bindungsenthalpie einer Kovalenzbindung hauptsächlich von drei Faktoren ab [vgl. **MC-Fragen Nr. 276–278, 281**]:

– von der *Länge* der Bindung
– von der *Polarität* der Bindung sowie
– von der *Bindungsordnung*.

So nimmt z. B. die thermodynamische Stabilität der Kohlenstoff-Halogen-Bindung vom Fluor zu Iod und in der Reihe der elementaren Halogen vom Cl_2 zum I_2 hin erwartungsgemäß ab, weil eine Kovalenzbindung mit zunehmender Atomgröße schwächer wird. Eine Sonderstellung nimmt Fluor (F_2) ein, dessen Bindungsenergie mit der des Iods (I_2) vergleichbar ist. Als Ursache hierfür kann die abstoßende Wechselwirkung der voluminösen freien Elektronenpaare an den beiden kleinen Fluoratomen angesehen werden.

1.4.4 MO-Methode (Molecular Orbital-Theorie)

1.4.4.1 LCAO-Methode

Ähnlich wie die Elektronenzustände in einem Atom kann man auch die Zustände von Elektronen in einem Molekül durch eine **Wellenfunktion** (Ψ_{MO}) beschreiben. Diese Wellenfunktion, die eine Lösung der Schrödinger-Gleichung ist, heißt **Molekülorbital** (abgekürzt: **MO**). Dabei betrachtet man *alle Elektronen eines Moleküls* als zu einem einheitlichen Elektronensystem gehörig [vgl. **MC-Frage Nr. 237**].

Aus mathematischer Sicht handelt es sich bei einem Molekülorbital um eine Wellenfunktion, die sich als Lösung der Schrödinger-Gleichung für ein System ergibt, an dem zwei Atomkerne beteiligt sind. Für MO gelten die gleichen Gesetzmäßigkeiten wie für AO.

Ebenso wie Atomorbitale sind auch Molekülorbitale durch Quantenzahlen charakterisierbar, die ihre Form und Energie bestimmen. Auch für Moleküle lässt sich ein **Energieniveauschema** erstellen. Jedes MO kann mit maximal zwei Elektronen antiparallelen Spins besetzt werden. Im Gegensatz zu den AO sind jedoch MO *bizentrische* bzw. *polyzentrische Orbitale* [vgl. **MC-Frage Nr. 283**].

In der MO-Theorie werden die Moleküle und ihre Elektronenstruktur als *Ganzes* beschrieben durch

* die Festlegung der Atomkerne in ihren Gleichgewichtslagen,
* die Konstruktion der Molekülorbitale für die Elektronen und das Erstellen eines Energieniveauschemas,
* die Besetzung der MO mit der vorhandenen Anzahl von Elektronen unter Beachtung des Pauli-Prinzips und der Hundschen Regel (vgl. Kap. 1.1.5).

Die exakte Formulierung der **Wellenfunktion (Ψ_{MO})** ist allerdings in fast allen Fällen *nicht* möglich. Man ist auf **Näherungsverfahren** angewiesen.

Bei der einfachsten Näherung, der **LCAO-Methode** (linear combination of atomic orbitals), kann die Gesamtwellenfunktion eines Moleküls durch *lineare Kombination (Addition* oder *Subtraktion)* von Atomorbitalen, deren Wellenfunktionen bekannt sind, formuliert werden.

$$\Psi_{MO} = c_1 \cdot \Psi_{AO} \pm c_2 \cdot \Psi_{AO}$$

Bei der Linearkombination von Atomorbitalen zu Molekülorbitalen bleibt die Gesamtzahl der Orbitale unverändert. Daher werden durch *Kombination zweier AO* stets *zwei MO* gebildet, wobei das durch **additive Überlagerung** erhaltene MO eine erhöhte Ladungsdichte zwischen den Atomkernen erzeugt und somit **bindend** wirkt. Wie Abb. 1.64 zeigt, besitzt das bindende MO eine kleinere potentielle Energie als die isolierten AO, während die potentielle Energie des durch **subtraktive Überlagerung** erhaltenen MO im Vergleich zu den isolierten AO um den *gleichen Betrag* energetisch höher liegt. Man bezeichnet die Wirkung eines solchen Molekülorbitals als **antibindend**. Die Ladungsdichte der Elektronen zwischen den Kernen ist verringert bzw. Null. Das antibindende MO besitzt eine *Knotenebene* senkrecht zur Kern-Kern-Achse. Ein antibindendes MO wird mit einem ⴲ markiert. Seine Besetzung mit Elektronen wirkt einer Bindung entgegen.

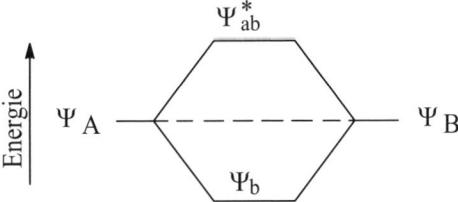

Abb. 1.64: **Energieniveaudiagramm, das die Bildung bindender und antibindender Molekülzustände aus zwei äquivalenten Atomeigenfunktionen eines zweiatomigen, homonuclearen Moleküls wiedergibt (b = bindend, ab = antibindend)**

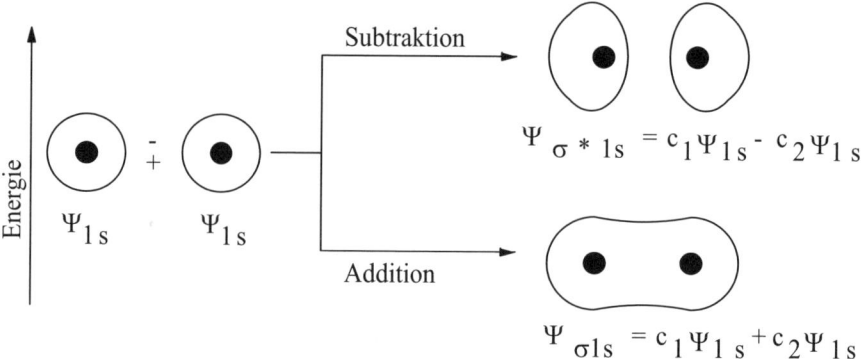

Abb. 1.65: **Graphische Darstellung der Bildung von Ψ_{1s}-MO**

In Abb. 1.65 ist die Bildung der Ψ_{1s}-MO des **Wasserstoffmoleküls** graphisch dargestellt. Die Koeffizienten (c_1, c_2) werden nach dem Variationsprinzip so gewählt, dass die Energie, die man erhält, wenn man Ψ_{MO} in die Schrödinger-Gleichung einsetzt, einen minimalen Wert annimmt.

Bei der LCAO-Methode erhält man durch Addition der atomaren Ψ-Funktionen den Zustand erhöhter Ladungsdichte zwischen den Kernen (bindender Zustand) und durch Subtraktion der Ψ-Funktionen den antibindenden Zustand. Bei der Überlagerung der AO muss die Gesamtzahl der Orbitale erhalten bleiben, d. h., durch Kombination von n AO entstehen wiederum n MO.

1.4.4.2 Atombindung in zweiatomigen, homonuclearen Molekülen

Abb. 1.66 zeigt das Energieniveauschema einiger zweiatomiger Moleküle, an deren Atombindung 1s-Orbitale beteiligt sind.

Das Wasserstoffmolekül: Im H_2-Molekül sind die beiden AO zu einem molekularen Zustand verschmolzen. Im Grundzustand besetzen die beiden Elektronen das energieärmere, bindende MO. Das antibindende MO entspricht einem angeregten Zustand (siehe auch Kap. 1.1.6). Die Bindungsenergie beträgt 436 kJ mol^{-1}, der Bindungsabstand 74 pm [vgl. **MC-Fragen Nr. 283, 838**].

Das H_2^+-Ion: Das H_2^+-Ion ist der einfachste denkbare Atomverband. Das Ion lässt sich spektroskopisch in Gasentladungsröhren nachweisen, die mit Wasserstoff unter vermindertem Druck gefüllt sind. Das Ion hat eine im Vergleich zum Wasserstoffmolekül beträchtlich kleinere Bindungsenergie von 269 kJ mol^{-1}. Die geringere Bindungsenergie korreliert mit einem größeren Kern-Kern-Abstand von 106 pm. Die Bindungsordnung ist „1/2" (vgl. Kap. 1.4.3).

Das Heliummolekül: Ein He_2-Molekül *existiert nicht*, weil seine vier Elektronen paarweise sowohl das bindende als auch das antibindende MO besetzen würden. Beide MO heben sich in ihrer Wirkung auf, sodass insgesamt kein Bindungseffekt zustandekommt. Die Bindungsordnung im hypothetischen He_2-Molekül ist „0".

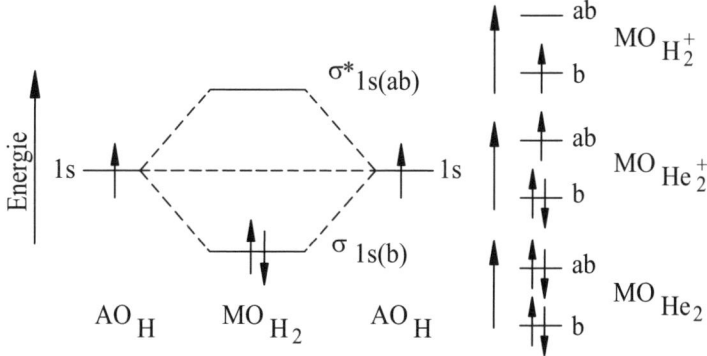

Abb. 1.66: **Energieniveauschema zweiatomiger Moleküle, die aus gleichen Atomen aufgebaut sind (b = bindend, ab = antibindend)**

Das He$_2^+$-Ion: Reale Existenz besitzt hingegen das He$_2^+$-Ion, dessen antibindendes MO nur einfach besetzt ist, sodass der bindende Effekt überwiegt. Die Bindungsordnung beträgt „**1/2**". Bei einem Bindungsabstand von 108 pm besitzt das Ion eine Bindungsenergie von etwa 300 kJ mol^{-1} [vgl. **MC-Frage Nr. 822**].

Die Abb. 1.67–1.69 zeigen das Energieniveauschema anderer zweiatomiger, homonuclearer Moleküle. Für zweiatomige, aus *gleichen* Atomen aufgebaute Moleküle (B$_2$, C$_2$, **N$_2$**), deren 2s- und 2p-AO so nahe beieinanderliegen, dass sie miteinander in Wechselwirkung treten können, gilt im allgemeinen folgende MO-Reihenfolge zunehmender Energie (s.a. Abb. 1.67):

$$\sigma1s \; < \; \sigma^*1s \; < \; \sigma2s \; < \; \sigma^*2s \; < \; \pi2p_y \; = \; \pi2p_z$$
$$< \; \sigma2p_x \; < \; \pi^*2p_y = \pi^*2p_z \; < \; \sigma^*2p_x$$

Für zweiatomige, homonucleare Moleküle (**O$_2$, F$_2$**), bei denen das 2s-AO deutlich energieärmer ist als die 2p-AO und somit keine Wechselwirkungen zwischen diesen Orbitalen zu berücksichtigen sind, ergibt sich folgende Abstufung der MO-Energieniveaus (s.a. Abb. 1.68 und 1.69):

$$\sigma1s \; < \; \sigma^*1s \; < \; \sigma2s \; < \; \sigma^*2s \; < \; \sigma2p_x \; <$$
$$\pi2p_y \; = \; \pi2p_z \; < \; \pi^*2p_y \; = \; \pi^*2p_z \; < \; \sigma^*2p_x$$

Das Stickstoffmolekül (Abb. 1.67): Das Stickstoffatom besitzt die Elektronenkonfiguration 1s^{2}2s^{2}2p^3. Im N$_2$ Molekül sind insgesamt 6 bindende Elektronen vorhanden, die *eine* σ- (σ2p$_x$) und *zwei* π-*Bindungen* (π2p$_y$, π2p$_z$) bilden. Das lineare Stickstoffmolekül besitzt die *Bindungsordnung* „**3**". Die beiden bindenden σ1s-, σ2s-MO und die beiden antibindenden σ*1s-, σ* 2s-MO heben sich in ihrer Wirkung auf. Die Dissoziationsenergie des Stickstoffmoleküls beträgt 945 kJ/mol, der N-N-Kernabstand 109 pm [vgl. **MC-Fragen Nr. 283, 994, 1829**].

Wird das N$_2$-Molekül ionisiert, so entsteht ein N$_2^+$-Ion mit geringerer Dissoziationsenergie (841 kJ mol^{-1}) und vergrößertem Kernabstand, weil hierbei ein Elektron aus einem bindenden MO entfernt wird.

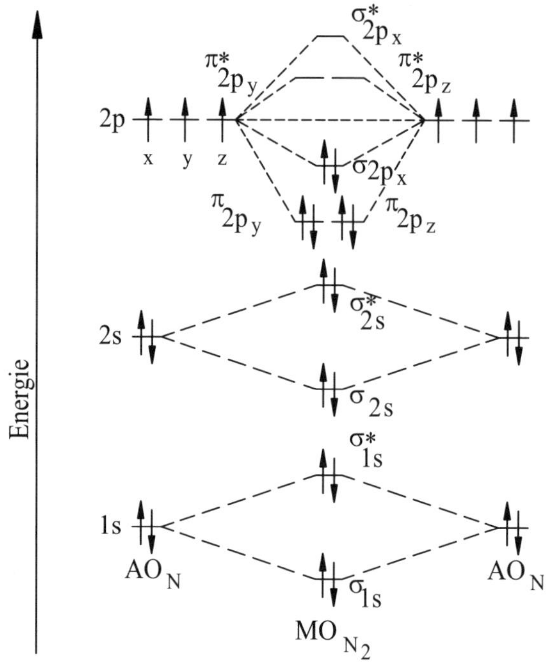

Energie

$\sigma^*_{2p_x}$

$\pi^*_{2p_y}$ $\pi^*_{2p_z}$

2p

x   y   z

σ_{2p_x}

π_{2p_y} π_{2p_z}

σ^*_{2s}

2s

σ_{2s}

σ^*_{1s}

1s

AO_N σ_{1s} AO_N

MO_{N_2}

Abb. 1.67:   Energieniveauschema des Stickstoffmoleküls

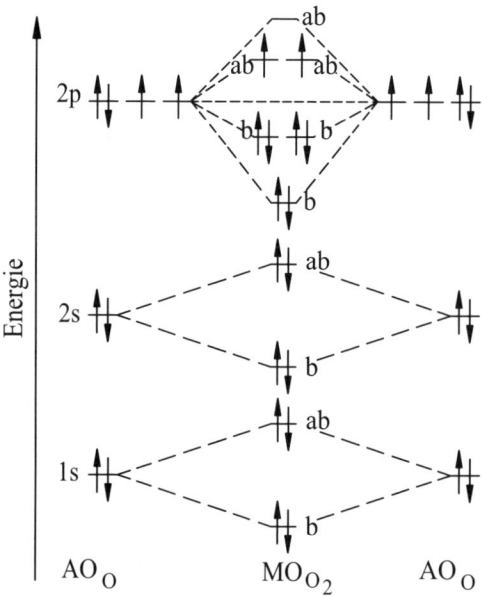

Energie

ab

ab   ab

2p

b   b

b

ab

2s

b

ab

1s

b

AO_O MO_{O_2} AO_O

Abb. 1.68:   Energieniveauschema des Sauerstoffmoleküls
[b = bindend; ab = antibindend]

Das Sauerstoffmolekül (Abb. 1.68): Das Sauerstoffatom besitzt die Elektronenkonfiguration $1s^2 2s^2 2p^4$. Das O_2-Molekül hat somit zwei Elektronen mehr als das N_2-Molekül. Diese beiden Elektronen besetzen die antibindenden Orbitale π^*2p_y und π^*2p_z. Daraus resultiert für das Sauerstoffmolekül eine Bindungsordnung von „**2**".

Gemäß der Hundschen Regel wird jedes entartete Molekülorbital aber zunächst einfach besetzt, sodass das O_2-Molekül zwei ungepaarte Elektronen mit gleichgerichtetem Spin enthält. Sauerstoff ist daher ein **paramagnetisches Diradikal**. Die Dissoziationsenergie des O_2-Moleküls beträgt 498 kJ mol^{-1}, der Bindungsabstand 121 pm (vgl. auch **MC-Fragen Nr. 283–285, 1258**).

Auch das **Dioxygenyl-Ion** [O_2^+] ist paramagnetisch. Da aber nur ein antibindendes π-MO besetzt ist, wird im Vergleich zum O_2-Molekül die Dissoziationsenergie (624 kJ mol^{-1}) größer und der O-O-Kernabstand (112 pm) kleiner.

Im **Hyperoxid-Ion** [O_2^{2-}] sind schließlich beide antibindenden π-MO doppelt besetzt. Daraus resultiert für das Ion eine Bindungsordnung von „**1**".

Das Fluormolekül (Abb. 1.69): Das Fluoratom besitzt die Elektronenkonfiguration $1s^2 2s^2 2p^5$. Der Bindungsordnung von „**1**" im F_2-Molekül entspricht die geringe Dissoziationsenergie von 159 kJ mol^{-1} sowie der größere F-F-Kernabstand von 144 pm.

Die σ**2p$_x$-Bindung** im F_2-Molekül wird, wie Abb. 1.70 zeigt, als Ergebnis der Überlagerung der zwei einfach besetzten 2p-AO der beiden Fluoratome aufgefasst. Man denkt sich das Molekül so in einem Koordinatensystem justiert, dass die Bindungsachse mit der x-Achse zusammenfällt und das nur mit einem Elektron besetzte AO ein p_x-Orbital ist.

Tab. 1.36 fasst nochmals die Bindungseigenschaften einiger zweiatomiger, homonuclearer Moleküle zusammen.

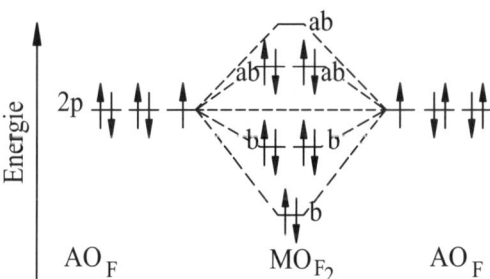

Abb. 1.69: Energieniveauschema des Fluormoleküls [b = bindend; ab = antibindend]

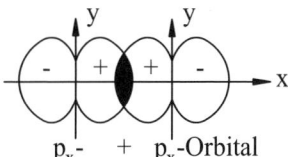

p_x- + p_x-Orbital

Abb. 1.70: σ-Bindung im Fluormolekül durch Überlappung von p_x-Orbitalen

Tab. 1.36: **Bindungseigenschaften homonuclearer, zweiatomiger Moleküle**

Molekül	Zahl der bindenden Elektronen	Zahl der antibin- denden Elektronen	Bindungs- ordnung	Bindungs- länge (in pm)	Bindungs- energie (kJ/mol)
Li_2 *)	2	0	1	267	105
Be_2 **)	2	2	0	-	-
B_2 *)	4	2	1	159	289
C_2 *)	6	2	2	124	473
N_2	8	2	3	109	945
N_2^+	7	2	2,5	112	841
O_2	8	4	2	121	498
O_2^+	8	3	2,5	112	624
F_2	8	6	1	144	159
Ne_2 **)	8	8	0	-	-

*) Molekül existiert im Dampfzustand bei hohen Temperaturen
**) Molekül existiert nicht

1.4.4.3 Atombindung in zweiatomigen, heteronuclearen Molekülen

Wird eine kovalente Bindung von zwei Atomen mit *unterschiedlicher Elektronegativität* gebildet, so halten sich die beiden Elektronen im zeitlichen Mittel näher beim elektronegativeren Atom auf. Das MO wird dem AO des elektronegativeren Bindungspartners ähnlicher. Je elektronegativer hierbei ein Atom ist, desto energieärmer sind seine besetzten Orbitale [vgl. **MC-Frage Nr. 283**].

Wenn zwei Atomorbitale unterschiedlicher Energie miteinander in Wechselwirkung treten, so entspricht der Charakter des entstehenden, bindenden MO überwiegend dem AO mit der niedrigeren Energie und das antibindende MO gleicht mehr dem AO mit der höheren Energie.

Das Kohlenmonoxidmolekül (Abb. 1.71): Insgesamt sind im CO-Molekül 6 bindende Elektronen vorhanden, die eine σ- und zwei π-Bindungen bilden. Die Bindungsordnung ist „3".

Das Stickstoffmonoxidmolekül (Abb. 1.72): Das NO-Molekül besitzt ein ungepaartes Elektron und ist somit *paramagnetisch*. Es lässt sich nicht mit Hilfe einer Lewis-Formel beschreiben. Das ungepaarte Elektron besetzt ein antibindendes π^*2p-MO.

Durch Abspaltung eines Elektrons geht das NO-Molekül in das **Nitrosyl-Kation** [NO$^+$] über: NO $\longrightarrow$ NO$^+$ + 1e$^-$.

Bei anderen Molekülen (H_2^+, N_2^+) tritt dabei eine Schwächung der Bindung ein. Im Gegensatz dazu wird im NO$^+$-Ion die Bindung stärker, weil nachher ein antibindendes MO nicht mehr besetzt ist.

Das Fluorwasserstoffmolekül (Abb. 1.73): Im HF-Molekül eignet sich nur ein p-

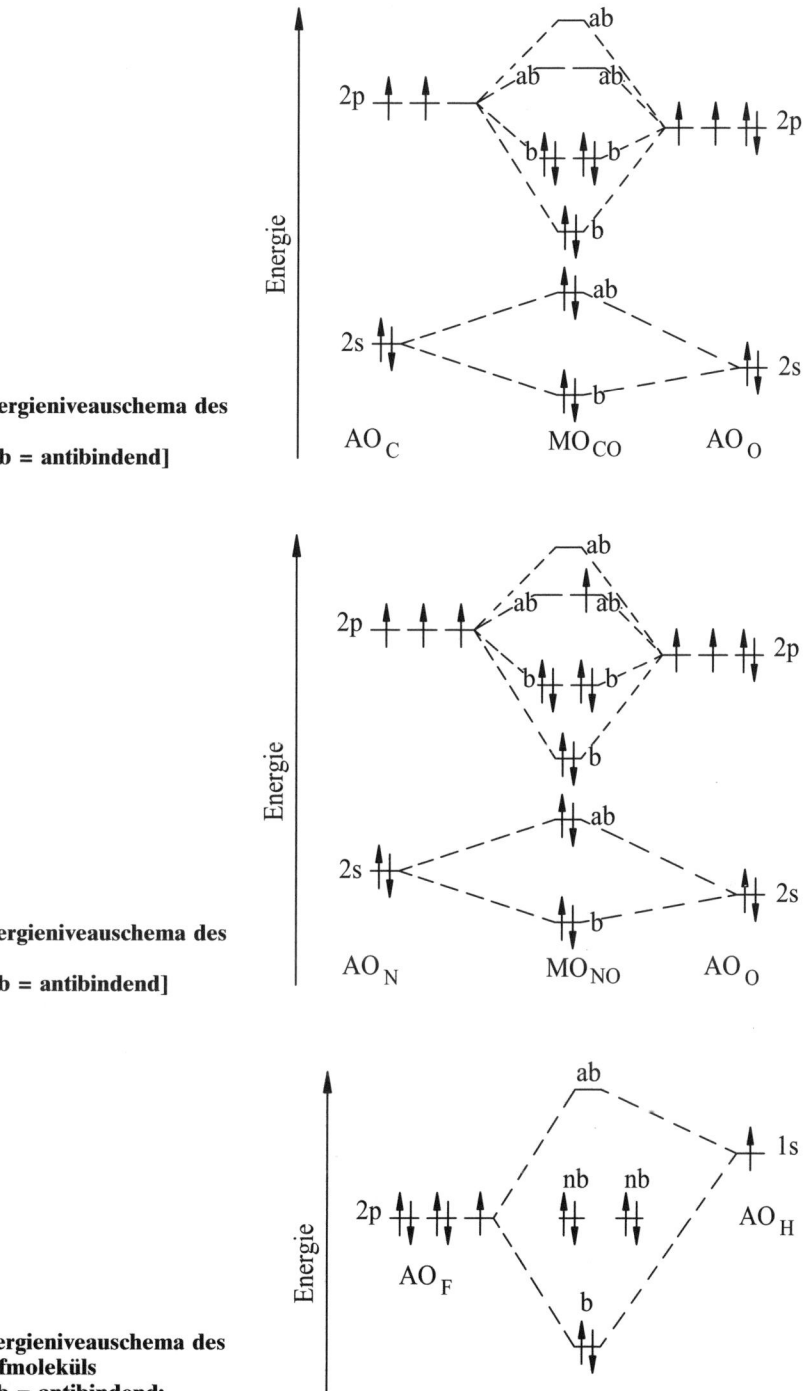

Abb. 1.71: Energieniveauschema des CO-Moleküls
[b = bindend; ab = antibindend]

Abb. 1.72: Energieniveauschema des NO-Moleküls
[b = bindend; ab = antibindend]

Abb. 1.73: Energieniveauschema des Fluorwasserstoffmoleküls
[b = bindend; ab = antibindend; nb = nichtbindend]

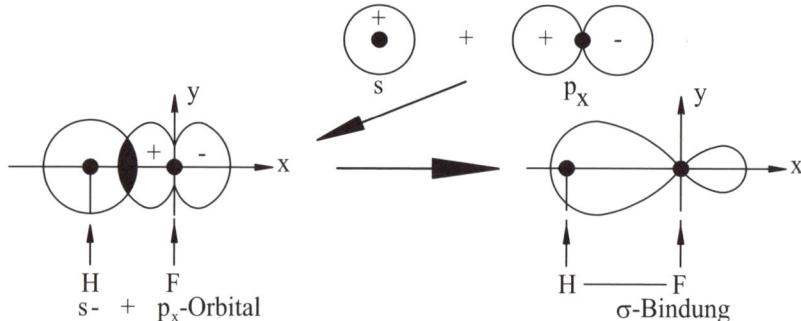

Abb. 1.74: **Bildung eines bindenden MO im HF-Molekül durch lineare Kombination eines s-AO mit einem p-AO**

AO des Fluoratoms, z. B. das $2p_x$-AO, zur linearen Kombination mit dem 1s-AO des Wasserstoffatoms. Die doppelt besetzten $2p_y$- und $2p_z$-AO bilden kein MO; sie sind *nichtbindend*. Hierbei besitzen nichtbindende MO die gleiche Energie wie die entsprechenden AO im isolierten Atom.

In Abb. 1.74 ist die Bildung der σ-H-F-Bindung nochmals graphisch dargestellt.

1.4.4.4 Radikale

(vgl. auch Ehlers, **Chemie II-Kurzlehrbuch**, Kap. 3.1.11 und 3.2.3)

Als Radikale bezeichnet man Moleküle mit *ungepaarten Elektronen*. Solche Radikale können wie z. B. **Stickstoffmonoxid**, das **Triphenylmethyl-Radikal** oder das Diradikal **Sauerstoff** stabil und langlebig sein.

Kurzlebige, unbeständige Radikale treten bei manchen chemischen Umsetzungen auf, beispielsweise bei der radikalischen Photohalogenierung von Alkanen oder der Halogenaddition an Alkene in Gegenwart von Peroxiden. Auch einfache Reaktionen der anorganischen Chemie, wie die *Knallgas-* (siehe Kap. 2.2.3.2) oder *Chlorknallgas-Reaktion* (siehe Kap. 2.3.3.3), laufen nach einem radikalischen Mechanismus ab.

Radikale entstehen fast immer durch homolytische Spaltung kovalenter Bindungen. Die hierfür erforderlichen Dissoziationsenergien (vgl. Kap. 1.4.3.3) können den Molekülen durch *Thermolyse, Photolyse* oder *Radiolyse* zugeführt werden. Radikale können aber auch bei *Redoxreaktionen* auftreten, wenn dabei Ein-Elektronenübergänge stattfinden. Auch für Radikale gilt das Pauli-Prinzip.

Alle Radikale sind *paramagnetisch,* d. h., sie werden in ein äußeres Magnetfeld hineingezogen. Dagegen werden *diamagnetische* Stoffe, bei denen alle Elektronen gepaart sind, von einem äußeren Magnetfeld abgestoßen. Bei paramagnetischen Substanzen ist immer auch Diamagnetismus vorhanden, der jedoch vom stärkeren Paramagnetismus überlagert wird.

Zum **Nachweis** von Radikalen dient als derzeit beste Methode die **Elektronenspinresonanz-Spektroskopie**. Radikale lassen sich aber auch durch Reaktionen mit gefärbten Radikalen zu andersfarbigen oder farblosen Verbindungen nachweisen.

Radikale sind in der Regel energiereiche Teilchen, die rasch weiterreagieren, wobei energieärmere Radikale oder stabile Substanzen gebildet werden. Im allgemeinen unterscheidet man bei Radikalreaktionen zwischen:

- Reaktionen unter Verlust der Radikaleigenschaft,
- Reaktionen unter Übertragung der Radikaleigenschaft.

Eine Möglichkeit zu erkennen, ob ein Molekül als Radikal vorliegen kann, ergibt sich aus der Tatsache, dass in einem neutralen Atom die Ordnungszahl (Kernladungszahl) der Anzahl der Elektronen in der Atomhülle entspricht. Führt die Summation der Elektronen aller am Aufbau eines Moleküls beteiligten Atome zu einer *ungeraden* Gesamtelektronenzahl, so liegt ein Radikal vor. Ausnahmen bilden **Diradikale** wie Sauerstoff, die eine gerade Anzahl von Elektronen aufweisen.

Die nachfolgenden Beispiele (Tab. 1.37) aus **MC-Fragen [Nr. 286–288]** sollen dies nochmals verdeutlichen.

Tab. 1.37: **Radikaleigenschaften ausgewählter anorganischer Stoffe**

Gesamtelektronenzahl	Molekül	Radikal	Gesamtelektronenzahl	Molekül	Radikal
14	CO	-	32	N_2O_3	-
15	NO	+	32	BF_3	-
16	O_2	+	33	ClO_2	+
18	H_2O_2	-	42	Cl_2O	-
22	N_2O	-	46	N_2O_4	-
23	NO_2	+	60	PF_5	-

1.4.5 Polare Atombindungen

1.4.5.1 Übergänge zur Ionenbindung

Eine reine *Ionenbindung* ist nur in Salzen realisiert, die aus einem Metall mit niedriger Ionisierungsenergie und einem Nichtmetall mit hoher Elektronenaffinität gebildet werden. In Salzen mit großem Anion liegen aufgrund von **Polarisationseffekten** (siehe Kap. 1.3.1.4) *verzerrte Ionen* vor, wie dies in Abb. 1.75 schematisch dargestellt ist.

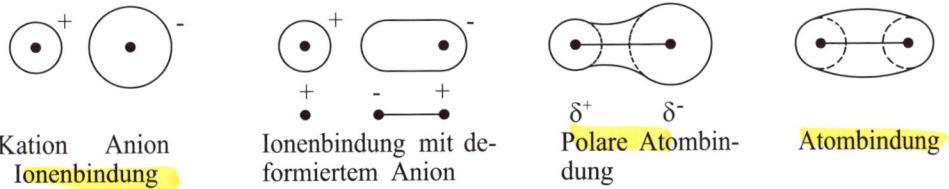

Kation Anion	Ionenbindung mit deformiertem Anion	Polare Atombindung	Atombindung
Ionenbindung		δ^+ δ^-	

Abb. 1.75: **Übergang zwischen Ionenbindung und kovalenter Bindung**

Eine ideale Kovalenzbindung kann nur zwischen *Atomen des gleichen Elements* bzw. zwischen identischen Atomgruppen existieren, sodass im System [Atomrumpf $\longleftrightarrow$ Bindungselektronen $\longleftrightarrow$ Atomrumpf] infolge der symmetrischen Aufteilung der gemeinsamen Elektronenpaare keinerlei Polarität vorliegt. In einem aus *verschiedenen Atomen* aufgebauten Molekül besitzen dagegen die Bindungspartner eine **unterschiedliche Elektronegativität** und die bindenden Elektronen halten sich bevorzugt beim elektronegativeren Atom auf. Die **Bindung** wird **polar** und die beiden miteinander verknüpften Atome tragen eine **positive (δ^+)** bzw. **negative (δ^-) Partialladung**. Je unterschiedlicher der elektronenanziehende Effekt der kovalent gebundenen Atome ist, desto polarer ist die Bindung. Diese einer Bindung innewohnende Polarität darf aber nicht mit der Polarität ganzer Moleküle verwechselt werden (siehe hierzu Kap. 1.4.5.3).

Die größere Elektronegativität des einen Bindungspartners kommt in der LCAO-Näherung dadurch zum Ausdruck, dass der Koeffizient c_2 größer ist als der Koeffizient c_1 des anderen Atoms. Dies bedeutet auch, dass das zur linearen Kombination benutzte AO des elektronegativeren Bindungspartners energieärmer ist.

$$\Psi_{MO} = c_1 \cdot \Psi_{AO} \; {}^+_- \; c_2 \cdot \Psi_{AO}$$

Beispielsweise ist im HF-Molekül das $2p_x$-AO von Fluor energieärmer als das 1s-AO des Wasserstoffs. Daraus folgt $c_2 > c_1$, d. h., die $2p_x$-Eigenfunktion des F-Atoms trägt stärker zum MO bei und das bindende Elektronenpaar hält sich im zeitlichen Mittel näher dem F-Kern auf (vgl. auch Abb. 1.73).

Die **Polarität einer Kovalenzbindung** wird somit im MO-Modell durch die Größe der Koeffizienten c_1 und c_2 berücksichtigt. Es existieren *alle Übergänge* zwischen der *unpolaren Kovalenzbindung* ($c_1 = c_2$), der *polaren Kovalenzbindung* ($c_1 < c_2$) und der *Ionenbindung* ($c_1 = 0$; $c_2 = 1$). Im letzteren Fall bildet sich kein MO mehr und ein AO wird doppelt besetzt.

Je größer die Elektronegativitätsdifferenz zweier miteinander verbundener Atome ist, desto stärker ist der ionische Charakter der Bindung. Bei einer Differenz von 1,7 handelt es sich um eine Atombindung mit 50% Ionencharakter, bei kleineren Differenzen um mehr kovalente, bei größeren um mehr elektrovalente Bindungen (vgl. auch Kap. 1.2.5). Da innerhalb einer *Gruppe* des PSE die Elektronegativität von oben nach unten abnimmt, nimmt auch die Polarität homologer Verbindungen ab. Zum Beispiel liegen in allen **Halogenwasserstoffen** polarisierte Atombindungen vor, wobei die Bindungspolarität, wie Tab. 1.38 ausweist, vom **Fluorwasserstoff [HF]** zum **Iodwasserstoff [HI]** hin abnimmt (vgl. **MC-Fragen Nr. 210, 292, 294, 1239, 1334, 1767, 1867**).

Eine gute Übersicht über den Einfluss des Bindungstyps auf die physikalischen Eigenschaften geben die Chlorverbindungen der 3.Periode des PSE (Tab. 1.39).

Tab. 1.38: Partiell ionischer Charakter von Halogenwasserstoffen

Halogenwasserstoff	HF	HCl	HBr	HI
%-Ionencharakter	43	18	11	5

Tab. 1.39: Physikalische Eigenschaften von Chloriden

Ionenbindung $\longrightarrow$ polarisierte Atombindung $\longrightarrow$ Atombindung						
	NaCl	MgCl$_2$	AlCl$_3$	SiCl$_4$	PCl$_3$	SCl$_2$	Cl$_2$
Fp (°C):	800	712	192,5	-67,6	-92	-78	-101
Kp (°C):	1465	1418	*)	56,7	74,5	59	-34,1

*) sublimiert bei 180 °C

Natriumchlorid mit seiner typischen Ionenbindung besitzt einen hohen Schmelz- (Fp) und Siedepunkt (Kp), während Chlor mit seiner reinen Kovalenzbindung bei Raumtemperatur gasförmig ist.

1.4.5.2 Dipole und Dipolmoment

Ein Objekt (Molekül) mit *unsymmetrischer Ladungsverteilung* besitzt Dipolcharakter. Sein permanentes **Dipolmoment** (μ) ist das im homogenen Einheitsfeld (E) gemessene Produkt aus der Ladung (Q) und dem Abstand (l) der Ladungsschwerpunkte. Es wird in **Debye-Einheiten** (D) angegeben [1 D = 3,338 · 10^{-30} C · m] [vgl. **MC-Fragen Nr. 289, 1365**].

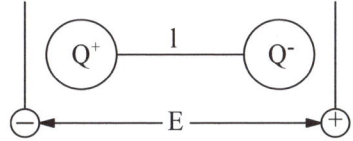

$$\mu = Q \cdot l \ [D]$$

Berechnungen (in Klammer Nr. der MC-Frage)
[290] $\mu_1 = Q \cdot l$; $\mu_2 = 2Q \cdot 2l = 4 (Q \cdot l) = 4 \mu_1$
Werden Ladung und Abstand eines Dipols verdoppelt, so vervierfacht sich das Dipolmoment.
[291] $\mu_1 = Q \cdot l$; $\mu_2 = 2Q \cdot 1/2l = Q \cdot l = \mu_1$
Werden die Ladung eines Dipols verdoppelt und der Abstand halbiert, so ändert sich die Größe des Dipolmomentes nicht.

Moleküle, die ein *Dipolmoment* besitzen, nennt man **polare Moleküle**. Aufgrund ihres *permanenten Dipolmomentes* richten sich solche Moleküle in einem elektrischen Feld aus, wobei das negative Ende des Dipols auf die positive Platte weist und umgekehrt (Abb. 1.76) [vgl. **MC-Frage Nr. 293**].

Die Größe von Partialladungen polarisierter Atombindungen können experimentell *nicht* unmittelbar bestimmt werden. Nach **Pauling** ist es jedoch möglich, die experimentell zugänglichen Dipolmomente zu nutzen, um den *partiell ionischen Charakter* kovalenter Bindungen zu ermitteln. Hierbei ist zu berücksichtigen, dass das Dipolmoment eine *Vektorgröße* ist, die eine definierte Richtung und

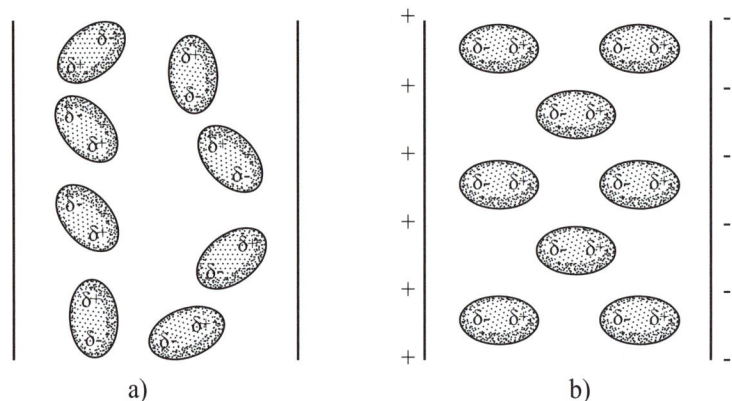

Abb. 1.76:   Orientierung von Dipolen im elektrischen Feld
a) ungeordnete Bewegung der Moleküle
b) Ausrichtung der Moleküle unter dem Einfluss eines äußeren Feldes

einen bestimmten Betrag besitzt. Willkürlich wurde festgelegt, dass die Spitze des Vektors zum negativen Ende des Dipols zeigt.

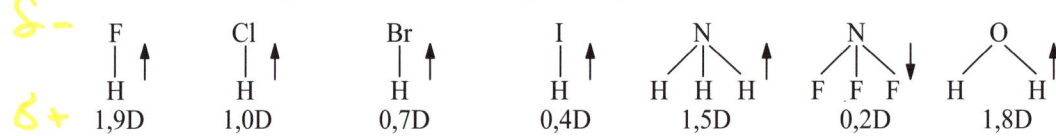

Bei Molekülen, in denen *mehrere* polare Kovalenzbindungen vorhanden sind, ergibt sich das Dipolmoment des Gesamtmoleküls durch *vektorielle Addition* der Dipolmomente der einzelnen Bindungen [vgl. **MC-Fragen Nr. 295–301**].

In Tab. 1.40 sind die Dipolmomente einiger Moleküle aufgelistet. Man erkennt, dass im allgemeinen das Dipolmoment umso größer ist, je polarer die Bindung ist. [HF → HCl; H_2O → H_2S] [vgl. **MC-Fragen Nr. 650–652, 905**].

Tab. 1.40:   Dipolmomente ausgewählter Moleküle (in Debye)

HF	1,90	H_2O	1,844	PF_3	1,025
HCl	1,03	H_2S	0,92	BF_3	0
HBr	0,74	NH_3	1,46	CO_2	0
HI	0,38	NF_3	0,2	CCl_4	0

1.4.5.3 Dipolmoment und Molekülstruktur

Der Dipolcharakter eines Moleküls kann auf folgende Weise bestimmt werden:

a) Man sucht die Elektronegativitätswerte der die Substanz aufbauenden Atome und bestimmt die *Polarität* der im Molekül enthaltenen Kovalenzbindungen. [Sind die Atombindungen unpolar, so kann schon jetzt der Schluss gezogen werden, dass das Molekül keinen Dipolcharakter besitzt.]

b) Mit Hilfe des Elektronenpaarabstoßungsmodells sucht man die *räumliche Struktur* (nicht die Strukturformel) des Moleküls (vgl. Kap. 1.4.2).

c) Man gibt die *Partialladungen* der einzelnen Atome an und sucht deren *Ladungsschwerpunkte*. Fallen die Ladungsschwerpunkte nicht zusammen, so hat das Molekül Dipolcharakter.

$\ominus$ = negativer Ladungsschwerpunkt
$\oplus$ = positiver Ladungsschwerpunkt

Selbst wenn in einem Molekül stark polare Bindungen vorhanden sind, kann aufgrund der vektoriellen Addition der Einzelmomente das Gesamtdipolmoment eines Teilchens Null sein, weil sich aus geometrischen Gründen die Einzelmomente gerade aufheben. Beispiele hierfür sind **Tetrachlorkohlenstoff** [CCl_4], **Kohlendioxid** [CO_2] und **Bortrifluorid** [BF_3] [vgl. **MC-Fragen Nr. 1090, 1091, 1605, 1766**].

(CCl_4)   (CO_2)   (BF_3)   (H_2O)

(CH_3I)   (SO_2)   (H_2S)   ($HgCl_2$)

So sind im CCl_4-Molekül zwar die C-Cl-Bindungen polar, aber die Cl-Atome sind tetraedrisch um das zentrale C-Atom herum angeordnet, sodass ihr Ladungsschwerpunkt mit dem Kohlenstoffatom zusammenfällt. Dies trifft auch für **Methan** [CH_4] zu. Demgegenüber besitzen Methan-Derivate wie **Methyliodid** [CH_3I] oder **Chloroform** [$CHCl_3$] ein permanentes Dipolmoment.

Aus dem gleichen Grund ist auch das **CO$_2$-Molekül** sowie **Quecksilber(II)-chlorid** [HgCl$_2$] kein Dipol, da die drei Atome jeweils auf einer Geraden liegen. Das Dipolmoment Null für **BF$_3$** zeigt an, dass die drei F-Atome in den Ecken eines gleichseitigen Dreiecks angeordnet sind [vgl. **MC-Frage Nr. 1605**].

Das hohe Dipolmoment des **Wassers** [H$_2$O] ist ein Beweis dafür, dass hier die drei Atome einen Winkel einschließen. Einen ähnlich gewinkelten Bau besitzen auch **Schwefeldioxid** [SO$_2$] und **Schwefelwasserstoff** [H$_2$S] [vgl. **MC-Fragen Nr. 645, 1391**].

Der *Einfluss eines freien Elektronenpaares* auf das Dipolmoment eines Moleküls zeigt sich z. B. beim pyramidal gebauten **Stickstofftrifluorid** [NF$_3$]. Sein Dipolmoment, das aufgrund der höheren Elektronegativität der F-Atome umgekehrt gerichtet ist wie im NH$_3$-Molekül, ist mit 0,2 D relativ gering. Zwar addieren sich die starken N-F-Bindungsdipole zu einem Dipol, dessen negatives Ende auf die Pyramidenbasisfläche weist, doch ist der Beitrag des freien Elektronenpaares entgegengesetzt gerichtet und vermindert die Polarität des Moleküls (siehe auch Kap. 2.5.6, Abb. 2.7).

1.5 Koordinative Bindung

1.5.1 Nomenklatur von Komplexen

Bei salzartigen Komplexen gibt man *zuerst* den Namen des **Kations** und *danach* den Namen des **Anions** an, unabhängig davon, welches Ion in komplexer Form vorliegt. Im *komplexen Ion* wird die *Zahl* und die *Art* der **Liganden** an *erster* Stelle genannt, gefolgt vom Namen des **Zentralatoms** [vgl. **MC-Frage Nr. 302**].

Für die Angabe der *Zahl der Liganden* werden *griechische Zahlworte* verwendet. Die *Benennung anionischer Liganden* erfolgt durch Anhängen der *Endung* „*o*" an den Namen des Säurerestes. Die Namen von *neutralen Liganden* werden im allgemeinen nicht verändert. Sie erhalten keine Endung. Teilweise existieren für Liganden auch spezielle Bezeichnungen. Unterschiedliche Liganden werden in alphabetischer Reihenfolge genannt, wobei die griechischen Zahlenwerte nicht berücksichtigt werden. In Tab. 1.41 sind die Bezeichnungen einiger häufig auftretender Liganden aufgelistet.

Die *Wertigkeit* (Oxidationsstufe) des *Zentralatoms* wird als *römischer Zahlenwert* in Klammern gesetzt. Im Falle der Oxidationszahl Null wird eine arabische Null verwendet. Ist der Komplex ein *Anion*, wird dem Zentralatom die *Endung* „*at*" angefügt und das Zentralatom wird mit dem lateinischen Namen bezeichnet. Ist der Komplex *neutral* oder *kationisch*, so wird der unveränderte deutsche Name des Zentralatoms genannt.

Die u. a. Beispiele sollen die Nomenklatur von Komplexen nochmals verdeutlichen [vgl. **MC-Frage Nr. 303**]:

$K_4[Fe(CN)_6]$ = Kalium-hexacyanoferrat(II)
$[Co(NH_3)_6]Cl_3$ = Hexamminkobalt(III)-chlorid

Tab. 1.41: Nomenklatur ausgewählter Liganden

F^-	Fluoro	NH_3	Ammin	CO	Carbonyl
Cl^-	Chloro	NH_2^-	Amido	$C_2O_4^{2-}$	Oxalato
Br^-	Bromo	NO_3^-	Nitrato	S^{2-}	Thio
I^-	Iodo	NO_2^-	Nitr(it)o	SCN^-	Thiocyanato
H_2O	Aquo	NO	Nitrosyl	SO_4^{2-}	Sulfato
HO^-	Hydroxo	CN^-	Cyano	$S_2O_3^{2-}$	Thiosulfato
O^{2-}	Oxo	NCO^-	Cyanato	H^-	Hydrido

$Na[Sb(OH)_6]$ = Natrium-hexahydroxoantimonat(V)
$(NH_4)_2[PtCl_6]$ = Ammonium-hexachloroplatinat(IV)
$K_3[Fe(CN)_5NO]$ = Kalium-pentacyanonitrosylferrat(III)
$[Ag(NH_3)_2]Cl$ = Diamminsilber-chlorid
$[Cu(NH_3)_4]SO_4$ = Tetramminkupfer(II)-sulfat
$[CrCl_2(H_2O)_4]Cl$ = Tetraaquodichlorochrom(III)-chlorid
$[Ni(CO)_4]$ = Tetracarbonyl-nickel(0)

1.5.2 Koordinationszahl und Struktur von Komplexen

1.5.2.1 Koordinationszahl

Ein **Komplex (Koordinationsverbindung)** besteht aus einem Metallion oder Metallatom als **Zentralatom** (Z), an das unter Energiegewinn mehrere Neutralmoleküle oder Ionen als **Liganden** (L) angelagert sind.

Die Anzahl der direkt an das Zentralatom gebundenen Donoratome wird **Koordinationszahl** (KZ) genannt. Sie wird durch die Zahl der für eine Bindung zur Verfügung stehenden AO und durch die räumlichen Verhältnisse (Größe von Zentralatom und Liganden) bestimmt. Die Koordinationszahl ist unabhängig von der Oxidationszahl des Zentralteilchens. Komplexe mit Koordinationszahlen von 2 bis 12 sind bekannt, wobei die Koordinationszahlen 2, 4 und 6 dominieren. Viele Metalle treten in ihren Komplexen mit mehr als nur einer Koordinationszahl auf [vgl. **MC-Fragen Nr. 304–306, 1546**].

Die **Koordinationsbindung** heißt *gesättigt*, wenn die Zahl der Liganden gleich der Koordinationszahl ist. Liganden, die nur *eine* Koordinationsbindung mit dem Zentralatom eingehen, nennt man *einzähnig (einzählig)*. Bei *zwei*- und *vielzähnigen* Liganden stehen zwei oder mehrere Koordinationsstellen zur Verfügung. Komplexe mit *mehrzähnigen Liganden*, z. B. Oxalat [$^-$OOC-COO$^-$] oder Ethylendiamin [H_2NCH_2-CH_2NH_2], werden auch als **Chelatkomplexe** bezeichnet. Ein für die analytische Chemie besonders wichtiger *sechszähniger* Ligand ist das Anion der **Ethylendiamintetraessigsäure** (vgl. auch Kap. 1.5.4.4).

Die **Ladung eines Komplexions** ist gleich der Summe der Ladungen seiner Bestandteile. Daher kann man aus der Ladung des Komplexes und der der einzelnen Liganden auf die Oxidationsstufe des Zentralatoms schließen.

Die Koordinationszahl entspricht der Zahl der Ligandenatome, die an ein Zentralatom gebunden sind. Sie steht mit der Ladung des Zentralatoms in keiner Beziehung. Häufig auftretende Koordinationszahlen sind 2, 4, 6 und 8. Einzähnige Liganden verfügen nur über eine, mehrzähnige über mehrere Koordinationsstellen. Komplexe mit mehrzähnigen Liganden heißen auch Chelatkomplexe. Sofern der Komplex überwiegend durch elektrostatische Kräfte zusammengehalten wird, wird die Koordinationszahl durch das Größenverhältnis des Zentralatoms zu den Liganden bestimmt. Sofern kovalente Bindungen die Koordination bewirken, sind auch die Eigenschaften der Elektronenhülle des Zentralteilchens maßgebend.

1.5.2.2 Koordinative Bindung in Komplexen

Die Verknüpfung der Liganden (L) mit dem Zentralatom (Z) erfolgt wie bei kovalenten Bindungen durch ein *gemeinsames Elektronenpaar,* das folgenden Ursprung haben kann:

* hälftig von Z und L,
* allein von Z oder
* allein von L.

(1) **Komplexbildung am Elektronendonator/akzeptor** : Z und L tragen jeweils ein Elektron zur gerichteten koordinativen Bindung bei.

$$Z \cdot \ + \ \cdot L \ \longrightarrow \ Z - L$$

(2) **Komplexbildung am Elektronendonator**: Freie Elektronenpaare am Zentralatom (Z) füllen die Valenzschale von Liganden auf.

$$Z : \ + \ L \ \longrightarrow \ Z - L$$

Als Beispiele hierfür sind vor allem **Oxokomplexe** zu nennen, in denen formal Sauerstoffatome an Zentralatome mit abgeschlossener Elektronenschale angelagert werden.

$$:\!\ddot{C}l\!:^- \ + \ \ddot{O}\!: \ \longrightarrow \ [:\!\ddot{C}l\text{-}O]^- \ \xrightarrow{+O} \ [O\text{-}\ddot{C}l\text{-}O]^- \ \xrightarrow{+O} \ \left[O\text{-}\underset{O}{\overset{}{\ddot{C}l}}\text{-}O \right]^- \ \xrightarrow{+O} \ \left[O\text{-}\underset{O}{\overset{O}{Cl}}\text{-}O \right]^-$$

| (Cl^-) | (ClO^-) | (ClO_2^-) | (ClO_3^-) | (ClO_4^-) |

In analoger Weise wie an das Chloridion [Cl^-] können Sauerstoffatome auch an ein Xenonatom [Xe], ein Sulfidion [S^2], ein Phosphidion [P^{3-}], ein Silicidion [Si^{4+}] oder an das hypothetische Mn^{7+}-Ion angelagert werden. Die tetraedrischen Endglieder [ZO_4]$^{n-}$ besitzen in vereinfachter Schreibweise die folgenden Komplexformeln:

$$\left[\begin{matrix} O \\ OXeO \\ O \end{matrix} \right] \quad \left[\begin{matrix} O \\ OSO \\ O \end{matrix} \right]^{2-} \quad \left[\begin{matrix} O \\ OPO \\ O \end{matrix} \right]^{3-} \quad \left[\begin{matrix} O \\ OSiO \\ O \end{matrix} \right]^{4-} \quad \left[\begin{matrix} O \\ OMnO \\ O \end{matrix} \right]^{-}$$

| (XeO_4) | (SO_4^{2-}) | (PO_4^{3-}) | (SiO_4^{4-}) | (MnO_4^-) |

Viele dieser *einkernigen Oxokomplexionen* kondensieren unter Abspaltung von O^{2-}-Ionen zu *mehrkernigen Komplexen.* Dabei bleibt die Koordinationszahl des

Zentralatoms erhalten, weil ein Teil der Liganden „**Brücken**" zwischen zwei oder mehreren Zentralatomen bildet.

Ein Beispiel hierfür ist die Kondensation des **Chromat-Ions** $[CrO_4^{2-}]$ in saurer Lösung zum **Dichromat-Ion** $[Cr_2O_7^{2-}]$, die mit einer Farbänderung von Gelb nach Orangerot einhergeht.

$$2 \begin{bmatrix} O \\ OCrO \\ O \end{bmatrix}^{2-} \xrightleftharpoons[+\ O^{2-}]{-\ O^{2-}} \begin{bmatrix} O & O \\ O\,Cr\text{-}O\text{-}Cr\,O \\ O & O \end{bmatrix}^{2-}$$

Zu solchen Kondensationen besteht in der Reihe **Sulfat** $[SO_4^{2-}]$, **Phosphat** $[PO_4^{3-}]$ und **Silicat** $[SiO_4^{4-}]$ eine zunehmende Neigung. Besonders ausgeprägt ist die Tendenz zur Bildung mehrkerniger Oxokomplexe bei **Vanadat-** $[VO_4^{3-}]$, **Molybdat-** $[MoO_4^{2-}]$ und **Wolframat-Ionen** $[WO_4^{4-}]$.

Auch verschiedenartige, einkernige Oxokomplexe können zu höhermolekularen Aggregaten zusammentreten. Ein analytisch wichtiges Beispiel ist die Kondensation eines PO_4^{3-}-Ions mit 12 MoO_4^{2-}-Einheiten zum gelben ==**Molybdatophosphat**==.

$$\begin{array}{ccccccc} PO_4^{3-} & + & 12\ MoO_4^{2-} & \longrightarrow & [P(OMo_3O_9)_4]^{3-} & + & 12\ "O^{2-}" \\ \text{farblos} & & \text{farblos} & & \text{gelb} & & \end{array}$$

Mehrkernige Oxoanionen, die wie Dichromat gleichartige Zentralatome enthalten, werden als **Isopolyanionen** bezeichnet, solche mit verschiedenen Zentralatomen wie Molybdatophosphat nennt man **Heteropolyanionen**. Die dazugehörigen Säuren heißen **Isopolysäuren** bzw. **Heteropolysäuren**.

(3) **Komplexbildung am Elektronenakzeptor**: Liganden mit abgeschlossenen Elektronenschalen bzw. freien Elektronenpaaren lagern sich an ein Zentralatom an und vervollständigen dessen Elektronenschale [vgl. **MC-Fragen Nr. 322, 323, 327**].

$$Z\ +\ :L \longrightarrow Z\text{-}L$$

Diese Art der Bildung koordinativer Bindungen spielt die weitaus ==wichtigste Rolle und soll daher in den nachfolgenden Abschnitten== bevorzugt diskutiert wer-

$$\begin{bmatrix} & OH_2 & \\ & | & \\ H_2O & \text{-}\ Li\ \text{-} & OH_2 \\ & | & \\ & OH_2 & \end{bmatrix}^{+} \quad \begin{bmatrix} & OH_2 & \\ & | & \\ H_2O & \text{-}\ Be\ \text{-} & OH_2 \\ & | & \\ & OH_2 & \end{bmatrix}^{2+} \quad \begin{bmatrix} & H & \\ & | & \\ H & \text{-}\ B\ \text{-} & H \\ & | & \\ & H & \end{bmatrix}^{-} \quad \begin{bmatrix} F & & F \\ & \diagdown | \diagup & \\ & Al & \\ & \diagup | \diagdown & \\ F & & F \\ & F & \\ & F & \end{bmatrix}^{3-}$$

den. Als Beispiele für die Komplexbildung am Elektronenakzeptor sind zu nennen, wobei jeder Valenzstrich ein gemeinsames Elektronenpaar symbolisiert:
Wie die Beispiele zeigen, ist mit der Bildung von Oktettschalen im Falle der Ionen oder Atome der 2.Elementperiode die maximale Bindungsfähigkeit des Zentralatoms erreicht. Bei Atomen oder Ionen der 3. oder höherer Perioden können da-

gegen durch Oktettaufweitung auf 10, 12, 14 oder gelegentlich auch 16 Elektronen weitere Liganden angelagert werden.

Analog den realen Atombindungen weisen auch die realen koordinativen Bindungen einen mehr oder weniger polaren Charakter auf. Deshalb hat man *früher* die Komplexe unterteilt in:

– die *stärker polar* gebauten **Anlagerungskomplexe** und
– die *weniger polar* gebauten **Durchdringungskomplexe**.

Heute verwendet man zur Klassifizierung von Komplexen Begriffe wie **inner orbital-** bzw. **outer orbital-Komplexe** (vgl. Kap. 1.5.2.4) oder unterteilt in **low spin-** und **high spin-Komplexe** (siehe Kap. 1.5.5.3).

Typische Anlagerungskomplexe liegen erwartungsgemäß dann vor, wenn die Elektronegativitätsdifferenz der beiden koordinierten Bindungspartner *groß* ist. Dies führt zu einer *starken Polarisierung* der koordinativen Bindung, während bei *kleiner* Elektronegativitätsdifferenz und *schwacher Polarisierung* der Bindung Durchdringungskomplexe gebildet werden.

Beispiele für **Anlagerungskomplexe** sind die **Hydrate, Alkoholate** und **Ammoniakate** der stark elektropositiven Ionen der Elemente der I. und II. Hauptgruppe. Diese Metallionen bilden Komplexe durch Anlagerung von dipolaren Lösungsmittelmolekülen (Solvatation), die umso *beständiger* sind, je größer das *Dipolmoment der Lösungsmittelmoleküle* und die *Ladung* des Zentralatoms ist, bzw. je kleiner der *Abstand* ist, bis zu dem sich das Dipolmolekül dem Zentralatom nähern kann [vgl. **MC-Frage Nr. 1337**].

Abgesehen von den Ladungsverhältnissen wird die Zahl der von einem Zentralatom angelagerten Dipolmoleküle im wesentlichen durch den auf der Oberfläche des Zentralatoms zur Verfügung stehenden Raum sowie die Möglichkeit zu einer regelmäßigen Anordnung der sich abstoßenden Liganden bestimmt. Dementsprechend findet man je nach den Größenverhältnissen von Zentralatom und Liganden vor allem die **Koordinationszahl KZ = 4** [vier Ecken eines **Tetraeders** oder **Quadrats**], KZ = 6 [sechs Ecken eines **Oktaeders**] oder KZ = 8 [acht Ecken eines **Würfels**], während die ungeraden Koordinationszahlen 5 und 7 viel seltener vorkommen (vgl. auch Kap. 1.4.2).

In **Durchdringungskomplexen** überwiegen die kovalenten Bindungskräfte. Die Einzelelektronen der d-Orbitale des Zentralatoms rücken paarweise nach inneren Orbitalen zusammen. Die freigewordenen d-Orbitale werden von Elektronenpaaren der Liganden besetzt. Die Orbitale von Zentralatom und Liganden durchdringen sich teilweise, sodass solche Komplexe weniger Raum als Anlagerungskomplexe beanspruchen.

1.5.2.3 Elektronenstruktur von Komplexen der Übergangsmetalle

Tab. 1.42 zeigt die Elektronenanordnungen und die Raumstruktur einiger **Eisen-, Kupfer-, Kobalt-** und **Nickelkomplexe**. Jedes Kästchen entspricht einem Orbital des Zentralatoms. Die dickumrandeten Kästchen stellen die zur Komplexbildung verwendeten Hybridorbitale dar. Die Pfeile symbolisieren die in den Orbitalen vorhandenen Elektronen; die Pfeilspitzen weisen auf die Spinrichtung hin.

Die Komplexbildungstendenz der Nebengruppenelemente hängt wie die der Hauptgruppenelemente vom Bestreben der Elemente ab, durch Vereinigung mit Liganden **Edelgasschalen** mit gefüllten s-, p- und d-Valenzorbitalen aufzubauen. Die meisten Übergangselemente gehorchen der **18-Elektronen-Regel** ($d^{10}s^2p^6$), d. h. es bilden sich Komplexe mit so vielen Liganden, dass 18 Elektronen in der Valenzschale des Zentralatoms erreicht werden [vgl. **MC-Frage Nr. 1416**].

So benötigt das **Eisenatom** mit der Elektronenkonfiguration [$1s^2 2s^2 2p^6 3s^2 3p^6 3d^6 4s^2$ = 26 Elektronen] **10 Elektronen** (5 Zweielektronen-Liganden) bzw. das **Fe(II)-Ion** mit der Elektronenkonfiguration [(Ar)$3d^6$ = 24 Elektronen] **12 Elektronen** (6 Zweielektronen-Liganden), um seine Valenzschale mit 18 Elektronen aufzufüllen und die Kryptonschale mit insgesamt 36 Elektronen zu erreichen. Dementsprechend existieren Komplexe der Zusammensetzung [$Fe^0(CO)_5$] und [$Fe^{II}(CN)_6$]$^{4-}$. Eine Kryptonschale besitzen auch die Komplexe [$Co^{III}(NH_3)_6$]$^{3+}$, [$Cu^I(CN)_4$]$^{3-}$ und [$Ni^0(CO)_4$]. Die 18-Elektronen-Regel gilt aber nicht streng und wird z. B. von tetraedrischen Komplexen wie [$FeCl_4$]$^-$ oder [$CoCl_4$]$^{2-}$ *nicht* erfüllt [vgl. **MC-Fragen Nr. 308, 315, 316, 321**].

Daneben existieren auch Komplexe, in denen aus räumlichen Gründen bzw. bei ungerader Elektronenzahl des Zentralatoms die nächsthöhere Edelgaskonfiguration um *ein* oder *zwei Elektronen unter-* oder *überschritten* wird. Solche Komplexe sind chemisch reaktionsfreudiger als Komplexe mit einer „Edelgasschale". Sie fungieren erwartungsgemäß als Oxidations- bzw. Reduktionsmittel.

Beispielsweise lässt sich der Komplex [$Fe^{III}(CN)_6$]$^{3-}$ (mit 35 Elektronen) leicht zum entsprechenden Fe(II)-Komplex (mit 36 Elektronen) reduzieren, wirkt also selbst als Oxidationsmittel [vgl. **MC-Fragen Nr. 310, 312, 1522**].

$$[Fe^{III}(CN)_6]^{3-} + 1\ e^- \longrightarrow [Fe^{II}(CN)_6]^{4-}$$

Umgekehrt besitzen viele oktaedrische Komplexe des zweiwertigen Kobalts (mit 37 Elektronen) reduzierende Eigenschaften. So vermag z. B. [$Co(NH_3)_6$]$^{2+}$ aus Wasser Wasserstoff zu entwickeln.

$$[Co^{II}(CN)_6]^{4-} \longrightarrow [Co^{III}(CN)_6]^{3-} + 1\ e^-$$

Ähnliches trifft für Cu(II)-Komplexe (mit 35 Elektronen) zu, die sich leicht in die stabileren Cu(I)-Komplexe (mit 36 Elektronen) umwandeln (siehe auch Seite 130). Darüber hinaus sind Ni(II)-Komplexe (mit 34 Elektronen) zu erwähnen, die sich zu Ni(0)-Komplexen reduzieren lassen.

$$[Cu^{II}(CN)_4]^{2-} + 1\ e^- \longrightarrow [Cu^I(CN)_4]^{3-}$$
$$[Ni^{II}(CN)_4]^{2-} + 2\ e^- \longrightarrow [Ni^0(CN)_4]^{4-}$$

Neben dieser Tendenz zum Erlangen einer Edelgaskonfiguration bildet auch das Bestreben der Übergangsmetalle zur Ausbildung bestimmter geometrischer Anordnungen eine wichtige Rolle bei der Komplexbildung.

Tab. 1.42: Elektronenanordnung und Konfiguration ausgewählter Komplexe

	Zentralatom	3. Schale (M)		4. Schale (N)			Konfiguration
		p	d	s	p	d	
–	Fe^{2+}		↑↓ ↑ ↑ ↑ ↑				
–	Fe^{3+}		↑ ↑ ↑ ↑ ↑				
2	$[Fe^{II}(H_2O)_6]^{2+}$		↑↓ ↑ ↑ ↑ ↑		↑↓ ↑↓ ↑↓	↑↓ ↑↓ ↑↓	Oktaedrisch
1	$[Fe^{II}(CN)_6]^{4-}$		↑↓ ↑↓ ↑↓ [↑↓ ↑↓	↑↓]	↑↓ ↑↓ ↑↓		Oktaedrisch
2	$[Fe^{III}F_6]^{3-}$		↑ ↑ ↑ ↑ ↑		↑↓ ↑↓ ↑↓	↑↓ ↑↓ ↑↓	Oktaedrisch
1	$[Fe^{III}(CN)_6]^{3-}$		↑↓ ↑↓ ↑ [↑↓ ↑↓	↑↓]	↑↓ ↑↓ ↑↓		Oktaedrisch
1	$[Fe^{0}(CO)_5]$		↑↓ ↑↓ ↑↓ ↑↓ [↑↓	↑↓]	↑↓ ↑↓ ↑↓		Trigonal-bipyramidal
–	Co^{2+}		↑↓ ↑↓ ↑ ↑ ↑				
–	Co^{3+}		↑↓ ↑ ↑ ↑ ↑				
2	$[Co^{II}(H_2O)_6]^{2+}$		↑↓ ↑↓ ↑ ↑ ↑		↑↓ ↑↓ ↑↓	↑↓ ↑↓ ↑↓	Oktaedrisch
1	$[Co^{II}(NO_2)_6]^{4-}$		↑↓ ↑↓ ↑↓ [↑↓ ↑↓	↑↓]	↑↓ ↑↓ ↑↓	↑	Oktaedrisch
2	$[Co^{III}F_6]^{3-}$		↑↓ ↑ ↑ ↑ ↑		↑↓ ↑↓ ↑↓	↑↓ ↑↓ ↑↓	Oktaedrisch
1	$[Co^{III}(CN)_6]^{3-}$		↑↓ ↑↓ ↑↓ [↑↓ ↑↓	↑↓]	↑↓ ↑↓ ↑↓		Oktaedrisch
–	Ni^{2+}		↑↓ ↑↓ ↑↓ ↑ ↑				
2	$[Ni^{II}Cl_4]^{2-}$		↑↓ ↑↓ ↑↓ ↑ ↑		↑↓ ↑↓ ↑↓ ↑↓		Tetraedrisch
1	$[Ni^{II}(CN)_4]^{2-}$		↑↓ ↑↓ ↑↓ ↑↓ [↑↓	↑↓ ↑↓ ↑↓]		Quadratisch
1	$[Ni^{0}(CO)_4]$		↑↓ ↑↓ ↑↓ ↑↓ ↑↓	[↑↓ ↑↓ ↑↓ ↑↓]			Tetraedrisch
–	Cu^{+}		↑↓ ↑↓ ↑↓ ↑↓ ↑↓				
–	Cu^{2+}		↑↓ ↑↓ ↑↓ ↑↓ ↑				
1	$[Cu^{I}(CN)_4]^{3-}$		↑↓ ↑↓ ↑↓ ↑↓ ↑↓		↑↓ ↑↓ ↑↓ ↑↓		Tetraedrisch
1	$[Cu^{II}(NH_3)_4]^{2+}$		↑↓ ↑↓ ↑↓ ↑↓ [↑↓	↑↓ ↑↓ ↑↓] ↑		Quadratisch
	Kryptonschale		↑↓ ↑↓ ↑↓ ↑↓ ↑↓	↑↓ ↑↓ ↑↓ ↑↓			

„1" = inner orbital-Komplex
„2" = outer orbital-Komplex

1.5.2.4 Geometrie von Komplexen

Wir haben uns schon im Kapitel 1.4.2 mit Faktoren beschäftigt, die die räumliche Struktur eines Atomverbandes mit gerichteten Bindungen bestimmen. Es sind dies u. a.:

- die Ladung und die Größe des Zentralatoms,
- das Vorhandensein nichtbindender Elektronenpaare sowie
- die Möglichkeit zur Oktettaufweitung.

In Komplexen mit völlig *kugelsymmetrischem Zentralatom* [Komplexe der metallischen Hauptgruppenelemente sowie der Übergangselemente mit voll- oder halbbesetzten d-Niveaus] sind regelmäßig gebaute Koordinationspolyeder zu erwarten. Das **Koordinationspolyeder** ist der Raumkörper, der entsteht, wenn man sich die Mittelpunkte der direkt an das Zentralatom gebundenen Atome der Liganden durch Linien miteinander verbunden denkt. Für die Koordinationszahlen 2, 3, 4, 5, 6, 7 und 8 sind es *lineare, trigonale, tetraedrische, trigonal-bipyramidale, oktaedrische, pentagonal-bipyramidale* und *quadratisch-antiprismatische* Strukturen. Bei der Koordinationszahl 4 tritt neben der tetraedrischen noch eine planar-quadratische Anordnung der Liganden auf. Bei der Koordinationszahl 5 sind neben trigonal-bipyramidalen auch quadratisch-pyramidale Komplexe bekannt [vgl. **MC-Fragen Nr. 306–308, 313, 314, 1497, 1654, 1869, 1870, 1901, 1902**]

In Abb. 1.77 und Tab. 1.43 sind Beispiele von räumlichen Strukturen ausgewählter Komplexverbindungen abgebildet bzw. aufgelistet.

Zu beachten ist, dass an den Komplexen der Übergangselemente **d-Orbitale** beteiligt sind und dabei zwei Arten von d-Elektronenverteilungen des Zentralatoms

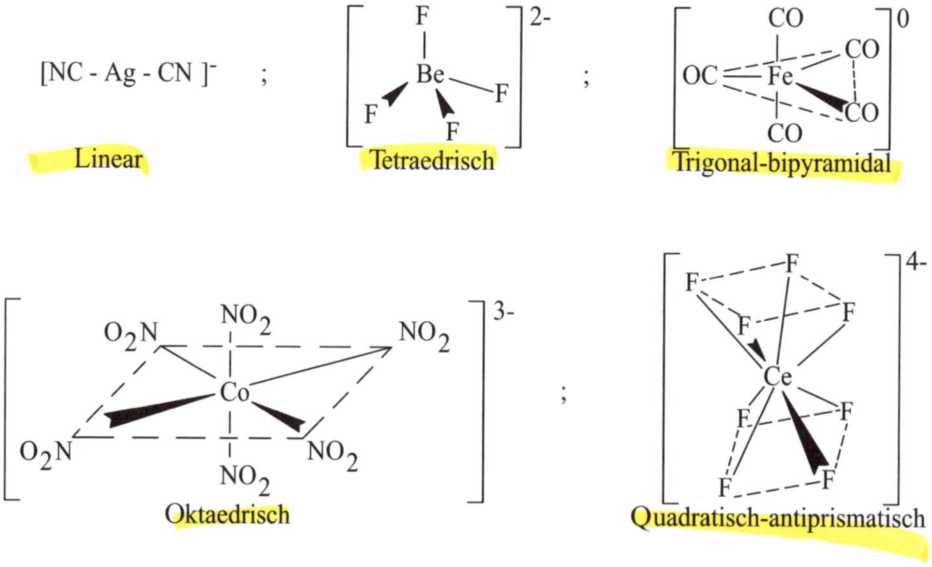

Abb. 1.77: **Strukturen ausgewählter Metallkomplexe**

Tab. 1.43: Raumstruktur einiger Koordinationsverbindungen von Übergangsmetallen

Komplex-typ	Koordina-tionszahl	Struktur	Beispiele
ZL_2	2	Linear	$[Ag(NH_3)_2]^+$ $[Ag(CN)_2]^-$
ZL_4	4	Tetraedrisch	$[Ni(CO)_4]$ $[Cd(NH_3)_4]^{+2}$ $[CoCl_4]^{2-}$
		Quadratisch-eben	$[PtCl_4]^{2-}$ $[Pt(NH_3)_4]^{2+}$
ZL_5	5	Trigonal-bipyramidal*)	$[Fe(CO)_5]$
ZL_6	6	Oktaedrisch	$[Fe(CN)_6]^{4-}$ $[Fe(CN)_6]^{3-}$ $[Cr(H_2O)_6]^{3+}$ $[Co(NH_3)_6]^{3+}$

*) Komplexe mit fünf Liganden können neben der dreiseitigen Bipyramide auch eine quadratische Pyramide als Koordinationspolyeder bilden.

auftreten können, wie dies in Tab. 1.42 (Seite 123) an einigen Beispielen wiedergegeben ist:

(1) Die Einzelelektronen in den d-Orbitalen eines Zentralatoms rücken paarweise nach *inneren* Orbitalen zusammen, sodass d-Orbitale für eine Hybridisierung und Aufnahme von Ligandenelektronen frei werden. Es werden **inner orbital-** bzw. **Durchdringungskomplexe** gebildet.

(2) Tritt keine Elektronenpaarbildung durch Zusammenrücken von d-Elektronen in den Orbitalen des Zentralatoms ein, so erfolgt eine Hybridisierung der noch besetzbaren *äußeren* Orbitale des Zentralatoms. Es entstehen **outer orbital-** bzw. **Anlagerungskomplexe**.

Besonders hinzuweisen ist auf die *quadratisch-ebene* Struktur des $[Ni^{II}(CN)_4]^{2-}$-Komplexes im Gegensatz zur *tetraedrischen* Konfiguration der Verbindung $[Ni^0(CO)_4]$. Dies findet seine Erklärung darin, dass beim nullwertigen **Nickel** [zwei d-Elektronen *mehr* als beim zweiwertigen] keine quadratische dsp^2-, sondern nur eine tetraedrische sp^3-Hybridisierung möglich ist, weil hier alle d Orbitale mit Elektronen vollbesetzt sind und daher keine Elektronenpaare der Liganden mehr in diese aufgenommen werden können. Auch das komplexe $[NiCl_4]^{2-}$-Ion ist tetraedisch gebaut [vgl. **MC-Fragen Nr. 1869, 1901, 1902**].

Bei vierfacher Koordination werden *quadratisch-planare* Komplexe vor allem von Ni(II), Rh(II), Pd(II), Pt(II), Ir(I), Cu(II) und Au(III) gebildet. Eine *tetraedrische* Anordnung der Liganden findet sich bei Ni(0), Cu(I), Ag(I), Au(I), Zn(II), Cd(II), Hg(II) sowie den Komplexen der Hauptgruppenelemente Be(II) und

Al(III). *Lineare* Komplexe bilden u. a. Cu(I), Ag(I), Au(I) und Hg(II). Komplexe des Fe(II), Fe(III), Cr(III), Co(II) und Co(III) sind mit sechs Liganden koordiniert und bilden *Oktaeder.*

Bei der Geometrie von Komplexen ist jedoch zu berücksichtigen, dass es Abweichungen geben kann. Beispielsweise ist das planare $[Cu(NH_3)_4]^{2+}$-Ion in *wässriger Lösung* zusätzlich mit zwei weiteren Wassermolekülen zum $[Cu(NH_3)_4(H_2O)_2]^{2+}$-Ion koordiniert und bildet ein tetragonalverzerrtes Oktaeder [vgl. **MC-Frage Nr. 1523**] .

1.5.2.5 Isomerie in Komplexen

Ist ein Zentralatom mit mehrzähnigen Liganden oder unterschiedlichen einzähnigen Liganden zugleich koordiniert, so können in einigen Fällen **Isomere** auftreten, d. h. Verbindungen, die sich bei gleicher stöchiometrischer Zusammensetzung (Summenformel) in der räumlichen Anordnung der Liganden unterscheiden. Isomere Verbindungen besitzen unterschiedliche chemische und physikalische Eigenschaften.

cis/trans-Isomerie: **Geometrische Isomere** treten bei einigen *planar-quadratischen* und *oktaedrischen* Komplexen auf. Cis/trans-Isomerie wird beobachtet in quadratischen Komplexen der allgemeinen Form $[Za_2b_2]$ mit zwei unterschiedlichen einzähnigen Liganden (a, b). Sind alle vier einzähnigen Liganden (a, b, c, d) voneinander verschieden, so sind in quadratischen Komplexen [Zabcd] insgesamt drei geometrische Isomere möglich. Besonders eingehend sind die farblosen, planaren **Diammindichloroplatin(II)-Komplexe** $[Pt(NH_3)_2Cl_2]$ **(cis-Platin)** untersucht worden. Beim cis-Isomer (I) befinden sich die beiden Chloratome an benachbarten Ecken des Quadrats, während sie beim trans-Isomer (II) gegenüberliegende Ecken besetzen. Auch mit unsymmetrischen zweizähnigen Liganden wie z. B. Glycinat-Ionen sind cis/trans-isomere Pt(II)-Komplexe (III, IV) möglich. Das Auffinden geometrischer Isomerer bei diesen vierfach koordinierten Komplexen bildete zudem einen *direkten* Beweis für die planar-quadratische Anordnung der Liganden [vgl. **MC-Fragen Nr. 306, 309, 311, 317–320, 1236, 1296, 1321, 1369, 1382, 1497, 1546, 1611, 1694, 1745, 1770**].

Zu den bekanntesten Beispielen von oktaedrischen cis/trans-Isomeren zählen die *violetten* (cis) und *grünen* (trans) **Tetrammindichlorochrom(III)-Komplexe** $[Cr(NH_3)_4Cl_2]^+$.

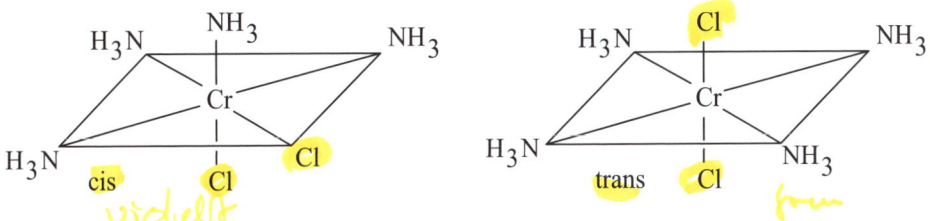

Wie aus der nachfolgenden Abb. hervorgeht, können Komplexe der allgemeinen Zusammensetzung $[MeX_4Z_2]$, wobei X und Z einzähnige, aber unterschiedliche Liganden darstellen, aufgrund ihrer Oktaederstruktur in zwei cis/trans-isomeren Formen auftreten. Ein weiteres Beispiel für Komplexe dieser Art ist das **cis-** bzw. **trans-Tetrammindinitrokobalt(III)-chlorid** $[Co(NH_3)_4(NO_2)_2]Cl$. Hier können die beiden Nitro-Liganden (Z) entweder in der cis-Form einander benachbart sein oder in der trans-Form sich gegenüberstehen [vgl. **MC-Frage Nr. 1296**].

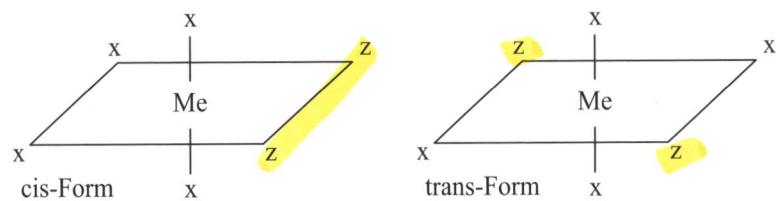

Die Reindarstellung des jeweiligen Isomers erfolgt häufig durch fraktionierte Kristallisation. Bei den planar-quadratischen Pt(II)-Komplexen lassen sich die cis/trans-Isomeren u.U. durch eine stereospezifisch verlaufende Synthese herstellen. Es hat sich nämlich gezeigt, dass bei Ligandensubstitutionen an solchen Komplexen (vgl. Kap. 1.5.3.6) trans-ständige Liganden bevorzugt ausgetauscht werden [vgl. **MC-Fragen Nr. 317, 1746, 1877**].

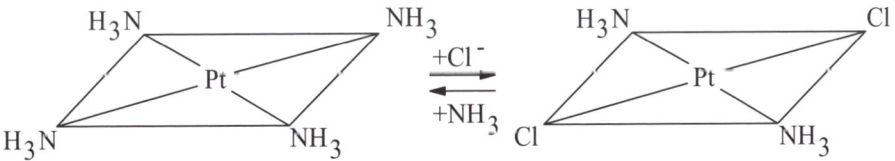

Optische Isomerie: Bei *tetraedrischer* oder *oktaedrischer* Koordination wird eine weitere Art der Stereoisomerie, die sog. **Spiegelbildisomerie**, beobachtet. Hierbei tritt ein Komplex in zwei Strukturen auf, die sich zueinander wie Bild zu Spiegelbild verhalten. Ein Beispiel hierfür ist der **Trioxalatochrom(III)-Komplex**, in dem das Oxalat-Ion $[^-O\text{-}Ox\text{-}O^-]$ als Chelatligand mit dem zentralen Chrom eine Fünfringstruktur ausbildet [vgl. **MC-Frage Nr. 1770**].

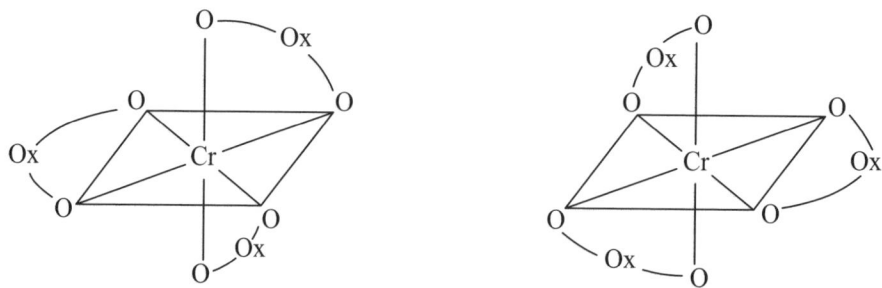

Die beiden **Enantiomeren** oder **optischen Antipoden** unterscheiden sich *nur* darin, dass sie die Polarisationsebene des linear polarisierten Lichtes entweder nach rechts oder links drehen. Eine Eigenschaft, die auch als *optische Aktivität* bezeichnet wird. Die übrigen physikalischen und chemischen Eigenschaften der Enantiomeren sind in Abwesenheit chiraler Einflüsse identisch.

Voraussetzung für das Auftreten von Spiegelbildisomerie ist die **Chiralität** einer Substanz, d. h., es dürfen weder Symmetrieebene noch Symmetriezentrum als Symmetrieelemente im Molekül vorhanden sein (siehe auch Ehlers, **Chemie II**, Kap. 3.3).

Zwei enantiomere Formen, die sich wie Bild zu Spiegelbild verhalten, finden sich auch bei *tetraedrischen* Komplexen, wenn das Zentralatom mit vier unterschiedlichen einzähnigen [Zabcd] oder mit zwei unsymmetrischen, zweizähnigen Liganden [Z(a–b)$_2$] koordiniert ist. Darüber hinaus tritt Enantiomerie bei oktaedrischen Komplexen der Zusammensetzung [Me(A-A)$_3$] und [Me(A-A)$_2$X$_2$] auf, wobei (A-A) für einen zweizähnigen und X für einen einzähnigen Liganden steht [vgl. **MC-Fragen Nr. 1382, 1465, 1612**].

1.5.3 Bildung, Stabilität und Reaktivität von Komplexen

1.5.3.1 Stabilität von Komplexen

Die **thermodynamische Stabilität** eines Komplexes wird durch die **Gleichgewichtskonstante** seiner Bildung ausgedrückt.

$Z + n\,L \;\xrightleftharpoons[\text{Dissoziation}]{\text{Assoziation}}\; [ZL_n]$			
$K_S = \dfrac{[ZL_n]}{[Z]\cdot[L]^n}$	$K_D = \dfrac{[Z]\cdot[L]^n}{[ZL_n]}$	$K_S = \dfrac{1}{K_D}$	$pK_S = -\,pK_D$

Die Konstante (**K$_S$**) heißt **Stabilitätskonstante (Komplexbildungskonstante)**, den Kehrwert (**K$_D$**) nennt man **Dissoziationskonstante**. Je größer K$_S$ ist, desto höher ist die thermodynamische Beständigkeit des Komplexes. Oder anders formuliert: *Beständige Komplexe* zeichnen sich durch einen *hohen Dissoziationsexponenten* (pK_D) oder durch eine *kleine Dissoziationskonstante* (K_D) aus. *Unbeständige Komplexe* sind durch *niedrige* Dissoziationsexponenten bzw. eine *große* Dissoziationskonstante charakterisiert [vgl. **MC-Fragen Nr. 323, 324, 1815**].

Man muss aber beachten, dass Komplexbildungsreaktionen oder die Dissoziation von Komplexen *stufenweise* erfolgen und jeder Teilschritt eine bestimmte Gleichgewichtskonstante ($K_1, K_2, K_3, \ldots K_n$) besitzt. Die Stabilitätskonstante (K_S) des Komplexes ist dann gleich dem Produkt der Konstanten für die jeweiligen Teilschritte (vgl. auch Kap. 1.10 und **MC-Frage Nr. 1546**).

In Lösung treten somit auch die nicht vollständig koordinierten Ionen ZL_1, ZL_2, ZL_3, .., ZL_{n-1} als Zwischenstufen auf. Erst bei sehr hoher Ligandenkonzentration überwiegt schließlich der vollständig koordinierte Komplex ZL_n.

$$Z + L \longrightarrow ZL_1 \, (K_1) \quad ; \quad ZL_1 + L \longrightarrow ZL_2 \, (K_2)$$
$$ZL_2 + L \longrightarrow ZL_3 \, (K_3) \quad ; \quad \ldots\ldots \quad ; \quad ZL_{n-1} + L \longrightarrow ZL_n \, (K_n)$$

$$K_1 > K_2 > K_3 > \ldots\ldots > K_n$$

$$K_S = K_1 \cdot K_2 \cdot K_3 \cdot \ldots \cdot K_n$$

Die Größe der Konstanten (K_1-K_n) für die einzelnen Teilschritte der Reaktion nimmt in der Regel von Schritt zu Schritt ab. Die Gründe hierfür sind:

* die mit zunehmender Zahl gebundener Liganden wachsende sterische Hinderung,
* die Coulomb-Abstoßung bei geladenen Liganden und
* statistische Faktoren, denn die Wahrscheinlichkeit, dass das Zentralatom mit einem Liganden in der bevorzugten Richtung zusammenstößt wird mit zunehmender Zahl bereits gebundener Liganden immer kleiner.

Aus all diesen Gründen darf es nicht überraschen, dass die Stabilitätskonstanten vieler Komplexe nur annähernd bekannt sind und Literaturangaben hierüber oft beträchtlich schwanken.

Darüber hinaus ist zu beachten, dass *beständige* Komplexe naturgemäß ganz *andere Eigenschaften* (Farbe, Löslichkeit, Leitfähigkeit, chem. Reaktionsverhalten u. a.) haben als die jeweiligen Komponenten. Bei *unbeständigen* Komplexen (**Doppelsalzen**) ist dies nur bedingt der Fall.

1.5.3.2 Einflüsse auf die Stabilität von Komplexen

Die Stabilität von Komplexen wird durch eine Reihe struktureller Faktoren beeinflusst. Es sind dies vor allem [vgl. **MC-Frage Nr. 1546**]:

– die Art des Zentralatoms (Ladung, Größe, Kristallfeldstabilisierung),
– die Art der Liganden (Ladung, Größe, Dipolmoment, Polarisierbarkeit) oder
– Entropieeffekte, besonders bei der Bildung von Komplexen mit mehrzähnigen Liganden (siehe auch Kap. 1.5.3.4).

Allerdings ist es in der Praxis nicht immer leicht, die Wirkungen dieser verschiedenen Einflüsse exakt zu erkennen und zu unterscheiden.

Im Allgemeinen wird die Stabilität eines Komplexes umso höher sein, je größer die Ionenladung und je kleiner die Ionen selbst sind. Die Komplexbeständigkeit müsste also mit zunehmender „Ladungskonzentration" des *Zentralatoms* wachsen. Dies ist bei zahlreichen Komplexen auch der Fall, vor allem bei **Fluoro-** und **Hydroxokomplexen** mit vorwiegend ionischer Bindung der Liganden.

Der Einfluss der **Ligandengröße** auf die Komplexstabilität zeigt sich u. a. daran, dass das kleine *Fluoridion* mit vielen Metallionen häufig stabilere Komplexe bildet als die größeren Halogenidionen, obwohl bei letzteren die Bindungen zwischen Zentralatom und Liganden durch eine in gewissem Umfang eintretende Überlappung von AO verstärkt werden [vgl. **MC-Frage Nr. 1382**].

In der Gruppe der übrigen **Halogen-** (Cl^-, Br^-, I^-) und **Pseudohalogenkomplexe** (CN^-, SCN^-, N_3^-) nimmt die Stabilität mit zunehmender *Deformierbarkeit* (Polarisierbarkeit) der Anionen zu.

Bei **Neutralmolekülen** (NH_3, H_2O) als Liganden spielen neben der Größe vor allem Eigenschaften wie ihr *Dipolmoment* oder ihre *Polarisierbarkeit* eine Rolle, wobei jedoch diese Effekte in ihrem Einfluss nicht immer auseinanderzuhalten sind.

Einen starken Einfluss auf die Komplexbeständigkeit haben auch die zwischen Zentralatom und Liganden auftretenden **Bindungskräfte**. So sind **Ion-Dipol-Komplexe** die unbeständigsten Komplexe, weil hier die Anziehungskräfte zwischen Zentralatom und Liganden am schwächsten sind. **Ionenkomplexe** sind wesentlich stabiler als Ion-Dipol-Komplexe, aber instabiler als solche, bei denen **kovalente Bindungskräfte** wirksam werden. Letztere sind in wässriger Lösung vielfach überhaupt nicht dissoziiert.

Es überrascht deshalb nicht, dass viele Moleküle oder Ionen in der Lage sind, aus Komplexen die ursprünglichen Liganden zu verdrängen, falls sie mit dem betreffenden Zentralatom einen stabileren Komplex bilden können (vgl. auch Kap. 1.5.3.5).

$$[Cu(H_2O)_4]^{2+} \ + \ 4\,NH_3 \ \rightleftharpoons \ [Cu(NH_3)_4]^{2+} \ + \ 4\,H_2O$$

$$+ \ 6\,CN^- \ \Big\downarrow \ - \ (CN)_2$$

$$[Cu(CN)_4]^{3-} \ + \ 4\,NH_3$$

Beim o.a. Beispiel kann die im Vergleich zum Tetramminkupfer(II)-Komplex $[Cu(NH_3)_4]^{2+}$ erhöhte Stabilität des Tetracyanokupfer(I)-Anions $[Cu(CN)_4]^{3-}$ auch damit erklärt werden, dass im Cu(I)-Komplex das Zentralatom die Edelgaskonfiguration des Kryptons besitzt (vgl. Seite 122 und **MC-Fragen Nr. 325, 326, 1361**).

Darüber hinaus ist zu beachten, dass **chelatbildende Liganden** ganz allgemein stabilere Komplexe ergeben als einzähnige Liganden. So sind z. B. EDTA-Komplexe beständiger als die entsprechenden Tartratkomplexe und diese wiederum stabiler als Aquokomplexe.

$$[Me(H_2O)_6]^{2+} + EDTA^{4-} \longrightarrow [Me(EDTA)]^{2-} + 6\,H_2O$$

Da bei den Elektronenakzeptorkomplexen ein Ligand ein Elektronenpaar für die Bindungsbildung zum Zentralatom zur Verfügung stellt, darf man annehmen, dass die Tendenz eines Liganden zur Bildung koordinativer Bindungen umso größer ist, je stärker sein **Basencharakter** (seine **Nucleophilie**) ausgeprägt ist [vgl. **MC-Frage Nr. 1382**].

Die Komplexe der Alkali- und Erdalkalimetalle, der Metalle der ersten Reihe der Übergangselemente sowie der Lanthaniden und Actiniden entsprechen diesen Erwartungen. Diese Metalle bevorzugen Liganden, die über ein N-, O- oder F-Atom an das Zentralatom gebunden sind.

Die Elemente der Kupfer- und Zink-Gruppe sowie Zinn und Blei bilden hingegen beständigere Komplexe mit Liganden, die unbesetzte d-Orbitale enthalten, wie z. B. S^{2-}, I^-, PR_3 u. a.

Abschließend ist noch anzumerken, dass auch die *Bildung von kovalenten Bindungen* zwischen Liganden (CO, CN^-) und Zentralatom die Komplexstabilität z. T. beträchtlich erhöht (vgl. hierzu auch Kap. 1.5.4.1).

1.5.3.3 Harte und weiche Säuren und Basen

In den typischen Komplexen fungiert ein Ligand als **Lewis-Base** und das Zentralatom als **Lewis-Säure**. Das von **Pearson** entwickelte **HSAB-Konzept** (**h**ard and **s**oft **a**cids and **b**ases) baut deshalb auf den Lewis-Definitionen der Säuren und Basen auf (siehe hierzu Kap. 1.11.1).

Den Überlegungen von Pearson, die zu diesem neuen Klassifizierungsprinzip führten, lag die Fragestellung zugrunde, welche Eigenschaften der Substanz A aus thermodynamischer Sicht die Lage des Gleichgewichts [A+B $\rightleftharpoons$ A-B], d. h. die Stabilität der Verbindung A-B bestimmen.

Betrachtet man z. B. die *Komplexbildungsreaktion* zwischen einem Zentralatom (Elektronenpaarakzeptor) und einem Liganden (Elektronenpaardonator), so spielen vor allem die **Elektronegativität** und die **Polarisierbarkeit** der Lewis-Base eine Rolle (siehe auch Kap. 1.2.5 und Kap. 1.3.1.4).

Die Elektronegativität ist ein Maß für die Tendenz eines Atoms, in kovalenter Bindung Elektronen anzuziehen. Die Polarisierbarkeit gibt demgegenüber an, wie leicht die Elektronenhülle eines Teilchens unter dem Einfluss eines elektrischen Feldes, z. B. dem eines Ions, deformierbar ist.

Erfahrungsgemäß kann man die Lewis-Basen (Elektronenpaardonatoren) in zwei Gruppen unterteilen: In solche mit geringer Elektronegativität und großer Polarisierbarkeit und in solche mit großer Elektronegativität und geringer Polarisierbarkeit. Pearson schlägt vor, leicht *polarisierbare Elektronendonatoren* als *weich* und *wenig polarisierbare Elektronendonatoren* als *hart* zu bezeichnen. In Tab. 1.44 sind einige Beispiele harter und weicher Basen zusammengestellt [vgl. **MC-Fragen Nr. 1375, 1434**].

Eine entsprechende Unterteilung ist auch für Lewis-Säuren (Elektronenpaarakzeptoren) möglich. Die eine Gruppe von ihnen bildet stabile Bindungen mit Basen, die starke, wenig polarisierbare Protonenakzeptoren darstellen. Die Säuren der anderen Gruppe bilden stabile Bindungen mit solchen Basen, die weniger gute Protonenakzeptoren und dafür leicht polarisierbar sind. Nach dem

Tab. 1.44: **Harte und weiche Basen**

Harte Basen	Weiche Basen
F^-, HO^-, O^{2-}, H_2O, NH_3, N_2H_4, RO^-, ROH, R_2O, RNH_2, R_2NH, R_3N, CH_3COO^-, CO_3^{2-}, PO_4^{3-}, SO_4^{2-}, NO_3^-, ClO_4^-	Br^-, I^-, CN^-, H^-, RS^-, RSH, R_2S

Tab. 1.45: **Harte und weiche Säuren**

Harte Säuren	Hart-weiche Säuren (Mittelstellung)	Weiche Säuren
H^+, Li^+, Na^+, K^+, Be^{2+}, Mg^{2+}, Ca^{2+}, Sr^{2+}, Al^{3+}, Ce^{4+}, Si^{4+}, Ti^{4+}, As^{3+}, Mn^{2+}, Cr^{3+}, Cr^{6+}, Co^{3+}, Fe^{3+}, BF_3, BCl_3, $AlCl_3$, SO_3, CO_2	Sn^{2+}, Pb^{2+}, Sb^{3+}, Bi^{3+}, Fe^{2+}, Co^{2+}, Ni^{2+}, Cu^{2+}, Zn^{2+}, NO	Cs^+, Cu^+, Ag^+, Au^+, Tl^+, Hg_2^{2+}, Hg^{2+}, Cd^{2+}, Au^{3+}, Fe^0, I_2, Br_2, $I\text{-}CN$

HSAB-Konzept sind z. B. *harte Säuren* dadurch gekennzeichnet, dass sie eine geringe räumliche Ausdehnung und eine hohe positive Ladung besitzen und keine nichtbindenden Elektronen in ihrer Valenzschale enthalten. In Tab. 1.45 sind einige Beispiele harter und weicher Säuren aufgelistet [vgl. **MC-Fragen Nr. 1264, 1434, 1466**].

Da nicht für alle Reaktionen einer Lewis-Säure mit einer Lewis-Base thermo-dynamische Messungen über die Stabilität der Endprodukte vorliegen, wurden für die Klassifizierung der Säuren noch weitere Kriterien vorgeschlagen. Bei-spielsweise zählt eine Säure (A) dann zu den harten Säuren, wenn in einer Ver-drängungsreaktion [A-B + B' $\rightleftharpoons$ A-B' + B] die Reaktionsgeschwindigkeit groß ist, falls B' eine harte Base und klein ist, falls B' eine weiche Base darstellt.

Darüber hinaus gilt die Aussage, dass der harte oder weiche Charakter eines Metallions entscheidend von seiner *Oxidationsstufe* abhängt. Im allgemeinen neh-men die harten Eigenschaften mit steigender Oxidationszahl (Erhöhung der Elektronegativität) und die weichen Eigenschaften mit fallender Oxidationszahl (Verringerung der Elektronegativität) zu.

Anwendungen: Obwohl es kein eindeutiges Kriterium für die Härte oder Weichheit einer Säure bzw. einer Base gibt, hat sich das Konzept in der Chemie der Metallkomplexe bewährt. Es erlaubt Aussagen über die Lage von Gleichgewich-ten und die Stabilität von Komplexen bestimmter Oxidationsstufen zu machen, die sonst nicht ohne weiteres in einen allgemeingültigen Zusammenhang zu stellen sind.

Es gilt die *Regel*, dass sich harte Säuren vorzugsweise mit harten Basen und weiche Säuren vorzugsweise mit weichen Basen verbinden (**hard and hard, soft and soft flock together**) [vgl. **MC-Frage Nr. 1434**].

Starke Bindungen mit hohen ionischen Anteilen ergeben sich danach bei der Umsetzung von harten Säuren mit harten Basen bzw. von weichen Säuren mit weichen Basen.

$$Li^+ \ + \ F^- \longrightarrow LiF \qquad \text{bzw.} \qquad Cs^+ \ + \ I^- \longrightarrow CsI$$
$$\text{hart} \quad \text{hart} \qquad\qquad\qquad\qquad \text{weich} \quad \text{weich}$$

Schwache Bindungen überwiegend kovalenter Natur resultieren dagegen aus der Umsetzung einer harten Säure mit einer weichen Base oder einer weichen Säure mit einer harten Base.

$$Cr^{3+} \ + \ 6\ SCN^- \longrightarrow [Cr(SCN)_6]^{3-} \quad \text{bzw.} \quad Hg^{2+} \ + \ 2\ Cl^- \longrightarrow HgCl_2$$
$$\text{hart} \qquad \text{weich} \qquad\qquad\qquad\qquad \text{weich} \qquad \text{hart}$$

Weiterhin kann man aus diesem Konzept ableiten, dass z. B. der Fluorokomplex von Be^{2+} viel stabiler ist als der analoge Komplex des Cu^{2+}-Ions, weil das Be^{2+}-Ion im Vergleich zum Cu^{2+}-Ion die härtere Säure darstellt.

$$[BeF_4]^{2-} \text{ ist stabiler als } [CuF_4]^{2-}$$

1.5.3.4 Entropieeffekte
(vgl. auch Kap. 1.9.7.1)

Mit der Komplexbildung ist eine Änderung der **freien Enthalpie** (ΔG) verbunden.

$$\Delta G = \Delta H - T \cdot \Delta S = -\ RT \cdot \ln K_S = -\ 2{,}3 \cdot RT \cdot \log K_S$$

Entsprechend obiger Gleichung misst die Stabilitätskonstante (K_S) die Differenz zwischen der freien Enthalpie des Komplexes und den freien Enthalpien von Metallion und Liganden im Standardzustand (vgl. Kap. 1.9.7.2 und **MC-Frage Nr. 1382**). Diese Differenz ist umso größer und der Komplex umso stabiler, je größer die mit Komplexbildung einhergehende **Enthalpieabnahme** ($-\Delta H$) und **Entropiezunahme** ($+\Delta S$) sind.

Es wäre zu erwarten, dass die Entropie bei der Bildung eines Komplexes abnehmen sollte, weil die Zahl der frei beweglichen Teilchen und somit die Unordnung im System abnimmt (vgl. Kap. 1.9.5). Tatsächlich bewirken jedoch in der Regel die mit der Komplexbildung einhergehenden Veränderungen in der Solvathülle der Ionen eine **Zunahme der Entropie**.

Bildet sich z. B. durch Ligandensubstitution eines Aquokomplexes ein neuer Komplex, bei dem die H_2O-Moleküle durch andere Liganden ersetzt wurden, so nimmt die Entropie stark zu, denn hierbei werden die Hydrathüllen der Reaktionspartner zerstört und der neu gebildete Komplex bewirkt eine geringere Ordnung der Lösungsmittelteilchen.

$$[Ni(H_2O)_6]^{2+} + 6 NH_{3aq} \longrightarrow [Ni(NH_3)_6]^{2+}_{aq} + 6 H_2O$$

$$[Ni(H_2O)_6]^{2+} + 3 (H_2NCH_2CH_2NH_2)_{aq} \longrightarrow [Ni(en)_3]^{2+} + 6 H_2O$$

(en = Ethylendiamin) 　　$K_S[Ni(NH_3)_6]^{2+} = 2,0 \cdot 10^9$
　　　　　　　　　　　　　　$K_S[Ni(en)_3]^{2+} = 3,8 \cdot 10^{17}$

Besonders groß ist die Bedeutung der Entropiezunahme für die Stabilität von **Chelatkomplexen** mit mehrzähnigen Liganden. Solche Komplexe sind im allgemeinen beträchtlich stabiler als Komplexe der gleichen Zentralatome mit einzähnigen Liganden. Diese höhere Stabilität der Chelatkomplexe ist fast immer auf die hiermit verbundene starke Entropiezunahme zurückzuführen [vgl. **MC-Fragen Nr. 329, 331–333, 1576**].

So werden im o. a. Beispiel *zwei* Wassermoleküle des Nickel-Aquokomplexes durch *ein* Ethylendiaminmolekül verdrängt, sodass die Zahl der frei beweglichen Teilchen und damit die Unordnung zunimmt. Die *Zunahme der Entropie* bei der Bildung von Chelatkomplexen ist umso größer, je mehr Koordinationsstellen der mehrzähnige Ligand besetzt. Komplexe mit **Ethylendiamintetraessigsäure**, einem sechszähnigen Liganden, sind daher besonders stabil. Auch die Ringgröße in den Chelatkomplexen ist für deren Beständigkeit von Bedeutung. Vor allem fünf- und sechsgliedrige Chelatringe führen zu Komplexen hoher Stabilität (siehe auch Kap. 1.5.4.4 und **MC-Frage Nr. 1636**).

1.5.3.5 Labile und inerte Komplexe

Komplexe, die ihre Liganden mit relativ hoher Geschwindigkeit gegen andere Liganden austauschen, werden als *labil* bezeichnet. Dagegen geschieht bei kinetisch *inerten (metastabilen)* Komplexen die Ligandensubstitution verhältnismäßig langsam.

Die Bezeichnung „*labil*" sagt *nichts* über die Stabilität eines Komplexes aus, denn thermodynamische Stabilität und Reaktivität sind nicht miteinander vergleichbar (vgl. auch Kap. 1.13.1, Seite 330). Die **thermodynamische Stabilität** bezieht auf die Differenz der freien Enthalpie des Komplexes und den freien Enthalpien seiner Bestandteile. Ein Maß für die thermodynamische Stabilität ist die Komplexdissoziationskonstante. Die **Reaktivität** eines Komplexes, d. h. der kinetische inerte (metastabile) oder labile Charakter, wird dagegen durch die **freie Aktivierungsenthalpie**, der Energiedifferenz zwischen Übergangszustand und Metallkomplex, bestimmt (vgl. hierzu auch Kap. 1.13.2.6). Obwohl viele stabile Komplexe zugleich inert und ebensoviele weniger beständige Komplexe zugleich labil sind, existieren auch eine Reihe von stabilen, aber kinetisch labilen Komplexen wie z. B. $[Ni(CN)_4]^{2-}$ [vgl. **MC-Frage Nr. 1815**].

Die Reaktivität von Komplexen hängt neben den Einflüssen des Ligandenfeldes vor allem von der *Ladung* und der *Größe* des *Zentralatoms* ab. Besonders kleine, hochgeladene Kationen bilden stabile und oft auch kinetisch inerte Komplexe. Dies macht verständlich, warum in der Reihe $[AlF_6]^{3-} > [SiF_6]^{2-} > [PF_6]^- > [SF_6]$ die Reaktivität der Substanzen von links nach rechts abnimmt.

Darüber hinaus scheint die Reaktivität eines Komplexes mit der **Elektronen-struktur** seines Zentralatoms in enger Beziehung zu stehen. So sind sämtliche Komplexe *labil*, deren Zentralatome Elektronen in **$d\gamma$-Orbitalen** (vgl. Kap. 1.5.5.2) enthalten, wie z. B. $[Cu(H_2O)_6]^{2+}$ (**d^9**), $[Ni(H_2O)_6]^{2+}$ (**d^8**), $[Co(NH_3)_6]^{3+}$ (**d^7**) und $[Fe(H_2O)_6]^{3+}$ (**d^5**). Ebenso sind alle Komplexe *labil*, die weniger als drei d-Elektronen besitzen. Hingegen sind oktaedrische d^3-Komplexe, z. B. $[Cr(H_2O)_6]^{3+}$, sowie low spin-d^4-, d^5- und d^6-Komplexe, z. B. $[Fe(CN)_6]^{3-}$ (**d^5**), $[PtCl_6]^{2-}$ (**d^6**) *kinetisch inert*.

1.5.3.6 Reaktionen von Komplexen

Ligandensubstitution: Bei zahlreichen Komplexen lassen sich die Liganden durch andere Liganden austauschen. Diese Reaktionen können im Prinzip nach einem S_N1- oder S_N2-Mechanismus ablaufen (siehe Ehlers, **Chemie II-Kurzlehrbuch**, Kap. 3.2.4).

Zu den wichtigsten Ligandensubstitutionen zählen die Reaktionen von **Aquo-komplexen**. Diese Reaktionen sind in der Regel reversibel und führen zu Gleichgewichtszuständen, deren Lage oft *pH-abhängig* ist, d. h., die Ligandensubstitution ist mit Protonenübertragungen gekoppelt. Als Beispiele solcher Reaktionen seien genannt, wobei in den Bruttogleichungen der Einfachheit halber das Hydratwasser weggelassen wurde:

– **Bildung von Amminkomplexen aus wässrigen Metallsalzlösungen und Ammoniak**: Um die intermediäre Bildung schwerlöslicher Metallhydroxide oder Oxidhydrate zu verhindern, arbeitet man zweckmäßigerweise in gepufferten Systemen. Amminkomplexe mit einer relativ kleinen Stabilitätskonstanten lassen sich durch ausreichende Erniedrigung des pH-Wertes wieder zerlegen.

$$[Cu(H_2O)_6]^{2+} + 4\ NH_3 \longrightarrow [Cu(NH_3)_4(H_2O)_2] + 4\ H_2O$$
$$[Ag(NH_3)_2]^+ + 2\ H_3O^+ \longrightarrow [Ag^+]_{aq} + 2\ NH_4^+ + 2\ H_2O$$

- **Bildung von Anionenkomplexen**: Als Beispiele hierfür seien angeführt:

$$[Hg^{2+}]_{aq} + 4\ I^- \longrightarrow [HgI_4]^{2-}$$
$$[Al^{3+}]_{aq} + 4\ HO^- \longrightarrow [Al(OH)_4]^-$$
$$[Cd^{2+}]_{aq} + 4\ CN^- \longrightarrow [Cd(CN)_4]^{2-}\ u.a.m.$$

Isomerisierungsreaktionen: Einige cis/trans-isomere Komplexe isomerisieren in wässrigem Milieu ziemlich rasch. Auch manche optisch isomeren Komplexe racemisieren in Lösung. Die Racemisierung tritt besonders leicht bei labilen Komplexen ein. In diesen Fällen sind die Enantiomeren oft kaum noch voneinander zu trennen.

Redoxreaktionen: Viele Komplexe können Redoxreaktionen eingehen und dabei als Elektronendonator (Reduktionsmittel) oder Elektronenakzeptor (Oxidationsmittel) fungieren. Über die Normalpotentiale einiger Eisen- und Kobaltkomplexe im Vergleich zu ihren Aquokomplexen informiert Tab. 1.46.

Tab. 1.46: **Normalpotentiale einiger Eisen- und Kobaltkomplexe**

Redoxpaar	E^O(Volt)
$[Fe(H_2O)_6]^{2+} \rightleftharpoons [Fe(H_2O)_6]^{3+} + e^-$	+0,75
$[Fe(CN)_6]^{4-} \rightleftharpoons [Fe(CN)_6]^{3-} + e^-$	+0,36
$[Fe(EDTA)]^{2-} \rightleftharpoons [Fe(EDTA)]^- + e^-$	- 0,12
$[Co(H_2O)_6]^{2+} \rightleftharpoons [Co(H_2O)_6]^{3+} + e^-$	+1,80
$[Co(NH_3)_6]^{2+} \rightleftharpoons [Co(NH_3)_6]^{3+} + e^-$	+0,10

1.5.4 Liganden, Chelatkomplexe

1.5.4.1 Komplexe mit π-Bindungen

Die Eigenschaften mancher Komplexe sowie Unregelmäßigkeiten in der spektro-chemischen Reihe sind mit der rein elektrostatischen Kristallfeldtheorie nicht mehr befriedigend zu erklären (siehe hierzu Kap. 1.5.5.1 und Kap. 1.5.5.4).

Man nimmt an, dass in diesen Komplexen in einem gewissen Ausmaß eine Überlappung von Orbitalen der Liganden mit denen des Zentralatoms eintritt. Neben σ-Bindungen werden **π-Bindungen** ausgebildet durch

– **Überlagerung besetzter Orbitale der Liganden mit unbesetzten p- oder d-Orbitalen des Zentralatoms** (Abb. 1.78),
– **Überlagerung besetzter d-Orbitale des Zentralatoms mit unbesetzten p- oder d-Orbitalen der Liganden** (back donation) (Abb. 1.79).

Dadurch wird erklärbar, warum z. B. das **Hydroxidion** eine schwächere Aufspaltung der d-Orbitale bewirkt als das Wassermolekül, obwohl es eine negative Ladung trägt.

Das HO^--Ion besitzt aufgrund seiner drei freien Elektronenpaare eine höhere Tendenz zur Übertragung negativer Ladungsanteile auf das Zentralatom als das H_2O-Molekül. Dies führt zu einer verringerten effektiven (positiven) Ladung des Zentralteilchens und somit zu einer geringeren Aufspaltung der d-Niveaus im Ligandenfeld.

Andererseits wird durch die Bildung von π-Bindungen mit ungesättigten Liganden [CO, CN^-, Alkene, Aromaten] negative Ladung von besetzten d-Orbitalen des Zentralatoms partiell auf diese Liganden übertragen, sodass die effektive Ladung der Zentralteilchen vergrößert und damit die Aufspaltung der d-Niveaus verstärkt

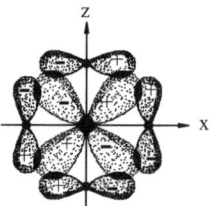

Abb. 1.78: **Schematisierte Darstellung einer L → M-π-Bindung**
[Jedes der drei d_ε-Orbitale kann mit vier p-AO der Liganden überlappen]

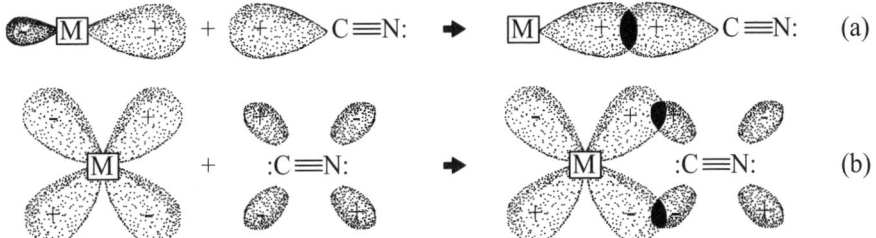

Abb. 1.79: Darstellung der M → L-π-Bindung in Cyanokomplexen
(a) σ-Bindung unter Verwendung des freien Elektronenpaars am C-Atom
(b) π-Bindung aus d-AO des Zentralatoms und unbesetzten (antibindenden) π-AO
des CN^--Ions

wird. Dies erklärt u. a. die hohe thermodynamische Stabilität und oft auch geringe Reaktivität von **Cyanokomplexen** oder **Metallcarbonylen**. Eine vom theoretischen Standpunkt aus interessante Verbindungsklasse stellen die **Metall-Aromaten-Komplexe** dar. Es sind Komplexe aus Metallen (z. B. Cr, Fe) mit aromatischen Ringsystemen wie **Benzen** oder **Cyclopentadienyl-Derivaten**. Sie besitzen eine **sandwich-Struktur**, d. h., das Metallatom befindet sich zwischen zwei parallel zueinander angeordneten aromatischen Ringen. Ein Beispiel hierfür ist **Ferrocen**, bei dem zwei Cyclopentadienyl-Einheiten an ein Fe(II)-Ion sandwichartig koordiniert sind (siehe auch Ehlers, **Chemie II**, Kap. 3.1.10 und **MC-Frage Nr. 1868**).

1.5.4.2 Metallcarbonyle

Als **Carbonyle** bezeichnet man Komplexe von Metallen mit **Kohlenmonoxid** [CO]. Man unterscheidet zwischen *einkernigen* $[Me(CO)_n]$ und *mehrkernigen* Carbonylen $[Me_x(CO)_y]$. Sie dienen als Katalysatoren bei org. Synthesen, $[Fe(CO)_5]$, zur Gewinnung hochreiner Metalle, $[Ni(CO)_4]$ oder als Antiklopfmittel in Treibstoffen.

Herstellung: Zur präp. Darstellung von Metallcarbonylen dienen verschiedene Methoden wie die direkte Reaktion des (feinverteilten) Metalls (Fe, Ni) mit CO oder die Reduktion von Metallsalzen in Gegenwart von Kohlenmonoxid. Zweckmäßigerweise wird dabei CO selbst als Reduktionsmittel verwendet, indem man das Gas bei höheren Temperaturen auf die Oxide, Sulfide oder Halogenide der Metalle einwirken lässt.

Eigenschaften: Die bei Raumtemperatur meistens flüssigen oder festen einkernigen Carbonyle sind typische *flüchtige* Substanzen. Sie sind wasserunlöslich, lösen sich jedoch in org. Solventien. Carbonyle sind leicht entzündlich und sehr stark giftig. Mehrkernige Metallcarbonyle lassen sich in der Regel nicht mehr unzersetzt schmelzen und sind in org. Lösungsmitteln kaum noch löslich. Bei längerem Erhitzen zerfallen alle Metallcarbonyle wieder in ihre Bestandteile.

Struktur: In nahezu allen einkernigen Carbonylen entspricht die Summe aus der Elektronenzahl des Metallatoms und der bindenden Elektronenpaare der CO-Moleküle der Elektronenzahl des nächsthöheren Edelgases. Ihre Zusammensetzung folgt damit der allgemeinen Formel $[Me(CO)_n]$, wobei 2n die zur nächsten Edelgaskonfiguration fehlende Zahl von Elektronen bedeutet.

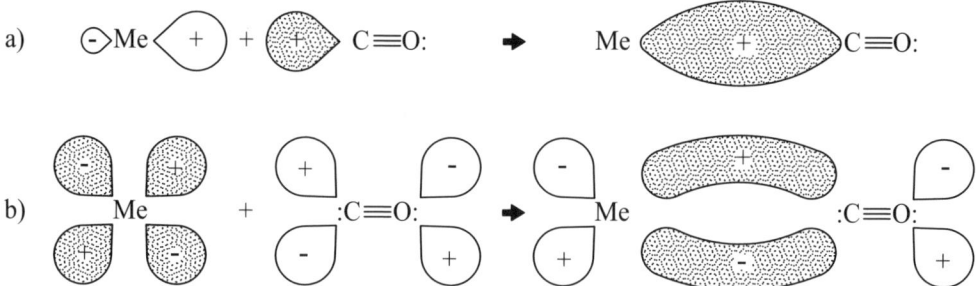

Abb. 1.80: **Bindung der CO-Liganden in Metallcarbonylen**
(a) σ-Bindung unter Verwendung eines freien Elektronenpaars am C-Atom
(b) π-Bindung aus d-AO des Zentralatoms und unbesetzten (antibindenden) π-AO des CO-Moleküls

$$Ni(CO)_4 : Z = 28 + 4 \cdot 2 = 36 \ [Kr]$$
$$Fe(CO)_5 : Z = 26 + 5 \cdot 2 = 36 \ [Kr]$$
$$Mo(CO)_6 : Z = 42 + 6 \cdot 2 = 54 \ [Xe]$$

Einkernige Metallcarbonyle können also nur von Metallen mit gerader Kernladungszahl gebildet werden. Metalle mit ungerader Kernladungszahl (Mn, Co) ergeben mehrkernige Carbonyle.

Bindungsverhältnisse: Die Bindungsverhältnisse der Metallcarbonyle wurden im voranstehenden Abschnitt 1.5.4.1 bereits diskutiert. Abb. 1.80 fasst das dort Gesagte nochmals für Kohlenmonoxid als Liganden zusammen [vgl. **MC-Fragen Nr. 1083–1085, 1428, 1660**].

1.5.4.3 Komplexe Cyanide

Cyanidionen ergeben mit vielen komplexbildenden Kationen [Fe^{3+}, Fe^{2+}, Mn^{2+}, Cr^{3+}, Co^{3+}, Cd^{2+}, Cu^{2+}, Ag^+, Au^{3+}] überaus beständige, *komplexe Anionen* der Zusammensetzung:

$$[Me^I(CN)_2]^-, \ [Me^{II}(CN)_4]^{2-}, \ [Me^{II}(CN)_6]^{4-}, \ [Me^{III}(CN)_6]^{3-}.$$

Neben den komplexen Dicyanosilber(I)-Salzen [$Ag(CN)_2$]X, die bei der Isolierung des Metalls aus Silbererzen eine Rolle spielen, sind als wichtige komplexe Cyanide vor allem das **gelbe** $K_4[Fe(CN)_6]$ und **rote Blutlaugensalz** $K_3[Fe(CN)_6]$ zu nennen, die praktisch keine freien Eisen- und Cyanid-Ionen enthalten [vgl. **MC-Frage Nr. 1893**]. Die Bindungsverhältnisse komplexer Cyanide waren Gegenstand des voranstehenden Abschnitts (vgl. Abb. 1.79 und **MC-Frage Nr. 1561**).

Hexacyanoferrate: Bei diesen komplexen Cyaniden handelt es sich um äußerst stabile *oktaedrische* Durchdringungskomplexe, die typische Eigenschaften besitzen. So sind die Hexacyanoferrate(II) fast aller Kationen mit der Ladung +2 schwerlöslich und vielfach charakteristisch gefärbt. Sämtliche Cyanoferrate(II), lösliche wie schwerlösliche, können durch Kochen mit HgO unter Bildung von undissoziiertem $Hg(CN)_2$ zerstört werden. Heiße konz. Schwefelsäure zersetzt die Hexacyanoferrate unter Bildung von CO [vgl. **MC-Fragen Nr. 310, 312, 315, 1522**].

Eine Unterscheidungsmöglichkeit von Cyanoferraten(II) und (III) beruht auf der guten Löslichkeit des $Ag_3[Fe(CN)_6]$ in Ammoniak, während $Ag_4[Fe(CN)_6]$ darin unlöslich ist.

1.5.4.4 Chelatkomplexe

Als **Chelate** oder **Chelatkomplexe** bezeichnet man im allgemeinen Verbindungen, in denen ein Molekül (Ligand) durch koordinative Bindungen über einen Metallion zu einem Ring geschlossen ist. Voraussetzung hierfür ist, dass der Ligand über *mindestens zwei* (oder mehr) *Koordinationsstellen* (freie Elektronenpaare) verfügt. Vorzugsweise werden bei der Chelatisierung spannungsfreie fünf- und sechsgliedrige Ringe gebildet [vgl. **MC-Fragen Nr. 329, 330, 334, 335**].

Als Beispiel für einen zweizähnigen Liganden sei das **Ethylendiamin** $[H_2NCH_2CH_2NH_2]$ genannt, das z. B. mit Cu^{2+}-Ionen den u. a. Chelatkomplex zu bilden vermag. Die Pfeile bedeuten lediglich, dass das bindende Elektronenpaar von den Stickstoffatomen stammt; sie machen keine Aussagen über die Art der Bindung zwischen Zentralatom und Liganden.

$$2\ \begin{array}{c} H_2 \\ H_2C-N \\ | \\ H_2C-N \\ H_2 \end{array}\ +\ Cu^{2+}\ \rightleftharpoons\ \left[\ \begin{array}{ccc} H_2 & & H_2 \\ H_2C-N & & N-CH_2 \\ | & \searrow\ Cu\ \swarrow & | \\ H_2C-N & \nearrow\quad\nwarrow & N-CH_2 \\ H_2 & & H_2 \end{array}\ \right]^{2+}$$

Die Chelatisierung bewirkt aufgrund der Entropiezunahme eine starke Erhöhung der Komplexbeständigkeit (siehe Kap. 1.5.3.5). Chelatkomplexe weisen gegenüber vergleichbaren Komplexen mit einzähnigen Liganden meistens kleinere Zerfallskonstanten auf. Dieser **Chelateffekt** kann sich in der Stabilisierung wenig beständiger Oxidationsstufen zeigen. Beispielsweise existieren Chelatkomplexe des Ag^{2+}-Ions als Zentralatom.

Die Bildung von Chelatkomplexen gehört zu den am häufigsten genutzten analytischen Nachweisreaktionen. Erinnert sei an die Fällung von Ni(II)-Ionen als **Nickeldiacetyldioxim** oder die gravimetrische Bestimmung zahlreicher Metallionen als **Oxinate** [vgl. **MC-Frage Nr. 1843**].

Erwähnt sei auch die Titrationsmöglichkeit für viele Metallionen mit dem sechszähnigen Komplexbildner **Ethylendiamintetracssigsäure** (EDTA) bzw. dessen Dinatriumsalz (**Komplexone**) (siehe Abb. 1.81 und **MC-Frage Nr. 329**).

Chelatkomplexe zeichnen sich häufig durch andere Löslichkeitseigenschaften aus als die nicht komplexierten Ionen. Viele geladene Chelate, wie z. B. der Kupfertartrat-Komplex, sind infolge ihrer Fähigkeit zur Ionenbildung gut in Wasser löslich und verhindern ein Ausfallen schwerlöslicher Metallhydroxide in alkalischem Milieu. Erinnert sei auch an den Aufschluss von $PbSO_4$ mittels einer ammoniakalischen Tartrat-Lösung [vgl. **MC-Frage Nr. 1362**].

Chelatkomplexe werden vorwiegend von Kationen gebildet. Es gibt jedoch auch einige wenige Beispiele für die Chelatisierung von Anionen. Hierzu zählen die Reaktionen der **Borsäure** und ihrer Salze mit mehrwertigen Alkoholen wie

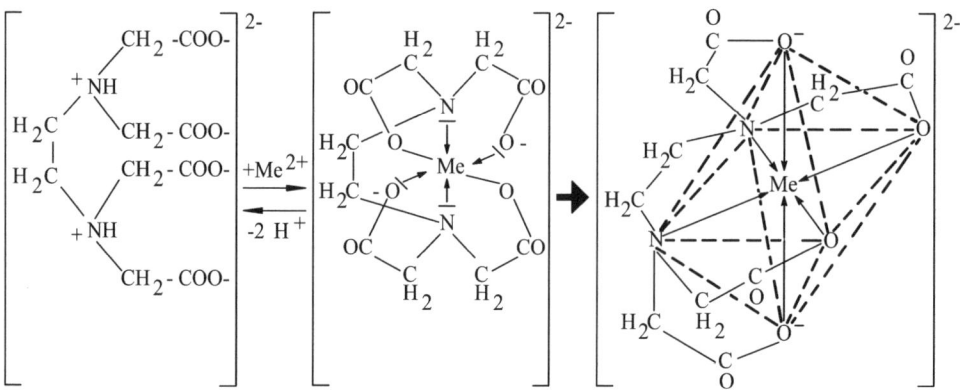

Abb. 1.81: **Bildung und Struktur von EDTA-Komplexen**

Ethylenglycol, Glycerol, Sorbitol oder Mannitol, die zur quant. Bestimmung der Borverbindungen genutzt werden kann (vgl. auch Kap. 2.7.3.2).

$$\left[\begin{array}{c} CH_2OH\text{-}CHOH\text{-}CH\text{-}O \quad (-) \quad O\text{-}CH\text{-}CHOH\text{-}CH_2OH \\ | \qquad\qquad B \qquad | \\ CH_2OH\text{-}CHOH\text{-}CH\text{-}O \qquad O\text{-}CH\text{-}CHOH\text{-}CH_2OH \end{array}\right]^{-} + H^{+}$$

Mannitoborsäure

Auch in der belebten Natur finden sich zahlreiche und biologisch bedeutsame Chelatkomplexe wie z. B. **Chlorophyll** [Zentralatom: Mg^{2+}], **Hämoglobin** [Fe^{2+}] oder **Cyanocobalamin** [Co^{3+}] [vgl. **MC-Fragen Nr. 336, 1858, 1859**].

1.5.5 Ligandenfeldtheorie

1.5.5.1 Komplexbildungstheorien

Lewis-Theorie: Die Bildung von Komplexen wurde zunächst als Lewis-Säure/Base-Reaktion aufgefasst, wobei in den Elektronenakzeptorkomplexen das Zentralatom die Lewis-Säure darstellt und die Liganden als Lewis-Base fungieren, indem sie das Elektronenpaar für die koordinative Bindung zur Verfügung stellen.

Valence bond-Theorie: Mit Hilfe der VB-Methode konnten schließlich die räumlichen Strukturen und das magnetische Verhalten vieler Metallkomplexe befriedigend erklärt werden. Die VB-Theorie nimmt an, dass sich durch **Hybridisierung** von s-, p- und d-AO des Zentralatoms gleichwertige Hybridorbitale bilden, die von den freien Elektronenpaaren der Liganden besetzt werden, wodurch kovalente Bindungen entstehen (vgl. auch Kap. 1.4.2).

Zum Beispiel wird bei vielen **oktaedrischen Komplexen** angenommen, dass das Zentralatom unbesetzte äquivalente **d^2sp^3-Hybridorbitale** für die koordinative Bindung mit den Liganden zur Verfügung stellt, wie dies im Hexacyanoferrat(III) [$Fe(CN)_6$]$^{3-}$, einem inner orbital-Komplex, der Fall ist. Die Bindungsverhältnisse in oktaedrischen outer orbital-Komplexen wie Hexafluoroferrat(III) $[FeF_6]^{3-}$ werden am besten mit der Annahme einer **sp^3d^2-Hybridisierung** des Zentralatoms beschrieben (siehe auch Tabelle 1.42).

Für die Ausbildung von vier äquivalenten Bindungen werden in **tetraedrischen Komplexen sp^3-** oder **d^3s-Hybridatomorbitale** seitens des Zentralatoms zur Verfügung gestellt, während in **planar-quadratischen Komplexen dsp^2-Hybrid-AO** vorliegen [vgl. **MC-Fragen Nr. 1280, 1281, 1457, 1497, 1768, 1769**]. Ein genereller *Nachteil* der VB-Methode ist, dass sie keinerlei Aussage zur Farbe von Komplexen macht.

Kristallfeldtheorie: Bei dieser Theorie werden die AO des Zentralatoms und die der Liganden als völlig voneinander getrennt angenommen und man betrachtet die Komplexe aus Ionen bzw. Dipolmolekülen aufgebaut. Die Liganden werden entsprechend ihrem Raumbedarf symmetrisch um das Zentralatom herum angeordnet. Ein zentraler Aspekt der Kristallfeldtheorie ist der *Einfluss* und die damit verbundenen Veränderungen des durch die Liganden verursachten *elektrischen Feldes auf die d-AO des Zentralatoms.*

Auf diese Weise konnten eine Reihe von Komplexeigenschaften wie das magnetische Verhalten, die Farbe oder die Stabilität mit dem Verhalten der Liganden bzw. dem der d-Elektronen des Zentralatoms korreliert werden.

Ein Nachteil der Kristallfeldtheorie ist die einseitige Betrachtung *elektrostatischer Wechselwirkungen*, ohne Berücksichtigung des kovalenten Charakters der Ligand-Zentralatom-Bindung. In einer erweiterten Fassung dieser Theorie, der sog. **Ligandenfeldtheorie**, werden deshalb kovalente Bindungsanteile miteinbezogen. Noch umfassender ist die **MO-Methode**. Sie beschreibt die Bindung in Komplexen mit dem Auftreten von bindenden und antibindenden Molekülorbitalen (vgl. auch Kap. 1.4.4).

Alle modernen Komplexbildungstheorien kommen jedoch zum gleichen Ergebnis bezüglich der Aufspaltung der Energieniveaus und der Verteilung der d-Elektronen im Zentralatom. Abschließend ist anzumerken, dass diese Theorien nur **Modellvorstellungen** sind und kein zutreffendes Bild der Realität wiedergeben. Sie erlauben jedoch zumindest qualitativ korrekte Aussagen zu machen und können so eine Reihe von Komplexeigenschaften [Koordinationszahl, Stereochemie, magnetisches Verhalten, Absorptionsspektrum, thermodynamische Stabilität, Reaktionsmechanismen bei Substitutionsreaktionen usw.] erklären. Sie ermöglichen in vielen Fällen ohne großen mathematischen Aufwand recht genaue Berechnungen.

1.5.5.2 d-Zustände im oktaedrischen Ligandenfeld

Tab. 1.47 gibt die Elektronenkonfigurationen einer Reihe von Übergangsmetallen an und Abb. 1.82 zeigt die Form ihrer d-AO.

Bei einem *isolierten Atom* haben alle fünf d-Orbitale die gleiche Energie, d. h., sie sind *entartet*. Sie werden bei ihrer Besetzung mit Elektronen im Sinne der Hundschen Regel, wie in Abb. 1.83 dargestellt, aufgefüllt (vgl. auch Kap. 1.1.5).

Unterliegen die im isolierten Atom entarteten d-Orbitale dem Einfluss eines elektrischen Feldes, wie es von Liganden oder den Nachbaratomen im Kristallgitter erzeugt wird, so sind die *d-AO nicht mehr länger gleichwertig*. Die Elektronen der Liganden und die des Zentralatoms stoßen sich gegenseitig ab, sodass die Energie

Tab. 1.47: Valenzelektronenkonfiguration der Metalle der 4. Periode des PSE

Metall	Elektronen-konfiguration	Metall	Elektronen-konfiguration
Kalium	$[Ar]4s^1$	Mangan	$[Ar]4s^23d^5$
Calcium	$[Ar]4s^2$	Eisen	$[Ar]4s^23d^6$
Scandium	$[Ar]4s^23d^1$	Kobalt	$[Ar]4s^23d^7$
Titan	$[Ar]4s^23d^2$	Nickel	$[Ar]4s^23d^8$
Vanadium	$[Ar]4s^23d^3$	Kupfer	$[Ar]4s^13d^{10}$
Chrom	$[Ar]4s^13d^5$	Zink	$[Ar]4s^23d^{10}$

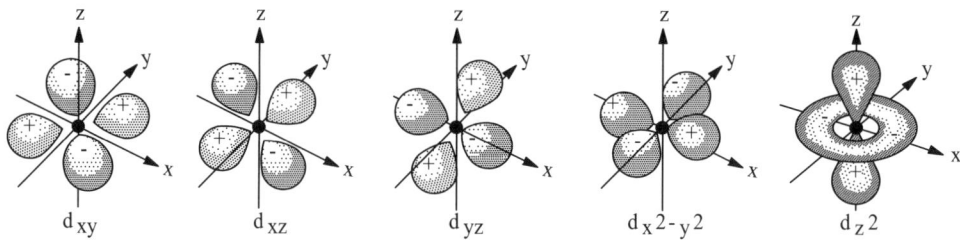

d_{xy} d_{xz} d_{yz} $d_{x^2-y^2}$ d_{z^2}

Abb. 1.82: Grenzflächendarstellung der fünf 3d-Atomorbitale

d^1 d^2 d^3 d^4 d^5

d^6 d^7 d^8 d^9 d^{10}

Abb. 1.83: Elektronenbesetzung der d-Orbitale ligandenfreier Übergangsmetallatome und ihrer Ionen

derjenigen Orbitale, die in den Richtungen der Liganden ihre größte Ladungsdichte besitzen, erhöht wird, während die von den Liganden weiter entfernten Orbitale energieärmer werden. Die fünf d-AO spalten in Gruppen von Orbitalen unterschiedlicher Energie auf.

Als Beispiel soll für die weitere Diskussion ein *oktaedrischer* Komplex des **dreiwertigen Titans** [Ti^{3+}] betrachtet werden. Dem Grundzustand des freien Titan(III)-Ions entspricht die Elektronenkonfiguration **[Ar]3d¹**. Das Ion besitzt somit *ein* Außenelektron, das sich in einem der fünf entarteten 3d-Zustände aufhält.

Koordiniert das Ti^{3+}-Ion mit 6 Liganden [L oder L⁻] zu einem Komplex $[TiL_6]^{3+}$ oder $[TiL_6]^{3-}$, so kann dies derart geschehen, dass man diese Liganden längs der drei Koordinatenachsen (siehe Abb. 1.82 und Abb. 1.84) synchron an das Zentralatom herantreten lässt. Dabei wird eine labilisierende Wechselwirkungsenergie zwischen dem Valenzelektron des Ti(III)-Ions und den Liganden auftreten. Diese Energie wird groß sein in Richtung der Koordinatenachsen, wenn also das Valenzelektron

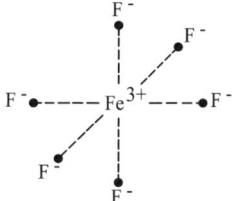

Abb. 1.84: **Anordnung der Liganden im Hexafluoroferrat(III)-Ion**

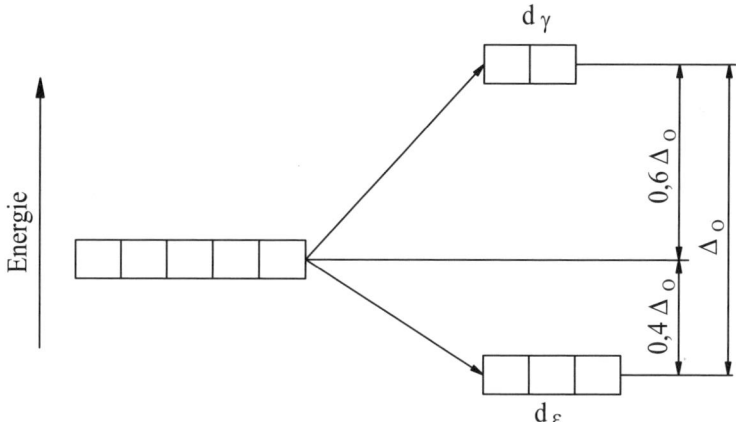

Abb. 1.85: **Energetische Aufspaltung der d-Zustände im oktaedrischen Ligandenfeld**

das $d_{x^2-y^2}$- bzw. das d_{z^2}-AO besetzt. Diese beiden Orbitale werden auch als d_γ- oder e_g-**Orbitale** bezeichnet (**e** = entartet).

Wesentlich günstiger liegen die Verhältnisse, wenn sich das Elektron in einem der d_{xy}-, d_{xz} oder d_{yz}-**Orbitale** befindet. Diese Orbitale heißen auch d_ε- oder t_{2g}-**Orbitale** (**t** = tripelentartet). Die Gebiete maximaler Elektronendichte liegen in diesen Fällen *zwischen* den Koordinatenachsen. Das Valenzelektron ist im Mittel weiter von den Liganden entfernt und die labilisierende Wechselwirkungsenergie wird kleiner.

Analoge Betrachtungen lassen sich auch für andere oktaedrische Komplexe anstellen, wie z. B. für $[FeF_6]^{3-}$ (Abb. 1.84) oder die Hexacyanoferrate.

Unter dem Einfluss eines oktaedrischen Ligandenfeldes erhalten die d_ε- und d_γ-Zustände, die zunächst entartet waren, eine unterschiedliche Energie, wobei die **drei d_ε-Zustände** (zwischen den Koordinatenachsen liegend) nun energetisch tiefer und die **zwei d_γ-Zustände** (längs der Koordinatenachsen liegend) energetisch höher liegen als die d-Orbitale des freien Atoms [vgl. Abb. 1.85 und **MC-Frage Nr. 1457**].

Der fünffach entartete 3d-Zustand spaltet unter der Wirkung eines oktaedrischen Ligandenfeldes auf in einen dreifach entarteten, energieärmeren d_ε- und einen zweifach entarteten, energetisch höheren d_γ-Zustand.

Wenn z. B. der Komplex $[Ti(H_2O)_6]^{3+}$ im Grundzustand vorliegt, so besetzt das Valenzelektron des Titans einen der $3d_\varepsilon$-Zustände. Durch **Lichtabsorption** kann es in einen $3d_\gamma$-Zustand angeregt werden (**d-d-Übergang**). Man kann den energetischen Abstand der beiden Zustände (Δ_o = 243 kJ/mol) abschätzen und kommt zu dem Ergebnis, dass der Titankomplex eine charakteristische Absorptionsbande im sichtbaren Spektralbereich (bei 490 nm) aufweisen sollte. Dies ist der Fall. Auf der Grundlage dieses Gedankenganges ist in den letzten Jahren eine Analyse der Spektren vieler Komplexverbindungen gelungen und damit wurden auch ihre **Farbe** sowie Farbänderungen bei Ligandensubstitutionen erklärbar.

Die *Energiedifferenz* zwischen den beiden Gruppen von Orbitalen im oktaedrischen Ligandenfeld beträgt Δ_o-Energieeinheiten. Der Index „o" weist darauf hin, dass es sich um eine Aufspaltung im oktaedrischen Ligandenfeld handelt. Δ_o variiert zwischen 105–418 kJ mol^{-1}, wobei der Energiezuwachs der zwei d_γ-Zustände $0,6 \cdot \Delta_o$ und der Energieabfall der drei d_ϵ-Zustände $0,4 \cdot \Delta_o$ beträgt. Dies ergibt sich aus einem Theorem der Quantenmechanik, nach dem durch eine *Störung*, wie sie das Ligandenfeld darstellt, die Gesamtenergie der d-Niveaus nicht verändert wird. Die Summe des Energiezuwachses muss der Energieabnahme entsprechen. Daraus resultieren für ein oktaedrisches Ligandenfeld die o.a. Koeffizienten $[0,6 \cdot 2 = 0,4 \cdot 3]$.

Die Energiedifferenz (Δ) ist ein Maß für die Stärke eines Ligandenfeldes. Ein starkes Ligandenfeld [CO, CN$^-$, CNO$^-$, NO$_2^-$] bewirkt eine stärkere energetische Aufspaltung der d-Niveaus des Zentralatoms als ein schwaches Ligandenfeld [I$^-$, Br$^-$, Cl$^-$, F$^-$, N$_3^-$, O^{2-}].

1.5.5.3 High spin- und low spin-Komplexe

Die meisten Komplexe der Übergangsmetalle enthalten Zentralatome mit mehreren Elektronen. Um die Elektronenverteilung auf die d_ϵ- und d_γ-Zustände verstehen zu können, muss man beachten, dass unter dem Einfluss eines Ligandenfeldes zwei entgegengesetzte Faktoren die **Orbitalbesetzung** bestimmen:

- Einerseits belegen die Elektronen nach Möglichkeit die energieärmeren d_ϵ-Niveaus,
- andererseits haben sie das Bestreben, gemäß der Hundschen Regel möglichst viele AO einzeln (mit parallelem Spin) zu besetzen.

Als Beispiele für die weitere Diskussion mögen die Elektronenkonfigurationen des Cr^{3+}- und des Co^{3+}-Ions dienen. Wie Abb. 1.86 veranschaulicht, besetzen die

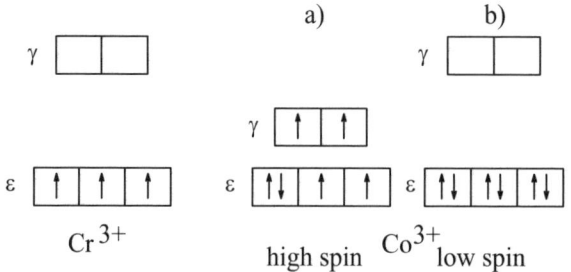

Abb. 1.86: **Grundzustände von Zentralatomen in oktaedrischen Komplexen**

drei Valenzelektronen des Cr^{3+}-Ions in einem oktaedrischen Komplex entsprechend der **Hundschen Regel** die drei entarteten $3d_\epsilon$-Zustände einfach mit gleichgerichtetem Spin.

Für das dreiwertige Kobalt sind in derselben Abb. zwei extreme Elektronenkonfigurationen dargestellt. Im Fall (a) ist der energetische Abstand zwischen den $3d_\epsilon$- und $3d_\gamma$-Zuständen klein, im Fall (b) ist er groß. Da die Parallelstellung der Spins mit einem zusätzlichen Energiegewinn verbunden ist, dessen Auftreten die eigentliche Ursache für das Hundsche Prinzip darstellt, *überwiegt bei schwachem Ligandenfeld das Hundsche Prinzip* und es kommt zur Parallelstellung der Elektronenspins (a). Dieser Fall liegt z. B. im $[CoF_6]^{3-}$-Ion vor; solche Co-Komplexe sind paramagnetisch.

Bei *starkem Ligandenfeld und großer Aufspaltung* überwiegt hingegen der Einfluss des elektrostatischen Feldes und alle sechs Valenzelektronen müssen in den drei energetisch tiefer liegenden $3d_\epsilon$-Zuständen untergebracht werden (b). Das ist nur möglich, wenn völlige Spinkompensation eintritt. Demnach sollten solche Co-Komplexe diamagnetisch sein. Dies ist beispielsweise beim $[Co(NH_3)_6]^{3+}$-Ion und ähnlichen Verbindungen auch der Fall.

Wie Abb. 1.87 dokumentiert, treten *unterschiedliche Elektronenanordnungen* in oktaedrischen Komplexen *nur* in den Fällen mit **d^4-, d^5-, d^6- und d^7-Elektronen** auf. Bei d^1, d^2, d^3 (Besetzung der ersten drei d-Orbitale mit je einem Elektron) und bei

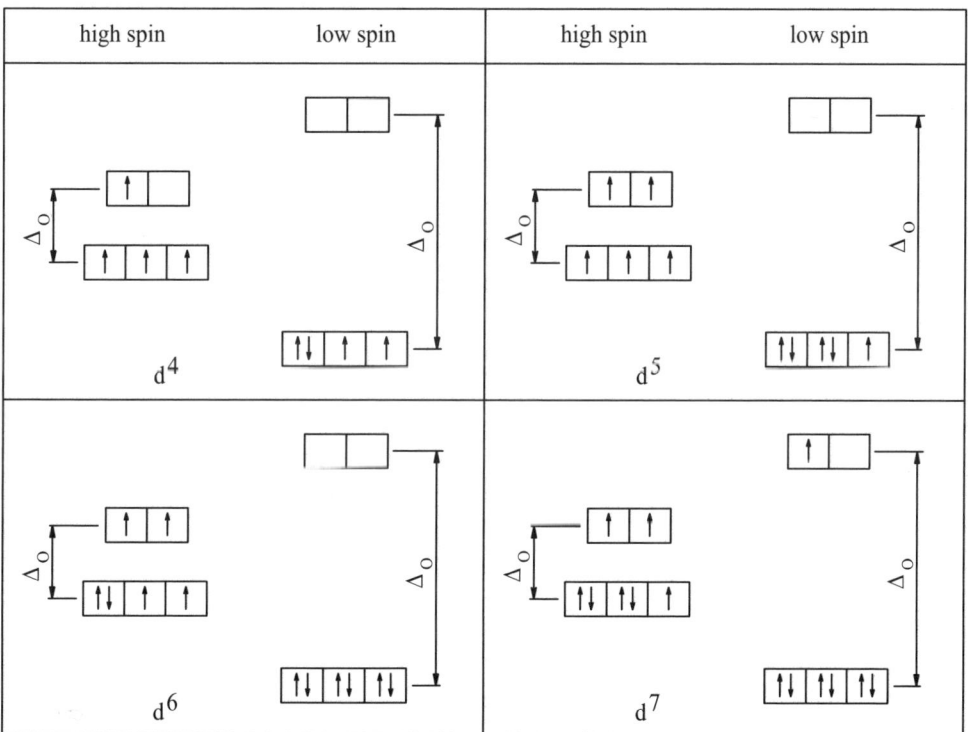

Abb. 1.87:   Elektronenverteilung in low spin- und high spin-Komplexen

d^8, d^9, d^{10} (Elektronenpaarung in den letzten drei d-Orbitalen) ist die Orbitalbesetzung unabhängig von der Energiedifferenz zwischen den d_ϵ- und d_γ-Orbitalen. Es ist nur ein *einziger* Zustand tiefster Energie möglich (siehe Abb. 1.83).

Die beiden in Komplexen, in denen das Zentralatom *vier bis sieben d-Elektronen* enthält, möglichen Zustände bezeichnet man als **high spin-** und **low spin-Zustand** [vgl. **MC-Frage Nr. 339**].

Im high spin-Zustand enthält das Zentralatom die größtmögliche Zahl ungepaarter Elektronen, während im low spin-Zustand die geringstmögliche Zahl ungepaarter Elektronen, d. h. die größtmögliche Zahl doppelt besetzter d-AO vorhanden ist [vgl. **MC-Frage Nr. 1497**].

Welcher der beiden Zustände in einem konkreten Fall verwirklicht ist, hängt ab vom Ausmaß der Aufspaltung der d-Niveaus, d. h. von der **Ligandenfeldaufspaltungsenergie** (Δ_o) und von der zur Doppelbesetzung eines Orbitals aufzuwendenden **Spinpaarungsenergie** (P). Wegen dieser Spinpaarungsenergie werden entartete Orbitale zunächst immer einfach besetzt [vgl. **MC-Fragen Nr. 337, 338, 340, 1457, 1695**].

Da bei den high spin-Komplexen zwangsläufig die weiter *außen* liegenden, bei low spin-Komplexen die mehr *innen* liegenden Orbitale von den Elektronenpaaren der Liganden besetzt werden, spricht man in der VB-Theorie im ersten Fall von einem outer orbital-, im zweiten Fall von einem inner orbital-Komplex.

Tab. 1.48 fasst nochmals die möglichen Anordnungen der Elektronenspins in oktaedrischen Komplexen zusammen.

Tab. 1.48: **Elektronenspins in oktaedrischen Komplexen**

Zahl der d-Elektronen	Anordnung der Spins bei schwachem Feld Der high spin-Fall		Resultierender Spin	Anordnung der Spins bei starkem Feld Der low spin-Fall		Resultierender Spin
	t_{2g}	e_g		t_{2g}	e_g	
1	↑		1/2	↑		1/2
2	↑ ↑		1	↑ ↑		1
3	↑ ↑ ↑		1 1/2	↑ ↑ ↑		1 1/2
4	↑ ↑ ↑	↑	2	↑↓ ↑ ↑		1
5	↑ ↑ ↑	↑ ↑	2 1/2	↑↓ ↑↓ ↑		1/2
6	↑↓ ↑ ↑	↑ ↑	2	↑↓ ↑↓ ↑↓		0
7	↑↓ ↑↓ ↑	↑ ↑	1 1/2	↑↓ ↑↓ ↑↓	↑	1/2
8	↑↓ ↑↓ ↑↓	↑ ↑	1	↑↓ ↑↓ ↑↓	↑ ↑	1
9	↑↓ ↑↓ ↑↓	↑↓ ↑	1/2	↑↓ ↑↓ ↑↓	↑↓ ↑	1/2
10	↑↓ ↑↓ ↑↓	↑↓ ↑↓	0	↑↓ ↑↓ ↑↓	↑↓ ↑↓	0

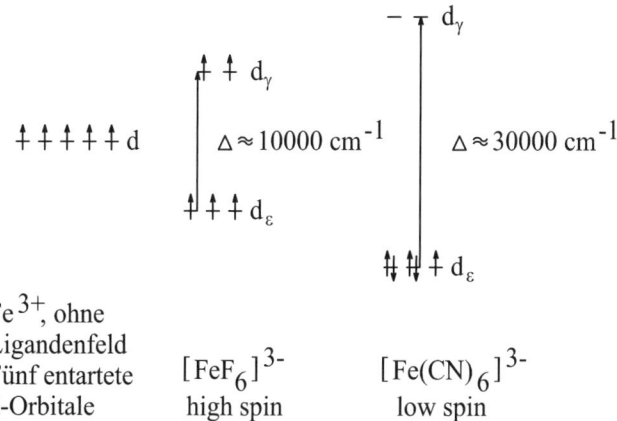

Abb. 1.88: **Aufspaltung der d-Niveaus in Komplexen des Eisen(III)-Ions**

Um zwei Elektronen mit entgegengesetztem Spin im gleichen Orbital unterzubringen, muss deren gegenseitige Abstoßung überwunden werden. Die Spinpaarung erfordert einen gewissen Energiebetrag, sodass sie erst dann erfolgt, wenn die Ligandenfeldaufspaltungsenergie (Δ_o) größer ist als die Spinpaarungsenergie (P). Da bei oktaedrischen Komplexen je nach Ligand Δ_o größer oder kleiner sein kann als P, sind bei oktaedrischen Komplexen sowohl high spin- als auch low spin-Komplexe möglich.

$$\text{high spin-Komplex} : \Delta_o < P$$
$$\text{low spin-Komplex} : \Delta_o > P$$

Wie Abb. 1.88 zeigt, liegen z. B. in **Hexacyanoferraten** low spin-Komplexe vor. Die fünf d-Elektronen des Hexacyanoferrat(III)- bzw. die sechs d-Elektronen des Hexacyanoferrat(II)-Ions besetzen jeweils die drei energieärmeren d_ε-Orbitale. Dagegen ist der Hexafluoroferrat(III)-Komplex ein high spin-Komplex. Jedes der fünf d-Orbitale ist mit einem einzigen Elektron belegt (siehe auch Tab. 1.42 und **MC-Fragen Nr. 339, 342, 343**).

Während die Aufspaltungsenergie hauptsächlich durch die Stärke des Ligandenfeldes, d. h. im wesentlichen durch die Natur der Liganden bestimmt wird, ist die Spinpaarungsenergie eine Eigenschaft des Metallions. Ein und dasselbe Metallion kann je nach den Liganden, mit denen es koordiniert ist, einen high spin-oder low spin-Komplex ergeben.

Das *Ausmaß der Aufspaltung* der d-Zustände bestimmt, ob die d-Elektronen die Hundsche Regel befolgen, oder ob sie einzelne AO paarweise besetzen. Dies beeinflusst u. a. die **magnetischen Eigenschaften** der betreffenden Komplexe sowie ihre **Lichtabsorption** und **Stabilität**.

Auch die Ladung des Zentralatoms hat Einfluss auf die Aufspaltung der d-Niveaus. Je *höher* die Oxidationsstufe ist, umso *größer* wird die Aufspaltung, weil sich die Liganden einem kleineren, höher geladenen Metallion stärker nähern

Tab. 1.49: **Spektrochemische Reihe aus gewählter Liganden**

$$I^- < Br^- < -SCN^- < Cl^- < N_3^- < F^- < C_2H_5OH <$$
$$HO^- < -ONO^- < H_2O < -NCS^- < EDTA < \text{Pyridin},$$
$$NH_3 < \text{Ethylendiamin} < -NO_2^- < H^- < CN^- < CO$$

können. So ist z. B. das $[Co(NH_3)_6]^{2+}$-Ion ein high spin-Komplex und paramagnetisch, während das $[Co(NH_3)_6]^{3+}$-Ion als low spin-Komplex vorliegt [vgl. **MC-Fragen Nr. 337, 338, 1695**].

1.5.5.4 Spektrochemische Reihe

Man kann die Größe der Aufspaltungsenergie (Δ) aus den spektroskopischen Daten der Komplexe ableiten. Im allgemeinen *verschiebt* sich die *Lage des Absorptionsmaximums* eines Komplexes zu *kürzeren Wellenlängen* (energiereichere Strahlung $\longleftrightarrow$ stärkere Aufspaltung), wenn man bei gegebenem Zentralatom einen Liganden durch einen in der *spektrochemischen Reihe rechts* stehenden Liganden mit *stärkerem Ligandenfeld* ersetzt, während in umgekehrter Reihenfolge die Ligandensubstitution eine Verschiebung der Absorptionsbande nach längeren Wellenlängen hin verursacht. Die spektrochemische Reihe gilt für die meisten Übergangsmetallkomplexe, die Metallionen in ihren normalen Oxidationsstufen enthalten.

Nach Tab. 1.49 bilden z. B. die Liganden „Halogeno", „Hydroxo", „Nitrito" und „Aquo" bevorzugt high spin-Komplexe, die Liganden „Carbonyl", „Cyano", „Nitro" und „Ammin" vorzugsweise low spin-Komplexe.

Bekannte Beispiele für *Veränderungen in der Lichtabsorption* (Änderung der Farbe) eines Komplexes bei Ligandensubstitution sind die Bildung der **Amminkomplexe** des Nickels, Kupfers und Chroms beim Versetzen ihrer wässrigen Salzlösungen mit NH_3.

(grün)	$[Ni(H_2O)_6]^{2+}$	$\longrightarrow$ $[Ni(NH_3)_6]^{2+}$	(blau)
(hellblau)	$[Cu(H_2O)_4]^{2+}$	$\longrightarrow$ $[Cu(NH_3)_4]^{2+}$	(tiefblau)
(violett)	$[Cr(H_2O)_6]^{3+}$	$\longrightarrow$ $[Cr(NH_3)_6]^{3+}$	(tiefgelb)

1.5.5.5 Komplexe mit der Koordinationszahl „Vier"

Komplexe mit der Koordinationszahl 4 können eine *tetraedrische* oder *planar-quadratische Struktur* besitzen.

Nach der **VB-Methode** werden tetraedrische Komplexe durch sp^3-Hybridorbitale des Zentralatoms beschrieben. Dies ist z. B. für die Komplexe des Berylliums, Bors, Aluminiums, Zinks, Cadmiums und Quecksilbers zweckmäßig, in denen die d-Orbitale entweder unbesetzt oder vollständig belegt sind. Planar-quadratische Komplexe können mit dsp^2-Hybridorbitalen dargestellt werden [vgl. **MC-Fragen Nr. 1281, 1457, 1769**].

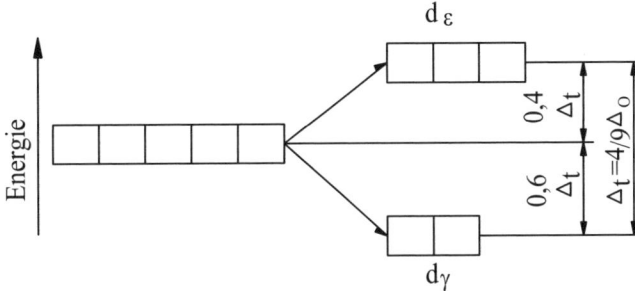

Abb. 1.89: Aufspaltung der d-Niveaus in einem tetraedrischen Ligandenfeld

Auch die **Kristallfeldtheorie** vermag die Eigenschaften vierfach koordinierter Übergangsmetallkomplexe befriedigend zu deuten.

Tetraedrische Komplexe: Wie Abb. 1.89 ausweist, spalten in einem tetraedrischen Ligandenfeld die fünf äquivalenten d-Orbitale ebenfalls in zwei energetisch unterschiedliche Gruppen von d_γ- und d_ε-Zuständen auf. Um dieses Aufspaltungsmuster zu verstehen, muss man sich bewusst sein, dass bei tetraedrischer Koordination die x-, y- und z-Achse eines Koordinatensystems jeweils die Winkel zwischen den Bindungen halbieren, sodass die negative Ladungsdichte von Elektronen in d_ε-Zuständen – im Gegensatz zum oktaedrischen Ligandenfeld – höher ist als die Ladungsdichte in den d_γ-Zuständen. Dies führt zu einer energetischen Bevorzugung der d_γ Zustände.

Das Feld von vier Liganden ist aber schwächer als das Feld von sechs, oktaedrisch angeordneten Liganden mit demselben Abstand vom Zentralatom, sodass die Aufspaltungsenergie (Δ_t) nur etwa halb so groß ist wie im oktaedrischen Ligandenfeld [$\Delta_t = 4/9 \cdot \Delta_o$]. Der Index „t" weist darauf hin, dass es sich um eine Aufspaltung im tetraedrischen Ligandenfeld handelt.

Aus diesem Grund kennt man bis heute noch keinen gesicherten Fall von low spin-Komplexen mit tetraedrischer Anordnung der Liganden [vgl. **MC-Frage Nr. 341**]. Beispiele für eine tetraedrische Koordination sind die Komplexionen $[NiCl_4]^{2-}$ und $[Cu(CN)_4]^{3-}$ [vgl. **MC-Frage Nr. 1902**].

In einem tetraedrischen Ligandenfeld spalten die d-Zustände in ein energieärmeres Dublett (d_γ-Orbitale) und ein energiereicheres Triplett (d_ε-Orbitale) auf. Bei tetraedrisch koordinierten Komplexen ist nur eine high spin-Anordnung der d-Elektronen beobachtbar, weil in diesen Komplexen die Ligandenfeldaufspaltungsenergie (Δ_t) stets kleiner ist als die Spinpaarungsenergie (P).

Planar-quadratische Komplexe: Wie Abb. 1.90 zeigt, ist der Energieunterschied (Δ_q) im *quadratischen Ligandenfeld* fast doppelt so groß wie im oktaedrischen [$\Delta_q = 7/4 \Delta_o$]. Hier wird bei der Annäherung von vier Liganden in Richtung der x- und y-Achse das $d_{x^2-y^2}$-Niveau am energiereichsten, denn die Ladungsdichte dieser Elektronen ist auf die Liganden ausgerichtet. Auch der d_{xy}-Zustand ist relativ instabil, während die weniger betroffenen restlichen mit der z-Achse verknüpften d-

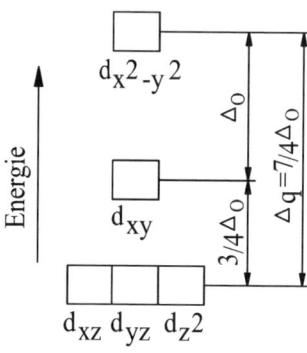

Abb. 1.90: Aufspaltung der d-Zustände im planar-quadratischen Ligandenfeld

Zustände am energieärmsten sind. Hierbei liegt der d_{z^2}-Zustand infolge seines „Kragens" (siehe Abb. 1.82, Seite 142), der zu einer größeren Abstoßung der Liganden führt, geringfügig höher als die d_{xz}- und d_{yz}-Niveaus.

Planar-quadratische Komplexe treten vor allem bei den Elektronenkonfigurationen d^8 und d^9 auf. So sind die meisten Komplexe des Ni(II) [$3d^8$], Cu(II) [$3d^9$] und Pt(II) [$5d^8$] planar gebaut, wie z. B. [Ni(CN)$_4$]$^{2-}$, [Cu(NH$_3$)$_4$]$^{2+}$ oder [PtCl$_4$]$^{2-}$.

1.6 Metallische Bindung

1.6.1 Bildung von Metallen und Halbmetallen

1.6.1.1 Elektronengasmodell der Metalle

Metallatome besitzen nur wenige Valenzelektronen und somit noch unbesetzte AO. Da die Anziehung der Valenzelektronen durch den Atomrumpf gering ist, sind die *Ionisierungsenergien* von Metallen relativ niedrig. Die hohe elektrische Leitfähigkeit der Metalle lässt auf das Vorhandensein **frei beweglicher Elektronen** schließen.

Zur Erklärung der Metalleigenschaften wurde ein Modell entwickelt, nach dem das **Metallgitter** aus *positiven*, an feste Gitterplätze gebundenen Ionen besteht, in das die **negativen, delokalisierten Elektronen** nach Art von Gaspartikeln eingebettet sind (**Elektronengas**) und in dem sich die Valenzelektronen praktisch ohne Energieabgabe frei bewegen können. Für einwertige Metalle beträgt die Elektronenkonzentration etwa 10^{23} cm^{-3} [vgl. **MC-Fragen Nr. 239, 344, 350, 351, 1239, 1422, 1772**].

Wie bei der Ionenbindung liegen auch bei der metallischen Bindung *keine gerichteten Kräfte* vor. Die allseitig wirkende elektrostatische Anziehung zwischen Metallkationen und delokalisierten Elektronen führt zur Bildung eines dreidimensionalen **Metallgitters**, bei dem ein „Ionengitter aus Metallionen" in ein „Elektronengas", d. h. ein Fluidum leicht beweglicher Valenzelektronen eingebettet ist.

> Die metallische Bindung ist eine Folge der starken Delokalisierung der Valenzelektronen, die sich innerhalb des gesamten Gitters frei bewegen können. Das negative Elektronengas hält die positiven Metallionen elektrostatisch zusammen.

1.6.1.2 Energiebändermodell der Metalle

In analoger Weise wie die Kovalenzbindung kann auch die metallische Bindung mit Hilfe der **MO-Methode** behandelt werden. Dabei betrachtet man das Metallgitter als ein „Riesenmolekül" und beschreibt die Art der Bindung mit Molekülorbitalen, die das ganze Gitter durchziehen.

Das MO-Modell der Metalle sowie die Energiezustände der delokalisierten Elektronen sollen am Beispiel des **Lithiums,** das nur *ein* Valenzelektron besitzt (Elektronenkonfiguration: 1s^{2}2s^1), näher besprochen werden [vgl. **MC-Frage Nr. 345**].

In einem Metallkristall aus n Lithiumatomen mit einem Valenzelektron pro Atom sind insgesamt n Valenzelektronen enthalten. Jedes Li-Atom bringt zur Bindung ein 2s-AO mit, sodass n MO gebildet werden, die mit jeweils zwei Elektronen antiparallelen Spins besetzt werden können. Je mehr Atome zum Lithiumkristall zusammengefügt werden, desto mehr getrennte, aber immer dichter zusammenliegende MO entstehen. Sie unterscheiden sich energetisch kaum noch voneinander und verschmelzen zu einem **Energieband**. In Abb. 1.91 ist die Entstehung eines solchen Energiebandes schematisch dargestellt.

Hierbei bezeichnet man als **Valenzband** jenes Energieband, in dem die Valenzelektronen angetroffen werden, d. h. das höchste mit Elektronen besetzte Energieband. Im Valenzband können noch unbesetzte Elektronenzustände vorhanden sein, wie z. B. beim **Lithium**, bei dem für N Elektronen im 2s-Band insgesamt 2 N-Zustände existieren, d. h. die Zahl der Elektronen, die im 2s-Band untergebracht werden können, ist doppelt so groß wie die Zahl der Valenzelektronen des Lithiums [vgl. **MC-Fragen Nr. 346–349, 1253, 1279, 1417, 1602, 1693**].

Ein leeres oder nicht vollständig besetztes Band wird **Leitungsband** (oder **Leitfähigkeitsband**) genannt. Vollständig mit Elektronen besetzte Bänder, wie das 1s-Band des Lithiums, leisten keinen Beitrag zur elektrischen Leitfähigkeit.

Ebenso wie die Elektronen in Atomen nur *diskrete Energiezustände* besetzen, befinden sich auch die Elektronen im Metallgitter nur in den durch die Energiebänder charakterisierten Zuständen. Zwischen den Bändern befinden sich, wie Abb. 1.92 zeigt, sog. „**verbotene Energiezonen**".

Die *Energiedifferenz (verbotene Zone)* zwischen zwei Bändern hängt von den Energiedifferenzen der ursprünglichen AO und dem Abstand der Atome im Metallkristall ab. Unter Umständen kann auch eine gewisse *Überlappung der Bänder*

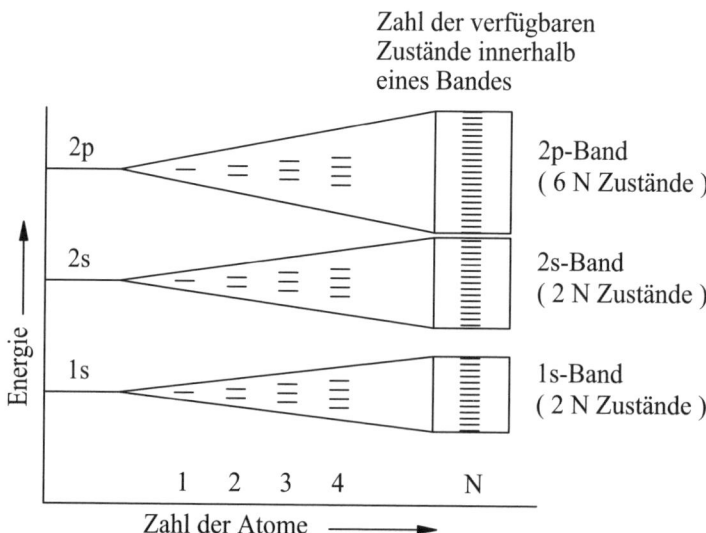

Abb. 1.91: **Entstehung eines Energiebandes durch Wechselwirkung energetisch ähnlicher Orbitale von Metallatomen**

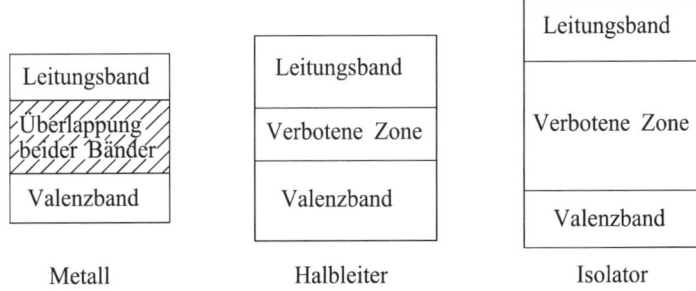

Abb. 1.92:   Leitungsband, Valenzband und verbotene Zone

eintreten, denn nur auf diese Weise wird die elektr. Leitfähigkeit des **Berylliums** (Elektronenkonfiguration: $1s^2 2s^2$) erklärbar, bei dem das 2s-Band vollständig mit Elektronen aufgefüllt ist. Das 2s-Valenzband überlappt hier mit dem 2p-Leitungsband, wie dies in Abb. 1.93 b schematisch dargestellt ist.

Die **Bandbreite** ist eine Funktion des Atomabstandes im Gitter und der Energie der Ausgangsorbitale. Sie ist unabhängig von der Anzahl der Atome im Metallgitter. Generell sind die *Bänder umso breiter, je größer ihre Energie* ist. Auch mit abnehmendem Atomabstand wird die Verbreiterung der Bänder immer größer, bis sie sich schließlich überlagern. Nur das 1s-Band überschneidet sich mit keinem anderen Band.

> Durch Kombination vieler Metall-AO entsteht eine Vielzahl von Molekülorbitalen ähnlicher Energie, die zu einem Energieband verschmelzen. Das höchste mit Elektronen besetzte Band nennt man Valenzband. Ein leeres oder nicht vollständig besetztes Band heißt Leitungsband. Eine hohe Beweglichkeit der Elektronen ist immer dann gegeben, wenn ein Band nur teilweise besetzt ist oder ein vollbesetztes Band mit einem leeren Band überlappt.

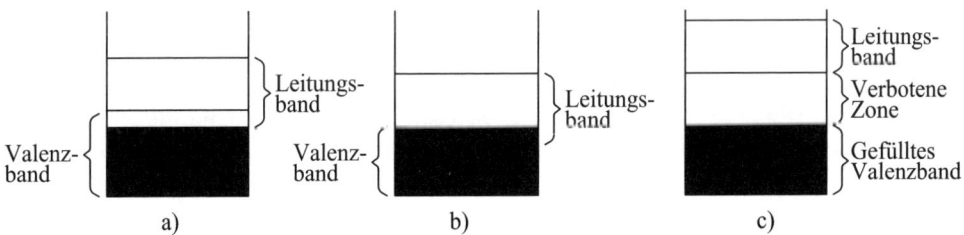

Abb. 1.93:   Energiebänderdiagramme für verschiedene Typen von Festkörpern
a) Überlappung eines teilweise besetzten Valenzbandes mit einem Leitungsband
b) Überlappung eines vollbesetzten Valenzbandes mit einem Leitungsband
c) Valenzband und Leitungsband sind durch eine verbotene Energiezone voneinander getrennt (Isolator)

1.6.1.3 Metallische Leiter, Halbleiter, Isolatoren

Ein **metallischer Leiter** ist dadurch gekennzeichnet, dass Valenz- und Leitungs-band unmittelbar aneinander grenzen oder sich teilweise überlagern. Das Valenz-bzw. Leitungsband ist nicht vollbesetzt und kann Elektronen für den Stromtrans-port zur Vergügung stellen. Legt man an einen Metallkristall ein elektrisches Feld an, so bewegen sich die Elektronen in einer Vorzugsrichtung. Verlässt ein Elek-tron seinen Platz, wird es durch ein benachbartes Elektron ersetzt.

Bei **Isolatoren** ist das Valenzband vollbesetzt und durch eine breite verbotene Energiezone vom Leitungsband getrennt. Die Breite der verbotenen Zonen ist zu groß, als dass sie von Elektronen ohne besonders starke elektronenenergetische Anregung überschritten werden könnte [vgl. **MC-Fragen Nr. 350, 351, 1602**].

Bei den sog. **Halbleitern** [B, Si, Ge, Se] ist das mit Elektronen *vollbesetzte Va-lenzband* ebenfalls vom Leitungsband durch ein verbotenes Energieband ge-trennt, das jedoch viel schmäler ist als bei Isolatoren. Bei Raumtemperatur ist die thermische Energie der Elektronen zu klein, um eine Anregung ins Leitungsband zu ermöglichen. Erhöht man jedoch die Temperatur, so werden einige Elektronen aus dem Valenzband in das Leitungsband übertreten können. Dadurch werden im Valenzband einige Stellen frei, die es den verbleibenden Elektronen erlauben, sich zu bewegen. Die elektrische Leitfähigkeit von Halbleitern wächst also mit zuneh-mender Temperatur stark an (*positiver Temperaturkoeffizient*). Die elektrische Leitung findet bei Halbleitern sowohl im Valenzband als auch im Leitungsband statt [vgl. **MC-Fragen Nr. 349–351, 362–368, 1253, 1511, 1577, 1637, 1698, 1747, 1832**]. Darüber hinaus können Halbleitereigenschaften auch dadurch erhalten werden, dass man in das Gitter eines Isolators bzw. Halbleiters andere Atome mit einem Elektronen-Überschuss bzw. -Defizit einbaut. Der erste Fall (**n-Leiter**) ist realisiert in Silicium- und Germanium-Kristallen, in die teilweise Elemente der V.Hauptgruppe [P, As, Sb, Bi] mit fünf Valenzelektronen eingebaut sind. Ein elekt-ronendefizienter **p-Leiter** liegt vor, wenn Si- oder Ge-Kristalle partiell Elemente der III.Hauptgruppe [B, Al, Ga, In] mit nur drei Valenzelektronen enthalten. Diese gezielte Verunreinigung von Silicium oder Germanium bezeichnet man auch als **Dotierung** (vgl. **MC-Fragen Nr. 350, 351**).

1.6.1.4 Metallstrukturen

Die *Anziehungskräfte zwischen den Metallatomen in einem Metallgitter wirken* ebenso *räumlich allseitig* wie die Anziehungskräfte zwischen den Ionen eines Sal-zes. Im Metall ist jedoch nur *eine Art von Gitterbausteinen* vorhanden. Die Zahl der mit einem bestimmten Atom koordinierten Teilchen wird zahlenmäßig weder durch definierte Bindungsrichtungen (wie im Atomkristall) noch durch die Elek-troneutralitätsbedingung (wie im Ionenkristall) eingeschränkt. Ein Metallatom kann sich daher mit so vielen anderen Atomen umgeben, wie aus rein geometri-schen Gründen überhaupt möglich ist.

Die meisten Metalle kristallisieren in einer der beiden höchstsymmetrischen **dichtesten Kugelpackungen** (Koordinationszahl KZ = 12) oder in einer kubisch-innenzentrierten Struktur (KZ = 8).

Wie Abb. 1.94 zeigt, entstehen solche dichtesten Kugelpackungen durch Übereinanderlegen von Ebenen, die mit Metallatomen besetzt sind. Hierbei ist jedes Atom von sechs Nachbaratomen umgeben, und zwar so, dass die Kugeln einer höheren Schicht in die Mulden zwischen den Kugeln (Atomen) der unteren Schicht zu liegen kommen.

Wie in Abb. 1.95 dargestellt ist, kommt bei der *hexagonal-dichtesten Kugelpackung* (a) jeweils die dritte Kugelschicht in identische Positionen mit der ersten zu liegen. In der *kubisch-dichtesten Kugelpackung* (b) befindet sich jeweils die vierte Schicht in der gleichen Lage wie die erste. Neben den beiden erwähnten Arten einer dichtesten Kugelpackung existieren noch andere Möglichkeiten der räumlichen Anordnung.

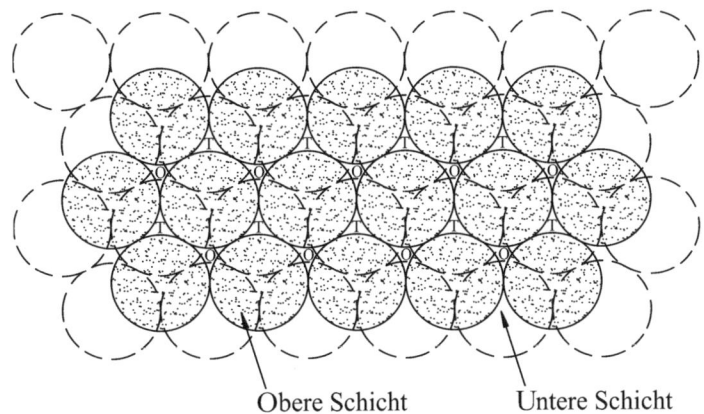

Obere Schicht   Untere Schicht

Abb. 1.94: **Bildung dichtester Kugelpackungen**

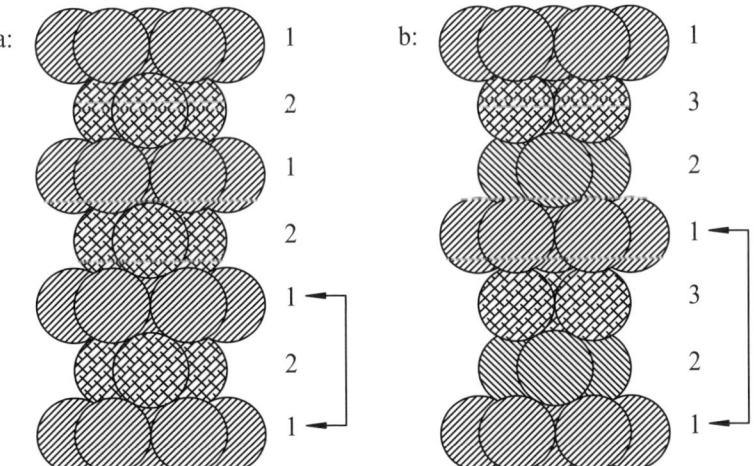

Abb. 1.95: **Hexagonal (a) und kubisch (b) dichteste Kugelpackung**

1.6.2 Eigenschaften von Metallen und Halbmetallen

Drei Viertel aller bekannten Elemente sind Metalle, einschließlich der halbleitenden Elemente der III., IV. und VI. Hauptgruppe. Metalle sind durch eine Reihe gemeinsamer physikalischer und chemischer Eigenschaften gekennzeichnet. Sie zeigen

- ein hohes Reflexionsvermögen für sichtbares Licht (**Metallglanz**),
- eine gute Löslichkeit ineinander (Bildung von **Legierungen**),
- eine gute Verformbarkeit und Dehnbarkeit (**Duktilität**),
- ein gutes thermisches Leitvermögen (**Wärmeleitfähigkeit**),
- ein hohes **elektrisches Leitvermögen**, wobei im Gegensatz zu den Elektrolyten der Stromtransport in Metallen *nicht* mit einem Materietransport und der Bildung von Zersetzungsprodukten verbunden ist. Die Leitfähigkeit von Metallen nimmt mit steigender Temperatur ab (*negativer Temperaturkoeffizient*), während die Leitfähigkeit von Elektrolytlösungen infolge der Erhöhung der Ionenbeweglichkeit mit zunehmender Temperatur stark ansteigt (vgl. auch Kap. 1.8.9 und **MC-Fragen Nr. 354, 359, 1697**).

Alle Metalle neigen durch Abgabe von Elektronen zur Bildung von **Kationen**.

1.6.2.1 Verformbarkeit der Metalle

Die Verformbarkeit der Metalle wird durch die besondere Art der metallischen Bindung stark gefördert. Bei der Verformung können, wie Abb. 1.96 veranschaulicht, aufgrund der gleichartigen Gitterbausteine dichtest gepackte Kugelschichten übereinandergleiten, ohne dass der Gitterzusammenhalt verloren geht, sodass eine plastische Verformung möglich ist [vgl. **MC-Frage Nr. 355**].

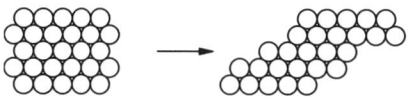

Abb. 1.96: Übereinandergleiten der Schichten beim Verformen eines Metalls

1.6.2.2 Elektrische Leitfähigkeit

Die leichte Beweglichkeit des „Elektronengases" bedingt die hohe Leitfähigkeit der Metalle. Darüber hinaus stehen in Metallen pro Raumeinheit verhältnismäßig viele freie Elektronen für den Ladungstransport zur Verfügung. Die Stromleitung in Metallen ist *nicht* mit einer *chemischen Zersetzung* des Leiters verbunden, weil hierbei das Metallionengerüst erhalten bleibt und lediglich eine Wanderung der Elektronen stattfindet (**Leiter 1. Klasse**).

Bei Metallen sinkt die elektr. Leitfähigkeit mit zunehmender *Temperatur*, da die hiermit verbundene thermische Bewegung der Metallionen im Metallkristall zu häufigeren Zusammenstößen zwischen Atomrümpfen und Elektronen führt. Dadurch wird die Beweglichkeit der Elektronen erheblich behindert. Im Gegensatz dazu wächst die Leitfähigkeit von Halbleitern bei Temperaturerhöhung, weil dabei in den gebräuchlichen Halbleitermaterialien die Konzentration an beweglichen Ladungsträgern stark zunimmt. Bei sehr tiefen Temperaturen werden Halbleiter zu Isolatoren [vgl. **MC-Fragen Nr. 349–361, 1638**].

Typische Werte für elektrische Leitfähigkeiten sind:

Metalle	: 10^{-6} - 10^{8}	$S \cdot m^{-1}$
Halbmetalle	: 10^{-3} - 10^{3}	$S \cdot m^{-1}$
Isolatoren	: 10^{-10} - 10^{-8}	$S \cdot m^{-1}$

1.6.2.3 Wärmeleitfähigkeit

Metalle gehören zu den besten Wärmeleitern und im allgemeinen korreliert die Wärmeleitfähigkeit eines Metalls mit seiner elektrischen Leitfähigkeit. Die frei beweglichen Elektronen absorbieren Wärme in Form von kinetischer Energie und leiten diese schnell in alle Bereiche des Metallkristalls weiter.

1.6.2.4 Metallglanz

Der metallische Glanz kommt dadurch zustande, dass die Elektronen in einem Energieband praktisch jede Wellenlänge des sichtbaren Spektralbereichs absorbieren und wieder abgeben können. Metalle besitzen einen hohen Absorptionskoeffizienten. Bis auf wenige Ausnahmen erscheinen uns feinverteilte Metalle schwarz [vgl. **MC-Fragen Nr. 344, 356**].

1.6.2.5 Legierungen

Für die Kristallstruktur eines Metalls ist in erster Linie die *Größe der Atome* maßgebend, da ein Metallgitter nur gleichartige Gitterbausteine enthält und die Bindungkräfte räumlich nicht gerichtet sind. **Mischkristallbildung** ist daher bei Metallen besonders häufig, wobei *kein* charakteristisches Atomverhältnis auftritt.

> Legierungen entstehen, wenn innerhalb eines Metallgitters eine Metallart partiell durch eine andere ersetzt wird. Beide Metallarten sind statistisch auf die festen Gitterpunkte verteilt. Ein festes Zahlenverhältnis liegt nicht vor.

Außer dem *Radienverhältnis* ist auch die Anzahl der von jedem Atom zum gesamten delokalisierten Elektronensystem beigesteuerten *Elektronen* für die Bildung von Mischkristallen von ausschlaggebender Bedeutung, weil die Stabilität eines Metallkristalls auch von der *Elektronenkonzentration*, d. h. vom Verhältnis der Zahl der Bindungselektronen zur Anzahl der Atome abhängt.

Neben der rein statistischen Mischkristallbildung existieren noch weitere Kristallstrukturen, sog. **intermetallische Phasen** oder **Hume-Rothery-Phasen**, die unabhängig von der Kristallstruktur der reinen Komponenten sind. Hierzu zählen

u. a. **Messing-Legierungen**. Legierungen können somit als *feste Lösungen*, d. h. homogene Mischkristalle mit statistisch oder geregelt verteilten Atomen oder als intermetallische Phasen angesehen werden.

Die physikalischen Eigenschaften von Legierungen unterscheiden sich oft ziemlich stark von denen ihrer reinen Komponenten. Die *elektrische Leitfähigkeit* ist im allgemeinen schlechter als die reiner Metalle. Umgekehrt ist die *Härte* von Legierungen meistens höher als die reiner Metalle. Einige Legierungen [**Rosesches Metall**: Fp = 94 °C, **Woodsches Metall**: Fp = 70 °C] zeichnen sich durch relativ niedrige Schmelzpunkte aus.

An wichtigen Legierungen sind zu nennen:

Amalgame: Viele Metalle lösen sich in Quecksilber unter Bildung von Legierungen. Amalgame sind bei kleineren Metallgehalten flüssig, bei größeren fest.

Messing: Als Messing bezeichnet man **Kupfer-Zink-Legierungen**. Je nach dem Zn-Anteil unterscheidet man zwischen Rot-, Gelb- und Weißmessing.

Bronzen sind **Kupfer-Zinn-Legierungen**, während Cu-Al-Legierungen als Aluminiumbronzen bezeichnet werden.

Tab. 1.50 gibt Auskunft über die Zusammensetzung einiger technisch wichtiger Legierungen [vgl. **MC-Fragen Nr. 369, 370**].

Tab. 1.50:   **Zusammensetzung ausgewählter Legierungen**

Zusammensetzung	Bezeichnung
Bi - Pb - Sn	Rosesches Metall
Bi - Pb - Sn - Cd	Woodsches Metall
Cu - Sn	Bronzen
Cu - Al	Aluminiumbronzen
Cu - Al - Hg	Duralumin
Cu - Ni	Konstantan, Monelmetall
Cu - Ni - Zn	Neusilber (Alpaka)
Cu - Zn	Messing
Pb - Sb	Weichlot, Schnellot
Pb - Sn - Sb	Letternmetall
Fe - Cr - Ni	V_2A-Stahl (Nirosta)
Ag - Hg	Silberamalgam

1.7 Zwischenmolekulare Bindungskräfte

Wie der Titel des Kapitels besagt, handelt es sich hierbei um *Kräfte*, die *zwischen Molekülen* wirken. Viele *physikalische Eigenschaften* wie Siedepunkt, Schmelzpunkt, Mischbarkeit, Oberflächenspannung usw. hängen von diesen Kräften ab.

Voraussetzung für das Zustandekommen zwischenmolekularer Bindungskräfte ist stets eine *asymmetrische Ladungsverteilung* innerhalb eines Moleküls (vgl. auch Kap. 1.4.5). Im allgemeinen unterteilt man solche Kräfte in:

- Ion-Dipol-Wechselwirkungen,
- Dipol-Dipol-Wechselwirkungen,
- Dipol-induzierte Dipol-Wechselwirkungen,
- Dispersionskräfte (van der Waals-Kräfte) und in
- Wasserstoffbrückenbindungen, die eine spezielle Form der Dipolkräfte darstellen.

1.7.1 Dipol-Dipol-Wechselwirkungen, Van der Waals-Kräfte

1.7.1.1 Dipol-Dipol-Kräfte

Moleküle, die auch ohne äußere Feldeinwirkung Dipolcharakter besitzen und somit fortwährend eine unsymmetrische Ladungsverteilung aufweisen, bezeichnet man als **permanente Dipole**.

In der gleichen Weise wie sich Ionen entgegengesetzter Ladung elektrostatisch anziehen, können sich auch Dipole untereinander oder Ionen und Dipolmoleküle anziehen und auf diese Weise höhere Molekülaggregate bilden. Die Kraft (K), mit der dies geschieht, lässt sich für die verschiedenen Fälle durch folgende, stark vereinfachte Gleichungen wiedergeben:

$$
\text{(e, }\mu\text{)} \qquad\qquad \text{(e, }\mu\text{)}
$$

$$
① \xleftarrow{\quad r \quad} ②
$$

$K_{\text{Ion-Ion}} = \dfrac{e_1 \cdot e_2}{r^2}$	$K_{\text{Ion-Dipol}} = \dfrac{e_1 \cdot \mu_2}{r^3}$	$K_{\text{Dipol-Dipol}} = \dfrac{\mu_1 \cdot \mu_2}{r^4}$

(e = Ionenladung, μ = Dipolmoment, r = Abstand)

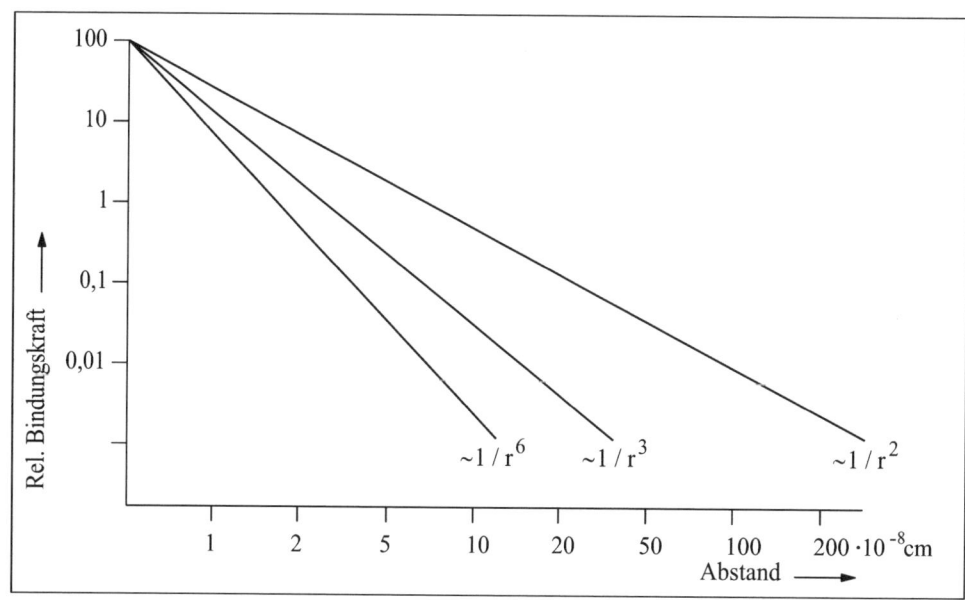

Abb. 1.97: **Abhängigkeit elektrostatischer Bindungskräfte vom Abstand der Ladungen**

Danach hängen die Dipolkräfte von der Größe des Dipols (μ) und dem Abstand (r) der Ladungsschwerpunkte ab. Die resultierenden Bindungsenergien betragen etwa 4–25 kJ mol^{-1}. Einen Eindruck über die Abhängigkeit der Bindungskräfte vom Abstand der Bindungspartner vermittelt Abb. 1.97. Man erkennt, dass die Dipolkräfte aufgrund der höheren Potenz von r sehr viel rascher mit wachsendem Abstand der Ladungen abklingen als Ionenkräfte. Darüber hinaus sind aufgrund des größenordnungsmäßigen Unterschieds von e und μ die Dipol-Dipol-Bindungen generell sehr viel schwächer als reine Ionenbindungen.

Eine Temperaturerhöhung führt zu einer verstärkten Molekülbewegung und damit zu größeren Abweichungen von einer optimalen räumlichen Orientierung der Moleküle, sodass Dipolkräfte mit steigender Temperatur rasch abnehmen.

Dipol-Dipol-Kräfte wirken in Flüssigkeiten und Feststoffen. Ihre Wirkung zeigt sich u. a. in der Erhöhung von Schmelz- und Siedepunkten. Ebenso spielen sie eine wichtige Rolle beim Lösen von Flüssigkeiten ineinander, wie z. B. bei der unbegrenzten Löslichkeit von Ethanol in Wasser (vgl. auch Kap. 1.7.3).

1.7.1.2 Van der Waals-Kräfte (Dispersionskräfte, London-Kräfte)

Auch zwischen einzelnen Molekülen einer unpolaren Substanz (ohne Dipolcharakter) oder Edelgasatomen wirken schwache Anziehungskräfte. Man bezeichnet sie als **van der Waals-** bzw. **London-Kräfte** oder als **Dispersionskräfte**. Solche Kräfte treten grundsätzlich *immer* auf, selbst zwischen polaren Molekülen. Bei un-

Tab. 1.51: **Siedepunkte von Halogenen, Edelgasen und Alkanen [in °C]**

Fluor	- 187	Helium	- 269	Methan	- 164
Chlor	- 34,6	Neon	- 246	Ethan	- 89
Brom	+ 59	Argon	- 186	Propan	- 42
Iod	+ 183	Krypton	- 152	Butan	- 0,5
		Xenon	- 108	Pentan	+ 36

polaren Molekülen sind sie die einzigen vorhandenen intermolekularen Bindungskräfte.

Dispersionskräfte sind dafür verantwortlich, dass inerte *Gase* (Edelgase, Halogene, niedere Alkane, O_2, N_2) *verflüssigt* werden können. Folge der van der Waals-Kräfte ist ferner die Zunahme der Schmelz- und Siedepunkte der gesättigten Kohlenwasserstoffe mit steigender Molekülmasse. Auch der bei Raumtemperatur feste Aggregatzustand des **Iods** ist hauptsächlich auf hohe Dispersionskräfte zurückzuführen. In Tab. 1.51 sind die Siedepunkte einiger flüchtiger Stoffe aufgelistet [vgl. **MC-Fragen Nr. 371, 373, 374, 379, 380, 1881**].

Auch van der Waals-Kräfte beruhen auf der Anziehung zwischen entgegengesetzten *elektrischen Ladungen*. Zum Beispiel bewegen sich die Elektronen eines Edelgasatoms innerhalb bestimmter Räume um den Atomkern. Dabei kann nun während einer ganz kurzen Zeit die Ladungsverteilung unsymmetrisch werden. Wie in Abb. 1.98 dargestellt ist, weist dann eine Seite des Atoms eine negative, die andere eine positive Partialladung auf. In diesem Moment ist das Atom ein **Dipol** mit je einem positiven und negativen Pol. Die Größe der positiven Partialladung entspricht der der negativen.

Obwohl ein so entstandener Dipol nur während sehr kurzer Zeit existiert, beeinflusst er die in seiner nächsten Umgebung befindlichen Atome. In den Nachbaratomen werden genauso ausgerichtete Dipole induziert, sodass sich die polarisierende Wirkung fortpflanzt. Da der Dipolcharakter des Atoms (oder Moleküls) aber im nächsten Augenblick wieder verschwindet, weil die Elektronen ständig in Bewegung sind und somit die Ladungsverteilung in Atomen oder Molekülen fluktuiert, ergeben sich – im zeitlichen Mittel – nur schwache Kräfte mit Bindungsenergien von etwa 0,08 bis 42 kJ mol^{-1}.

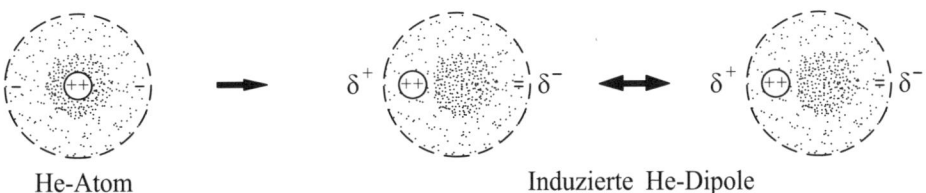

He-Atom   Induzierte He-Dipole

Abb. 1.98: **Van der Waals-Kräfte zwischen Helium-Atomen**

Die zwischen induzierten Dipolen auftretenden Anziehungkräfte (K) können beschrieben werden durch:

$$K = \frac{\mu^+ \cdot \mu^-}{r^6}$$

μ^+ = induziertes (positives) Dipolmoment
μ^- = induziertes (negatives) Dipolmoment
r = Abstand der Pole

Die Abhängigkeit der van der Waals-Kräfte vom gegenseitigen *Abstand* der sich anziehenden Teilchen wurde proportional zu $1/r^6$ gefunden. Demzufolge ist ihre Reichweite äußerst gering.

Darüber hinaus hängen die Dispersionskräfte von der *Größe des Moleküls*, insbesondere seiner *Oberfläche* und seiner *Molekülmasse* ab. Die van der Waals-Kräfte sind umso stärker, je größer die Oberfläche der Partikel ist (die Möglichkeit einer Polarisierung wird dadurch erhöht) und je leichter die Ladungsverteilung in einem Molekül durch ein Nachbarteilchen polarisiert werden kann. Beide Faktoren zusammen erklären die Zunahme der Dispersionskräfte mit steigender Atom- bzw. Molekülmasse [vgl. **MC-Fragen Nr. 371, 372**]. So sind z. B. die van der Waals-Kräfte zwischen Xenonatomen größer als zwischen Neonatomen, weil bei Atomen mit zunehmendem Atomradius leichter ein Dipolmoment induziert werden kann. Desgleichen besitzt Helium einen tieferen Siedepunkt als Argon, weil bei Ar-Atomen leichter ein induziertes Dipolmoment auftreten kann als bei He-Atomen. Auch der Anstieg der Schmelz- und Siedepunkte der Halogene mit steigender Ordnungszahl ist darauf zurückzuführen, dass mit steigender Ordnungszahl die Polarisierbarkeit der Halogenmoleküle und damit die van der Waals-Kräfte zunehmen (vgl. **MC-Fragen Nr. 375–377, 379, 1711, 1774, 1881**).

Die Dispersionskräfte oder van der Waals-Kräfte beruhen auf induzierten Dipolen. Sie nehmen zwischen zwei gleichen Molekülen mit steigender Polarisierbarkeit bzw. größerer Masse dieser Moleküle zu. Bei Atomen wachsen die van der Waals-Kräfte mit zunehmendem Atomradius.

1.7.2 Ionen-Dipol-Kräfte, ioneninduzierte Dipolkräfte

Ionen-Dipol-Kräfte sind relativ starke Anziehungskräfte. Die Bindungsenergien liegen in der Größenordnung von 40 – 680 kJ mol^{-1}. Ionen-Dipol-Kräfte wirken vor allem beim Lösen von Salzen in polaren Lösungsmitteln. Sie spielen also eine bedeutende Rolle als **Solvatationskräfte** bzw. **Hydratationskräfte** (vgl. Kap. 1.3 und Kap. 1.8).

1.7.2.1 Dipol-induzierte Dipol-Wechselwirkungen

Solche Anziehungskräfte entstehen, wenn Molekülen ohne Dipolmoment [H_2, Cl_2, O_2, CH_4] durch Annäherung eines Dipols [H_2O, NH_3] eine Ladungsasymmetrie aufgezwungen und somit ein Dipolmoment induziert wird. Die Größe des induzierten Dipols hängt von der Stärke der Anziehung durch das polare Teilchen und der Polarisierbarkeit des unpolaren Moleküls ab.

Die resultierenden Bindungsenergien betragen etwa 0,8 bis 8,5 kJ mol^{-1}. Diese Kräfte spielen eine Rolle beim Lösen von unpolaren Gasen in polaren Lösungsmitteln. Auch die im Vergleich zu **n-Hexan** größere Löslichkeit von **Benzen** in Wasser ist darauf zurückzuführen, dass Wasser als Dipol die delokalisierten π-Elektronen des Benzens leichter polarisieren kann als die σ-Bindungen des n-Hexans (vgl. **MC-Frage Nr. 378**).

1.7.3 Wasserstoffbrückenbindungen

Dipolkräfte zwischen gleichen oder unterschiedlichen Molekülen sind dann besonders stark ausgeprägt, wenn in Verbindungen ein Wasserstoffatom an ein kleines, stark elektronegatives Atom [**Fluor, Sauerstoff, Stickstoff**] gebunden ist. Das positiv polarisierte H-Atom wirkt dann auf andere, negativ polarisierte Atome oder Molekülteile anziehend und führt, wie das Beispiel des **Fluorwasserstoffs** zeigt, zur Bildung von größeren Molekülverbänden (**Assoziation**). Die Stärke der resultierenden Bindung geht parallel mit der Elektronegativität des Atoms, mit dem das Wasserstoffatom verknüpft ist [vgl. **MC-Fragen Nr. 381, 382, 387, 1295, 1912**].

$$n \ HF \ \underset{\text{Dissoziation}}{\overset{\text{Assoziation}}{\rightleftharpoons}} \ (HF)_n \quad [n = 2 - 8 \text{ und höher}]$$

Man bezeichnet diesen Bindungstyp als **Wasserstoffbrücke** oder als **Wasserstoffbindung** und unterscheidet zwischen:

- **intermolekularen Wasserstoffbrückenbindungen** und
- **intramolekularen Wasserstoffbrückenbindungen**.

Im Falle des **Wassermoleküls** kommt die Wasserstoffbindung (gestrichelte Linie) dadurch zustande, dass bei der Assoziatbildung die HO-Gruppe des Wassers als Protonendonator und das Sauerstoffatom als Akzeptor fungieren [vgl. **MC-Fragen Nr. 386, 1295**].

Bei der Wasserstoffbrückenbindung handelt es sich nicht um eine besondere Bindungsart, sondern lediglich um eine stark ausgeprägte Form der Dipol-Dipol-Wechselwirkungen. In der H-Brückenbindung [X-H $\cdots$ Y-E] kann X,Y Stickstoff, Sauerstoff oder Fluor sein. E steht für Wasserstoff bzw. ein anderes Element geringer Elektronegativität. Ferner muss Y über mindestens ein freies Elektronenpaar verfügen. Die X-H $\cdots$ Y-Anordnung ist bevorzugt linear [vgl. **MC-Frage Nr. 385**].

Wasserstoffbrückenbindungen, zwar stärker als die schwachen van der Waals-Kräfte, sind nur als mäßig schwache Bindungen anzusehen. Ihre Bindungsenergien liegen zwischen 8 und 42 kJ mol^{-1}, d. h., sie besitzen nur etwa 5–10% der Bindungsstärke einer kovalenten Einfachbindung.

In Abb. 1.99 sind die Schmelz- und Siedepunkte der Elementwasserstoffverbindungen der IV. bis VII.Hauptgruppe graphisch dargestellt.

Starke Wasserstoffbrückenbindungen sind die Ursache für die relativ hohen Schmelz- und Siedepunkte der jeweils ersten Glieder der Wasserstoffverbindungen der V. bis VII.Hauptgruppe. Zum Beispiel sind die Siedepunkte von **Fluorwasserstoff** (HF) und **Wasser** (H_2O) als assoziierte Flüssigkeiten beträchtlich höher als die der nächsthöheren Homologen Chlorwasserstoff (HCl) und Schwefelwasser-

Stoff	Aggregatzustand bei Raumtemperatur	Stoff	Aggregatzustand bei Raumtemperatur
H_2O H_2S	Flüssigkeit Gas	HF HCl	Flüssigkeit Gas

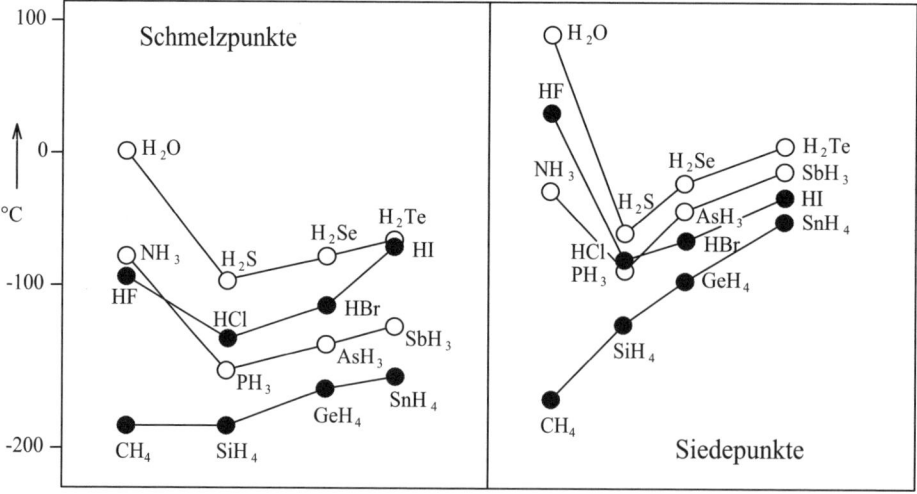

Abb. 1.99: **Schmelz- und Siedepunkte der Wasserstoffverbindungen der Elemente der IV. bis VII. Hauptgruppe**

stoff (H$_2$S), die bei Raumtemperatur gasförmig vorliegen. H-Brückenbindungen beeinflussen auch die Viskosität der betreffenden Flüssigkeit [vgl. **MC-Fragen Nr. 383, 384, 1295**]. Chlorverbindungen ergeben im Allgemeinen nur schwache Wasserstoffbrückenbindungen. Zwar hat das Chloratom etwa die gleiche Elektronegativität wie ein Stickstoffatom, jedoch ist es größer und seine freien Elektronenpaare sind diffuser (weniger kompakt) als das freie Elektronenpaar des N-Atoms. Aufgrund des Fehlens von H-Brückenbindungen zeigen die unpolaren Elementwasserstoffverbindungen der IV.Hauptgruppe den erwarteten Anstieg der Schmelz- und Siedepunkte mit zunehmender Molekülmasse. Im Gegensatz zu HF, H$_2$O, CH$_3$COOH, H$_2$SO$_4$ oder NH$_3$ ist **Methan** (CH$_4$) eine nichtassoziierte Verbindung [vgl. **MC-Fragen Nr. 1865, 1898**].

Nichtassoziiert	Assoziiert
HCl, HBr, HI H$_2$S, H$_2$Se, H$_2$Te PH$_3$, AsH$_3$, SbH$_3$ Ether, CH$_4$ u.a.	HF, CH$_3$COOH H$_2$O, H$_2$SO$_4$ NH$_3$ Alkohole

Wasserstoffbrückenbindungen bedingen in Flüssigkeiten (z. B. Wasser) und Feststoffen (z. B. Eis, Cellulose) eine gewisse Fernordnung (Struktur). Dieser Bindungstyp ist auch verantwortlich für die **Dichteanomalie des Wassers**, d. h. der geringeren Dichte von Eis im Vergleich zu Wasser. Wie Abb. 1.100 zeigt, werden im **Eis** die Wassermoleküle durch H-Brücken zusammengehalten, wobei jedes Sauerstoffatom tetraedrisch von vier H-Atomen umgeben ist. Diese Anordnung führt im Eiskristall zu einer lockeren Struktur mit relativ großen Hohlräumen. Deshalb

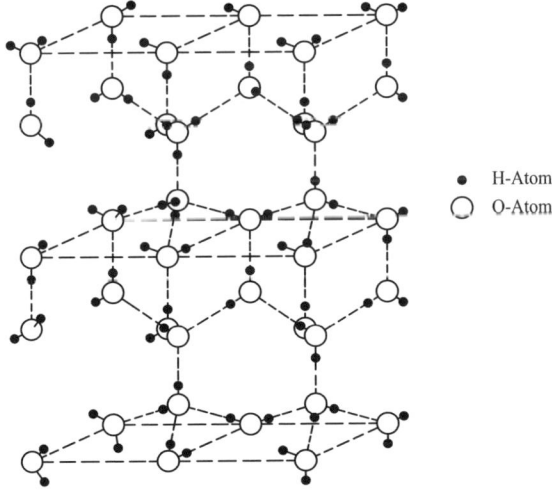

● H-Atom
○ O-Atom

Abb. 1.100: Raumstruktur eines Eiskristalls

hat Eis auch eine niedrigere Dichte als Wasser. Beim Schmelzen des Eises fallen diese Hohlräume zusammen [vgl. **MC-Fragen Nr. 384, 471, 951, 952, 1846**].

Von zentraler Bedeutung sind Wasserstoffbrückenbindungen für die Eigenschaften und die Molekülgestalt vieler, biochemisch wichtiger Moleküle (Proteine, Nucleinsäuren). Auch in der organischen Chemie begegnet man diesem Bindungstyp relativ häufig, vor allem in Verbindungen mit einer HO- oder NH-Gruppierung. Die bekanntesten Auswirkungen sind hier die hohen Siedepunkte der **Carbonsäuren**, **Alkohole** und zahlreicher **Amine**. Zum Beispiel besitzen **Dimethylether** [CH_3OCH_3] und **Ethanol** [CH_3CH_2OH] die gleiche Molmasse, der Alkohol siedet aber um mehr als 100 °C höher als der Ether. Ebenso haben **Essigsäure** [CH_3COOH] (Kp: 118 °C) und **Methylformiat** [$HCOOCH_3$] (Kp: 31 °C) gleiche Molmassen, unterscheiden sich aber stark in ihrer Flüchtigkeit. H-Brückenbindungen bedingen auch die gute Mischbarkeit der niederen Alkohole und Carbonsäuren mit Wasser, sofern lipophile Reste dies nicht kompensieren (vgl. auch Ehlers, **Chemie II**, Kap. 3.9.2 und 3.13.2).

1.7.3.1 Intramolekulare Wasserstoffbrückenbindung

Interessante physikalische Effekte [unterschiedliche Dissoziationskonstanten, Flüchtigkeiten, Löslichkeiten] treten bei **intramolekularen H-Brücken** auf.

So sind beispielsweise **Salicylsäure** und **o-Nitrophenol** viel leichter *wasserdampfflüchtig* als 4-Hydroxybenzoesäure bzw. p-Nitrophenol, weil sie zur Ausbildung einer intramolekularen Wasserstoffbrückenbindung befähigt sind. (vgl. auch Ehlers, **Chemie II-Kurzlehrbuch**, Kap. 3.6.4 und 3.19.1 sowie **MC-Fragen Nr. 388, 389, 1472**).

Salicylaldehyd

(keine intramolekulare H-Brückenbindung)

Salicylsäure

Anthranilsäure

o-Nitrophenol

Acetylaceton
(Enolform)

Acetessigsäureethylester
(Enolform)

In der Mehrzahl der Fälle, in denen im chemischen oder physikalischen Verhalten einer Substanz eine intramolekulare Wasserstoffbrücke eine Rolle spielt, ist das Wasserstoffatom in einen *ebenen sechsgliedrigen Ring* eingebaut, und jedes der übrigen fünf Ringglieder besitzt ein π Elektron. Die voranstehend aufgeführten Beispiele sollen dies belegen.

Zum Beispiel fehlt im alicyclischen Analogen des **Salicylaldehyds** die intramolekulare H-Brückenbindung, weil in dieser Verbindung das System H-O-C-C-C=O *nicht* in eine *ebene Konfiguration* hineingedreht werden kann.

1.8 Zustandsformen der Materie, Lösungen und heterogene Systeme

1.8.1 Grundbegriffe der Wärmelehre

1.8.1.1 Temperatur

Die **Temperatur** ist eine **Zustandsgröße** und charakterisiert den Aggregatzustand der Materie. Sie ist ein Maß dafür, in welcher Richtung Wärme abfließen kann. Die Temperatur eines Körpers wird durch Aufnahme oder Abgabe von Wärme verändert. Temperaturen können mit Hilfe von Widerstandsmessungen ermittelt werden [vgl. **MC-Fragen Nr. 392–394**].

Als Einheit der Temperaturmessung verwendet man **Grad Celsius** (°C) oder das **Kelvin** (K). Die Fixpunkte der **Celsius-Skala** sind der Schmelzpunkt des Eises **(0 °C)** sowie der Siedepunkt des Wassers **(100°C)** bei **1013 mbar.** Demgegenüber ist die **Kelvin-Skala** eine absolute Skala. 0 K entsprechen dem **absoluten Nullpunkt (–273,15 °C)**. Die Einheiten in beiden Skalen sind gleich groß, sodass Temperaturdifferenzen in °C oder in K identisch sind. Die Umrechnung von Temperaturangaben in °C in K erfolgt durch Addition des Wertes 273,15 [vgl. **MC-Fragen Nr. 390–392, 395, 396, 474**].

$$T~[K] = t~[°C] + 273,15 \qquad \begin{aligned} T &= \text{absolute Temperatur} \\ t &= \text{Temperatur in °C} \end{aligned}$$

1.8.1.2 Energie, Wärme

Energie kann in unterschiedlichen Erscheinungsformen auftreten und von einer Form in eine andere umgewandelt werden. Die Energie ist definitionsgemäß festgelegt $[J = N \cdot m = kg \cdot m^2 \cdot s^{-2}]$. In unserer mechanischen Vorstellungswelt entspricht dies einer [vgl. **MC-Frage Nr. 397**]:

- **Arbeit**, also der auf einer Strecke wirkenden Kraft (Kraft · Weg). Umgekehrt kann Energie als die Fähigkeit betrachtet werden, Arbeit zu leisten. Das Produkt aus [Leistung · Zeit] ist ebenfalls ein Ausdruck für die Energie. Die *Volumenarbeit* ist definiert als Produkt von [Druck · Volumen].
- **Wärme**, die physisch empfunden wird. Wärme ist eine Energieform, die einem Körper z. B. durch elektromagnetische Strahlung zugeführt werden kann. Wärme fließt spontan nur von einem Körper höherer Temperatur zu einem Körper tieferer Temperatur. Ein Wärmefluss setzt also eine *Temperaturdifferenz* zweier Körper voraus, die sich miteinander in Kontakt befinden. Die Zu-

fuhr oder Abgabe von Wärme hat entweder eine Temperaturänderung zur Folge oder äußert sich in physikalischen Veränderungen (Modifikations-, Aggregatzustandsänderungen) bzw. führt zu chemischen Stoffumwandlungen [vgl. **MC-Fragen Nr. 398, 399**].

- **chemischen Energie.** Sie ist gleichsam die Energie der Massenanhäufung in der Materie und der Materiebindung (Massendefekt, Bindungsenergie).
- **elektrischen Energie.** Sie wird durch das Produkt [Spannung · Strommenge (Ladung)] ausgedrückt.
- **magnetischen Energie.**

- **elektromagnetischen Strahlungsenergie** (Lichtenergie). Sie ist gegeben durch das Produkt aus der Frequenz des Lichts und dem Planckschen Wirkungsquantum [$E = h \cdot v$].
- **mechanischen Energie.** Hier unterscheidet man zwischen *kinetischer* und *potentieller Energie*. Im ersten Fall handelt es sich um die mechanisch wirkende Energie (Energie der Bewegung), im zweiten um die latent vorhandene, einer Auslösung harrende Energie (Energie der Ruhe).

Die in der **Thermodynamik** maßgeblichen Energiegrößen sind die:

- **innere Energie** (Energieinhalt eines Stoffes),
- **Enthalpie** (Wärmeinhalt eines Stoffes),
- **Entropie**,
- **freie Energie** und **freie Enthalpie**.

Es handelt sich hierbei um **Zustandsgrößen**, die im nachfolgenden Kap. 1.9 noch explicit vorgestellt werden.

1.8.1.3 Spezifische Wärme

Die **spezifische Wärme** einer Substanz ist definiert als die *Wärmemenge*, die benötigt wird, um 1 g Substanz um 1 °C zu erwärmen. Früher verwendete man als Maßeinheit für die Wärmemenge die *Kalorie* (Abk.: **cal**). Sie war definiert als Wärmemenge, die erforderlich ist, um 1 g Wasser von 14,5 °C auf 15,5 °C zu erwärmen. Heute erfolgen Wärmemengenangaben in *Joule* (**J**). Für die Umrechung gilt [vgl. **MC-Frage Nr. 398**]:

$$1 \text{ cal} = 4{,}184 \text{ J}$$

1.8.2 Aggregatzustände der Materie

Der **Aggregatzustand** charakterisiert die äußere Form eines Stoffes. Nach dem Grad der Ordnung, in dem Atome, Moleküle oder Ionenverbindungen auftreten können, unterscheidet man drei Zustandsformen der Materie:

* **der feste Zustand**,
* **der flüssige Zustand**,
* **der gasförmige Zustand**.

Die strukturelle Ordnung nimmt in der genannten Reihenfolge ab, d. h., die thermische Bewegung der Bausteine nimmt in dieser Richtung zu.

Im **gasförmigen Zustand** haben die einzelnen Teilchen verhältnismäßig große Abstände voneinander. Gase füllen jedes ihnen dargebotene Volumen aus, in welchem sie sich regellos und relativ schnell bewegen. Gase sind komprimierbar und zwei (oder mehrere) Gase sind vollkommen homogen miteinander mischbar.

Von den 109 chemischen Elementen sind unter Normalbedingungen (20 °C, 1013 mbar) nur die Nichtmetalle H_2, N_2, O_2, F_2, Cl_2 sowie die Edelgase gasförmig. Gewisse kovalent gebaute Moleküle kleiner Molmasse (CH_4, CO, CO_2, NH_3, N_2O, NO, NO_2, H_2S, HCl u. a.) liegen bei Raumtemperatur ebenfalls im gasförmigen Zustand vor.

Der **flüssige Zustand** bildet den Übergang zwischen dem gasförmigen und festen Aggregatzustand. In einer Flüssigkeit bewegen sich die einzelnen Moleküle langsamer als im gasförmigen Zustand und die einzelnen Flüssigkeitspartikel befinden sich ständig in engerem Kontakt (**Kohäsion**), der durch intermolekulare Anziehungskräfte (**Kohäsionskräfte**) aufrechterhalten wird. Diese Kräfte führen zu einer gewissen Ordnung. Die Flüssigkeitsteilchen haben im Vergleich zum gasförmigen Zustand einen geringeren mittleren Abstand voneinander; die Moleküle besitzen aber immer noch eine gewisse Beweglichkeit und gestatten keine Fixierung auf bestimmte Plätze im Raum. Flüssigkeiten können daher jede beliebige Gestalt annehmen, haben jedoch ein festes Volumen [vgl. **MC-Frage Nr. 404**].

Festkörper haben eine definierte Gestalt, d. h., die Teilchen nehmen ganz bestimmte Plätze ein, die sie beibehalten, solange sie nicht durch eine äußere Krafteinwirkung zur Gestaltsänderung gezwungen werden. In ihrer Anordnung können Feststoffpartikel lediglich noch Schwingungen um ihre Ruhelage ausführen. Feste Stoffe sind entweder *amorph* oder *kristallin*. Einige kristalline Feststoffe können in unterschiedlichen **Modifikationen** auftreten.

Neben dem Begriff Aggregatzustand ist auch der Begriff **Phase** gebräuchlich (siehe Kap. 1.8.6.1), wobei das Wort Phase stärker differenziert. So tritt z. B. der feste Aggregatzustand des **Kohlenstoffs** in zwei verschiedenen Phasen auf, der Modifikation des **Graphits** und der des **Diamants**.

1.8.2.1 Phasenübergänge und Umwandlungswärmen

Stoffe können – je nach den äußeren Bedingungen – meistens in allen drei Aggregatzuständen existieren. Beim Übergang von einer Phase in eine andere wird eine bestimmte Wärmemenge, die sog. **Phasenübergangswärme** aufgenommen oder abgegeben. Tab. 1.52 gibt Auskunft über die wichtigsten Phasenumwandlungen und die dabei auftretenden Übergangswärmen.

Abb. 1.101 gibt den qualitativen Zusammenhang zwischen der jeweiligen Temperatur einer Phase und der aufgenommenen oder abgegebenen Wärmemenge wieder. Man erkennt, dass für die Änderung des Aggregatzustandes eines Stoffes *stets* Energie benötigt oder frei wird und dass während des Phasenübergangs, wenn zwei Phasen [fest $\longleftrightarrow$ flüssig bzw. flüssig $\longleftrightarrow$ gasförmig] nebeneinander vorliegen, die *Temperatur konstant* bleibt. Dieser Sachverhalt ist nochmals in Abb. 1.102 für die Phasenübergänge [Eis $\longleftrightarrow$ Wasser $\longleftrightarrow$ Wasserdampf] graphisch dargestellt [vgl. **MC-Fragen Nr. 402, 403**].

Tab. 1.52: Phasenübergänge und Umwandlungswärmen (Umwandlungsenthalpien)

Phasenübergang	Bezeichnung	Übergangswärme
Fest-flüssig	Schmelzen	Schmelzwärme
Flüssig-gasförmig	Verdampfen	Verdampfungswärme
Fest-gasförmig	Sublimieren	Sublimationswärme
Flüssig-fest	Erstarren	Erstarrungswärme
Gasförmig-flüssig	Kondensieren	Kondensationswärme
Gasförmig-fest	Verfestigen	Verfestigungswärme

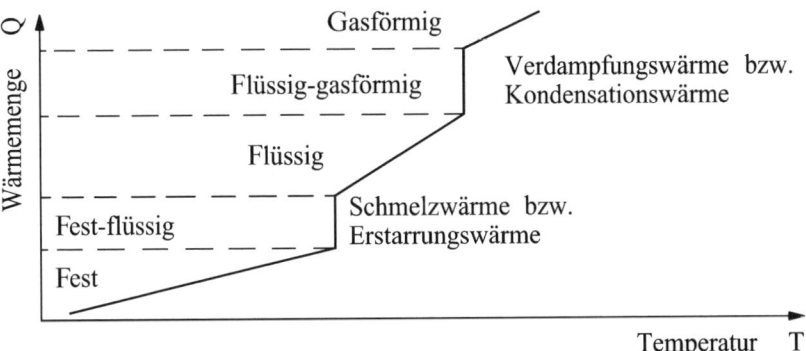

Abb. 1.101: Zusammenhang zwischen Wärmemenge und Temperatur bei Phasenumwandlungen

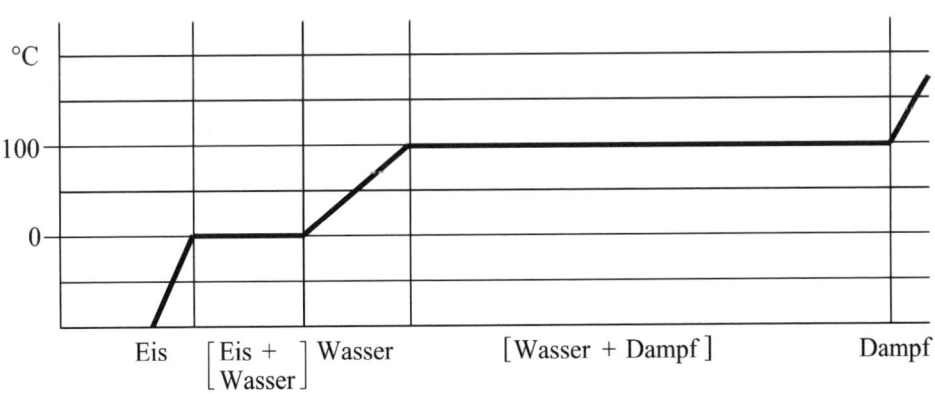

Abb. 1.102: Zusammenhang zwischen der Temperatur und dem Aggregatzustand des Wassers

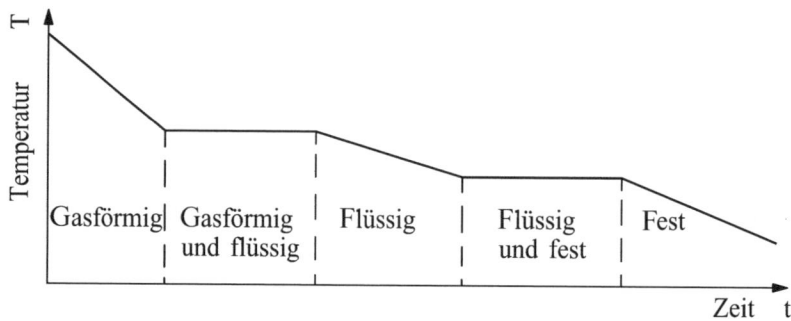

Abb. 1.103: **Zeitlicher Verlauf der Temperatur bei Änderung des Aggregatzustandes**

Abb. 1.103 vermittelt schließlich einen Eindruck über den zeitlichen Verlauf der Temperatur bei Phasenumwandlungen.

Schließlich ist darauf hinzuweisen, dass Änderungen des Aggregatzustandes außer durch Temperaturänderungen auch durch *Druckänderungen* herbeigeführt werden können. So kann z. B. Eis ohne Zufuhr von Wärmeenergie unter erhöhtem Druck schmelzen [siehe auch Kap. 1.8.6.4 und **MC-Fragen Nr. 402, 403, 406–410**].

1.8.2.2 Atomistisches Bild der Materie

Das Auftreten von **Umwandlungswärmen** bei einer Änderung des Aggregatzustandes rührt daher, dass sich hierbei der Energieinhalt des Systems verändert.

Wie bereits ausgeführt, üben Moleküle Anziehungskräfte, sog. **Kohäsionskräfte**, aufeinander aus, deren Stärke vom gegenseitigen Abstand der Moleküle abhängt. Diese Kräfte sind umso wirksamer, je mehr sich die Moleküle einander nähern.

Im gasförmigen Zustand sind die einzelnen Moleküle (oder Atome) relativ weit voneinander entfernt, sodass die Kohäsionskräfte gering sind. Durch Abkühlen (oder Komprimieren) erhöht sich infolge der Verringerung des mittleren Molekülabstandes die Wirkung der Kohäsionskräfte beträchtlich. Dabei leisten die molekularen Anziehungskräfte Arbeit, die in Form der Kondensationswärme nach außen abgegeben wird, ohne dass sich die Temperatur des Systems ändert. Die Gasphase geht in die energieärmere flüssige Phase über. Im umgekehrten Fall, beim Verdampfen der Flüssigkeit, muss Wärme zugeführt werden, um gegen die molekulare Anziehung Arbeit verrichten zu können (vgl. **MC-Fragen Nr. 404, 473, 1821**).

Die weitere Abkühlung verringert die kinetische Energie der Flüssigkeitsmoleküle, wodurch ihre Temperatur fortwährend absinkt, bis bei einer bestimmten Temperatur der Energieinhalt nochmals sprunghaft abnimmt. Das System gibt nun bei konstant bleibender Temperatur wieder Wärme (Erstarrungswärme) an die Umgebung ab. Die flüssige Phase geht in die energieärmere feste Phase über. Die Moleküle haben dabei ihre freie Beweglichkeit vollkommen eingebüßt. Ihre Wärmebewegung besteht nur noch in elastischen Schwingungen um eine feste Ruhelage (um ihre Gitterpunkte).

1.8.2.3 Thermische Bewegung der Bausteine

Die Moleküle eines Gases oder einer Flüssigkeit unterliegen einer ständigen regellosen Bewegung. Dabei kann zwischen einer Ortsänderung (**Translation**), Drehung um eine Molekülachse (**Rotation**) sowie Eigenschwingungen (**Vibration**) unterschieden werden.

Unter dem Mikroskop wird die *translatorische Bewegung* als **Brownsche Molekularbewegung** sichtbar, wobei die Teilchen unter sich oder mit der Behälterwand (makroskopisch beobachtbarer Druck eines Gases oder einer Flüssigkeit) laufend elastisch zusammenstoßen. Die Brownsche Bewegung ist vor allem an sehr kleinen Teilchen in flüssiger Umgebung oder an sehr kleinen Tröpfchen in einer gasförmigen Umgebung zu beobachten [vgl. **MC-Fragen Nr. 411–413**].

Die Bewegungsrichtung und Geschwindigkeit eines individuellen Atoms oder Moleküls entziehen sich der Berechnung. Dagegen kann die Bewegung der *Gesamtheit* aller Atome oder Moleküle durch statistische Gesetze beschrieben werden.

Bewegen sich z. B. einzelne *Gasmoleküle* mit unterschiedlichen Geschwindigkeiten, so wechselt infolge der pausenlosen Zusammenstöße und den damit verbundenen Energieübertragungen ständig die Geschwindigkeit der Teilchen. Die **Maxwell-Boltzmann-Geschwindigkeitsverteilung** gibt nun an, wieviele Moleküle der Masse (m) bei gegebener Temperatur (T) in einem bestimmten Geschwindigkeitsintervall anzutreffen sind. Die **mittlere Geschwindigkeit** (ū) aller Moleküle (oder Atome) beträgt [vgl. **MC-Frage Nr. 426**]:

$$\bar{u} = \sqrt{\frac{8 \cdot k \cdot T}{\pi \cdot m}}$$

Der Proportionalitätsfaktor (k) wird als **Boltzmann-Konstante** bezeichnet. Die mittlere Geschwindigkeit, die nicht identisch ist mit dem Mittelwert aller Einzelgeschwindigkeiten, entspricht in Abb. 1.104 der maximalen Wahrscheinlichkeit. Man erkennt, dass die Geschwindigkeit von Gaspartikeln von der *Temperatur* abhängt. Erhöht man die Temperatur, erhalten mehr Teilchen eine höhere Geschwindigkeit und damit eine höhere kinetische Energie. Die gesamte Verteilungskurve wird flacher und verschiebt sich nach rechts zu höheren Geschwindigkeiten.

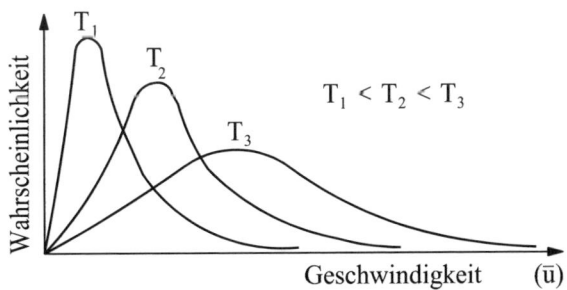

Abb. 1.104: **Geschwindigkeitsverteilungskurven von Atomen oder Molekülen bei verschiedenen Temperaturen**

Darüber hinaus ist, wie obige Gleichung ausweist, die mittlere Geschwindigkeit eines Teilchens auch von seiner *Masse* abhängig.

Die Zusammenstöße der Teilchen untereinander bzw. mit der Gefäßwand sind vollkommen elastisch, d. h., die gesamte kinetische Energie bleibt erhalten. Es findet höchstens eine Energieübertragung von einem auf ein anderes Teilchen statt. Eine Umwandlung von kinetischer in potentielle Energie, z. B. durch Deformation der Gasteilchen, erfolgt *nicht*.

Nach Modellberechnungen ergibt sich die **mittlere kinetische Energie der Translation** von N Gasteilchen zu:

$$E_{kin} = \frac{m \cdot \bar{u}^2}{2} = \frac{3}{2} \cdot \frac{1}{N \cdot p \cdot V}$$

m = Masse der Gasteilchen
ū = mittlere Geschwindigkeit
N = Anzahl der Gasteilchen
p = Druck des Gases
V = Volumen des Gases

Nach Umformen dieser Gleichung ist ersichtlich, dass der beobachtete Gasdruck (p) proportional zur Dichte (ρ) des Gases ist.

$$p = \frac{2}{3} \cdot \frac{N}{V} \cdot E_{kin} = \frac{2}{3} \cdot \frac{N}{V} \cdot \frac{m \cdot \bar{u}^2}{2} = \frac{1}{3} \cdot \rho \cdot \bar{u}^2 \quad \text{Kinetische Gasgleichung}$$

Durch Einbeziehung der allgemeinen Zustandsgleichung für ideale Gase [p · V = n · R · T] erhält man die *mittlere Translationsenergie* der Gasteilchen zu:

$$E_{kin} = \frac{3}{2} \cdot \frac{n}{N} \cdot R \cdot T$$

Danach wächst die mittlere kinetische Energie von Gasteilchen mit zunehmender Temperatur ($E_{kin} \sim T$). Beispielsweise verdoppelt sich die mittlere kinetische Energie eines idealen Gases, wenn man die absolute Temperatur von (T) auf (2T) verdoppelt [vgl. **MC-Fragen Nr. 411–417**]. Die o. a. Gleichung gestattet auch eine **Definition der Temperatur**. Die Temperatur ist eine **Zustandsgröße**, die der mittleren kinetischen Energie der Teilchen eines Gases direkt proportional ist [vgl. **MC-Frage Nr. 416**].

Für **ein Mol** eines idealen Gases ist die Anzahl (N) der Gasteilchen gleich der Avogadro-Konstante (N_A) und es gilt:

$$E_{kin} = (3/2) \cdot R \cdot T$$

Da der Quotient [R/N_A] der **Boltzmann-Konstante** (k) entspricht, berechnet sich die *Translationsenergie* eines *einzelnen Teilchens* nach der Gleichung:

$$E_{kin} = (3/2) \cdot k \cdot T$$

Die mittlere Geschwindigkeit eines Gasteilchens hängt nur von der Temperatur und seiner Masse ab. Sie ist unabhängig vom Gasdruck und proportional zur Quadratwurzel aus der absoluten Temperatur. Aus der Abhängigkeit der mittleren Geschwindigkeit von der Teilchenmasse folgt, dass sich schwerere Gase bei gleicher Temperatur langsamer bewegen als leichtere. Die mittlere kinetische Energie (Translationsenergie) eines Teilchens ist unabhängig von der Art des Gases und der absoluten Temperatur direkt proportional.

1.8.3 Der gasförmige Aggregatzustand, Gasgesetze

Gase bestehen aus Einzelatomen oder Einzelmolekülen, die sich in relativ großem Abstand voneinander in schneller, regelloser Bewegung befinden (**Brownsche Molekularbewegung**). Gase diffundieren in jeden Teil des ihnen zur Verfügung stehenden Raumes und verteilen sich darin statistisch. Gase lassen sich verflüssigen und kristallisieren. Sie sind in jedem Verhältnis miteinander mischbar, wobei *homogene Gemische* entstehen.

Der gasförmige Zustand lässt sich durch allgemeine Gesetze beschreiben. Besonders einfache Gesetze ergeben sich, wenn man sog. *ideale Gase* betrachtet.

1.8.3.1 Ideale Gase, reale Gase, Gasdruck

Ideale Gase: Die Teilchen eines idealen Gases bestehen aus Massenpunkten, die keine räumliche Ausdehnung (*kein Eigenvolumen*) besitzen. Ein ideales Gas ist praktisch unendlich verdünnt und es existieren *keine Wechselwirkungen* zwischen den einzelnen Gaspartikeln. Bei genügend hohen Temperaturen und nicht allzu hohen Drücken verhalten sich viele Gase als weitgehend ideal.

Reale Gase: Sie besitzen ein Eigenvolumen und es existieren Wechselwirkungskräfte zwischen den einzelnen Teilchen. Dies führt besonders bei tiefen Temperaturen und höheren Gasdrücken zu Abweichungen vom idealen Verhalten.

Gasdruck: Stoßen Gaspartikel bei ihrer Bewegung auf die Wand des sie umschließenden Gefäßes, so üben sie auf die Gefäßwand einen Druck aus, der sich ergibt zu:

$$\text{Druck} = \frac{\text{Kraft}}{\text{Fläche}}$$

Der Druck ist definiert als die senkrecht auf die Einheit der Fläche wirkende Kraftkomponente und hat deshalb die Dimension $[dyn \cdot cm^{-2}]$ bzw. $[g \cdot cm^{-1} \cdot s^{-2}]$.

Die **SI-Einheit** für den Druck ist das **Pascal** [Symbol: **Pa**]. Als weitere Maßeinheit ist das **Bar** [Symbol: **bar**] zugelassen. In der Chemie ist der **Atmosphärendruck** [Symbol: **atm**] eine oft benutzte Maßeinheit. Hierbei gelten folgende Umrechnungen

$$1 \text{ Pa} = 1 \text{ N}/1 \text{ m}^2$$
$$1 \text{ bar} = 10^5 \text{ Pa}$$
$$1 \text{ atm} = 101{,}325 \text{ kPa} = 1{,}01325 \text{ bar} = 760 \text{ Torr}$$

Der Atmosphärendruck wird mit einem *Barometer*, der Druck in einem Behälter mit einem *Manometer* gemessen. Der bei 0 °C gemessene mittlere Druck auf der Höhe des Meeresspiegels beträgt 1013,25 mbar. Er wird **Normaldruck** genannt. Bei konstanter Temperatur und konstantem Volumen ist der Gasdruck direkt proportional zur Anzahl der Gasmoleküle (Stoffmenge des Gases) [vgl. **MC-Frage Nr. 427**].

1.8.3.2 Boyle-Mariotte-Gesetz

Das Boyle-Mariottesche Gesetz (p,V-Abhängigkeit bei T = const.) ist ein Grenzgesetz für Gase bei unendlicher Verdünnung und wird von idealen Gasen streng befolgt.

Das Gesetz besagt, dass *der Druck eines idealen Gases bei konstanter Temperatur umgekehrt proportional zu seinem Volumen ist* (**hyperbolische Abhängigkeit**). Untersucht man dieselbe Probe eines Gases unter den Bedingungen p_1, V_1 bzw. p_2, V_2, so gilt darüber hinaus, dass die Produkte $p_1 \cdot V_1$ und $p_2 \cdot V_2$ gleich sind. Das Produkt aus Volumen und Druck hat die Dimension einer Energie [vgl. **MC-Fragen Nr. 424, 426, 427**].

$$\boxed{p \cdot V = k \quad | \quad p_1 \cdot V_1 = p_2 \cdot V_2} \qquad [\text{T} = \text{const.}]$$

Graphisch – als **p,V-Diagramm** – dargestellt ergibt die obige Gleichung eine gleichseitige **Hyperbel** (**Isotherme**), wobei in Abb. 1.105 die Temperatur von T_1 nach T_5 ansteigt [vgl. **MC-Fragen Nr. 418–420, 427**].

Trägt man hingegen, wie in Abb. 1.106 gezeigt, V gegen 1/p auf, so resultiert für jede Temperatur eine *Gerade* durch den Koordinatenursprung. Die Steigung dieser Geraden entspricht der Konstanten k, die temperatur- und druckabhängig ist. Bei der graphischen Darstellung des Produktes $(p \cdot V)$ gegen das jeweilige Volumen (bzw. den Druck) des Gases ergeben sich bei den verschiedenen Temperaturen Parallelen zur Abszissenachse [vgl. **MC-Frage Nr. 421**].

Nach dem Boyle-Mariotte-Gesetz hat eine Änderung des Druckes eine gleichgroße Änderung des Volumens mit entgegengesetztem Vorzeichen zur Folge. Erhöht man den Druck eines Gases, so verringert sich sein Volumen und umgekehrt. Darü-

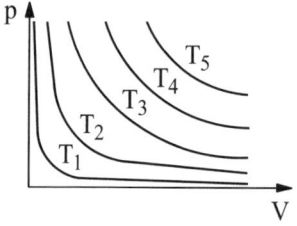

Abb. 1.105: Druck-Volumen-Abhängigkeit eines idealen Gases (Isotherme)

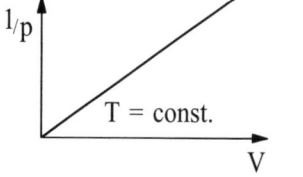 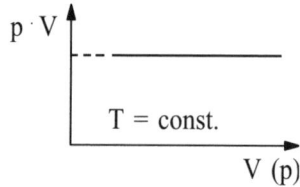

Abb. 1.106: Graphische Darstellung isothermer Zustandsänderungen idealer Gase

ber hinaus lassen sich für **isotherme Zustandsänderungen** aus dem Boyle-Mariotte-schen Gesetz noch folgende Aussagen ableiten (in Klammer Nr. der **MC-Frage**):

[428] Wird eine gegebene Stoffmenge (n = const.) eines idealen Gases *isotherm* (T = const.) auf die Hälfte ihres Ausgangsvolumens **komprimiert**, so verdoppelt sich der Druck und die Temperatur bleibt konstant. Bei einer isothermen Kompression wird die zugeführte **Kompressionsarbeit** vollständig als Wärme nach außen an das Kühlsystem abgegeben.

[429] Bei der *isothermen* **Expansion** (T = const.) eines idealen Gases sinkt der
[430] Druck und das Volumen nimmt zu, jedoch bleibt das Produkt (p · V) kon-
[431] stant. Mit fallendem Druck und steigendem Volumen nimmt aber die *Dichte* (ρ = n/V) des Gases ab.

1.8.3.3 Gesetze nach Gay-Lussac

Beim Erwärmen oder Abkühlen eines Gases ändern sich im allgemeinen sowohl das Volumen als auch der Druck, wobei Druck und Volumen eines idealen Gases der absoluten Temperatur direkt proportional sind.

* **[V,T-Abhängigkeit, p = const.]**: Es wurde gefunden, dass sich *ein ideales Gas bei konstantem Druck pro Grad Temperaturerhöhung um* $\alpha = 1/273,15$ *seines Volumens bei 0 °C (V_o) ausdehnt* (**lineare Abhängigkeit**).

$$V_t = V_o \cdot (1 + \alpha \cdot t)$$
$$= V_o \cdot (1 + t/273,15)$$

[p = const.]
V_t = Volumen bei t °C
V_o = Volumen bei 0 °C
α = Ausdehnungskoeffizient

Der **kubische Ausdehnungskoeffizient** (α) ist für alle idealen Gase gleich groß und beträgt etwa 1/273 Grad^{-1}. Hat beispielsweise eine Gasprobe bei 0 °C ein Volumen von 273 ml, so dehnt es sich pro Grad Temperaturerhöhung um 1 ml aus, nimmt also bei 10 °C ein Volumen von 283 ml ein.

In einem **p,V-Diagramm** (Abb. 1.107) erhält man bei verschiedenen Drücken jeweils Parallelen zur Abszissenachse, die **Isobare** genannt werden [vgl. **MC-Fragen Nr. 436, 456**].

* **[p,T-Abhängigkeit, V = const.]**: Hält man das Volumen eines idealen Gases konstant, dann ändert sich der Druck des Gases ebenfalls *linear* mit der Temperatur und es gilt: *Bei einer Temperaturerhöhung um 1 °C steigt der Druck (p_t) eines Gases bei konstantem Volumen um* $\beta = 1/273,15$ *seines Druckes bei 0 °C(p_O) an* (**lineare Abhängigkeit**).

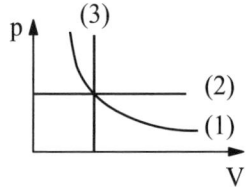

Abb. 1.107: Druck-Volumen-Diagramm eines idealen Gases
(1) **Isotherme**: p · V = const. bei T = const. $\longrightarrow$ gleichseitige Hyperbel
(2) **Isobare**: V = V (T) bei p = const. $\longrightarrow$ Parallele zur Abszissenachse
(3) **Isochore**: p = p(T) bei V = const. $\longrightarrow$ Parallele zur Ordinatenachse

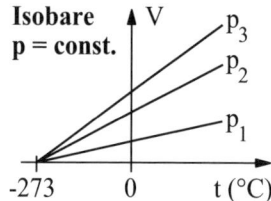 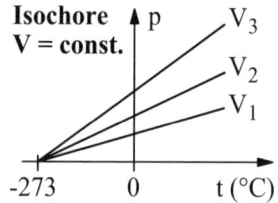

Abb. 1.108: **Volumen und Druck eines idealen Gases in Abhängigkeit von der Temperatur**

$$p_t = p_0 \cdot (1 + \beta \cdot t)$$
$$= p_0 \cdot (1 + t/273{,}15)$$

[V = const.]
p_t = Druck bei t °C
p_0 = Druck bei 0 °C
β = Spannungskoeffizient

Der **Spannungskoeffizient** (β) ist bei idealen Gasen gleich dem kubischen Ausdehnungskoeffizienten (α). Die graphische Darstellung ergibt in einem p,V-Diagramm (Abb. 1.107) für verschiedene Volumina Parallelen zur Ordinatenachse, die man **Isochore** nennt [vgl. **MC-Fragen Nr. 425, 435**].

Berechnungen (in Klammer Nr. der **MC-Frage**)
[433] Erhöht man die Temperatur eines idealen Gases bei konstantem Volumen
[434] von 0 °C auf 273 °C, so steigt der Druck auf das Doppelte seines Wertes bei 0 °C an. Umgekehrt sinkt der Druck auf die Hälfte seines Wertes bei 273 °C, wenn man das Gas anschließend von 273 °C wieder auf 0 °C abkühlt.

$$\mathbf{p_t} = p_0 \cdot (1 + 273/273) = p_0 \cdot (1 + 1) = \mathbf{2\ p_0}$$

Erhöht man bei konstantem Volumen die Temperatur nur auf 100 °C, so ändert sich der Druck auf 100/273 seines Wertes bei 0 °C.

In einem p,T- bzw. V,T-Diagramm (Abb. 1.108) ergibt die graphische Darstellung der Gay-Lussac-Gesetze eine Gerade, welche die Abszisse bei -273,15 °C schneidet. *Ein ideales Gas hat bei -273,15 °C formal den Druck und das Volumen Null.* Man bezeichnet diese Temperatur als den **absoluten Nullpunkt**. In der Praxis lässt sich diese Aussage aber nicht realisieren, da sich ein Gas beim Abkühlen verflüssigt und schließlich fest wird. Mit anderen Worten, keine Substanz existiert beim absoluten Nullpunkt als Gas (vgl. auch Kap. 1.9.5).

1.8.3.4 Avogadro-Gesetz

Die absolute **Dichte** eines Stoffes ist das Verhältnis seiner Masse (m) zu seinem Volumen (V) [ϱ = m/V]. Bei gleichem Druck und gleicher Temperatur verhalten sich daher die Dichten (ρ) zweier Gase wie ihre Molmassen (M). D.h., gleiche Volumina idealer Gase enthalten unter gleichen Bedingungen gleich viele Teilchen.

$$\rho_1 : \rho_2 = M_1 : M_2$$

1 Mol eines idealen Gases besteht aus $6{,}022 \cdot 10^{23}$ (Avogadro-Konstante, vgl. Kap. 1.1.1.1) Gaspartikeln (Atome oder Moleküle) und besitzt bei 0 °C und 1013 mbar ein Volumen von **22,414 l (Molvolumen)** [vgl. **MC-Fragen Nr. 1335, 1371**].

> Gleiche Volumina beliebiger Gase enthalten bei gleichem Druck und gleicher Temperatur die gleiche Anzahl von Molekülen. Im Mol sind es $6{,}022 \cdot 10^{23}$ Teilchen, und das Gas besitzt dann ein Volumen (V_m) von 22,414 l.

1.8.3.5 Zustandsgleichung idealer Gase

Die **Zustandsgleichung** verknüpft für eine bestimmte Stoffmenge (n) (Anzahl der Mole) eines idealen Gases die drei Zustandsgrößen Druck (p), Volumen (V) und abs. Temperatur (T) miteinander. Durch Zusammenfassen des Boyle-Mariotteschen Gesetzes, der beiden Gay-Lussac-Gesetze sowie dem Satz von Avogadro erhält man die **allgemeine Zustandsgleichung idealer Gase**:

$$p \cdot V = n \cdot R \cdot T$$

Hierin bezeichnet man die Konstante (R) als **universelle Gaskonstante**. Ihr Wert beträgt $8{,}31343 \ \mathrm{J \ mol^{-1} \ K^{-1}}$. Der funktionelle Zusammenhang der einzelnen Zustandsgrößen lässt sich in p,V-, V,T- oder p,T-Diagrammen darstellen, wobei jeweils zwei Größen variabel sind, während die dritte Zustandsgröße konstant gehalten wird (siehe Abb. 1.109 und **MC-Fragen Nr. 422, 438**]).

Durch Umformen der Zustandsgleichung idealer Gase

$$p = (n/V) \cdot R \cdot T = c \cdot R \cdot T \approx \varrho \cdot R \cdot T$$

$$p/T = (n/V) \cdot R \ \text{oder} \ V/T = (n/p) \cdot R$$

lassen sich folgende Aussagen besser erkennen [in Klammer Nr. der **MC-Frage**]:

[423] Für einen **isothermen Prozess** (T = const.) gilt (p · V) = const., d. h., bei fes-
[426] ter Temperatur einer gegebenen Gasmenge ist das Produkt aus Druck und
[427] Volumen konstant. Bei einem **isobaren Prozess** (p − const.) gilt (V/T =
[437] const.), d. h., bei festem Druck ist das Verhältnis aus dem Volumen und der
[438] absoluten Temperatur konstant. Für einen **isochoren Prozess** (V = const.) ist (p/T = const.), d. h., bei festem Volumen ist das Verhältnis aus dem Druck und der absoluten Temperatur konstant. Berücksichtigt man, dass die **Dichte** (ρ) eines idealen Gases der Stoffmenge pro Volumen (n/V) korreliert, so ist der Gasdruck proportional dem Produkt aus der Dichte und der absoluten Temperatur. Bei konstantem Volumen und konstanter Temperatur ist der gemessene Druck proportional zur Anzahl der Gasmoleküle.

[432] Will man den Gasdruck (p) *verdreifachen* (3p), so muss man bei fester Stoffmenge (n = const.) und konstantem Volumen (V = const.) die Temperatur (T) verdreifachen (3T) bzw. bei konstanter Temperatur (T = const.) das Volumen auf ein Drittel verringern. Eine Verdreifachung des Druckes

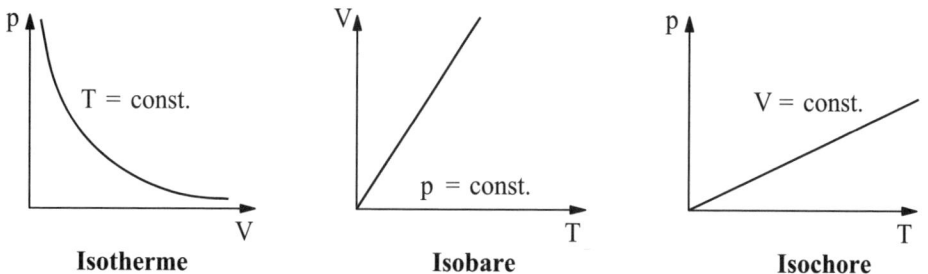

Abb. 1.109: **Graphische Darstellung der Druck-Volumen-Temperatur-Abhängigkeit eines idealen Gases**

ergibt sich aber auch, wenn bei konstantem Volumen und konstanter Temperatur die Stoffmenge (n) verdreifacht (3n) bzw. bei fester Stoffmenge das Volumen verdoppelt und die Temperatur versechsfacht (6T/2V) wird. Versechsfacht man hingegen bei konstanter Stoffmenge das Volumen und verdoppelt die Temperatur (2T/6V), so verringert sich der Druck eines idealen Gases auf ein Drittel.

1.8.3.6 Dalton-Gesetz

Das Gesetz besagt, dass in einem Gemisch von Gasen, die nicht miteinander reagieren, der **Gesamtdruck** gleich der Summe der **Partialdrücke** ist, den jedes Gas ausüben würde, wenn es im betreffenden Volumen *allein* vorhanden wäre.

$$p = \Sigma\, p_i = p\,(A) + p\,(B) + p\,(C) + \ldots$$

Beispielsweise verhalten sich in der *Luft* die Partialdrücke von Sauerstoff und Stickstoff wie 1:4. Daher beträgt bei einem Gesamtluftdruck von 1020 mbar der Stickstoffpartialdruck **816 mbar** (in Klammer Nr. der **MC-Frage**):

[440] $p_{Luft} = p\,(O_2) + p\,(N_2) + p\,(N_2) + p\,(N_2) + p\,(N_2) = 1020$
$\quad\quad\quad = 204 + 204 + 204 + 204 + 204 = 204 + \mathbf{816\ mbar}$

Auch für Gemische idealer Gase gilt die Zustandsgleichung, wobei mit n_1, n_2 usw. die Stoffmengen der Bestandteile 1, 2 wie folgt zu berücksichtigen sind [vgl. **MC-Frage Nr. 439**]:

$$p \cdot V = (n_1 + n_2 + \ldots) \cdot R \cdot T$$

1.8.3.7 Zustandsgleichung realer Gase

Um das reale Verhalten der Gase außerhalb des Grenzgebietes großer Verdünnung in seiner Zustandsabhängigkeit beschreiben zu können, sind die bei idealem Verhalten vernachlässigten Größen, die endliche Raumerfüllung der Gasmoleküle (das *Eigenvolumen*) und die sich bei größerer Annäherung bemerkbar machenden *intermolekularen Anziehungskräfte* zwischen den Gaspartikeln, zu berücksichtigen. Hierfür existieren mehrere Ansätze; die bekannteste und einfachste Beziehung ist die **van-der-Waals-Zustandsgleichung realer Gase**. Sie lautet:

$$(p + a \cdot \frac{n^2}{V^2}) \cdot (V - n \cdot b) = n \cdot R \cdot T$$

Die Gleichung enthält zwei experimentell zu bestimmende, stoffspezifische numerische Konstanten a und b. Das **Covolumen** (b) ist ein Maß für das Eigenvolumen der Moleküle. Es vergrößert das Volumen eines Gases und muss deshalb abgezogen werden. Der **Binnendruck** (a/V^2) stellt das äquivalente Glied für die Wechselwirkung der Gasmoleküle dar. Der Binnendruck mindert den Gasdruck auf die Behälterwand und muss deshalb zum gemessenen Druck hinzuaddiert werden.

Bei kleinen Drücken überwiegt der erste Einfluss, bei großen Drücken der zweite, weil die intermolekularen Anziehungskräfte die Kompressibilität eines Gases vergrößern, die Abstoßungskräfte – ein anderer Ausdruck für ein starres Eigenvolumen – sie jedoch herabsetzen.

Die Anziehungskräfte zwischen den Partikeln realer Gase beeinflussen zwar das Verhalten des Gases, jedoch lassen sich auch reale Gase verflüssigen. Auch bei realen Gasen nimmt bei einer isobaren Temperaturerhöhung (p = const.) das Volumen stets zu bzw. bei einer isochoren Temperaturerhöhung (V = const.) steigt der Druck des Gases an [vgl. **MC-Fragen Nr. 441–446**].

1.8.4 Der flüssige Aggregatzustand, Dampfdruck

1.8.4.1 Viskosität und Oberflächenspannung einer Flüssigkeit

Der flüssige Zustand bildet den Übergang zwischen dem gasförmigen und festen Aggregatzustand. Jede Flüssigkeit kann als ein kondensiertes Gas aufgefasst werden. Tatsächlich unterscheiden sich Flüssigkeiten von Gasen nur durch eine *größere Kohäsion der Moleküle* und somit durch eine *dichtere Raumerfüllung*. Die Moleküle einer Flüssigkeit können sich leicht gegeneinander verschieben, jedoch lassen sich Flüssigkeiten – im Gegensatz zu Gasen – nicht komprimieren. Druck- und Temperaturänderungen haben nur einen geringen Einfluss auf das Flüssigkeitsvolumen. Die Kohäsionskräfte, die stärker sind als in Gasen, führen zu einem gewissen Ordnungsgrad. Flüssigkeiten sind viskos und besitzen meistens eine Phasengrenzfläche (Oberfläche) [vgl. **MC-Frage Nr. 447**].

Als **Viskosität** bezeichnet man die Eigenschaft einer Flüssigkeit, ihrem Fließen einen Widerstand entgegenzusetzen. Sie beruht wie die Oberflächenspannung auf intermolekularen Anziehungskräften. Diese Kohäsionskräfte sind in der Regel umso wirksamer, je langsamer sich die Moleküle bewegen. Deshalb nimmt die Viskosität mit steigender Temperatur ab, während umgekehrt eine Druckerhöhung zu einer Viskositätszunahme führt.

Die **Oberflächenspannung** ist ein Maß für die an der Flüssigkeitsoberfläche nach *innen* gerichteten Kräfte. Jede Flüssigkeit ist bestrebt, ihre Oberfläche so klein wie möglich zu halten. Dies erklärt z. B. auch die kugelförmige Gestalt von Flüssigkeitströpfchen. Die Oberflächenspannung nimmt gleichfalls mit steigender Temperatur ab, weil die schnellere Bewegung der Moleküle den zwischenmolekularen Anziehungskräften entgegenwirkt.

1.8.4.2 Verdampfung einer Flüssigkeit

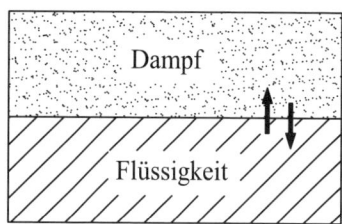

Eine für Flüssigkeiten typische Eigenschaft ist ihre **Verdampfungsfähigkeit**. Eine Flüssigkeit kann hierbei schon merklich unterhalb ihres Siedepunktes verdunsten. Ursache dafür ist, dass stets einige Flüssigkeitsmoleküle durch Kollision mit anderen Molekülen eine genügend hohe kinetische Energie besitzen, um sich der Wirkung der Kohäsionskräfte zu entziehen und in den Gasraum überzugehen, sofern sie sich nahe genug an der Oberfläche befinden. Die Verdampfungsgeschwindigkeit nimmt mit steigender Temperatur zu.

Sie ist aber auch abhängig vom individuellen Charakter der Flüssigkeit. Der Anteil der Flüssigkeitsmoleküle, die in den Gasraum übertreten, ist konstant, solange die Temperatur unverändert bleibt.

Wenn das Flüssigkeitsgefäß in offener Verbindung mit der Atmosphäre steht, schreitet die Verdunstung solange fort, bis die Flüssigkeit vollkommen verdampft ist, weil sich nach dem Verdunsten die Gasteilchen aus dem Gefäß entfernen können. Vollzieht sich die Verdampfung in einem geschlossenen Gefäß, das nur teilweise mit der Flüssigkeit gefüllt ist, so werden zunächst immer mehr Teilchen in den Dampfraum übergehen. Parallel dazu geraten aber auch einige Teilchen, die während ihrer Bewegung im Gasraum in die Nähe der Flüssigkeitsoberfläche gelangen, unter die Wirkung der von den Flüssigkeitsmolekülen ausgehenden anziehenden Kräfte und werden schließlich von der Flüssigkeit wieder eingefangen.

Mit der Zeit stellt sich ein für die betreffende Temperatur charakeristisches *dynamisches Gleichgewicht* ein. Der Raum über der Flüssigkeit ist mit Dampf *gesättigt*. Beide Vorgänge – Verdampfen und Kondensieren – laufen mit gleicher Geschwindigkeit ab, sodass man äußerlich keine Veränderung erkennen kann. Im Sättigungszustand gehen im zeitlichen Mittel gleich viele Moleküle in den Gasraum über, wie umgekehrt Teilchen wieder in die flüssige Phase eintreten. Mit anderen Worten, die Konzentration der dampfförmigen Moleküle bleibt im **Gleichgewichtszustand** konstant. Auch die Flüssigkeitsmenge bleibt unverändert [vgl. **MC-Fragen Nr. 452, 458**].

Die in den Gasraum gelangenden Moleküle fliegen dort regellos umher, prallen auf die Grenzflächen des sie umschließenden Gefäßes und erzeugen dadurch einen messbaren **Dampfdruck**.

Der Druck, den der Dampf einer Flüssigkeit auf die Gefäßwände ausübt, ist ihr Dampfdruck. Er nimmt mit steigender Temperatur zu. Wenn der Dampf im dynamischen Gleichgewicht mit der flüssigen Phase steht, wird er Sättigungsdampfdruck genannt. Der Sättigungsdampfdruck hängt allein von der Temperatur der Flüssigkeit ab und ist unabhängig vom ihm zur Verfügung stehenden Volumen.

1.8.4.3 Sättigungsdampfdruck und Siedepunkt

Der **Sättigungsdampfdruck** ist für eine Flüssigkeit bei gegebener Temperatur eine stoffspezifische Konstante. Er ist unabhängig von der Größe der Oberfläche einer Flüssigkeit, weil bei einer größeren Oberfläche zwar mehr Teilchen die flüssige Phase verlassen, umgekehrt aber auch wieder mehr Teilchen in die Flüssigkeit zurückkehren.

Enthält z. B. ein Gefäß gesättigten Wasserdampf im Gleichgewicht mit flüssigem Wasser, so steigt der Dampfdruck nicht an, wenn man bei *konstanter Temperatur* das Volumen verkleinert, weil der Dampfdruck nur von der Temperatur, nicht aber vom Volumen abhängt (vgl. **MC-Fragen Nr. 448, 452–456, 460, 477, 478**).

Wird die Temperatur der Flüssigkeit erhöht, so vermag eine größere Anzahl von Teilchen aus der flüssigen Phase zu entweichen, und es stellt sich ein *neues Gleichgewicht* mit einem neuen Sättigungsdampfdruck ein.

Die **Dampfdruckkurve** (Abb. 1.110) gibt nun graphisch die *Zunahme des Sättigungsdampfdruckes mit wachsender Temperatur* wieder und grenzt gleichzeitig die Existenzbereiche der Flüssigkeit und des Dampfes voneinander ab. Bei höheren Drücken und niedrigeren Temperaturen als den durch die Kurve angegebenen ist nur die flüssige Phase, bei niederen Drücken und höheren Temperaturen nur die Dampfphase beständig. Entlang der Dampfdruckkurve stehen beide Phasen miteinander im Gleichgewicht [vgl. **MC-Fragen Nr. 448, 457, 471–473, 1749**].

Der Sättigungsdampfdruck einer Flüssigkeit kann jedoch nur bis zur **kritischen Temperatur** verfolgt werden, weil danach nur noch eine Phase existiert und Dampf und Flüssigkeit nicht mehr zu unterscheiden sind (vgl. auch Abb. 1.111). Bei der kritischen Temperatur ist der Dampfdruck gleich dem **kritischen Druck**, und die Kurven *enden* an diesem Punkt [vgl. **MC-Fragen Nr. 459, 477, 480**].

Aus den Dampfdruckkurven ist ersichtlich, dass die **Siedetemperatur** einer Flüssigkeit vom äußeren Druck abhängt. Die Temperatur, bei welcher der Dampfdruck gleich dem Atmosphärendruck (1013 mbar) ist, wird **Siedepunkt** genannt [vgl. **MC-Fragen Nr. 461–463**].

Die Temperatur einer siedenden Flüssigkeit bleibt solange konstant, bis die ganze Flüssigkeit verdampft ist. In einem offenen Gefäß kann der Dampfdruck nicht größer als der Atmosphärendruck werden. Die Kurven in Abb. 1.110 verdeutlichen auch, warum Flüssigkeiten im Vakuum bei tieferen Temperaturen sieden bzw. warum mit wachsendem Außendruck die Siedetemperatur einer Flüssigkeit zunimmt.

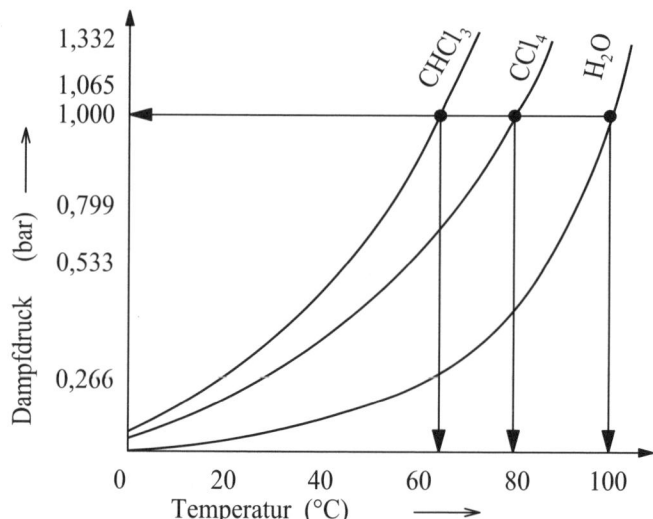

Abb. 1.110: **Dampfdruckkurven von Chloroform, Tetrachlorkohlenstoff und Wasser**
(●) Siedepunkt bei Normaldruck

Zum Verdampfen einer Flüssigkeit muss Wärme zugeführt werden. Die Wärmemenge, die zum Verdampfen von 1 Mol einer Flüssigkeit benötigt wird, bezeichnet man als **molare Verdampfungsenthalpie** (ΔH_V). Der Wert der molaren Verdampfungsenthalpie ist ein Maß für die Stärke der in einer Flüssigkeit wirkenden Kohäsionskräfte.

1.8.4.4 Gefrierpunkt, Schmelzpunkt

Während des Abkühlens einer Flüssigkeit wird die Bewegung der Moleküle signifikant verlangsamt. Bei einer bestimmten Temperatur ist die kinetische Energie der Moleküle soweit herabgesetzt, dass sie sich unter dem Einfluss der anziehenden Kräfte zu einem Kristallgitter ordnen. Die Flüssigkeit beginnt zu gefrieren. Zu erwähnen ist, dass Flüssigkeiten auch unter ihren Gefrierpunkt abgekühlt werden können. Man spricht dann von einer *unterkühlten Flüssigkeit*. Während des Gefrierens bleibt die Temperatur des flüssig/festen Zweiphasensystems solange konstant, bis die gesamte Flüssigkeit in fester Form vorliegt.

Die Temperatur, bei der unter Normaldruck (1013 mbar) die Flüssigkeit und der feste Aggregatzustand miteinander im Gleichgewicht stehen, wird **Gefrierpunkt** genannt. Die Wärmemenge, die 1 Mol einer Flüssigkeit *entzogen* werden muss, um zu Gefrieren, wird als **molare Kondensationsenthalpie (Erstarrungsenthalpie)** bezeichnet.

Beim Erwärmen eines Feststoffes schmilzt dieser bei der gleichen Temperatur, bei der die Flüssigkeit gefriert. Die Temperatur, bei der unter Normaldruck die feste und flüssige Phase miteinander im Gleichgewicht stehen, wird **Schmelzpunkt** genannt [vgl. **MC-Frage Nr. 451**].

Während des Schmelzens bleibt wiederum die Temperatur solange konstant, bis der gesamte Feststoff geschmolzen ist. Die Wärmemenge, die 1 Mol einer festen Substanz zum Schmelzen *zugeführt* werden muss, heißt **molare Schmelzenthalpie**. Die Schmelzenthalpie ist dem Betrag nach gleich mit der **Erstarrungsenthalpie**, die während des Erstarrens einer Flüssigkeit frei wird. Die Höhe der Schmelz- bzw. Erstarrungsenthalpie hängt von den Bindungskräften zwischen den einzelnen Gitterbausteinen ab [vgl. auch **MC-Frage Nr. 536**].

1.8.5 Der feste Aggregatzustand, Modifikationen

Auf die grundlegenden Charakteristika von Festkörpern wurde bereits im Kap. 1.3.2.5 eingegangen, sodass an dieser Stelle lediglich einige Aspekte nochmals zusammenfassend angesprochen werden sollen.

Feste Stoffe sind entweder *amorph* oder *kristallin*, wobei der amorphe Zustand energiereicher ist als der kristalline.

Amorphe Stoffe (z. B. **Gläser, Teer, Kunststoffe**) sind *isotrop*. D.h., ihre physikalischen Eigenschaften sind unabhängig von der Raumrichtung. Ein amorpher Feststoff hat keinen definierten Schmelzpunkt, sondern erweicht allmählich beim Erwärmen. Amorphe Stoffe können als Flüssigkeiten extrem hoher Viskosität angesehen werden.

In **kristallinen Stoffen** sind die Bestandteile (Atome, Ionen, Moleküle) in Form eines regelmäßigen räumlichen *Gitters* angeordnet. Durch den Gitteraufbau sind einige physikalische Eigenschaften richtungsabhängig, d. h., kristalline Stoffe sind *anisotrop*.

1.8.5.1 Polymorphie und Allotropie

Sowohl bei Elementen als auch bei Verbindungen kommt es vor, dass der gleiche Stoff je nach den äußeren Parametern (Temperatur, Druck, Kristallisationsbedingungen) in verschiedenen kristallinen Gittertypen (Kristallstrukturen) auftreten kann. Bei Elementen bezeichnet man diese Erscheinung als **Allotropie**, bei Verbindungen als **Polymorphie**.

Diese Erscheinung findet sich u. a. bei den Elementen Kohlenstoff, Phosphor, Schwefel, Arsen, Antimon und Zinn sowie bei den Verbindungen Quecksilber(II)-sulfid, Eisen(III)-oxid, Ammoniumnitrat, Calciumcarbonat, Siliciumdioxid und Schwefeltrioxid. Die Polymorphie des Sauerstoffs beruht darauf, dass die Atome dieses Elements in unterschiedlicher Zahl (O_2, O_3) zu Molekülen zusammentreten können [vgl. **MC-Fragen Nr. 464, 465, 1404, 1456, 1794, 1833, 1884, 1899**].

Ist die Umwandlung einer Modifikation in die andere wechselseitig möglich, so spricht man von einer *enantiotropen* Umwandlung, erfolgt sie jedoch nur in einer Richtung, dann nennt man sie *monotrop*.

Für **enantiotrope Modifikationen** existiert eine **Umwandlungstemperatur**, bei der die Modifikationen miteinander im Gleichgewicht stehen, gleich stabil sind bzw. den gleichen Dampfdruck besitzen. Oberhalb und unterhalb dieser Temperatur ist immer diejenige Form stabiler, die den niedrigeren Dampfdruck hat.

Bei **monotropen Modifikationsänderungen** liegt die Umwandlungstemperatur oberhalb der Schmelztemperatur und ist daher normalerweise nicht erreichbar. Aus diesem Grund kann man die eine Form nicht unmittelbar in die andere umwandeln.

Ein Beispiel für einen Stoff mit enantiotroper Umwandlung ist der **Schwefel** (vgl. Kap. 2.4.5.2). Monotropie liegt beim weißen und violetten **Phosphor** vor (vgl. Kap. 2.5.10.2). Die Modifikationen des **Kohlenstoffs** werden im Kap. 2.6.1.1 vorgestellt.

1.8.6 Mehrphasensysteme, Zustandsdiagramme

1.8.6.1 Grundbegriffe, Zweiphasensysteme

Unter einer **Phase** versteht man einen einheitlichen (homogenen) Bereich, der von anderen Teilen des Systems durch eine erkennbare Grenzfläche (Phasengrenze) abgegrenzt ist. Ein heterogenes Gemisch besteht aus mehreren Phasen, wobei es in einem solchen System nur eine *einzige Gasphase* geben kann, weil Gase in jedem Verhältnis miteinander mischbar sind. Demgegenüber kann ein heterogenes System aus mehreren (nicht miteinander mischbaren) Flüssigkeiten und aus beliebig vielen festen Phasen bestehen [vgl. **MC-Frage Nr. 483**].

> Eine Phase ist ein homogener Bereich, der in einem heterogenen System von anderen Bereichen dieser Art physikalisch abtrennbar ist.

Nach Einführung des Begriffs „Phase" können eine Reihe von Grundbegriffen wie heterogener und homogener Stoff, Lösung usw. neu definiert werden:

Heterogener Stoff	:	Stoffaufbau aus verschiedenen Phasen
Homogener Stoff	:	Stoffaufbau aus einer einzigen Phase
- Lösung	:	Phasenaufbau aus verschiedenen Molekülarten
- Reiner Stoff	:	Phasenaufbau aus einer einzigen Molekülart
* Verbindung	:	Molekülaufbau aus verschiedenen Atomarten
* Element	:	Aufbau aus einer einzigen Atomart

An **Zweiphasensystemen** (Tab. 1.53), die für die pharmazeutische Praxis eine gewisse Bedeutung haben, sind **Aerosole, Suspensionen** und **Emulsionen** zu nennen [vgl. **MC-Fragen Nr. 175, 481**].

Tab. 1.53: Zweiphasensysteme

Zweiphasen-system	Aggregatzustand		Beispiele
	Phase I	Phase II	
Aerosol	Gasförmig	Fest	Rauch
	Gasförmig	Flüssig	Nebel, Spray
Suspension	Flüssig	Fest	Kosmetika, Arzneizubereitungen
Emulsion	Flüssig	Flüssig	Milch (Fetttröpfchen in Wasser)
Schaum	Fest	Gasförmig	Seifenschaum

1.8.6.2 Gibbssches Phasengesetz

Die Anzahl der verschiedenen Phasen, die gleichzeitig nebeneinander in einem Gleichgewicht existieren können, wird durch das **Gibbssche Phasengesetz** beschrieben. Danach ist:

$$\boxed{\begin{array}{c} \textbf{Zahl der Phasen } + \textbf{ Zahl der Freiheitsgrade} \\ \textbf{= Zahl der Bestandteile + 2} \\ \hline P + F = B + 2 \end{array}}$$

Unter der Anzahl der Freiheitsgrade (F) versteht man die Zahl der Zustandsvariablen (Druck, Temperatur, Konzentration), die bei gegebener Zahl der Phasen (P) innerhalb endlicher Grenzen *willkürlich* verändert werden können, ohne dass sich dabei die Zahl der Phasen ändert.

Die Anzahl der Bestandteile (B) ist definiert als die *kleinste Zahl* der Molekülarten (Komponenten), aus denen die verschiedenen Phasen aufgebaut werden können. Im Sinne des Phasengesetzes versteht man unter den Komponenten nur diejenigen *voneinander unabhängigen* Stoffe eines Systems, die zum Aufbau aller Phasen erforderlich sind.

Nach der Anzahl der Komponenten unterteilt man in **Ein-, Zwei-** und **Mehrkomponentensysteme.** Nach der Zahl der Phasen unterscheidet man zwischen **Ein-, Zwei-, Drei-** und **Mehrphasensystemen.**

Ist die Zahl der Phasen und ihrer Bestandteile bekannt, so kann man die Zahl der Freiheitsgrade ermitteln, die man unter Beibehaltung der vorhandenen Phasen unabhängig voneinander variieren kann. Die Anwendung des Gibbsschen Phasengesetzes sei an zwei Beispielen kurz erläutert:

B = 1	
P	F
1	2
2	1
3	0

[A] Der einfachste Fall liegt vor, wenn das System nur aus einem einzigen Bestandteil (B = 1) aufgebaut ist.

(1) System (P = 1) → **Wasserdampf**
Phasenregel: F = B + 2 − P = **2**
Das System heißt *divariant*, denn Druck und Temperatur können unabhängig voneinander variiert werden, ohne dass sich die Zahl der Phasen ändert.

(2) System (P = 2) → **Wasser/Wasserdampf**
Phasenregel: F = B + 2 − P = **1**
Bei zwei im Gleichgewicht nebeneinander vorliegenden Phasen existiert nur ein Freiheitsgrad. Das System heißt *univariant*.

(3) System (P = 3) → **Eis/Wasser/Wasserdampf**
Phasenregel: F = B + 2 − P = **0**
Es existiert kein Freiheitsgrad mehr. Das System heißt *nonvariant*. Die drei Phasen können nur an einem einzigen Punkt (**Tripelpunkt**) im Gleichgewicht nebeneinander vorliegen.

B = 2	
P	F
1	3
2	2
3	1
4	0

[B] Vergrößert man bei dem gewählten Beispiel [A] die Zahl der Bestandteile (B) auf 2, indem man z. B. **Natriumchlorid in Wasser** auflöst, so gilt nach dem Phasengesetz nebenstehende Beziehung.
Für die gleiche Anzahl von Phasen ist die Zahl der Wahlfreiheiten jeweils um Eins größer als im vorhergehenden Beispiel.

1.8.6.3 Dampfdruck von Festkörpern, Phasengleichgewichte

Auch energiereiche Teilchen (Atome, Moleküle, Ionen) an einer Kristalloberfläche können die anziehenden Gitterkräfte überwinden und in die angrenzende Gasphase übertreten. Somit hat jeder Feststoff einen Dampfdruck. Der Dampfdruck eines Festkörpers ist allerdings gering, da die Anziehungskräfte im festen Aggregatzustand aufgrund des geringeren Teilchenabstandes sehr viel stärker wirksam sind. Der Dampfdruck eines Feststoffes ist umso niedriger, je größer diese Anziehungskräfte sind. Daher besitzen Ionenverbindungen besonders niedrige Dampfdrücke.

Der Dampfdruck eines Feststoffes nimmt mit steigender Temperatur zu. Beim **Schmelzpunkt** haben Flüssigkeit und Feststoff den gleichen Dampfdruck.

Generell ist also jeder feste und jeder flüssige Stoff von seiner eigenen Gasphase umgeben. Für ein Mehrphasensystem können somit folgende Gleichgewichte formuliert werden:

* ein Festkörper im Gleichgewicht mit seiner Schmelze
* ein Festkörper im Gleichgewicht mit seiner Lösung
* ein Festkörper im Gleichgewicht mit seinem Dampf
* eine Flüssigkeit im Gleichgewicht mit ihrem Dampf

Voraussetzung für das Auftreten solcher Gleichgewichte ist, dass ein *geschlossenes System* vorliegt (siehe auch Kap. 1.9.1).

1.8.6.4 Zustandsdiagramme

Ein **Phasendiagramm** (Zustandsdiagramm) ist eine graphische Darstellung der Aggregatzustände (Phasen) eines Stoffes und ihrer Übergänge in Abhängigkeit von der gewählten Temperatur und dem äußeren Druck. Mit anderen Worten, ein Phasendiagramm ist ein **Druck-Temperatur-Diagramm**, aus dem man die Bedingungen erkennen kann, unter denen der Stoff fest, flüssig oder gasförmig vorliegt. Jede Substanz hat ihr eigenes Phasendiagramm, das aus experimentellen Daten erstellt werden muss [vgl. **MC-Fragen Nr. 466–470, 1265, 1702**].

Phasendiagramm des Wassers: In Abb. 1.111 ist der Sättigungsdampfdruck des Wassers in Abhängigkeit von der Temperatur graphisch dargestellt.

Man erkennt, dass Wasser z. B. bei einem Druck von 0,5 bar und einer Temperatur von -10 °C fest ist, und bei diesem Druck bei 0,0005 °C schmilzt. Bei einem verminderten Druck von 10^{-3} bar ist Wasser bei -10 °C zwar auch fest, beim Erwärmen geht das Eis jedoch *direkt* in den Dampfzustand über; es *sublimiert*. Das Diagramm zeigt aber auch, dass die Temperatur einer Flüssigkeit über den Siedepunkt hinaus erhöht werden kann, und dass z. B. Wasser, ohne zu erstarren, vorübergehend auch unter die Schmelztemperatur abgekühlt werden kann. Unter Normaldruck (1013 mbar) schmilzt Eis bei 0 °C und siedet Wasser bei 100 °C. Darüber hinaus dokumentieren die Zustandsdiagramme, dass eine Flüssigkeit auch unterhalb ihrer Siedetemperatur in den gasförmigen Zustand übergehen kann. Aufgrund des Verlaufs der Siededruckkurve (P → C) im Zustandsdiagramm des Wassers wird erklärbar, warum eine Erhöhung des Drucks auf ein bei 0 °C im Gleichgewicht befindliches Eis/Wasser-Gemisch zum Schmelzen des Eises führt [vgl. **MC-Fragen Nr. 450, 451, 474, 1846**].

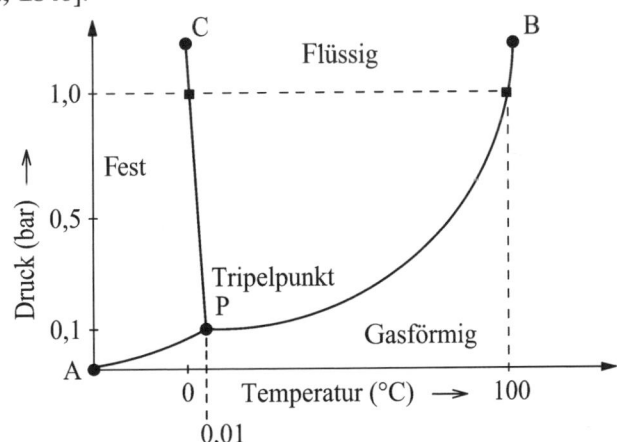

Abb. 1.111: Phasendiagramm des Wassers

In Abb. 1.111 entspricht der Kurvenabschnitt [A ⟷ P] der Dampfdruckkurve des Feststoffes (**Sublimationsdruckkurve**), die Linie [P ⟷ B] der Dampfdruckkurve der Flüssigkeit (**Verdampfungsdruckkurve, Siededruckkurve**) und der Kurvenabschnitt [P ⟷ C] (**Schmelzdruckkurve**) trennt schließlich die Existenzbereiche des festen und flüssigen Zustandes voneinander ab. Innerhalb eines durch zwei Kurven begrenzten Gebietes ist jeweils nur eine Phase beständig; in jedem Kurvenpunkt stehen mindestens zwei Phasen miteinander im Gleichgewicht.

Im Schnittpunkt der drei Kurven, dem sog. **Tripelpunkt** (P), koexistieren alle drei Zustände, d. h., feste, flüssige und gasförmige Phase liegen nebeneinander im Gleichgewicht vor. Der *Tripelpunkt des Wassers* bei 0,01 °C und 6,11 mbar ist der Bezugspunkt der *absoluten Temperaturskala* . 1 **Kelvin** ist der 273,16te Teil der absoluten Temperatur des Tripelpunktes [vgl. **MC-Fragen Nr. 469–478**].

Der *kritische Punkt* (B) ist das Ende der Dampfdruckkurve in Richtung großer p- und T-Werte; Dampf und Flüssigkeit können nicht mehr unterschieden werden, weil sich oberhalb der kritischen Temperatur keine Phasengrenze mehr ausbildet. Erfahrungsgemäß hat jedes Gas eine *kritische Temperatur* (T_C), oberhalb derer es nicht mehr verflüssigt werden kann. Der zu T_C gehörende Druck heißt *kritischer Druck* (p_C); er entspricht dem Mindestdruck, der zur Verflüssigung eines Gases bei seiner kritischen Temperatur erforderlich ist. In Tab. 1.54 sind die kritischen Daten einiger Stoffe aufgelistet. Aus diesen Daten ist ersichtlich, dass sich z. B. **Kohlendioxid** bei Raumtemperatur (20 °C) unter Druck verflüssigen lässt, weil die kritische Temperatur von Kohlendioxid über 20 °C liegt [vgl. **MC-Fragen Nr. 479, 480**].

Das Phasendiagramm stellt nun die Bedingungen anschaulich dar, unter welchen die verschiedenen Aggregatzustände beständig sind und wie sie sich bei Variation der Zustandsvariablen verändern. Durch *Temperaturänderungen* (bei konstantem Druck) bedingte Phasenumwandlungen sind im Zustandsdiagramm entlang einer *horizontalen* Geraden, durch *Druckänderungen* (bei konstanter Temperatur) verursachte Phasenumwandlungen entlang einer *vertikalen Geraden* zu verfolgen.

Zu den einzelnen Kurvenabschnitten eines p-T-Diagramms lassen sich folgende Anmerkungen machen:

– Die **Schmelzdruckkurve** gibt die Abhängigkeit des Schmelzpunktes (Erstarrungspunktes) vom Außendruck an und trennt die Existenzbereiche von fester

Tab. 1.54: **Kritische Daten ausgewählter Stoffe**

Substanz	T_C (°C)	p_C (bar)
Chlor	144	76,9
Helium	-268	2,28
Kohlendioxid	31,1	73,7
Luft	-141	37,6
Sauerstoff	-118	50,2
Wasser	374	220,0

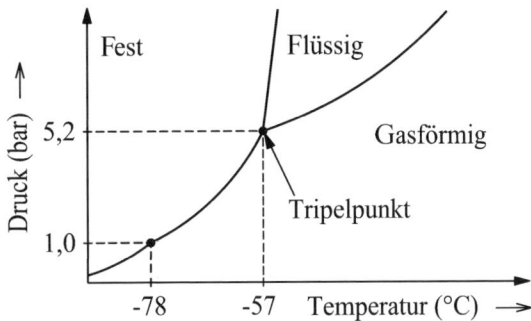

und flüssiger Phase. Beim Schmelzpunkt haben Feststoff und Flüssigkeit denselben Dampfdruck. Die Temperatur, bei der sich unter Atmosphärendruck (101,3 kPa) das fest/flüssig-Gleichgewicht einstellt, wird normalerweise als **Schmelzpunkt** der Substanz bezeichnet.

- Die **Verdampfungsdruckkurve** einer Flüssigkeit gibt die Grenzen der Existenzbereiche der flüssigen und gasförmigen Phase an. Auf dieser Kurve findet man den **Siedepunkt** als jene Temperatur, bei welcher der Dampfdruck einer Flüssigkeit gleich dem herrschenden Außendruck ist.

   Aus dem Dampfdruckdiagramm lässt sich auch die jeweilige Siedetemperatur bei verschiedenen Drücken direkt ablesen.

- Die **Sublimationsdruckkurve** gibt die Grenzen der Existenzbereiche des festen und gasförmigen Aggregatzustandes an. Viele Stoffe sublimieren, d. h., sie verdampfen ohne zu schmelzen.

Phasendiagramm des Kohlendioxids: Abb. 1.112 zeigt das p-T-Diagramm des CO_2. Hier liegt der Tripelpunkt (-57 °C; 5,2 bar) wesentlich höher als der Atmosphärendruck, sodass man normalerweise Kohlendioxid nicht flüssig erhalten kann. **Trockeneis** (festes CO_2) sublimiert vielmehr bei -78 °C und 1013 mbar direkt zu gasförmigem CO_2.

Abschließend ist noch anzumerken, dass im Gegensatz zu Wasser oder Kohlendioxid die meisten anderen Stoffe ein komplizierteres Phasendiagramm besitzen, weil sowohl zwischen den Grundaggregatzuständen Übergangsformen als auch Modifikationen des festen Zustandes existieren können. Bezüglich des Zustandsdiagramms von **Schwefel** siehe Kap. 2.4.5.

1.8.6.5 Flüssigkeitsgemische, azeotrope Mischungen

Bei Gemischen verschiedener Flüssigkeiten treten neben der Temperatur und dem Druck die *Stoffmengenanteile* der Komponenten in den verschiedenen Phasen als weitere Zustandsvariable auf, weil der Dampfdruck eines Flüssigkeitsgemischs auch von dessen Zusammensetzung abhängt.

Prinzipiell hat man bei Lösungen von Flüssigkeiten ineinander zwischen zwei Grenzfällen zu unterscheiden:

Idealgemische liegen vor, wenn die intermolekularen Kräfte der reinen Komponenten denen der Mischung gleichen. In diesem Fall lassen sich die beiden Flüssigkeiten im beliebigen Verhältnis und ohne Auftreten von Wärme- oder Volumeneffekten miteinander mischen; es handelt sich um einen rein physikalischen Vorgang. Ein Beispiel hierfür ist das Gemisch **Benzen-Toluen**.

Solche Gemische gehorchen dem **Raoultschen Gesetz** (siehe Kap. 1.8.8.1), d. h., Lösungen, deren Komponenten niedrigere Dampfdrücke haben, sieden höher als Gemische von Komponenten mit höherem Dampfdruck. Ideale Flüssigkeitsgemische lassen sich durch *fraktionierte Destillation* trennen, weil im Gleichgewicht die Zusammensetzung der Gasphase von der Zusammensetzung der flüssigen Phase abweicht. Die leichter flüchtige Komponente ist im Dampf gegenüber der flüssigen Phase stärker angereichert. In den Siedediagrammen idealer binärer Mischungen übersteigt die Linie der Dampfzusammensetzung nie den Siedepunkt der höhersiedenden reinen Komponente [vgl. **MC-Frage Nr. 484**].

Nichtideale Gemische flüchtiger Substanzen zeigen beim Mischen Wärmeeffekte und gehorchen *nicht* (oder nur annähernd) dem Raoultschen Gesetz.

Sind die Anziehungskräfte zwischen den Molekülen eines Zweikomponentengemischs (**binäres System**) größer als zwischen den Molekülen der reinen Komponenten, so führt die Wechselwirkung im Gemisch zu einer stärkeren Herabsetzung des Dampfdruckes als nach dem Raoultschen Gesetz zu erwarten wäre. Das Mischen der Komponenten erfolgt unter Volumenverminderung und Wärmeabgabe. Bei solchen *negativen Abweichungen* vom Raoultschen Gesetz zeigt die Dampfdruckkurve ein Minimum. Dies führt im Siedediagramm zu einem Maximum.

Ein *positives Abweichen* vom Raoultschen Gesetz tritt auf, wenn die Anziehungskräfte zwischen den Molekülen der Komponenten in der Mischung geringer sind als zwischen denen der reinen Einzelstoffe. *Positive Abweichungen* mit einem Maximum in der Dampfdruckkurve führen in den Siedediagrammen zu einem Minimum.

Nichtideale binäre Systeme können miteinander **azeotrope Gemische** bilden, die bei einem bestimmten Mischungsverhältnis höher oder tiefer sieden als die beiden reinen Komponenten.

Ein azeotropes Gemisch kann *nicht* durch fraktionierte Destillation in seine Komponenten zerlegt werden, weil Flüssigkeits- und Dampfphase *dieselbe* Zusammensetzung aufweisen. Das Flüssigkeitsgemisch verdampft als einheitlicher Stoff (**Azeotrop**). Durch fraktionierte Destillation kann man nur eine Komponente rein erhalten, nicht aber die andere. An ihrer Stelle erhält man das Azeotrop. Hingegen lassen sich azeotrope Gemische häufig durch eine wiederholte Destillation bei *verschiedenen Drücken* in ihre Komponenten zerlegen, weil die Zusammensetzung eines Azeotrops vom äußeren Druck abhängt [vgl. **MC-Frage Nr. 485**]. Im allgemeinen bewirkt eine Druckminderung, dass sich die tiefer siedende Komponente in der azeotropen Mischung anreichert. In Tab. 1.55 sind die Eigenschaften einiger azeotroper Gemische aufgelistet [vgl. **MC-Fragen Nr. 1845, 1872**].

Tab 1.55: Eigenschaften azeotroper Gemische

Azeotropes Gemisch	Siedepunkt der Komponenten in °C		Azeotropzusammensetzung in Masse %		Azeotropsiedepunkt in °C
Wasser-Ethanol	100,0	- 78,3	4	96	78,15
Wasser-Ameisensäure	100,0	- 100,7	23	77	107,3
Wasser-Benzen	100,0	- 80,6	9	91	69,2
Wasser-Toluen	100,0	- 110,6	20	80	84,1
Chloroform-Aceton	61,2	- 56,4	80	20	64,7

1.8.7 Lösungen, Solvatation

1.8.7.1 Der Lösevorgang, Hydratation

Festkörper, Flüssigkeiten und Gase können sich in chemisch von ihnen verschiedenen Flüssigkeiten ohne Stoffumwandlung lösen. Es entsteht eine *homogene* (einphasige) *Mischung* aus *gelöstem Stoff (Solvat) und Lösungsmittel (Solvens)*, die als **Lösung** bezeichnet wird. Als Lösungsmittel definiert man im allgemeinen die Komponente mit dem größeren Stoffmengenanteil. Die **Löslichkeit** einer Substanz entspricht der maximalen Stoffmenge, die sich bei gegebener Temperatur in einer bestimmten Lösungsmittelmenge lösen lässt (siehe auch Kap. 1.8.7.2).

Löst sich eine Substanz nicht vollständig in einem Solvens, so bezeichnet man den verbleibenden ungelösten Rest als **Bodenkörper**. Zwischen ihm und dem gelösten Anteil besteht ein dynamisches Gleichgewicht (vgl. auch Kap. 1.10). Pro Zeiteinheit gehen genausoviele Teilchen in Lösung wie am Bodenkörper wieder abgeschieden werden. Es liegt eine *gesättigte Lösung* vor. Die Menge an gelöstem Stoff in einem definierten Lösungsmittelvolumen bezeichnet man als **Konzentration** (siehe auch Kap. 1.8.7.3). Eine *ungesättigte* Lösung besitzt eine geringere, eine *übersättigte* Lösung eine höhere Konzentration als eine gesättigte Lösung.

Neben den **echten Lösungen**, bei denen der gelöste Stoff in Einzelmoleküle oder Ionen zerfällt (Partikelgröße $< 10^{-9}$ m), kennt man auch **kolloidale Lösungen**. Bei letzteren handelt es sich um heterogene Lösungen (Partikelgröße: 10^{-9} bis 10^{-7} m). Daneben kennt man noch Zweiphasengemische aus kleinen festen Teilchen und einer Flüssigkeit, die man **Suspensionen** nennt (Partikelgröße $> 10^{-6}$ m). **Emulsionen** sind Mischungen zweier nicht ineinander löslicher Flüssigkeiten (siehe auch Kap. 1.8.6.1).

Beim Lösen von Substanzen in einem Lösungsmittel treten beide Stoffe miteinander in Wechselwirkung. Hierbei sollen Fälle ausgeschlossen werden, in denen das Lösen eines Stoffes auf einer chemischen Umsetzung mit dem Lösungsmittel beruht (z. B. Lösen von unedlen Metallen in Wasser). Die Wechselwirkungen zwischen Solvens und Solvat machen sich ggf. durch einen **Volumeneffekt** und vor allem durch einen **Wärmeeffekt** bemerkbar. Die auftretende positive oder negative **Lösungswärme (Lösungsenthalpie)** kann von verschiedenen Ursachen herrühren:

– Beim Lösen eines Festkörpers bricht das Kristallgitter zusammen; die **Gitterenergie** ist zu überwinden (vgl. Kap. 1.3.2.2).
– Die sich lösenden Teilchen lagern Lösungsmittelmoleküle an. Sie werden *solvatisiert*, d. h., sie werden von Lösungsmittelmolekülen umhüllt. Verwendet man Wasser als Lösungsmittel, so nennt man diesen Vorgang **Hydratation** (Hydration). Hierbei tritt die **Solvatationsenthalpie** bzw. **Hydratationsenthalpie** als Wärmeeffekt auf (vgl. auch Kap. 1.3.3).
– Darüber hinaus kommt es beim Lösen von **Elektrolyten** (Säuren, Basen, Salze) zur **Dissoziation**, d. h., dem mehr oder minder starken Zerfall einer Substanz in Ionen, wobei sich entsprechend dem **Dissoziationsgrad** die **Dissoziationsenthalpie** bemerkbar macht (vgl. Kap. 1.8.9.1).
– Desweiteren treten zwischen den Lösungspartikeln auch Wechselwirkungskräfte auf, die *Aktivitätsabweichungen* vom Molenbruch bzw. der Konzentration des gelösten Stoffes zur Folge haben (vgl. Kap. 1.8.9.3).

All diese Effekte können nebeneinander vorliegen und sich z.T. überlagern. Die *Lösungs-* und *Verdünnungswärmen* sind somit summarische Effekte [vgl. **MC-Fragen Nr. 1700, 1817**].

Beim Lösen von Substanzen - chemische Umsetzungen seien ausgeschlossen - sind vor allem zwei Erscheinungen von Bedeutung: Wechselwirkung zwischen Lösungsmittelteilchen und gelöstem Stoff, die Solvatation, und die durch thermische Bewegung bedingte Dispersion. Die auftretende Lösungsenthalpie hängt vom verwendeten Lösungsmittel und von der Gitterenergie des zu lösenden Stoffes ab. Die Lösungsenthalpie fester Stoffe ist temperaturabhängig.

Ionenhydratation: Besonders stark sind die angesprochenen Wechselwirkungen zwischen Lösungsmittel und gelöstem Stoff beim Auflösen von Salzen. Bringt man einen Ionenkristall in Wasser, so lagern sich die Wasserdipole an die Kristalloberfläche an. Die freiwerdende Energie ermöglicht den Übergang einzelner Ionen in die wässrige Phase, wo sie mit weiteren Wassermolekülen koordinieren, d. h. umhüllt werden. Es liegen *hydratisierte Ionen* vor. Sofern die Gitterenergie des Ionenkristalls nicht allzu groß ist, bewirkt die freiwerdende **Hydratationsenthalpie**, dass sich weitere Ionen aus dem Gitter herauslösen, bis schließlich das Salz ganz aufgelöst ist. Die Hydrathülle um die Ionen schwächt deren gegenseitige Anziehung, sodass sich die hydratisierten Ionen in der Lösung einzeln und relativ frei bewegen können. Man bezeichnet die hydratisierten Ionen auch als **Aquokomplexe** und den beschriebenen Auflöseprozess als **elektrolytische Dissoziation** (siehe auch Kap. 1.8.9.1 und **MC-Frage Nr. 1640**). In Abb. 1.113 ist der **Auflösevorgang** von Salzen am Beispiel des **Natriumchlorids** dargestellt. Der besseren Übersicht halber sind an jedem der hydratisierten Ionen *nur* vier koordinierte Wassermoleküle eingezeichnet und die äußeren Hydratsphären weggelassen worden.

Auch kovalent oder überwiegend kovalent gebaute Verbindungen lösen sich in Wasser oder anderen Solventien. Hier kommt es durch Heterolyse der kovalenten Bindung zur Bildung von undissoziierten, hydratisierten (solvatisierten) **Ionenpaaren**, die anschließend in hydratisierte Einzelionen zerfallen. Abb. 1.114 zeigt dies am Beispiel des **Auflösens von Chlorwasserstoff** in Wasser.

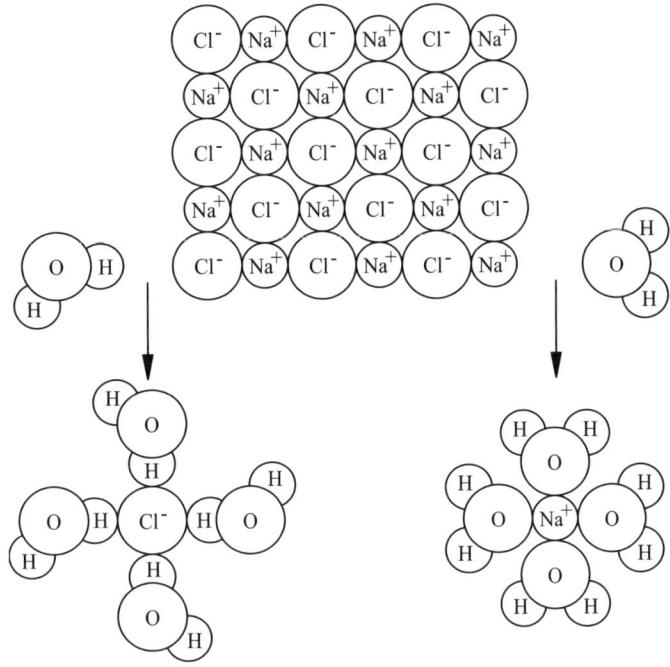

Abb. 1.113: Auflösung von Natriumchlorid in Wasser

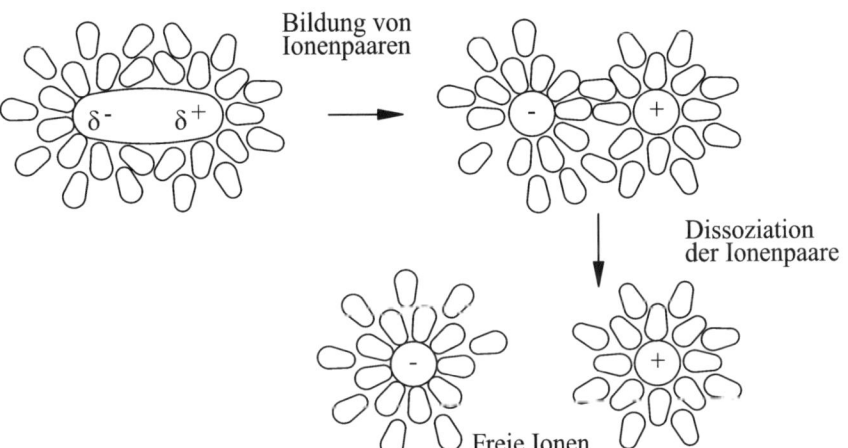

Abb. 1.114: Bildung von Ionenpaaren durch Heterolyse kovalenter Bindungen und ihre Dissoziation in freie Ionen

Solvatation (Hydratation) ist ein generelles Phänomen beim Auflösen von Substanzen. Die hierbei auftretenden Solvatationsenergien (Hydratationsenergien) stabilisieren die gelösten Teilchen und ermöglichen erst die Auflösung von Substanzen.

Struktur hydratisierter Ionen: Die Art der Koordination zwischen Wasser und gelösten Ionen hängt davon ab, ob die H_2O-Moleküle über ihr Sauerstoffatom oder über eines der beiden Wasserstoffatome gebunden werden. Gegenüber Kationen ist das Wassermolekül über den Sauerstoff, gegenüber Anionen über eines der beiden H-Atome koordiniert.

$$Cu^{2+} \longleftarrow O \overset{H}{\underset{H}{<}} \quad ; \quad F^- \longrightarrow H-O \overset{H}{\diagup}$$

Hydrate von Metallionen liegen nicht nur in wässriger Lösung vor, sondern finden sich auch in kristallinen Verbindungen. Zum Beispiel enthält das kristalline, *blaue Kupfersulfat* Cu^{2+}-Ionen, die von vier Wassermolekülen hydratisiert sind. Das eingebaute Wasser wird als **Kristallwasser** bezeichnet.

Sowohl bei Kationen als auch bei Anionen kommt es in wässriger Lösung zum Aufbau *mehrerer Hydratsphären*, wie dies in Abb. 1.115 für das hydratisierte Lithium-Ion veranschaulicht ist.

$$Me^{n+} \longleftarrow \overset{\delta^-}{O} \overset{\delta^+}{\underset{H}{<}} H \longleftarrow O \overset{H}{\underset{H}{<}}$$

Nach der Koordination eines Wassermoleküls an ein Kation bewirkt der Elektronensog eine Elektronenverschiebung entlang der H-O-Bindungen, wodurch die positiven Partialladungen an den H-Atomen der koordinierten Wassermoleküle verstärkt werden. Dies ist auch der Grund dafür, warum sich weitere Wassermoleküle bevorzugt an schon koordinierte Ionen anlagern und eine äußere Hydratsphäre aufbauen. Durch den Aufbau der zweiten Koordinationsphäre erfolgt ein zusätzlicher Elektronenschub in Richtung auf das Koordinationszentrum. Deshalb bewirkt im allgemeinen die Koordination in der äußeren Sphäre eine Verstär-

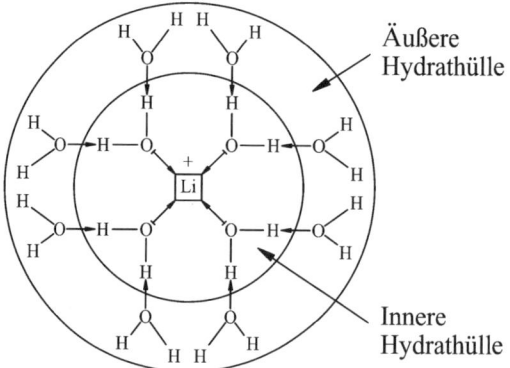

Äußere Hydrathülle

Innere Hydrathülle

Abb. 1.115: Innere und äußere Hydrathülle des Lithium-Ions

kung der Bindungen der inneren Koordinationssphäre und damit eine Erhöhung der Stabilität des komplexen Ions.

In entsprechender Weise bewirkt die Bildung einer zweiten Koordinationssphäre auch bei Anionen eine Verstärkung der Bindungen der inneren Hydratsphäre. Hierbei wird durch die äußere Hydrathülle der Elektronensog vom Koordinationszentrum weg verstärkt, was gleichfalls zu einer Erhöhung der Stabilität des Aquokomplexes führt.

1.8.7.2 Löslichkeit

Jeder Stoff hat eine spezifische, maximale Löslichkeit, d. h., die Stoffmenge, die sich in einem bestimmten Lösungsmittelvolumen löst, ist eine charakteristische Eigenschaft der betreffenden Substanz. Sie wird stark durch die Temperatur beeinflusst. Bei Elektrolyten ist sie durch die Größe des Löslichkeitsproduktes gegeben (vgl. Kap. 1.10.4).

Die Löslichkeit einer Substanz hängt aber nicht nur von der Temperatur sondern auch von der Natur des betreffenden Stoffes und vom verwendeten Lösungsmittel ab (*Ähnliches löst sich in ähnlichem!*). Eine hohe Löslichkeit einer Substanz ist dann zu erwarten, wenn gelöster Stoff und Lösungsmittel von ähnlichem Charakter sind.

> Polare Substanzen sind im allgemeinen gute Lösungsmittel für polare Stoffe, während sie unpolare Stoffe schlecht oder überhaupt nicht lösen.

Löslichkeit von Salzen: Sie wird in erster Linie durch die **Gitterenergie** und die **Hydratationsenthalpie** ihrer Ionen bestimmt. Die Gitterenergie wächst mit zunehmender Ladung und abnehmender Größe der Ionen; parallel dazu steigt in der gleichen Richtung aber auch die Hydratationsenergie an. Die Zusammenhänge zwischen diesen beiden Größen und der Löslichkeit sind komplex und nicht ohne weiteres leicht zu durchschauen. Beispielsweise steigt die Löslichkeit einiger **Alkalihalogenide** in den folgenden Reihen an:

$$\text{—— zunehmende Löslichkeit} \longrightarrow$$
$$\mathbf{LiF < NaF < KF < RbF < CsF}$$
$$\mathbf{LiF < LiCl < LiBr < LiI}$$

Bei diesen Salzen sind Kationen und Anionen von vergleichbarer Größe. Ursache für die zunehmende Löslichkeit dürfte deshalb der wachsende Radius des Kations oder Anions sein. Die Abnahme der Gitterenergie ist in beiden Reihen größer als die Abnahme der Hydratationsenthalpie. Wie Tab. 1.56 zeigt, verhalten sich die **Fluoride** und **Hydroxide** der **Erdalkalimetalle** weitgehend analog.

Bei *Salzen* mit relativ *großem Anion* wie z. B. **Carbonaten** verändert sich die Gitterenergie nur wenig, wenn sich die Größe des Kations ändert. Die Gitterener-

Tab. 1.56: **Löslichkeit schwerlöslicher Erdalkalisalze (in Mol/1000 g Wasser bei 25 °C)**

Ion	Fluorid	Hydroxid	Carbonat	Sulfat
Mg^{2+}	$1,2 \cdot 10^{-3}$	$1,3 \cdot 10^{-4}$	$1,2 \cdot 10^{-3}$	$2,4$
Ca^{2+}	$2,0 \cdot 10^{-4}$	$2,1 \cdot 10^{-2}$	$1,5 \cdot 10^{-4}$	$1,5 \cdot 10^{-2}$
Sr^{2+}	$1,0 \cdot 10^{-3}$	$5,5 \cdot 10^{-2}$	$7,0 \cdot 10^{-4}$	$5,0 \cdot 10^{-3}$
Ba^{2+}	$1,0 \cdot 10^{-2}$	$2,8 \cdot 10^{-1}$	$1,0 \cdot 10^{-4}$	$1,0 \cdot 10^{-5}$

gie wird durch den wachsenden Kationenradius nur wenig beeinflusst. Hier dominiert der Einfluss der Hydratationsenergie. Aus diesem Grund nimmt beispielsweise die Löslichkeit der **Erdalkalicarbonate** und **Erdalkalisulfate** vom Magnesium zum Barium hin deutlich ab, weil der mit steigender Ordnungszahl zunehmende Radius der Erdalkaliionen eine geringere freie Hydratationsenthalpie zur Folge hat [vgl. auch **MC-Fragen Nr. 219, 1336**].

Da die Gitterenergie auch von der Ionenladung abhängt, sinkt im allgemeinen die Löslichkeit mit wachsender Ionenladung. Erdalkalisalze sind meistens weniger gut löslich als die entsprechenden Alkalisalze, und Oxide sind in der Regel schwerer löslich als Halogenide. Allerdings wird bei manchen **Aluminiumsalzen** dieser Effekt durch die bei dreifach positiv geladenen Metallionen sehr hohe Hydratationsenergie mehr als kompensiert.

Temperaturabhängigkeit der Löslichkeit: In einer *gesättigten Lösung* stellt sich ein *dynamisches Gleichgewicht* zwischen dem gelösten Stoff und dem ungelösten Bodenkörper ein. Im Gleichgewichtszustand geht an der Phasengrenzfläche ständig ungelöster Stoff in Lösung und mit gleicher Geschwindigkeit wird gelöster Stoff aus der Lösung am Bodenkörper abgeschieden. Die Konzentration einer gesättigten Lösung entspricht der **Löslichkeit** der betreffenden Substanz.

Erwärmt man nun eine gesättigte Lösung, so steigt im allgemeinen die Löslichkeit mit zunehmender Temperatur an, und es wird mehr Bodenkörper gelöst werden. Die meisten Ionenverbindungen wie z. B. **Kaliumnitrat** (KNO_3) zeigen dieses Verhalten (Abb. 1.116).

Abb. 1.116 zeigt aber auch, dass z. B. **Natriumchlorid** in kochendem und kaltem Wasser nahezu die gleiche Löslichkeit besitzt und deshalb *nicht* durch Umkristallisieren aus Wasser gereinigt werden kann. Bei 0 °C lösen sich in 100 ml Wasser 35,7 g NaCl, bei 100 °C sind es 39,12 g. Sehr reines Natriumchlorid erhält man dagegen durch Zusatz von konz. HCl zu einer kalten, gesättigten Kochsalz-Lösung, was zur Ausfällung von NaCl führt [vgl. **MC-Fragen Nr. 216, 1201, 1837**].

Darüber hinaus existieren auch Beispiele, in denen sich beim Erwärmen einer gesättigten Lösung mehr Bodenkörper abscheidet, die Löslichkeit also mit zunehmender Temperatur abnimmt. An Substanzen, die dieses Verhalten zeigen, sind **Calciumcitrat, Lithiumcarbonat** und **Natriumsulfat** zu nennen.

Wie die Temperaturänderung die Löslichkeit eines Stoffes beeinflusst, kann mit Hilfe des *Prinzips vom kleinsten Zwang* vorausgesagt werden (vgl. Kap. 1.10.3). Nach Le Chatelier weicht ein im Gleichgewicht befindliches System einem äußeren Zwang aus und es stellt sich ein neues Gleichgewicht ein. Der Temperaturein-

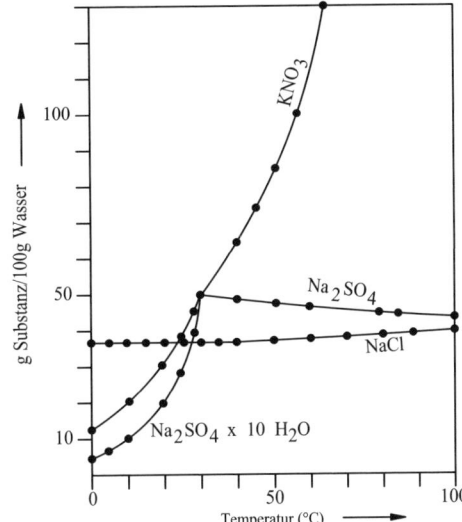

Abb. 1.116:   Temperaturabhängigkeit der Löslichkeit einiger Alkalisalze in Wasser

fluss auf die Löslichkeit hängt letztlich davon ab, ob beim Lösevorgang Energie freigesetzt oder aufgenommen wird.

Wenn z. B. die Solvatationsenergie kleiner ist als die zum Lösen aufzuwendende Energie, der Löseprozess also *endotherm* abläuft, wird der Lösevorgang durch Zufuhr von Energie in Form von Wärme begünstigt. Die Löslichkeit steigt, weil mehr Teilchen in Lösung gehen als umgekehrt aus der Lösung am Bodenkörper abgeschieden werden. Das System weicht dem äußeren Zwang einer Temperaturerhöhung aus, in dem es Wärme verbraucht und dadurch den Lösevorgang ermöglicht. Daraus kann der Schluss gezogen werden, dass die *Löslichkeit von Substanzen, die sich endotherm lösen, mit wachender Temperatur ansteigt.* Demgegenüber wird die *Löslichkeit eines Stoffes, der sich exotherm löst, mit zunehmender Temperatur abnehmen* [vgl. **MC-Frage Nr. 1535**].

Die Löslichkeit von Substanzen, die sich (endotherm) unter Wärmeaufnahme lösen, steigt mit zunehmender Temperatur an. Umgekehrt wird die Löslichkeit cincs Stoffcs, der sich (exotherm) unter Wärmeabgabe löst, mit zunehmender Temperatur sinken. Der Einfluss einer Temperaturänderung ist umso größer, je mehr Wärme beim Lösen verbraucht oder frei wird.

Die **Löslichkeit von Gasen** in Flüssigkeiten nimmt mit zunehmender Temperatur *stets* ab. Weil beim Lösen die Gaspartikel unter die anziehende Wirkung der Lösungsmittelteilchen geraten, ist mit dem Lösen immer eine – wenn auch geringe – Energieabgabe verbunden. Gase gehen in der Regel *exotherm* in Lösung.

Im allgemeinen ist die Löslichkeit von Gasen in Wasser gering. In manchen Fällen bedingen aber Solvatationseffekte oder chemische Reaktionen eine sehr hohe

Löslichkeit. Ein Beispiel dafür ist das Lösen von **Chlorwasserstoff** (HCl) in Wasser zu **Salzsäure** unter Ionenbildung.

Darüber hinaus ist beim Lösen von Gasen das **Henry-Dalton-Gesetz** zu beachten (siehe Kap. 1.10.5.2). Danach ist die Löslichkeit eines Gases bei gegebener Temperatur proportional zu seinem Druck und steigt mit zunehmendem Druck stark an. Bei Lösevorgängen zwischen festen und flüssigen Substanzen haben Druckänderungen nur einen geringen Einfluss, weil hierbei kaum Volumenänderungen auftreten.

Qualitative Aspekte der Löslichkeit von Salzen: Tab. 1.57 enthält einige qualitative Angaben zur Löslichkeit anorganischer Salze. Diese lassen sich grob in eine leichtlösliche und in eine schwerlösliche Gruppe einteilen [vgl. **MC-Frage Nr. 1841**].

Leichtlöslich sind Fluoride, Chloride, Bromide, Iodide, Nitrate, Perchlorate, Acetate und Sulfate.

Tab. 1.57: **Qualitative Angaben über die Löslichkeitsverhältnisse anorganischer Salze**

Anion	Allgemeine Löslichkeitsverhältnisse	Salze, die Ausnahmen bilden
F^-	Leichtlöslich	Erdalkalimetallionen, Pb(II)
NO_3^-	Leichtlöslich	–
HCO_3^-	Löslich	–
CH_3COO^-	Leichtlöslich	–
ClO_4^-	Leichtlöslich	K^+, Rb^+, Cs^+, NH_4^+
HSO_4^-	Leichtlöslich*)	–
$H_2PO_4^-$	Leichtlöslich	–
SO_4^{2-}	Leichtlöslich	Erdalkalimetallionen, Pb(II)
HPO_4^{2-}	Leichtlöslich	
CO_3^{2-}	Schwerlöslich	
$C_2O_4^{2-}$	Schwerlöslich	Alkalimetallionen, NH_4^+
PO_4^{3-}	Schwerlöslich	
Cl^-, Br^-, I^-	Leichtlöslich	Ag^+, Tl^+, Pb^{2+}, Hg_2^{2+}
HO^-	Schwerlöslich	Alkalimetallionen, NH_4^+
CN^-	Schwerlöslich	Erdalkalimetallionen
O^{2-}	Schwerlöslich**)	Alkalimetallionen,
S^{2-}	Schwerlöslich**)	Erdalkalimetallionen

*) Erdalkalihydrogensulfate und Bleihydrogensulfat sind nur in sehr stark schwefelsaurer Lösung beständig.

**) Die Löslichkeit der Oxide und Sulfide der Alkali- und Erdalkalielemente in Wasser beruht auf der Bildung von Hydroxiden bzw. Hydrogensulfiden.

Ausnahmen hiervon sind die schwerlöslichen
Fluoride von Mg^{2+}, Ca^{2+}, Sr^{2+}, Ba^{2+} und Pb^{2+},
Halogenide von Cu^+, Ag^+, Hg_2^{2+}, Tl^+ und Pb^{2+},
Perchlorate von NH_4^+, K^+, Rb^+ und Cs^+ sowie die
Sulfate von Ca^{2+}, Sr^{2+}, Ba^{2+} und Pb^{2+}.

Schwerlöslich sind Oxide, Hydroxide, Carbonate, Cyanide, Sulfide, Oxalate und
Phosphate. **Ausnahmen** bilden die leichtlöslichen Oxide, Hydroxide, Cyanide und
Sulfide der Alkali- und Erdalkalimetalle und des NH_4^+-Ions sowie die Carbonate,
Oxalate und Phosphate der Alkalimetalle und des Ammoniumions.

1.8.7.3 Konzentrationsmaße
(siehe auch Ehlers, **Analytik II-Kurzlehrbuch**, Kap. 4.1)

Die Konzentration eines Stoffes in einer Lösung kann auf unterschiedliche Weise
angegeben werden.

- Mit **Massenprozent** bezeichnet den mit 100 multiplizierten Massenanteil einer
  Substanz in einer Lösung. Der Massenanteil bezieht sich dabei stets auf die Gesamtmasse einer Lösung und nicht auf die Masse des reinen Lösungsmittels.
  Zum Beispiel enthalten 100 g einer 10%igen Kaliumchlorid-Lösung 10 g KCl
  und 90 g Wasser.

Bei Lösungen sehr geringer Stoffkonzentration kann die Konzentrationsangabe
auch in **Promille** (= Milligramm pro Gramm) oder in **ppb** (= Nanogramm pro
Gramm) erfolgen. Darüber hinaus sind auch Angaben wie **Gewichtsprozent** (=
Gramm Substanz pro 100 g Lösung) oder **Volumenprozent** (Gramm Substanz pro
100 ml Lösung) gebräuchlich.

- Die **Stoffmengenkonzentration** (c) oder **molare Konzentration** (früher: **Molarität**) gibt die Stoffmenge (n) eines gelösten Stoffes pro Volumen (V) der Lösung
  an. In der Regel erfolgt die Konzentrationsangabe in **Mol pro Liter** [vgl. **MC-
  Fragen Nr. 1873, 1905**].

$$c = n / V \qquad [mol \; l^{-1}]$$

Wie alle volumenbezogenen Größen ist auch die Stoffmengenkonzentration von
der *Temperatur* abhängig. Da eine Temperaturerhöhung zu einer Volumenausdehnung der Lösung führt, nimmt dementsprechend die Stoffmengenkonzentration
mit steigender Temperatur ab, obwohl sich an der gelösten Stoffmenge naturgemäß nichts geändert hat.

[1818] Aufgrund einer rel. Molmasse ($M_r = 82$) enthält eine 0,3 M-CH_3COONa-
Lösung **24,6 g** ($82 \cdot 0,3$) Natriumacetat gelöst.

- Die **Molalität** einer Lösung gibt die Stoffmenge einer gelösten Substanz pro *Kilogramm Lösungsmittel* an. Beispielsweise ist eine Lösung von 36,5 g Chlorwasserstoff ($M_r = 36,5$) in 1000 g Wasser 1-molal [vgl. **MC-Frage Nr. 486**].

Als nicht auf das Volumen bezogene Konzentrationsangabe ist die Molalität von
der Temperatur unabhängig.

– Unter der **Äquivalentkonzentration** (früher: **Normalität**) versteht man die Stoffmengenkonzentration in Grammäquivalenten gelöster Substanz in 1000 ml Lösungsmittel. Die Äquivalentkonzentration ist eine gebräuchliche Konzentrationsangabe in der *Maßanalyse* bei Säure-Base- oder Redoxtitrationen.

1 Äquivalent Säure oder Base ist danach die Stoffmenge, die imstande ist, 1 g H^+-Ionen aufzunehmen oder abzugeben [z. B. 36,5 g HCl, 98/2 g H_2SO_4, 40 g NaOH oder 171/2 g $Ba(OH)_2$].

1 Äquivalent eines Reduktions- oder Oxidationsmittels ist die Substanzmenge, die 1 Mol Elektronen aufnehmen oder abgeben kann.

– Ein weiteres Konzentrationsmaß ist der **Stoffmengenanteil** (früher: **Molenbruch**). Der Stoffmengenanteil (x) ist definiert als Quotient der Stoffmenge (n) (in **Mol**) einer Substanz (A) zur Gesamtstoffmenge (Σn) aller in der Lösung vorhandenen Substanzen (A, B, C,…).

$$x\,(A) = \frac{n\,(A)}{n\,(A) + n\,(B) + n\,(C) + ..}$$

Auch der Stoffmengenanteil einer Lösung hängt von der Temperatur ab. Die Summe aller Stoffmengenanteile einer Lösung beträgt 1.

$$x\,(A) + x\,(B) + x\,(C) + .. = 1$$

1.8.8 Konzentrationsabhängige Eigenschaften von Lösungen

1.8.8.1 Lösungen nichtflüchtiger Stoffe, Raoultsches Gesetz, Dampfdruckerniedrigung

Lösungen bestehen aus einem Lösungsmittel (dem **Solvens**) und dem gelösten Stoff (dem **Solvat**). Die gelösten Bestandteile befinden sich in ständiger, regelloser translatorischer Bewegung. Ihr Zustand gleicht dem eines Gases.

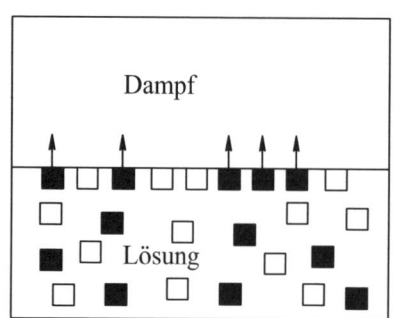

Ist in dem Lösungsmittel ein nichtflüchtiger Stoff gelöst, so ist das Entweichen von Lösungsmittelteilchen in den Dampfraum erschwert, weil sich an der Oberfläche der flüssigen Phase nicht nur Lösungsmittelpartikel, die verdunsten können, sondern auch gelöste, nichtflüchtige Teilchen befinden. In der Lösung üben die Moleküle des gelösten Stoffes zusätzliche Anziehungskräfte auf die Lösungsmittelmoleküle aus, wodurch die

Zahl der die Lösung verlassenden Teilchen ebenfalls verringert wird. Daher ist der **Dampfdruck** einer Lösung bei einer bestimmten Temperatur und einem gegebenen Volumen *geringer* als der Dampfdruck des reinen Lösungsmittels, weil durch die Anwesenheit des gelösten Stoffes das Lösungsmittel verdünnt wird, sodass im zeitlichen Mittel weniger Lösungsmittelmoleküle aus der Flüssigkeit austreten wie im reinen Lösungsmittel [vgl. **MC-Fragen Nr. 449, 450, 490, 491, 1460**].

Die **Dampfdruckerniedrigung** (Δp) ist umso größer, je *konzentrierter* die Lösung ist. Für verdünnte (ideale) Lösungen gilt:

$$\Delta p = E \cdot n \quad \text{(Raoultsches Gesetz)}$$

n ist die Anzahl Mole an gelöstem Stoff pro *Kilogramm* Lösungsmittel (**Molalität**). Das Produkt [$n \cdot N_A$] entspricht dann der Anzahl gelöster Teilchen. Dabei ist zu beachten, dass **Elektrolytlösungen** aufgrund der elektrolytischen Dissoziation stets mehr Teilchen als gleichkonzentrierte Lösungen von Nichtelektrolyten enthalten. Zum Beispiel ergibt 1 Mol NaCl insgesamt $N_A \cdot Na^+$-Ionen + $N_A \cdot Cl^-$-Ionen, während in einer 1-molaren Rohrzucker- oder Glucose-Lösung nur N_A-Teilchen vorhanden sind [vgl. **MC-Fragen Nr. 448, 488, 489, 1460, 1587**].

E ist ein Proportionalitätsfaktor und heißt **molale Dampfdruckerniedrigung**. Der Faktor ist gleich (Δp), wenn in 1000 g Lösungsmittel genau 1 Mol einer nichtdissoziierenden Substanz gelöst ist.

Das Raoultsche Gesetz ist ein Grenzgesetz für verdünnte (ideale) Lösungen. Im Geltungsbereich dieses Gesetzes ist die relative Dampfdruckerniedrigung abhängig von der Teilchenzahl, aber unabhängig von der Natur des Stoffes.

Bei allen Stoffen oder Stoffgemischen nimmt der Dampfdruck mit steigender absoluter Temperatur zu; der resultierende Sättigungsdampfdruck ist unabhängig vom ihm zur Verfügung stehenden Volumen. Der Dampfdruck einer Lösung ist kleiner als der des reinen Lösungsmittels. Er sinkt (bei nicht zu hohen Konzentrationen) mit zunehmender Konzentration des gelösten Stoffes. Bei einer gegebenen Lösungsmittelmenge hängt die relative Dampfdruckerniedrigung einer Lösung allein von der Zahl der gelösten Teilchen ab und ist der Konzentration des nichtflüchtigen Stoffes direkt proportional.

Das Raoultsche Gesetz lässtsich auch in einer etwas anderen Form beschreiben, indem man den Stoffmengenanteil (x_i) (Molenbruch) als Konzentrationsmaß wählt. Bezeichnet man mit n_1 die Anzahl Mole an Losungsmittel und mit n_2 die Anzahl Mole an gelöstem Stoff, so gilt für den Dampfdruck (p_L) der Lösung:

$$p_L = p_{LM} \cdot x_1 = p_{LM} \cdot \frac{n_1}{n_1 + n_2}$$

Dabei kennzeichnet p_{LM} den Dampfdruck des reinen Lösungsmittels und x_1 den Stoffmengenanteil des Solvens. Berücksichtigt man, dass die Summe aller Stoffmengenanteile gleich 1 ist, so ergibt sich in einem Zweikomponentensystem für den Stoffmengenanteil des Solvats $x_2 = 1 - x_1$. Daraus folgt für die Dampfdruckerniedrigung:

$$\Delta p = p_{LM} - p_L = p_{LM} - p_{LM} \cdot x_1 = p_{LM} \cdot (1 - x_1) = p_{LM} \cdot x_2$$

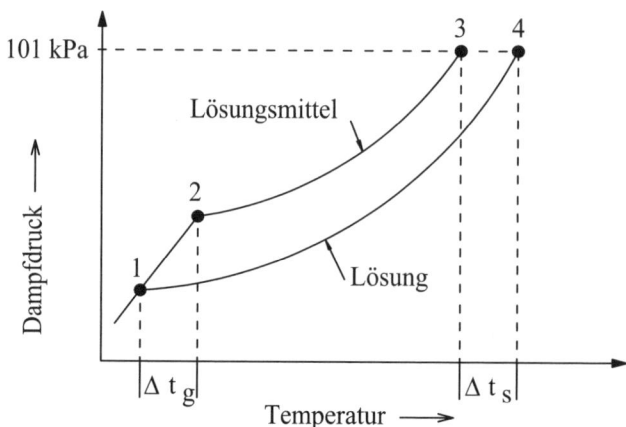

Abb. 1.117: Dampfdruckkurve einer Lösung und des reinen Lösungsmittels
1 = Gefrierpunkt der Lösung
2 = Gefrierpunkt des reinen Lösungsmittels
3 = Siedepunkt des reinen Lösungsmittels
4 = Siedepunkt der Lösung

Die Dampfdruckerniedrigung einer Lösung ist dem Stoffmengenanteil der gelösten, nichtflüchtigen Komponente direkt proportional und unabhängig von deren Natur.

Die Dampfdruckerniedrigung von Lösungen nichtflüchtiger Stoffe hat Auswirkungen auf die Gefrier- und Siedepunkte. Wie Abb. 1.117 ausweist, zeigt eine **Lösung** als Folge des niedrigeren Dampfdruckes einen **höheren Siedepunkt** sowie einen **tieferen Gefrierpunkt (Schmelzpunkt)** als das reine Lösungsmittel [vgl. **MC-Fragen Nr. 471–473, 495–498, 501, 502, 1354, 1431, 1460, 1488, 1529**].

1.8.8.2 Siedepunktserhöhung, Gefrierpunktserniedrigung, Molmassenbestimmung

Siedepunktserhöhung: Lösungen haben einen *höheren* Siedepunkt als das reine Lösungsmittel. Die Siedepunktserhöhung ist proportional zur Konzentration der Lösung, ausgedrückt in mol/kg. Für die Siedepunktserhöhung (Δt_s) gilt näherungsweise:

$$\Delta t_s = E_s \cdot n \quad (E_s = \text{molale Siedepunktserhöhung})$$

Für ein gegebenes Lösungsmittel und eine definierte Stoffmengenkonzentration ist die Siedepunktserhöhung immer gleich groß und unabhängig vom gelösten Stoff. Darüber hinaus ist zu erwähnen, dass Lösungsmittel (z. B. Wasser) und Lösung (z. B. wässrige Kochsalz-Lösung) *beim Sieden* denselben Dampfdruck besitzen, weil auch Lösungen erst dann sieden, wenn ihr Dampfdruck gleich dem äußeren Druck ist (vgl. **MC-Fragen Nr. 493, 494**).

Gefrierpunktserniedrigung : Lösungen haben einen *tieferen* Gefrierpunkt als das reine Lösungsmittel. Wie die Erhöhung des Siedepunktes ist auch die Gefrierpunktserniedrigung (Δt_g) proportional zur Konzentration. Sofern Lösungsmittel und gelöster Stoff beim Gefrieren keine festen Lösungen bilden, gilt für die Erniedrigung des Gefrierpunktes:

$$\Delta t_g = E_g \cdot n \qquad (E_g = \text{molale Gefrierpunktserniedrigung})$$

> Gefrierpunktserniedrigung (Erniedrigung des Erstarrungspunktes) und Siedepunktserhöhung sind der Konzentration (bzw. dem Molenbruch) des gelösten Stoffes direkt proportional. Sie sind abhängig von der Teilchenzahl der gelösten Substanz und können zur Bestimmung der rel. Molmasse herangezogen werden. Hierbei besitzt die Kryoskopie (Messung der Gefrierpunktserniedrigung) im Vergleich zur Ebullioskopie (Messung der Siedepunktserhöhung) eine höhere Präzision, weil im Allgemeinen die Siedepunktsverschiebung einer Lösung stets erheblich kleiner ist als die entsprechende Gefrierpunktserniedrigung [vgl. **MC-Fragen Nr. 499, 500, 1488**].

Zur Vertiefung des bisher Ausgeführten sollen nochmals die folgenden Aussagen aus **MC-Fragen [Nr. 487–489, 503, 504, 1587]** dienen, wobei sich die Aussagen über gleichkonzentrierte Lösungen aus der jeweils unterschiedlichen Anzahl gelöster Teilchen ergeben.

– Die Siedetemperatur einer 10%igen wässrigen Rohrzucker-Lösung liegt bei Normaldruck über 100 °C.
– Der Gefrierpunkt (Siedepunkt) einer Kochsalz-Lösung liegt tiefer (höher) als der von reinem Wasser.
– Der Gefrierpunkt einer 10^{-3} M-NaCl-Lösung liegt höher als der einer 10^{-3} M-$BaCl_2$-Lösung.
– Der Gefrierpunkt einer 1 M-NaCl-Lösung liegt tiefer als der einer 1 M-Rohrzucker-Lösung.
– Eine 0,1 M wässrige NaCl-Lösung zeigt eine geringere Dampfdruckerniedrigung als eine 0,1 M-$MgCl_2$-Lösung.
– Lösungen von je 10 g Glucose und 10 g Fructose in 1 l Wasser haben bei derselben Temperatur den gleichen Dampfdruck, da aufgrund der Massengleichheit beider Substanzen die Lösungen gleichkonzentriert sind. Demgegenüber besitzt eine Lösung von 10 g Rohrzucker aufgrund der höheren Molmasse und somit der geringeren Konzentration des Disaccharids einen höheren Dampfdruck.
– Aufgrund der zunehmenden Zahl dissoziierender Teilchen steigt die Gefrierpunktserniedrigung jeweils 0,01-molarer Lösungen in folgender Reihenfolge an: Rohrzucker < NaCl < K_2SO_4 < $K_3[Fe(CN)_6]$.

Bestimmung der Molmasse: Die Messung der Gefrierpunktserniedrigung ist zur experimentellen Bestimmung der Molmasse (M) eines gelösten Stoffes geeignet. Die Molmasse kann nach folgender Formel berechnet werden:

$$M = \frac{1000 \cdot E_g \cdot G}{\Delta t_g \cdot G'}$$

Hierin bedeutet G die Masse des gelösten Stoffes und G' die Masse des verwendeten Lösungsmittels (jeweils in Gramm).

Die **molale Gefrierpunktserniedrigung** (kryoskopische Konstante E_g) beträgt für **Wasser** 1,86 K. Der Gefrierpunkt einer wässrigen Lösung, die n Mole des gelösten Stoffes in 1 kg Wasser enthält, ist somit [n · (1,86 K)]. Für organische Substanzen ist **Campher** mit seiner hohen kryoskopischen Konstanten (E_g = 40) als „Lösungsmittel" besonders vorteilhaft. Aus der Siedepunktserhöhung einer Lösung kann die rel. Molmasse einer Substanz auf die gleiche Weise berechnet werden.

Darüber hinaus erlaubt das Raoultsche Gesetz die Molmasse eines gelösten Stoffes auch aus der Messung des Dampfdruckes über der Lösung und über dem reinen Lösungsmittel zu ermitteln. Abschließend ist noch zu erwähnen, dass man mit Hilfe einer Schmelz- oder Siedepunktsbestimmung auch die *Reinheit eines Lösungsmittels* überprüfen kann, da alle gelösten Verunreinigungen den Gefrierpunkt eines Lösungsmittels erniedrigen und den Siedepunkt erhöhen (vgl. **MC-Frage Nr. 492**).

Berechnungen (in Klammer Nr. der MC-Frage)

[497] Aus je 10 g der beiden Stoffe A und B ($G_A = G_B$) werden zwei gleichkonzentrierte wässrige Lösungen ($G_{A'} = G_{B'}$) hergestellt. Wenn nun die Lösung des Stoffes A einen um 0,3 K und die Lösung B einen um 0,5 K (=Δt_s) höheren Siedepunkt besitzt als reines Wasser, so muss für das Verhältnis der rel. Molmassen beider Stoffe gelten: **$m_A/m_B = 5/3$**. Dies folgt daraus, dass für zwei gleichkonzentrierte Lösungen in demselben Lösungsmittel die Größen (E_g, G, G') denselben Wert besitzen ($m_A = k/0,3$ bzw. $m_B = k/0,5$).

1.8.8.3 Diffusion, Ficksches Gesetz

Diffusion in Lösung: Bei der Diffusion erfolgt ein orientierter *Materietransport,* der dafür sorgt, dass sich ein in einer Lösung bestehendes *Konzentrationsgefälle* allmählich ausgleicht. Der Vorgang ist mit einer starken *Entropiezunahme* verbunden. Die Geschwindigkeit des Konzentrationsausgleichs ist umso größer, je größer der Konzentrationsunterschied ist.

Ursache für die Diffusion in Lösung ist die unregelmäßige thermische Bewegung gelöster Teilchen. Deshalb laufen Diffusionsprozesse bei erhöhten Temperaturen schneller ab, weil bei höherer Temperatur die ungeordnete thermische Bewegung der Materie stärker ist [vgl. **MC-Fragen Nr. 505−508, 512**].

Diffusion kann man z. B. beobachten, wenn zwei verschiedenfarbige Flüssigkeiten unterschiedlicher Dichte so übereinander geschichtet werden, dass keine mechanische Vermischung eintritt. Zunächst ist eine scharfe Phasengrenze zwischen beiden Flüssigkeiten erkennbar, die jedoch mit der Zeit verschwommener wird, da immer mehr Flüssigkeitsmoleküle in das Nachbargebiet diffundieren. Die Diffusion ist erst dann beendet, wenn kein Dichtegradient mehr besteht.

Die Geschwindigkeit, mit der ein *Konzentrationsausgleich* stattfindet, hängt von der rel. Molekülmasse (M) der diffundierenden Moleküle ab. Je leichter ein Molekül ist, desto schneller diffundiert es. Quantitativ wird die Diffusion durch das **1.**

Ficksche Gesetz beschrieben (Abb. 1.118). Danach ist die Masse (m) eines Stoffes, die während der Zeit (t) durch eine Querschnittsfläche (A) diffundiert, proportional zum Dichtegradienten ($\Delta\rho/\Delta x$):

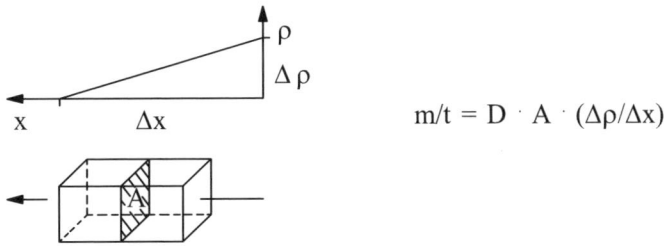

$$m/t = D \cdot A \cdot (\Delta\rho/\Delta x)$$

Abb 1.118:   **Veranschaulichung des 1. Fickschen Gesetzes**

Mit der Stoffmengenkonzentration [$c = n/V = m/M \cdot V = \rho/M$] erhält man als weitere Formulierung des 1. Fickschen Gesetzes:

$$n/t = D \cdot A \cdot (\Delta c/\Delta x) \qquad \text{(1. Ficksches Gesetz)}$$

Demzufolge ist die Stoffmenge (n), die pro Zeiteinheit (t) durch eine Fläche (A) diffundiert, proportional zum Konzentrationsgefälle ($\Delta c/\Delta x$). Der Proportionalitätsfaktor (D) heißt **Diffusionskonstante** oder **Diffusionskoeffizient**.

Diffusion von Gasen: Die Diffusion eines Gases in einen leeren Raum, wie z. B. in einen evakuierten Kolben, wird **Effusion** genannt. Die Effusionsgeschwindigkeit (ausströmende Gasmenge pro Zeiteinheit) (v_{Diff}) entspricht der Zahl der Moleküle die pro Zeiteinheit die Öffnung passieren. Sie ist umgekehrt proportional zur Wurzel der molaren Masse (M) des Gases bzw. zu seiner Dichte. Darüber hinaus hängt sie auch von der abs. Temperatur (T) ab.

$$v_{Diff} \sim \sqrt{T/M}$$

Daher verhalten sich die Effusionsgeschwindigkeiten zweier Gase nach dem **Gesetz von Graham** umgekehrt wie die Quadratwurzeln aus ihren Molmassen. Aus dem Grahamschen Effusionsgesetz ist abzuleiten, dass leichtere Gase, deren Moleküle sich schneller bewegen, rascher ausströmen als schwerere. Zum Beispiel effundiert Wasserstoff viermal schneller als Sauerstoff.

Infolge der wesentlich geringeren intermolekularen Wechselwirkungen ist die Diffusionsgeschwindigkeit in Gasen beträchtlich höher als in einer Flüssigkeit oder Lösung, da die mittlere freie Weglänge zwischen den Gasteilchen erheblich größer ist.

1.8.8.4 Osmose

Die **Osmose** ist eine weitere Eigenschaft von Lösungen, die vorrangig von der Konzentration des gelösten Stoffes und weniger von seiner Natur abhängt. Die Ursache der Osmose liegt im Bestreben eines gelösten Stoffes sich zu Verdünnen, wenn er mit dem reinen Lösungsmittel in Berührung kommt.

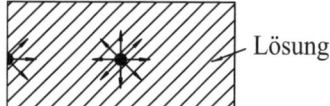 Lösung

Abb. 1.119: Wirkung der Anziehung des Lösungsmittels auf die gelösten Teilchen

Löst man einen nichtflüchtigen Stoff in einem Solvens, so verteilt er sich darin molekular. Die Moleküle des gelösten Stoffes verhalten sich ähnlich wie die Moleküle eines Gases; sie sind ständig in regelloser Bewegung. Zwar üben die Lösungsmittelmoleküle starke Anziehungskräfte auf die gelösten Teilchen aus, doch heben sich diese Kräfte innerhalb der Lösung gegenseitig auf, da sie von allen Seiten her gleich stark wirksam sind, wie dies Abb. 1.119 veranschaulicht.

Nur an den Außenflächen der Flüssigkeit, an denen die Anziehung einseitig nach dem Innern zu erfolgt, machen sich die Kräfte bemerkbar. Dies hat zur Folge, dass die in einer Lösung gelösten Teilchen keinen dem Gasdruck entsprechenden Druck auf die Wände des sie umschließenden Gefäßes ausüben.

Dies ist erst dann der Fall, wenn das die Lösung enthaltende Gefäß vollkommen vom Lösungsmittel umgeben ist und die Wände des Gefäßes *semipermeabel*, d. h. durchlässig für das Lösungsmittel und undurchlässig für den gelösten Stoff sind (Abb. 1.120). Dann wirken auch an der Wandgrenzfläche die Anziehungskräfte allseitig wie im Innern der Lösung, sodass die gelösten Teilchen – quasi der Anziehung entzogen – wie Gasmoleküle gegen die für sie undurchlässige Wand prallen und dadurch Druck erzeugen.

Semipermeable Membran

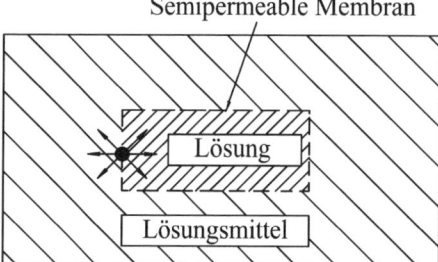

Abb. 1.120: Zustandekommen des osmotischen Drucks

Man bezeichnet das Hindurchtreten nur einer Komponente einer Lösung durch eine semipermeable Membran als **Osmose** und den auftretenden Druck als **osmotischen Druck**.

Osmose kann man z. B. beobachten, wenn man in einem Gefäß eine Zuckerlösung und reines Lösungsmittel durch eine semipermeable Wand voneinander trennt. Im Gleichgewichtszustand wird das Niveau der Zuckerlösung höher sein als das Niveau des Leitungswassers, weil die Zuckerlösung den höheren osmotischen Druck besitzt und bestrebt ist, sich zu verdünnen. In analoger Weise werden sich in der gleichen Versuchsanordnung auch die Flüssigkeitsspiegel zweier unterschiedlich konzentrierter Zuckerlösungen auf ein unterschiedli-

Semipermeable Membran

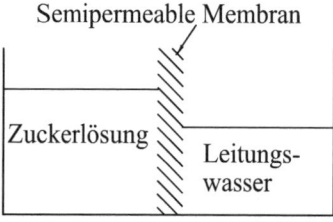

Zuckerlösung

Leitungswasser

ches Niveau einstellen, obwohl sie zu Beginn auf der gleichen Höhe standen, weil der osmotische Druck von der Stoffmengenkonzentration der gelösten Substanz abhängt [vgl. **MC-Fragen Nr. 513, 514**].

Aufgrund der Analogie zwischen dem Druck eines Gases und dem einer verdünnten (idealen) Lösung ist es nicht verwunderlich, dass der **osmotische Druck** (π) vom Volumen (V), der Stoffmenge (n) an gelöster Substanz und der abs. Temperatur (T) in der gleichen Weise abhängt wie der Druck eines Gases, und dass die Konstante (R) denselben Wert wie in der Zustandsgleichung idealer Gase besitzt. Für ideale Lösungen gilt das **van't Hoff-Gesetz**:

$$\pi \cdot V = n \cdot R \cdot T \qquad \text{(van't Hoff-Gesetz)}$$

Mit der Stoffmengenkonzentration (c = n/V) ergibt sich:

$$\pi = c \cdot R \cdot T$$

Danach ist der osmotische Druck (π) der Teilchenzahl, d. h. der Stoffmengenkonzentration (c) und der Temperatur (T) direkt proportional; er nimmt zu mit steigender Konzentration und wachsender Temperatur [vgl. **MC-Fragen Nr. 510, 511, 515, 1578**].

> Als Osmose bezeichnet man den Fluss von Lösungsmittelmolekülen durch eine semipermeable Membran von einer verdünnten in eine konzentriertere Lösung. Osmose sowie Diffusion und Dialyse sind vorwiegend entropiegetriebene Prozesse. Nach van't Hoff ist der osmotische Druck einer Lösung gleich dem Druck, den der gelöste Stoff ausüben würde, wenn er bei gleicher Temperatur in gasförmigem Zustand dasselbe Volumen einnähme wie die Lösung.

Der osmotische Druck ist unabhängig von der Natur des gelösten Stoffes. Eine *1 molare* Lösung eines **Nichtelektrolyten** hat bei 0 °C in 22,4 l Wasser einen osmotischen Druck von 1,01 bar. **Elektrolyte**, die in zwei Ionen [NaCl, KNO_3, $MgSO_4$] zerfallen, haben den doppelten, solche, die in drei Teilchen [K_2SO_4, $CaCl_2$] dissoziieren, den dreifachen osmotischen Druck im Vergleich zu einer gleichkonzentrierten Lösung einer nichtdissoziierenden Substanz.

Das van't Hoff-Gesetz gilt streng nur für verdünnte Lösungen bis etwa 0,1-molar. Bei höheren Konzentrationen verringern die Wechselwirkungen zwischen den gelösten Teilchen den berechneten osmotischen Druck (*reale Lösungen*).

Lösungen verschiedener Zusammensetzung, die den gleichen osmotischen Druck verursachen, heißen *isotonisch*. Zum Beispiel hat die **physiologische Kochsalz-Lösung** [0,95 g NaCl ad 100 ml H_2O] den gleichen osmotischen Druck wie Blut. *Hypertonische* Lösungen haben einen höheren, *hypotonische* Lösungen einen tieferen osmotischen Druck als eine Bezugslösung.

Zusammenfassend ist anzumerken, dass äquimolare Lösungen verschiedener **Nichtelektrolyte** unabhängig von der Natur der gelösten Substanzen den gleichen osmotischen Druck, die gleiche Dampfdruckerniedrigung und somit die gleiche Siedepunktserhöhung und Gefrierpunktserniedrigung zeigen.

1.8.8.5 Dialyse

Die Dialyse ist ein phys. Vorgang zur *Trennung* gelöster *niedermolekularer* von *makromolekularen* oder kolloidal gelösten Stoffen. Sie beruht darauf, dass makromolekulare bzw. kolloiddisperse Stoffe (Partikelgröße: 10 – 100 nm) nicht oder nur schwer durch semipermeable Membranen (**Ultrafilter**) diffundieren können.

Die echt gelösten (molekular dispersen) Teilchen einer Lösung diffundieren hingegen unter dem Einfluss der Brownschen Bewegung durch die Membran und werden vom strömenden Außenlösemittel, z. B. Wasser, abgeführt. Abb. 1.121 zeigt den prinzipiellen Aufbau eines Dialysators [vgl. **MC-Frage Nr. 1554**].

Die Dialyse besitzt in der Chemie, Pharmazie und Medizin eine große Bedeutung als Reinigungsverfahren für makromolekulare Stoffe. Beispielsweise können hochmolekulare Eiweißlösungen durch Dialyse gereinigt werden.

Auch im menschlichen Organismus spielen Dialysevorgänge eine wichtige Rolle. Ionen und kleinere Moleküle gelangen aus dem Blut in die Gewebsflüssigkeiten, während die kolloidalen Bestandteile des Blutes innerhalb des Kapillarsystems verbleiben. Ein weiteres Anwendungsbeispiel ist die künstliche Niere. Mit ihr werden unerwünschte niedermolekulare Substanzen mittels Dialyse aus dem Körper entfernt.

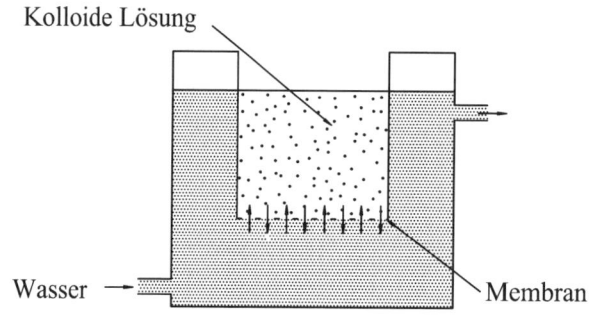

Abb. 1.121: Schematischer Aufbau eines Dialysators

1.8.9 Elektrolytlösungen, Aktivität

1.8.9.1 Elektrolytische Dissoziation

Elektrolyte (Säuren, Basen, Salze) sind Substanzen, die in wässriger Lösung hydratisierte **Ionen** bilden und deren wässrige Lösungen den elektrischen Strom besser leiten als reines Wasser.

Nichtelektrolyte (Alkohole, Zucker) sind Verbindungen, die sich als solvatisierte Moleküle lösen und die elektrische Leitfähigkeit eines Solvens nicht erhöhen.

Der durch ein Lösungsmittel bewirkte Zerfall der Elektrolyte in Ionen wird als (**elektrolytische**) **Dissoziation** bezeichnet. Ein Elektrolyt kann praktisch *vollständig, teilweise* oder nur in *geringem Ausmaß* dissoziieren. Dementsprechend unterscheidet man *starke, mittelstarke* und *schwache Elektrolyte*. Parallel dazu nimmt bei gleicher Stoffmengenkonzentration auch die Leitfähigkeit von Elektrolytlösungen ab.

Die Dissoziation eines Elektrolyten [AB $\rightleftharpoons$ A$^+$ + B$^-$] ist eine typische Gleichgewichtsreaktion. Bei Anwendung des Massenwirkungsgesetzes ergibt sich die **Dissoziationskonstante** (K_D) zu (vgl. Kap. 1.10.2):

$$K_D = \frac{(C_A+) \cdot (C_B-)}{(C_{AB})}$$

K_D ist ein *Maß für die Stärke eines Elektrolyten*. Elektrolyte mit einer Dissoziationskonstanten $< 10^{-4}$ nennt man *schwach*, solche mit einem K_D-Wert $> 10^{-4}$ mittelstark, während *starke* Elektrolyte praktisch *vollständig* dissoziiert sind.

Statt durch die Dissoziationskonstante (K_D) kann man die Stärke eines Elektrolyten auch durch den **Dissoziationsgrad** (α) ausdrücken, der wie folgt definiert ist:

$$\alpha = \frac{a}{x} = \frac{\text{Anzahl dissoziierter Moleküle}}{\text{Anzahl der Gesamtmoleküle}}$$

Hierbei bedeutet (a) die Stoffmenge, die in Ionen zerfallen ist und (x) die Gesamtmenge an gelöster Substanz. α mit 100 multipliziert ergibt den **prozentualen Dissoziationsgrad**. Schwache Elektrolyte sind zu weniger als 1% ($\alpha < 0,01$), mittelstarke zu mehr als 1% ($\alpha > 0,01$) und starke zu 100% ($\alpha = 1$) dissoziiert. Bei Säuren und Basen bezeichnet man den Dissoziationsgrad auch als **Protolysegrad** (vgl. Kap. 1.11.3 und **MC-Frage Nr. 1640**).

Der Zusammenhang zwischen α und K_D ist durch das **Ostwaldsche Verdünnungsgesetz** gegeben. Für einen Dissoziationsvorgang [AB $\rightleftharpoons$ A$^+$ + B$^-$] sei C die Gesamtkonzentration (Totalkonzentration) des gelösten Elektrolyten. Durch Dissoziation entstehen aus Elektroneutralitätsgründen αC Kationen (A$^+$) *und* αC Anionen (B$^-$). Im Gleichgewicht liegen dann noch (C − αC) unveränderte, nichtdissoziierte Moleküle vor. Daraus folgt:

$$K_D = \frac{(C_A+) \cdot (C_B-)}{(C_{AB})} = \frac{\alpha C \cdot \alpha C}{C - \alpha C} = \frac{\alpha^2}{1 - \alpha} \cdot C \qquad \textbf{Ostwaldsches Verdünnungsgesetz}$$

Aus diesem Gesetz ist zu ersehen, dass der Dissoziationsgrad bei gegebener Temperatur nicht nur von der Dissoziationskonstanten sondern auch von der Totalkonzentration des gelösten Stoffes abhängt. Mit *abnehmender Totalkonzentration* eines schwachen Elektrolyten, d. h. *zunehmender Verdünnung* seiner Lösung, wird der Dissoziationsgrad größer, weil auch schwache Elektrolyte bei hinreichender Verdünnung praktisch vollständig dissoziiert sind [vgl. auch **MC-Fragen Nr. 515, 516, 671, 672, 673, 1905**].

Für **schwache Elektrolyte** ist $\alpha \ll 1$, sodass $(1 - \alpha)$ gleich 1 gesetzt werden kann. Daraus folgt für die Berechnung des Dissoziationsgrades eines schwachen Elektrolyten:

$$\alpha = \sqrt{\frac{K_D}{C}}$$

> Der Dissoziationsgrad ist keine Konstante, sondern nimmt mit steigender Temperatur und steigender Verdünnung zu.

Zur *experimentellen Bestimmung des elektrolytischen Dissoziationsgrades* können folgende Verfahren herangezogen werden (vgl. **MC-Fragen Nr. 517, 1578**):

– Messung des osmotischen Drucks,
– Bestimmung der Siedepunktserhöhung bzw. Gefrierpunktserniedrigung,
– Messung der elektrischen Leitfähigkeit einer Lösung,
– Bestimmung des elektrochemischen Potentials.

Verläuft die Dissoziation eines Elektrolyten sehr weitgehend, so wird der Dissoziationsgrad durch Zugabe eines Dissoziationsproduktes (gleichionige Zusätze) kaum beeinflusst. Ist der Dissoziationsgrad hingegen sehr klein, so wird er durch die Zugabe eines Dissoziationsproduktes noch weiter vermindert (vgl. Kap. 1.10.3, Prinzip von Le Chatelier).

1.8.9.2 Leitfähigkeit von Elektrolytlösungen

(siehe auch Ehlers, **Analytik II-Kurzlehrbuch**, Kap. 10.1.1)

Lösungen, die frei bewegliche Ionen enthalten, leiten den elektrischen Strom, wobei sich – im Falle von Gleichstrom oder niederfrequentem Wechselstrom – an den Elektroden auch chemische Vorgänge abspielen können (**Elektrolyse**). **Anionen** wandern zur positiven Anode und werden dort oxidiert, **Kationen** wandern zur negativen Kathode und werden reduziert.

Auch für Elektrolytlösungen gilt das **Ohmsche Gesetz** ($U = I \cdot R$), wobei – bei gegebener Spannung (U) – der Widerstand (R) der Lösung mit zunehmendem Abstand (d) der Elektroden und abnehmender Elektrodenfläche (F) zunimmt.

$$R = \rho \cdot \frac{d}{F} = \frac{1}{\chi} \cdot \frac{d}{F}$$

Der **spezifische Widerstand** (ρ) bzw. sein reziproker Wert, die **spezifische Leitfähigkeit** (χ), hängt von der Natur und der Konzentration des Elektrolyten ab. Im allgemeinen nimmt die spezifische Leitfähigkeit mit der Konzentration zu. Um die Leitfähigkeiten verschiedener Elektrolytlösungen miteinander vergleichen zu können, verwendet man oft den Begriff **molare Leitfähigkeit** (Λ). Sie ist gegeben durch:

$$\Lambda = 1000 \cdot (\chi/m)$$

Die molare Leitfähigkeit nimmt mit steigender Konzentration *stets* ab. Zum Beispiel ist die molare Leitfähigkeit einer 1%igen NaCl-Lösung kleiner als die einer 0,1%igen NaCl-Lösung [vgl. **MC-Frage Nr. 487**]. Bei *starken Elektrolyten* beträgt diese Abnahme nur wenige Prozent, bei *schwachen Elektrolyten* ist die Abnahme der molaren Leitfähigkeit wesentlich größer. Die Abnahme der Leitfähigkeit höher konzentrierter Lösungen von starken Elektrolyten erklärt sich mit der zunehmenden Behinderung der Ionenwanderung im elektrischen Feld bei wachsender Konzentration des Elektrolyten.

Die im Vergleich zu hydratisierten Anionen und Kationen beobachteten hohen Äquivalentleitfähigkeiten des **Hydroxonium-** (H_3O^+) und **Hydroxid-Ions** (HO^-) beruhen darauf, dass hier im elektr. Feld nicht die hydratisierten Ionen wandern, sondern aufgrund der Struktur des Wassers H^+- und HO^--Ionen quasi von einem Wassermolekül auf das andere überspringen. Hydratisierte Kationen und Anionen schleppen demgegenüber eine z.T. voluminöse Hydrathülle mit sich und wandern deshalb entsprechend langsamer [vgl. **MC-Fragen Nr. 642–644, 1908**].

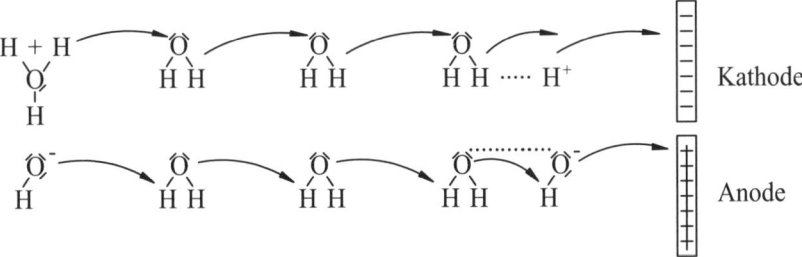

1.8.9.3 Aktivität, Debye-Hückel-Gesetz

(vgl. auch Ehlers, **Analytik II-Kurzlehrbuch**, Kap. 4.2.2)

Beim Eindampfen sehr verdünnter Salzlösungen erfolgt ein kontinuierlicher Übergang vom Zustand der vollständigen elektrolytischen Dissoziation in Einzelionen zu einem „hochkondensierten" festen Zustand. Insbesondere in *konzentrierteren Lösungen* liegen neben freien Einzelionen auch **Ionenaggregate** vor, die Kationen und Anionen in verschiedenen Zahlenverhältnissen enthalten. Für ein Salz [A^+B^-] lassen sich diese Verhältnisse, wie in Abb. 1.122 gezeigt, folgendermaßen anschaulich darstellen.

$A^{\mid}$	B^-	$A^{\mid}$ $A^{\mid}B^-$	$A^{\mid}B^-A^{\mid}B^-$	
B^-		A^+B^-	$B^-A^+B^-A^+$	
A^+	A^+	$B^-A^+B^-$	$A^+B^-A^+B^-$	
B^-		B^-A^+ B^-	$B^-A^+B^-A^+$	
B^-	A^+	A^+	$A^+B^-A^+B^-$	
Sehr verdünnte Lösung		**Konzentrierte Lösung**	**Fester Zustand**	

Abb. 1.122: **Schematische Darstellung des Übergangs einer verdünnten Salzlösung in den festen Zustand**

Die in stärker konzentrierten Lösungen wirkenden *Anziehungskräfte* zwischen den gelösten Teilchen haben zur Folge, dass sich in der Lösung die gelösten Partikel nicht mehr regellos und völlig unabhängig voneinander bewegen. Somit entfällt die bei der kinetischen Ableitung des **Massenwirkungsgesetzes** (MWG) gemachte Voraussetzung einer ungestörten regellosen Bewegung der Moleküle (siehe Kap. 1.10.1).

Bei schwachen Elektrolyten kann daher das MWG auf konzentriertere als 0,1-molare, bei mittelstarken und starken Elektrolyten schon auf konzentriertere als 0,01- bzw. 0,001-molare Lösungen *nicht* mehr angewendet werden [vgl. **MC-Frage Nr. 587**].

Bei höherer Konzentration sind weniger gelöste Teilchen frei beweglich als tatsächlich vorhanden sind. Daher ist die wirksame Konzentration oder **Aktivität** (a) eines Stoffes kleiner als seine reale (wahre) Konzentration (c).

$$a = f \cdot c$$

Der Proportionalitätsfaktor (f) wird **Aktivitätskoeffizient** genannt. Es lässt sich zeigen, dass der Aktivitätskoeffizient (f_i) eines Iones (i) in verdünnter wässriger Lösung nahezu ausschließlich eine Funktion der **Ionenstärke** (I) ist. Die Ionenstärke einer Lösung kann berechnet werden, wenn man die Konzentration (c_i) *jeder* in der Lösung vorhandenen Ionenart (i) mit dem Quadrat ihrer Wertigkeit (**Ladung**) (n_i^2) multipliziert und alle sich so ergebenden Werte summiert und anschließend durch 2 dividiert [vgl. **MC-Fragen Nr. 518, 1555, 1776**].

$$I = 1/2 \cdot \Sigma \, n_i^2 \cdot c_i$$

Berechnungen (in Klammer Nr. der MC-Frage)
[519] Die Ionenstärken einer 2 M-NaCl-, einer 1 M-MgCl$_2$- und einer 0,01 M-
[1819] MgSO$_4$-Lösung berechnen sich zu:

$$2 \text{ M-NaCl} : I = 1/2 \cdot [1^2 \cdot 2(Na^+) + 1^2 \cdot 2(Cl^-)] = \textbf{2}$$
$$1 \text{ M-MgCl}_2: I = 1/2 \cdot [2^2 \cdot 1(Mg^{2+}) + 1^2 \cdot 1(Cl^-) + 1^2 \cdot 1(Cl^-)] = \textbf{3}$$
$$0{,}01 \text{ M-MgSO}_4: I = 1/2 \, [2^2 \cdot 0{,}01(Mg^{2+}) + 2^2 \cdot 0{,}01(SO_4^{2-})] = \textbf{0,04}$$

Bei sehr niedrigen Ionenstärken (I < 0,01) gehorchen die Aktivitätskoeffizienten (f_i) einer von **Debye** und **Hückel** abgeleiteten Beziehung:

$$\log f_i = -0{,}5 \, n_i^2 \, \sqrt{I} \qquad \textbf{(Debye-Hückel-Gesetz)}$$

Danach ist bei kleiner Ionenstärke der **Aktivitätskoeffizient** eines Ions unabhängig von seiner Art *allein eine Funktion seiner Ladung und der Ionenstärke der Lösung.*

Die Abweichungen des Aktivitätskoeffizienten von 1 sind umso größer, je höher die Ladung des Ions und die Ionenstärke der Lösung ist, weil bei Elektrolytlösungen die Wechselwirkung der Ionen bei höheren Konzentrationen und höheren Ionenladungen zunimmt [vgl. **MC-Frage Nr. 1820**]. Bei wachsenden Ionenstärken passiert der Wert von f_i ein Minimum und steigt dann oft weit über den Wert 1 hinaus an. Eine näherungsweise Abschätzung der Aktivitätskoeffizienten von Lösungen, in denen die Ionenstärke im Bereich von 0,01 bis 0,1 liegt, ist mit folgender Formel möglich:

$$\log f_i = - \frac{0,5 \; n_i^2 \; \sqrt{I}}{1 + \sqrt{I}}$$

1.9 Grundlagen der Thermodynamik

Die Thermodynamik ist die Lehre von den energetischen Veränderungen, die im Ablauf physikalischer oder chemischer Vorgänge auftreten. Ausgehend von einigen wenigen Postulaten, den sog. **Hauptsätzen**, verknüpft die Thermodynamik messbare makroskopische Eigenschaften der Materie miteinander und bedient sich dazu einer Anzahl von Größen, die ausschließlich vom Zustand des betrachteten Stoffes oder Systems abhängen. Man bezeichnet diese Größen als **Zustandsfunktionen**; durch sie wird der Zustand eines Systems eindeutig festgelegt. Ihre Zahlenwerte hängen von den äußeren Bedingungen, den sog. **Zustandsvariablen**, ab. Hierzu zählen Volumen, Druck, Temperatur oder die chemische Zusammensetzung.

Die Thermodynamik versetzt uns in die Lage vorauszusagen, ob eine *chemische Reaktion* überhaupt möglich ist; sie erlaubt, für chemische Reaktionen den optimalen Druck- und Temperaturbereich zu ermitteln, die Ausbeuten zu berechnen und Aussagen über die Stabilität von Stoffen und ihren Zuständen zu machen. Darüber hinaus gestattet die Thermodynamik bei chemischen oder physikalischen Prozessen eine Energiebilanz zu erstellen. Ferner macht sie Aussagen über die Richtung des freiwilligen Ablaufs von Vorgängen, deren Gleichgewichtslage und deren Beeinflussung.

Die Thermodynamik vermag grundsätzlich nichts auszusagen über den molekularen Aufbau der Materie sowie den zeitlichen Ablauf von Zustandsveränderungen.

Aufbauend auf Erfahrungen und nicht auf allgemeine Prinzipien rückführbar basieren alle thermodynamischen Beziehungen auf den sog. **Hauptsätzen**. Es sind dies der:

- 1. Hauptsatz   (**Energieerhaltungssatz**), wonach Energie von einer Form in eine andere umgewandelt, aber weder erzeugt noch vernichtet werden kann.

- 2. Hauptsatz   (**Entropiesatz**) oder Satz von der beschränkten Umwandelbarkeit von Wärme in Arbeit,

- 3. Hauptsatz   (**Nernstsche Wärmesatz**), der Aussagen über den Absolutwert der Entropie ermöglicht.

1.9.1 Offene und geschlossene Systeme

Unter einem „*thermodynamischen System*" versteht man eine beliebige Menge Materie, die durch physikalische oder gedachte Wände gegenüber ihrer Umgebung vor unkontrollierbaren Einflüssen abgegrenzt ist und deren Eigenschaften durch Angabe bestimmter Größen vollständig beschrieben werden kann. Damit der Zustand eines Systems eindeutig festzulegen ist, dürfen keine zeitlichen Veränderungen mehr stattfinden. Das System muss sich im *Gleichgewichtszustand* befinden.

Im allgemeinen unterscheidet man [vgl. **MC-Fragen Nr. 520, 1377, 1641**]:

- **Isolierte** oder **abgeschlossene Systeme**, die gegenüber ihrer Umgebung vollständig abgeschlossen sind und deren Begrenzungsflächen (Wände) sowohl für Energie in irgendeiner Form als auch für Materie undurchlässig sind.
- **Geschlossene Systeme**, die mit ihrer Umgebung zwar Energie aber keine Materie austauschen können.
- **Offene Systeme**, bei denen sowohl Energie als auch Materie mit der Umgebung ausgetauscht werden kann.

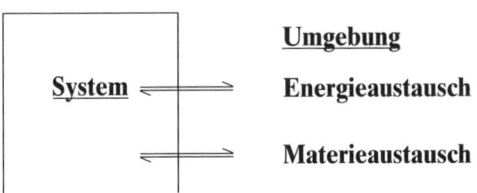

System	Energieaustausch	Materieaustausch
Isoliert	**Nicht möglich**	**Nicht möglich**
Geschlossen	**Möglich**	**Nicht möglich**
Offen	**Möglich**	**Möglich**

Wenn bei Veränderungen im System ein Wärmeaustausch mit der Umgebung möglich ist und dadurch die Temperatur konstant bleibt, nennt man dies ein **isothermes System**. Ein **adiabatisches System** ist von seiner Umgebung wärmeisoliert.

Sind die makroskopischen Eigenschaften eines Systems in allen seinen Teilen gleich, so bezeichnet man es als *homogen*. Ändern sich die Eigenschaften sprunghaft an bestimmten Grenzflächen, so liegt ein *heterogenes* System vor. Die homogenen Teile eines solchen Systems heißen **Phasen**, die sie trennenden Flächen **Phasengrenzflächen** (vgl. auch Kap. 1.8.6).

Die makroskopischen Eigenschaften einer Phase lassen sich einteilen in:

- **Extensive Eigenschaften** (z. B. Volumen), die von der Masse der Gesamtphase abhängen. Bei einem mehrphasigen System setzen sie sich *additiv* aus den entsprechenden extensiven Eigenschaften der einzelnen Phasen zusammen.

– **Intensive Eigenschaften** (z. B. Dichte), die nicht von der Masse einer Phase abhängen; sie sind *nicht additiv* für die verschiedenen Phasen eines heterogenen Systems.

1.9.2 Zustandsgrößen geschlossener Systeme

Um ein System vollständig beschreiben zu können, benötigt man eine Reihe von Variablen. Man bezeichnet sie als **Zustandsgrößen** oder **Zustandsfunktionen**. Sie sind Eigenschaften des Zustands, in welchem sich das System im Augenblick befindet. Zustandsgrößen sind *unabhängig* davon, auf welche Art und Weise der betreffende Zustand erreicht worden ist. Verändert man den Zustand eines Systems, so ändern sich auch die Zustandsgrößen und zwar unabhängig davon, wie die Zustandsänderung erfolgte.

Wichtige **Zustandsfunktionen** der Thermodynamik sind die [vgl. **MC-Fragen Nr. 522, 523, 1383, 1384**]:
– innere Energie (U),
– Enthalpie (H),
– Entropie (S),
– freie Energie (F) und die
– freie Enthalpie (G).

Zur Kennzeichnung von **Zustandsänderungen** verwendet man folgende Begriffe:
– *isotherm* (bei konstanter Temperatur) – T = const.; $\Delta T = 0$
– *isochor* (bei konstantem Volumen) – V = const.; $\Delta V = 0$
– *isobar* (bei konstantem Druck) – p = const.; $\Delta p = 0$
– *adiabatisch* (bei konstanter Wärme) – Q = const.; $\Delta Q = 0$
– *isentropisch* (bei konstanter Entropie) – S = const.; $\Delta S = 0$.

Δ-Zeichen: Für *isotherm* ablaufende **Zustandsänderungen**, wie z. B. bei konstanter Temperatur durchgeführte chemische Reaktionen, benutzt man ein **Δ-Zeichen** und beschreibt diese Zustandsänderung durch Differenzbildung zwischen dem Wert der entsprechenden Zustandsfunktion nach und jenem vor der Umwandlung. Eine beliebige energetische Umwandlungsgröße (**Δ**Y) lässt sich danach wie folgt formulieren:

$$\Delta Y \;=\; \underset{\substack{\text{Endzustand}\\ \text{(Produkte)}}}{\Sigma\, n_i Y_i} \;\;-\;\; \underset{\substack{\text{Anfangszustand}\\ \text{(Reaktanden)}}}{\Sigma\, n_i Y_i}$$

Hierin bedeutet n_i die Molzahl der Stoffe (i), die an der Reaktion beteiligt sind.

Jede *Umwandlungsgröße* (**Reaktionsgröße**) ergibt sich demnach als Differenz der mit den stöchiometrischen Umsatzzahlen (n_i) multiplizierten molaren Einzelgrößen (Y) des Endzustands (der *Produkte*) und der des Ausgangszustands (der *Reaktanden*).

Vorzeichengebung: Sämtliche Werte von Zustandsfunktionen beziehen sich auf stoffliche Systeme. Führen wir einem Stoff (oder System) Energiebeträge zu, so vermehren wir dessen Energieinhalt.

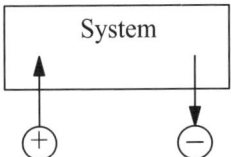

Jeder einem System *zugeführte Energiebetrag* – gleich welcher Art – wird **positiv** gezählt.
Von einem System *abgegebene Energiebeträge* erhalten dann ein **negatives** Vorzeichen.

1.9.2.1 Klassifizierung von Zuständen

Der **Zustand** eines Stoffes wird durch die Gesamtheit aller Zustandsgrößen festgelegt. Bei gegebener chemischer Zusammensetzung sind dies Temperatur, Druck und Volumen [vgl. **MC-Fragen Nr. 521, 522**].

Normalzustände sind Bezugszustände, die man in all jenen Fällen wählt, in denen energetische Absolutwerte nicht oder nur schwer zugänglich sind bzw. nur ungenau ermittelt werden können.

Solche Zustände werden meistens auf **1 Mol** eines Stoffes bei **298 K** (25 °C) und einem Druck von **101,3 kPa** bezogen und durch den **Index °** gekennzeichnet.

Unter **Aggregatzuständen** versteht man die Formarten der Stoffe (gasförmig – flüssig – fest). Diese drei Zustände sind nach den beiden Kriterien – eigenbegrenzte Oberfläche (eigenes Volumen) und eigene Gestalt – unterscheidbar.

Kritische Zustände, durch kritische Daten charakterisiert, sind Zustände, bei denen der Unterschied zweier Aggregatzustände verschwindet, im speziellen Fall der gasförmige und flüssige Zustand nicht mehr zu unterscheiden sind (vgl. auch Kap. 1.8.6).

1.9.3 1. Hauptsatz der Thermodynamik

Der erste Hauptsatz der Thermodynamik ist eine exaktere Formulierung des **Energiesatzes**, nach dem Energie weder vernichtet noch neu entstehen kann und der Energieinhalt des Universums konstant ist.

1.9.3.1 Innere Energie, Wärme, Arbeit

Jedes System besitzt eine **innere Energie** (U), die die *Summe* aller möglichen im System gespeicherten Energieformen darstellt. Die innere Energie ist eine **Zustandsfunktion**.

Der Energieinhalt eines Systems kann dadurch verändert werden, dass es mit seiner Umgebung Energie z. B. in Form von **Wärme** (Q) austauscht (aufnimmt oder abgibt) oder dass man am System **Arbeit** (A) leistet bzw. vom System an der Umgebung Arbeit geleistet wird.

Der erste Hauptsatz sagt aus, dass die Zunahme (Abnahme) der inneren Energie (ΔU) gleich der Summe von aufgenommener (abgegebener) Wärme und Arbeit ist [vgl. **MC-Fragen Nr. 525–527, 1565**].

$$\Delta U = Q + A$$

> Die von einem System mit seiner Umgebung ausgetauschte Summe von Arbeit (A) und Wärme (Q) ist gleich der *Änderung der inneren Energie* (ΔU) des Systems. U ist eine Zustandsfunktion und daher ist ΔU unabhängig vom Wege der Zustandsänderung. Demgegenüber sind A und Q keine Zustandsfunktionen und hängen vom Weg ab, auf dem die Zustandsänderung durchgeführt wurde. Bei chemischen Reaktionen stellt ΔU die gesamte mit der Umgebung ausgetauschte Energie dar.

Ein *positives Vorzeichen* von Q und A bedeutet, dass Wärme und Arbeit vom System aufgenommen werden und seine innere Energie zunimmt. Wenn ein System Arbeit leistet oder Wärme abgibt und dadurch seine innere Energie abnimmt, werden Q und A *negativ*.

Der *Energieinhalt* (U) eines Stoffes ist uns in seinem Absolutbetrag *nicht* bekannt. Kühlen wir z. B. einen Stoff bis zum absoluten Nullpunkt ab, d. h., entziehen wir ihm Energie in Form von Wärme, so verbleibt ein Restbetrag an innerer Energie, die sog. **Nullpunktsenergie**, über deren Größe man keine Zahlenangaben machen kann. Man ist lediglich in der Lage, den Energiezuwachs vom abs. Nullpunkt an zu bestimmen. Daher befasst sich die Thermodynamik nur mit den *Änderungen der inneren Energie* (ΔU); diese sind messbar.

Nach dem 1.Hauptsatz ist **Wärme** (Q) eine Energieform und stellt die Differenz zwischen der Änderung der inneren Energie (ΔU) und der zwischen dem System und der Umgebung bei beliebigen Prozessen ausgetauschten Arbeit (A) dar.

$$Q = \Delta U - A$$

Beispielsweise entspricht die bei der *isothermen Expansion* eines idealen Gases (ΔU = 0) auftretende Wärme der vom System geleisteten Arbeit (Q = – A) [vgl. auch **MC-Frage Nr. 524**].

1.9.3.2 Adiabatische Prozesse

Adiabatische Zustandsänderungen sind solche, bei denen das System *keine Wärme* mit der Umgebung austauscht [ΔQ = 0]. Bei adiabatischen Prozessen ist die einem System zugeführte oder vom System geleistete *Arbeit* gleich der Änderung der inneren Energie.

$$\Delta U = A_{adiabatisch} \qquad [\Delta Q = 0]$$

Wenn z. B. ein Gas sein Volumen adiabatisch vergrößert, so leistet es Arbeit gegen den äußeren Druck auf Kosten seiner inneren Energie. Wird es komprimiert, so gewinnt es Arbeit, um die sich seine innere Energie erhöht. In beiden Fällen gilt: [ΔU = A].

Im Gegensatz zu isothermen Vorgängen ändert sich bei einer adiabatischen Expansion oder Kompression eines idealen Gases mit dem Druck und dem Volumen auch die Temperatur, weil die innere Energie eine Funktion der Temperatur ist (siehe auch Kap. 1.9.3.5).

Für die *adiabatische Expansion* eines idealen Gases gilt:

- das Volumen nimmt zu,
- der Druck nimmt ab,
- die Temperatur sinkt,
- die Dichte nimmt ab,
- die innere Energie nimmt ab.

Für die *adiabatische Kompression* gelten die entsprechenden umgekehrten Zustandsveränderungen [vgl. **MC-Fragen Nr. 527, 537 bis 549**].

Lässt man z. B. eine *exotherme Reaktion*, bei der Wärme entsteht, in einem *Dewar-Gefäß* ablaufen, so liegt ein adiabatischer Prozess vor, weil das Dewar-Gefäß die Wärmeabstrahlung nach außen verhindert. Bei adiabatischen Vorgängen können sich deshalb im Vergleich zu isothermen Reaktionen, bei denen ein Wärmeaustausch mit der Umgebung möglich ist, andere Gleichgewichtslagen einstellen [vgl. **MC-Fragen Nr. 550, 551**].

1.9.3.3 Reaktionsenergie, isochore Zustandsänderungen

Wenn bei einem chemischen Vorgang Edukte vollständig in Produkte umgewandelt werden, so bedeutet dies eine Zustandsänderung, die mit einer Änderung der inneren Energie (ΔU) verbunden ist. Dieses ΔU stellt den Unterschied in der inneren Energie der Produkte und der der Reaktanden dar.

$$\Delta U = \Sigma U_{Produkte} - \Sigma U_{Edukte}$$

Um ΔU bestimmen zu können, muss man beachten, dass unter den üblichen Bedingungen ein **chemischer Vorgang** nur dann **Arbeit** [Volumenarbeit: A = p · ΔV] leisten kann, wenn eine Volumenänderung eintritt [vgl. **MC-Fragen Nr. 528, 529, 534**].

$$\Delta U - Q \qquad - p \cdot \Delta V$$
$$\text{aufgenommene} \qquad \text{geleistete}$$
$$\text{Wärme} \qquad \text{Arbeit}$$

Führt man eine Reaktion in einem geschlossenen Gefäß durch, sodass sich das Volumen nicht ändern kann [**isochore Zustandsänderung** – $\Delta V = 0$], so leistet das System keine Arbeit und die freiwerdende oder aufgenommene Wärme entspricht der Änderung der inneren Energie (ΔU). **ΔU stellt also nichts anderes dar als die Reaktionswärme bei konstantem Volumen**. Zur Messung von ΔU lässt man chemische Reaktionen in einem *Kalorimeter* bei konstantem Volumen ablaufen.

1.9.3.4 Enthalpie, isobare Zustandsänderungen

Die meisten chemischen Reaktionen werden jedoch nicht bei konstantem Volumen, sondern in einem offenen Gefäß bei konstantem Druck (Atmosphärendruck) durchgeführt [**isobare Zustandsänderung** – $\Delta p = 0$]. Wenn sich dabei das Volumen ändert, wird Arbeit gegen den äußeren Druck geleistet. Für chemische Reaktionen, die bei konstantem Druck ablaufen, ist es daher zweckmäßig, die **Enthalpie (H)** als weitere **Zustandsfunktion** einzuführen. Es gilt:

$$H = U + p \cdot V$$
$$\Delta H = \Delta U + \Delta(p \cdot V) = \Delta U + \Delta p \cdot V + p \cdot \Delta V$$

Bei einer isobaren Zustandsänderung ist $\Delta p = 0$ (p = const.) und somit wird:

$$\boxed{\Delta H = \Delta U + p \cdot \Delta V}$$

Unter der Enthalpie (H) eines Systems versteht man also jenen Wärmewert, der sich aus der inneren Energie des Systems und der äußeren Arbeit (Volumenarbeit) zusammensetzt [vgl. **MC-Frage Nr. 535**].

Auch Absolutwerte von H sind nicht bekannt, man kann lediglich Enthalpieänderungen bestimmen. Die *Änderung der Enthalpie* (ΔH) eines Systems ist dann gleich der Änderung der inneren Energie (ΔU) und der Arbeit (p $\cdot \Delta V$), die das System bei einer Volumenänderung gegen den konstanten äußeren Druck leistet.

Wird einem System bei konstantem Druck z. B. Wärme zugeführt, so bewirkt ein Teil davon eine Zunahme der inneren Energie, während ein anderer Teil eine Leistung von Arbeit (Volumenausdehnung) gegen den äußeren Druck ermöglicht. **Für chemische Vorgänge wird ΔH als Reaktionswärme bei konstantem Druck (oder meistens als Reaktionswärme schlechthin) bezeichnet.** Hierbei gilt:

$\Delta H < 0$ **(negativ)**: **exotherm**, d. h. bei diesem Vorgang wird Energie frei.
$\Delta H > 0$ **(positiv)**: **endotherm**, d. h. dieser Vorgang verbraucht Energie.

Die Wärmetönung einer chemischen Reaktion ist nichts anderes als die Differenz der Enthalpien (bzw. Energieinhalte) der Reaktanden und der der Produkte. Bei einer exothermen Reaktion haben die Produkte einen geringeren Wärmeinhalt als die Edukte, bei endothermen Reaktionen ist es umgekehrt. Die Enthalpien chemischer Substanzen hängen von der Temperatur, dem Druck und dem Aggregatzustand ab.

Der Unterschied zwischen der Enthalpie (H) und der inneren Energie (U) ist durch die **Ausdehnungsarbeit** (p $\cdot \Delta V$) gegeben und fällt daher vor allem bei *Gasen* ins Gewicht. Hier unterscheiden sich ΔH und ΔU um den Betrag ($\Delta n RT$) voneinander. Bei *Festkörpern* und *Flüssigkeiten* ändert sich dagegen das Volumen nur geringfügig, sodass man oftmals (p $\cdot \Delta V$) vernachlässigen kann und ΔH annähernd gleich ΔU ist.

1.9.3.5 Wärmekapazität

Die einem System pro Grad Temperaturerhöhung zugeführte Wärme (ΔQ) wird als **Wärmekapazität** (C) bezeichnet.

$$C = \Delta Q/\Delta T$$

Die Dimension der Wärmekapazität ist [$J \cdot grad^{-1}$]. Da der Wärmewert aber von den Bedingungen der Erwärmung abhängt, ob diese bei konstantem Volumen, also ohne Ausdehnungsmöglichkeit, oder bei konstantem Druck, bei nebenher geleisteter Ausdehnungsarbeit, durchgeführt wird, unterscheidet man die beiden Fälle durch den Index v und p der konstant gehaltenen Zustandsgrößen.

$$C_v = (\Delta Q/\Delta T)_v \text{ bzw. } C_p = (\Delta Q/\Delta T)_p$$

Die *1 Mol* eines Stoffes zugeführte Wärmemenge, die eine Temperaturerhöhung um 1 Grad bewirkt, nennt man **molare Wärmekapazität C_{mv}** (bei konstantem Volumen) bzw. **C_{mp}** (bei konstantem Druck).

Bei konstantem Volumen (*isochore Zustandsänderungen*) entspricht die zugeführte Wärme dem Zuwachs an innerer Energie (U) des Systems.

$$\mathbf{C_v = (\Delta U/\Delta T)_v}$$

Bei *isobaren Zustandsänderungen* ($\Delta p = 0$) entspricht die zugeführte Wärmemenge der Zunahme der Enthalpie (H).

$$\mathbf{C_p = (\Delta H/\Delta T)_p}$$

Den Definitionen der beiden Zustandsfunktionen U und H entsprechend wird deshalb die zugeführte Wärme bei Erwärmung unter konstantem Druck ($\Delta p = 0$) nicht nur die innere Energie (U) erhöhen sondern auch Ausdehnungsarbeit leisten.

Daraus folgt z. B. für die Erwärmung von 1 Mol eines idealen Gases, dass die bei konstantem Druck gemessene molare Wärmekapazität (C_{mp}) *stets* größer ist als die bei konstantem Volumen gemessene Wärmekapazität (C_{mv}), weil die bei konstantem Druck aufgenommene Wärmemenge auf die Erhöhung der inneren Energie des idealen Gases und die vom Gas zu leistende Ausdehnungsarbeit aufgeteilt wird [vgl. **MC-Fragen Nr. 530–533**].

1.9.3.6 Bildungsenthalpien, Reaktionsenthalpien, Satz von Hess

Da die Enthalpie einer Substanz von der Temperatur und dem Druck abhängt, bezieht man im allgemeinen Enthalpieangaben auf einen *Standardzustand* (298 K; 101,3 kPa) und kennzeichnet dies durch das Symbol ^{o} (vgl. auch Kap. 1.9.2.1).

Als **Bildungswärmen** oder **Bildungsenthalpien** chemischer Verbindungen bezeichnet man die **Reaktionswärmen**, die bei der Bildung von Substanzen aus ihren reinen Elementen unter Standardbedingungen auftreten [vgl. **MC-Fragen Nr. 576, 577, 1444**].

Da Absolutwerte der Enthalpie *nicht messbar* sind, hat man die Enthalpien der Elemente im Standardzustand gleich Null gesetzt. Dies bedeutet nicht, dass die Enthalpien von Elementen tatsächlich Null sind; sie werden lediglich als Bezugswerte genutzt. Da nur Enthalpiedifferenzen (ΔH) gemessen werden können, ist die Wahl der Bezugswerte willkürlich.

Die **Standard-Bildungsenthalpie** (ΔH_f°) einer Verbindung ist dann der ΔH-Wert, der unter Standardbedingungen zur Bildung von *1 Mol* dieser Verbindung aus den reinen Elementen in ihrer stabilsten Form führt. Der Index $_f$ bedeutet „of formation".

Aus den Standard-Bildungsenthalpien lassen sich die **Reaktionsenthalpien** (ΔH) beliebiger Reaktionen wie folgt berechnen.

$$\Delta H = \Sigma\ \Delta H_f^\circ\ \text{(Produkte)} - \Sigma\ \Delta H_f^\circ\ \text{(Edukte)}$$

Da die Enthalpie (H) eine Zustandsfunktion ist, hängt ΔH nur vom Anfangs- und Endzustand des Systems ab, *nicht* aber vom durchlaufenen Reaktionsweg. Lässt man ein System einmal direkt und einmal über Zwischenstufen vom Zustand (A) in den Zustand (E) übergehen, so sind die Reaktionswärmen auf beiden Wegen gleich groß: $\Delta H_1 = \Delta H_2$.

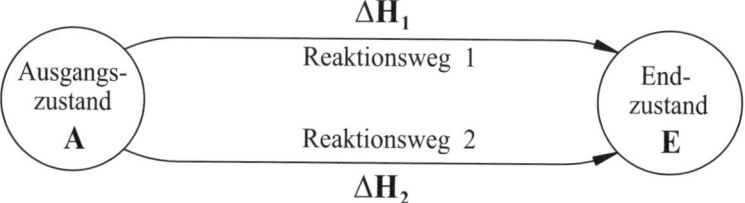

Für eine bei konstantem Druck durchgeführte Reaktion kann die Reaktionswärme aus der Differenz der Standardenthalpien der Produkte und Reaktanden berechnet werden, weil die Reaktionsenthalpie unabhängig davon ist, ob der Prozess in einem oder mehreren Schritten abläuft (Hessscher Satz).

Man kann dieses von **Hess** formulierte *Gesetz der konstanten Wärmesummen* dazu nutzen, Reaktionswärmen, die nicht unmittelbar messbar sind, aus den ΔH-Werten bekannter Reaktionen zu berechnen. Ein Beispiel hierfür ist die Verbrennung des Kohlenstoffs zu Kohlenmonoxid:

$$C_{fest} + O_2 \longrightarrow CO_2 \qquad \Delta H_f^\circ = -394\ \text{kJ mol}^{-1}$$
$$CO + 1/2\ O_2 \longrightarrow CO_2 \qquad \Delta H^\circ = -283\ \text{kJ mol}^{-1}$$
$$C_{fest} + 1/2\ O_2 \longrightarrow CO \qquad \Delta H_f^\circ = ?\ \text{(nicht meßbar)}$$

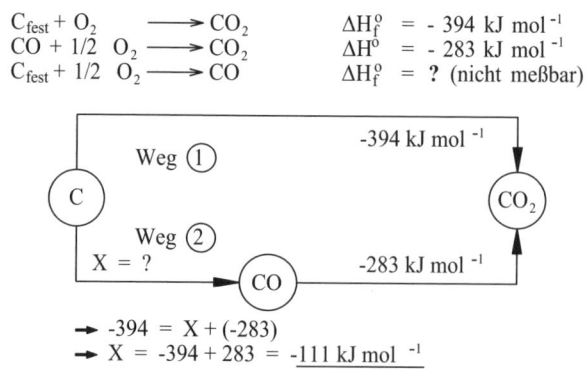

➤ $-394 = X + (-283)$
➤ $X = -394 + 283 = \underline{-111\ \text{kJ mol}^{-1}}$

Aus der additiven Behandlung der Reaktionsenthalpien ergibt sich für die Standard-Bildungsenthalpie des Kohlenmonoxids aus seinen Elementen ein Wert von -111 kJ mol^{-1} [vgl. **MC-Fragen Nr. 1355, 1378, 1699, 1750**].

1.9.4 2. Hauptsatz der Thermodynamik

Der erste Hauptsatz der Thermodynamik sagt lediglich aus, dass Energie weder vernichtet werden noch aus dem Nichts entstehen kann, sodass bei einer Zustandsänderung die Summe der Energien eines Systems und seiner Umgebung konstant bleibt. Der 1.Hauptsatz macht keine Angaben über die mögliche Richtung einer solchen Änderung und gibt keine Antwort darauf, ob zwei bestimmte Substanzen überhaupt miteinander reagieren werden.

Ausgangspunkt für die Entwicklung des zweiten Hauptsatzes der Thermodynamik war die Beobachtung, dass alle in der Natur *spontan*, d. h. freiwillig stattfindenden Prozesse stets in einer bestimmten Richtung ablaufen, wobei das System aus einem definierten Anfangszustand in einen definierten Endzustand übergeht.

Es muss offensichtlich eine „Größe" existieren, die die mögliche Richtung einer Zustandsänderung bestimmt. Der 2. Hauptsatz macht u. a. Aussagen über [vgl. **MC-Fragen Nr. 555, 556, 558, 560, 563**]:

– die Richtung freiwillig (spontan) ablaufender Prozesse.
– die Einseitigkeit des Wärmeübergangs. Die Wärmeübertragung ist ein irreversibler Prozess und Wärmeenergie kann durch Wärmeleitung nur von einem Bereich höherer Temperatur zu einem Bereich niedrigerer Temperatur transportiert werden.
– die nicht vollständige Umwandelbarkeit von Wärme in Arbeit. D.h.,Wärmeenergie kann aus einem Wärmereservoir mit einer periodisch wirkenden Maschine nicht vollständig in Arbeit umgewandelt werden.
– das Zustreben auf einen Gleichgewichtszustand, dem Endzustand freiwillig ablaufender Prozesse.
– die Zustandsgröße **Entropie** (S), die in einem abgeschlossenen System konstant bleibt, zunimmt bzw. einem Höchstwert zustrebt.
– die Änderung eines abgeschlossenen Systems in Richtung auf den Zustand größter Wahrscheinlichkeit (geringster Ordnung).

1.9.4.1 Reversible und irreversible Zustandsänderungen

Um zu erkennen, wodurch die Richtung einer Zustandsänderung bestimmt wird, ist es zweckmäßig, zwischen *reversiblen* und *irreversiblen Zustandsänderungen* zu unterscheiden.

Ein **reversibler Prozess** zeichnet sich dadurch aus, dass das System wieder in seinen Ausgangszustand gebracht werden kann, ohne dass hierbei irgendwelche Veränderungen in seiner Umgebung zurückbleiben. Während einer reversiblen Zustandsänderung befindet sich das System immer mit seiner Umgebung in einem Gleichgewichtszustand.

Die Definition eines **irreversiblen Prozesses** besagt, dass man ihn zwar rückgängig machen kann, dass dabei aber stets irgendwelche Veränderungen in der Umgebumg des betreffenden Systems zurückbleiben. Irreversible Prozesse sind z. B. das Einströmen von Gasen beim Öffnen eines evakuierten Gefäßes, das Auflösen von Salzen in Wasser oder der Wärmeaustausch zwischen zwei Körpern unterschiedlicher Temperatur [vgl. **MC-Fragen Nr. 565, 1435, 1571**].

Alle natürlichen, spontan verlaufenden Prozesse sind irreversibel und das gemeinsame Merkmal aller irreversiblen Vorgänge ist, dass das Gesamtsystem von einem instabileren in einen *stabileren Zustand* übergeht.

Reversible und irreversible Zustandsänderungen unterscheiden sich nun in einem sehr wesentlichen Punkt. Die bei einem irreversiblen Prozess geleistete Arbeit ist stets kleiner als die bei einer entsprechenden reversiblen Zustandsänderung geleistete Arbeit. *Alle irreversiblen Vorgänge sind mit einem Arbeitsverlust verbunden* und können nur unter Aufwendung von Arbeit wieder rückgängig gemacht werden.

$$A_{irreversibel} \quad < \quad A_{reversibel}$$

Dies gilt für *alle* Systeme, die imstande sind, Energie in Form von gegen einen äußeren Widerstand geleisteter *Arbeit* an die Umgebung zu übertragen. Im reversiblen Fall wird immer die *maximale Arbeit* geleistet; jeder reale Prozess liefert weniger Arbeit und ist daher zumindest teilweise irreversibel.

1.9.4.2 Entropie, Reaktionsentropie

Die von **Clausius** eingeführte **Entropie** (S) ist eine **Zustandsfunktion**, die etwas über die Richtung natürlicher Prozesse auszusagen vermag, die z. B. bei spontan ablaufenden Vorgängen zunimmt und deren Änderung als ein quantitatives Maß für die Irreversibilität eines Vorgangs dienen kann. Die Entropie ist auch ein Maß für die *Stabilität eines Systems* [vgl. **MC-Fragen Nr. 552, 556–560, 563, 564, 569, 1289, 1571**].

Der 2. Hauptsatz besagt: **Die Entropie des Universums bleibt bei einem reversiblen Prozess konstant und nimmt bei einem irreversiblen Prozess zu. Bei allen spontanen Zustandsänderungen vergrößert sich somit die Entropie.**

$$\Delta S_{reversibel} = 0 \qquad \Delta S_{irreversibel} > 0$$

Die Entropieänderung kann nur Null oder größer Null sein. Ein abgeschlossenes System wird sich daher solange ändern, bis seine Entropie einen Maximalwert erreicht hat. Dieser Höchstwert entspricht dem Gleichgewichtszustand. Für diesen ist die Änderung der Entropie (ΔS) gleich Null. Mit anderen Worten, ein *im Gleichgewicht befindliches System erleidet keine Entropieänderung*.

Bei einem irreversiblen Vorgang nimmt die Entropie zu, d. h., die Änderung der Entropie ist größer Null. Die Zunahme der Entropie kann somit als Kriterium für das freiwillige Ablaufen eines Prozesses dienen. Bei einem reversiblen Prozess stehen das System und seine Umgebung dauernd miteinander im Gleichgewicht. Die Änderung der Gesamtentropie ist hier Null.

Nach dem zweiten Hauptsatz der Thermodynamik gilt:

$\Delta S > 0$: **Irreversibler Prozess**, kann spontan *oder* nicht von selbst eintreten.

$\Delta S = 0$: **Reversibler Prozess**, das System und seine Umgebung stehen fortwährend in einem Gleichgewichtszustand.

$\Delta S < 0$: Dieser Vorgang tritt *niemals* ein.

Allerdings ist zu beachten, dass sich die Entropieänderung (ΔS) auf das System *und* seine Umgebung als *Ganzes* bezieht. Die Gesamtänderung der Entropie ist die Summe der Entropieänderungen des Systems und der Umgebung [vgl. **MC-Frage Nr. 569**].

$$\Delta S_{Gesamt} = \Delta S_{System} + \Delta S_{Umgebung}$$

Vorgänge, bei denen die Entropie eines Systems abnimmt, sind an und für sich möglich, nur muss dann die Entropie der Umgebung zunehmen.

Da die **Entropie eine Zustandsfunktion** ist, wird ihre Änderung (ΔS) allein vom Anfangs- und Endzustand bestimmt und ist unabhängig vom Weg, auf dem die Zustandsänderung durchgeführt wurde. Die Entropieänderung (ΔS) ist definiert durch,

$$\Delta S \ = \ \frac{\Delta Q_{rev}}{T}$$

wobei ΔQ_{rev} dem Wärmeumsatz eines reversiblen Vorganges entspricht, der bei der Temperatur T durchgeführt wird. Die Entropie ist somit eine durch die Temperatur dividierte Wärmemenge, die die Dimension ($erg \cdot grad^{-1}$) besitzt. Als Einheit im kalorischen Maßsystem dient **1 Clausius** ($cal \cdot grad^{-1}$) bzw. *Joule/Kelvin* (J/K) [vgl. **MC-Fragen Nr. 553, 569**].

Für *chemische Reaktionen* ist ΔS gleich dem Quotienten aus der mit der Umgebung ausgetauschten Wärmemenge und der jeweiligen Reaktionstemperatur. Die **Entropieänderung** (ΔS) chemischer Reaktionen im Standardzustand entspricht,

$$\Delta S^{o} = \Sigma \, nS^{o} \, (Produkte) \ - \ \Sigma \, nS^{\,o} \, (Edukte)$$

wobei n die Molzahl der jeweiligen Produkte und Reaktanden bedeutet.

Die **Standardentropie** (S^{o}) eines Elements ist im Gegensatz zu seiner Standardenthalpie (H^{o}) *nicht* Null. Daher gilt für die **Standard-Bildungsentropie** (ΔS_{f}^{o}) einer Substanz:

$$\Delta S_{f}^{o} = S^{o} \, (Verbindung) \ - \ \Sigma \, S^{o} \, (Elemente)$$

1.9.4.3 Wahrscheinlichkeit eines Zustandes

Die Entropie ist auch ein *Maß für den Ordnungszustand* bzw. für die Unordnung in einem System und somit ein *Maß für dessen Zustandswahrscheinlichkeit*. **Je geordneter ein System ist, desto geringer ist seine Entropie!** Das von selbst angestrebte Ziel eines jeden Systems ist der Zustand idealer Unordnung [vgl. **MC-Fragen Nr. 552, 554**].

Die Statistik zeigt nun, dass der Zustand maximaler Stabilität, den jedes abgeschlossene System anstrebt, identisch ist mit dem Zustand größter Wahrscheinlichkeit, der seinerseits auf das Engste mit dem Ordnungsgrad in einem System zusammenhängt. Es gilt:

$$S = k \cdot \ln W + \text{const.}$$

worin (k = R/N) die **Boltzmann-Konstante** darstellt und W als sog. thermodynamische Wahrscheinlichkeit bezeichnet wird.

Der spontane Übergang aus einem weniger wahrscheinlichen in einen wahrscheinlicheren Zustand ist mit einer Verkleinerung des Ordnungsgrades verbunden. Bei allen *irreversiblen* Vorgängen geht das Gesamtsystem aus einem geordneteren in einen ungeordneteren Zustand über. Dieser entspricht dem Zustand maximaler Entropie.

1.9.5 3. Hauptsatz der Thermodynamik

Da die *Entropie* ein *Maß der molekularen Unordnung* eines Systems darstellt, wird sie dann gleich Null sein, wenn die größtmögliche Ordnung verwirklicht ist. Dies trifft für einen vollkommen regelmäßig gebauten Kristall am absoluten Nullpunkt zu.

> Die Entropie von Idealkristallen eines Elements oder einer Verbindung am absoluten Nullpunkt ist Null.

Bei Übergängen in ungeordnetere Zustände (Wärmeschwingungen, steigende Molekularbewegungen in Gasen und Flüssigkeiten usw.) nimmt die Entropie stets zu; sie wächst also mit abnehmendem Ordnungsgrad. Dies bedeutet z. B., dass die Entropie zunimmt, wenn eine Substanz schmilzt oder verdampft, und dass sie abnimmt, wenn der Stoff kondensiert oder kristallisiert [vgl. **MC-Fragen Nr. 561, 562, 1571**].

Der 3. Hauptsatz (**Nernstsche Wärmesatz**) macht Aussagen über den Bereich um den abs. Nullpunkt, schafft die Voraussetzung zur Aufstellung einer eindeutigen Temperaturfunktion der freien Energie und ermöglicht die Bestimmung von absoluten Entropiewerten für beliebige Temperaturen. Der dritte Hauptsatz sagt aus, dass

- mit der Annäherung an den abs. Nullpunkt alle Prozesse zwischen kondensierten Phasen ohne Entropieänderung verlaufen.
- beim abs. Nullpunkt die Entropie jedes reinen festen oder flüssigen Stoffes dem Wert Null zustrebt.
- der abs. Nullpunkt nicht erreicht werden kann [vgl. **MC-Fragen Nr. 1299, 1518**].

1.9.6 Gibbs-Helmholtz-Gleichung

Im Prinzip ist mit den bisherigen Aussagen eines der Ziele der Thermodynamik erreicht: Die Festlegung eines Kriteriums, ob ein Vorgang *freiwillig* ablaufen kann. Für praktische Zwecke sind allerdings die bisherigen Ausführungen kaum brauchbar, weil sie die Kenntnis der Eigenschaften sowohl des Systems als auch der Umgebung voraussetzen.

Es wäre deshalb nützlich, eine Größe als **Maß für die Triebkraft einer Zustandsänderung** zur Verfügung zu haben, die *nur* von den Eigenschaften des betreffenden Systems abhängt. Diese Forderung erfüllen die von **Gibbs** und **Helmholtz** eingeführten, temperaturabhängigen **Zustandsfunktionen freie Energie (F)** bzw. **freie Enthalpie (G)**. Es sind wie alle Energiegrößen mengenproportionale Größen [vgl. **MC-Fragen Nr. 567, 1571**].

Die **freie Energie (F)** stellt hierbei jenen Anteil am Energieinhalt eines Stoffes (Systems) dar, der bei reversibler Prozessführung frei wird und in jede beliebige andere Energieform – also auch in Arbeit – umwandelbar ist.

$$F = U - T \cdot S$$

Die **freie Enthalpie (G)** entspricht jenem Anteil an der Enthalpie eines Stoffes (Systems), der bei reversibler Prozessführung frei wird und in jede beliebige andere Energieform – also auch in Arbeit – umwandelbar ist [vgl. **MC-Fragen Nr. 567, 1435**].

$$G = H - T \cdot S = F + p \cdot V$$

Diese als **Gibbs-Helmholtz-Gleichungen** bekannten Beziehungen stellen den Zusammenhang her zwischen den sog. Reaktionseffekten, d. h. zwischen der **Reaktionswärme** und der **Reaktionsentropie**. Sie sind die *Grundgleichungen* des 2. Hauptsatzes der Thermodynamik für *isotherm* verlaufende chemische Prozesse.

Für *isotherm* (T = const.) und *isobar* (p = const.) durchgeführte Zustandsänderungen ergibt sich die **Änderung der freien Enthalpie (ΔG)** zu [vgl. **MC-Frage Nr. 569**]:

$$\Delta G = \Delta H - T \cdot \Delta S \text{ (Gibbs-Helmholtz-Gleichung)}$$

Alle Größen dieser Gleichung (ΔG, ΔH, $T \cdot \Delta S$) sind Energiegrößen und beziehen sich nur auf die Änderungen im System. Änderungen in der Umgebung müssen daher *nicht* betrachtet werden.

1.9.6.1 Freie Enthalpie chemischer Reaktionen

Bei einer chemischen Reaktion

$$aA + bB + \dots \rightleftharpoons cC + dD + \dots ,$$

worin a,b,c,d,…die stöchiometrischen Umsatzzahlen der Stoffe A,B,C,D,…bedeuten, ist die **freie Reaktionsenthalpie (ΔG^o)** im *Standardzustand* gegeben durch den Ausdruck:

$$\Delta G^o = cG^o_C + dG^o_D + \dots - aG^o_A - bG^o_B - \dots$$

$$= \Sigma \, nG^o \text{ (Produkte)} - \Sigma \, nG^o \text{ (Edukte)}$$

G^o_A (G^o_B, G^o_C, G^o_D) stellt hierbei die freie Enthalpie von 1 Mol des Stoffes A (B, C, D) im Standardzustand dar.

Die bei der Bildung einer Verbindung im Standardzustand aus den jeweiligen Elementen auftretende Änderung der freien Enthalpie wird als **freie Standard-Bildungsenthalpie** (ΔG_f°) der Verbindung bezeichnet.

Die **Änderung der freien Enthalpie** (ΔG) erlaubt eine Vorhersage des Ablaufs von Prozessen und ist ein Maß für das Bestreben von Substanzen miteinander zu reagieren. Der ΔG-Wert stellt gleichzeitig den Arbeitsbetrag dar, der bei dem betreffenden Prozess maximal gewinnbar ist.

Um zu entscheiden, ob ein bestimmter Vorgang bei konstantem Druck und konstanter Temperatur überhaupt möglich ist, muss *allein* der ΔG-Wert des sich ändernden Systems bekannt sein. Der ΔG°-Wert einer Reaktion bildet somit ein **Maß für die Triebkraft** dieser Reaktion unter Standardbedingungen [vgl. **MC-Fragen Nr. 567, 568, 570, 590, 591, 1290, 1453, 1613**]. Ist

– $\Delta G^{\circ} < 0$ **(negativ)**,	so handelt es sich um einen **exergonischen** Vorgang und die betreffende Änderung tritt *freiwillig* ein, d. h., im Standardzustand können Edukte spontan in Produkte übergehen.
– $\Delta G^{\circ} > 0$ **(positiv)**,	so nennt man dies einen **endergonischen** Vorgang, der *nicht freiwillig* eintreten kann. Dies bedeutet keineswegs, dass überhaupt keine Produkte entstehen können. Eine gewisse Menge an Produkten wird dennoch gebildet, jedoch ist ihre Konzentration kleiner als es dem Standardzustand entspricht.
– $\Delta G^{\circ} = 0$ **(Null)**,	so existieren Anfangs- und Endzustand im **Gleichgewicht** nebeneinander, ohne dass im Gesamteffekt eine Veränderung zu beobachten wäre (vgl. auch Kap. 1.10.1.1).

Freiwillig verlaufen Prozesse nur in Richtung einer Verminderung der freien Enthalpie ($\Delta G < 0$). Vorzeichen und Größe von ΔG sind somit ein Maß für die Triebkraft einer Reaktion. Die Änderung der freien Enthalpie (ΔG) ist abhängig von den Zustandsvariablen T und p sowie von der chemischen Zusammensetzung (Konzentration). Die Druckabhängigkeit von ΔG spielt vor allem eine Rolle bei der Reaktion von Gasen.

$$\Delta G = \text{negativ} \longrightarrow \text{exergonischer Vorgang}$$
$$\Delta G = \text{positiv} \longrightarrow \text{endergonischer Vorgang}$$
$$\Delta G = \text{Null} \longrightarrow \text{Gleichgewichtszustand}$$

Da die **freie Enthalpie eine Zustandsfunktion** darstellt, hängt jeder Wert von ΔG nur vom Anfangs- und Endzustand des Systems ab und nicht vom Weg, auf dem dieser Zustand erreicht wurde. Es ist $\Delta G_1 = \Delta G_2$.

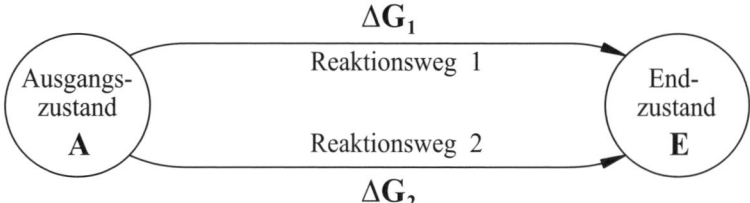

Deshalb kann man die Änderung der freien Enthalpie einer bestimmten Reaktion aus den ΔG-Werten anderer Reaktionen in ähnlicher Weise berechnen, wie dies mit den Reaktionsenthalpien geschehen ist (vgl. Hessscher Satz, Seite 224). Ein bekanntes Beispiel hierfür ist die Bildung von **Methan** [CH_4] aus seinen Elementen.

$$C_{Graphit} + 2\,H_2(g) \longrightarrow CH_4(g) \qquad \Delta G_f^o = ? \text{ (unbekannt)}$$

Messbar sind hingegen die Reaktionsenthalpien folgender Prozesse:

(a) $C_{Graphit} + O_2(g) \longrightarrow CO_2(g)$ $\Delta G_f^o = -394{,}6$ kJ/mol
(b) $2\,H_2(g) + O_2(g) \longrightarrow 2\,H_2O(fl)$ $\Delta G_f^o = -474{,}5$ kJ/mol
(c) $CH_4(g) + 2\,O_2(g) \longrightarrow 2\,H_2O(fl) + CO_2(g)$ $\Delta G^o = -818{,}4$ kJ/mol

Durch Addition der Gleichungen (a) und (b) und Subtraktion der Gleichung (c) erhält man für die o.a. Reaktion als freie Standard-Bildungsenthalpie (ΔG_f^o):

$$[-394{,}6 + (-474{,}5) - (-818{,}4) = -50{,}7 \text{ kJ/mol}]$$

$$C_{Graphit} + 2\,H_2(g) \longrightarrow CH_4(g) \qquad \mathbf{\Delta G_f^o = -50{,}7 \text{ kJ/mol}}$$

Bei einer aus mehreren Teilschritten **zusammengesetzten** (gekoppelten) **Reaktion addieren** sich die freien Reaktionsenthalpien der Teilreaktionen zur freien Reaktionsenthalpie für die Gesamtreaktion [vgl. **MC-Fragen Nr. 566, 570, 1847**].

$$A \xrightarrow{\Delta G_1^o} B \xrightarrow{\Delta G_2^o} C \xrightarrow{\Delta G_3^o} D$$

$$\Delta G_{Gesamt}^o = \Delta G_1^o + \Delta G_2^o + \Delta G_3^o$$

1.9.7 Kriterien für den Reaktionsablauf in geschlossenen Systemen

1.9.7.1 Exergonische und endergonische Prozesse

Die Gibbs-Helmholtz-Gleichung [$\Delta G = \Delta H - T \cdot \Delta S$] ist für die Thermodynamik von fundamentaler Bedeutung. Sie zeigt deutlich den Einfluss von Enthalpie- und Entropieänderungen auf die Triebkraft chemischer Reaktionen. Dies soll durch die folgenden qualitativen Überlegungen nochmals vertieft werden [vgl. **MC-Fragen Nr. 571–575, 578, 1435**].

1. Exotherme, irreversible Reaktionen

Bei diesen Vorgängen ist ΔH negativ und ΔS positiv. D.h., es wird Wärme frei und die Unordnung des Systems nimmt zu. Solche Reaktionen verlaufen *exergonisch* ($\Delta G < 0$).

Bei relativ tiefen Temperaturen ist der Einfluss des Entropiegliedes ($T \cdot \Delta S$) gering, sodass hier in erster Linie die Reaktionswärme (ΔH) die Abnahme der freien Enthalpie bestimmt.

2. Exotherme, reversible Reaktionen

Hier ist ΔH negativ und ΔS = Null. Die Reaktionswärme (ΔH) allein beeinflusst die Abnahme der freien Enthalpie. Die Reaktion verläuft *exergonisch*. Daraus kann generell gefolgert werden, dass *alle exothermen Reaktionen auch exergonisch sind*. Der entsprechende Umkehrschluss ist selbstverständlich *nicht* zulässig.

3. Endotherme, reversible Reaktionen

Bei diesen Reaktionen ist ΔH positiv und ΔS = Null; solche Zustandsänderungen verlaufen daher *endergonisch*.

4. Endotherme, irreversible Reaktionen

Bei diesen Reaktionen sind ΔH und ΔS positiv.

* Bei *tiefen Temperaturen* und *geringem Entropieeffekt* ist der Einfluss des Terms ($T \cdot \Delta S$) klein und die freie Enthalpie wird in erster Linie durch die Reaktionswärme bestimmt. Ein solcher Vorgang ist *endergonisch*.
* Nur wenn die Entropieänderung ganz besonders groß ist, z. B. beim Schmelzen oder Verdampfen einer Substanz, kann schon bei nicht allzu hohen Temperaturen ein positives ΔH durch die Zunahme der Entropie überkompensiert werden, sodass **ein endothermer Vorgang exergonisch verläuft**. Beispielsweise ist bei 0 °C die Umwandlung von Eis in Wasser ein exergonischer Prozess, weil die damit verbundene Entropiezunahme ein positives ΔH überkompensiert: $|T \cdot \Delta S| > |\Delta H|$ [vgl. auch **MC-Fragen Nr. 580, 581**].
* Bei hinreichend *hohen Temperaturen* überwiegt in jedem Fall der Einfluss des Entropiegliedes ($T \cdot \Delta S$) und solche Vorgänge verlaufen *exergonisch*. Eine Reaktion kann somit Energie verbrauchen und trotzdem freiwillig (exergonisch) ablaufen.

$$+ \Delta H < T \cdot \Delta S \longrightarrow \Delta G < 0 \text{ (exergonisch)}$$
$$+ \Delta H > T \cdot \Delta S \longrightarrow \Delta G > 0 \text{ (endergonisch)}$$

Man kann dies nach **Ulich** in einem Satz zusammenfassen: „Alles natürliche Geschehen wird regiert einerseits von dem Bestreben nach Abnahme der Energie und andererseits nach Zunahme der Entropie." Mit anderen Worten, bei einem freiwillig ablaufenden Prozess wird ein Minimum an Energie und ein Maximum an Unordnung angestrebt.

1.9.7.2 Freie Enthalpie und Gleichgewichtskonstante

Der ΔG^o-Wert charakterisiert nur die Änderung der freien Enthalpie einer Reaktion, wenn sich *alle* Reaktanden *und* Produkte im *Standardzustand* befinden und wenn *hierbei genau eine Reaktionseinheit* umgesetzt wird.

Um die Änderung der freien Enthalpie auch für Vorgänge angeben zu können, bei denen die Reaktionsteilnehmer in beliebigen Konzentrationen bzw. bei Gasen in beliebigen Partialdrücken auftreten, muss die Abhängigkeit der freien Enthalpie von der Konzentration (Aktivität) und dem Druck bekannt sein.

Für eine Reaktion der allgemeinen Form [aA+bB $\longrightarrow$ cC+ dD], in der die Reaktionsteilnehmer in beliebiger Konzentration vorliegen, ist die Änderung der freien Enthalpie (ΔG^R) gegeben durch:

$$\Delta G_R = \Delta G^o + RT \cdot \ln \frac{[C]^c \cdot [D]^d}{[A]^a \cdot [B]^b}$$

Diese Gleichung besagt, dass die Änderung der Enthalpie durch zwei Teilbeträge bestimmt wird. Der eine (ΔG^o) ist konstant und für die betreffende Reaktion charakteristisch, während der andere Term durch die jeweiligen Konzentrationen bzw. bei Gasen durch deren Partialdrücke beeinflusst wird.

Aus obiger Gleichung ergibt sich für den Gleichgewichtszustand ($\Delta G_R = 0$) [vgl. **MC-Fragen Nr. 570, 583, 586–588, 1876**]:

$$\Delta G^o = - R \cdot T \cdot \ln K$$

Hierin bedeuten: R = allg. Gaskonstante, T = abs. Temperatur in Kelvin, K = **Gleichgewichtskonstante** (vgl. Kap. 1.10.1.2).

ΔG^o kann aus den freien Bildungsenthalpien (ΔG_f^o) der Reaktionsteilnehmer ermittelt werden. Diese sind aus den gemessenen ΔH_f^o-Werten und den nach dem 3. Hauptsatz berechneten Entropien erhältlich. Mit Hilfe obiger Gleichung ist es möglich, zu berechnen, ob und in welchem Ausmaß eine Reaktion gelingt, ohne sie im Experiment durchführen zu müssen.

Nach Umformung vorstehender Gleichung

$$K = e^{-\Delta G^o/RT} = 10^{-\Delta G^o/2,3\,RT}$$

lassen sich daraus folgende Aussagen ableiten: Ist

$\Delta G^o < 0$ (negativ), so ist der Exponent positiv und **K wird größer 1**. Im Gleichgewichtszustand überwiegen die Produkte.

$\Delta G^o > 0$ (positiv), so wird **K kleiner 1**. Die Reaktion verläuft unvollständig. Im Gleichgewicht wird eine gewisse Menge an Produkten vorhanden sein, jedoch überwiegen die Edukte (vgl. auch Kap. 1.10.2.2).

Hingegen wird die Gleichgewichtskonstante K gleich 1, wenn die freie Standardenthalpie $\Delta G = 0$ ist [vgl. **MC-Frage Nr. 592**].

Berechnungen (in Klammer Nr. der MC-Frage)

[584] Die freie Standard-Reaktionsenthalpie (ΔG^o) (in kJ mol^{-1}) der Dissoziation der Essigsäure (pK$_a$= 4,75) beträgt (T = 298 K; R = 8,3 . 10^{-3}; ln 10 = 2,3):

$$\Delta G^o = - R \cdot T \cdot \ln K \text{ mit } -\log K = pK_a$$
$$\text{bzw. } -\ln K = 2,3 \, pK_a$$

$$\Delta G^o = - 8,3 \cdot 10^{-3} \cdot 298 \cdot 2,3 \cdot 4,75 = \textbf{27,02 kJ mol}^{-1}$$

Ein großer negativer ΔG^o-Wert führt zu einem großen Zahlenwert für K. Die Reaktion läuft praktisch vollständig von links nach rechts ab. Aus einem großen positiven ΔG^o-Wert resultiert eine kleine Gleichgewichtskonstante. Die Reaktion verläuft vollständig nur von rechts nach links ab. Reaktionen mit kleinen ΔG^o-Werten verlaufen in keiner Richtung vollständig.

1.9.7.3 Freie Enthalpie und Redoxpotential

Fließt Gleichstrom durch eine elektrolytische Zelle, so läuft in ihr eine **Redoxreaktion** ab. An der positiven Elektrode (Anode) findet eine Oxidation statt, wobei Elektronen von der reduzierten Form einer Substanz auf die Elektrode übertragen werden. Parallel dazu tritt an der negativen Elektrode (Kathode) eine Reduktion ein, wobei ein Elektronenübergang von der Elektrode zur oxidierten Form der Substanz erfolgt (vgl. auch Kap. 1.12.2.6).

Das dabei auftretende Potential kann zur Bestimmung der freien Enthalpie herangezogen werden, da bei allen elektrochemischen Reaktionen eine Änderung der freien Enthalpie in Form elektrischer Energie auftritt [vgl. **MC-Fragen Nr. 585, 586, 1370, 1756, 1876**].

$$\Delta G = - n \cdot F \cdot E_z$$

Hierin kennzeichnet n die Anzahl Mole an Elektronen, die bei einem Reaktionsablauf umgesetzt werden. F ist die Faraday-Konstante, d. h. die Ladung eines Mols an Elektronen und E_z (in Volt) ist die Spannung der Zelle, in der die Reaktion von einem zufälligen Ausgangszustand in den Gleichgewichtszustand abläuft.

Die Gibbs-Helmholtz-Gleichung ist mit Hilfe reversibel arbeitender galvanischer Zellen einer unmittelbaren experimentellen Prüfung zugänglich. Die freie Reaktionsenthalpie (ΔG) elektrochemischer Reaktionen entspricht der bei reversibler Prozessführung maximal gewinnbaren Arbeit (-nEF).

1.10 Chemisches Gleichgewicht

1.10.1 Kriterien des Gleichgewichtszustandes

1.10.1.1 Gleichgewichtszustand in geschlossenen Systemen

Aus einer chemischen Reaktionsgleichung [aA + bB $\rightleftharpoons$ cC + dD] ist nur ersichtlich, in welchem Gewichtsverhältnis Stoffe miteinander reagieren, nicht aber, in welchem Ausmaß dies geschieht. Die stöchiometrische Bruttogleichung gibt lediglich an, wieviel an Produkten aus einer gegebenen Menge an Reaktanden entstehen könnte, wenn die Reaktion vollständig in einer Richtung ablaufen würde.

Die Erfahrung lehrt, dass im allgemeinen keine komplette Umwandlung der Ausgangsstoffe (Edukte) in die Produkte stattfindet, unabhängig davon, wie lange man die Reaktion ablaufen lässt. Im Endzustand eines reagierenden Systems liegen stets noch Edukte vor, wenn auch mitunter nur in geringsten Mengen. Die Reaktion *endet* in einem *Gleichgewichtszustand*, in dem alle an der Reaktion beteiligten Stoffe vorhanden sind.

Ein System befindet sich im Gleichgewichtszustand, wenn in ihm unter den gegebenen äußeren Bedingungen kein freiwilliger Stoff- und Energietransport mehr erfolgt. Ein solches System kann beliebig lange im Gleichgewichtszustand gehalten werden. Ein im Gleichgewicht befindliches System vermag *keine Arbeit* zu leisten [vgl. **MC-Fragen Nr. 591, 597**].

Eine freiwillig ablaufende Reaktion verläuft vom Anfangszustand aus nur bis zum Gleichgewichtszustand, weil bei einer zum Gleichgewicht gelangten, freiwillig verlaufenden Reaktion, dieses nur durch einen äußeren Zwang verändert werden kann. Ein Gleichgewicht stellt daher den Endzustand freiwillig, aber nicht vollständig einseitig verlaufender Prozesse dar.

Je nachdem, ob man das Gleichgewicht in einer einzigen Phase oder in einem aus mehreren Phasen bestehenden System betrachtet, unterscheidet man **homogene** und **heterogene Gleichgewichte**. Zu den homogenen Gleichgewichten gehören solche, bei denen chemische Reaktionen in der *Gasphase* oder in *Lösung* durchgeführt werden. Sind bei heterogenen Gleichgewichten chemische Reaktionen ausgeschlossen, so spricht man von **Phasengleichgewichten** (vgl. Kap. 1.10.5).

Voraussetzung für die Ausbildung eines Gleichgewichts ist die Umkehrbarkeit (**Reversibilität**) einer Reaktion, d. h., die Gegenreaktion muss ebenfalls ablaufen können. Mit anderen Worten: Bei jedem *umkehrbaren Vorgang* in einem abgeschlossenen System muss sich ein Gleichgewichtszustand einstellen, weil die Einstellung des Gleichgewichtszustandes eine Folge zweier entgegengesetzter, gleichschnell verlaufender Prozesse ist.

Das **chemische Gleichgewicht** ist dadurch charakterisiert, dass die beiden gegenläufigen Reaktionen mit gleicher Geschwindigkeit ablaufen, sodass pro Zeiteinheit ebensoviele Produktmoleküle zerfallen wie wiederum neue aus den Reaktanden gebildet werden. Deshalb ändern sich die Stoffmengenkonzentrationen nach Erreichen des Gleichgewichtszustandes *nicht* mehr. Gleichgewichte dieser Art werden im Gegensatz zu den statischen Gleichgewichten – wie man sie aus der Mechanik kennt – als **dynamische Gleichgewichte** bezeichnet.

Kinetisch ist der Gleichgewichtszustand reversibler chemischer Reaktionen dadurch gekennzeichnet, dass in der Zeiteinheit gleich große Änderungen in der Hin- und Rückreaktion stattfinden. D.h., Hin- und Rückreaktion verlaufen mit gleicher Geschwindigkeit. Es findet scheinbar keine Reaktion mehr statt. Im Gleichgewichtszustand bleiben die Konzentrationen aller beteiligten Stoffe konstant. Die Konzentrationen stehen zueinander in einem Verhältnis, das durch das Massenwirkungsgesetz erfasst wird.

Darüber hinaus ist für einen Gleichgewichtszustand charakteristisch, dass bei geringster Veränderung der Zustandsgrößen (äußeren Bedingungen) das *Gleichgewicht gestört* wird und sich ein neues Gleichgewicht einstellt (siehe Prinzip von Le Chatelier, Kap. 1.10.3.4).

Aus *thermodynamischer Sicht* zeichnet sich der Gleichgewichtszustand durch den **Maximalwert der Entropie** (des abgeschlossenen Systems) und den **Minimalwert der freien Enthalpie** (bzw. der freien Energie bei volumenkonstanten Vorgängen) aus. Daraus folgt für die Änderungen dieser Zustandsfunktionen [vgl. **MC-Fragen Nr. 587, 1656**]:

$$\Delta G = 0 \text{ und } \Delta S = 0$$
Gleichgewichtsbedingung für eine isotherm und isobar verlaufende chemische Reaktion

Das Ausmaß, in welchem Substanzen miteinander reagieren, kann sehr verschieden sein. Die quantitative Beschreibung der Gleichgewichtslage ist mit Hilfe des **Massenwirkungsgesetzes (MWG)** möglich. Das MWG lässt sich sowohl thermodynamisch als auch kinetisch ableiten.

1.10.1.2 Kinetische Interpretation des Massenwirkungsgesetzes

Zur kinetischen Ableitung des MWG betrachten wir zunächst die Reaktion zwischen zwei gasförmigen oder gelösten Stoffen A und B, die in einem *geschlossenen* Gefäß bei gegebener Temperatur erfolgen soll.

$$A + B \xrightleftharpoons[\text{Rückreaktion}]{\text{Hinreaktion}} C + D$$

Sofern dieser Vorgang reversibel ist, setzt sofort nach seinem Beginn die Gegenreaktion ein und das Ergebnis der chemischen Umsetzung hängt allein davon ab, in welcher Weise sich Hin- und Rückreaktion überlagern.

Hinreaktion: Da die beiden Substanzen A und B gasförmig oder gelöst vorliegen sollen, bewegen sich die Moleküle im homogenen Reaktionsraum *frei* und *regellos*. Damit eine Produktbildung erfolgen kann, muss jeweils ein Molekül A mit einem Molekül B zusammenstoßen. Die **Reaktionsgeschwindigkeit** (RG) wird somit der *Zahl der Zusammenstöße* (Z) proportional sein [RG = k' · Z]. Da die Zahl der Zusammenstöße mit der Konzentration der Reaktanden wächst [Z = k" · C_A · C_B], ergibt sich insgesamt für die Geschwindigkeit der Hinreaktion folgende einfache Beziehung:

$$RG_{Hin} = k_{Hin} \cdot C_A \cdot C_B$$

Der von der Temperatur abhängige Proportionalitätsfaktor [k_{Hin} = k' k"] heißt **Geschwindigkeitskonstante** der Hinreaktion. Die Geschwindigkeit der Hinreaktion muss sich nach dem Einsetzen der Reaktion kontinuierlich verlangsamen, weil die Reaktanden verbraucht werden und somit ihre Konzentrationen abnehmen.

> Die Geschwindigkeit einer einseitig verlaufenden Reaktion ist proportional zu den Konzentrationen der Reaktanden. Da sich deren Konzentrationen während der Reaktion laufend ändern, ändert sich zwangsläufig auch die Geschwindigkeit der Reaktion.

Rückreaktion: Für die gegenläufige Reaktion lässt sich in analoger Weise ebenfalls eine Geschwindigkeitsgleichung erstellen.

$$RG_{Rück} = k_{Rück} \cdot C_C \cdot C_D$$

Hierbei bedeutet $k_{Rück}$ die Geschwindigkeitskonstante der Rückreaktion. Die Rückreaktion setzt in dem Maße ein, wie während der Hinreaktion Produkte gebildet werden; daher verläuft sie anfangs langsam und wird allmählich schneller.

Gesamtreaktion: Der zu jedem Zeitpunkt nach außen hin beobachtbare Bruttoumsatz der Gesamtreaktion ist gleich dem Stoffumsatz der Hinreaktion vermindert um den Stoffumsatz der Rückreaktion. Die Geschwindigkeit der Gesamtreaktion stellt sich deshalb als Differenz der Geschwindigkeiten beider Teilreaktionen dar.

$$RG_{Gesamt} = RG_{Hin} - RG_{Rück}$$

Nur wenn ($k_{Rück}$) im Vergleich zu (k_{Hin}) sehr klein ist, kann $RG_{Rück}$ gegenüber RG_{Hin} vernachlässigt werden und die Geschwindigkeit der Gesamtreaktion ist annähernd gleich der Geschwindigkeit der Hinreaktion. Dies sind dann die praktisch einseitig (*irreversibel*) verlaufenden Reaktionen. Abb. 1.123 veranschaulicht die zeitliche Änderung der Konzentrationen der Reaktionsteilnehmer einer irreversiblen Reaktion [vgl. **MC-Frage Nr. 1827**].

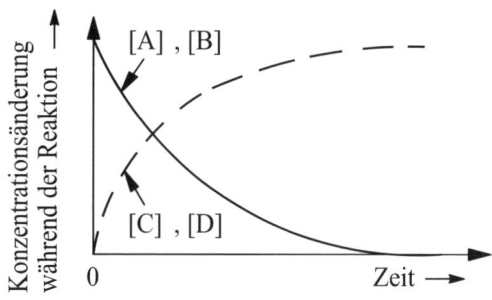

Abb. 1.123: Konzentrations-Zeit-Diagramm einer irreversiblen Reaktion

Alle anderen Reaktionen führen zu einem **Gleichgewichtszustand**, dessen Lage durch die relativen Werte von k_{Hin} und $k_{Rück}$ bestimmt wird. Ist $k_{Hin} > k_{Rück}$, so überwiegen die Produkte. Abb. 1.124 zeigt die zeitliche Veränderung der Konzentrationen der anwesenden Stoffe einer reversiblen Reaktion [vgl. **MC-Frage Nr. 1878**].

Der Gleichgewichtszustand ist erreicht, sobald die Geschwindigkeiten in beiden Richtungen einander gleich groß sind. D. h., die Geschwindigkeit der nach außen hin beobachtbaren Reaktion gleich Null ist [vgl. **MC-Fragen Nr. 589–591, 1261, 1572, 1656**].

$$RG_{Gesamt} = RG_{Hin} - RG_{Rück} = 0$$
Kinetische Gleichgewichtsbedingung

Es muss aber nochmals betont werden, dass das *chemische Gleichgewicht* kein statisches, sondern ein *dynamisches* ist. Die reagierenden Stoffe liegen nicht indifferent nebeneinander vor; auch im Gleichgewichtszustand findet eine Hin- und eine Rückreaktion statt, nur hebt sich der gegenseitige Stoffumsatz gerade auf, sodass nach außen hin keine Veränderung des Systems wahrzunehmen ist.

Führt man in die obige Gleichgewichtsbedingung die Konzentrationsabhängigkeiten der Reaktionsgeschwindigkeiten ein, so erhält man:

$$k_{Hin} \cdot C_A \cdot C_B - k_{Rück} \cdot C_C \cdot C_D = 0$$

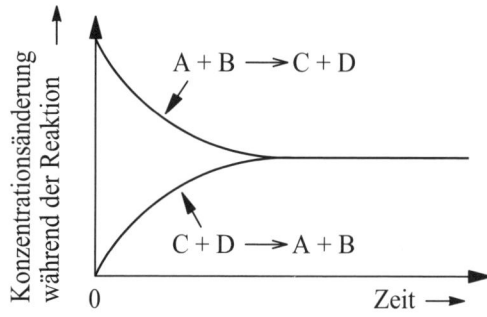

Abb. 1.124: Konzentrations-Zeit-Diagramm einer reversiblen Reaktion

$$K_c = \frac{k_{Hin}}{k_{Rück}} = \frac{C_C \cdot C_D}{C_A \cdot C_B} \qquad \text{(Massenwirkungsgesetz)}$$

Diese Gleichung stellt das erstmals von **Guldberg** und **Waage** formulierte **Massenwirkungsgesetz** dar. Es besagt:

> * *Das Produkt der Stoffmengenkonzentrationen der Produkte (jeweils poten-*
> *ziert mit den stöchiometrischen Umsatzzahlen) geteilt durch das Produkt der*
> *Stoffmengenkonzentrationen der Edukte ist bei gegebener Temperatur gleich*
> *der stöchiometrischen Gleichgewichtskonstanten (K_c).*

Wenn K_c einen großen Zahlenwert hat, liegt das Gleichgewicht auf der rechten Seite der Reaktionsgleichung. Ist K_c sehr klein, überwiegen die Ausgangsstoffe; die Reaktion verläuft unvollständig.

> Die Gleichgewichtskonstante (K_c) ist ein quantitatives Maß für den Stoffumsatz einer chemischen Reaktion. Der Zahlenwert von K_c ist temperaturabhängig, weil bei einer chemischen Umsetzung Hin- und Rückreaktion verschiedene Temperaturabhängigkeiten ihrer Geschwindigkeitskonstanten aufweisen. K_c ist aber unabhängig von den Konzentrationen der beteiligten Substanzen [vgl. **MC-Fragen Nr. 592, 596**].

1.10.1.3 Stationärer Zustand in offenen Systemen

Im Gegensatz zum chemischen Gleichgewicht in einem geschlossenen System ist ein **Fließgleichgewicht (steady state)** dadurch gekennzeichnet, dass sämtliche Zustandsgrößen einen zeitlich konstanten Wert besitzen.

Unter einem Fließgleichgewicht versteht man einen **stationären Zustand**, bei dem dauernd Substanzen einströmen und Reaktionsprodukte aus dem System ausgeschleust werden, also ein *Materieaustausch mit der Umgebung* stattfindet. Zum Wesen eines Fließgleichgewichts gehören somit Transportvorgänge an den Grenzen des Systems. Neben anderen Parametern bestimmen sie die stationären Konzentrationen (Fließgleichgewichtskonzentrationen) der einzelnen Stoffe.

$$A \longrightarrow B \longrightarrow C \longrightarrow D \longrightarrow E$$

Ein stationärer Zustand kann sich *nur* in einem *offenen System* ausbilden und für ein offenes System im Fließgleichgewicht gelten andere Gesetze als für geschlossene Systeme.

Bildet sich in einem System ein Fließgleichgewicht aus, so besitzt das System eine konstante, aber endliche Gesamtgeschwindigkeit und die Konzentrationen aller Reaktionsteilnehmer (Endprodukte, Zwischenprodukte, Edukte) sind *konstant* und größer Null (**dynamisches Gleichgewicht im offenen System**) [vgl. **MC-Fragen Nr. 606, 607**].

Der lebende Organismus ist ein Beispiel für ein offenes System. Nahrung und Sauerstoff werden aufgenommen, CO_2 und andere Stoffwechselprodukte abgegeben. Es stellt sich eine von der Aktivität der Enzyme (Biokatalysatoren) abhängige stationäre Konzentration der Produkte ein. Dieses Fließgleichgewicht ist charakteristisch für den betreffenden Stoffwechsel.

1.10.2 Beschreibung der Gleichgewichtslage homogener Systeme

1.10.2.1 Massenwirkungsgesetz bei einfachen Reaktionen

Für die Anwendung des MWG auf einfache chemische Reaktionen kann folgende Vorgehensweise herangezogen werden: Man bildet das Produkt der Stoffmengenkonzentrationen ($mol \cdot l^{-1}$) der Reaktionsprodukte und dividiert es durch das Produkt der Stoffmengenkonzentrationen der Ausgangsstoffe. Der sich ergebende Quotient entspricht der Gleichgewichtskonstanten (K_c). Nehmen an der Reaktion zwei, drei oder mehrere Moleküle der gleichen Molekülart teil, so ist in der MWG-Gleichung die Stoffmengenkonzentration dieser Molekülart in die zweite, dritte oder höhere Potenz zu erheben [vgl. **MC-Frage Nr. 588**].

$$aA + bB \rightleftharpoons cC + dD$$

$$K_c = \frac{[C]^c \cdot [D]^d}{[A]^a \cdot [B]^b}$$

Bei Reaktionen, an denen **Gase** beteiligt sind, kann man anstelle der Stoffmengenkonzentrationen die *Partialdrücke* (p) [Pa] einsetzen, da Stoffmengenkonzentration und Partialdruck eines Gases bei gegebener Temperatur einander proportional sind [$p = c \cdot R \cdot T$]. Die Gleichgewichtskonstante hat dann aber einen anderen Zahlenwert; man bezeichnet sie mit $\mathbf{K_p}$. Zwischen beiden Konstanten besteht folgender Zusammenhang:

$$\mathbf{K_p = K_c \cdot (R \cdot T)^{\Sigma n}}$$

Beispielsweise ergibt die Anwendung des Massenwirkungsgesetzes auf die **Knallgasreaktion** [$2\,H_2 + O_2 \rightleftharpoons 2\,H_2O$] für die Gleichgewichtskonstante folgenden Ausdruck [vgl. **MC-Frage Nr. 593**]:

$$K_p = (p_{H_2O})^2 / (p_{H_2})^2 \cdot (p_{O_2})$$

Die **Konzentration des Wassers** kann bei *Reaktionen in verdünnten wässrigen Lösungen*, bei denen Wasser sowohl Reaktand als auch Lösungsmittel darstellt, als praktisch *konstant* angesehen werden, weil sie sehr groß ist im Vergleich zu den Konzentrationen der gelösten Stoffe [Wasser besitzt eine Molmasse von 18; das Gewicht von 1 l Wasser beträgt bei 25 °C 997 g. Daraus errechnet sich die Stoffmengenkonzentration von 1 l Wasser bei 25 °C zu: C = 997 : 18 = **55,4 mol/l**]. Es ist deshalb üblich, die Konzentration des Wassers in die Gleichgewichtskonstante K_c

einzubeziehen und in der MWG-Gleichung formal durch den Faktor 1 zu berücksichtigen. Beispielsweise ergibt die Anwendung des MWG auf die **Protolyse von Chlorwasserstoff** in wässriger Lösung folgende Gleichgewichtskonstante (vgl. auch Kap. 1.11.3.1):

$$HCl + H_2O \rightleftharpoons H_3O^+ + Cl^-$$
$$K_c = [H_3O^+] \cdot [Cl^-] / [HCl]$$

Dies gilt generell für die *Konzentrationen* aller *reinen Feststoffe* und *reinen Flüssigkeiten*, die *konstant* sind, solange Druck und Temperatur konstant gehalten werden.

Die *Messung der Gleichgewichtskonstanten* beruht auf der analytischen Bestimmung der Gleichgewichtszusammensetzung des Reaktionsgemischs. Geht man von bekannten oder stöchiometrischen Mengen an Edukten aus, so genügt es meistens, *nur* einen Stoff des Gemischs im Gleichgewicht zu ermitteln und daraus die Konzentrationen der übrigen Bestandteile mit Hilfe des MWG zu berechnen. Durch die Analyse darf aber das Gleichgewicht nicht gestört, d. h. verändert werden.

Berechnungen (in Klammer Nr. der MC-Frage)

[594] Die Gleichgewichtskonstante der Reaktion eines Alkohols (ROH) mit einer Carbonsäure (RCOOH) zu einem Ester (RCOOR) und Wasser sei K_c = 4. Es wird angenommen, dass im Gleichgewichtszustand die Konzentration an Carbonsäure [RCOOH] = 8 und an Alkohol [ROH] = 2 betrage, und dass die Aktivitätskoeffizienten gleich 1 seien. Außerdem liegt Wasser nur als Reaktionswasser vor. Wie groß ist im Gleichgewichtszustand die Konzentration an Ester [RCOOR] (alle Konzentrationen in mol/l)?
Die allgemeine Reaktionsgleichung der Esterbildung lautet:

$$Säure + Alkohol \rightleftharpoons Ester + Wasser$$

Da je gebildetem Estermolekül auch ein Molekül Wasser entsteht, ist [Ester] = [Wasser] und somit wird:

$$K = \frac{[Ester] \cdot [Wasser]}{[Säure] \cdot [Alkohol]} = \frac{[Ester]^2}{[Säure] \cdot [Alkohol]}$$

Durch Umformung dieser Gleichung erhält man:

$$[Ester]^2 = K \cdot [Säure] \cdot [Alkohol] = 4 \cdot 8 \cdot 2 = 64$$

$$\mathbf{[Ester]} = \sqrt{64} = \mathbf{8 \ mol/l}$$

[595] Bei der Reaktion (AB $\rightleftharpoons$ A + B) bewirkt eine Verdopplung der Konzentration von [AB] bei Konstanz der übrigen Reaktionsbedingungen eine Erhöhung der Gleichgewichtskonzentration von [A] und [B] um den Faktor $\sqrt{2}$.

$$K = [A] \cdot [B] / [AB] = \sqrt{2} \cdot [A] \cdot \sqrt{2} \cdot [B] / 2 \cdot [AB] \quad (\sqrt{2} \cdot \sqrt{2} = 2)$$

1.10.2.2 Gleichgewichtsexponenten (pK-Werte)

Gleichgewichtskonstanten (K) können oft sehr große oder sehr kleine Zahlenwerte annehmen. Man gelangt zu bequemer handhabbaren Werten, wenn man die Gleichgewichtskonstante durch ihren *negativen dekadischen Logarithmus* (**Gleichgewichtsexponent**) festlegt. Es gilt:

$$pK = - \log K \quad bzw. \quad K = 10^{-pK}$$

Zu beachten ist, dass ein *negativer* pK-Wert eine *große* Gleichgewichtskonstante (K) bedeutet und das Gleichgewicht der Reaktion weitgehend auf der Seite der Produkte liegt. Ein *positiver* Gleichgewichtsexponent resultiert aus einem *kleinen* K_c-Wert. Im Glcichgcwichtszustand dieser Reaktion überwiegen die Edukte.

Die Gleichgewichtsexponenten vermitteln schließlich auch einen Einblick in die *energetischen Verhältnisse* einer Reaktion. Reaktionen mit positivem pK-Wert verbrauchen Energie, solche mit negativem pK-Wert liefern Energie. Je nachdem, ob der Gleichgewichtsexponent größer oder kleiner 1 ist, spricht man deshalb von *endergonischen* oder *exergonischen* Reaktionen (vgl. Kap. 1.9.6.1 und Kap. 1.9.7.2).

1.10.2.3 Massenwirkungsgesetz bei gekoppelten Reaktionen

Das MWG gilt auch für *mehrstufige* Reaktionen, sofern sie reversibel sind. Bei gekoppelten Reaktionen kann für jeden einzelnen Teilschritt das MWG formuliert werden.

$$aA + bB \underset{}{\overset{K_1}{\rightleftharpoons}} [cC + dD] \underset{}{\overset{K_2}{\rightleftharpoons}} [eE + fF] \underset{}{\overset{K_3}{\rightleftharpoons}} gG + hH$$

Edukte   Zwischenprodukte   Produkte

$$K_1 = \frac{[C]^c \cdot [D]^d}{[A]^a \cdot [B]^b} \; ; \; K_2 = \frac{[E]^e \cdot [F]^f}{[C]^c \cdot [D]^d} \; ; \; K_3 = \frac{[G]^g \cdot [H]^h}{[E]^e \cdot [F]^f}$$

Für jede Teilreaktion erhält man auf diese Weise eine Gleichgewichtskonstante. **Multipliziert** man die Gleichgewichtskonstanten der einzelnen Teilschritte, so ergibt dies die Gleichgewichtskonstante der Gesamtreaktion. Diese wird auch erhalten, wenn das MWG auf den Gesamtvorgang angewandt wird.

$$K_{Gesamt} = K_1 \cdot K_2 \cdot K_3 = \frac{[G]^g \cdot [H]^h}{[A]^a \cdot [B]^b}$$

Demgegenüber **addieren** sich die freien Reaktionsenthalpien (ΔG^o) der Teilreaktionen zur freien Reaktionsenthalpie der Gesamtreaktion (vgl. Kap. 1.9.6 und **MC-Frage Nr. 1847**).

1.10.2.4 Exakte Form des Massenwirkungsgesetzes

Bei der bisher benutzten Form des MWG handelt es sich um eine Näherungsbeziehung. Zur exakten Formulierung des MWG sind anstelle der Konzentrationen (c) die **Aktivitäten** (a) der an der Reaktion beteiligten Substanzen in die MWG-Gleichung einzusetzen.

In *konzentrierten Salzlösungen* können die Aktivitäten erheblich von den jeweiligen Ionenkonzentrationen abweichen, weil die Anziehungskräfte zwischen den gelösten Ionen nicht mehr zu vernachlässigen sind und die bei der kinetischen Ableitung des MWG gemachte Voraussetzung einer ungestörten, regellosen Bewegung der Teilchen nicht mehr zutrifft. Die Abweichungen sind umso größer, je höher die Konzentrationen der Stoffe sind. Nur in sehr verdünnten Lösungen sind die Ionenaktivitäten praktisch identisch mit den Ionenkonzentrationen. Bei gelösten *Nichtelektrolyten* erstreckt sich die Übereinstimmung zwischen Konzentration und Aktivität bis in einen wesentlich höheren Konzentrationsbereich.

Für eine homogene Reaktion [aA + bB $\rightleftharpoons$ cC + dD] erfüllen die Gleichgewichtsaktivitäten stets das MWG.

$$K_a = \frac{(a_C)^c \cdot (a_D)^d}{(a_A)^a \cdot (a_B)^b}$$

K_a wird als **thermodynamische Gleichgewichtskonstante** bezeichnet. Ihr Zahlenwert ist bei gegebener Temperatur immer eine Konstante.

Bei einem gelösten Stoff wird seine **Aktivität** am besten so definiert, dass ihr Wert sich mit zunehmender Verdünnung, d. h. abnehmender Konzentration aller gelösten Teilchen der *molaren Konzentration* (C) nähert (vgl. auch Kap. 1.8.9).

$$\lim_{\Sigma c \longrightarrow 0} \frac{a}{c} = 1$$

Die Beziehung (a = c) gilt daher nur für außerordentlich verdünnte Lösungen. Die exakte Behandlung der Verhältnisse in Lösungen endlicher Konzentration wird erst durch die sog. **Aktivitätskoeffizienten** (f) ermöglicht. Es sind dies Faktoren, die die Aktivität und Molarität einer Substanz in folgender Weise miteinander verknüpfen [vgl. **MC-Frage Nr. 588**]:

$$a = f \cdot c \quad \text{oder} \quad f = a/c$$

Ferner gilt die Beziehung:

$$\lim_{\Sigma c \longrightarrow 0} f = 1$$

Daraus ist abzuleiten, dass mit abnehmender Ionenkonzentration die Aktivitätskoeffizienten der gelösten Stoffe immer größer werden, um schließlich bei der Konzentration 0 den Grenzwert 1 zu erreichen. In genügend verdünnten (idealen) Lösungen weichen die Aktivitäten (a) nur noch geringfügig von den Konzentrationen (c) ab. Für den *Grenzfall unendlicher Verdünnung* gilt: **a = c**.

Für eine Reaktion [aA + bB $\rightleftharpoons$ cD + dD] lautet somit das *Massenwirkungs-gesetz in seiner allgemeinsten Form:*

$$K_a = \frac{(f_C)^c \cdot (f_D)^d}{(f_A)^a \cdot (f_B)^b} \cdot \frac{(c_C)^c \cdot (c_D)^d}{(c_A)^a \cdot (c_B)^b} = Q_f \cdot K_c$$

K_a = thermodynamische Gleichgewichtskonstante
Q_f = Quotient der Aktivitätskoeffizienten
K_c = stöchiometrische Gleichgewichtskonstante

1.10.3 Abhängigkeit der Gleichgewichtslage

1.10.3.1 Temperaturabhängigkeit der Gleichgewichts-konstanten

Wie bereits ausgeführt ist die Gleichgewichtskonstante (K) einer chemischen Reaktion *temperaturabhängig,* weil bei einer chemischen Umsetzung Hin- und Rückreaktion verschiedene Temperaturabhängigkeiten ihrer Geschwindigkeitskonstanten (k) aufweisen [siehe auch Kap. 1.13.2.6 und **MC-Fragen Nr. 588, 590, 596, 1656**]. Um die Temperaturabhängigkeit der Gleichgewichtskonstanten (K) zu erhalten, kombiniert man die beiden Definitionsgleichungen der **freien Reaktions-enthalpie** (ΔG) miteinander (vgl. Kap. 1.9.6.1 und Kap. 1.9.7.2).

Aus $\Delta G° = \Delta H° - T \cdot \Delta S°$ und $\Delta G° = - RT \cdot \ln K$ ergibt sich:

$$\ln K = -\Delta H°/RT + \Delta S°/R$$

Wenn $\Delta H°$ und $\Delta S°$ konstante Größen und von der Temperatur unabhängig sind, ist der Logarithmus der Gleichgewichtskonstanten (K) umgekehrt proportional zur absoluten Temperatur (T). Ist der betrachtete Temperaturbereich nicht allzu groß, so sind $\Delta H°$ und $\Delta S°$ näherungsweise temperaturunabhängig und es gilt:

$$\frac{d(\ln K)}{dT} = \frac{\Delta H°}{RT^2}$$

(**van't Hoff-Gleichung**)

K = Gleichgewichtskonstante
$\Delta H°$ = Standardreaktionsenthalpie
R = allgemeine Gaskonstante
T = absolute Temperatur

Die van't Hoff-Gleichung zeigt, dass vor allem $\Delta H°$ die Temperaturabhängigkeit der Gleichgewichtskonstanten bestimmt. Die Gleichung besagt, dass K bei *endothermen Reaktionen* ($\Delta H°$ positiv) mit steigender Temperatur zunimmt, dagegen in exothermen Reaktionen ($\Delta H°$ negativ) mit steigender Temperatur abnimmt. Das Gleichgewicht verschiebt sich somit bei Temperaturerhöhung in Richtung eines *Wärmeverbrauchs* (siehe auch Kap. 1.10.3.4).

1.10.3.2 Druckabhängigkeit der Gleichgewichtskonstanten

Die Druckabhängigkeit von K ist stets bei Reaktionen zu berücksichtigen, an denen **Gase** beteiligt sind, insbesondere dann, wenn sich die Molzahlen (Volumen) bei der Reaktion ändern.

$$\frac{d(\ln K)}{dp} = - \frac{\Delta V}{RT}$$

Ist bei er Gasreaktion wie z. B. beim thermischen Zerfall von **Distickstofftetroxid** [$N_2O_4 \longrightarrow 2\,NO_2$] ΔV positiv, nimmt also die Gesamtmolzahl zu, so nimmt K mit steigendem Druck ab. D. h., das Gleichgewicht verschiebt sich im Sinne einer Volumenverminderung. Ist ΔV negativ wie im Falle der **Ammoniaksynthese** aus den Elementen [$N_2 + 3\,H_2 \longrightarrow 2\,NH_3$], so wächst K mit zunehmendem Druck. Auch hier reagiert das Gleichgewicht in Richtung einer *Volumenverminderung*.

1.10.3.3 Beschleunigung der Gleichgewichtseinstellung

Eine schnellere Einstellung des chemischen Gleichgewichts kann erreicht werden durch

- eine **Temperaturerhöhung** (van't Hoff-Regel, Kap. 1.13.2.6),
- **Katalysatoren** (vgl. Kap. 1.13.5).

Die Anwesenheit eines *Katalysators* hat aber *keinen* Einfluss auf die Lage des Gleichgewichts, weil Katalysatoren die Hin- und Rückreaktion gleichermaßen beschleunigen. Katalysatoren beeinflussen also *nicht* den ΔG-Wert einer chemischen Reaktion [vgl. **MC-Fragen Nr. 589, 590, 1261**].

1.10.3.4 Verschiebung von Gleichgewichten, Le Chatelier-Prinzip

Das Prinzip besagt, dass jede Störung eines Gleichgewichts durch einen äußeren Einfluss (Aktion) einen Vorgang (Reaktion) auslöst, der die Wirkung dieses Einflusses vermindert.

Ein Gas oder ein gelöster Stoff ist nach der allg. Zustandsgleichung durch drei Größen charakterisierbar. Durch den **Druck** (p) bzw. osmotischen Druck (π), die **Konzentration** (c) und die **Temperatur** (T) (vgl. Kap. 1.8.3). Dementsprechend kann man ein im Gleichgewicht befindliches System durch Vergrößern oder Verkleinern dieser Größen stören und dadurch verschieben. Nach welcher Seite der Reaktionsgleichung hin die Gleichgewichtsverlagerung erfolgt, geht qualitativ aus dem von **Le Chatelier** formulierten „**Prinzip der Flucht vor dem Zwang**" hervor:

> * *Übt man auf ein im Gleichgewicht befindliches System durch Änderung der äußeren Bedingungen einen Zwang aus, so verschiebt sich das Gleichgewicht derart, dass es dem äußeren Zwang ausweicht. D.h., es stellt sich ein neues Gleichgewicht mit vermindertem Zwang ein.*

Das Gesetz gilt sowohl für physikalische als auch für chemische Gleichgewichte und erlaubt deren Verschiebung durch Änderung der äußeren Bedingungen vorauszusagen [vgl. **MC-Fragen Nr. 589, 590, 597, 1572**].

Konzentrationsänderungen: Erhöht man z. B. die Konzentration eines Ausgangsstoffes, so muss sich, um die Gleichgewichtsbedingung zu erfüllen (K ist bei unveränderter Temperatur konstant), ein Teil des zugesetzten Stoffes mit einer gewissen Menge eines anderen Reaktanden in ein Reaktionsprodukt umwandeln. Die Folge ist, dass die Gleichgewichtskonzentrationen der Produkte größer sind als vorher.

Ein Beispiel für die Gleichgewichtsverschiebung durch eine Konzentrationsänderung ist der Übergang von gelbem **Chromat** (CrO_4^{2-}) in orangefarbenes **Dichromat** ($Cr_2O_7^{2-}$) bei Zusatz von überschüssiger Säure.

$$2\,CrO_4^{2-} + 2\,H^+ \rightleftharpoons Cr_2O_7^{2-} + H_2O$$

Statt durch Hinzufügen eines Überschusses eines Eduktes kann man das Gleichgewicht auch durch Entfernen eines Produktes stören. Durch diesen Zwang wird *formal* in der MWG-Gleichung das Konzentrationsprodukt im Zähler kleiner. Daher werden aus den noch vorhandenen Ausgangsstoffen neue Reaktionsprodukte gebildet, bis der Quotient aus den Konzentrationen wieder der Gleichgewichtskonstanten (K) entspricht. Die Entfernung eines Produktes aus dem Gleichgewichtssystem kann z. B. dadurch geschehen, dass ein Produkt als Gas entweicht oder als schwerlöslicher Stoff aus der Lösung abgeschieden wird.

> Durch Erhöhung der Konzentration eines Ausgangsstoffes lässt sich das Gleichgewicht zugunsten der Produkte verschieben. Auch die Entfernung eines Reaktionsproduktes verlagert das Gleichgewicht auf die Produktseite.

Druckänderungen: Übt man auf eine *Gasreaktion* der allgemeinen Form [A + B $\rightleftharpoons$ C + D] einen Druck aus, so erfolgt *keine* Verschiebung des Gleichgewichts, da sich die Zahl der Moleküle und damit das Volumen der anwesenden Stoffe nicht ändert.

Besitzen hingegen die gasförmigen Reaktionsprodukte ein *kleineres Volumen* als die gasförmigen Edukte, wie dies bei der **Synthese von Ammoniak** aus den Elementen [$3\,H_2 + N_2 \rightarrow 2\,NH_3$] der Fall ist, so führt eine *Druckerhöhung* (Minderung des Reaktionsraumes) zu einer Verlagerung des Gleichgewichts zugunsten der Produkte.

Eine *Vergrößerung des Reaktionsraumes* (Minderung des Druckes) hat umgekehrt eine Verschiebung des Gleichgewichts nach der Seite des größeren Volumens hin zur Folge. So nimmt z. B. die elektrolytische Dissoziation [AB $\rightarrow$ A$^+$ + B$^-$] mit steigender Verdünnung der Lösung zu (vgl. Kap. 1.8.9 und **MC-Fragen Nr. 1261, 1572**).

Eine Druckerhöhung bewirkt stets eine Veränderung der Gleichgewichtslage in Richtung der volumenvermindernden Reaktion. Das Gleichgewicht wird durch die Druckerhöhung auf die Seite der Reaktionsgleichung mit der geringeren Anzahl von Molekülen verschoben.

Reaktion unter Volumenverminderung $\longrightarrow$ Druckerhöhung
Reaktion unter Volumenvergrößerung $\longrightarrow$ Druckerniedrigung

Reaktionen, an denen nur *Flüssigkeiten* oder *Feststoffe* beteiligt sind, werden im allgemeinen nur geringfügig von Druckänderungen beeinflusst.

Temperaturänderungen : Generell bewirkt eine Temperaturerhöhung eine Verschiebung des Gleichgewichts in Richtung der wärmeverbrauchenden Reaktion.

Bei *exothermen Reaktionen* wird die Gleichgewichtskonstante mit steigender Temperatur kleiner, während sie umgekehrt bei *endothermen Reaktionen* größer wird. Eine Temperaturerhöhung bewirkt somit, dass das Gleichgewicht chemischer Vorgänge, die Wärme liefern, nach der Seite der Edukte hin verschoben wird, während es sich bei Vorgängen, die Wärme verbrauchen, zur Produktseite hin verlagert [vgl. **MC-Fragen Nr. 1261, 1379, 1572**].

Eine Temperaturerhöhung begünstigt endotherme, eine Temperaturerniedrigung exotherme Prozesse.

Exotherme Reaktion $\longrightarrow$ Kühlen
Endotherme Reaktion $\longrightarrow$ Heizen

Ganz allgemein herrschen bei hohen Temperaturen die endothermen, bei tiefen Temperaturen die exothermen Prozesse vor. Beim absoluten Nullpunkt (T = 0 K) können sich nur exotherme Reaktionen abspielen; bei Raumtemperatur (T = 298 K) verlaufen die meisten Umsetzungen noch exotherm, doch sind bereits endotherme Reaktionen möglich. Bei hohen Temperaturen (T > 3000 K) werden hingegen die exothermen Verbindungen größtenteils zerstört und endotherme gebildet.

1.10.3.5 Anwendungen des Le Chatelier-Prinzips

Die folgenden Beispiele sollen die präparative Anwendung dieses Prinzips nochmals verdeutlichen.

Ammoniakgleichgewicht: Das wichtigste Verfahren zur technischen Darstellung von NH_3 ist die Synthese aus den Elementen (**Haber-Bosch-Verfahren**).

$$3\ H_2 + N_2 \rightleftharpoons 2\ NH_3 \qquad \Delta H \qquad = -92,4\ kJ$$
$$= -46,2\ kJ\ mol^{-1}$$

Hierbei handelt es sich um eine *exotherme* (ΔH negativ) unter *Volumenverminderung* (aus 1 Mol N_2 und 3 Mol H_2 entstehen nur 2 Mol NH_3) verlaufende Reaktion. Deshalb verschiebt sich das Gleichgewicht dieses Prozesses mit *fallender Temperatur* und *steigendem Druck* nach rechts [vgl. **MC-Fragen Nr. 598, 599, 1358**].

Bei niedrigen Temperaturen ist aber die Geschwindigkeit der Reaktion unmessbar klein, und Katalysatoren wirken erst ab 400 °C beschleunigend auf die Umsetzung. Daher ist man gezwungen, bei 400–500 °C und 200 atm Druck zu arbeiten. Die Ausbeute liegt bei 17,6 Vol%.

Alkoholyse von Carbonsäuren: Die Veresterung einer Carbonsäure mit einem Alkohol läuft nach folgender Gleichung ab:

$$\underset{\text{Säure}}{RCOOH} + \underset{\text{Alkohol}}{ROH} \rightleftharpoons \underset{\text{Ester}}{RCOOR} + \underset{\text{Wasser}}{H_2O}$$

Das Veresterungsgleichgewicht liegt auf der Seite der Edukte. Es kann nach rechts zur Produktseite hin verschoben werden, indem man eine der Ausgangskomponenten, meistens den billigeren Alkohol, in 5–10fachem Überschuss einsetzt, oder wenn man dem Reaktionsgemisch kontinuierlich eines der Umsetzungsprodukte (Wasser oder Ester) entzieht (vgl. auch Ehlers, **Chemie II,** Kap. 3.13.6).

1.10.4 Heterogene Gleichgewichtssysteme

Alle bisher behandelten chemischen Gleichgewichte bezogen sich auf *homogene*, d. h. aus einer *einzigen Phase* (Gasphase, Lösungsphase) bestehende Systeme (Abb. 1.125).

Liegen *heterogene*, d. h. aus mehreren Phasen bestehende Systeme vor (Gasphase + fester Stoff oder Lösung + fester Stoff), so lässt sich das Massenwirkungsgesetz nicht mehr unmittelbar anwenden, weil z. B. für einen *festen Stoff* das MWG, das unter der Voraussetzung der sich frei und ungeordnet im Reaktionsraum bewegenden Reaktanden abgeleitet wurde, nicht mehr zutrifft.

Man kann sich in diesen Fällen aber dadurch behelfen, dass man die Reaktion als nur in einer Phase ablaufend betrachtet, wobei zwei wichtige Regeln zu beachten sind [vgl. **MC-Frage Nr. 588**]:

– Die Aktivität einer Substanz in einem heterogenen System, das sich im Gleichgewicht befindet, ist in jeder Phase des Systems, in der die Substanz als Bestandteil auftritt, die gleiche.
– Die Aktivität einer reinen Flüssigkeit oder eines reinen Feststoffs ist konstant, wenn Druck und Temperatur konstant gehalten werden.

> Da die Aktivität einer reinen flüssigen oder kristallinen Phase bei gegebener Temperatur konstant ist, wird sie in die Gleichgewichtskonstante einbezogen und muss nicht explicit beim Aufstellen der MWG-Gleichung berücksichtigt werden.

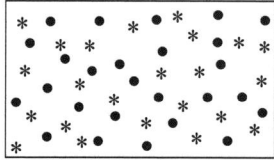

A $\longrightarrow$ B   **Abb. 1.125: Homogener Reaktionsraum**
* **Molekül A**
• **Molekül B**

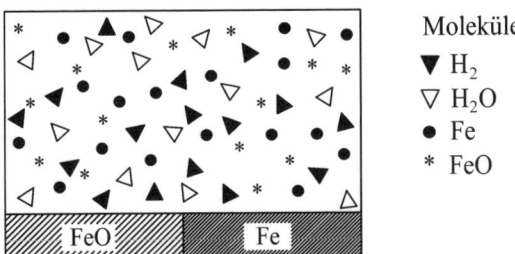

Abb. 1.126: Heterogener Reaktions-raum

1.10.4.1 Fest-gasförmige Systeme

Als Beispiel einer heterogenen Reaktion soll die Umsetzung von metallischem Eisen mit Wasserdampf zu Eisen(II)-oxid und Wasserstoff betrachtet werden.

$$Fe + H_2O \rightleftharpoons FeO + H_2$$

Als fester Stoff hat Eisen bei gegebener Temperatur einen zwar kleinen, aber konstanten Sättigungsdampfdruck (p_{Fe}). Das Eisen wird deshalb in einem *geschlossenen* Reaktionsgefäß (Abb. 1.126) nur bis zum Erreichen des Wertes p_{Fe} verdampfen. Im Gasraum findet die o. a. Umsetzung statt. Der dabei gebildete FeO-Dampf wird sich infolge seines außerordentlich geringen Sättigungsdampfdruckes solange als festes Eisenoxid abscheiden, bis der Druck auf den Sättigungsdampfdruck (p_{FeO}) abgenommen hat. Umgekehrt verdampft Eisen in dem Maße, wie es in der Reaktion verbraucht wird, sodass auch sein Druck konstant bleibt, solange noch fester Bodenkörper vorhanden ist. Im Gleichgewichtszustand gilt für den *Gasraum* folgende MWG-Beziehung:

$$K_p = \frac{p_{FeO} \cdot p_{H_2}}{p_{Fe} \cdot p_{H_2O}} \quad \text{oder} \quad K_p' = \frac{p_{H_2}}{p_{H_2O}}$$

Da p_{Fe} und p_{FeO} wie eingangs begründet konstante Größen sind, können sie mit K_p zur neuen Konstanten K_p' zusammengefasst werden. Die Reaktion kommt bei gegebener Temperatur dann zum Stillstand, wenn das Verhältnis der Drücke des H_2- und H_2O-Dampfes den konstanten Wert von K_p' erreicht hat.

Arbeitet man nicht wie oben angenommen in einem geschlossenen Gefäß, sondern leitet Wasserdampf durch ein mit Eisen gefülltes offenes Rohr (*offenes System*, das einen Materieaustausch mit der Umgebung gestattet), so erfolgt eine quantitative Umsetzung, weil Wasserstoff entweichen kann und somit die für die Einstellung des Gleichgewichts erforderlichen Drücke nicht erreicht werden.

Ein analoges Beispiel ist die **thermische Zersetzung von Metallcarbonaten**, die in einer offenen Abdampfschale quantitativ unter Bildung der entsprechenden Metalloxide abläuft. In einem geschlossenen Gefäß führt hingegen die CO_2-Abspaltung zu einem Gleichgewichtszustand.

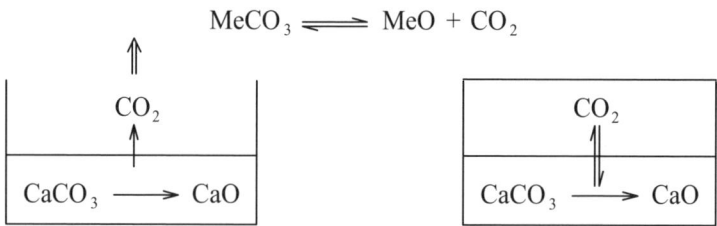

1.10.4.2 Fest-flüssige Systeme, Löslichkeitsprodukt, Löslichkeit

Die Vorgänge, die sich in einer **gesättigten Salzlösung** an der Oberfläche des Bodenkörpers abspielen, sind ein weiteres Beispiel für ein heterogenes Gleichgewichtssystem.

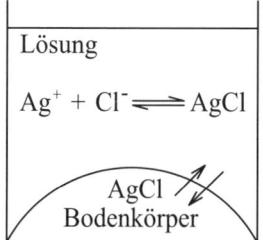

Aus dem Gitter des Bodenkörpers treten ständig Ionen aus und gehen in Lösung. Umgekehrt werden fortwährend Ionen aus der Lösung am festen Salz abgeschieden und in das Gitter eingebaut. Für den Gleichgewichtszustand, in dem beide Vorgänge mit gleicher Geschwindigkeit ablaufen, ergibt sich folgende MWG-Beziehung:

$$AB_{fest} \rightleftharpoons A^+_{aquo} + B^-_{aquo}$$

$$K_c = \frac{[A^+]_{aq} \cdot [B^-]_{aq}}{[AB]_f}$$

Solange aber festes Salz (AB) als Bodenkörper vorhanden ist, bleibt dessen Aktivität konstant und man kann die MWG-Gleichung wie folgt vereinfachen:

$$K_L = K_c \cdot [AB]_f = [A^+]_{aq} \cdot [B^-]_{aq}$$

Die neue Konstante (K_L) wird als das **Löslichkeitsprodukt** der Substanz (AB) bezeichnet, weil das Produkt der Ionenkonzentrationen $[A^+]$ und $[B^-]$ diesen Wert überschreiten muss, damit die **Löslichkeit** einer Verbindung erreicht wird und diese ausfällt.

Für ein Salz der allgemeinen Formel A_mB_n ergibt sich das **Löslichkeitsprodukt** (K_L) zu:

$$K_L = [A^+]^m \cdot [B^-]^n \ (mol^{m+n} \cdot l^{-(m+n)})$$

Generell gilt, dass *ein Salz umso schwerer löslich ist, je kleiner der Zahlenwert des Löslichkeitsproduktes ist.* Hierbei muss allerdings berücksichtigt werden, dass das Löslichkeitsprodukt *nicht* die Löslichkeit eines Salzes angibt. In Tab. 1.58 sind die Löslichkeitsprodukte einiger schwerlöslicher Salze in Wasser bei 20 °C aufgelistet. Da die Konstante (K_L) u.U. sehr kleine Zahlenwerte annehmen kann, ist auch hier die Einführung des **Löslichkeitsexponenten (pK_L)** von Nutzen.

$$pK_L = - \log K_L$$

In einer gesättigten Salzlösung ist das Produkt der Ionenkonzentrationen (Aktivitäten) konstant und wird Löslichkeitsprodukt (K_L) genannt. Der negative dekadische Logarithmus dieser Konstanten wird als pK_L-Wert bezeichnet. Je größer der pK_L-Wert ist, desto schwerer löslich ist die Substanz und desto früher setzt eine Fällung ein. Ein schwerlösliches Salz wird nur dann gefällt, wenn sein Löslichkeitsprodukt überschritten wird.

Die Löslichkeit eines Salzes hängt vor allem von der **Temperatur** und der **Teilchengröße** ab. Bezüglich der Temperaturabhängigkeit der Löslichkeit siehe Kap. 1.8.7. Im allgemeinen tritt mit einer Temperaturerhöhung eine Vergrößerung des Löslichkeitsproduktes ein. Abb. 1.127 zeigt den Einfluss der Teilchengröße auf die Löslichkeit einer Substanz.

Die Kenntnis des Löslichkeitsproduktes ist vor allem für die Betrachtung der *Vorgänge beim Auflösen und Ausfällen von Salzen* von Bedeutung.

Setzt man z. B. einer Lösung, die Ag^+-Ionen enthält, eine Cl^--haltige Lösung hinzu, so beginnt sich festes AgCl abzuscheiden, sobald das Produkt der Ionenkonzentrationen $[Ag^+]$ und $[Cl^-]$ den Wert $K_L(AgCl) = 10^{-10}$ überschritten hat. Um die Silberionen quantitativ auszufällen, verwendet man hohe Konzentrationen an Cl^--Ionen, weil dann – gemäß $K_L = [Ag^+] \cdot [Cl^-]$ – nur sehr kleine Mengen an Ag^+-Ionen in Lösung verbleiben. Die Ausfällung eines schwerlöslichen Salzes sollte daher mit einem Überschuss an Fällungsmittel geschehen.

Tab. 1.58: **Löslichkeitsprodukte schwerlöslicher Salze (Dimensionen entsprechend dem MWG)**

HgS	$2 \cdot 10^{-52}$	$Fe(OH)_3$	$1,1 \cdot 10^{-36}$	$PbCO_3$	$3,3 \cdot 10^{-14}$
Ag_2S	$1,6 \cdot 10^{-49}$	$Al(OH)_3$	$2 \cdot 10^{-33}$	Li_2CO_3	$1,7 \cdot 10^{-13}$
CuS	$8,5 \cdot 10^{-36}$	$Cr(OH)_3$	$6,7 \cdot 10^{-31}$	$SrCO_3$	$1,6 \cdot 10^{-9}$
PbS	$1 \cdot 10^{-28}$	$Fe(OH)_2$	$1 \cdot 10^{-15}$	$CaCO_3$	$4,8 \cdot 10^{-9}$
CdS	$8 \cdot 10^{-27}$	$Ni(OH)_2$	$1 \cdot 10^{-14}$	$BaCO_3$	$5 \cdot 10^{-9}$
ZnS	$1 \cdot 10^{-23}$	$Zn(OH)_2$	$1,8 \cdot 10^{-14}$		
NiS	$2 \cdot 10^{-21}$	$Mg(OH)_2$	$1,2 \cdot 10^{-11}$	CaF_2	$3,4 \cdot 10^{-11}$
FeS	$3,7 \cdot 10^{-18}$	$Ca(OH)_2$	$8 \cdot 10^{-6}$	PbF_2	$3,6 \cdot 10^{-8}$
$BaSO_4$	$1 \cdot 10^{-10}$	AgBr	$5 \cdot 10^{-13}$	BaF_2	$1,7 \cdot 10^{-6}$
$PbSO_4$	$2 \cdot 10^{-8}$	Hg_2I_2	$1,2 \cdot 10^{-28}$	Hg_2Cl_2	$2 \cdot 10^{-18}$
$PbCrO_4$	$1,8 \cdot 10^{-14}$	AgI	$1,5 \cdot 10^{-16}$	AgCl	$1 \cdot 10^{-10}$
$BaCrO_4$	$2,4 \cdot 10^{-10}$	CuI	$5 \cdot 10^{-12}$	$PbCl_2$	$1,7 \cdot 10^{-5}$

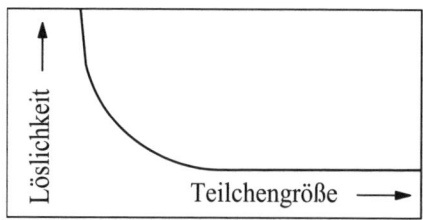

Abb. 1.127: **Abhängigkeit der Löslichkeit von der Teilchengröße**

Die Löslichkeit eines Salzes wird in der Regel durch die Anwesenheit solcher Ionen erniedrigt, die durch die Dissoziation der schwerlöslichen Verbindung gebildet werden (**gleichionige Zusätze**). So besitzt z. B. AgCl in einer Ag^+-Ionen enthaltenden Lösung eine geringere Löslichkeit als in reinem Wasser. Darüber hinaus kann sehr reines **Natriumchlorid** (NaCl) durch Zusatz von HCl zu einer gesättigten Kochsalz-Lösung erhalten werden [vgl. **MC-Frage Nr. 216**].

Auch durch **Komplexbildung** kann sich die Löslichkeit eines Stoffes drastisch ändern. Beispiele hierfür sind das:

– Auflösen von AgCl in konz. Salzsäure
  $$AgCl + HCl \longrightarrow [AgCl_2]^- + H^+$$
– Auflösen von AgCl in wässrigem Ammoniak
  $$AgCl + 2\,NH_3 \longrightarrow [Ag(NH_3)_2]^+ + Cl^-$$
– Auflösen von Magnesiumhydroxid durch Ammoniumsalze
  $$Mg(OH)_2 + 2\,NH_4^+ \longrightarrow [Mg(NH_3)_2]^{2+} + 2\,H_2O.$$

> Sofern die Bildung löslicher Komplexe auszuschließen ist, erhöht ein Überschuss an Fällungsmittel den Fällungsgrad. Darüber hinaus wird die Löslichkeit schwerlöslicher Salze auch durch gleichionige Zusätze erniedrigt. Fremdionige Zusätze beeinflussen dagegen die Aktivität eines Salzes und erhöhen im Allgemeinen dessen Löslichkeit [vgl. **MC-Frage Nr. 1555**].

Molare Löslichkeit: Die molare Löslichkeit (c_m) (Sättigungskonzentration) eines Salzes der allgemeinen Zusammensetzung $A_m B_n$ kann aus dem Löslichkeitsprodukt (K_L) nach folgender Gleichung berechnet werden.

$$c_m = \sqrt[m+n]{\frac{K_L}{m^m \cdot n^n}} \qquad (\text{mol} \cdot l^{-1})$$

Ist die molare Löslichkeit eines Salzes bekannt, so berechnet sich daraus das Löslichkeitsprodukt wie folgt:

$$K_L = m^m \cdot n^n \cdot (C_m)^{m+n} \qquad (\text{mol} \cdot l^{-1})^{m+n}$$

Berechnungen (in Klammer Nr. der MC-Frage)
[600] Gegeben: Ein Salz des Typs A_3B (m = 3, n = 1) mit einer molaren Löslichkeit (Sättigungskonzentration) $c_m = 10^{-6}$ mol/l.
Gesucht: Löslichkeitsprodukt K_L?

Berechnung:
$$K_L = m^m \cdot n^n \cdot (c_m)^{m+n} \quad (mol/l)^{m+n}$$
$$= 3^3 \cdot 1^1 \cdot (10^{-6})^{3+1} = 27 \cdot (10^{-6})^4 \quad (mol/l)^4$$
$$= 27 \cdot 10^{-24} = \mathbf{2{,}7 \cdot 10^{-23}} \mathbf{(mol^4/l^4)}$$

[601] Für Salze der allgemeinen Formel AB_2 bzw. AB_3 ergeben sich die molaren Löslichkeiten (c_m) zu:

$$L(AB_2): \quad [c_m] = \sqrt[1+2]{\frac{K_L}{1^1 \cdot 2^2}} = \sqrt[3]{\frac{K_L}{4}}$$

$$L(AB_3): \quad [c_m] = \sqrt[1+3]{\frac{K_L}{1^1 \cdot 3^3}} = \sqrt[4]{\frac{K_L}{27}}$$

[602]
[1779] Überschüssiges, schwerlösliches $BaSO_4$ werde mit einer Carbonat-Lösung, deren Gleichgewichtskonzentration **1 mol/l** beträgt, versetzt.

Gegeben: $K_L (BaSO_4) = 10^{-10}$ mol^2/l^2
$K_L (BaCO_3) = 10^{-8}$ mol^2/l^2

Gesucht: Gleichgewichtskonzentration an Sulfat-Ionen?

Berechnung: Das Löslichkeitsprodukt von $BaSO_4$ errechnet sich zu:
$$K_L(BaSO_4) = [Ba^{2+}] \cdot [SO_4^{2-}]$$
Daraus folgt für die Sulfat-Ionenkonzentration:
$$[SO_4^{2-}] = K_L(BaSO_4)/[Ba^{2+}]$$
Die Ba^{2+}-Konzentration ergibt sich ferner aus dem Löslichkeitsprodukt des $BaCO_3$, wobei die CO_3^{2-}-Konzentration **1 mol/l** betragen soll.
$$[Ba^{2+}] = K_L(BaCO_3)/[CO_3^{2-}] \sim K_L(BaCO_3)$$
Somit ergibt sich für die Sulfat-Ionenkonzentration ein Wert von:
$$[SO_4^{2-}] = K_L(BaSO_4)/K_L(BaCO_3) = 10^{-10}/10^{-8} = \mathbf{10^{-2}} \textbf{ mol/l}$$

[603] **Gegeben**: Löslichkeit $L(AgI) = 2{,}35 \cdot 10^{-6}$ g/l ($m = 1$, $n = 1$)
rel. Atommassen Ag = 108 und I = 127

Gesucht: Löslichkeitsprodukt (K_L) von AgI?

Berechnung: Die rel. Molmasse von AgI beträgt 235. Somit entsprechen $2{,}35 \cdot 10^{-6}$ g/l einer Sättigungskonzentration $c_m = \mathbf{10^{-8}}$ **mol/l**. Daraus errechnet sich das Löslichkeitsprodukt $K_L(AgI)$ zu:
$$K_L - m^m \cdot n'' \cdot (c_m)^{m+n} = 1^1 \cdot 1^1 \cdot (10^{-8})^{1+1} = (10^{-8})^2 = \mathbf{10^{-16}} \mathbf{mol^2/l^2}$$

[1311] **Gegeben**: Löslichkeitsprodukt $K_L(Bi_2S_3) = 10^{-96}$ $mol^5 \cdot l^{-5}$
Gesucht: Molare Löslichkeit c_m?

Berechnung:
$$c_m = \sqrt[3+2]{\frac{10^{-96}}{2^2 \cdot 3^3}} = \sqrt[5]{\frac{10^{-96}}{108}} \approx \mathbf{10^{-19}} \textbf{ mol} \cdot \textbf{l}^{-1}$$

[1490] **Gegeben**: $c(Mg^{2+}) = 10^{-5}$ $mol \cdot l^{-1}$; $K_L(Mg(OH)_2) = 10^{-11}$ $mol^3 \cdot l^{-3}$
Gesucht: pH der Fällung?

Berechnung: $K_L(Mg(OH)_2) = [Mg^{2+}] \cdot [OH^-]^2 = 10^{-11}$
$$K_L = 10^{-5} \cdot [OH^-]^2 = 10^{-11}$$
$$[OH^-] = \sqrt{10^{-6}} = \mathbf{10^{-3}} \textbf{ mol} \cdot \textbf{l}^{-1}$$
$$pOH = -\log [OH^-] = -\log 10^{-3} = 3$$
$$pH = 14 - pOH = 14 - 3 = \mathbf{11}$$

[1903] Gegeben: $[Ba^{2+}] = [Pb^{2+}] = 10^{-8}$ mol/l und $[SO_4^{2-}] = 10^{-1}$ mol/l;

$K_L(BaSO_4) = 10^{-10}$ mol²/l² und $K_L(PbSO_4) = 10^{-8}$ mol²/l²

Gesucht: Welche Salze fallen aus?

Berechnung: $K_L(BaSO_4) = [10^{-8}] \cdot [10^{-1}] = 10^{-9} > 10^{-10}$ mol²/l²

$K_L(PbSO_4) = [10^{-8}] \cdot [10^{-1}] = 10^{-9} < 10^{-8}$ mol²/l²

Das Löslichkeitsprodukt von PbSO⁴ wird nicht überschritten, es fällt **nur BaSO₄** aus!

1.10.5 Verteilungsgleichgewichte

In diesem Abschnitt sollen die physikalischen Gleichgewichte der *Verteilung* eines Stoffes zwischen zwei flüssigen oder einer gasförmigen und einer flüssigen Phase vorgestellt werden.

A_{Gas}		$A_{Phase\ 1}$		Ether		Wasser
$A_{Lösung}$		$A_{Phase\ 2}$	Bsp.	Wasser		Chloroform

1.10.5.1 Nernstsches Verteilungsgesetz

Verteilt sich ein Stoff physikalisch zwischen zwei Phasen

$$A_{Phase\ 1} \rightleftharpoons A_{Phase\ 2}$$

so führt die Verteilung zu einem Gleichgewicht, welches durch die folgende Beziehung charakterisiert ist:

$$K = \frac{[A]_{Phase\ 2}}{[A]_{Phase\ 1}} \quad \text{(Nernstsches Verteilungsgesetz)}$$

Das Nernstsche Verteilungsgesetz besagt, dass das Verhältnis der Konzentrationen eines sich zwischen zwei Phasen verteilenden Stoffes im Gleichgewichtszustand bei gegebener Temperatur konstant ist. Die Konstante (K) heißt **Verteilungskoeffizient** [vgl. **MC-Fragen Nr. 604, 1751**].

Das Nernstsche Verteilungsgesetz bildet u. a. die Grundlage der **Lösungsmittelextraktion.** *Voraussetzung* für die Gültigkeit des Gesetzes ist, dass der Stoff in beiden Phasen *denselben Molekularzustand* aufweist.

Die Verwendung des Verteilungskoeffizienten als Stoffkonstante ist an gewisse Konventionen geknüpft und erfordert eine Angabe wie der Verteilungskoeffizient berechnet werden soll. Im allgemeinen versteht man unter dem Verteilungskoeffizienten das Verhältnis:

$$K = \frac{[\text{Konzentration in der leichteren Phase}]}{[\text{Konzentration in der schwereren Phase}]}$$

Dies gilt auch, wenn das organische Lösungsmittel die größere Dichte hat, wie z. B. beim Zweiphasensystem Wasser/Chloroform.

Berechnungen (in Klammer Nr. der MC-Frage)
[605] Wenn nach einmaligem Ausschütteln einer Lösung von 1 g Benzylalkohol
[1778] in 50 ml Wasser mit 100 ml Dichlormethan 0,05 g Benzylalkohol in der
[1822] wässrigen Phase verbleiben, beträgt der Verteilungskoeffizient $K(CH_2Cl_2/H_2O)$ **(!)** von Benzylalkohol zwischen beiden Lösungsmitteln?

Die Gesamtmenge an Benzylalkohol beträgt 1 g. Nach einmaligem Ausschütteln mit **100 ml** CH_2Cl_2 verbleiben in 50 ml Wasser 0,05 g, sodass insgesamt 0,95 g Benzylalkohol in die org. Phase extrahiert wurden. Dies entspricht **0,475 g** Benzylalkohol in **50 ml** CH_2Cl_2. Daraus berechnet sich der Verteilungskoeffizient $K(CH_2Cl_2/H_2O)$ zu:

$$K = 0{,}475 \text{ g}/0{,}05 \text{ g} = \mathbf{9{,}5}$$

[1703] Eine Substanz mit dem Verteilungskoeffizienten K = 1 verteilt sich in einem Ether/Wasser-Gemisch zu gleichen Anteilen **(50% : 50%)** in beiden Phasen.

1.10.5.2 Henry-Dalton-Gesetz

Ist bei Verteilungsgleichgewichten eine der beiden Phasen eine *Gasphase*, so kann man in dieser Phase die Konzentration eines Stoffes durch seinen Partialdruck ersetzen.

$$K' = \frac{[A]_{\text{Lösung}}}{[p_A]_{\text{Gas}}} \qquad \textbf{(Henry-Dalton-Gesetz)}$$

Das Gesetz besagt, dass die *Löslichkeit eines Gases* bei gegebener Temperatur *proportional zu seinem Druck* ist. Erhöht man den Gasdruck, so steigt die Löslichkeit des Gases an. Der Proportionalitätsfaktor (K') wird **Löslichkeitskoeffizient** genannt.

Eine andere Formulierung des Henry-Dalton-Gesetzes lautet: *Das von einer definierten Flüssigkeitsmenge bei gegebener Temperatur gelöste Volumen eines Gases ist unabhängig von seinem Druck.* Dies folgt daraus, dass in einem gegebenen Volumen (V = const.) bei konstanter Temperatur sowohl die enthaltene Molmenge des Gases als auch die gelöste Molmenge des Gases nach der allgemeinen Zustandsgleichung (pV = nRT) direkt proportional zum Gasdruck (p = cRT) sind.

1.11 Säure-Base-Systeme

1.11.1 Säure-Base-Begriffe nach Arrhenius, Brönsted und Lewis

1.11.1.1 Säure-Base-Begriffe nach Arrhenius

Die **Ionentheorie von Arrhenius** (vgl. Kap. 1.8.9), wonach in Lösungen (oder Schmelzen) von **Elektrolyten** frei bewegliche Ionen vorhanden sind, ermöglichte erstmals auch ein tieferes Verständnis für das Wesen von Säuren und Basen.

Nach der Terminologie von Arrhenius sind **Säuren** Wasserstoffverbindungen, die *in wässriger Lösung H^+-Ionen* abgeben. **Basen** sind Hydroxylgruppen-haltige Verbindungen, die beim Lösen *in Wasser hydratisierte HO^--Ionen* bilden. Die Entstehung solcher Ionen betrachtet man als eine Folge der elektrolytischen Dissoziation von Molekülen und formulierte beispielsweise folgende Gleichgewichte:

$$HI \xrightleftharpoons{H_2O} (H^+)_{aq} + (I^-)_{aq} \quad ; \quad NaOH \xrightleftharpoons{H_2O} (Na^+)_{aq} + (HO^-)_{aq}$$

Die **Neutralisation** einer Säure mit einer Base ergibt nach Arrhenius ein **Salz** und Wasser, wobei die eigentliche chemische Reaktion in der Bildung von Wasser aus H^+- und HO^--Ionen besteht.

$$H^+ + HO^- \rightleftharpoons H_2O + \text{Wärme}$$

Ein gravierender Nachteil des Arrhenius-Konzeptes war zweifellos die Beschränkung auf das Lösungsmittel Wasser. So wurden Reaktionen in nichtwässrigen Systemen oder im Gaszustand von der Arrhenius-Terminologie nicht erfasst. Eine weitere Schwäche dieser Definitionen bildete die Beschränkung des Base-Begriffs auf Hydroxylgruppen-haltige Substanzen. Viele organische Basen sowie Ammoniak (NH_3) oder Hydrazin (H_2H-NH_2) zeigen jedoch basische Eigenschaften, ohne HO-Gruppen zu enthalten.

1.11.1.2 Säure-Base-Begriffe nach Brönsted, Protonendonatoren, Protonenakzeptoren

Nach Arrhenius formulierte man die Reaktion von gasförmigem Chlorwasserstoff (HCl) in Wasser unter Bildung von Salzsäure wie folgt:

$$H - Cl \longrightarrow H^+ + Cl^-$$

In Wirklichkeit enthält aber Salzsäure *keine* freien H^+-Ionen (**Protonen**), sondern die durch Dissoziation gebildeten Protonen werden aufgrund ihres hohen **Ionenpotentials** (vgl. Kap. 1.3.1) durch die freien Elektronenpaare der Wassermoleküle gebunden. Es entstehen **Hydroxonium-Ionen** (Hydronium-Ionen oder Oxonium-Ionen) (**H_3O^+**). Das H_3O^+-Ion ist z. B. auch Bestandteil des **Perchlorsäurehydrats** ($H_3O^+ \cdot ClO_4^-$) [vgl. **MC-Fragen Nr. 641, 645**].

$$H^+ \quad + \quad H - \overline{O} - H \quad \longrightarrow \quad H - \underset{\underset{H}{|}}{O}{}^+ - H$$

> Freie Protonen (H^+-Ionen) sind in wässriger Lösung praktisch nicht existent, weil ihr extrem kleiner Radius zu einem hohen Ionenpotential und damit zu einer starken Bindung an Teilchen mit freiem Elektronenpaar führt.

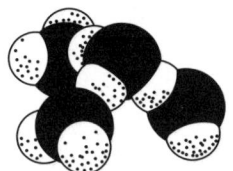

Auch das H_3O^+-Ion existiert nicht völlig frei, sondern koordiniert mit drei weiteren, über H-Brücken gebundenen Wassermolekülen zu einem $H_9O_4^+$-Ion (Abb. 1.128). In der Regel lässt man aber diese weiteren H_2O-Moleküle unberücksichtigt.

Abb. 1.128: Das $H_9O_4^+$-Ion

Der Lösevorgang von HCl-Gas in Wasser wird somit am besten durch folgende Bruttogleichung beschrieben:

$$HCl \quad + \quad H_2O \quad \rightleftharpoons \quad H_3O^+ \quad + \quad Cl^-$$

Eine ähnliche Reaktion kann auch beim Lösen von Chlorwasserstoff in Ethanol beobachtet werden,

$$HCl \quad + \quad CH_3 - CH_2 - OH \quad \rightleftharpoons \quad CH_3 - CH_2 - \overset{+}{O}H_2 \quad + \quad Cl^-$$

aber auch bei der Bildung von Ammoniumchlorid aus HCl-Gas und Ammoniak findet eine **Protonenübertragung** statt.

$$HCl \quad + \quad NH_3 \quad \rightleftharpoons \quad NH_4^+ \quad + \quad Cl^-$$

Um alle derartigen Reaktionen in analoger Weise behandeln zu können, wurden von **Brönsted** und **Lowry** die Säure-Base-Begriffe neu definiert.

> Säuren sind Stoffe, die Protonen abgeben können (Protonendonatoren), wobei ein Säurerest (korr. Base) zurückbleibt.
> Basen sind Stoffe, die Protonen anlagern können (Protonenakzeptoren) und dabei in ihre korrespondierende Säure übergehen.
> Eine Säure-Base-Reaktion besteht somit in der Protonenübertragung (Protolyse/Protonenwanderung) von einer Säure auf eine Base. Die Brönstedschen Säure/Base-Definitionen sind daher vom verwendeten *Lösungsmittel unabhängig* [vgl. **MC-Fragen Nr. 630, 1388, 1397, 1436, 1642, 1704, 1752, 1848, 1875**].

Säuren oder Basen können aus neutralen Molekülen oder Ionen bestehen. Danach unterteilt man in:

Neutralsäuren: Ungeladene Moleküle, die ein Proton abgeben können.
HF, HCl, HBr, HI, $HClO_4$, H_2O, H_2SO_4, HNO_3, H_3PO_4

z.B.: $HClO_4 + H_2O \rightleftharpoons H_3O^+ + ClO_4^-$

Anionsäuren: Negativ geladene Verbindungen, die ein Proton abgeben können [vgl. **MC-Fragen Nr. 631, 632**].
HO^-, HS^-, HSO_4^-, $H_2PO_4^-$, HPO_4^{2-}, HCO_3^-

z.B.: $H_2PO_4^- + H_2O \rightleftharpoons H_3O^+ + HPO_4^{2-}$

Kationsäuren: Positiv geladene Verbindungen, die ein Proton abgeben können [vgl. **MC-Fragen Nr. 608, 627, 1705, 1722, 1780**].
H_3O^+, NH_4^+, $[Al(H_2O)_6]^{3+}$, $[Fe(H_2O)_6]^{3+}$

z.B.: $[Al(H_2O)_6]^{3+} + H_2O \rightleftharpoons [Al(H_2O)_5(OH)]^{2+} + H_3O^+$

Neutralbasen: Ungeladene Moleküle, die ein Proton aufnehmen können [vgl. **MC-Fragen Nr. 635, 1050**].
H_2O, NH_3, N_2H_4, NH_2OH, $N(CH_3)_3$, PPh_3, $(CH_3)_2O$

z.B.: $NH_3 + H_3O^+ \rightleftharpoons NH_4^+ + H_2O$

Anionbasen: Negativ geladene Verbindungen, die ein Proton aufnehmen können [vgl. **MC-Frage Nr. 1477**].
F^-, Cl^-, HO^-, NH_2^-, O^{2-}, SO_4^{2-}, $[Al(OH)_4]^-$, $[Zn(OH)_3]^-$

z.B.: $[Zn(OH_3)]^- + H_3O^+ \rightleftharpoons Zn(OH)_2 + 2 H_2O$

Kationbasen: Positiv geladene Verbindungen, die ein Proton aufnehmen können.
$N_2H_5^+$, $[Be(H_2O)_3(OH)]^+$, $[Al(H_2O)_5(OH)]^{2+}$

z.B.: $[Fe(H_2O)_5(OH)]^{2+} + H_3O^+ \rightleftharpoons [Fe(H_2O)_6]^{3+} + H_2O$

Die häufig als Prototyp einer Base angesehenen **Metallhydroxide** $[Me(OH)_n]$ der Alkali- und Erdalkalielemente sind nur ein spezieller Fall der Anionbasen, da die Basenwirkung dieser Verbindungen auf das Hydroxid-Ion (HO^-) zurückzuführen ist.

Ein wesentlicher *Vorteil* des Brönsted-Konzeptes ist, dass es nicht bestimmte Stoffe sondern eine bestimmte Funktion charakterisiert, nämlich die *Fähigkeit Protonen aufzunehmen oder abzugeben*.

Säure-Base-Reaktionen: Da in gewöhnlicher Materie freie Protonen aufgrund ihres hohen Ionenpotentials (Verhältnis von Ladung zu Ionenradius) nicht existieren können, tritt die **Protolyse** (Protonenübertragung) einer Säure (HA) *nur* dann ein, wenn eine Base (B) zugegen ist. Die saure oder basische Wirkung einer Substanz ist also stets eine Funktion des jeweiligen Reaktionspartners. Allgemein gilt, dass *eine Säure (Base) umso leichter ein Proton abgibt (aufnimmt), je stärker sie ist*.

Protonenaufnahme und -abgabe sind stets *reversibel* und führen zu einem **Protolysegleichgewicht**.

$$\text{HA} + \text{B} \rightleftharpoons \text{BH}^+ + \text{A}^-$$

| Säure | Base | korr. Säure | korr. Base |

Bei der Rückreaktion fungiert A^- als Base. Man kann deshalb solche Protolysegleichgewichte als eine Konkurrenz zweier Basen (B und A^-) um ein Proton auffassen. Die Gleichgewichtslage wird durch die Stärke beider Basen (bzw. Säuren) bestimmt. Ist B eine stärkere Base als A^-, so liegt das Gleichgewicht auf der rechten Seite; wäre dagegen A^- die stärkere Base, so würde das Gleichgewicht auf der linken Seite der Reaktionsgleichung liegen (siehe auch Kap. 1.11.3.5).

Da jedes System nach einer Protonenabgabe wiederum Protonen aufnehmen bzw. nach einer Protonenaufnahme diese wiederum abgeben kann, entsteht durch Protonenabgabe aus einer Säure eine Base und durch Protonenaufnahme aus einer Base eine Säure. In übersichtlicher Weise lassen sich diese Vorgänge durch folgendes Schema beschreiben:

$$\text{Säure} \rightleftharpoons \text{Base} + \text{Protonen}$$

Ein solches Paar, das durch Aufnahme oder Abgabe von Protonen ineinander umwandelbar ist, wird als **korrespondierendes (konjugiertes) Säure-Base-Paar** bezeichnet.

Beispielsweise ist A^- die korr. Base zur Säure HA und BH^+ die korr. Säure zur Base B. Man beachte, dass sich eine Säure und ihre konjugierte Base stets in ihrer *Ladung* unterscheiden. So ist die korr. Base einer Neutralsäure eine Anionbase bzw. einer Neutralbase entspricht eine korr. Kationsäure. Je stärker eine Säure ist, desto schwächer ist ihre korr. Base und umgekehrt (vgl. auch Kap. 1.11.3.1).

Die Zahl (n) an Protonen, die eine Säure beim Übergang in ihre konjugierte Base abgibt oder eine Base bei der Umwandlung in die korrespondierende Säure aufnimmt, nennt man die **Wertigkeit** der Säure oder Base.

$$H_2SO_4 + 2\ HO^- + 2\ Na^+ \rightleftharpoons 2\ Na^+ + SO_4^{2-} + 2\ H_2O$$
(Schwefelsäure wirkt als zweiwertige Säure)

$$H_2SO_4 + Cl^- + Na^+ \rightleftharpoons Na^+ + HSO_4^- + HCl$$
(Schwefelsäure wirkt als einwertige Säure)

Aus dem Befund, dass H_2SO_4 gegenüber HO^--Ionen als zweibasige (zweiwertige) Säure und gegenüber Cl^--Ionen als einbasige (einwertige) Säure reagiert, ist ersichtlich, dass die Wertigkeit einer Säure (Base) nur im Hinblick auf eine bestimmte mit ihr reagierende Base (Säure) eindeutig zu definieren ist.

1.11.1.3 Ampholyte und amphiprotische Lösungsmittel

Ampholyte oder **amphotere** (amphiprotische) **Substanzen** sind Verbindungen, die sowohl Protonen aufnehmen als auch abgeben können und somit sauren *und* basischen Charakter besitzen. Als Beispiele sind vor allem mittlere Dissoziationsstufen mehrwertiger Protolyte anzuführen (amphotere Substanzen in Fettdruck) [vgl. **MC-Fragen Nr. 630–633, 648, 1642**]:

$$O^{2-} \xleftarrow{-H^+} HO^- \underset{+H^+}{\overset{-H^+}{\rightleftharpoons}} H_2O \xrightarrow{+H^+} H_3O^+$$

$$S^{2-} \xleftarrow{-H^+} HS^- \underset{+H^+}{\overset{-H^+}{\rightleftharpoons}} H_2S \xrightarrow{+H^+} H_3S^+$$

$$N^{3-} \xleftarrow{-H^+} NH^{2-} \underset{+H^+}{\overset{-H^+}{\rightleftharpoons}} NH_2^- \underset{+H^+}{\overset{-H^+}{\rightleftharpoons}} NH_3 \xrightarrow{+H^+} NH_4^+$$

$$PO_4^{3-} \xleftarrow{-H^+} HPO_4^{2-} \underset{+H^+}{\overset{-H^+}{\rightleftharpoons}} H_2PO_4^- \underset{+H^+}{\overset{-H^+}{\rightleftharpoons}} H_3PO_4 \xrightarrow{+H^+} H_4PO_4^+$$

Welche Funktion ein Ampholyt in einem bestimmten Fall ausübt, hängt vom jeweiligen Reaktionspartner ab, weil die saure oder basische Wirkung einer Substanz keine gegebene Stoffeigenschaft sondern eine Funktion des Reaktionspartners ist.

Amphiprotische Lösungsmittel (LH) sind Solventien, die sowohl sauren als auch basischen Charakter besitzen, also zur **Autoprotolyse** befähigt sind [vgl. **MC-Fragen Nr. 637, 638, 1436, 1906**].

2 LH	$\rightleftharpoons$ **LH$_2^+$**	+	**L$^-$**
Ampholyt	**Lyonium-Ion**		**Lyat-Ion**

Als Beispiele sind Wasser, Eisessig, flüssiges Ammoniak, abs. Ethanol sowie konz. wasserfreie Salpetersäure, Schwefelsäure und Phosphorsäure zu nennen.

$2 H_2O$	$\rightleftharpoons$ H_3O^+	+	HO^-
Wasser	Hydroxonium-Ion		Hydroxid-Ion
$2 CH_3COOH$	$\rightleftharpoons$ $CH_3COOH_2^+$	+	CH_3COO^-
Essigsäure	Acetacidium-Ion		Acetat-Ion
$2 HNO_3(conc.)$	$\rightleftharpoons$ $H_2NO_3^+$	+	NO_3^-
Salpetersäure	Nitratacidium-Ion		Nitrat-Ion
$2 NH_3(fl.)$	$\rightleftharpoons$ NH_4^+	+	NH_2^-
Ammoniak	Ammonium-Ion		Amid-Ion
$2 CH_3CH_2OH$	$\rightleftharpoons$ $CH_3CH_2OH_2^+$	+	$CH_3CH_2O^-$
Ethanol	Ethyloxonium-Ion		Ethylat-(Ethanolat-)Ion
$2 H_2SO_4(conc.)$	$\rightleftharpoons$ $H_3SO_4^+$	+	HSO_4^-
$2 H_3PO_4(conc.)$	$\rightleftharpoons$ $H_4PO_4^+$	+	$H_2PO_4^-$

Dieses amhotere Verhalten dokumentiert sich u. a. darin, dass z. B. die starke Säure **Salpetersäure** auch als Base reagieren kann und durch konz. Schwefelsäure in ihre konjugierte Säure, das Nitratacidium-Ion, übergeführt wird [vgl. **MC-Fragen Nr. 634, 1368**].

$$HNO_3 + H_2SO_4 \rightleftharpoons H_2NO_3^+ + HSO_4^-$$

In einem amphiprotischen Lösungsmittel stellen **Lyonium-** und **Lyat-Ionen** die in dem betreffenden Lösungsmittel *stärksten stabilen* (existenzfähigen) *Säuren* und *Basen* dar. Beispielsweise ist in flüssigem Ammoniak das Amid-Ion (NH_2^-) die stärkste Base und das Ammonium-Ion (NH_4^+) die stärkste Säure [vgl. **MC-Fragen Nr. 633, 645**].

1.11.1.4 Hydroxylgruppen-enthaltende Substanzen

In der allgemeinen Formel $[XO_n(OH)_m]$ kann X für ein Nichtmetall- oder ein Metallatom stehen; n kann die Werte 0, 1, 2 und 3 annehmen, m kann 1, 2, 3, 4, 5 oder 6 sein. Je nachdem, ob bei der *Heterolyse* solcher Verbindungen die X-O- oder die H-O-Bindung gespalten wird, spricht man von **basischen Hydroxiden** oder von **Sauerstoffsäuren (Oxosäuren)**. Ist X ein Metallatom geringer Elektronegativität, so wird bevorzugt die X-O-Bindung getrennt, ist X ein Nichtmetallatom hoher Elektronegativität erfolgt vorzugsweise eine Heterolyse der H-O-Bindung.

$$X - O - H \quad \begin{array}{l} \longrightarrow X^+ + HO^- \quad \textbf{Basische Hydroxide} \\ \longrightarrow X - O^- + H^+ \quad \textbf{Sauerstoffsäuren} \end{array}$$

Zu diesem Verbindungstyp lassen sich folgende Aussagen machen:

1. *In den Perioden der Hauptgruppenelemente des PSE nimmt von links nach rechts (Na $\longrightarrow$ Cl) der Basencharakter ab und der Säurecharakter zu.*

NaOH ist eine starke, $Mg(OH)_2$ eine mittelstarke Base und $Al(OH)_3$ besitzt amphoteren Charakter. $Si(OH)_4$ zählt zu den schwächsten Säuren. H_3PO_4 ist eine mittelstarke Säure, während H_2SO_4 und $HClO_4$ sehr starke Säuren sind.

2. *In derselben Richtung durchschreitet die Löslichkeit der Verbindungen in Wasser ein Minimum.*

So lösen sich $Al(OH)_3$ und $Si(OH)_4$ praktisch nicht in Wasser und $Mg(OH)_2$ besitzt nur eine mäßige Löslichkeit, während die anderen Hydroxide dieser Periode sich gut in Wasser lösen.

3. *In den Gruppen des PSE nimmt mit steigender Ordnungszahl der saure Charakter ab und der basische zu.*

Bezüglich der V. Hauptgruppe ist auszuführen, dass HNO_2 und H_3PO_3 schwache Säuren darstellen, H_3AsO_3 und $SbO(OH)$ amphoteren Charakter besitzen, während $Bi(OH)_3$ eine schwache Base ist.

4. *Bei ein und demselben Element nehmen mit steigender Oxidationszahl die basischen Eigenschaften ab und die sauren zu.*

Basisch	Amphoter		Sauer
+2 $Mn(OH)_2$	+4 $MnO(OH)_2$	+6 H_2MnO_4	+7 $HMnO_4$
+2 $Cr(OH)_2$	+3 $Cr(OH)_3$	+6 H_2CrO_4	

Dies trifft auch auf folgende Beispiele zu (die jeweiligen Oxidationszahlen stehen in Klammern):

Schwache Säure	Starke Säure	Schwache Base	Stärkere Base
(+3) HNO_2 (+3) H_3PO_3 (+4) H_2SO_3	(+5) HNO_3 (+5) H_3PO_4 (+6) H_2SO_4	(+3) $Fe(OH)_3$	(+2) $Fe(OH)_2$

Bei **Hydroxylgruppen-enthaltenden Basen** ist es zweckmäßig sie zu unterteilen in:

* **Leichtlösliche Hydroxide**: Alle leichtlöslichen Hydroxide (vor allem die Hydroxide der Alkalielemente und einiger Erdalkalimetalle) sind in verdünnten wässrigen Lösungen gleicher Normalität gleich *starke Basen*, weil bei diesen Verbindungen das **Hydroxid-Ion** die wirksame Base darstellt.
* **Schwerlösliche Hydroxide**: Sie können sowohl basische als auch saure Eigenschaften besitzen.

1. **Basische Eigenschaften**: Die schwerlöslichen Hydroxide der zweiwertigen Metalle sind schwache, die der dreiwertigen sehr schwache und die der vierwertigen Metalle überaus schwache Basen.

Alle schwerlöslichen Hydroxide sind schwächere Basen als Ammoniak (pK_b = 4,74), sodass sie aus ammoniakalischer Lösung gefällt werden können. Sofern die jeweiligen Kationen lösliche **Amminkomplexe** bilden, lösen sich die gefällten Hydroxide in einem NH_3-Überschuss wieder auf.

$$Zn^{2+} \xrightarrow{(NH_3/H_2O)} Zn(OH)_2 \xrightarrow{(NH_3/H_2O)} [Zn(NH_3)_4]^{2+}$$
$$Fe^{3+} \xrightarrow{} Fe(OH)_3 \xrightarrow{\;\;/\!/\;\;} $$

Als schwache bzw. sehr schwache Basen bilden diese Hydroxide keine löslichen Salze mit schwachen oder sehr schwachen Säuren; es erfolgt eine Fällung des Hydroxids. Viele der schwerlöslichen Hydroxide lösen sich jedoch in Mineralsäuren.

$$Al^{3+} + 3\;CN^- + 3\;H_2O \longrightarrow Al(OH)_3 + 3\;HCN$$
$$2\;Fe^{3+} + 3\;CO_3^{2-} + 3\;H_2O \longrightarrow 2\;Fe(OH)_3 + 3\;CO_2$$
$$Fe(OH)_3 + 3\;HCl \longrightarrow (Fe^{3+})_{aq} + 3\;(Cl^-)_{aq} + 3\;H_2O$$

2. **Saure Eigenschaften**: Zahlreiche Hydroxide bilden mit Alkalihydroxiden lösliche **Hydroxokomplexe**. Ihre Reaktion mit der starken Base (HO$^-$) kennzeichnet diese Verbindungen als Säuren.

$$Al(OH)_3 + HO^- \longrightarrow [Al(OH)_4]^-$$

$$Pb(OH)_2 + HO^- \longrightarrow [Pb(OH)_3]^- \xrightarrow{\ + \ HO^-\ } [Pb(OH)_4]^{2-}$$

Die amphoteren Hydroxide sind sehr schwache bis überaus schwache Säuren. Sie bilden daher nur mit sehr starken Basen Hydroxosalze, nicht aber mit schwachen Basen wie Ammoniak. Ammoniumsalze fällen aus den Lösungen solcher Hydroxosalze die Hydroxide wieder aus, weil das Ammonium-Ion (pK$_s$ = 9,25) als we-

Tab. 1.59: Nicht-amphotere Hydroxide

Metallion	Zusammensetzung des Hydroxids	Farbe	Zusatz von NH$_3$ und NH$_4^+$
Mg^{2+}	Mg(OH)$_2$	Weiß	[Mg(NH$_3$)$_2$]$^{2+}$
Ni^{2+}	Ni(OH)$_2$	Grün	[Ni(NH$_3$)$_6$]$^{2+}$
Co^{2+}	Co(OH)$_2$ [bas. Hydroxide]	Rosenrot [Blau]	[Co(NH$_3$)$_6$]$^{2+}$ Ox. ↓ Luft [Co(NH$_3$)$_6$]$^{3+}$
Fe^{2+}	Fe(OH)$_2$ [Fe(III)-Spuren]	Weiß [Braun]	[Fe(NH$_3$)$_6$]$^{2+}$
Fe^{3+}	Fe(OH)$_3$	Rotbraun	Fe(OH)$_3$
Hg^{2+}	HgO	Gelb	HgNH$_2$X
Hg$_2^{2+}$	HgO + Hg	Schwarz	Hg + HgNH$_2$X
Bi^{3+}	Bi(OH)$_3$ BiO(OH)	Weiß Weiß	Bi(OH)$_3$ BiO(OH)
Cd^{2+}	Cd(OH)$_2$	Weiß	[Cd(NH$_3$)$_4$]$^{2+}$
Cu^{2+}	Cu(OH)$_2$ − H$_2$O ↓ Hitze CuO	Bläulich Schwarz	[Cu(NH$_3$)$_4$]$^{2+}$
Cu$^+$	CuOH − H$_2$O ↓ Hitze Cu$_2$O	Rot Rot	[Cu(NH$_3$)$_4$]$^+$
Ag$^+$	AgOH − H$_2$O ↓ Hitze Ag$_2$O	Weiß Braun	[Ag(NH$_3$)$_2$]$^+$

Tab. 1.60: **Amphotere Hydroxide**

Metallion	Zusammensetzung des Hydroxids	Farbe	Überschuss an Lauge	Zugabe von Ammoniak
Zn^{2+}	$Zn(OH)_2$	Weiß	$[Zn(OH)_3]^-$	$[Zn(NH_3)_4]^{2+}$
Be^{2+}	$Be(OH)_2$	Weiß	$[Be(OH)_4]^-$	$[Be(NH_3)_4]^{2+}$
Al^{3+}	$Al(OH)_3$	Weiß	$[Al(OH)_4]^-$	$Al(OH)_3$
Pb^{2+}	$Pb(OH)_2$	Weiß	$[Pb(OH)_3]^-$	$Pb(OH)_2$
Sn^{2+}	$Sn(OH)_2$	Weiß	$[Sn(OH)_3]^-$	$Sn(OH)_2$
Sb^{3+}	$Sb(OH)_3$ $- H_2O \downarrow$ Hitze $SbO(OH)$	Weiß	$[Sb(OH)_4]^-$	$SbO(OH)$

sentlich stärkere Säure die schwächer sauren amphoteren Hydroxide aus ihren Salzen freisetzt.

$$\text{Säure} + \text{Base} \rightleftharpoons \text{korr. Base} + \text{korr. Säure}$$
$$NH_4^+ + [Al(OH)_4]^- \rightleftharpoons NH_3 + Al(OH)_3 + H_2O$$
$$pK_s = 9{,}25 \qquad\qquad\qquad pK_s = 12{,}4$$

In den beiden Tab. 1.59 und 1.60 sind einige nicht-amphotere sowie einige analytisch wichtige amphotere Metallhydroxide aufgelistet. In der letzten Spalte finden sich jeweils die Produkte, die beim Versetzen mit einer Ammoniumsalz-haltigen Ammoniak-Lösung gebildet werden [vgl. **MC-Fragen Nr. 639, 640, 1427, 1803, 1836**].

1.11.1.5 Element-Sauerstoff-Verbindungen
(vgl. auch Kap. 2.4.4)

Auch **Oxide** können in das Schema der bisherigen Säure-Base-Konzepte eingefügt werden. Man unterteilt sie in:

- **Saure Oxide (Säureanhydride)** sind Stoffe, die mit Wasser zu Säuren reagieren. So ist z. B. SO_2 das Anhydrid der Schwefligen Säure (H_2SO_3). Als weitere typische Säureanhydride sind SO_3, N_2O_3, N_2O_5, P_2O_5 und CO_2 zu nennen. Bei diesen Substanzen handelt es sich vor allem um **Nichtmetalloxide**.

$$P_2O_5 + 3\,H_2O \longrightarrow 2\,H_3PO_4 \quad ; \quad CO_2 + H_2O \longrightarrow (H_2CO_3)$$
$$N_2O_5 + H_2O \longrightarrow 2\,HNO_3 \quad ; \quad SO_2 + H_2O \longrightarrow (H_2SO_3)$$
$$N_2O_3 + H_2O \longrightarrow 2\,HNO_2 \quad ; \quad SO_3 + H_2O \longrightarrow H_2SO_4$$

- **Basische Oxide (Basenanhydride)** sind Substanzen, die mit Wasser unter Bildung von Hydroxiden reagieren. So ist z. B. Na_2O das Anhydrid von NaOH.

Weitere typische Basenanhydride sind **Metalloxide** wie Li_2O, CaO, BaO oder MgO. Meistens handelt es sich um ionische Oxide. Beim Lösen in Wasser entzieht das O^{2-}-Ion dem Lösungsmittel Wasser ein Proton unter Bildung von Hydroxid-Ionen.

$$Na_2O + H_2O \longrightarrow 2\,NaOH \; ; \; CaO + H_2O \longrightarrow Ca(OH)_2$$

$$O^{2-} + H_2O \longrightarrow 2\,HO^-$$

– **Amphotere Oxide:** Sie bilden in wässriger Lösung – je nach den Bedingungen – entweder Säuren oder Basen. Beispiele hierfür sind Al_2O_3, ZnO u. a.

1.11.1.6 Oxosäuren, Metasäuren, Orthosäuren

In **Oxosäuren (Sauerstoffsäuren)** ($H_m XO_n$) liegt das Strukturelement $[X - O - H]$ vor. Das Wasserstoffatom ist direkt an ein Sauerstoffatom gebunden. X steht für ein Element der III. bis VII. Hauptgruppe. Der Aufbau dieser Säuren und ihrer Anionen wird durch die Stellung des betreffenden Elements (X) im PSE bestimmt. Oxosäuren können in unterschiedlichen Formen auftreten, die sich formal in ihrem „Wassergehalt" unterscheiden und als **meta-** bzw. **ortho-Formen** bezeichnet werden.

$$\underset{\text{ortho-Form}}{H_m XO_n} \rightleftharpoons \underset{\text{meta-Form}}{H_{m-2} XO_{n-1}} + H_2O$$

In Tab. 1.61 sind die Salze dieser Säuren aufgelistet, die entstehen, wenn man an die Anhydride der betreffenden Elemente in ihrer höchsten Oxidationsstufe sukzessive Wasser anlagert. Die *Acidität* der Oxosäuren in Abhängigkeit von ihrer Struktur wird in Kap. 1.11.3.6 beschrieben.

Die wasserärmste **meta-Form** der Oxosäuren wird überall erreicht. Als **ortho-Form** wird streng genommen diejenige Verbindung angesehen, die rein formelmäßig eine der jeweiligen Oxidationsstufe des Zentralatoms (X) entsprechende An-

Tab. 1.61: Oxide und einwertige Metallsalze der Sauerstoffsäuren der III. bis VII. Hauptgruppe

	III. Gruppe	IV. Gruppe	V. Gruppe	VI. Gruppe	VII. Gruppe
Anhydrid (Oxid)	X_2O_3	XO_2	X_2O_5	XO_3	X_2O_7
meta-Form	$MeXO_2$	Me_2XO_3	$MeXO_3$	Me_2XO_4	$MeXO_4$
meso-Form			Me_3XO_4	Me_4XO_5	Me_3XO_5 Me_5XO_6
ortho-Form	Me_3XO_3	Me_4XO_4	Me_5XO_5	Me_6XO_6	Me_7XO_7

zahl von Sauerstoffatomen enthält. In der Literatur wird jedoch meistens die beständigste wasserreichste Form als ortho-Form bezeichnet, wie z. B. **Orthophosphorsäure** (H_3PO_4). Die **meso-Formen** nehmen eine Zwischenstellung zwischen meta- und ortho-Formen ein.

Welche der verschiedenen Formen ausgebildet wird, hängt von der Größe des Zentralatoms (X) ab. Da innerhalb einer Gruppe des PSE mit steigender Ordnungszahl der Ionenradius zunimmt, können bei den höheren Gruppenhomologen mehr Sauerstoffatome als Liganden angelagert werden. Die Beständigkeit der meso- und ortho-Formen nimmt deshalb in dieser Richtung zu. So bildet z. B. der sechswertige Schwefel die Säure H_2SO_4, das sechswertige Tellur hingegen eine Säure der Form H_6TeO_6.

Die nachfolgend genannten Beispiele sollen dies vertiefen, wobei die jeweils instabilen Formen in eckige Klammern gesetzt wurden.

* **Salpetersäure**: Hier ist die meta-Form stabil, während die Orthosäure nur in Form von Salzen, z. B. Na_3NO_4, bekannt ist.

$$\underset{\text{Metasalpetersäure}}{HNO_3} \quad + \quad H_2O \quad \rightleftharpoons \quad \underset{\text{Orthosalpetersäure}}{[H_3NO_4]}$$

* **Phosphorsäure**: Hier ist die ortho-Form beständig, während von den Metapolyphosphorsäuren nur die Glieder mit n = 3 bis 6 gut charakterisiert sind.

$$\underset{\text{Metapolyphosphorsäure}}{(HPO_3)_n} \quad \longleftarrow \quad \underset{\text{meta-Form}}{[HPO_3] + H_2O} \quad \rightleftharpoons \quad \underset{\text{Orthophosphorsäure}}{H_3PO_4}$$

* **Kohlensäure**: Orthokohlensäure und Metakohlensäure sind nur in Form ihrer Ester (R = Alkyl, Aryl) stabil.

$$\underset{\text{Kohlensäureester}}{\overset{\overset{\displaystyle O}{\parallel}}{RO\text{-}C\text{-}OR}} \longleftarrow \underset{\text{meta-Form}}{\overset{\overset{\displaystyle O}{\parallel}}{[HO\text{-}C\text{-}OH]}} + H_2O \rightleftharpoons \underset{\text{ortho-Form}}{\overset{\overset{\displaystyle OH}{|}}{\underset{\underset{\displaystyle OH}{|}}{[HO\text{-}C\text{-}OH]}}} \longrightarrow \underset{\text{Orthokohlensäureester}}{\overset{\overset{\displaystyle OR}{|}}{\underset{\underset{\displaystyle OR}{|}}{RO\text{-}C\text{-}OR}}}$$

* **Ameisensäure**: Hier ist die meta-Form stabil, während Orthoameisensäure nur als Ester beständig ist.

$$\underset{\text{Ameisensäureester}}{\overset{\overset{\displaystyle O}{\parallel}}{H\text{-}C\text{-}OR}} \longleftarrow \underset{\text{meta-Form}}{\overset{\overset{\displaystyle O}{\parallel}}{H\text{-}C\text{-}OH}} + H_2O \rightleftharpoons \underset{\text{ortho-Form}}{\overset{\overset{\displaystyle OH}{|}}{\underset{\underset{\displaystyle OH}{|}}{[H\text{-}C\text{-}OH]}}} \longrightarrow \underset{\text{Orthoameisensäureester}}{\overset{\overset{\displaystyle OR}{|}}{\underset{\underset{\displaystyle OR}{|}}{H\text{-}C\text{-}OR}}}$$

Für **Kieselsäure** (H_4SiO_4), **Periodsäure** (HIO_4) oder **Salpetrige Säure** (HNO_2) lassen sich ähnliche Gleichgewichte formulieren.

$$H_2SiO_3 \ + \ H_2O \ \rightleftharpoons \ H_4SiO_4$$
$$HIO_4 \ + \ H_2O \ \rightleftharpoons \ H_3IO_5$$
$$HNO_2 \ + \ H_2O \ \rightleftharpoons \ H_3NO_3$$

meta-Form   ortho-Form

1.11.1.7 Element-Wasserstoff-Verbindungen

Die binären Verbindungen (X-H) der Elemente mit Wasserstoff nennt man **Hydride**. Die basischen bzw. sauren Eigenschaften der Hydride werden im Kap. 1.11.3.6 und im Kap. 2.2.4 vorgestellt.

1.11.1.8 Säure-Base-Begriffe nach Lewis, Elektronenpaardonatoren, Elektronenpaarakzeptoren

Nach Brönsted besteht eine Säure-Base-Reaktion in der Übertragung eines Protons von einer Säure auf eine Base. Damit müssen alle Brönsted-Säuren (NH_4^+, HCl, HI, H_3O^+, H_2SO_4) Wasserstoff enthalten, während alle Brönsted-Basen (NH_3, NCl_3) über ein freies Elektronenpaar verfügen. Der Brönstedsche Säure-Begriff lässt sich somit nur auf *wasserstoffhaltige* (prototrope) *Substanzen* anwenden.

Nun existieren aber zahlreiche Verbindungen (BF_3, BCl_3, $AlCl_3$, SiF_4, $SnCl_4$, PCl_5, SbF_5, SO_2, SO_3, $ZnCl_2$, $FeCl_3$, $TiCl_4$) *ohne Wasserstoff*, die ebenfalls sauren Charakter besitzen und in Wasser sauer reagieren [vgl. **MC-Fragen Nr. 612, 613, 619, 621, 622**].

In Kenntnis dieser Zusammenhänge schuf **Lewis** ein umfassenderes Säure-Base-Konzept, das unabhängig vom Begriff des Protons ist. Nach Lewis ist eine

– **Säure** ein Teilchen (Molekül, Ion) mit einer **unvollständig besetzten äußeren Elektronenschale**, das zur Ausbildung einer kovalenten Bindung ein freies Elektronenpaar von einem anderen Teilchen übernehmen kann. Lewis-Säuren sind daher **Elektronenpaarakzeptoren** und besitzen *elektrophile* (elektronensuchende) Eigenschaften. Eine Lewis-Säure muss somit noch ein unbesetztes Orbital (eine Elektronenpaarlücke) haben [vgl. **MC-Fragen Nr. 1313, 1436**].
– **Base** ein Teilchen (Molekül, Ion), das einem Partner ein **freies Elektronenpaar** zur Bildung einer Kovalenzbindung zur Verfügung stellen kann. Lewis-Basen sind deshalb **Elektronenpaardonatoren** oder *nucleophile* (kernsuchende) Teilchen [vgl. **MC-Fragen Nr. 611, 618, 620, 624, 1000, 1351**].

Eine **Säure-Base-Reaktion nach Lewis** besteht in der Bildung einer kovalenten Bindung aus einem Elektrophil (Säure) und einem Nucleophil (Base), wobei das bindende Elektronenpaar stets von der Base stammt. Gegebenenfalls können sich die primär gebildeten Lewis-Säure-Base-Addukte durch Umlagerung oder Dissoziation weiter stabilisieren.

$$
\begin{array}{c}
O = \underset{\underset{O}{\parallel}}{\overset{\overset{O}{\parallel}}{S}}
\end{array}
\quad + \quad |\overline{O}|^{2-} \quad \longrightarrow \quad
\left[O - \underset{\underset{O}{\parallel}}{\overset{\overset{O}{\parallel}}{S}} - O \right]^{2-}
$$

$$
SO_3 \quad + \quad Ca^{2+}O^{2-} \quad \longrightarrow \quad CaSO_4
$$

$$
\underset{\underset{F}{|}}{\overset{\overset{F}{|}}{F - B}}
\quad + \quad
\underset{\underset{H}{|}}{\overset{\overset{H}{|}}{|N - H}}
\quad \longrightarrow \quad
\left[\underset{\underset{F}{|}}{\overset{\overset{F\ \ H}{|\ \ |}}{F - B - N - H}}^{+} \right]
$$

Lewis-Säure   Lewis Base   Säure-Base-Addukt

Das Lewis-Konzept ist auch auf die organische Chemie übertragbar. Beispielsweise entspricht die Addition eines prim. oder sek. Amins (Nucleophil) an ein Keton (Elektrophil) einer Säure-Base-Reaktion nach Lewis. Die folgenden Reaktionen sollen das Begriffssystem nach Lewis weiter vertiefen:

Säure	+	Base	$\longrightarrow$	Addukt
Ag^+	+	$2\ NH_3$	$\longrightarrow$	$[Ag(NH_3)_2]^+$
Be^{2+}	+	$4\ F^-$	$\longrightarrow$	$[BeF_4]^{2-}$
SiF_4	+	$2\ F^-$	$\longrightarrow$	$[SiF_6]^{2-}$
PCl_5	+	Cl^-	$\longrightarrow$	$[PCl_6]^-$
CO_2	+	HO^-	$\longrightarrow$	HCO_3^-
BF_3	+	$H_3C-O-CH_3$	$\longrightarrow$	$[(CH_3)_2O-BF_3]$
H^+	+	H_2O	$\longrightarrow$	H_3O^+
S	+	SO_3^{2-}	$\longrightarrow$	$S_2O_3^{2-}$

Die üblicherweise als typische Brönsted-Säuren bezeichneten Verbindungen wie HCl, HNO_3, NH_4^+, H_3O^+, H_2SO_4, H_2S usw. sind *keine* Lewis-Säuren, da sie nicht als Elektronenpaarakzeptoren fungieren können. Umgekehrt sind Lewis-Säuren wie $AlCl_3$ oder SO_3 keine Brönsted-Säuren, weil sie keinen Wasserstoff enthalten.

Eine typische Lewis-Säure ist dagegen das **Proton** (H^+), welches durch Dissoziation von Brönsted-Säuren gebildet wird.

Auch **Borsäure** [$B(OH)_3$] ist *keine* Brönsted-Säure; sie reagiert in wässriger Lösung als einbasige **Lewis-Säure**.

$$
\underset{\underset{OH}{|}}{\overset{\overset{OH}{|}}{HO - B}}
\quad + \quad H - \overline{O} - H
\quad \rightleftharpoons \quad
\left[\underset{\underset{OH}{|}}{\overset{\overset{OH}{|}}{HO - B - OH}} \right]^{-} H^+
$$

Demgegenüber stimmen der Brönsted-Begriff und die Lewis-Definition einer Base überein. **Jede Brönsted-Base ist auch eine Lewis-Base!** [vgl. **MC-Fragen Nr. 608, 628, 1351, 1436, 1704**].

Eine interessante Verbindung ist **wasserfreie Essigsäure (Eisessig)**. CH_3COOH ist als amphiprotisches Lösungsmittel sowohl Brönsted-Säure als auch Brönsted-Base. Darüber hinaus kann die Verbindung als Lewis-Säure und als Lewis-Base angesehen werden. Auch **Phosphortrichlorid** (PCl_3) ist Lewis-Säure und Lewis-Base zugleich [vgl. **MC-Fragen Nr. 609, 610, 615, 616**].

1.11.1.9 Harte und weiche Säuren und Basen; das Pearson-Konzept

Das HSAB-Konzept von Pearson wurde bereits ausführlich im Kap. 1.5.3.3 behandelt.

1.11.2 Protolysegleichgewicht des Wassers

1.11.2.1 Ionenprodukt des Wassers

Reines Wasser zeigt eine minimale elektrische Leitfähigkeit. Deshalb müssen in reinem Wasser, wenn auch in sehr geringem Maße, bewegliche Ionen vorhanden sein, die durch die Eigendissoziation des Wassers gebildet werden.

$$H_2O + H_2O \rightleftharpoons H_3O^+ + HO^- \qquad \Delta H = +57,5 \text{ kJ mol}^{-1}$$

Über die hohen Beweglichkeiten von H^+- und HO^--Ionen in Wasser und den daraus resultierenden hohen elektrischen Leitfähigkeiten wässriger Lösungen von Säuren und Basen informierte bereits Kap. 1.8.9 [vgl. auch **MC-Fragen Nr. 641–644, 1908**].

Die Anwendung des MWG auf die Autoprotolyse des Wassers gibt Auskunft über die Lage des Dissoziationsgleichgewichts. Hierbei kann nach den Regeln für verdünnte wässrige Lösungen (vgl. Kap. 1.10.2) die Konzentration des Wassers als konstant angesehen und in die Gleichgewichtskonstante einbezogen werden.

$$K = \frac{[H_3O^+] \cdot [HO^-]}{[H_2O]^2} \longrightarrow \boxed{K_w = [H_3O^+] \cdot [HO^-] \quad | \quad pK_w = -\log K_w}$$

Die Konstante (K_w) wird als **Ionenprodukt des Wassers** bezeichnet; ihr Wert hängt nur von der Temperatur ab und beträgt bei 22 °C $K_w = 10^{-14} \text{ mol}^2/\text{l}^2$. Um nicht mit Potenzzahlen rechnen zu müssen, ist es zweckmäßig, die logarithmische Größe (pK_w) einzuführen. Der **Ionenexponent** des Wassers beträgt bei 22 °C $pK_w = 14$.

Über die Temperaturabhängigkeit von K_w informiert Tab. 1.62. Danach liegt z. B. das pH von reinem Wasser bei 373 K (100 °C) nahe bei pH = 6 [vgl. auch **MC-Fragen Nr. 646, 647**].

In verdünnten wässrigen Lösungen ist bei gegebener Temperatur das Produkt aus den H_3O^+- und HO^--Konzentrationen konstant. Das Ionenprodukt des Wassers nimmt zu mit steigender und nimmt ab mit fallender Temperatur.

Tab. 1.62: **Temperaturabhängigkeit des Ionenprodukts von Wasser**

t (°C)	$K_w \cdot 10^{-14}$	pK_w	pH
0	0,13	14,89	7,45
10	0,36	14,45	7,23
20	0,86	14,07	7,04
22	**1,00**	**14,00**	**7,00**
25	1,27	13,90	6,87
50	5,60	13,25	6,63
100	74,00	12,13	6,07

1.11.2.2 pH-Wert und pOH-Wert

Für reines Wasser bei 22 °C ergibt sich aufgrund der Elektroneutralitätsbedingung:

$$[H_3O^+] = [HO^-] = \sqrt{K_w} = \sqrt{10^{-14}} = 10^{-7} \text{ mol} \cdot l^{-1}$$

In *sauren Lösungen* überwiegt die Konzentration der H_3O^+-Ionen, in *alkalischen Lösungen* die der HO^--Ionen. Durch Angabe einer dieser beiden Konzentrationen lässt sich der Charakter einer verdünnten wässrigen Lösung eindeutig festlegen. Man hat hierfür die **Hydroxonium-Ionenkonzentration** (Aktivität) gewählt und verwendet als Maßzahl deren negativen dekadischen Logarithmus, den sog. **pH-Wert**.

$$pH = -\log [H_3O^+] = -\log a_{H_3O^+}$$

Führt man darüber hinaus noch den negativen dekadischen Logarithmus der HO^--Konzentration als **pOH-Wert** ein,

$$pOH = -\log [HO^-] = -\log a_{HO^-}$$

so erhält man bei 22 °C folgende grundlegende Beziehung:

$$pH + pOH = 14$$

Danach gilt für wässrige Lösungen bei Raumtemperatur:

saure Lösung	: $a_{H^+} > 10^{-7} > a_{HO^-}$	$\longrightarrow$ pH < 7 < pOH
neutrale Lösung	: $a_{H^+} = 10^{-7} = a_{HO^-}$	$\longrightarrow$ pH = 7 = pOH
alkalische Lösung	: $a_{H^+} < 10^{-7} < a_{HO^-}$	$\longrightarrow$ pH > 7 > pOH

Innerhalb des **pH-Bereiches** von **0** bis **14** erstreckt sich die **normale** (konventionelle) **pH-Skala** für wässrige Systeme. Lösungen mit pH < 0 werden als *übersauer*, solche mit pH > 14 als *überalkalisch* bezeichnet. Außerhalb der normalen pH-

Skala gilt die Gleichung (pH = -log [H$^+$]) *nicht* mehr. Das pH steht hier in keiner Beziehung zur Konzentration der Hydroxonium-Ionen.

Eine exakte thermodynamische Beziehung zwischen der Wasserstoffionen-Aktivität und dem pH-Wert besteht nicht. Die konventionelle pH-Skala wird durch eine Reihe von Standard-Pufferlösungen realisiert. Die Messung des pH-Wertes erfolgt entweder potentiometrisch oder kolorimetrisch (visuell) mit Hilfe von Indikatoren.

1.11.2.3 Neutralisation, Neutralisationswärme

Die Bildung von Wassermolekülen durch Protonenübertragung von H$_3$O$^+$-Ionen auf HO$^-$-Ionen ist die eigentliche Reaktion bei der Neutralisation einer verdünnten starken Säure mit der Lösung eines Hydroxids. Die Metallkationen und die Säurerest-Anionen bleiben meistens gelöst und nur in einigen Fällen [H$_2$SO$_4$/Ba(OH)$_2$] scheidet sich ein schwerlösliches Salz ab.

Die Neutralisation einer Säure mit einer Base ist in wässriger Lösung stets mit einem *Freiwerden von Wärme* verbunden, die als **molare Neutralisationswärme** bezeichnet wird. Diese Wärme hängt bei der Neutralisation einer starken Säure mit einer starken Base praktisch *nicht* von der chemischen Natur der reagierenden Stoffe ab. Dies entspricht dem Wesen des Neutralisationsvorgangs, der auf der Reaktion von Protonen und Hydroxid-Ionen beruht.

$$H^+ (aq) + HO^- (aq) \rightleftharpoons H_2O \qquad \Delta H^\circ = - 57,5 \text{ kJ mol}^{-1}$$

Bei starken Säuren und Basen, die in wässriger Lösung vollständig dissoziiert sind, ist dies die einzige Reaktion, die bei der Neutralisation stattfindet. Sind jedoch schwache Säuren und Basen an der Reaktion beteiligt, so finden noch Parallelreaktionen (Assoziationen, Hydratationen, Änderungen des Dissoziationsgrades) statt.

In Tab. 1.63 sind die molaren Neutralisationsenthalpien verschiedener Säuren und Basen aufgelistet.

Tab. 1.63: **Molare Neutralisationswärmen (in kJ mol^{-1}) (c = 0,3 mol/l bei 18 °C)**

Säure	Base	ΔH°	Säure	Base	ΔH°
HCl	NaOH	- 57,53	CH$_3$COOH	NaOH	- 56,07
HNO$_3$	KOH	- 57,40	HCl	NH$_3$(aq)	- 53,22
HNO$_3$	Ca(OH)$_2$	- 58,37	HCN	NH$_3$(aq)	- 5,44
HF	NaOH	- 68,07			

1.11.3 Stärke von Säuren und Basen

1.11.3.1 Säure-Base-Konstanten, Säure-Base-Exponenten

Sowohl Säuren als auch Basen reagieren (protolysieren) mit Wasser, weil Wasser als amphoteres System Protonen anlagern *und* abgeben kann. Gegenüber einer Säure (HA) wirkt Wasser als Base, gegenüber einer Base (B) als Säure. Durch die *Säure-Reaktion mit Wasser* wird eine Säure in ihre korrespondierende Base und Hydroxonium-Ionen umgewandelt; durch eine *Base-Reaktion mit Wasser* wird eine Base in ihre konjugierte Säure und Hydroxid-Ionen übergeführt [vgl. **MC-Frage Nr. 648**].

Wie bei allen Protonenübertragungsreaktionen handelt es sich hierbei um typische **Gleichgewichtsreaktionen**, auf die das Massenwirkungsgesetz angewendet werden kann. Nach den Regeln für verdünnte Lösungen wird die Aktivität des Solvens Wasser gleich 1 gesetzt und seine als konstant zu betrachtende Konzentration in die Gleichgewichtskonstante einbezogen.

Reaktion einer Säure mit Wasser	Reaktion einer Base mit Wasser
$HA + H_2O \rightleftharpoons H_3O^+ + A^-$	$B + H_2O \rightleftharpoons BH^+ + HO^-$
$K_S = \dfrac{[H_3O^+] \cdot [A^-]}{[HA]}$	$K_b = \dfrac{[BH^+] \cdot [HO^-]}{[B]}$

Die Gleichgewichtskonstante (K_S oder K_a) heisst **Säuredissoziationskonstante** (kurz **Säurekonstante** oder Dissoziationskonstante), die Konstante (K_b) wird als **Basenkonstante** bezeichnet. Sie charakterisieren die Stärke einer Säure bzw. einer Base. Ist z. B. der K_S-Wert > 1, so reagiert die Säure zu mehr als 50% mit Wasser; in diesen Lösungen überwiegen die H_3O^+- und A^--Ionen. Sehr starke Säuren (K_S >100) reagieren mit Wasser praktisch zu 100%. Hier stellt das H_3O^+-Ion die eigentliche Säure dar. Analoge Überlegungen lassen sich auch für die Base-Reaktion mit Wasser anstellen.

Starke Säuren (Basen) besitzen eine große Säurekonstante (Basenkonstante) von K_a > 10, schwache Säuren (Basen) haben kleine Gleichgewichtskonstanten.

Für Berechnungen verwendet man häufig die logarithmischen Größen der Gleichgewichtskonstanten. Es gilt:

$$pK_S = - \log K_S \quad | \quad pK_b = - \log K_b$$

Die zu K_S und K_b gehörenden **Gleichgewichtsexponenten** werden als **Säureexponent** (pK_S oder pK_a) und **Basenexponent** (pK_b) bezeichnet. Der K_S-Wert einer Säure und der K_b-Wert ihrer konjugierten Base hängen im Lösungsmittel Wasser in einfacher Weise voneinander ab [vgl. auch **MC-Fragen Nr. 667, 668, 670, 1436**]:

$$K_s \cdot K_b = K_w = 10^{-14}$$

$$pK_s + pK_b = pK_w = 14$$

Starke Säuren (Basen) besitzen kleine pK_s (pK_b)-Werte, schwache Säuren (Basen) haben hingegen große Gleichgewichtsexponenten. Bei einem korrespondierenden Säure-Base-Paar addieren sich Säure- und Basenexponent zum Wert $pK_W = 14$.

Danach ergibt sich z. B. aus dem Säureexponenten der Essigsäure [CH_3COOH] ($pK_s = 4,75$) der Basenexponent des Acetats [CH_3COO^-] zu $pK_b = 14 - 4,75 = 9,25$.

Wie Tab. 1.64 zeigt, erlauben die Gleichgewichtsexponenten der Säure- oder Base-Reaktion mit Wasser eine Klassifizierung von Säuren und Basen aufgrund ihrer **Acidität** bzw. **Basizität**.

Entsprechend der Beziehung ($pK_s + pK_b = 14$) gilt für korrespondierende Säure-Base-Paare: *Je stärker eine Säure (Base) ist, desto schwächer ist ihre konjugierte Base (Säure).* In Tab. 1.65 ist diese Aussage nochmals in detaillierter Form wiedergegeben.

In Tab. 1.66 (Seite 274) sind die pK_s-und pK_b-Werte einiger konjugierter Säure-Base-Paare zusammengestellt [vgl. **MC-Fragen Nr. 657–663, 1328, 1722, 1781, 1907**]. Danach sind die **Mineralsäuren** [HI, HBr, HCl, H_2SO_4, HNO_3] typische

Tab. 1.64: **Einteilung von Säuren und Basen aufgrund ihrer Säurestärke bzw. Basenstärke**

1.	Sehr starke	Säuren und Basen:	$pK_a < 0$
2.	Starke	Säuren und Basen:	$pK_a = 0 - 4,5$
3.	Schwache	Säuren und Basen:	$pK_a = 4,5 - 9,5$
4.	Sehr schwache	Säuren und Basen:	$pK_a = 9,5 - 14$
5.	Überaus schwache	Säuren und Basen:	$pK_a = > 14$

Tab. 1.65: **Acidität und Basizität korrespondierender Säure-Base-Paare**

1. Ist eine Säure (Base) sehr stark, so ist die korrespondierende Base (Säure) überaus schwach.
2. Ist eine Säure (Base) stark, so ist die korrespondierende Base (Säure) sehr schwach.
3. Ist eine Säure (Base) schwach, so ist die korrespondierende Base (Säure) schwach.
4. Ist eine Säure (Base) sehr schwach, so ist die korrespondierende Base (Säure) stark.
5. Ist eine Säure (Base) überaus schwach, so ist die korrespondierende Base (Säure) sehr stark.

Tab. 1.66: Säure-Base-Exponenten korrespondierender Säure-Base-Paare

pK_s	Säuren		Basen	pK_b
-9	$HClO_4$	Perchlorsäure	ClO_4^-	23
-8	HI	Iodwasserstoffsäure	I^-	22
-6	HBr	Bromwasserstoffsäure	Br^-	20
-3	HCl	Chlorwasserstoffsäure	Cl^-	17
-3	H_2SO_4	Schwefelsäure	HSO_4^-	17
-1,74	H_3O^+	Hydroxonium-Ion	H_2O	15,74
-1,32	HNO_3	Salpetersäure	NO_3^-	15,32
0	$HClO_3$	Chlorsäure	ClO_3^-	14
1,42	$H_2C_2O_4$	Oxalsäure	$HC_2O_4^-$	12,58
1,92	HSO_4^-	Hydrogensulfat-Ion	SO_4^{2-}	12,08
1,96	H_3PO_4	Phosphorsäure	$H_2PO_4^-$	12,04
2,30	H_3AsO_4	Arsensäure	$H_2AsO_4^-$	11,70
3,14	HF	Fluorwasserstoffsäure	F^-	10,86
3,35	HNO_2	Salpetrige Säure	NO_2^-	10,65
3,70	$HCOOH$	Ameisensäure	$HCOO^-$	10,30
4,21	$HC_2O_4^-$	Monooxalat-Ion	$C_2O_4^{2-}$	9,79
4,74	CH_3COOH	Essigsäure	CH_3COO^-	9,26
6,46	CO_2/H_2O	Kohlensäure	HCO_3^-	7,54
6,92	H_2S	Schwefelwasserstoff	HS^-	7,08
7,12	$H_2PO_4^-$	Dihydrogenphosphat-Ion	HPO_4^{2-}	6,88
7,25	$HOCl$	Hypochlorige Säure	ClO^-	6,75
9,23	H_3AsO_3	Arsenige Säure	$H_2AsO_3^-$	4,77
9,24	H_3BO_3	Borsäure	$B(OH)_4^-$	4,76
9,25	NH_4^+	Ammonium-Ion	NH_3	4,75
9,40	HCN	Cyanwasserstoff	CN^-	4,60
10,00	H_4SiO_4	Kieselsäure	$H_3SiO_4^-$	4,00
10,40	HCO_3^-	Hydrogencarbonat-Ion	CO_3^{2-}	3,60
10,60	HOI	Hypoiodsäure	IO^-	3,40
11,62	H_2O_2	Wasserstoffperoxid	HO_2^-	3,38
12,32	HPO_4^{2-}	Hydrogenphosphat-Ion	PO_4^{3-}	1,68
13,00	HS^-	Hydrogensulfid-Ion	S^{2-}	1,00
15,74	H_2O	Wasser	HO^-	- 1,74
23	NH_3	Ammoniak	NH_2^-	- 9
24	HO^-	Hydroxid-Ion	O^{2-}	-10
34	CH_4	Methan	CH_3^-	-20
38,60	H_2	Wasserstoff	H^-	-24,60

Vertreter der sehr starken Säuren. Sehr starke Basen sind die löslichen **Alkali-** und **Erdalkalihydroxide** [NaOH, KOH, Ba(OH)$_2$]. Essigsäure (CH$_3$COOH) – eine **Carbonsäure** – ist eine schwache Säure, Ammoniak (NH$_3$) eine typische schwache Base. Wasser ist gleichzeitig eine überaus schwache Säure und eine überaus schwache Base.

1.11.3.2 Mehrwertige Säuren und Basen

Mehrbasige (mehrprotonige) Säuren übertragen ihre Protonen *schrittweise*. Für jede einzelne Protolysestufe gibt es eine Säurekonstante bzw. einen Säureexponenten. Dies soll am Beispiel der **Phosphorsäure** (H_3PO_4) näher erläutert werden [vgl. **MC-Fragen Nr. 666, 1517**].

$$H_3PO_4 + H_2O \rightleftharpoons H_3O^+ + H_2PO_4^- \qquad K_{s1} = \frac{[H_3O^+] \cdot [H_2PO_4^-]}{[H_3PO_4]}$$

$$pK_{s1} = 1,96$$

$$H_2PO_4^- + H_2O \rightleftharpoons H_3O^+ + HPO_4^{2-} \qquad K_{s2} = \frac{[H_3O^+] \cdot [HPO_4^{2-}]}{[H_2PO_4^-]}$$

$$pK_{s2} = 7,21$$

$$HPO_4^{2-} + H_2O \rightleftharpoons H_3O^+ + PO_4^{3-} \qquad K_{s3} = \frac{[H_3O^+] \cdot [PO_4^{3-}]}{[HPO_4^{2-}]}$$

$$pK_{s3} = 12,32$$

Generell gilt für die Gleichgewichtskonstanten bzw. Gleichgewichtsexponenten der Protolyse mehrbasiger Säuren:

$$K_{s1} > K_{s2} > K_{s3} > \dots$$
$$pK_{s1} < pK_{s2} < pK_{s3} < \dots$$

D.h., die Acidität mehrstufig dissoziierender Säuren nimmt mit fortschreitender Protolyse ab. Dies bedeutet, dass die Abspaltung eines zweiten Protons aus einem einwertigen Anion oder die Abtrennung eines weiteren Protons aus einem zweifach negativ geladenen Ion schwieriger ist als die Abspaltung des ersten Protons einer mehrwertigen Säure. Man kennt bis heute keine mehrbasige Säure, die *alle* Protonen vollständig an Wasser übertragen kann. Selbst bei **Schwefelsäure** (H_2SO_4) verläuft nur die erste Dissoziation quantitativ, die zweite dagegen nicht.

Hinsichtlich der *Gesamtreaktion* mehrbasiger Säuren *multiplizieren* sich die jeweiligen *Säurekonstanten* und *addieren* sich die entsprechenden *Säureexponenten*,

$$K_{s\,1,2,3} = K_{s1} \cdot K_{s2} \cdot K_{s3} \text{ bzw. } pK_{s\,1,2,3} = pK_{s1} + pK_{s2} + pK_{s3}$$

Ein Sonderfall ist die **Kohlensäure**. Eine wässrige Lösung von CO_2 reagiert schwach sauer (pH = 4–5). In einer solchen Lösung treten nebeneinander folgende Gleichgewichte auf:

(1) $CO_2 + H_2O \rightleftharpoons (H_2CO_3)$ \qquad $pK_s = 3,16$
(2) $(H_2CO_3) + H_2O \rightleftharpoons H_3O^+ + HCO_3^-$ \qquad $pK_s = 3,30$
(3) $HCO_3^- + H_2O \rightleftharpoons H_3O^+ + CO_3^{2-}$ \qquad $pK_s = 10,40$

Das Gleichgewicht (1) liegt ziemlich stark auf der linken Seite; bei 20 °C liegen etwa 99% des gelösten Kohlendioxids in Form physikalisch gelöster CO_2-Moleküle vor. Die Bildung der Kohlensäure gemäß (1) ist eine Lewis-Säure-Base-Reaktion und verläuft relativ langsam.

$$O = C \overset{\displaystyle O}{\underset{\displaystyle \|}{}} \cdots O \overset{\displaystyle H}{\underset{\displaystyle H}{<}} \; \rightleftharpoons \; \left[O = \overset{\displaystyle O^-}{\underset{\displaystyle H}{\underset{|}{C}}} - \overset{+}{\underset{|}{O}} - H \right] \; \rightleftharpoons \; \left[O = \overset{\displaystyle OH}{\underset{|}{C}} - OH \right]$$

Durch Zusammenfassen der Gleichgewichte (1) und (2) erhält man nun die übliche erste Dissoziationskonstante der Kohlensäure, d. h. die Säurekonstante bezogen auf aufgelöstes CO_2.

$$(4) \quad CO_2 + 2\,H_2O \rightleftharpoons H_3O^+ + HCO_3^- \qquad pK_s = 6{,}46$$

Aufgrund dieser pK_s-Werte zählt die Kohlensäure zu den schwachen zweibasigen Säuren, wirken HCO_3^--Ionen schwach basisch, während das CO_3^{2-}-Ion eine starke Base darstellt. Da entsprechend Gleichung (4) die Konzentration des gelösten CO_2 in den Massenwirkungsquotienten der Dissoziation von Kohlensäure in Wasser eingeht, hängt der pH-Wert einer wässrigen Kohlensäure-Lösung auch vom Druck der angrenzenden Gasphase ab; bei höheren Drücken löst sich mehr CO_2 [vgl. **MC-Fragen Nr. 664, 665, 1327, 1610, 1831**].

1.11.3.3 Nivellierender Effekt des Lösungsmittels Wasser

Sehr starke Säuren ($K_s > 100$) sind in Wasser vollständig dissoziiert. Ihre wässrigen Lösungen enthalten nahezu ausschließlich H_3O^+-Ionen und die konjugierten Basen. In allen verdünnten starken Säuren ist daher das pyramidal gebaute H_3O^+-Ion die eigentliche Säure. Aus diesem Grund sind auch wässrige Lösungen von $HClO_4$, HCl und H_2SO_4 gleicher Konzentration gleich stark sauer [vgl. **MC-Fragen Nr. 645, 649**].

Wasser hat somit einen **nivellierenden Effekt** auf Säuren, die stärker sauer sind als das Hydroxonium-Ion. Da das H_3O^+-Ion einen pK_s-Wert von -1,74 besitzt, reagieren sehr starke Säuren nicht nur quantitativ mit Wasser zu Hydroxonium-Ionen, sondern alle sehr starken Säuren besitzen auch negative pK_s-Werte [vgl. auch **MC-Frage Nr. 669**]. Wegen des nivellierenden Effektes von Wasser müssen zum Vergleich der Säurestärke sehr starker Säuren Lösungen in schwächer basischen Lösungsmitteln (Alkoholen, Eisessig) herangezogen werden. Säuren, die schwächer sind als das H_3O^+-Ion, werden in Wasser *nicht* nivelliert. Wasser nivelliert auch **Basen**. Die Basizität sehr starker Basen [H^-, N_3^-, NH_2^-, O^{2-}, RO^-] wird dabei auf den Niveau des Hydroxid-Ions (HO^-) abgesenkt. Solche Substanzen reagieren vollständig mit Wasser und bilden HO^--Ionen; Lösungen mit äquimolaren Mengen dieser Anionen besitzen daher den gleichen pH-Wert [vgl. **MC-Fragen Nr. 1753, 1874**].

$$O^{2-} + H_2O \longrightarrow 2\,HO^-; \quad NH_2^- + H_2O \longrightarrow NH_3 + HO^-$$

$$CH_3O^- + H_2O \longrightarrow CH_3OH + HO^- \quad ; \quad H^- + H_2O \longrightarrow H_2 + HO^-$$

Dies alles ist Ausdruck der Tatsache, dass das H_3O^+-Ion und das HO^--Ion die *stärkste stabile* Säure bzw. Base darstellt, die in wässrigen Lösungen in höheren Konzentrationen auftreten kann. Auch andere Lösungsmittel zeigen nivellierende Effekte (vgl. Kap. 1.11.4.1).

1.11.3.4 Dissoziationsgrad, Ostwaldsches Verdünnungsgesetz

(vgl. auch Kap. 1.8.9)

Die Stärke einer Säure oder Base kann auch durch ihren **Dissoziationsgrad (α)** charakterisiert werden. Als Dissoziationsgrad (**Protolysegrad**) bezeichnet man das Verhältnis der Konzentrationen der protolysierten Säure-Base-Teilchen zur Gesamtkonzentration des Elektrolyten vor der Protonenübertragung.

$$\alpha = \frac{\text{Konzentration der protolysierten Teilchen}}{\text{Gesamtkonzentration des gelösten Elektrolyten vor der Protolyse}}$$

Starke Säuren oder Basen sind vollständig dissoziiert; ihr α-Wert ist 1. Bei schwachen Elektrolyten mit unvollständiger Dissoziation stehen gelöste Moleküle im Gleichgewicht mit solvatisierten Ionen; ihr Dissoziationsgrad ist kleiner 1.

Bezeichnet man die Gesamtkonzentration des Elektrolyten vor der Protolyse mit C, so ergibt sich aufgrund der Definition von α für die Säure-Base-Reaktion mit Wasser:

$$HA + H_2O \rightleftharpoons H_3O^+ + A^-$$

$$\alpha = \frac{C - [HA]}{C} = \frac{[A^-]}{C} = \frac{[H_3O^+]}{C}$$

$$[H_3O^+] = [A^-] = \alpha \cdot C$$
$$[HA] = C - \alpha \cdot C = C \cdot (1 - \alpha)$$

$$B + H_2O \rightleftharpoons BH^+ + HO^-$$

$$\alpha = \frac{C - [B]}{C} = \frac{[BH^+]}{C} = \frac{[HO^-]}{C}$$

$$[BH^+] = [HO^-] = \alpha \cdot C$$
$$[B] = C - \alpha \cdot C = C \cdot (1 - \alpha)$$

Bei der Reaktion einer schwachen Säure mit Wasser ist die Konzentration der dissoziierten Moleküle gleich ($\alpha \cdot C$). Durch Protolyse entstehen ($\alpha \cdot C$) H_3O^+-Ionen und aus Elektroneutralitätsgründen (αC) Anionen. Im Gleichgewicht liegen noch ($C - \alpha \cdot C$) unveränderte HA Moleküle vor. Analoge Überlegungen lassen sich auch für die Reaktion einer schwachen Base mit Wasser anstellen. Führt man die Definitionen für den Protolysegrad in die MWG-Gleichungen ein,

$$K_s = \frac{[H_3O^+] \cdot [A^-]}{[HA]} \qquad \text{bzw.} \qquad K_b = \frac{[BH^+] \cdot [HO^-]}{[B]}$$

so erhält man:

$$K_{s(b)} = C \cdot \frac{\alpha^2}{1-\alpha} \quad \text{(Ostwaldsches Verdünnungsgesetz)}$$

Mit zunehmender Verdünnung strebt α gegen 1. D.h., die Zahl der protolysierten Teilchen nähert sich der Zahl der Teilchen vor der Protolyse. Bei **schwachen Säuren und Basen** ist α jedoch sehr klein; man kann deshalb im Nenner ohne wesentlichen Fehler α gegenüber 1 vernachlässigen $[(1 - \alpha) \sim 1]$. Damit wird:

$$\alpha = \sqrt{\frac{K_{s(b)}}{C}}$$

* *Man erkennt, dass der Dissoziationsgrad (α) mit abnehmender Gesamtkonzentration (C) (zunehmender Verdünnung) und steigender Acidität (Basizität) des schwachen Elektrolyten größer wird* [vgl. **MC-Fragen Nr. 668, 671–673, 1905**].

Für eine Säure-Base-Reaktion mit Wasser gelten dieselben Gesetzmäßigkeiten wie für die elektrolytische Dissoziation. Daher wird die Säure-Reaktion durch den Zusatz der konjugierten Base und die Base-Reaktion durch Zugabe der korrespondierenden Säure in der gleichen Weise beeinflusst wie die elektrolytische Dissoziation eines Salzes durch den Zusatz eines Dissoziationsproduktes.

Ist die Gleichgewichtskonstante (K_a) sehr groß, so hat dies praktisch *keinen* Einfluss auf die Säure-Base-Reaktion in wässriger Lösung; ist K dagegen klein, so wird die *Dissoziation* der betreffenden Säure oder Base *zurückgedrängt*.

Die Säure-Reaktion von HCl ($K_s = 10^3$) mit Wasser wird deshalb durch die korr. Base Chlorid (Cl⁻), z. B. durch Zusatz von NaCl, nicht beeinflusst. Demgegenüber besteht ein starker Einfluss auf die Dissoziation der Essigsäure ($K_s \sim 10^{-5}$) bei Zugabe von Natriumacetat oder auf die Base-Reaktion des Ammoniaks ($K_b \sim 10^{-5}$) mit Wasser nach Zusatz von NH₄Cl (**Abstumpfen von Lösungen**).

Sind in einer wässrigen Lösung *zwei Säuren (Basen)* enthalten, so beeinflussen sie gegenseitig ihre Dissoziation, weil der Zusatz der zweiten Säure (Base) zu einer sauren oder alkalischen Lösung die Zugabe von H₃O⁺- bzw. HO⁻-Ionen bedeutet. Generell gilt, dass die Säure (Base) mit der größeren Säurekonstante (Basenkonstante) diejenige mit dem kleineren K_a-Wert stärker beeinflusst als umgekehrt. Auf die Dissoziation der Essigsäure wirkt sich deshalb ein Zusatz von HCl in gleicher Weise aus wie die Zugabe von Natriumacetat; in beiden Fällen wird die Dissoziation zurückgedrängt. Daraus kann man folgern, dass *starke Säuren (Basen) schwächere Säuren (Basen) aus ihren Salzen in Freiheit setzen.*

$$CH_3COO^- Na^+ + HCl \rightleftharpoons CH_3COOH + Na^+Cl^-$$
$$NH_4^+Cl^- + NaOH \rightleftharpoons NH_3 + Na^+Cl^- + H_2O$$

1.11.3.5 Säure-Base-Gleichgewichte

Protonenübertragungen (Protolysen) gehören zu den *schnellsten* chemischen Reaktionen. Ihre Geschwindigkeiten bewegen sich in der Größenordnung von 10^{11} mol/l · s, d. h. in Größenordnungen, wie sie zu erwarten sind, wenn jeder Zusammenstoß zweier Teilchen in einer Lösung zu einer Umsetzung führt. Daher ist es nicht verwunderlich, dass *einfache Protonenübertragungsreaktionen ohne Aktivierungsenergie verlaufen.*

An jedem **Säure-Base-Gleichgewicht** sind zwei korrespondierende Säure-Base-Paare (HA/A und B/BH$^+$) beteiligt.

$$HA + B \rightleftharpoons BH^+ + A^-$$

Die Lage des Gleichgewichts, d. h. die *Größe der Gleichgewichtskonstanten* (K) hängt von der Stärke der Säure (HA) und der Stärke der Base (B) ab. **Je stärker die Säure (HA) und die Base (B) sind, umso größer wird K** und desto ausgeprägter ist das Gleichgewicht auf die Seite von BH$^+$ und A$^-$ verschoben. Ist aber BH$^+$ die stärkere Säure und A$^-$ die stärkere Base, so wird K $<$ 1 und das Gleichgewicht liegt weitgehend auf der Seite der Ausgangsstoffe. **Die Lage des Gleichgewichts begünstigt also die Bildung der schwächeren Säure und der schwächeren Base.**

Die Stärke einer Säure oder Base wird durch ihren pK-Wert charakterisiert. Man kann deshalb den pK-Wert irgendeiner Protolysereaktion aus den pK$_s$-Werten der beiden daran beteiligten Säure-Base-Paare bestimmen. Für eine Reaktion der allgemeinen Form [HA + B $\rightleftharpoons$ BH$^+$ + A$^-$] gilt:

$$pK = pK_s(HA) - pK_s(BH^+)$$

Ist die Differenz der pK$_s$-Werte *negativ*, so ist die Gleichgewichtskonstante K größer 1. D. h., die betreffende Reaktion ist *exergonisch* und läuft zu mehr als 50% nach rechts ab. Ist hingegen die Differenz positiv, so ist K $<$ 1 und im Gleichgewichtszustand überwiegen die Ausgangsstoffe.

Ein Beispiel hierfür ist die Freisetzung von Essigsäure (CH$_3$COOH) aus ihren Salzen durch Verreiben mit Kaliumhydrogensulfat (KHSO$_4$), einem gebräuchlichen analytischen Nachweis von Acetaten [vgl. **MC-Frage Nr. 656**].

$$HSO_4^- + CH_3COO^- \rightarrow CH_3COOH + SO_4^{2-}$$
$$pK = pK_s(HSO_4^-) - pK_s(CH_3COOH) = 1{,}92 - 4{,}74 = -\mathbf{2{,}82}$$

Bezüglich der **Energiediagramme** von Säure-Base-Reaktionen siehe Kap. 1.13.4.1.

1.11.3.6 Acidität und Molekülstruktur

Säurestärke binärer Nichtmetall-Wasserstoffverbindungen: In Tab. 1.67 sind die pK$_s$-Werte einiger Element-Wasserstoffverbindungen (X-H) aufgelistet.

Tab. 1.67: pK$_s$-Werte binärer Hydride

CH$_4$	34	NH$_3$	23	H$_2$O	15,74	HF	3,14
		PH$_3$	20	H$_2$S	6,92	HCl	-3
				H$_2$Se	3,77	HBr	-6
				H$_2$Te	2,64	HI	-8

Zwei Faktoren bestimmen die Acidität **binärer Hydride**. Wie Tab. 1.67 zeigt, steigt die Stärke der Elementwasserstoffsäuren innerhalb einer *Periode* des PSE von links nach rechts in dem Maße an, wie die *Elektronegativität* des Elements und damit die *Polarität* der X-H-Bindung zunimmt.

$$CH_4 < NH_3 < H_2O < HF$$

Innerhalb einer Gruppe nimmt die Säurestärke mit wachsender *Atomgröße*, d. h. abnehmender *Bindungsenergie* der X-H-Bindung zu. Dieser zweite Faktor, die Atomgröße, ist generell von größerer Bedeutung für die Säurestärke der binären Hydride als die Elektronegativität [vgl. **MC-Fragen Nr. 650–652, 1291, 1645**].

$$HF < HCl < HBr < HI$$
$$H_2O < H_2S < H_2Se < H_2Te$$

Iodwasserstoffsäure (HI) ist demzufolge die stärkste Elementwasserstoffsäure.

Säurestärke von Nichtmetall-Sauerstoffsäuren: Wie Tab. 1.68 ausweist, lassen sich **Oxosäuren** der allgemeinen Formel $XO_n(OH)_m$ hinsichtlich ihrer Acidität in vier verschiedene Gruppen unterteilen.

Die Stärke von Sauerstoffsäuren lässt sich mit folgenden Regeln leicht abschätzen:

* *Die Säurekonstanten aufeinanderfolgender Dissoziationsstufen K_{s1}, K_{s2}, K_{s3} ... mehrbasiger Oxosäuren stehen zueinander im Verhältnis von $1 : 10^{-5} : 10^{-10}$.*

Tab. 1.68: pK$_s$-Werte von Sauerstoffsäuren

$X(OH)_m$		$XO(OH)_m$		$XO_2(OH)_m$		$XO_3(OH)_m$	
$Cl(OH)$	7,25	$NO(OH)$	3,35	$NO_2(OH)$	-1,32	$ClO_3(OH)$	-9
$Br(OH)$	8,68	$ClO(OH)$	2,0	$ClO_2(OH)$	0		
$I(OH)$	10,6	$CO(OH)_2$	3,3	$IO_2(OH)$	0,8		
$B(OH)_3$	9,24	$SO(OH)_2$	1,96	$SO_2(OH)_2$	-3		
$Si(OH)_4$	10,0	$TeO(OH)_2$	2,7	$SeO_2(OH)_2$	-3		
$Te(OH)_6$	7,7	$PO(OH)_3$	1,96				
$As(OH)_3$	9,23	$AsO(OH)_3$	2,32				
		$IO(OH)_5$	1,64				
		$HPO(OH)_2$	1,8 *				
		$H_2PO(OH)$	2,0 *				

*) **Phosphorige Säure** (H_3PO_3) und **Hypophosphorige Säure** (H_3PO_2) besitzen folgende Strukturen:

$$\begin{array}{cc} O & O \\ \| & \| \\ H-P-OH & H-P-H \\ | & | \\ OH & OH \end{array}$$

Die direkt an das Phosphoratom gebundenen Wasserstoffatome werden für die Berechnung von n in der allgemeinen Formel $[XO_n(OH)_m]$ *nicht* mitgezählt.

Dies belegen beispielsweise die Dissoziationskonstanten der **Phosphorsäure** (H_3PO_4) und der **Schwefligen Säure** (H_2SO_3).

$K_{s1}(H_3PO_4) = 7{,}5 \cdot 10^{-3}$ mol/l	$K_{s1}(H_2SO_3) = 1{,}5 \cdot 10^{-2}$ mol/l
$K_{s2}(H_2PO_4^-) = 6{,}2 \cdot 10^{-8}$ mol/l	$K_{s2}(HSO_3^-) = 1{,}0 \cdot 10^{-7}$ mol/l
$K_{s3}(HPO_4^{2-}) = 6{,}2 \cdot 10^{-12}$ mol/l	

* *Der Wert der 1. Säurekonstanten einer Oxosäure der allgemeinen Formel [$XO_n(OH)_m$] hängt vom Zahlenwert von n ab. Bei n = 0, die Säure enthält dann nicht mehr O-Atome als H-Atome, handelt es sich um eine sehr schwache Säure mit einem K_{s1}-Wert von ca. 10^{-7}mol/l. Für n = 1 ist die Säure schwach; der K_{s1}-Wert beträgt dann etwa 10^{-2} mol/l. Säuren mit n = 2 (K_{s1} ~ 10^3 mol/l) und n = 3 (K_{s1} ~ 10^8 mol/l) sind stark bzw. sehr stark. Es fällt auf, dass auch hier der Faktor 10^5 auftritt.*

Offensichtlich besteht ein Zusammenhang zwischen der Acidität einer Oxosäure und ihrer Molekülstruktur: **Sauerstoffsäuren sind um so acider, je weniger H-Atome und je mehr O-Atome sie enthalten.** Perchlorsäure ($HClO_4$) ist deshalb die *stärkste* Sauerstoffsäure [vgl. **MC-Fragen Nr. 653–656, 1029, 1479, 1882**].

$$HClO_4 > HClO_3 > HClO_2 > HClO$$
$$HClO_4 > H_2SO_4 > H_3PO_4 > H_4SiO_4$$

Die im Vergleich zu Wasser (H-OH) erhöhte Säurestärke der **Hypochlorigen Säure** (Cl-OH) kann auf den elektronenanziehenden Effekt (**-I-Effekt**) des elektronegativen Cl-Atoms zurückgeführt werden, weil dadurch die Polarität der H-O-Bindung verstärkt und die Ablösung des Protons erleichtert wird.

Säure:	H $\longrightarrow$ O $\longleftarrow$ [H	Cl $\longleftarrow$ O $\longleftarrow$ [H
pK$_s$:	15,74	7,25

Die starke Zunahme der Acidität in der Reihe

Säure:	**HO-Cl**	**HO-ClO**	**HO-ClO$_2$**	**HO-ClO$_3$**
pK$_s$:	7,25	2	0	-9

beruht sicherlich auch auf dem -I-Effekt, den die mit dem Cl-Atom verbundenen O-Atome ausüben, z.T. aber auch darauf, dass als Folge der stärker symmetrischen Ladungsverteilung die Stabilität der konjugierten Base dieser Säuren, d. h. des ClO^--, ClO_2^--, ClO_3^-- und ClO_4^--Anions, mit wachsender Oxidationsstufe des Chlors deutlich zunimmt. Das mesomeriestabilisierte **Perchlorat-Ion** (ClO_4^-) ist eine extrem schwache und stabile Base; die Protonenabgabe der Perchlorsäure geschieht daher stark exergonisch.

In den Reihen

$$H_4SiO_4 < H_3PO_4 < H_2SO_4 < HClO_4$$
$$HOI < HOBr < HOCl$$

steigt die Acidität mit zunehmender Elektronegativität des Nichtmetallatoms, wodurch die Polarität die H-O-Bindung stark erhöht wird. Die von links nach rechts zunehmende Acidität korreliert mit einer Abnahme der Stabilität der freien Säuren, während umgekehrt die Stabilität der korr. Basen ($H_3SiO_4^-$, $H_2PO_4^-$, HSO_4^-, ClO_4^-) in der gleichen Richtung zunimmt.

1.11.3.7 pH-Wert wässriger Lösungen starker Säuren

(vgl. auch Ehlers, **Analytik II**, Kap. 6.1.1)

Eine **starke Säure** reagiert praktisch vollständig mit Wasser. Die Konzentration an Protonen ist gleich der Gesamtkonzentration (C_s) der Säure. Der pH-Wert entspricht dann dem negativen dekadischen Logarithmus der Gesamtkonzentration dieser Säure.

$$pH = - \log [H_3O^+] = - \log C_s$$

Berechnungen (in Klammer Nr. der MC-Frage)
[674] **Gegeben:** $C_s(HCl) = 0,1$ M $= 10^{-1}$ M
    Aktivitätskoeffizient f = 0,1
  Gesucht: pH-Wert?
  Berechnung: $a_{H_3O^+} = f \cdot C_{H_3O^+} = 0,1 \cdot 0,1 = 0,01$
    $pH = -\log a_{H_3O^+} = -\log 10^{-2} =$ **2**
[1491] Wird eine 0,01 M-HCl-Lösung auf das 10^{-8}fache verdünnt, so ist deren hypothetische Protonenkonzentration geringer als diejenige, die in reinem Wasser (10^{-7} M) durch Autoprotolyse vorhanden wäre. Die verdünnte Lösung zeigt somit einen **pH von 7** an.
[1588] Eine 0,01 (10^{-2}) M-HCl-Lösung hat einen pH-Wert von 2. Verdünnt man diese Lösung um den **Faktor 100** auf 0,001 (10^{-4}) M, so zeigt die resultierende Lösung einen: $pH = - \log a_{H_3O^+} = - \log 10^{-4} =$ **4**.

1.11.3.8 pH-Wert wässriger Lösungen starker Basen

Für den pOH-Wert starker Basen gilt ($pOH = - \log [HO^-] = - \log C_b$), wobei C_b die Gesamtkonzentration der starken Base darstellt. Mit [pH = 14 – pOH] ergibt sich daraus für den pH-Wert wässriger Lösungen **starker Basen**:

$$pH = 14 + \log C_b$$

Berechnungen (in Klammer Nr. der MC-Frage)
[676] **Gegeben:** C_b (NaOH) $= 10^{-6}$ M
  Gesucht: pH-Wert?
  Berechnung: $pH = 14 + \log [HO^-] = 14 + \log 10^{-6} = 14 - 6 =$ **8**

[680] Für reines Wasser gilt (pH = pOH = 7) und ($[H_3O^+]$ = $[HO^-]$ = 10^{-7} mol/l). In einer 10^{-9} M-NaOH-Lösung ist rein rechnerisch die Konzentration an HO^--Ionen gleich 10^{-9}. Diese hypothetische Hydroxid-Ionenkonzentration ist also geringer, als die durch die Autoprolyse des reinen Wassers vorhandene. Folglich kann gegenüber reinem Wasser keine pH-Verschiebung auftreten.

1.11.3.9 pH-Wert wässriger Lösungen schwacher Säuren

Schwache Säuren sind nur in geringem Umfang protolysiert. Das Gleichgewicht [HA + H_2O $\rightleftharpoons$ H_3O^+ + A^-] der Protolysereaktion mit Wasser liegt weitgehend auf der linken Seite.

Aus Elektroneutralitätsgründen ist $[H_3O^+]$ = $[A^-]$, und die Konzentration an undissoziierter Säure [HA] ist annähernd gleich der Gesamtkonzentration (C_s) der schwachen Säure. Somit gilt für die Säurekonstante bzw. daraus abgeleitet für die Hydroxonium-Ionenkonzentration:

$$K_s = \frac{[H_3O^+] \cdot [A^-]}{[HA]} = \frac{[H_3O^+]^2}{C_s} \quad \text{bzw.} \quad [H_3O^+] = \sqrt{K_s \cdot C_s}$$

Durch Umformung dieser Gleichung erhält man für den pH-Wert:

$$\begin{aligned}
\textbf{pH} &= \textbf{1/2} \cdot \textbf{(pK}_s \textbf{ - log C}_s\textbf{) = 1/2 pK}_s \textbf{ - 1/2 log C}_s \\
&= \textbf{1/2 pK}_w \textbf{ - 1/2 pK}_b \textbf{ - 1/2 log C}_s \\
&= \textbf{7 - 1/2 pK}_b \textbf{ - 1/2 log C}_s
\end{aligned}$$

Hierin entspricht pK_s dem Säureexponenten der Säure (HA) und pK_b ist der Basenexponent der zur Säure (HA) korr. Base (A^-).

Berechnungen (in Klammer Nr. der MC-Frage)
[677] **Gegeben:** $C_s(CH_3COOH)$ = 10^{-1} M ; $pK_s(CH_3COOH)$ = 4,8
       Gesucht: pH-Wert?
       Berechnung: **pH** = 1/2 pK_s – 1/2 log C_s = 1/2 · 4,8 – 1/2 log 10^{-1}
                2,4 + 0,5 = **2,9**
[673] **Gegeben:** $C_s(HOAc)$ = 1 N, nach Verdünnen auf das 10fache
                     $C_s(HOAc)$ = 0,1 N
       Gesucht: pH-Wert der Lösung?
       Berechnung: Siehe Aufgabe Nr. **677**
[1399] **Gegeben:** $C_s(HCOOH)$ = 0,01 M; $pK_s(HCOOH)$ = 3,8
       Gesucht: pH-Wert der Lösung?
       Berechnung: pH = 1/2 pK_s – 1/2 log C_s = 1/2 · 3,8 – 1/2 log 10^{-2} = 1,9 + 1,0 =
                  2,9

1.11.3.10 pH-Wert wässriger Lösungen schwacher Basen

Die Berechnung des pOH-Wertes einer **schwachen Base** erfolgt analog der Berechnung des pH-Wertes einer schwachen Säure, wobei C_b der Gesamtkonzentration der gelösten Base entspricht.

$$pOH = 1/2 \; pK_b - 1/2 \; \log C_b$$

Daraus folgt für den pH-Wert:

$$
\begin{aligned}
\textbf{pH} &= \textbf{14 - 1/2 pK}_b + \textbf{1/2 log C}_b \\
&= \textbf{1/2 pK}_w + \textbf{1/2 pK}_s + \textbf{1/2 log C}_b \\
&= \textbf{7 + 1/2 pK}_s + \textbf{1/2 log C}_b
\end{aligned}
$$

Hierin ist pK_s der Säureexponent der zu schwachen Base korrespondierenden Säure.

Berechnungen (in Klammer Nr. der MC-Frage)

[675] **Gegeben:** $C_b \, (NH_3) = 0,01 \, M = 10^{-2} \, M \; (pK_s = 9,25)$
　　　　 Gesucht: pH-Wert?
　　　　 Berechnung: $\textbf{pH} = 7 + 1/2 \; pK_s + 1/2 \; \log C_b$
　　　　　　　　　　 $= 7 + 1/2 \cdot 9,25 + 1/2 \; \log 10^{-2}$
　　　　　　　　　　 $\sim 7 + 4,6 - 1,0 = \textbf{10,6}$

[678] **Gegeben:** $C_b \, (NH_3) = 10 \, M \; (pK_b = 4,75)$
　　　　 Gesucht: pH-Wert?
　　　　 Berechnung: $\textbf{pH} = 14 - 1/2 \; pK_b + 1/2 \; \log C_b$
　　　　　　　　　　 $= 14 - 1/2 \cdot 4,75 + 1/2 \; \log 10$
　　　　　　　　　　 $\sim 14 - 2,4 + 0,5 = \textbf{12,1}$

[1312] **Gegeben:** $C_b(NH_3) = 0,1 \, M; \; pK_b(NH_3) = 5$
　　　　 Gesucht: pH-Wert?
　　　　 Berechnung: $pH = 14 - 1/2 \; pK_b + 1/2 \; \log C_b = 14 - 1/2 \cdot 5 + 1/2 \; \log 10^{-1}$
　　　　　　　　　　 $= 14 - 2,5 - 0,5 = \textbf{11}$

1.11.3.11 Protolysereaktionen beim Lösen von Salzen

Ganz allgemein gilt die Regel, dass sehr starke Säuren und Basen auf der normalen pH-Skala von 0 bis 14 nicht beständig sind und nivelliert werden. Überaus schwache Säuren und Basen sind dagegen über den gesamten pH-Bereich stabil und protolysieren nicht.

Die meisten *Anionen* von Salzen sind nun mehr oder weniger stark *basisch*; viele *Kationen*, wie das Ammoniumion (NH_4^+) oder hydratisierte, mehrfach positiv geladene Metallionen (Al^{3+}, Fe^{3+}) wirken stark *sauer*, wobei die Acidität von **Kationsäuren** wie $[Al(H_2O)_6]^{3+}$ oder $[Fe(H_2O)_6]^{3+}$ vom Radius des Kations abhängt. Lösungen solcher *hydratisierten Metallionen* reagieren umso stärker sauer, je geringer der Radius und je höher geladen das Metallion ist [vgl. **MC-Frage Nr. 1705**].

Beim *Lösen von Salzen*, die *saure* oder *basische Ionen* enthalten, muss deshalb eine Protolyse eintreten; es entstehen H_3O^+- oder HO^--Ionen, so dass die wässrigen Lösungen solcher Salze *nicht neutral* reagieren (pH ≠ 7). Enthält ein Salz basische und saure Ionen, so kann auch zwischen den Ionen des Salzes ein Protonen-

Tab. 1.69: Existenzgebiete von Säuren und Basen auf der normalen pH-Skala

Säuren	$\rightleftharpoons$	Basen		
$[Na(H_2O)_6]^+$	$\rightleftharpoons$	$[Na(OH)(H_2O)_5] + H^+$	pK_s =	24
H_3PO_4	$\rightleftharpoons$	$H_2PO_4^- + H^+$	pK_s =	1,96
$H_2PO_4^-$	$\rightleftharpoons$	$HPO_4^{2-} + H^+$	pK_s =	7,12
HPO_4^{2-}	$\rightleftharpoons$	$PO_4^{3-} + H^+$	pK_s =	12,30
H_2S	$\rightleftharpoons$	$HS^- + H^+$	pK_s =	6,92
HS^-	$\rightleftharpoons$	$S^{2-} + H^+$	pK_s =	12,92
$HClO_4$	$\rightleftharpoons$	$ClO_4^- + H^+$	pK_s =	-9

übergang stattfinden. Das betreffende Salz ist dann in wässriger Lösung unbeständig oder überhaupt nicht mehr existenzfähig.

Der **Säureexponent** (pK_s) trennt nun die pH-Bereiche, in denen überwiegend eine Säure (Base) oder ihre konjugierte Base (Säure) beständig sind. In Tab. 1.69 sind die pK_s-Werte sowie die Stabilitätsbereiche einiger korrespondierender Säure-Base-Paare aufgelistet.

Aufgrund der vorher genannten Stabilitätsbeziehungen kann man nun leicht angeben, ob die wässrige Lösung eines Salzes sauer, alkalisch oder neutral reagiert.

[A] Salze aus einer starken Säure mit einer starken Base wie z. B. NaCl, $NaClO_4$, K_2SO_4, KI erleiden in Wasser keine Aciditätsänderungen bzw. Veränderungen der Dissoziation, weil die gebildeten Kationen überaus schwache Säuren und die entstehenden Anionen überaus schwacher Basen darstellen und über den gesamten pH-Bereich existenzfähig (stabil) sind. *Wässrige Lösungen dieser Salze reagieren neutral.*

$$[Na^+Cl^-] + H_2O \rightleftharpoons Na^+_{aq} + Cl^-_{aq} \qquad \textbf{(pH = 7)}$$

[B] Salze aus einer schwachen Säure mit einer starken Base wie z. B. CH_3COONa, Na_2CO_3, KCN, Na_2S, Na_2HPO_4, Na_3PO_4, $Na_2B_4O_7$ werden durch die korrespondierende Base der Säure beeinflusst und reagieren in *wässriger Lösung alkalisch* [vgl. **MC-Fragen Nr. 683–685, 689, 920, 923, 1883**].

In Wasser gelöst reagiert z. B. **Natriumacetat** (CH_3COONa) schwach und **Natriumcarbonat** (Na_2CO_3) stark alkalisch, weil das Acetat-Ion ($pK_b = 9{,}25$) eine schwache und das Carbonat-Ion ($pK_b = 3{,}6$) eine starke Base ist. Darüber hinaus kann Carbonat in wässriger Lösung aufgrund seines pK_b-Wertes erst oberhalb $pH = 11$ in nennenswerter Konzentration vorliegen. Demzufolge stellen sich in wässriger Lösung folgende Gleichgewichte ein.

$$\underset{Na^+}{CH_3COO^-} \;+\; H_2O \;\rightleftharpoons\; \underset{Na^+}{HO^-} \;+\; CH_3COOH \qquad (\mathbf{pH > 7})$$

$$\underset{2\,Na^+}{CO_3^{2-}} \;+\; H_2O \;\rightleftharpoons\; \underset{Na^+}{HO^-} \;+\; \underset{Na^+}{HCO_3^-} \qquad (\mathbf{pH > 7})$$

Auch die wässrige Lösung von **Natriumsulfid** (Na_2S) muss alkalisch reagieren, weil das Sulfid-Ion (S^{2-}), wie Tab. 1.69 ausweist, nur bei $pH > 13$ beständig ist. Beim Lösen von Na_2S in Wasser bilden sich deshalb HS^--Ionen und partiell auch undissoziierte H_2S-Moleküle. Dies führt unter Freisetzung von HO^--Ionen zur alkalischen Reaktion der Lösung.

$$\underset{2\,Na^+}{S^{2-}} \;+\; H_2O \;\rightleftharpoons\; \underset{Na^+}{HO^-} \;+\; \underset{Na^+}{HS^-}$$

$$\underset{Na^+}{HS^-} \;+\; H_2O \;\rightleftharpoons\; \underset{Na^+}{HO^-} \;+\; H_2S$$

Des weiteren kann die wässrige Lösung von **Natriumhydrogenphosphat** (Na_2HPO_4) nicht $pH = 7$ haben, da bei $pH = 7$ $H_2PO_4^-$- und HPO_4^{2-}-Ionen in etwa gleicher Konzentration vorliegen müssen. Daher reagieren HPO_4^{2-}-Ionen solange mit Wasser zu Dihydrogenphosphat ($H_2PO_4^-$) bis das Verhältnis $c(H_2PO_4^-)$ zu $c(HPO_4^{2-})$ gleich $c(H_3O^+)/10^{-7}$ geworden ist.

$$HPO_4^{2-} \;+\; H_2O \;\rightleftharpoons\; HO^- \;+\; H_2PO_4^- \qquad (\mathbf{pH > 7})$$

Die parallele Bildung von Hydroxid-Ionen führt zur alkalischen Reaktion. In analoger Weise lässt sich zeigen, dass **Natriumphosphat** (Na_3PO_4) in Wasser gelöst noch stärker alkalisch reagiert als Na_2HPO_4.

Ionische Salze starker Basen wie **Hydride** (NaH), **Nitride** (Li_3N, Mg_3N_2), **Oxide** (Na_2O, CaO, BaO) oder **Amide** ($NaNH_2$, KNH_2) protolysieren praktisch quantitativ in Wasser und führen durch Bildung von Hydroxid-Ionen zu einer stark alkalischen Reaktion ihrer wässrigen Lösungen [vgl. **MC-Frage Nr. 1874**].

$$
\begin{aligned}
H^- \;&+\; H_2O \;\longrightarrow\; HO^- \;+\; H_2 \\
N^{3-} \;&+\; 3\,H_2O \;\longrightarrow\; 3\,HO^- \;+\; NH_3 \\
O^{2-} \;&+\; H_2O \;\longrightarrow\; 2\,HO^- \\
NH_2^- \;&+\; H_2O \;\longrightarrow\; HO^- \;+\; NH_3
\end{aligned}
$$

Die Oxide der Erdalkalimetalle sind allerdings in Wasser nur in geringem Maße löslich; die O^{2-}-Ionen, die in Lösung gehen, setzen sich jedoch vollständig mit Wasser unter Bildung von HO^--Ionen um.

[C] Salze schwacher Basen mit starken Säuren wie z. B. $AlCl_3$, $FeCl_3$, $ZnCl_2$, NH_4Cl, $(NH_4)_2SO_4$ oder $Al_2(SO_4)_3$ werden durch die korrespondierende Säure aciditätsmäßig verändert und reagieren in *wässriger Lösung sauer* [vgl. **MC-Fragen Nr. 686, 687, 1254, 1562**].

So reagiert **Ammoniumchlorid** (NH_4CL) schwach, das hydratisierte **Fe(III)-Ion** $[Fe(H_2O)_6]^{3+}$ jedoch ziemlich stark sauer, weil NH_4^+-Ionen nur wenig, die aciden $(Fe^{3+})_{aq}$-Ionen hingegen in höherem Maße in Wasser protolysieren.

$$NH_4^+ \quad + \quad H_2O \; \rightleftharpoons \; H_3O^+ \quad + \quad NH_3 \qquad (\text{pH} < 7)$$

$$[Fe(H_2O)_6]^{3+} \; + \quad H_2O \; \rightleftharpoons \; H_3O^+ \quad + \quad [Fe(OH)(H_2O)_5]^{2+} \quad (\text{pH} < 7)$$

Aufgrund des Säureexponenten der Phosphorsäure ($pK_{s1} = 1{,}96$) ist auch zu verstehen, dass eine wässrige NaH_2PO_4-Lösung sauer reagieren muss, weil das $H_2PO_4^-$-Ion nur auf dem sauren Teil der pH-Skala stabil ist.

[D] Sind **beide Anteile des Salzes** in Wasser **schwach dissoziiert**, so ist der Dissoziationsgrad ein Maß für die sich aus der Säure-Base-Reaktion mit Wasser ergebende Acidität der Lösung. Zum Beispiel reagieren **Ammoniumoxalat** $[(NH_4)_2C_2O_4]$ oder **Ammoniumsulfat** $[(NH_4)_2SO_4]$ sauer, **Ammoniumacetat** $[CH_3COO^-NH_4^+]$ neutral und **Ammoniumcarbonat** $[(NH_4)_2CO_3]$ alkalisch [vgl. **MC-Fragen Nr. 1254, 1562**].

Darüber hinaus können Salze wie **Ammoniumsulfid** $[(NH_4)_2S]$ in Wasser überhaupt nicht existieren, weil einerseits NH_4^+-Ionen nur unterhalb pH = 7, S^{2-}-Ionen nur oberhalb pH = 13 in höheren Konzentrationen beständig sind. Somit überschneiden sich die Existenzbereiche beider Ionen nicht auf der normalen pH-Skala. Aus dem gleichen Grund gibt es in wässriger Lösung auch kein Salz der Form $(NH_4)_3PO_4$.

Die Aussagen über die Protolyse von Salzen in wässriger Lösung sind in Tab. 1.70 nochmals zusammengefasst.

Tab. 1.70:   Protolyse von Salzen in Wasser

Salz aus		Reaktion der wässrigen Lösung	
Säure	Base		
Stark	Stark	Neutral	(pH = 7)
Stark	Schwach	Sauer	(pH < 7)
Schwach	Stark	Alkalisch	(pH > 7)
Schwach	Schwach	pH-Wert variabel bzw. das Salz ist unbeständig	

1.11.3.12 pH-Wert wässriger Salzlösungen

Insbesondere bei der *maßanalytischen Auswertung einer Säure-Base-Reaktion* interessiert der pH-Wert *nach* der Reaktion äquivalenter Mengen an Säure und Base. Dies ist gleichbedeutend mit der Berechnung des **pH-Wertes einer Salzlösung**, die eine Kation- oder Anionsäure bzw. eine Anionbase, eine Kationsäure und eine Anionsäure zugleich oder ein amphoteres System enthält. Man kann sich dies an folgenden Reaktionsbeispielen klarmachen.

$$CH_3COOH \quad + \quad K^+HO^- \rightleftharpoons K^+ \quad + \quad \underset{\text{(Anionbase)}}{CH_3COO^-} \quad + \quad H_2O$$

$$H_3O^+Cl^- \quad + \quad NH_3 \rightleftharpoons Cl^- \quad + \quad \underset{\text{(Kationsäure)}}{NH_4^+} \quad + \quad H_2O$$

$$CH_3COOH \quad + \quad NH_3 \rightleftharpoons \underset{\text{(Anionbase)}}{CH_3COO^-} + \underset{\text{(Kationsäure)}}{NH_4^+}$$

$$H_3PO_4 \quad + \quad K^+HO^- \rightleftharpoons K^+ \quad + \quad \underset{\text{(Ampholyt)}}{H_2PO_4^-} \quad + \quad H_2O$$

In den beiden erstgenannten Beispielen kann das pH nach den Formeln berechnet werden, die für schwache Säuren und Basen gelten (vgl. auch Kap. 1.11.3.8).

[A] pH-Wert wässriger Lösungen von Salzen aus starken Säuren und schwachen Basen

Der pH-Wert berechnet sich nach folgender Formel, wobei pK_s dem Säureexponenten des hydratisierten Kations entspricht.

$$pH = 1/2 \, pK_s - 1/2 \, \log C_{\text{Kationsäure}}$$

Berechnungen (in Klammer Nr. der MC-Frage)
[681] Gegeben: $\quad C \, (NH_4Cl) = 10^{-2} \, M \, [pK_s \, (NH_4^+) = 9{,}2]$
[688] Gesucht: $\quad$ pH-Wert?
$\qquad$ **Berechnung:** $pH = 1/2 \, pK_s \, (NH_4^+) - 1/2 \, \log [NH_4^+]$
$\qquad\qquad\qquad\qquad = 1/2 \cdot 9{,}2 - 1/2 \, \log 10^{-2} = 4{,}6 + 1{,}0 = \mathbf{5{,}6}$

[B] pH-Wert wässriger Lösungen von Salzen aus starken Basen und schwachen Säuren

Der pH-Wert berechnet sich nach der unten angeführten Formel, wobei pK_b dem Basenexponenten der Anionbase entspricht und pK_s der Säureexponent der zum Anion konjugierten Säure ist.

$$pH = 14 - 1/2 \, pK_b + 1/2 \, \log C_{\text{Anionbase}}$$
$$= 7 + 1/2 \, pK_s + 1/2 \, \log C_{\text{Anionbase}}$$

Berechnungen (in Klammer Nr. der MC-Frage)
[686] Gegeben: $\quad C \, (\text{Natriumcarbonat}) = 0{,}1 \, M = 10^{-1} \, M$
$\qquad\qquad\qquad pK_b \, (\text{Carbonat}) = 3{,}6$
$\qquad$ **Gesucht:** $\quad$ pH-Wert?
$\qquad$ **Berechnung:** $pH = 14 - 1/2 \, pK_b \, (CO_3^{2-}) + 1/2 \, \log [CO_3^{2-}]$
$\qquad\qquad\qquad\qquad = 14 - 1/2 \cdot 3{,}6 + 1/2 \, \log 10^{-1}$
$\qquad\qquad\qquad\qquad = 14 - 1{,}8 - 0{,}5 = \mathbf{11{,}7}$

[C] pH-Wert wässriger Lösungen von Salzen aus schwachen Säuren und schwachen Basen

Der pH-Wert solcher Salzlösungen ist *unabhängig* von der Konzentration des Salzes und entspricht näherungsweise dem arithmetischen Mittel aus dem Säureexponenten der Kationsäure (pK_s) und dem Säureexponenten (pK_s^*) der zum Anion konjugierten Säure.

$$pH = 1/2 \cdot (pK_s + pK_s^*)$$

Dies soll am Beispiel der pH-Wert-Berechnungen wässriger Lösungen von **Ammoniumformiat** ($HCOONH_4$), **Ammoniumacetat** (CH_3COONH_4) und **Ammoniumcyanid** (NH_4CN) verdeutlicht werden.

Aus obiger Beziehung kann man auch ableiten, dass eine Lösung, die eine *Säure und eine Base in äquivalenten Mengen* enthält, sauer reagiert, wenn die Säure stärker ist als die Base, und alkalisch reagiert, falls die Base stärker ist als die Säure.

Salz	Säure	Base	korr. Säure	pK_s	pK_b	pK_s^*	pH der Lösung
$HCOO^-$ NH_4^+	NH_4^+	$HCOO^-$	$HCOOH$	9,2	10,3	3,7	**6,45**
CH_3COO^- NH_4^+	NH_4^+	CH_3COO^-	CH_3COOH	9,2	9,2	4,8	**7,00**
CN^- NH_4^+	NH_4^+	CN^-	HCN	9,2	4,6	9,4	**9,30**

1.11.4 Nichtwässrige Systeme

1.11.4.1 Wasserähnliche Lösungsmittel, Solvenstheorie

Als wasserähnliche Lösungsmittel bezeichnet man amphotere Protolyte, die wie Wasser zur **Autoprotolyse** befähigt sind (vgl. Kap. 1.11.1.3). Wichtige **amphiprotische Lösungsmittel** sind u. a. Eisessig, Ameisensäure, Ethanol, konz. Schwefelsäure und insbesondere flüssiges Ammoniak.

Führt man für ein derartiges Solvens das Symbol **LH** ein, so kann man die Autoprotolyse und das Verhalten von Säuren (HA) und Basen (B) in diesen Lösungsmitteln durch folgende allgemeine Gleichungen beschreiben:

Säure	+	Base		korr. Säure	+	korr.Base
LH	+	LH	$\rightleftharpoons$	LH_2^+	+	L^-
HA	+	LH	$\rightleftharpoons$	LH_2^+	+	A^-
LH	+	B	$\rightleftharpoons$	BH^+	+	L^-

Nach der **Solvenstheorie** ist eine **Säure** (HA) definiert als eine Substanz, die die Konzentration an **Lyonium-Ionen** (LH_2^+) (Kationen des Lösungsmittels) erhöht. Daher wird z. B. in **Eisessig** die „saure Reaktion" durch das protonierte Lösungsmittel, das Acetacidium-Ion ($CH_3COOH_2^+$) hervorgerufen [vgl. **MC-Frage Nr. 692**]. In analoger Weise erhöhen **Basen** (B) die Konzentration an **Lyat-Ionen** (L^-) (Anionen des Lösungsmittels).

Darüber hinaus sei daran erinnert, dass in amphiprotischen Lösungsmitteln das Lyonium-Ion die stärkste existenzfähige Säure und das Lyat-Ion die stärkste stabile Base darstellt. In **flüssigem Ammoniak** werden deshalb sehr starke Säuren auf das Niveau des Ammonium-Ions (NH_4^+) und sehr starke Basen auf das Niveau des Amid-Ions (NH_2^-) *nivelliert.*

Wie in Wasser können auch in anderen amphoteren Lösungsmitteln die gelösten Säuren und Basen hinsichtlich ihrer Stärke eingeteilt werden. *Starke* Säuren und Basen reagieren weitgehend mit dem Lösungsmittel, *schwache* Säuren und Basen bleiben auch in solchen Solventien weitgehend unverändert.

Neben nivellierenden Eigenschaften üben einige amphiprotische Lösungsmittel wie **Eisessig** auch einen *differenzierenden Effekt* auf die Acidität bzw. Basizität von Protolyten aus. Beispielsweise ist Perchlorsäure ($HClO_4$) in Eisessig deutlich stärker sauer als Chlorwasserstoff (HCl), Eisessig übt auf die Aciditäten beider Säuren *keinen* nivellierenden Effekt aus [vgl. **MC-Fragen Nr. 1706, 1823**].

Ordnet man nun die verschiedenen Säuren und Basen nach ihrer Stärke, so erhält man im allgemeinen für wasserähnliche Lösungsmittel die gleiche Rangfolge wie für Wasser. Allerdings kann die jeweilige Säure (Base) in dem einen Lösungsmittel als starker und in einem anderen als schwacher Protolyt wirken. So ist **Chlorwasserstoff** in Wasser eine starke, in Eisessig hingegen eine schwache Säure. Demgegenüber ist Essigsäure in Wasser eine schwache, in flüssigem Ammoniak jedoch eine starke Säure. In konz. H_2SO_4 sind praktisch alle Basen sehr stark. Ein für die pharmazeutische Analytik (vgl. Ehlers, **Analytik II**, Kap. 6.3.1) wichtiges amphiprotisches Lösungsmittel ist **wasserfreie Essigsäure** (Eisessig) [Autoprotolysekonstante: pK = 14,4; Dielektrizitätszahl: ε = 6,13]. Das Solvens ermöglicht die Titration schwacher Basen (pK_b = 9 – 14), die in Wasser nicht acidimetrisch bestimmbar sind. Zur Erzielung eines hinreichend großen pH-Sprungs am Endpunkt der Titration muss mit einer in Eisessig sehr starken Säure, z. B. **Perchlorsäure** ($HClO_4$), titriert werden. Die Indizierung des Äquivalenzpunktes kann potentiometrisch oder visuell mit Säure-Base-Indikatoren erfolgen.

1.11.4.2 Lösungsmitteleinflüsse auf die Acidität bzw. Basizität von Protolyten

Wie voranstehende Ausführungen belegen, hängt das Dissoziationsverhalten von Säuren und Basen entscheidend von der Natur des verwendeten Lösungsmittels ab. So wird z. B. die Dissoziation einer Säure in hohem Maße von der Basizität des verwendeten Solvens beeinflusst. Je größer die Protonaffinität des Lösungsmittels ist, desto stärker ist eine Säure in diesem Solvens dissoziiert. Analoge Betrachtungen gelten auch für die Dissoziation einer Base in sauren Lösungsmitteln.

Neben diesen chemischen Eigenschaften der Solventien spielen aber auch ihre **Dielektrizitätszahlen** (vgl. Tab. 1.27), die **Solvatationseigenschaften** sowie die Fähigkeit des Lösungsmittels zur **H-Brückenbildung** eine bedeutsame Rolle.

So können *protische* Lösungsmittel entweder ein Proton vollständig auf ein basisches Teilchen übertragen oder die Ausbildung einer Wasserstoffbrücke ermöglichen (vgl. Kap. 1.7.3). *Amphiprotische* Lösungsmittel wirken als Protonenakzeptoren und -donatoren; solche Lösungsmittel besitzen im allgemeinen gute Solvatationseigenschaften für Anionen und Kationen.

Demgegenüber können *aprotische* oder *dipolar-aprotische* Solventien, wie z. B. **Dimethylformamid** und **Dimethylsulfoxid**, keine Protonen abgeben, sind mitunter aber in der Lage, als schwache Basen zu fungieren. In diesen Lösungsmitteln sind vor allem *basische Anionen* nur *schwach solvatisiert* und verhalten sich deshalb wie starke Basen. Zum Beispiel ist **Natriummethanolat** ($CH_3O^-Na^+$) in Dimethylsulfoxid eine 10^9mal stärkere Base als in Methanol. Ferner steigt bei Zugabe geringer Mengen von Dimethylformamid oder Dimethylsulfoxid zu einer wässrigen **Natriumhydroxid-Lösung** deren Wirksamkeit gegenüber sauren Katalysatoren stark an [vgl. auch **MC-Fragen Nr. 690, 691, 1639**].

1.11.4.3 Reaktionen in Salzschmelzen, Bjerrum-Theorie

Base-Antibase-Reaktionen: Die am häufigsten verwendeten Reagenzien für Schmelzaufschlüsse sind mehr oder minder hochschmelzende Salze anorganischer Sauerstoffsäuren, wie z. B. **Natriumcarbonat** (Na_2CO_3) [Fp. 850 °C], **Kaliumcarbonat** (K_2CO_3) [Fp. 897 °C], **Kaliumnitrat** (KNO_3) [Fp. 308 °C] oder **Natriumdisulfat** ($Na_2S_2O_7$) [Fp. 40 °C]. Man spricht in diesen Fällen auch von oxidischen Schmelzen. In derartigen Schmelzen kommen weder Wasserstoff- noch Hydroxid-Ionen vor. Trotzdem besitzen die Schmelzen keinen neutralen Charakter. Auch in diesen Schmelzflüssen kommt zum Ausdruck, dass das CO_3^{2-}-Ion eine Base und das $S_2O_7^{2-}$-Ion ein Säureanhydrid [$S_2O_7^{2-} + H_2O \rightarrow 2\,HSO_4^-$] darstellt. Beim Eintragen von $Na_2S_2O_7$ in eine Na_2CO_3-Schmelze entwickelt sich ebenso CO_2 wie beim Ansäuern einer Soda-Lösung mit H_2SO_4.

$$\begin{array}{llllll} CO_3^{2-} & + & S_2O_7^{2-} & \longrightarrow & [CO_2]_g & + & 2\,SO_4^{2-} \\ 2\,Na^+ & & 2\,Na^+ & & & & 4\,Na^+ \\ CO_3^{2-} & + & H_2SO_4 & \longrightarrow & [CO_2]_g & + & SO_4^{2-} & + & H_2O \\ 2\,Na^+ & & & & & & 2\,Na^+ \end{array}$$

In oxidischen Salzschmelzen spielen die Sauerstoff-Ionen (O^{2-}) eine ähnliche Rolle wie die H^+ bzw. HO^--Ionen in wässrigen Lösungen. In der Tat lässt sich die Reaktion von $Na_2S_2O_7$ mit einer Sodaschmelze als Übertragung von O^{2-}-Ionen deuten.

$$\left.\begin{array}{l} CO_3^{2-} \longrightarrow CO_2 + O^{2-} \\ S_2O_7^{2-} + O^{2-} \longrightarrow 2\,SO_4^{2-} \end{array}\right\} \quad CO_3^{2-} + S_2O_7^{2-} \longrightarrow CO_2 + 2\,SO_4^{2-}$$

Stoffe, die sich durch Anlagerung oder Abspaltung von O^{2-}-Ionen ineinander überführen lassen, bilden ein **korrespondierendes Base-Antibase-Paar**. Beispiele für Base-Antibase-Reaktionen sind in der folgenden Zusammenstellung wiedergegeben [vgl. **MC-Fragen Nr. 629, 636**].

$$
\begin{array}{lll}
\text{Base} & & \text{Antibase} \\
SiO_4^{4-} & \rightleftharpoons 2\,O^{2-} + & SiO_2 \\
2\,BO_2^- & \rightleftharpoons O^{2-} + & B_2O_3 \\
4\,BO_2^- & \rightleftharpoons O^{2-} + & B_4O_7^{2-} \\
PO_4^{3-} & \rightleftharpoons O^{2-} + & PO_3^- \\
2\,PO_4^{3-} & \rightleftharpoons 3\,O^{2-} + & P_2O_5 \\
SO_4^{2-} & \rightleftharpoons O^{2-} + & SO_3 \\
2\,SO_4^{2-} & \rightleftharpoons O^{2-} + & S_2O_7^{2-} \\
2\,NO_3^- & \rightleftharpoons O^{2-} + & N_2O_5 \longrightarrow 2\,NO_2 + 1/2\,O_2 \\
2\,NO_2^- & \rightleftharpoons O^{2-} + & N_2O_3 \longrightarrow NO + NO_2 \\
CO_3^{2-} & \rightleftharpoons O^{2-} + & CO_2
\end{array}
$$

Amphoteren Charakter besitzen Oxide, die Anhydride amphoterer Hydroxide sind. Ein typisches Beispiel ist Al(III)-oxid, das durch Abspaltung von O^{2-}-Ionen in das Al^{3+}-Ion und durch Anlagerung von O^{2-} in das Aluminat-Ion (AlO_2^-) übergehen kann.

$$
Al_2O_3 \longrightarrow 3\,O^{2-} + 2\,Al^{3+} \quad ; \quad Al_2O_3 + O^{2-} \longrightarrow 2\,AlO_2^-
$$

Auch in Salzschmelzen lassen sich stärkere Basen von schwächeren und stärkere Antibasen von schwächeren unterscheiden. Starke Basen (Antibasen) reagieren mit vielen Antibasen (Basen) und setzen dabei die schwächere Base (Antibase) frei. In obiger Zusammenstellung von korr. Base-Antibase-Paaren sind oben schwache Basen und starke Antibasen, unten starke Basen und schwache Antibasen aufgelistet. Darüber hinaus gilt, dass einer starken Base eine schwache Antibase und umgekehrt entspricht.

Die Stärke von Basen und Antibasen in Schmelzen wird vor allem durch deren Flüchtigkeit beeinflusst. So ist das CO_3^{2-}-Ion in Schmelzen eine außerordentlich starke Base, weil die korr. Antibase (CO_2) bei den Temperaturen von Salzschmelzen gasförmig vorliegt und in den Schmelzen (physikalisch) unlöslich ist.

1.11.5 Puffersysteme

1.11.5.1 Pufferlösungen

Fügt man zur Lösung einer *schwachen Säure* (HA) ein Salz hinzu, welches das gleiche Anion (A^-) enthält, so wird die Gleichgewichtskonzentration des Anions (korr. Base) vergrößert. Der Quotient $[H_3O^+] \cdot [A^-]/[HA]$, der gleich der Dissoziationskonstanten der Säure (HA) sein muss, kann aber nur dann konstant bleiben, wenn die Vergrößerung von $[A^-]$ durch eine Verkleinerung des Verhältnisses $[H_3O^+]/[HA]$ kompensiert wird. Dies ist nur möglich, wenn sich eine bestimmte Menge an Protonen mit der äquivalenten Konzentration von Anionen zur undissoziierten Säure verbindet. Dadurch wird die Dissoziation der schwachen Säure in gewissem Umfang zurückgedrängt; man spricht auch vom *Abstumpfen der Acidität*. Beispiele hierfür sind Lösungen von Essigsäure mit Natriumacetat oder Lösungen von Natriumdihydrogenphosphat mit Natriumhydrogenphosphat.

Tab. 1.71: **Häufig genutzte Puffersysteme**

Puffersystem	pH-Bereich
CH_3COOH/CH_3COONa	3,75 - 5,75
KH_2PO_4/K_2HPO_4	5,3 - 8
NH_4Cl/NH_3	8,25 - 10,25
CO_2/HCO_3^- (**Blut**)	um 7,4
HCO_3^-/CO_2	9,4 - 11,4
Natriumcitrat/HCl	
$\equiv$ Citronensäure/Citrat	1,0 - 3,5
Borsäure/NaOH	
$\equiv H_3BO_3/Na_2B_4O_7$	8,5 - 13

In ähnlicher Weise kann auch die Basizität einer schwachen Base durch Zugabe eines Salzes mit dem gleichen Kation (korr. Säure) abgestumpft werden, wie z. B. von Ammoniak nach Zugabe von NH_4Cl.

Solche **Lösungen aus einer schwachen Säure** (CH_3COOH, NH_4^+) **und ihrer konjugierten Base** (CH_3COO^-, NH_3) haben die Eigenschaft, dass ihr **pH-Wert** durch Zugabe *kleiner* Mengen starker Säuren oder Basen *praktisch nicht verändert* wird. Eine Veränderung des pH-Wertes wird bei Säurezusatz durch die Reaktion [A^- + $H^+ \longrightarrow HA$] und bei Basenzusatz durch die Reaktion [$HA + HO^- \longrightarrow H_2O + A^-$] verhindert. Die H^+- und HO^--Ionen werden *weggepuffert*. Hierbei verändert sich das Verhältnis $[A^-]/[HA]$, diese Veränderung ist aber viel kleiner, als sie bei alleiniger Anwesenheit der Komponenten HA und A^- zu erwarten wäre. Die pH-Schwankungen sind am geringsten, wenn ein *äquimolares* Verhältnis von schwacher Säure und ihrer korr. Base vorliegt [vgl. **MC-Fragen Nr. 693, 1300, 1462**].

Derartige Lösungen mit nahezu konstantem pH-Wert werden allgemein als **Puffer** oder **Pufferlösungen** bezeichnet. Pufferlösungen haben ein weites Anwendungsgebiet und sind überall dort unentbehrlich, wo Reaktionen, bei denen H^+- bzw. HO^--Ionen gebunden oder freigesetzt werden, in einem Medium mit praktisch konstantem pH-Wert ablaufen sollen.

Als Pufferlösungen bezeichnet man (meistens äquimolare) Lösungen aus einer schwachen Säure und ihrer korrespondierenden Base. Puffergemische vermögen den pH-Wert einer Lösung bei Zugabe kleiner Mengen an starker Säure oder Base konstant zu halten. Diese Pufferwirkung ist begrenzt. Ein günstiger pH-Bereich erstreckt sich über je eine pH-Einheit auf beiden Seiten des pK_s-Wertes der eingesetzten schwachen Säure ($pH = pK_s \pm 1$).

Tab. 1.71 informiert über die Zusammensetzung einiger pharmazeutisch und analytisch wichtiger Puffersysteme und ihre jeweiligen Pufferbereiche [vgl. **MC-Fragen Nr. 693–697, 701, 1519, 1547, 1626, 1627, 1754, 1755**].

1.11.5.2 Henderson-Hasselbalch-Gleichung, Pufferkurven

Protonenübertragungen in wässrigen Lösungen verändern stets auch deren pH-Wert. Umgekehrt werden die Konzentrationen der anwesenden Säure- und Base-Teilchen durch das pH der Lösung eindeutig festgelegt [vgl. **MC-Fragen Nr. 1356, 1389**].

Die **Henderson-Hasselbalch-Gleichung** gibt die Abhängigkeit des pH-Wertes einer Lösung vom prozentualen Verhältnis an Säure zu ihrer konjugierten Base wieder.

$$pH = pK_s + \log \frac{[korr.Base]}{[Säure]} = pK_s + \log \frac{[A^-]}{[HA]}$$

Diese Gleichung ist besonders für die Beurteilung der Eigenschaften von Pufferlösungen geeignet. Sie erlaubt, die Anteile eines Säure-Base-Paares, die bei einem bestimmten pH-Wert als Säure bzw. als Base vorliegen, zu ermitteln.

Die Henderson-Hasselbalch-Gleichung macht auch deutlich, dass sich beim Verdünnen eines Puffers mit Wasser der pH-Wert praktisch nicht ändert, weil der pH-Wert eines Puffers vom Konzentrationsverhältnis des betreffenden Säure/Base-Paares abhängt und die Konzentrationen beider Pufferbestandteile beim Verdünnen in gleicher Weise verändert werden [vgl. **MC-Frage Nr. 1579**].

Berechnet man nun mit dieser Gleichung für bestimmte pH-Werte die prozentualen Konzentrationsverhältnisse von Säure und ihrer konjugierten Base und stellt diese in Abhängigkeit vom pH-Wert graphisch dar, so entstehen für eine mehrbasige schwache Säure eine Schar von Kurven, die als **Pufferungskurven** bezeichnet werden. Abb. 1.129 zeigt die Pufferkurven einiger korr. Säure-Base-Paare.

Die **Pufferkurven** geben in anschaulicher Weise die *Existenzbereiche von Säure und korrespondierender Base in wässriger Lösung an*. Entlang der Kurven sind beide Formen des korr. Säure-Base-Paares nebeneinander stabil; bei pH-Werten darunter existiert nur die Säure, bei pH-Werten darüber nur die korr. Base. Der *pH-Wert im Wendepunkt* einer Kurve entspricht dem **pK_s-Wert** der Säure. Analoges gilt auch für Pufferlösungen aus einer schwachen Base und ihrem Salz mit einer starken Säure; der pH-Wert im Wendepunkt der Pufferkurve entspricht dann dem pK_s-Wert der zur schwachen Base konjugierten Säure. Die Pufferungskurven gestatten somit eine *experimentelle Bestimmung des Säureexponenten* (pK_s -Wert) *schwacher Säuren*.

Die Kurven in Abb. 1.129 lassen erkennen, dass z. B. das System **NH$_3$/NH$_4^+$** bei pH = 6 zu 100 % als Ammonium-Ion vorliegt. Um NH$_4^+$ -Ionen quantitativ in NH$_3$ zu überführen, muss das pH durch Zusatz einer starken Base auf pH > 10 erhöht werden. **Kohlensäure** liegt bei pH = 6 zu 76 % als „H$_2$CO$_3$" vor, die im Gleichgewicht mit CO$_2$ und Wasser steht; um HCO$_3^-$ -Ionen vollständig in CO$_2$ und H$_2$O umzuwandeln, muss das pH durch Zugabe einer starken Säure auf etwa pH = 4 gesenkt werden. Von den verschiedenen Protolysestufen der **Phosphorsäure** existieren bei pH = 6 nur H$_2$PO$_4^-$ - (94 %) und HPO$_4^{2-}$ -Ionen (6 %) [vgl. **MC-Fragen Nr. 697, 1489**].

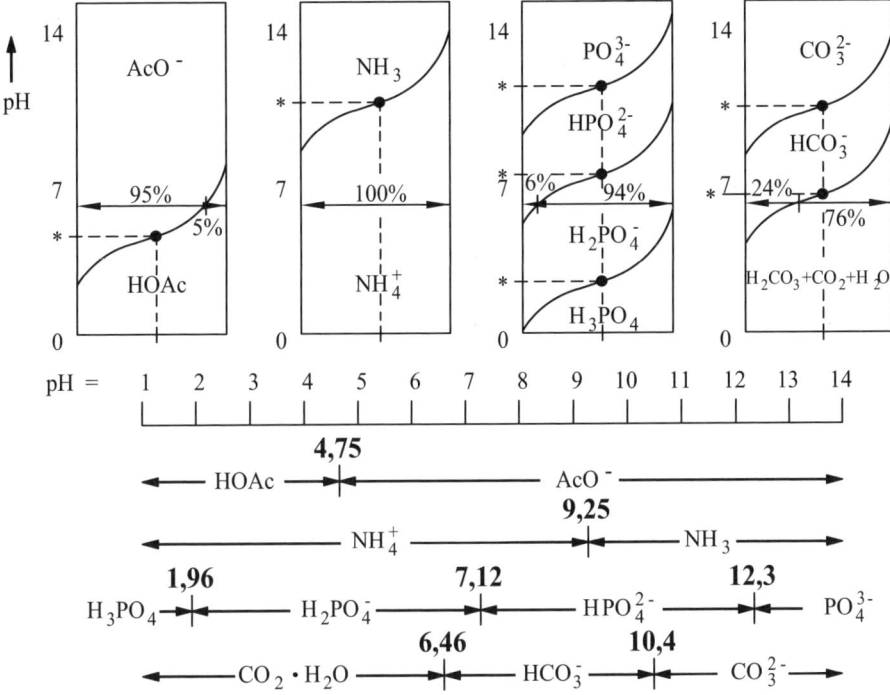

Abb. 1.129: Pufferungskurven und Stabilitätsbereiche wichtiger korrespondierender Säure-Base-Paare (* = pK$_s$-Wert der schwachen Säure)

1.11.5.3 Bedeutung der Henderson-Hasselbalch-Gleichung

Aus der Henderson-Hasselbalch-Gleichung lassen sich folgende Aussagen ableiten:

* *Bei bekanntem pH-Wert und bekanntem Säureexponenten kann man daraus das Verhältnis an Säure und korrespondierender Base berechnen.*
* *Bei bekanntem Verhältnis von Salz (korr. Base) zu Säure kann man durch Messung des pH-Wertes der Lösung den pK$_s$-Wert der schwachen Säure ermitteln.*

Die experimentelle Bestimmung des pK$_s$-Wertes ist auch durch Aufnahme der **Titrationskurve** einer schwachen Säure mit einer starken Base möglich; der pK$_s$-Wert der Säure entspricht dann dem **Halbneutralisationspunkt** (vgl. Ehlers, **Analytik II**, Kap. 6.1.3 und **MC-Fragen Nr. 1255, 1389**).

* *Eine maximale Pufferwirkung resultiert für ein äquimolares Verhältnis von Salz (korr. Base) zu Säure. Der pH-Wert einer solchen Pufferlösung entspricht zahlenmäßig dem pK$_s$-Wert der Säure.*

Setzt man **[Salz] = [Säure]** in die Henderson-Hasselbalch-Gleichung ein und berücksichtigt, dass log 1 = 0 ist, so ergibt sich [vgl. **MC-Fragen Nr. 693, 1255, 1300, 1388, 1547, 1849**]:

$$pH = pK_s$$

Dieser pH-Wert stellt den Wendepunkt der jeweiligen Pufferungskurve in Abb. 1.129 dar.

Benötigt man eine Pufferlösung, deren pH-Wert vom pK_s der schwachen Säure etwas abweicht, so kann man die schwache Säure und ihre korr. Base in einem anderen Stoffmengenverhältnis als 1 : 1 einsetzen. Für praktische Zwecke benutzt man Pufferlösungen, bei denen das Konzentrationsverhältnis $[A^-]/[HA]$ etwa in den Grenzen von 0,1 bis 10 variiert. In diesem Fall umfassen die Pufferlösungen den pH-Bereich von (pK_s-1) bis (pK_s+1), d. h. insgesamt **2 pH-Einheiten.** An den Grenzen dieses pH-Bereichs beträgt die Pufferkapazität nur 1/10 der maximalen Pufferkapazität.

Da sich die Dissoziationskonstanten der verschiedenen schwachen Säuren beträchtlich voneinander unterscheiden, kann für jedes pH-Gebiet eine geeignete Pufferlösung gefunden werden.

Berechnungen (in Klammer Nr. der MC-Frage)

[679] Eine **äquimolare** Lösung von 10^{-1}-M NH_3/NH_4^+ besitzt einen pH-Wert von **9,25,** entsprechend dem pK_s-Wert des Ammonium-Ions von 9,25.

[682] Sofern bei 298 K alle Aktivitätskoeffizienten gleich 1 sind, kann der pH-Wert einer wässrigen **Milchsäure-Lösung** (HA) ($K_s= 1,4 \cdot 10^{-4}$) mit Hilfe der Henderson-Hasselbalch-Gleichung berechnet werden. Es gilt:

$$pH = -\log(1{,}4 \cdot 10^{-4}) - \log[HA]/[A^-] = -\log(1{,}4 \cdot 10^{-4}) + \log[A^-]/[HA]$$

[702] Eine Lösung von 1 Mol HCN in 1 l Wasser, die durch Zugabe von 0,5 Mol KOH **zur Hälfte** neutralisiert wurde, enthält äquimolare Mengen an HCN und CN^-; sie besitzt näherungsweise einen pH-Wert von **9,4,** entsprechend der Beziehung:

$$pH = pK_s(HCN) = 9{,}4$$

[703] Eine verdünnte, ca. 10^{-3}-molare Lösung **äquimolarer** Anteile von Essigsäure und Natriumacetat hat einen pH-Wert von **4,75,** weil der pK_s-Wert der Essigsäure 4,75 ist.

[1547] **Gegeben:**   100 ml 0,1 M-HOAc = 0,01 M HOAc/5 ml 1 M NaOH = 0,005 M NaOH

Berechnung: Gibt man beide Lösungen zusammen, so wird die Hälfte der Essigsäure zu Natriumacetat neutralisiert und man erhält eine **äquimolare** Essigsäurer/Natriumacetat-Pufferlösung von pH = 4,75.

[1824] **Gegeben:**   pH(Puffer) = 3; pK_s(HCOOH) = 4
Gesucht: Konzentrationsverhältnis der Pufferkomponenten?
Berechnung: $\log[HCOONa]/[HCOOH] = pH - pK_s = 3-4 = -1$
$[HCOONa]/[HCOOH] = $ **1/10**

[1849] Eine äquimolare wässrige Lösung von Methylammoniumchlorid/Methylamin hat entsprechend der Beziehung $pH = pK_s$ einen pH-Wert = **10,64.**

1.11.5.4 Pufferkapazität

Die Kapazität eines Puffers ist die Größe seiner Pufferwirkung. Die Pufferwirkung ist begrenzt und abhängig von der *Totalkonzentration* des Puffergemischs. Je höher konzentriert eine Pufferlösung ist, desto größer ist ihre Pufferkapazität [vgl. **MC-Fragen Nr. 1300, 1462**].

Eine Pufferlösung hat die Pufferkapazität = 1, wenn sich bei Zugabe von 1 Mol H_3O^+-Ionen (bzw. HO^--Ionen) zu 1 l der betreffenden Pufferlösung der pH-Wert um *eine* Einheit ändert.

Die Pufferkapazität ist abhängig von der Zusammensetzung der Pufferlösung. Eine Pufferlösung besitzt dann ihre **maximale Pufferkapazität**, wenn äquivalente Mengen an schwacher Säure und ihrer konjugierten Base in der Lösung enthalten sind.

Berechnungen (in Klammer Nr. der MC-Frage)

[704]   Die Pufferkapazitäten zweier Pufferlösungen A (mit 0,15 mol/l A_1 und 0,25 mol/l A_2) und A^* (mit 0,015 mol/l A_1 und 0,025 mol/l A_2) verhalten sich wie **$A/A^* = 10/1$**.

1.12 Redox-Systeme

1.12.1 Oxidation und Reduktion

1.12.1.1 Grundbegriffe

Unter einer **Oxidation** versteht man eine

- **Elektronenabgabe**
- Erhöhung der Oxidationszahl
- Sauerstoffaufnahme
- Wasserstoffabgabe (Dehydrierung)

und entsprechend gilt für eine **Reduktion:**

- **Elektronenaufnahme**
- Erniedrigung der Oxidationszahl
- Sauerstoffabgabe
- Wasserstoffaufnahme (Hydrierung, Hydrogenolyse).

Da ein Teilchen Elektronen nur abgeben kann, wenn diese gleichzeitig von einem anderen Reaktionspartner aufgenommen werden, laufen Oxidations- und Reduktionsvorgänge *stets* miteinander *gekoppelt* ab. Deshalb bezeichnet man solche Prozesse auch als **Redoxreaktionen** [vgl. **MC-Fragen Nr. 1321, 1322**].

$$\begin{array}{ccccc}
\text{Oxidationsmittel} & + & \text{Elektronen} & \underset{\text{Oxidation}}{\overset{\text{Reduktion}}{\rightleftharpoons}} & \text{Reduktionsmittel} \\
(\text{Ox}^1) & & (n \cdot e^-) & & (\text{Red}^1)
\end{array}$$

$$\begin{array}{ccccc}
\text{Reduktionsmittel} & \underset{\text{Reduktion}}{\overset{\text{Oxidation}}{\rightleftharpoons}} & \text{Oxidationsmittel} & + & \text{Elektronen} \\
(\text{Red}^2) & & (\text{Ox}^2) & & (n \cdot e^-)
\end{array}$$

$$\text{Ox}^1 + \text{Red}^2 \rightleftharpoons \text{Red}^1 + \text{Ox}^2$$

Gibt ein System Elektronen ab, so spricht man von einer Oxidation. Nimmt es Elektronen auf, so bedeutet dies eine Reduktion des Systems. Da sich bei chemischen Prozessen Elektronen nicht in merklichen Konzentrationen ansammeln können, muss eine Elektronenabgabe immer mit einer Elektronenaufnahme verbunden sein. Es gibt also keine Stoffumwandlungen, bei denen Oxidationen und Reduktionen für sich alleine auftreten, sondern nur eine Kombination beider Vorgänge.

Oxidation = Elektronenabgabe
Reduktion = Elektronenaufnahme
Redoxvorgang = Elektronenverschiebung

Eine Substanz, die Elektronen aufnehmen kann, heißt **Oxidationsmittel** oder **Oxidans**, weil sie einem Reaktionspartner Elektronen entzieht und dabei selbst reduziert wird. Umgekehrt bezeichnet man einen Stoff, der Elektronen abgeben kann und dabei selbst oxidiert wird, als **Reduktionsmittel** oder **Reduktor.**

Der Entzug von Elektronen kann auch *elektrolytisch* mittels einer Anode erfolgen (**anodische Oxidation**), da die Anode als positive Elektrode einer Lösung Elektronen entzieht und sie an den positiven Pol der Stromquelle abführt. Demgegenüber stellt die Kathode ein Reduktionsmittel dar (**kathodische Reduktion**), weil die Kathode als negative Elektrode die vom negativen Pol der Stromquelle kommenden Elektronen einer Lösung zuführt.

Ebenso wie Protolysen verlaufen auch die meisten Redoxvorgänge *reversibel*. Die Gleichgewichte liegen jedoch meistens stark auf einer Seite der Reaktionsgleichung.

Ein Reduktionsmittel (Red) steht mit dem aus ihm durch Elektronenabgabe gebildeten Oxidans (Ox) in einer ähnlichen Beziehung wie eine Säure zu ihrer konjugierten Base. Beide zusammen bilden ein **korrespondierendes Redoxpaar.**

$$\text{Red} \underset{\text{Reduktion}}{\overset{\text{Oxidation}}{\rightleftharpoons}} \text{Ox} + n \cdot e^-$$
(Reduzierte Form) $\qquad$ **(Oxidierte Form)**

Als Beispiele korrespondierender Redoxpaare sind zu nennen:

$$Zn \rightleftharpoons Zn^{2+} + 2\ e^- \ ; \ 2\ Cl^- + 2\ e^- \rightleftharpoons Cl_2$$
$$Sn^{2+} \rightleftharpoons Sn^{4+} + 2\ e^- \ ; \ 2\ Br^- + 2\ e^- \rightleftharpoons Br_2$$

Für korrespondierende Redoxpaare gilt ganz allgemein: *Wirkt die reduzierte Form stark (schwach) reduzierend, so ist die oxidierte Form des korrespondierenden Redoxpaares ein schwaches (starkes) Oxidationsmittel* (vgl. auch Kap. 1.12.2.5).

Wie an einer Protolysereaktion stets zwei korr. Säure-Base-Paare beteiligt sind, so nehmen auch an einer **Redoxreaktion stets zwei korrespondierende Redoxpaare** (Ox^1/Red^1 und Ox^2/Red^2) teil. Im Gegensatz zu Protolysen ist aber der *Ablauf von Redoxprozessen* recht kompliziert und in vielen Fällen noch nicht genau bekannt. Reine Elektronenübergänge sind jedenfalls selten. Redoxreaktionen sind daher häufig verknüpft mit:

– einem **Lösevorgang,**

$$Cu + 4\ HNO_3 \rightleftharpoons (Cu^{2+})_{aq} + 2\ (NO_3^-)_{aq} + 2\ NO_2 + 2\ H_2O$$

– einer **Komplexbildung** bzw. einem **Komplexzerfall**,

$$2 \ Cu^{2+} + 10 \ CN^- \ \rightleftharpoons \ 2 \ [Cu(CN)_4]^{3-} + (CN)_2$$

– einer **Protonenübertragung**,

$$H_2S + 2 \ H_2O \ \rightleftharpoons \ S + 2 \ H_3O^+ + 2 \ e^-$$

– einer **Komplexbildung** und einer **Protonenübertragung**.

$$Mn^{2+} + 12 \ H_2O \ \rightleftharpoons \ MnO_4^- + 8 \ H_3O + 5 \ e^-$$

1.12.1.2 Oxidationszahl (Oxidationsstufe)

Als Hilfsbegriff zum Erkennen von Reduktions- und Oxidationsprozessen, in denen sich die Elektronenübertragung nicht unmittelbar ablesen lässt, vermag **die Oxidationszahl (Oxidationsstufe)** nützliche Dienste zu leisten. Sie gestattet eine einheitliche Behandlung *aller* Oxidations- und Reduktionsvorgänge. Darüber hinaus liefert sie einen einfachen Schlüssel zum Ausgleichen der Reaktionsgleichungen von Redoxreaktionen (siehe Kap. 1.12.1.5).

Oxidationszahlen sind *fiktive Ladungen*, die man einem Atom in einer Verbindung nach bestimmten Regeln zuweisen kann. Die Oxidationszahl, die einem Element in einer Verbindung zugeteilt wird, ist in der betreffenden Formel durch eine mit einem (positiven oder negativen) *Vorzeichen* versehene *Zahl* über dem Elementsymbol gekennzeichnet. Ein Element kann dabei in verschiedenen Verbindungen in unterschiedlichen Oxidationsstufen auftreten.

Da bei einer Oxidation einem Teilchen Elektronen (negative Ladungen) entzogen werden, muss seine Oxidationszahl positiver werden, während umgekehrt bei einer Reduktion die Oxidationszahl negativer (kleiner) wird.

> Als Oxidationszahl eines Atoms in einer Verbindung definieren wir die Größe und das Vorzeichen der fiktiven elektrischen Ladung, die einem Atom zuzuschreiben wäre, wenn man die Elektronen einer Verbindung in bestimmter Weise auf ihre Atome verteilt, wobei man alle Elektronenpaare kovalenter Bindungen dem elektronegativeren Bindungspartner zuteilt.
>
> Oxidation = Erhöhung der Oxidationszahl
> Reduktion = Erniedrigung der Oxidationszahl

Für die **Festlegung der Oxidationszahl** eines Atoms in einer Verbindung gelten folgende Regeln [vgl. **MC-Fragen Nr. 705, 1592**]:

1) *Die Oxidationszahl eines einatomigen Ions ist gleich seiner Ionenladung.*
2) *Die Oxidationszahl von Atomen in Elementarsubstanzen ist gleich Null.*
3) *In einer kovalenten Verbindung bekannter Struktur ist die Oxidationszahl jedes Atoms diejenige Ladung, die dem Atom verbleibt, wenn alle gemeinsamen Elektronenpaare jeweils dem Atom mit der höheren Elektronegativität zugeschrieben werden.*

   Elektronen, die zwei Atome desselben Elements miteinander verknüpfen, werden dagegen symmetrisch auf beide Atome aufgeteilt. D.h., sind zwei gleiche Atome in einem Molekül in identischer Weise gebunden, so findet man die Oxidationszahl des betreffenden Elements durch Bildung des Mittelwertes.

4) *Die Summe der Oxidationszahlen aller Atome eines mehratomigen Moleküls ist gleich dessen Ladung.*

5) *Die Oxidationszahl eines Elements in einer Verbindung unbekannter Struktur lässt sich berechnen, wenn man den anderen Elementen dieser Verbindung vernünftige Oxidationszahlen zuweist.*

Metallatome (sowie Bor und Silicium) müssen stets positive Oxidationszahlen erhalten. **Fluor** besitzt als elektronegativstes Element in seinen Verbindungen *stets* die Oxidationszahl **–1**; **Sauerstoff** hat normalerweise in seinen Verbindungen die Oxidationszahl **–2**, in Peroxoverbindungen jedoch die Oxidationszahl **–1**. **Wasserstoff** besitzt in seinen Verbindungen mit Nichtmetallen die Oxidationszahl **+1**, in **Metallhydriden** die Oxidationszahl **–1**. Negative Oxidationszahlen treten nur bei **Nichtmetallen** auf, die im Gegensatz zu Metallen eine Tendenz zur Aufnahme von Elektronen besitzen [vgl. **MC-Frage Nr. 705**].

Die folgenden Beispiele [siehe **MC-Fragen Nr. 709–731, 1732, 1733**] sollen die Anwendung dieser Regeln nochmals erläutern und vertiefen (die Oxidationszahlen des jeweiligen Elements sind fett gedruckt):

Hydroxylamin (NH_2OH)

$$N \qquad\quad = \textbf{-1}$$
$$H = 3 \cdot (+1) = +3$$
$$O \qquad\quad = -2$$
$$\overline{\qquad\qquad\qquad \Sigma = 0}$$

Nitrosylchlorid (NOCl)

$$N \quad = \textbf{+3}$$
$$O \quad = -2$$
$$Cl \quad = -1$$
$$\overline{\qquad\qquad \Sigma = 0}$$

Thiocyanat (SCN^-)

$$N \quad = \textbf{-3}$$
$$C \quad = \textbf{+4}$$
$$S \quad = \textbf{-2}$$
$$\overline{\qquad\qquad \Sigma = -1}$$

Cyanid-Ion (CN^-)

$$N \quad = \textbf{-3}$$
$$C \quad = \textbf{+2}$$
$$\overline{\qquad\quad \Sigma = -1}$$

Bornitrid (BN)

$$N \quad = \textbf{-3}$$
$$B \quad = \textbf{+3}$$
$$\overline{\qquad\quad \Sigma = 0}$$

Natriumperoxid (Na_2O_2)

$$Na \quad = 2 \cdot (+1) = +2$$
$$O \quad = 2 \cdot (-1) = -2$$
$$\overline{\qquad\qquad\qquad \Sigma = 0}$$

Stickstoffoxid (NO)

$$N \quad = \textbf{+2}$$
$$O \quad = -2$$
$$\overline{\qquad\quad \Sigma = 0}$$

Nitrosyl-Kation (NO^+)

$$N \quad = \textbf{+3}$$
$$O \quad = -2$$
$$\overline{\qquad\quad \Sigma = +1}$$

Iodbromid (IBr)

$$I \quad = \textbf{+1}$$
$$Br \quad = -1$$
$$\overline{\qquad\quad \Sigma = 0}$$

Permanganat (MnO_4^-)

$$Mn \qquad\qquad = \textbf{+7}$$
$$O = 4 \cdot (-2) = -8$$
$$\overline{\qquad\qquad\qquad \Sigma = -1}$$

Manganat (MnO_4^{2-})

$$Mn \qquad\qquad = \textbf{+6}$$
$$O = 4 \cdot (-2) = -8$$
$$\overline{\qquad\qquad\qquad \Sigma = -2}$$

Mangandioxid (MnO_2)

$$Mn \qquad\qquad = \textbf{+4}$$
$$O = 2 \cdot (-2) = -4$$
$$\overline{\qquad\qquad\qquad \Sigma = 0}$$

Bei Verbindungen, die **Sauerstoff** enthalten, ist stets zu prüfen, ob das Sauerstoffatom wie im Wasser (H_2O) die Oxidationszahl **–2** oder wie im Wasserstoffperoxid (H_2O_2) die Oxidationszahl **–1** besitzt. Analoges gilt auch für den **Schwefel** im Schwefelwasserstoff (H_2S) bzw. Sulfiden ($MeHS$, Me_2S, RSH, R_2S) oder im Disulfan (H_2S_2) bzw. in Disulfiden (RS-SR). Darüber hinaus tritt Sauerstoff noch in den Oxidationszahlen **0, +1** und **+2** (im F_2O) auf [vgl. **MC-Fragen Nr. 713, 1707, 1790**].

$$\overset{-2}{H-O}-H \quad ; \quad \overset{-1\,-1}{H-O-O}-H \quad ; \quad \overset{-2}{H-S}-H \quad ; \quad \overset{-1\,-1}{H-S-S}-H$$

Als weitere Verbindungen mit einer Peroxo- bzw. Disulfid-Struktur sind zu nennen [vgl. **MC-Fragen Nr. 730, 731, 1402**]:

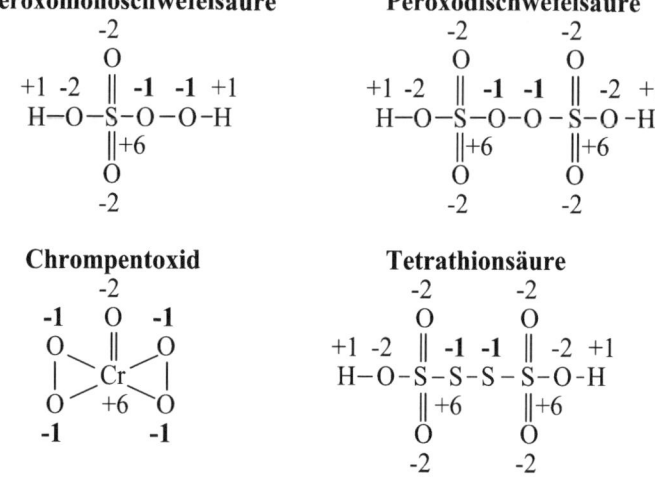

Peroxomonoschwefelsäure

Peroxodischwefelsäure

Chrompentoxid

Tetrathionsäure

1.12.1.3 Oxidationszahl und Periodensystem der Elemente

Die Stellung eines Elements im Periodensystem gestattet allgemeine Aussagen über die möglichen Oxidationszahlen des betreffenden Elements zu machen. Tab. 1.72 informiert über die häufigsten Oxidationszahlen wichtiger Elemente.

Tab. 1.72:   Häufig vorkommende Oxidationszahlen

+1	H	Li	Na	K	Rb	Cs	Cu	Ag	Au	Tl	Cl	Br	I
+2	Mg	Ca	Sr	Ba	Mn	Fe	Co	Ni	Cu	Zn	Cd	Hg	Sn	Pb
+3	B	Al	Cr	Mn	Fe	Co	Ce	Ti	N	P	As	Sb	Bi	Cl
+4	C	Si	Sn	Pb	S	Se	Te	Xe	Ti	Ce			
+5	N	P	As	Sb	Cl	Br	I						
+6	Cr	Mn	S	Se	Te	Xe							
+7	Mn	Cl	I										
+8	Os	Xe											
-1	F	Cl	Br	I	H	O							
-2	O	S	Se	Te									
-3	N	P	As	Sb									
-4	C												

Die *maximal mögliche Oxidationszahl* eines Elements ist identisch mit seiner **Gruppennummer**. Dies ist bei den Hauptgruppenelementen leicht einzusehen, weil die Anzahl der Valenzelektronen mit der Gruppennummer übereinstimmt. Bei den Nebengruppenelementen, die auf ihrer äußersten Schale nur 2 Elektronen besitzen und somit durchwegs in der Oxidationsstufe +2 auftreten, können auch die über das stabile Oktett der zweitäußersten Schale hinaus vorhandenen Elektronen abgegeben werden. Deshalb erreichen auch diese Elemente die ihrer Gruppennummer entsprechende höchstmögliche Oxidationszahl. Zum Beispiel wird die höchste Oxidationsstufe von **Chrom** (+6) oder **Mangan** (+7) durch Abgabe aller vorhandenen 3d- und 4s-Elektronen erreicht [vgl. **MC-Fragen Nr. 706, 1286**].

Werden von den Elementen der IV. bis VII.Hauptgruppe Elektronen zur Auffüllung der Valenzschale aufgenommen, so ergibt die (maximale Oxidationsstufe minus 8) die *minimal mögliche Oxidationszahl* des betreffenden Elements.

Maximal mögliche Oxidationszahl = Gruppennummer			
Minimal mögliche Oxidationszahl = Gruppennummer - 8			
Maximale Oxidationsstufe			
+4	+5	+6	+7
H_4SiO_4	H_3PO_4	H_2SO_4	$HClO_4$
Minimale Oxidationsstufe			
-4	-3	-2	-1
SiH_4	PH_3	H_2S	HCl

Die höchstmögliche Oxidationsstufe wird nicht erreicht von den Hauptgruppenelementen **Fluor**, das nur in den Oxidationszahlen 0 und -1, und **Sauerstoff**, der maximal nur mit der Oxidationszahl +2 (im F_2O) auftritt. Bei den *Elementen der VIII. Nebengruppe* erreichen nur **Osmium** und **Ruthenium** in ihren Tetroxiden die Oxidationsstufe +8.

Darüber hinaus können die *Elemente der I.Nebengruppe* (Kupfer, Silber, Gold) in ihren Verbindungen neben der Oxidationszahl +1 auch in höheren Oxidationsstufen (+2, +3) auftreten.

Da die **Nebengruppenelemente** imstande sind, Elektronen auch aus der zweitäußersten Schale abzugeben, sind bei diesen Elementen die Variationsmöglichkeiten der Oxidationsstufen wesentlich größer als bei den Hauptgruppenelementen. So tritt z. B. **Mangan** in allen Oxidationszahlen von 0 bis +7 auf. Bei den **Hauptgruppenelementen** beobachtet man dagegen oft einen Unterschied von jeweils 2 Elektronen, z. B. beim **Schwefel** die Oxidationszahlen -2, 0, +2, +4 und +6.

In den Hauptgruppen nimmt im allgemeinen die Beständigkeit der Elemente in ihren maximalen Oxidationsstufen mit steigender Ordnungszahl ab, die Beständigkeit der Verbindungen mit einer um 2 Einheiten niedrigeren Oxidationsstufe hingegen zu. Zum Beispiel liegen in der V.Hauptgruppe beim **Stickstoff** die beständigsten Verbindungen in der Oxidationsstufe +5 vor, **Bismut** dagegen tritt vorwiegend mit der Oxidationszahl +3 auf. Bi(V)-Verbindungen sind daher sehr starke Oxidationsmittel. Analoge Betrachtungen lassen sich auch für die III. (Al = +3 → Tl = +1) und IV.Hauptgruppe (C = +4 → Pb = +2) des PSE anstellen [vgl. **MC-Fragen Nr. 707, 708**].

Bei den Nebengruppen liegen die Verhältnisse umgekehrt. Hier nimmt die Stabilität der einzelnen Verbindungen meistens mit größer werdender Oxidationsstufe zu.

In den Abb. 1.130–1.133 sind nochmals die wichtigsten Oxidationszahlen der **Halogene**, des **Schwefels**, **Phosphors** und **Stickstoffs** in ihren Verbindungen zusammengestellt [vgl. **MC-Fragen Nr. 711, 712, 714–725, 1244, 1540, 1707**].

+7		$HClO_4$, Cl_2O_7	$HBrO_4$	HIO_4
+6		Cl_2O_6	BrO_3	
+5		$HClO_3$	$HBrO_3$	HIO_3, I_2O_5
+4		ClO_2	BrO_2	IO_2, I_2O_4
+3		$HClO_2$		
+2				
+1		$HClO$, Cl_2O	$HBrO$, Br_2O	HIO
0	F_2	Cl_2	Br_2	I_2
-1	HF, F^-	HCl, Cl^-	HBr, Br^-	HI, I^-

Abb. 1.130: Oxidationszahlen von Halogenverbindungen

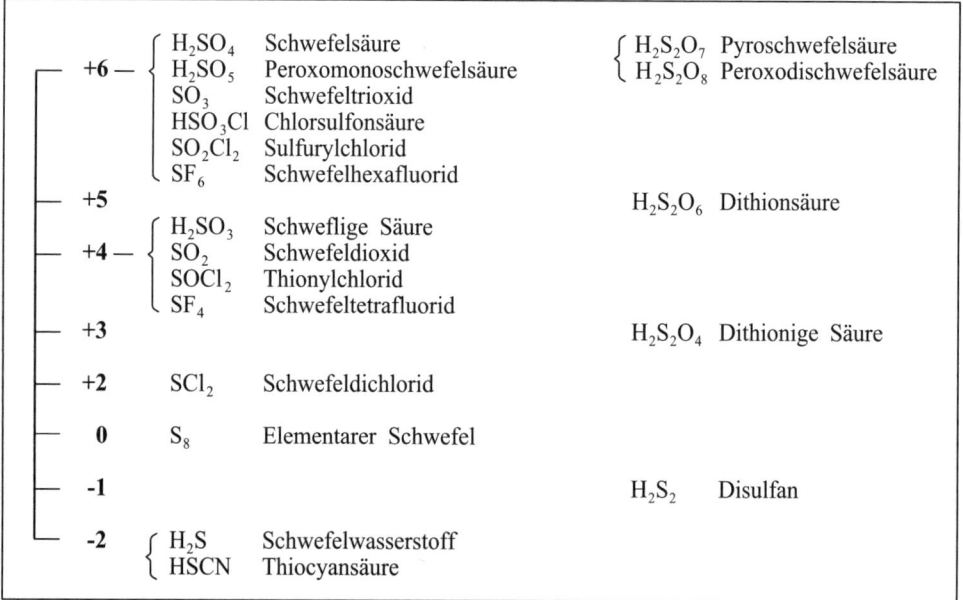

Abb. 1.131: Oxidationszahlen des Schwefels

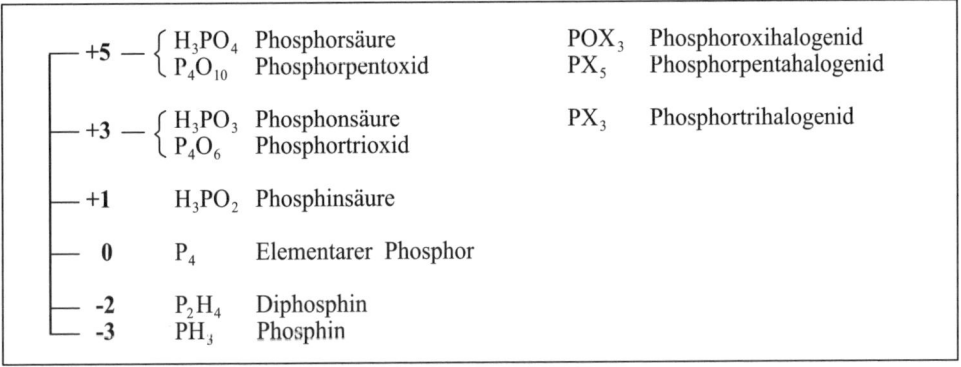

+5	N_2O_5	Distickstoffpentoxid		HNO_3	Salpetersäure
	NO_2^+	Nitryl-Kation		NO_3^-	Nitrat-Ion
+4	NO_2	Stickstoffdioxid			
	N_2O_4	Distickstofftetroxid			
+3	N_2O_3	Distickstofftrioxid			
	NO^+	Nitrosyl-Kation		HNO_2	Salpetrige Säure
	$NOCl$	Nitrosylchlorid		NO_2^-	Nitrit-Ion
+2	NO	Stickstoffmonoxid			
+1	N_2O	Distickstoffoxid			
0	N_2	Elementarer Stickstoff			
-1	NH_2OH	Hydroxylamin			
-2	N_2H_4	Hydrazin			
-3	NH_3	Ammoniak		NH_2^-	Amid-Ion
	HCN	Cyanwasserstoff		NH_4^+	Ammonium-Ion

Abb. 1.132: **Oxidationszahlen des Stickstoffs**

+5	H_3PO_4	Phosphorsäure	POX_3	Phosphoroxihalogenid	
	P_4O_{10}	Phosphorpentoxid	PX_5	Phosphorpentahalogenid	
+3	H_3PO_3	Phosphonsäure	PX_3	Phosphortrihalogenid	
	P_4O_6	Phosphortrioxid			
+1	H_3PO_2	Phosphinsäure			
0	P_4	Elementarer Phosphor			
-2	P_2H_4	Diphosphin			
-3	PH_3	Phosphin			

Abb. 1.133: **Oxidationszahlen des Phosphors**

1.12.1.4 Oxidationszahlen des Kohlenstoffs und Stickstoffs in organischen Verbindungen

Zur Festlegung der Oxidationszahlen in organischen Substanzen werden die *bindenden Elektronenpaare* den einzelnen Atomen aufgrund der Elektronegativität der Bindungspartner zugeteilt, wobei folgende Regeln zu beachten sind:

1) *Elektronenpaarbindungen zwischen gleichen Atomen werden symmetrisch aufgeteilt.*

2) *Die Elektronen von polarisierten Elektronenpaarbindungen werden komplett zum stärker elektronegativen Atom gezählt.*

3) *Doppel- und Dreifachbindungen werden wie zwei bzw. drei Einfachbindungen behandelt.*

4) *In jedem neutralen Molekül muss die Summe der Oxidationszahlen aller enthaltenen Atome Null sein; in Molekülionen muss sie der elektrischen Ladung des Atoms entsprechen.*

Als Folge dieser Regeln hat **Wasserstoff** praktisch immer die Oxidationszahl +1. **Sauerstoff** tritt meistens in der Oxidationsstufe -2 auf. Ausnahme bilden Verbindungen wie Hydroperoxide, Peroxide, Peroxysäuren sowie Ozonide, in denen das O-Atom die Oxidationszahl -1 besitzt.

Mit Hilfe der o.a. Regeln lassen sich nun in organischen Verbindungen leicht die Oxidationszahlen von C- und N-Atomen bzw. anderer Atome angeben.

Beispielsweise sind im **Methan** alle bindenden Elektronenpaare dem elektronegativeren Kohlenstoff zuzuschreiben, der damit von 8 Elektronen oder 4 Elektronen mehr als elementarer Kohlenstoff umgeben ist. Die Oxidationszahl des C-Atoms im Methan ist somit **-4**.

Beim **Aceton** sind die Elektronen der beiden C-C-Bindungen symmetrisch aufzuteilen. Alle Elektronen der C=O-Doppelbindung werden dem Sauerstoff zugeteilt. Am Carbonyl-C-Atom verbleiben danach noch zwei Elektronen oder 2 Elektronen weniger als im elementaren Kohlenstoff. Das C-Atom hat somit die Oxidationszahl **+2**. Für das Carbonyl-C-Atom der **Essigsäure** ergibt sich in analoger Weise die Oxidationszahl **+3**.

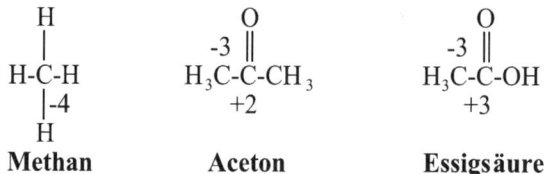

| Methan | Aceton | Essigsäure |

Wie aus Abb. 1.134 hervorgeht, werden für den Kohlenstoff alle denkbaren Oxidationszahlen von -4 bis +4 verwirklicht.

Abb. 1.134 dokumentiert aber auch, dass die Oxidationszahl im Gegensatz zur Wertigkeit keine reelle Größe ist. Das die HO-Gruppe tragende C-Atom hat bei prim., sek. und tert. *Alkoholen* (Methanol, Isopropanol, tert. Butanol) *nicht* dieselbe Oxidationszahl. Konstant ist jedoch die Änderung der Oxidationszahl für eine bestimmte chemische Reaktion. Der Übergang von einem Alkohol zur entsprechenden Carbonylverbindung lässt die Oxidationszahl jeweils um 2 Einheiten ansteigen (Methanol → Formaldehyd; Ethanol → Acetaldehyd; Isopropanol → Aceton), die Oxidation eines primären Alkohols zu einer Carbonsäure erhöht die Oxidationsstufe jeweils um 4 Einheiten (Methanol → Ameisensäure; Ethanol → Essigsäure).

In Abb. 1.135 sind die Oxidationszahlen des N-Atoms in einigen organischen Verbindungen zusammengestellt. Man erkennt, dass auch Stickstoff in org. Substanzen in unterschiedlichen Oxidationsstufen auftreten kann [vgl. **MC-Fragen Nr. 726, 727**].

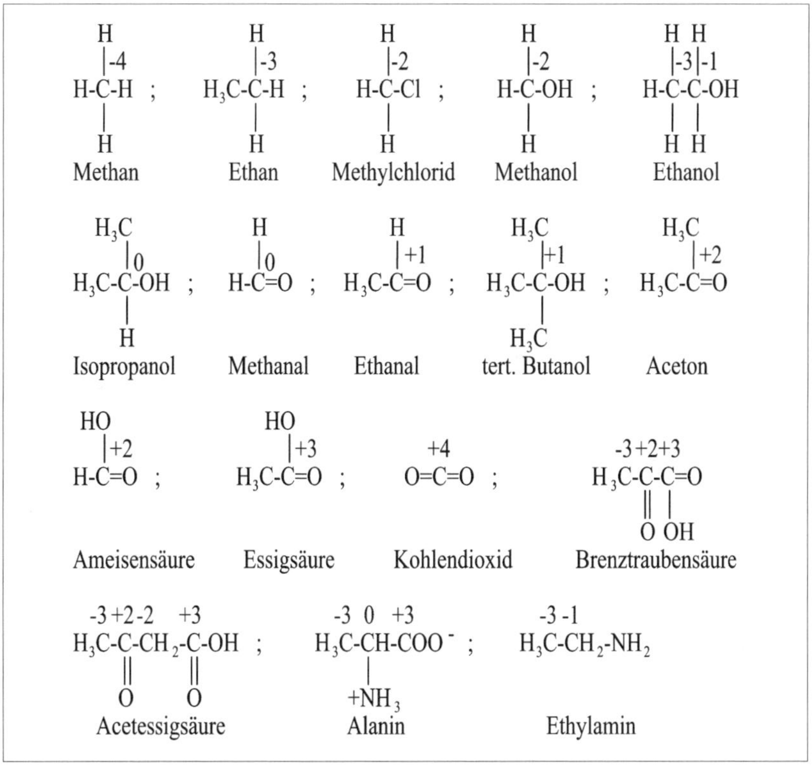

Abb. 1.134: **Oxidationszahlen des Kohlenstoffs**

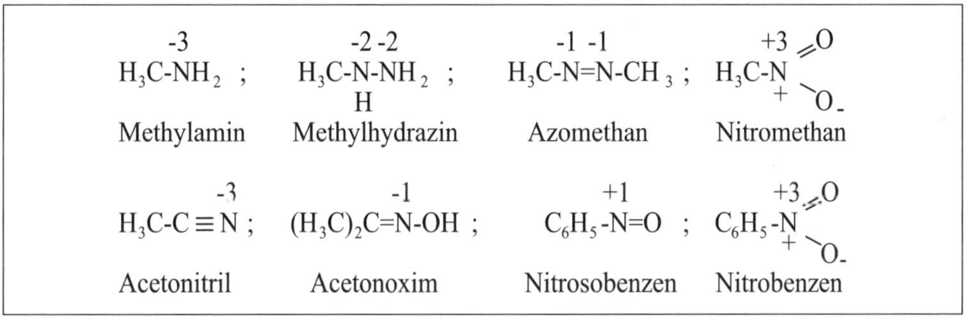

Abb. 1.135: **Oxidationszahlen des Stickstoffs in organischen Verbindungen.**

1.12.1.5 Formulierung von Redoxgleichungen

Durch die Einführung des Begriffs Oxidationszahl lassen sich Oxidations- und Reduktionsvorgänge – auch in komplexen Fällen – nun leicht in Form chemischer Gleichungen formulieren. Hierzu geht man in folgenden Schritten vor.

Wenn eine **Oxidation** (Elektronenabgabe) formuliert werden soll, schreibt man zuerst den Reduktor und dann – durch einen Pfeil getrennt – die oxidierte Form des korrespondierenden Redoxpaares; umgekehrt verfährt man im Falle einer **Reduktion** (Elektronenaufnahme).

Danach ermittelt man die Oxidationszahlen derjenigen Atome von Reduktor und Oxidans, welche ihre Oxidationsstufe ändern (1) und setzt die der Änderung der Oxidationszahlen entsprechende Anzahl von Elektronen in die Gleichung ein (2). Schließlich berücksichtigt man die übrigen auf der Reduktor- bzw. Oxidansseite aufgeführten Atome oder Ionen.

Kommen als Liganden nur O^{2-}-Ionen vor, dann verfährt man am besten so, dass man die Ladungssumme auf der Reduktor- und der Oxidansseite feststellt (3) und danach durch Einsetzen der entsprechenden Anzahl von H^+- bzw. H_3O^+-Ionen oder HO^-- bzw. O^{2-}-Ionen einen **Ladungsausgleich** herbeiführt. H^+- oder H_3O^+-Ionen sind dann zu benutzen, wenn es sich um saure, HO^--Ionen, wenn es sich um alkalische Lösungen handelt. O^{2-}-Ionen werden bei Redoxreaktionen in Salzschmelzen verwendet (4). In den beiden erstgenannten Fällen muss dann noch zum **Massenausgleich** durch Kontrolle der H- und O-Atome die Anzahl der beteiligten H_2O-Moleküle ermittelt werden (5). Danach überzeugt man sich, dass die erhaltenen Gleichungen sowohl stöchiometrisch als auch ladungsmäßig richtig sind. Die beschriebene Vorgehensweise soll an den nachfolgenden Beispielen nochmals erläutert werden [vgl. auch **MC-Fragen Nr. 732, 767**].

a) Oxidation von Mn^{2+} zu MnO_4^- in saurer Lösung

(1) Mn^{2+} (+2) $\longrightarrow$ MnO_4^- (+7)
(2) Mn^{2+} $\longrightarrow$ $MnO_4^- + 5\ e$
(3) $+2$ $\longrightarrow$ -6
(4) Mn^{2+} $\longrightarrow$ $MnO_4^- + 5\ e^- + 8\ H^+$
(5) $Mn^{2+} + 4\ H_2O$ $\longrightarrow$ $MnO_4^- + 5\ e^- + 8\ H^+$
$\quad\ Mn^{2+} + 12\ H_2O$ $\longrightarrow$ $MnO_4^- + 5\ e^- + 8\ H_3O^+$

b) Reduktion von MnO_4^- zu MnO_2 in alkalischen Suspensionen

(1) MnO_4^- (+7) $\longrightarrow$ MnO_2 (+4)
(2) $MnO_4^- + 3\ e^-$ $\longrightarrow$ MnO_2
(3) -4 $\longrightarrow$ 0
(4) $MnO_4^- + 3\ e^-$ $\longrightarrow$ $MnO_2 + 4\ HO^-$
(5) $MnO_4^- + 3\ e^- + 2\ H_2O$ $\longrightarrow$ $MnO_2 + 4\ HO^-$

c) Oxidation von MnO_2 zu MnO_4^{2-} in einer Salzschmelze

(1) MnO_2 (+4) $\longrightarrow$ MnO_4^{2-} (+6)
(2) MnO_2 $\longrightarrow$ $MnO_4^{2-} + 2\ e^-$
(3) 0 $\longrightarrow$ -4
(4) $MnO_2 + 2\ O^{2-}$ $\longrightarrow$ $MnO_4^{2-} + 2\ e^-$

Da sich jede **Redoxreaktion** als Kombination eines Oxidationsvorganges mit einem Reduktionsprozess darstellen lässt, kann die stöchiometrische Gesamtgleichung einer Redoxreaktion wie folgt erhalten werden.

Zunächst werden die Reaktanden und Produkte in der Weise zusammengestellt, dass aus ihnen zwei korrespondierende Redoxpaare gebildet werden können. *Vo-*

raussetzung ist deshalb, dass man die reduzierte und die oxidierte Stufe des Redoxsystems kennt.

Mit den zusammengehörenden korr. Redoxpaaren wird anschließend nach den bereits gegebenen Anweisungen eine Oxidationsgleichung und danach eine Reduktionsgleichung formuliert.

Schließlich sind die beiden Teilgleichungen derart zusammenzufassen, dass die Elektronen eliminiert werden. D.h., die beim Oxidationsvorgang freigesetzten Elektronen müssen im Reduktionsprozess vollständig verbraucht werden. Hierzu müssen die beiden Teilgleichungen mit geeigneten Faktoren multipliziert und anschließend addiert werden.

Die Stoffgleichung der Redoxreaktion wird erhalten, wenn die Ionengleichung durch entsprechende Gegenionen ergänzt wird.

Das Verfahren zur Formulierung von Redoxgleichungen sei zunächst in allgemeiner Form und danach an zwei speziellen Beispielen erläutert.

A)
Reaktanden	: Red, Ox^*
Produkte	: Ox, Red^*
Redoxpaare	: Red/Ox und Ox^*/Red^*
Oxidation	: $(Red = Ox + n \cdot e^-) \cdot (n^*)$
Reduktion	: $(Ox^* + n^* \cdot e^- \rightleftharpoons Red^*) \cdot (n)$

Redoxgleichung: $n^* Red + n Ox^* \rightleftharpoons n^* Ox + n Red^*$

B)
Reaktanden	: $FeSO_4$, $KMnO_4$, H_2SO_4
Produkte	: $Fe_2(SO_4)_3$, K_2SO_4, $MnSO_4$
Redoxpaare	: Fe(II)/Fe(III) und MnO_4^-/Mn(II)
Oxidation	: $(Fe^{2+} \rightleftharpoons Fe^{3+} + 1\ e^-) \cdot (5)$
Reduktion	: $(MnO_4^- + 8\ H_3O^+ + 5\ e^- \rightleftharpoons Mn^{2+} + 12\ H_2O) \cdot (1)$

Redoxgleichung: $5\ Fe^{2+} + MnO_4^- + 8\ H_3O^+ \rightleftharpoons$
$5\ Fe^{3+} + Mn^{2+} + 12\ H_2O$

Stoffgleichung: $10\ FeSO_4 + 2\ KMnO_4 + 8\ H_2SO_4 \rightleftharpoons$
$5\ Fe_2(SO_4)_3 + 2\ MnSO_4 + K_2SO_4 + 8\ H_2O$

C)
Reaktanden	: $NaNO_2$, $KMnO_4$, H_2SO_4
Produkte	: $NaNO_3$, $MnSO_4$, K_2SO_4
Redoxpaare	: NO_2^-/NO_3^- und MnO_4^-/Mn(II)
Oxidation	: $(NO_2^- + H_2O \rightleftharpoons NO_3^- + 2\ H^+ + 2\ e^-)\ (5)$
Reduktion	: $(MnO_4^- + 8\ H^+ + 5\ e^- \rightleftharpoons Mn^{2+} + 4\ H_2O) \cdot (2)$

Redoxgleichung: $5\ NO_2^- + 2\ MnO_4^- + 6\ H^+ \rightleftharpoons$
$5\ NO_3^- + 2\ Mn^{2+} + 3\ H_2O$
$5\ NO_2^- + 2\ MnO_4^- + 6\ H_3O^+ \rightleftharpoons$
$5\ NO_3^- + 2\ Mn^{2+} + 9\ H_2O$

Stoffgleichung: $5\ NaNO_2 + 2\ KMnO_4 + 3\ H_2SO_4 \rightleftharpoons$
$5\ NaNO_3 + 2\ MnSO_4 + K_2SO_4 + 3\ H_2O$

Solche Gleichungen geben naturgemäß nur die *stöchiometrischen Verhältnisse* einer Redoxreaktion wieder, keinesfalls jedoch ihren tatsächlichen Ablauf. Der *Mechanismus* der weitaus meisten Redoxvorgänge ist recht kompliziert und häufig nur schwierig zu ermitteln.

Abschließend ist nochmals zu betonen, dass es unmöglich ist, eine Redoxgleichung einzig und allein aus den Edukten ohne Kenntnis der Produkte vorauszusagen, denn stöchiometrische Gleichungen stellen nichts anderes dar als eine besonders einfache Formulierung experimenteller Befunde. Die nachfolgenden MC-Beispiele von Redoxreaktionen sollen das bisher Ausgeführte weiter vertiefen [vgl. **MC-Fragen Nr. 733–739, 1301, 1620**].

1) **Lösen von unedlen Metallen, z. B. Natrium, in Wasser**

$$\overset{0}{2\,Na} + \overset{+1}{2\,H_2O} \overset{+1}{\longrightarrow} 2\,NaOH + \overset{0}{H_2}$$

bzw. Lösen von unedlen Metallen in Alkoholen unter Bildung von Alkoholaten.

$$\overset{0}{2\,Na} + \overset{+1}{2\,CH_3OH} \longrightarrow \overset{+1}{2\,CH_3O^-Na^+} + \overset{0}{H_2}$$

2) **Lösen von edlen Metallen, z. B. Kupfer, in oxidierenden Säuren** wie Salpetersäure oder Schwefelsäure

$$\overset{+5}{4\,HNO_3} + \overset{0}{Cu} \longrightarrow \overset{+2}{Cu(NO_3)_2} + \overset{+4}{2\,NO_2} + 2\,H_2O$$

In analoger Weise reagieren auch metallisches Silber und Quecksilber.

3) **Halogenierung von Kohlenwasserstoffen mit elementaren Halogenen**

$$\overset{-4}{CH_4} + \overset{0}{Cl_2} \longrightarrow \overset{-2}{C}\overset{-1}{H_3}\text{-}\overset{-1}{Cl} + H\text{-}Cl$$

4) **Thermolyse von Mangan(IV)-chlorid**

$$\overset{+4\ -1}{MnCl_4} \longrightarrow \overset{+2\ -1}{MnCl_2} + \overset{0}{Cl_2}$$

5) **Darstellung von Thiocyanaten aus Cyaniden**

$$\overset{0}{S_8} + 8\,|\overset{+2}{C}{\equiv}N^- \longrightarrow 8\,\overset{-2}{\ }{}^-\overset{+4}{S}\text{-}C{\equiv}N$$

6) **Oxidation von Halogenen zu Interhalogenen**

$$\overset{0}{I_2} + \overset{0}{Cl_2} \longrightarrow \overset{+1\ -1}{2\,I\text{-}Cl}$$

1.12.1.6 Redoxäquivalente

Aus den o. a. Reaktionsbeispielen ist ersichtlich, dass Oxidations- und Reduktionsmittel im Verhältnis von Gewichtsmengen miteinander reagieren, die sich ergeben, wenn das jeweilige Formelgewicht durch die Anzahl der vom Reagenz aufgenommenen oder abgegebenen Elektronen dividiert wird. Man bezeichnet diese Stoffmengen auch als **Redoxäquivalentgewichte**.

Da sich die Oxidationsstufe eines Elements bei verschiedenen Redoxreaktionen in unterschiedlicher Weise ändern kann, ist das Redoxäquivalentgewicht einer Substanz nur im Hinblick auf ein bestimmtes Oxidations- bzw. Reduktionsmittel eindeutig definiert.

Tab. 1.73: **Redoxäquivalente pharmazeutisch wichtiger Oxidantien**

Oxidans	Reduktor	Anzahl der Elektronen	Redoxäquivalent- gewicht in AME
$KMnO_4$	Mn^{2+}	5	158,03:5 = 31,61
$KMnO_4$	MnO_2	3	158,03:3 = 52,68
$KBrO_3$	Br^-	6	167,00:6 = 27,67
$K_2Cr_2O_7$	Cr^{3+}	2·3	294,21:6 = 49,04
K_2CrO_4	Cr^{3+}	3	194,11:6 = 64,70
I_2	I^-	2	253,82:2 = 126,91

Zur Erläuterung sind in Tab. 1.73 die Äquivalentgewichte einiger in der pharmazeutischen Analytik häufig eingesetzter Oxidationsmittel zusammengestellt.

1.12.1.7 Redox-amphotere Stoffe, Disproportionierung, Komproportionierung

Als *redox-amphoter* bezeichnet man Stoffe, die sowohl Elektronen abgeben als auch aufnehmen können. Als redox-amphoter kann jede Verbindung wirken, die ein Element in einer *mittleren Oxidationszahl* enthält, weil das betreffende Element durch Abgabe von Elektronen in eine höhere und durch Elektronenaufnahme in eine niedrigere Oxidationsstufe übergehen kann [vgl. **MC-Frage Nr. 1536**].

Alle Oxidationsstufen eines Elements, welche zwischen der höchsten und niedrigsten Oxidationszahl liegen, können Verbindungen bilden, welche redox-amphotere Stoffe darstellen.

Redoxvorgänge, bei denen ein Element aus einer mittleren *gleichzeitig* in eine höhere (Oxidation) und eine tiefere (Reduktion) Oxidationsstufe übergeht und dabei aus einer Verbindung *zwei* Produkte gebildet werden, bezeichnet man als **Disproportionierungsreaktionen**. Bei einer Disproportionierung tauschen also „identische" Teilchen Elektronen aus. Die folgenden MC-Beispiele sollen den Begriff der Disproportionierung weiter verdeutlichen [vgl. **MC-Fragen Nr. 736, 738, 739, 741, 743, 745, 746, 749, 750, 752–754, 1266, 1301, 1442, 1545, 1825, 1850**].

1. Beim Einleiten von Chlorgas in Wasser bilden sich Salzsäure und Hypochlorige Säure. Beim Einleiten in eine natronalkalische Lösung entstehen deren Salze.

$$\overset{0}{Cl_2} + H_2O \rightleftharpoons \overset{-1}{HCl} + \overset{+1}{HOCl}$$

$$\overset{0}{Cl_2} + 2\,NaOH \longrightarrow \overset{-1}{NaCl} + \overset{+1}{NaOCl} + H_2O$$

In analoger Weise reagieren auch Brom und Iod mit Natronlauge (siehe Kap. 2.3.2.3).

2. Das Erhitzen von Hypochlorige Säure-enthaltenden Lösungen liefert Salzsäure und Chlorsäure ($HClO_3$)

$$\overset{+1}{3\ HOCl} \longrightarrow \overset{-1}{2\ HCl} + \overset{+5}{HClO_3}$$

3. Quecksilber(I)-Verbindungen disproportionieren leicht zu Quecksilber(II)-Salzen und metallischem Quecksilber.

$$\overset{+1}{Hg_2I_2} \longrightarrow \overset{0}{Hg} + \overset{+2}{HgI_2}$$
$$\overset{+1}{Hg_2Cl_2} + 2\ NH_3 \longrightarrow \overset{0}{Hg} + \overset{+2}{[Hg(NH_3)_2]Cl_2}$$

4. Beim Einleiten von Dicyan in eine Natriumhydroxid-Lösung tritt Disproportionierung zu Cyanid und Cyanat ein.

$$\overset{+3}{(CN)_2} + 2\ NaOH \longrightarrow \overset{+2}{NaCN} + \overset{+4}{NaOCN} + H_2O$$

5. Wasserstoffperoxid zerfällt in Gegenwart von Edelmetallkatalysatoren (Pt) in Wasser und molekularen Sauerstoff.

$$\overset{-1}{2\ H_2O_2} \longrightarrow \overset{-2}{2\ H_2O} + \overset{0}{O_2}$$

6. Die bei der Oxidationsschmelze von Mangan(II)-Salzen erhaltenen Mangan(VI)-Verbindungen disproportionieren in saurer, z. B. essigsaurer Lösung zu Permanganat und Braunstein.

$$\overset{+6}{3\ MnO_4^{2-}} + 4\ H_3O^+ \longrightarrow \overset{+7}{2\ MnO_4^-} + \overset{+4}{MnO_2} + 6\ H_2O$$

7. Weißer Phosphor bildet in alkalischer Lösung Phosphin (PH_3) und Hypophosphit ($H_2PO_2^-$).

$$\overset{0}{P_4} + 3\ NaOH + 3\ H_2O \longrightarrow \overset{-3}{PH_3} + \overset{+1}{3\ NaH_2PO_2}$$

8. Auch Stickstoffverbindungen gehen Disproportionierungsreaktionen ein, wie beispielsweise bei der Thermolyse von Salpetriger Säure (HNO_2) oder beim Einleiten von Stickstoffdioxid in Wasser. Ein weiteres Beispiel ist die Disproportionierung von Diimid (N_2H_2) zu elementarem Stickstoff und Hydrazin (N_2H_4).

$$\overset{+3}{3\ HNO_2} \longrightarrow \overset{+5}{HNO_3} + \overset{+2}{2\ NO} + H_2O$$
$$\overset{+4}{2\ NO_2} + H_2O \longrightarrow \overset{+5}{HNO_3} + \overset{+3}{HNO_2}$$
$$\overset{-1}{2\ N_2H_2} \longrightarrow \overset{0}{N_2} + \overset{-2}{N_2H_4}$$

9. Auch *Decarboxylierungen* substituierter Carbonsäuren stellen, wie die nachfolgenden Beispiele belegen, Disproportionierungsreaktionen dar.

$$\overset{-2}{CH_3}\text{-}\overset{+3}{CO}\text{-}CH_2\text{-}COOH \longrightarrow \overset{-3}{CH_3}\text{-}CO\text{-}\overset{+4}{CH_3} + CO_2$$
$$\overset{+2}{CH_3}\text{-}\overset{+3}{CO}\text{-}COOH \longrightarrow \overset{+1}{CH_3}\text{-}\overset{+4}{CH}=O + CO_2$$
$$\overset{0}{CH_3}\text{-}\overset{+3}{CH(NH_2)}\text{-}COOH \longrightarrow \overset{-1}{CH_3}\text{-}CH_2\text{-}\overset{+4}{NH_2} + CO_2$$

Als **Komproportierung** oder **Synproportionierung** bezeichnet man den zur Disproportionierung umgekehrten Vorgang. Hierbei bildet sich aus einer höheren und einer tieferen Oxidationsstufe eines Elements *eine* Verbindung in einer mittleren Oxidationsstufe. D.h., zwei Verbindungen des gleichen Elements reagieren unter Oxidation und Reduktion zu einem Produkt. Die folgenden Beispiele mögen dies belegen [vgl. **MC-Fragen Nr. 738, 739, 755, 756, 1443**].

1. $\overset{+2}{Cu}Cl_2 + \overset{0}{Cu} \longrightarrow 2\ \overset{+1}{Cu}Cl$

2. $\overset{+1}{I}\overset{-1}{Br} + KI \longrightarrow KBr + \overset{0}{I_2}$

3. $HO\overset{+1}{Cl} + H\overset{-1}{Cl} \longrightarrow H_2O + \overset{0}{Cl_2}$

4. $CaCl(O\overset{+1}{Cl}) + 2\ H\overset{-1}{Cl} \longrightarrow CaCl_2 + \overset{0}{Cl_2} + H_2O$

5. $H\overset{+5}{Cl}O_3 + 5\ H\overset{-1}{Cl} \longrightarrow 3\ \overset{0}{Cl_2} + 3\ H_2O$

6. $\overset{-3}{N}H_4^+\overset{+5}{N}O_3^- \longrightarrow \overset{+1}{N_2}O + 2\ H_2O$

7. $\overset{-3}{N}H_4^+\overset{+3}{N}O_2^- \longrightarrow \overset{0}{N_2} + 2\ H_2O$

8. $95\ H\overset{-1}{I} + H\overset{+5}{I}O_3 \longrightarrow 3\ \overset{0}{I_2} + 3\ H_2O$

1.12.2 Redoxpotential

1.12.2.1 Normalpotential, Spannungsreihe

Eine bestimmte Substanz vermag *nicht* von jedem anderen Stoff Elektronen aufzunehmen bzw. an ihn abzugeben, so dass es keine absoluten Oxidations- und Reduktionsmittel gibt. Vielmehr ist die oxidierende oder reduzierende Wirkung einer Substanz eine Funktion des zu oxidierenden bzw. zu reduzierenden Reaktionspartners.

Beispielsweise oxidieren Cu(II)-Ionen metallisches Zink nicht aber metallisches Silber; vielmehr wird Cu durch Silberionen zu Cu(II) oxidiert.

$$Zn + Cu^{2+} \longrightarrow Zn^{2+} + Cu$$
$$Ag + Cu^{2+} \longrightarrow keine\ Reaktion$$
$$Cu + 2\ Ag^+ \longrightarrow Cu^{2+} + 2\ Ag$$

Will man diese unterschiedliche Oxidationswirkung *zahlenmäßig* erfassen, muss man nach der treibenden Kraft des Elektronenübergangs fragen. Die Tatsache, dass zwischen dem **Zinksystem** (1) und dem **Kupfersystem** (2) ein Elektronenübergang stattfindet und somit ein elektrischer Strom fließt, zeigt, dass zwischen beiden Systemen eine **Potentialdifferenz (Spannung)** bestehen muss.

(1) $Zn \longrightarrow Zn^{2+} + 2\ e^-$

(2) $2\ e^- + Cu^{2+} \longrightarrow Cu$

$$\overline{Zn + Cu^{2+} \longrightarrow Zn^{2+} + Cu}$$

(2) $Cu \longrightarrow Cu^{2+} + 2\ e^-$

(3) $2\ e^- + 2\ Ag^+ \longrightarrow 2\ Ag$

$$\overline{Cu + 2\ Ag^+ \longrightarrow Cu^{2+} + 2\ Ag}$$

> Jeder Elektronenübergang zwischen zwei Substanzen stellt einen elektrischen Strom dar, wobei das Vorhandensein einer Potentialdifferenz zwischen zwei korrespondierenden Redoxpaaren Voraussetzung für das Fließen eines elektrischen Stromes ist.

Die zwischen der Zink- (1) und der Kupferelektrode (2) bestehende Potentialdifferenz lässt sich aber experimentell durch bloßes Eintauchen eines Zn-Stabes in eine $CuSO_4$-Lösung nicht messen, weil sich der Elektronenaustausch innerhalb atomarer Dimensionen abspielt.

Isoliert man jedoch die Zinkelektrode (1) (**1. Halbzelle**) *räumlich* von der Kupferelektrode (2) (**2. Halbzelle**), indem man einen Zn-Stab in eine $ZnSO_4$-Lösung und einen Cu-Stab in eine $CuSO_4$-Lösung eintaucht und beide Lösungen durch eine poröse Trennwand (*Diaphragma*) voneinander trennt, so kann Zink seine Elektronen nur über einen äußeren Leitungsdraht an die Cu^{2+}-Ionen abgeben. Die zwischen beiden Systemen existierende Potentialdifferenz lässt sich durch Anlegen einer gleichgroßen Gegenspannung an die beiden Elektroden messen (Stromlosigkeit im Schließungsdraht).

Eine *Kombination zweier Halbzellen* (**Elektroden**), wie sie Abb. 1.136 illustriert, nennt man ein **galvanisches Element** oder eine **galvanische Zelle**. In einer solchen Zelle kann eine Redoxreaktion zur Erzeugung elektrischer Energie genutzt werden. Hierbei läuft in der einen Halbzelle eine Oxidation und in der anderen Halbzelle eine Reduktion ab. Die spezielle galvanische Zelle, in der Zink als Anode und Kupfer als Kathode fungiert, wird auch als **Daniell-Element** bezeichnet. Die zwischen beiden Elektroden befindliche poröse Wand verhindert ein mechanisches Durchmischen beider Lösungen, ermöglicht aber den Durchtritt von Ionen. Die Potentialdifferenz zwischen den Elektroden wird häufig als **elektromotorische Kraft (EMK)** der Zelle bezeichnet. Sie ist ein Maß für die Tendenz des Ablaufs eines Redoxprozesses. Dabei bezieht man die **Standard-EMK** auf die EMK einer Zelle, in der alle Reaktanden und Produkte in ihren Standardzuständen vorliegen (vgl. auch Kap. 1.9.2).

Abb. 1.137 zeigt nochmals eine schematische Darstellung des galvanischen Zink-Kupfer-Elements und Abb. 1.138 veranschaulicht die Anordnung eines Sil-

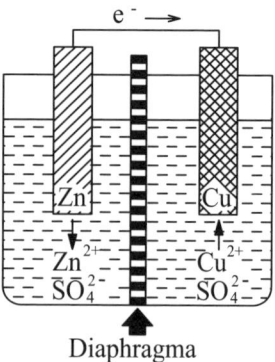

Abb. 1.136: Schema eines kurzgeschlossenen Daniell-Elements

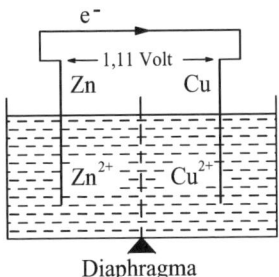

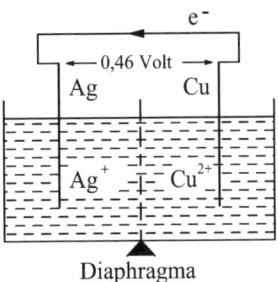

Abb. 1.137: Galvanisches Zink-Kupfer-Element

Abb. 1.138: Galvanisches Silber-Kupfer-Element

ber-Kupfer-Elements, in dem in einer Halbzelle ein Ag-Stab in eine Ag_2SO_4-Lösung eintaucht. Hierbei besitzt Zink ein höheres und Kupfer ein tieferes Potential, weil Elektronen vom Zink zum Kupfer hinfließen und ein Elektronenfluss nur von höheren zu tieferen Potentialen stattfinden kann. Demgegenüber besitzt das Silbersystem (3) ein tieferes Potential als Kupfer und die Elektronen fließen im Silber-Kupfer-Element vom Kupfer zum Silber hin.

Die Tatsache, dass zwischen zwei unterschiedlichen Halbzellen eine messbare elektrische Spannung auftritt, belegt, dass offenbar jeder Halbzelle, d. h. jedem **korrespondierenden Redoxpaar** ein charakteristisches Potential, das sog. **Redoxpotential**, zugeordnet werden kann.

Die Potentialwerte, die man den beiden aus Reaktanden und Produkten gebildeten korrespondierenden Redoxpaaren einer Redoxreaktion zuordnen kann, werden als ihre Redoxpotentiale bezeichnet. Sie hängen von den beteiligten Substanzen, ihren Konzentrationen und der Temperatur ab.

Absolute Einzelpotentiale einer Halbzelle (korr. Redoxpaar) können *nicht* gemessen werden, da hierzu eine 2.Halbzelle erforderlich ist, deren absolutes Potential wiederum nicht bekannt ist; man kann nur Spannungen, d. h. Potentialdifferenzen bestimmen. Für **relative Potentialmessungen** ist deshalb ein *willkürlicher Nullpunkt* festzulegen (siehe Abb. 1.139).

Man hat hierfür die **Normal-Wasserstoffelektrode (NWE)** gewählt, d. h. eine Halbzelle mit einer Elektrode aus platiniertem (mit elektrolytisch abgeschiedenen, fein verteiltem Pt überzogenem) Platin, die von Wasserstoffgas unter einem Druck von 101,3 kPa umspült wird und in eine Säurelösung mit $[H_3O^+] = 1$ mol/l eintaucht. **Das Potential der NWE wurde gleich Null gesetzt.** Ein Vorteil der Verwendung einer platinierten Platinelektrode zur Bestimmung von Normalpotentialen ist, dass das Potential der Wasserstoffelektrode *nicht* durch Überspannungseffekte verfälscht wird [vgl. **MC-Frage Nr. 1580**].

Neben Metallen können auf diese Weise auch die Potentiale von Nichtmetallen sowie anderer Spezies, wie z. B. Fe(II)/Fe(III)-Ionen, gemessen werden. Im letzteren Fall enthält eine Lösung ein Fe(II)- und ein Fe(III)-Salz, in die ein Platindraht als inerte Ableitungselektrode eintaucht [vgl. **MC-Fragen Nr. 757, 1757**].

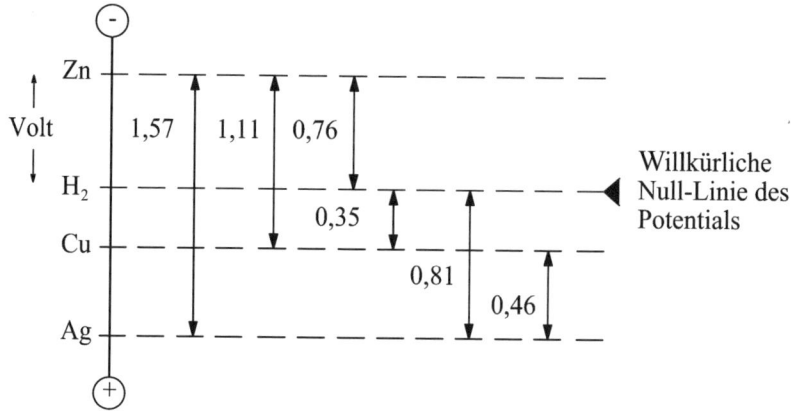

Abb. 1.139: **Wahl eines willkürlichen Nullpunkts der Spannungsreihe**

Die Potentiale von korr. Redoxpaaren, bei denen Elektronen frei werden, wenn sie mit der NWE kombiniert sind, erhalten ein *negatives Vorzeichen*; sie wirken gegenüber dem System (H_2/H_3O^+) *reduzierend*. Redoxpaare, deren *oxidierte* Form stärker oxidierend wirkt als das H_3O^+-Ion besitzen *positive Potentialwerte*.

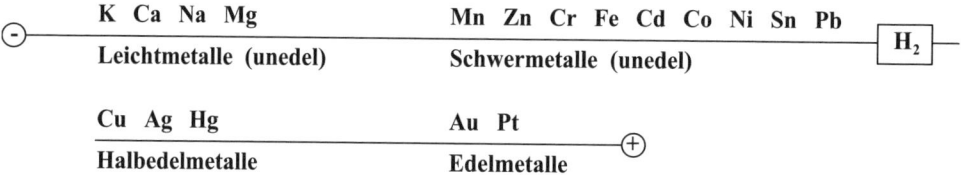

Um einen Vergleich verschiedener Redoxpaare zu ermöglichen, misst man ihre Redoxpotentiale gegenüber der NWE im Standardzustand und bezeichnet die erhaltenen Werte als **Normalpotential (E⁰)** des jeweiligen Redoxpaares. Eine *tabellarische Anordnung der Normalpotentiale* nach zunehmend positiverem Elektrodenpotential wird **Spannungsreihe** genannt. In Tab. 1.74 sind die Normalpotentiale einiger pharmazeutisch wichtiger korr. Redoxpaare aufgelistet [vgl. **MC-Fragen Nr. 758–761, 767, 1308, 1461, 1508, 1512, 1536, 1758**].

Das Normalpotential (E⁰) charakterisiert die Oxidationskraft bzw. das Reduktionsvermögen eines korrespondierenden Redoxpaares. Ein Oxidationsmittel nimmt Elektronen auf und wird dabei reduziert. Daraus folgt, je positiver das Normalpotential ist, desto stärker oxidierend wirkt die oxidierte Form des korr. Redoxpaares.

Ein Reduktionsmittel gibt Elektronen ab und wird selbst oxidiert. Daher wirkt die reduzierte Form eines korr. Redoxpaares umso stärker reduzierend, je negativer das Normalpotential (E⁰) der reduzierten Form eines korr. Redoxpaares ist.

Tab. 1.74:   Spannungsreihe (Redoxreihe)

Red (Reduzierte Form)	Ox (Oxidierte Form)	Normalpotential E^o (in Volt)
Li	$Li^+ + e^-$	- 3,03
Na	$Na^+ + e^-$	- 2,71
Mg	$Mg^{2+} + 2\ e^-$	- 2,40
Al	$Al^{3+} + 3\ e^-$	- 1,69
Mn	$Mn^{2+} + 2\ e^-$	- 1,18
Zn	$Zn^{2+} + 2\ e^-$	- 0,76
S^{2-}	$S + 2\ e^-$	- 0,51
Fe	$Fe^{2+} + 2\ e^-$	- 0,44
Ni	$Ni^{2+} + 2\ e^-$	- 0,25
Sn	$Sn^{2+} + 2\ e^-$	- 0,14
Pb	$Pb^{2+} + 2\ e^-$	- 0,13
$Ti^{3+} + H_2O$	$TiO^{2+} + 2\ H^+ + e^-$	- 0,04
$H_2 + 2\ H_2O$	$2\ H_3O^+ + 2\ e^-$	0,00
$NO_2^- + H_2O$	$NO_3^- + 2\ H^+ + 2\ e^-$	+ 0,01
$SO_2 + 2\ H_2O$	$SO_4^{2-} + 4\ H^+ + 2\ e^-$	+ 0,14
Sn^{2+}	$Sn^{4+} + 2\ e^-$	+ 0,15
Cu^+	$Cu^{2+} + e^-$	+ 0,17
Cu	$Cu^{2+} + 2\ e^-$	+ 0,35
$2\ I^-$	$I_2 + 2\ e^-$	+ 0,54
$H_3AsO_3 + H_2O$	$H_3AsO_4 + 2\ H^+ + 2\ e^-$	+ 0,56
Fe^{2+}	$Fe^{3+} + e^-$	+ 0,75
Ag	$Ag^+ + e^-$	+ 0,81
Hg	$Hg^{2+} + 2\ e^-$	+ 0,86
$2\ Br^-$	$Br_2 + 2\ e^-$	+ 1,07
$Cr^{3+} + 4\ H_2O$	$CrO_4^{2-} + 8\ H^+ + 3\ e^-$	+ 1,36
$2\ Cl^-$	$Cl_2 + 2\ e^-$	+ 1,36
$Br^- + 3\ H_2O$	$BrO_3^- + 6\ H^+ + 6\ e^-$	+ 1,42
Ce^{3+}	$Ce^{4+} + e^-$	+ 1,44
$Mn^{2+} + 4\ H_2O$	$MnO_4^- + 8\ H^+ + 2\ e^-$	+ 1,52
$2\ F^-$	$F_2 + 2\ e^-$	+ 2,85

Reduzierende Wirkung nimmt ab (linke Randbeschriftung)
Oxidierende Wirkung nimmt ab (rechte Randbeschriftung)

1.12.2.2 Konzentrationsabhängigkeit des Redoxpotentials, Nernstsche Gleichung

Das **Redoxpotential** (E) eines korrespondierenden Redoxpaares kann mit Hilfe der **Nernstschen Formel** berechnet werden, wenn man sein Normalpotential, die Aktivitäten (bzw. Konzentrationen) seiner Bestandteile und die Temperatur kennt. Für einen Redoxvorgang der allgemeinen Form [Ox + n · e^- $\rightleftharpoons$ Red] lautet die Nernstsche Gleichung:

$$E = E^\circ + \frac{R \cdot T}{n \cdot F} \ln \frac{[Ox]}{[Red]}$$

E	= Redoxpotential in Volt
E°	= Normalpotential des Redoxpaares in Volt
R	= allg. Gaskonstante (8,315 Joule/Grad)
T	= absolute Temperatur in K
F	= Faraday-Konstante (96 487 Coulomb = 1 Faraday)
n	= Anzahl der übertragenen Elektronen
[Ox], [Red]	= Konzentrationen des korr. Redoxpaares

Die Nernstsche Gleichung gibt die Konzentrationsabhängigkeit des Redoxpotentials (E) an und gestattet die Berechnung der elektromotorischen Kraft beliebiger Zellen, wenn die am Redoxvorgang beteiligten Stoffe nicht in ihren Standardzuständen vorliegen. Darüber hinaus verdeutlicht die Nernstsche Formel wie man durch Änderung der Konzentrationen der an der Redoxreaktion beteiligten Reaktionspartner den Zahlenwert des Redoxpotentials (E) und damit die oxidierende bzw. reduzierende Kraft eines Redoxsystems willkürlich verändern kann.

Setzt man in obige Gleichung die Zahlenwerte für R und F sowie für T = 298 K (25 °C) ein und berücksichtigt den Umwandlungsfaktor von ln in log [ln a = 2,3 · log a], so ergibt sich folgende Formulierung der Nernstschen Gleichung:

$$E = E^\circ + \frac{0{,}059}{n} \log \frac{[Ox]}{[Red]} \qquad \text{(bei 25 °C)}$$

Aus der Nernstschen Gleichung lässt sich ableiten, dass das **Normalpotential** (E°) eines korr. Redoxpaares den verfügbaren Potentialbereich in zwei Gebiete unterteilt, in denen entweder die oxidierte oder die reduzierte Form überwiegt. Voraussetzung ist, dass die beiden Formen wasserlöslich sind und zwischen ihnen eine reversible Redoxbeziehung besteht. Es gilt:

E < E° bedeutet [Ox] < [Red]
E = E° bedeutet [Ox] = [Red]
E > E° bedeutet [Ox] > [Red]

Für bestimmte Redoxsysteme kann die Nernstsche Formel stark vereinfacht werden. Bei einer **Metallelektrode**

$$Me^\circ \longrightarrow Me^{n+} + n \cdot e^-$$

ist die Konzentration der festen Phase (red.Form) als konstant anzusehen. Daraus folgt für die Konzentrationsabhängigkeit des Redoxpotentials:

$$E = E^o + (0{,}059/n) \cdot \log [Me^{n+}]$$

Bei einer **Nichtmetallelektrode**

$$Nime^o + n \cdot e^- \longrightarrow Nime^{n-}$$

ist die Konzentration des Nichtmetalls, d. h. die oxidierte Form des korr. Redoxpaares ebenfalls eine Konstante, so dass gilt:

$$E = E^o - (0{,}059/n) \cdot \log [Nime^{n-}]$$

Schließlich ist auch bei Redoxvorgängen in wässriger Lösung die Konzentration des Reaktanden und Lösungsmittels Wasser als konstant zu betrachten. Deshalb kann z. B. für die Reduktion von **Permanganat** in saurer Lösung zu Mn(II) die Nernstsche Gleichung durch folgenden Ausdruck wiedergegeben werden:

$$MnO_4^- + 8\, H_3O^+ + 5\, e^- \longrightarrow Mn^{2+} + 12\, H_2O$$

$$E = E^o + \frac{0{,}059}{5} \cdot \log \frac{[MnO_4^-][H_3O^+]^8}{[Mn^{2+}]}$$

Aus obiger Nernst-Formel ist ersichtlich, dass das Redoxpotential und somit die *Oxidationskraft von Permanganat* mit zunehmender Permanganat-Konzentration und zunehmender Protonen-Konzentration (abnehmendem pH-Wert) ansteigt, und geringer wird bei ansteigender Mn(II)-Salzkonzentration [vgl. **MC-Fragen Nr. 1483, 1782**].

Ganz allgemein gelten für die Formulierung des Konzentrationsgliedes der Nernstschen Formel dieselben Regeln wie für die Erstellung der MWG-Gleichung. Darüber hinaus ist zu beachten, dass die Nernstsche Gleichung – ebenso wie das Massenwirkungsgesetz – nur auf *reversible* Vorgänge angewandt werden kann. Die mit Hilfe dieser Formel berechneten Potentialwerte werden deshalb auch als **reversible Redoxpotentiale** bezeichnet.

1.12.2.3 pH-Abhängigkeit des Redoxpotentials

Oxidations- und Reduktionsvorgänge, die sich in wässriger Lösung abspielen, sind häufig mit einer Protonenübertragung gekoppelt. Immer dann, wenn an einer Halbreaktion H_3O^+- oder HO^--Ionen beteiligt sind, ist das Redoxpotential eines korrespondierenden Redoxpaares und somit der gesamte Redoxprozess pH-abhängig. Von Ausnahmen abgesehen gilt, dass Oxidationsmittel in saurer und Reduktionsmittel in alkalischer Lösung stärker wirksam sind.

Abb. 1.140 zeigt für einige ausgewählte Redoxsysteme die Abhängigkeit des Redoxpotentials vom pH-Wert.

Redoxgleichgewichte, an denen Protonen beteiligt sind, lassen sich in allgemeiner Form durch folgende Redoxgleichung beschreiben:

$$Red \rightleftharpoons Ox + n\, e^- + m\, H^+$$

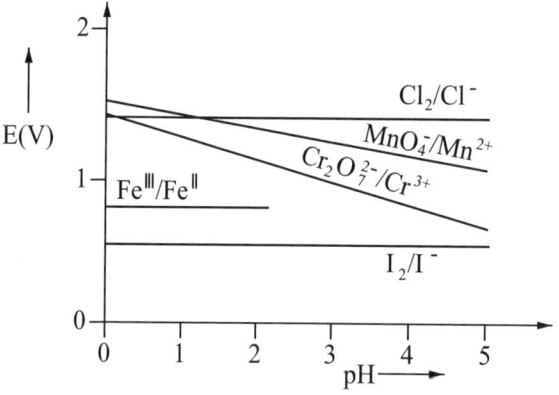

Abb. 1.140: pH-Abhängigkeit des Redoxpotentials

Die Nernstsche Gleichung lautet:

$$E = E^o + \frac{0,059}{n} \cdot \log \frac{[Ox][H^+]^m}{[Red]}$$

$$= E^o + 0,059 \frac{m}{n} \cdot \log [H^+] + \frac{0,059}{n} \cdot \log \frac{[Ox]}{[Red]}$$

$$\mathbf{E = E^o - 0,059 \frac{m}{n} \cdot pH + \frac{0,059}{n} \cdot \log \frac{[Ox]}{[Red]}}$$

Wie die Gleichung belegt, ist das Redoxpotential in diesen Fällen von der Protonenaktivität und somit vom pH-Wert der Lösung abhängig. Aus der Gleichung ist auch abzuleiten, dass *bei einer Erhöhung des pH-Wertes das Redoxpotential kleiner wird* [vgl. **MC-Fragen Nr. 1447, 1536**].

In der Regel liegt der Quotient (m/n) nahe bei 1. Die Redoxpotentiale von stark sauren [pH = 0] und stark alkalischen [pH = 14] Lösungen unterscheiden sich daher um ca. 1 Volt (14 · 0,059 = 0,826), sofern die Konzentrationen von Oxidans und Reduktor einander gleich sind.

Die Anwendung der Nernst-Gleichung zur Berechnung des Potentials pH-abhängiger Redoxreaktionen soll an einigen Beispielen praktiziert werden.

Berechnungen (in Klammer Nr. der MC-Frage)

[762] Das Redoxpotential der Halbzellenreaktion

$$H_3AsO_3 + H_2O \rightleftharpoons H_3AsO_4 + 2\,H^+ + 2\,e^-$$

in verdünnter Lösung bei T = 298 K ergibt sich durch Anwendung der Nernstschen Gleichung mit m=2 und n=2 zu:

$$E = E^o - 0,059 \cdot pH + \frac{0,059}{2} \cdot \log \frac{[H_3AsO_4]}{[H_3AsO_3]}$$

[763] **Gegeben**: Eine Redoxreaktion
[765]

$$Red + H_2O \rightleftharpoons Ox + 2\,H^+ + 2\,e^-$$

(m=2, n=2, T=298 K) bei pH = 5 mit
E^o = 0,16 V und [Ox]/[Red] = 0,1/99,9

Gesucht: Redoxpotential (E)?

Berechnung: $E = E^o - (0,059pH) + (0,059/2) \cdot \log [Ox]/[Red]$
$\sim 0,16 - (0,06 \cdot 5) + (0,06/2) \log 10^{-1}/10^2$
$= 0,16 - 0,30 + 0,03 \log 10^{-3}$
$= -0,14 - 0,09 = \mathbf{-0,23\,(V)}$

[764] **Gegeben**: Die Redoxreaktion

$$Cr^{3+} + 4\,H_2O \rightleftharpoons CrO_4^{2-} + 8\,H^+ + 3\,e^-$$

(m=8, n=3) bei pH = 0 mit E^o = 1,30 V und $[CrO_4^{2-}]$ = 0,1-M
sowie $[Cr^{3+}]$ = 0,1-M

Gesucht: Redoxpotential (E)?

Berechnung: $E = 1,30 - 0,06 \cdot (8/3) \cdot 0 - (0,06/3)\log 0,1/0,1$
$= 1,30 - 0 - 0,02 \log 1 = \mathbf{+1,30\,V}$

[1708] **Gegeben**: Konstantes Konzentrationsverhältnis $[MnO_4^-]/[Mn^{2+}]$
Änderung des pH-Wertes von pH = 3 → pH = 4

Gesucht: Änderung des Redoxpotentials E?

Berechnung: Für den Reduktionsvorgang
$MnO_4^- + 5\,e^- + 8\,H_3O^+ \rightarrow Mn^{2+} + 12\,H_2O$
lautet die pH-abhängige Nernstsche Gleichung
$E = E^o - 0,059 \cdot (8/5) \cdot pH + 0,059/5 \cdot \log [MnO_4^-]/[Mn^{2+}]$
Bei alleiniger Änderung des pH-Wertes und der Konstanz der übrigen Parameter ergibt sich für den pH-Term:
<u>pH = 3:</u> $0,059 \cdot (8/5) \cdot 3 = 0,2832$
<u>pH = 4:</u> $0,059 \cdot (8/5) \cdot 4 = 0,3776$
Somit ändert sich das Redoxpotential der Permanganat-Lösung um etwa **0,1 V** bei Erhöhung des pH-Wertes von pH = 3 auf pH = 4.

1.12.2.4 Wasserstoffelektrode, pH-Wertmessung

Die Wasserstoff-Ionenkonzentration einer Lösung bzw. ihr pH-Wert (s. Kap. 1.11.2) ist ein Maß für die Acidität oder Alkalität der Lösung. Hierbei gestattet die pH-Abhängigkeit des Potentials bestimmter Redoxvorgänge eine elektrochemische Messung der Protonenkonzentration.

Der einer potentiometrischen pH-Wertmessung zugrundeliegende potentialbildende Redoxvorgang lautet [vgl. **MC-Fragen Nr. 735, 1447**]:

$$H_2 + 2\,H_2O \rightleftharpoons 2\,H_3O^+ + 2\,e^-$$

Daraus ergibt sich durch Anwendung der Nernstschen Gleichung für das Potential der **Wasserstoffelektrode**, wobei E^o definitionsgemäß gleich Null gesetzt wird:

$$E = + (0{,}059/2) \cdot \log [H_3O^+]^2 = 0{,}059 \log [H_3O^+]$$

$$\mathbf{E = - 0{,}059 \cdot pH} \quad \text{(bei 25°C)}$$

Zur potentiometrischen pH-Wertbestimmung benötigt man eine Messelektrode (Indikatorelektrode), die auf die unterschiedlichen H^+-Ionenkonzentrationen anspricht. Als Messelektroden können verwendet werden (vgl. auch Ehlers, **Analytik II**, Kap. 10.2.1):

- **Wasserstoffelektrode** (selten),
- **Glaselektrode** (häufigste Anwendung),
- **Antimonelektrode**,
- **Chinhydronelektrode**.

Die **Chinhydronelektrode** besteht aus einer inerten Pt-Elektrode, die in eine äquimolare Lösung von **Chinon** (CH) und **Hydrochinon** (HCH) eintaucht. Als **Chinhydron** bezeichnet man den charge transfer-Komplex von Chinon und Hydrochinon im Verhältnis (1:1). Chinon und Hydrochinon sind gemäß der Gleichung

ineinander überführbar. Wie die Anwendung der Nernstschen Gleichung auf diesen Redoxvorgang zeigt, ist das Potential dieser Elektrode *nur* vom pH-Wert der Lösung abhängig.

$$E_{Ch} = E^\circ + \frac{0{,}059}{2} \cdot \log \frac{[CH] \cdot [H_3O^+]^2}{[HCH]}$$

Daraus folgt bei 25 °C mit [CH] = [HCH]:

$$\mathbf{E_{Ch} = E^\circ + 0{,}059 \cdot \log [H_3O^+] = E^\circ - 0{,}059 \cdot pH}$$

Aus dieser Beziehung ist ersichtlich, dass das Potential (E_{Ch}) der Chinhydronelektrode in saurer Lösung größer ist als in neutralem Milieu. Einschränkend ist zu erwähnen, dass die Chinhydronelektrode in Lösungen, deren pH-Wert über 9 liegt, *nicht* verwendet werden kann, weil Hydrochinon als schwache Säure in diesem pH-Bereich neutralisiert wird. Darüber hinaus ist die Elektrode in stark oxidierenden bzw. reduzierenden Lösungen unbrauchbar [vgl. auch **MC-Fragen Nr. 769, 770**].

Berechnung (in Klammer Nr. der MC-Frage)
[771] Gegeben: Eine Lösung von pH = 6 mit 0,01-M Chinon und 1-M Hydrochinon ($E^\circ = 0{,}7$ V).

Gesucht: Potential der Lösung?

Berechnung: Aufgrund der Redoxreaktion

$$HCH \rightleftharpoons CH + 2\,H^+ + 2\,e^-$$

ergibt sich das Potential mit (m=2, n=2) bei pH = 6 zu:

$$\mathbf{E} = E^o - 0,06 \cdot (m/n) \cdot pH + 0,06/2 \cdot \log\,[CH]/[HCH]$$
$$= 0,7 - 0,06 \cdot 1 \cdot 6 + 0,03 \cdot \log 10^{-2}/1$$
$$= 0,7 - 0,36 - 0,06 \sim \mathbf{0,3\ V}$$

Bei *potentiometrischen Säure-Base-Titrationen* nutzt man die Potentialmessung zur Erkennung des Äquivalenzpunktes der Titration aus (siehe auch Ehlers, **Analytik II**, Kap. 10.2.2).

1.12.2.5 Redoxgleichgewichte, Gleichgewichtskonstante

Um Aussagen über das *Ausmaß einer Redoxreaktion* machen zu können, benötigt man deren Gleichgewichtskonstante (K). Für einen Redoxprozess der allgemeinen Form

$$n\,Ox^1 + n^*\,Red^2 \rightleftharpoons n\,Red^1 + n^*\,Ox^2$$

und den Normalpotentialen des

Reduktors: $E^o{}_{Red}$ (Red^2/Ox^2)
Oxidans: $E^o{}_{Ox}$ (Ox^1/Red^1)

ergibt sich die **Gleichgewichtskonstante** dieser Reaktion zu:

$$-\log K = \frac{n \cdot n^*}{0,059}\ (E^o{}_{Red} - E^o{}_{Ox})\ \text{(bei 25 °C)}$$

Man erkennt, dass die Gleichgewichtslage einer Redoxreaktion von der Differenz der Normalpotentiale der beteiligten Systeme abhängt. Die Gleichgewichtskonstante (K) ist umso größer, je größer $E^o{}_{Ox}$ und je kleiner $E^o{}_{Red}$ ist [vgl. **MC-Frage Nr. 768**].

Ein *Reduktionsmittel* ist deshalb umso wirkungsvoller, je niedriger das Normalpotential des betreffenden Redoxpaares ist; ein *Oxidationsmittel* ist umso wirksamer, je höher das Normalpotential des entsprechenden korr. Redoxpaares ist. Tab. 1.75 zeigt eine Einteilung von Reduktions- und Oxidationsmitteln im Hinblick auf ihren Wirkungsgrad.

Danach sind sowohl in saurer als auch in alkalischer Lösung besonders *starke Reduktionsmittel* ($E^o < -1$ V): Hydride (H$^-$), Metalle der I. und II. Hauptgruppe sowie Aluminium und einige Elemente der III. Nebengruppe. Als besonders *starke Oxidationsmittel* ($E^o > +2$ V) sind Fluor, Difluoroxid (F$_2$O), Ozon (O$_3$), Peroxodisulfat-Ionen (S$_2$O$_8^{2-}$), Platinhexafluorid (PtF$_6$) und atomarer Sauerstoff anzusehen.

Tab. 1.75: **Einteilung der Oxidations- und Reduktionsmittel**

Reduktionswirkung	Oxidationswirkung	Potentialbereiche der korr. Redoxpaare (in V)	
		a) Saure Lösung	b) Alkal. Lösung
1. Überaus stark	Praktisch keine	< -0,5	< -1,5
2. Sehr stark	Überaus schwach	-0,5 - 0	-1,5 - -1
3. Stark	Sehr schwach	0 - 0,5	-1 - -0,5
4. Schwach	Schwach	0,5 - 1	-0,5 - 0
5. Sehr schwach	Stark	1 - 1,5	0 - 0,5
6. Überaus schwach	Sehr stark	1,5 - 2	0,5 - 1
7. Praktisch keine	Überaus stark	> 2	> 1

1.12.2.6 Redoxpotential und freie Reaktionsenthalpie

Die elektromotorische Kraft einer Zelle (E_z) ist ein Maß für die *Änderung der freien Enthalpie* (ΔG), die in Form von elektrischer Energie auftritt (vgl. auch Kap. 1.9.7). Es gilt [vgl. **MC-Fragen Nr. 585, 1370, 1756, 1876**]:

$$\Delta G = - n \cdot F \cdot E_z$$

Hierin bedeutet n die Anzahl Mole an Elektronen, die pro Reaktionsablauf umgesetzt werden. F ist die Faraday-Konstante, d. h. die Ladung eines Mols an Elektronen bzw. die Ladung von 1 Äquivalent Substanz [ca. 96 000 Coulomb ($A \cdot s \cdot mol^{-1}$)] und E_z ist die Spannung der Zelle [in Volt ($J \cdot A^{-1} \cdot s^{-1}$)], in der die betreffende Reaktion stattfindet.

Nur wenn die freie Enthalpie des Systems abnimmt ($\Delta G < 0$), läuft eine Reaktion freiwillig ab. Daher kann mit [$\Delta G = -nFE_z$] ein galvanisches Element nur dann Energie abgeben, wenn E_z *positiv* ist. Hierbei gilt für das richtige *Vorzeichen* der elektromotorischen Kraft (E): **E = E°(Kathode) - E°(Anode)**.

Berechnung (in Klammer Nr. der MC-Frage)
[766] Gegeben: Das Redoxpotential des Redoxpaares (MnO_4^- /Mn^{2+}) mit [Ox]/[Red] = 10^{-2} mol/l (1 Äquivalent) beträgt (bei pH = 0 und T = 298 K) **E = + 1,5 V.** Die Faraday-Konstante hat abgerundet einen Wert von 10^5 ($A \cdot s \cdot mol^{-1}$).

Gesucht: Freie Reaktionsenthalpie (ΔG) (in kJ mol^{-1})?

Berechnung: Aufgrund des bei pH = 0 ([H^+] = 1 M) ablaufenden Reduktionsvorganges

$$MnO_4^- + 8 H^+ + 5 e^- \longrightarrow Mn^{2+} + 4 H_2O$$

errechnet sich ΔG zu:

$$\mathbf{\Delta G} = - n \cdot F \cdot E_z = - 5 \cdot 10^5 \cdot 1,5 \ (J \ mol^{-1}) = - 750\,000 \ (J \ mol^{-1})$$
$$= \mathbf{- 750 \ (kJ \ mol^{-1})}$$

1.12.3 Voraussage von Redoxvorgängen

Das **Normalpotential eines Redoxpaares** charakterisiert seine reduzierende oder oxidierende Wirkung. Je negativer das Potential ist, desto stärker wirkt seine reduzierte Form reduzierend; je positiver das Potential ist, desto stärker ist die Oxidationskraft seiner oxidierten Form.

Kennt man die Normalpotentiale *zweier* korrespondierender Redoxpaare, so kann man voraussagen, in welcher Weise sie aufeinander einwirken und ob eine bestimmte Oxidation oder Reduktion überhaupt möglich ist. Da sich die negativ geladenen Elektronen nur von Stellen mit niedrigem Potential zu solchen mit höherem Potential bewegen, werden Elektronen stets vom *Reduktionsmittel* des korr. Redoxpaares mit dem *niedrigeren Potential* auf das *Oxidationsmittel* des korr. Redoxpaares mit dem *höheren Potential* übertragen.

Eine Redoxreaktion kann nur dann freiwillig ablaufen, wenn das Potential der Gesamtreaktion positiv ist, d. h., das Oxidationsmittel dem korr. Redoxpaar mit dem höheren Normalpotential angehört.

$$Red^1 + Ox^2 \rightleftharpoons Ox^1 + Red^2$$

Ein oxidierbares Teilchen (Red^1) kann nur von einem Oxidationsmittel (Ox^2) oxidiert werden, dessen Redoxpotential positiver ist als das Potential des korr. Redoxpaares (Red^1/Ox^1).

Dies soll an folgenden MC-Beispielen deutlich gemacht werden:

[772] **Chloridionen** können nur von solchen Oxidationsmitteln zu elementarem
[773] Chlor oxidiert werden, deren Normalpotential größer ist als E^o (Cl_2/Cl^-) = **+1,36 V.** Umgekehrt können nur solche Substanzen Chlor zu Chlorid reduzieren, deren Normalpotential kleiner ist als +1,36 Volt [Br^-, I^-, S^{2-}, SO_2, $S_2O_3^{2-}$, Pb^{2+} u. a.].
[774] **Metallisches Eisen** kann nur solche Metalle aus ihren Salzlösungen in nen-
[775] nenswerten Mengen abscheiden, die edler als Eisen sind. D.h., die ein posi-
[776] tiveres Normalpotential als Fe/Fe^{2+} (E^o = -0,44 V) besitzen, wie z. B.
[1512] $Cu^{2+}/Cu - Ag^+/Ag - Hg^{2+}/Hg$.
[760] Sofern keine Passivierung des Metalls erfolgt, oxidieren die H^+-Ionen einer
[830] Säure mit der Protonenkonzentration 1 mol/l nur solche Metalle zu Metall-
[832] ionen, deren Normalpotential **negativ** ($E^o < 0$) ist (siehe auch Kap. 2.2.1.2).
[833]
[1536] $Me + 2 H_3O^+ \rightarrow Me^{2+} + 2 H_2O + H_2 \uparrow$

Die Normalpotentiale lassen allerdings nur Voraussagen zu, ob ein bestimmter Vorgang überhaupt möglich ist; sie sagen nichts darüber aus, ob der Redoxprozess auch tatsächlich eintritt.

Da das Redoxpotential (E) konzentrationsabhängig ist, können auch nicht begünstigte Redoxprozesse durch Änderung der Konzentration initiiert werden. Ebenso ist zu beachten, dass Stoffe, die nicht unmittelbar in den Redoxprozess eingreifen, das Redoxpotential beeinflussen können. Beispielsweise wird das Potential einer Fe(II)/Fe(III)-Lösung nach Zugabe von NaF herabgesetzt, weil die Konzentration an Fe^{3+}-Ionen durch Komplexierung zu $[FeF_6]^{3-}$ abnimmt [vgl. **MC-Frage Nr. 1256**]. Darüber hinaus benötigen einige kompliziertere Redoxvorgänge, besonders wenn daran Gase beteiligt sind, oft sehr *große Aktivierungsenergien* (vgl. Kap. 1.13.2.6) und sind stark gehemmt, so dass viele theoretisch mögliche Redoxvorgänge äußerst langsam ablaufen.

1.12.3.1 Redoxhemmung, Überspannung

Während gehemmte Reaktionen bei Löse- und Fällungsvorgängen nur selten und bei (einfachen) Protolysen überhaupt nicht vorkommen, sind Reaktionshemmungen von Redoxprozessen relativ häufig. Besonders charakteristisch sind Redoxhemmungen bei *Umsetzungen mit Gasen* oder bei der *Bildung von Gasen* während einer Redoxreaktion.

Wenn keine Reaktionshemmung auftreten würde, müsste molekularer Wasserstoff aufgrund des Normalpotentials (H_2/H_3O^+) bei 101,3 kPa und pH = 0 in der Lage sein, alle Oxidationsmittel mit höherem Normalpotential zu reduzieren. Zum Beispiel müssten sich Fe^{3+}-Ionen beim Einleiten von H_2 in eine wässrige Fe(III)-Salzlösung in Fe^{2+}-Ionen umwandeln.

$$1/2\ H_2 + H_2O \rightleftharpoons H_3O^+ + e^- \qquad E^\circ = \ \ 0,00\ \text{Volt}$$
$$\underline{Fe^{3+} + e^- \rightleftharpoons Fe^{2+} \qquad\qquad\quad E^\circ = +0,77\ \text{Volt}}$$
$$1/2\ H_2 + Fe^{3+} + H_2O \rightleftharpoons H_3O^+ + Fe^{2+} \qquad K = 10^{13}$$

Tatsächlich wirkt aber Wasserstoff auf Fe(III)-Salzlösungen in keiner Weise reduzierend. Selbst wässrige Lösungen der stärksten Oxidationsmittel [MnO_4^-, $S_2O_8^{2-}$] werden durch H_2 *nicht* reduziert.

In ähnlicher Weise – aber nicht annähernd so ausgeprägt – ist auch die *Bildung von Wasserstoff* gehemmt. Zum Beispiel ist eine Hemmung der H_2-Bildung beim Auflösen einer Reihe unedler Metalle (Al, Ni, Cr) in Säuren zu beobachten. Diese Hemmung ist Ursache dafür, dass sich viele Metalle erst bei einer wesentlich höheren Protonenaktivität in Säuren auflösen, als nach ihrer Stellung gegenüber Wasserstoff in der Spannungsreihe zu erwarten wäre. Außerdem kann der Lösevorgang durch **Passivierung** des Metalls (Al, Mg) verhindert werden, welche durch eine dünne, an der Oberfläche des Metalls haftende Oxidschicht verursacht wird (vgl. auch Kap. 2.2.1.2).

Auch bei der *Bildung von Sauerstoff* ist oft eine Reaktionshemmung zu beobachten. Ohne diese Hemmung würden sämtliche Oxidationsmittel, deren Normalpotential bei pH = 0 über **+1,22 Volt** liegt, aus ihren wässrigen Lösungen spontan O_2 freisetzen. So müsste z. B. eine wässrige Lösung von **Hypochloriger Säure** (HOCl) in HCl und O_2 zerfallen.

$$3\ H_2O \rightleftharpoons 2\ H_3O^+ + 1/2\ O_2 + 2\ e^- \qquad E^\circ = +1,22\ \text{Volt}$$
$$\underline{H_3O^+ + HOCl + 2\ e^- \rightleftharpoons Cl^- + 2\ H_2O \qquad E^\circ = +1,49\ \text{Volt}}$$
$$HOCl + H_2O \rightleftharpoons H_3O^+ + Cl^- + 1/2\ O_2 \qquad pK = -4,6$$

Im Allgemeinen entwickelt sich aus wässrigen Lösungen sehr starker Oxidationsmittel jedoch nur dann O_2, wenn die zur Überwindung der Hemmung notwendige Aktivierungsenergie z. B. bei der Hypochlorigen Säure durch Lichteinwirkung geliefert wird oder wenn Katalysatoren die Einstellung des Gleichgewichts beschleunigen (**induzierte Redoxreaktionen**).

Nur die stärksten Oxidationsmittel, wie z. B. $[Co(H_2O)_6]^{3+}$ oder F_2, sind in der Lage die Hemmung der O_2-Bildung aus wässrigen Lösungen ohne Katalysatoren zu überwinden.

$$F_2 + H_2O \rightleftharpoons 2\ HF + 1/2\ O_2$$

Des weiteren sind auch Redoxreaktionen mehr oder minder gehemmt, wenn stabile Komplexe, insbesondere **Oxokomplexe**, gespalten oder gebildet werden. Beispielsweise sollte das ClO_4^--Ion aufgrund der Lage des Normalpotentials Cl^-/ClO_4^- ($E^° = +1,34$ Volt) ein starkes Oxidationsmittel sein. In Wirklichkeit üben aber Perchlorate in wässriger Lösung keine oxidierenden Wirkungen aus, da die hohe Oxidationsstufe des Chlors im ClO_4^--Ion durch die Umhüllung mit fest gebundenen Sauerstoffatomen stabilisiert ist. In analoger Weise ist es auch nicht möglich, das Perchlorat-Ion in wässriger Lösung durch Oxidationsprozesse zu erzeugen.

Häufig kann eine Redoxhemmung durch eine **Temperaturerhöhung** aufgehoben werden. Reaktionen, die in wässriger Lösung bei einer Temperatur von maximal 100 °C völlig gehemmt sind, laufen z.T. bei stärkerem Erhitzen der *trockenen* oder *geschmolzenen* Substanzen ab.

$$KClO_3 \longrightarrow KCl + 3/2\ O_2 \quad \text{(Schmelze)}$$
$$KClO_4 + 4\ KNO_2 \longrightarrow KCl + 4\ KNO_3 \quad \text{(Aufschluss)}$$

Wenn eine gehemmte Redoxreaktion vorliegt, kann man den Verhältnissen dadurch Rechnung tragen, dass zu den mit Hilfe der Nernstschen Gleichung berechneten reversiblen Einzelpotentialen (E_{rev}) der korr. Redoxpaare noch bestimmte Potentialbeträge hinzuaddiert werden.

$$\mathbf{E_{eff} = E_{rev} + \ddot{U}}$$

Die zu addierenden Potentialbeträge ($\ddot{U}$) werden als **Überspannung** des jeweiligen Redoxsystems bezeichnet. Sie können positiv oder negativ sein.

1.12.3.2 Induzierte Redoxreaktionen

Gehemmte Redoxreaktionen sind in der analytischen Chemie nur verwertbar, wenn die Hemmung durch Katalysatoren überwunden werden kann.

So sind z. B. für die maßanalytische Bestimmung von **Arseniger Säure** (H_3AsO_3) mit $KMnO_4$ oder Cer(IV)-sulfat Katalysatoren erforderlich, um die Reaktionsgeschwindigkeit den Anforderungen einer Titration anzupassen; die Titration mit Permanganat wird durch KI, die des Cer(IV)-Salzes durch eine Spur OsO_4 stark beschleunigt.

In ähnlicher Weise kann die Hemmung der Oxidation von **Iodid** mit H_2O_2 durch Molybdat (MoO_4^{2-}) aufgehoben werden. Bei der Oxidation mit Peroxodisulfaten

($S_2O_8^{2-}$) wird häufig von der katalytischen Wirkung des Ag^+-Ions Gebrauch gemacht. Die Wirkungsmechanismen solcher Katalysatoren sind in der Regel nicht bekannt.

Desweiteren ist auszuführen, dass in gewissen Fällen auch Substanzen, die sich während der Reaktion als Zwischenprodukte bilden, katalytisch wirken können, sodass anfangs langsame Reaktionen allmählich immer schneller verlaufen (**Autokatalyse**).

Ein Beispiel hierfür ist die maßanalytische Bestimmung von **Oxalsäure** oder Oxalaten mit $KMnO_4$ in schwefelsaurer Lösung, die von Verbindungen des Mangans in niedrigeren Oxidationsstufen beschleunigt wird.

1.13 Reaktionskinetik

Die **Reaktionskinetik** beschäftigt sich mit der *zeitlichen Veränderung* von Systemen und betrachtet die **Geschwindigkeit**, mit der sich die verschiedenen Systeme dem Gleichgewichtszustand nähern. Hierbei hängt die Geschwindigkeit einer chemischen Reaktion nicht nur vom Anfangs- und Endzustand, sondern auch vom **Reaktionsmechanismus** ab. Unter dem Mechanismus einer Reaktion versteht man die Gesamtheit aller **Elementarprozesse**, d. h. die Gesamtheit der Übergangszustände und Zwischenprodukte, die bei der Umwandlung der Reaktanden in die Produkte durchlaufen werden. Die meisten chemischen Umsetzungen verlaufen nach einem mehrstufigen Mechanismus.

Die experimentelle Grundlage für die Reaktionsmechanismen ist die Messung der Reaktionsgeschwindigkeiten in Abhängigkeit von den Konzentrationen der reagierenden Stoffe und der Temperatur. Somit sind Reaktionsmechanismen nichts anderes als hypothetische Vorstellungen über den detaillierten Ablauf einer Reaktion, deren Aussagen auf kinetischen Befunden basieren.

In der Reaktionskinetik unterteilt man Reaktionen nach der

- Zahl der Teilchen (Atome, Moleküle, Ionen), deren gleichzeitige Wechselwirkung zu einer chemischen Umsetzung führt (**Reaktionsmolekularität**) (siehe auch Kap. 1.13.3),

- Anzahl der Stoffe, von deren Konzentrationen bzw. Partialdrücken die Geschwindigkeit der jeweiligen Stoffumwandlung abhängt (**Reaktionsordnung**) (siehe Kap. 1.13.2.3).

Im allgemeinen kann man aus der stöchiometrischen Reaktionsgleichung weder auf die Reaktionsordnung noch auf die Reaktionsmolekularität schließen. Ebensowenig gestattet die experimentell ermittelte Reaktionsordnung Rückschlüsse auf die Reaktionsmolekularität.

Die Geschwindigkeiten chemischer Reaktionen sind sehr verschieden. Einige Reaktionen, wie z. B. Protonenübertragungen, laufen spontan mit hoher Geschwindigkeit ab; andere Reaktionen verlaufen hingegen extrem langsam, wie z. B. die Umsetzung von Wasserstoff mit Sauerstoff bei Raumtemperatur zu Wasser. Dies ist auch eine Folge der unterschiedlichen Stabilität von Reaktanden und Produkten.

1.13.1 Thermodynamische und kinetische Stabilität

Die Größe der Gleichgewichtskonstanten (K) einer Reaktion (vgl. Kap. 1.10.1) bzw. die Differenz der freien Enthalpien (ΔG) von Edukten und Produkten (vgl. Kap. 1.9.6) gibt nur das Verhältnis der Konzentrationen im Gleichgewichtszustand an, sagt aber nichts darüber aus, wie schnell die Gleichgewichtseinstellung erfolgte.

So vereinigen sich z. B. Wasserstoff und Sauerstoff bei Raumtemperatur nicht zu Wasser, obwohl das Gleichgewicht der Wasserbildung aufgrund der hohen Gleichgewichtskonstanten und des stark negativen ΔG-Wertes praktisch vollkommen auf der rechten Seite liegen sollte.

$$2 \; H_2 + O_2 \; \rightleftharpoons \; 2 \; H_2O$$

Die freie Reaktionsenthalpie (ΔG) einer chemischen Umsetzung gibt offenbar nur an, ob die betreffende Reaktion überhaupt möglich ist; sie gibt keine Auskunft darüber, wie schnell dies geschieht. Die Geschwindigkeit der Reaktion von Sauerstoff und Wasserstoff ist als Folge der hohen freien Aktivierungsenthalpie extrem klein. Eine Mischung von H_2 und O_2 ist scheinbar beständig [vgl. **MC-Fragen Nr. 859, 860, 1333, 1786, 1827**].

Ein solches System nennt man *metastabil* oder *kinetisch inert*. Zum Unterschied von stabilen Systemen kann bei *metastabilen* Systemen durch entsprechende Aktivierung eine Reaktion ausgelöst werden. Auch *instabile* Systeme befinden sich nicht in einem Gleichgewichtszustand; bei ihnen ist jedoch die Reaktionsgeschwindigkeit von messbarer Größe und die Stoffe reagieren miteinander bis schließlich ein *stabiler* Zustand erreicht wurde.

Die **thermodynamische Stabilität** eines Stoffes oder eines Systems wird durch ΔG ausgedrückt, während seine **Reaktivität** gegenüber einer anderen Substanz durch die Reaktionsgeschwindigkeit bestimmt wird. Thermodynamisch stabile Systeme befinden sich in einem Gleichgewichtszustand ($\Delta G = 0$); es besteht keinerlei Triebkraft für eine Zustandsänderung. Stabile Stoffe besitzen eine *hohe negative freie Bildungsenthalpie* (ΔG_f^0) (vgl. auch Kap. 1.9.6).

Demgegenüber wird die **Reaktivität** eines Systems oder einer Substanz durch die **freie Aktivierungsenthalpie** bestimmt (vgl. Kap. 1.13.2.6). *Metastabile* Systeme oder Stoffe können durchaus eine exergonische Reaktion eingehen, die freie Aktivierungsenergie hierfür ist aber recht hoch. Somit wird die Reaktionsgeschwindigkeit für einen solchen Vorgang gering sein. Das System kann sich *erst* nach entsprechender Energiezufuhr oder durch Einsatz von Katalysatoren verändern (siehe auch Kap. 1.13.5 und **MC-Fragen Nr. 1454, 1759**).

1.13.2 Reaktionsgeschwindigkeit und Reaktionsordnung

1.13.2.1 Definition der Reaktionsgeschwindigkeit

Bei jedem chemischen Prozess nehmen innerhalb einer Zeitspanne die Konzentrationen der Reaktionsteilnehmer bis zum Erreichen des Gleichgewichtszustandes zu oder ab. Da sich die Konzentrationen der reagierenden Stoffe während der Reaktion dauernd ändern, verändert sich auch *stets* die Geschwindigkeit der Reaktion. Die **Reaktionsgeschwindigkeit** ist somit ein Maß dafür, wie schnell die Konzentrationsänderungen erfolgen.

Dies ergibt sich aus der Definition der **momentanen Reaktionsgeschwindigkeit** als Quotient der Konzentrationsänderung (dc) pro Zeitintervall (dt) multipliziert mit den reziproken stöchiometrischen Umsatzzahlen. In der Regel gibt man die Stoffmengenkonzentration in mol/l an, sodass die Reaktionsgeschwindigkeit (RG) die **Einheit mol/(l · s)** besitzt.

$$RG = + \frac{dC_{Produkte}}{dt} = - \frac{dC_{Edukte}}{dt}$$

Für eine Reaktion der allgemeinen Form [aA + bB $\rightleftharpoons$ cC + dD] lässt sich die Reaktionsgeschwindigkeit durch folgende Ausdrücke beschreiben:

$$RG = - \frac{1}{a} \cdot \frac{dC_A}{dt} = - \frac{1}{b} \cdot \frac{dC_B}{dt} = + \frac{1}{c} \cdot \frac{dC_C}{dt} = + \frac{1}{d} \cdot \frac{dC_D}{dt}$$

Das *Vorzeichen* ist *positiv*, wenn die Konzentrationen während der Reaktion zunehmen (Produkte) und *negativ*, wenn die Konzentrationen während der Reaktion abnehmen (Edukte).

Bei reversiblen Prozessen ist die Gesamtreaktionsgeschwindigkeit bis zur Einstellung des Gleichgewichtszustandes gleich der Differenz der Geschwindigkeiten der Hinreaktion und der Rückreaktion (vgl. auch Kap. 1.10.1).

Zur Vereinfachung der weiteren Betrachtung zeigt Abb. 1.141 das Konzentrations-Zeit-Diagramm einer Reaktion [A $\longrightarrow$ B], bei der nur die Hinreaktion von Bedeutung ist, d. h., die Stoffumwandlung nur in einer Richtung abläuft. Abb. 1.141 dokumentiert auch, dass die Reaktionsgeschwindigkeit groß ist, wenn die Konzentrationen der Reaktanden groß sind, und dass sich die Reaktionsgeschwindigkeit während der Reaktion stetig ändert. Je weiter die Reaktion fortschreitet, desto langsamer ändern sich die Konzentrationen und desto langsamer verläuft die Reaktion. Die Geschwindigkeit zu Beginn einer Reaktion wird als *Anfangsgeschwindigkeit* bezeichnet [vgl. **MC-Frage Nr. 1851**].

Im allgemeinen hängt die *Reaktionsgeschwindigkeit* von den Konzentrationen der Reaktionspartner, der Temperatur, dem Druck, dem Lösungsmittel, von Zusatzstoffen (Salzen, Katalysatoren) und schließlich auch von der Struktur der Reaktanden ab.

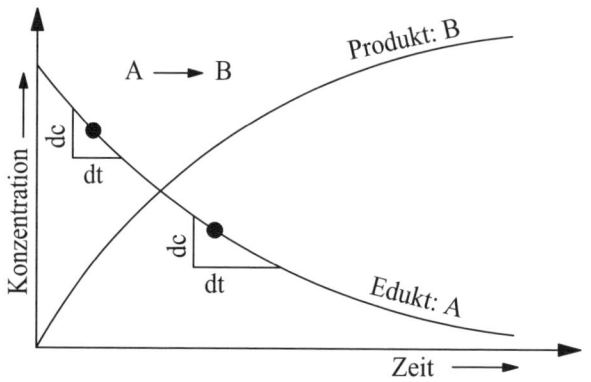

Abb. 1.141: Konzentrations-Zeit-Diagramm einer Reaktion, bei der 1 Mol des Stoffes (A) in 1 Mol des Stoffes (B) umgewandelt wird.

1.13.2.2 Konzentrationsabhängigkeit der Reaktionsgeschwindigkeit, Reaktionsordnung, Geschwindigkeitsgesetze

Experimentelle Befunde belegen, dass die Geschwindigkeiten vieler Reaktionen von den molaren Konzentrationen der Reaktionsteilnehmer abhängen. Diese *experimentell zu bestimmende* Abhängigkeit nennt man das **Zeitgesetz** oder die **Geschwindigkeitsgleichung** der Reaktion.

Häufig haben Geschwindigkeitsgleichungen die Form:

$$RG = k \cdot [A]^{\alpha} \cdot [B]^{\beta} \cdot [C]^{\gamma} \cdot \ldots$$

Als **Reaktionsordnung** (n) bezeichnet man dann die *Summe der Exponenten*, mit denen die Konzentrationen im Zeitgesetz auftreten.

$$n = \alpha + \beta + \gamma + \ldots$$

Jeder einzelne Exponent bestimmt darüber hinaus die Reaktionsordnung in bezug auf die betreffende Komponente. Die Exponenten sind meistens kleine ganze Zahlen; die Ordnung einer Reaktion muss aber nicht ganzzahlig sein. Die Reaktionsordnung kann auch Null betragen.

Die Konstante (k) im Zeitgesetz heißt **Reaktionsgeschwindigkeitskonstante**. Sie ist gleich der Reaktionsgeschwindigkeit, wenn alle im Zeitgesetz auftretenden Komponenten in der Konzentration 1 mol/l vorliegen. k hat für jede chemische Reaktion einen charakteristischen Zahlenwert. k hängt von der Temperatur ab und wächst in der Regel mit zunehmender Temperatur (siehe Kap. 1.13.2.6). Die Dimension von k beträgt (Konzentration)$^{1-n}$ · (Zeit)$^{-1}$, worin n der Reaktionsordnung entspricht. Im allgemeinen wählt man als Konzentrationsmaß mol/l und als Zeitmaß die Sekunde.

Chemisch ähnliche Reaktionen müssen *nicht* dem gleichen Geschwindigkeitsgesetz folgen. Für einen Vorgang [$2\,A + B \rightleftharpoons A_2B$] könnte man beispielsweise experimentell folgende Geschwindigkeitsgleichung finden.

$$(1) \quad - d[A]/dt = k \cdot [A]$$

Da die Konzentration von A in der 1.Potenz auftritt, nennt man einen solchen Vorgang eine **Reaktion erster Ordnung**. Es ist jedoch auch möglich, dass man für einen Vorgang, der nach derselben Reaktionsgleichung abläuft, andere Geschwindigkeitsgesetze findet, wie z. B.:

$$(2) \quad - d[A]/dt = k \cdot [A] \cdot [A] = k \cdot [A]^2$$
$$(3) \quad - d[A]/dt = k \cdot [A] \cdot [B]$$
$$(4) \quad - d[A]/dt = k \cdot [A]^2 \cdot [B]$$

Im Fall (2) wäre die **Reaktion zweiter Ordnung**; auch im Beispiel (3) liegt eine Reaktion 2.Ordnung vor, die allerdings 1.Ordnung bezüglich A und 1.Ordnung bezüglich B verläuft. Das Zeitgesetz (4) stellt schließlich eine Reaktion 2.Ordnung bezüglich A und 1.Ordnung bezüglich B dar [vgl. auch **MC-Fragen Nr. 779, 780, 1783**].

In bestimmten Fällen ist die Reaktionsgeschwindigkeit konstant und hängt nicht von der Konzentration ab. Solche Vorgänge bezeichnet man als **Reaktionen nullter Ordnung**.

Für jede chemische Reaktion kann eine mathematische Beziehung, Geschwindigkeitsgleichung oder Zeitgesetz genannt, erstellt werden, welche die Abhängigkeit der Reaktionsgeschwindigkeit von den Konzentrationen der Reaktanden angibt. Die Potenz, mit der die Konzentration eines Reaktanden in das Zeitgesetz eingeht, wird als Reaktionsordnung bezüglich des betreffenden Stoffes bezeichnet. Die Summe aller Konzentrationsexponenten im Geschwindigkeitsgesetz entspricht der Reaktionsordnung des Gesamtprozesses. Im Allgemeinen sind die Exponenten der Konzentrationen im Zeitgesetz nicht identisch mit den stöchiometrischen Faktoren in der Reaktionsgleichung.

Der substanzspezifische und temperaturabhängige Proportionalitätsfaktor (k) heißt Geschwindigkeitskonstante. Die Art des Zeitgesetzes und der Zahlenwert von k müssen experimentell bestimmt werden.

1.13.2.3 Reaktionen nullter Ordnung

Bei einer Reaktion nullter Ordnung ist die Reaktionsgeschwindigkeit *unabhängig* von der Konzentration. Die Geschwindigkeit der Reaktion wird durch einen zeitlich konstanten Vorgang bestimmt und die Konzentrationsänderung des Reaktanden ist direkt proportional zur Zeit. Die Geschwindigkeitsgleichung für eine Reaktion nullter Ordnung lautet [vgl. **MC-Frage Nr. 778**]:

$$- d[A]/dt = k$$

Beispiele hierfür sind die Adsorption eines Gases in einer Flüssigkeit bei konstanter Gaszufuhr oder die Reaktionen mancher Gase an der Oberfläche eines festen Katalysators, an der die Konzentration des Reaktanden durch Adsorption konstant gehalten wird.

Definiert man als **Halbwertszeit ($t_{1/2}$)** einer Reaktion den Zeitraum, in der die Hälfte der zu Beginn vorhandenen Menge des Ausgangsstoffes umgesetzt wurde,

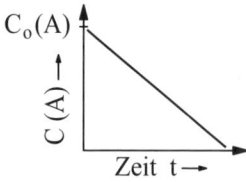

Abb. 1.142: **Konzentrations-Zeit-Verlauf einer Reaktion nullter Ordnung**

so ergibt sich für die Halbwertszeit einer Reaktion nullter Ordnung folgender Ausdruck [vgl. **MC-Frage Nr. 785**]:

$$t_{1/2} = C_o / 2 \cdot k$$

Hierin bedeutet C_o die Anfangskonzentration zur Zeit t = 0.

Da die Geschwindigkeit einer Reaktion nullter Ordnung konzentrationsunabhängig ist, erhält man eine lineare Beziehung, wenn man die Konzentration (C) gegen die Zeit (t) aufträgt (siehe Abb. 1.142). Die Steigung der *Geraden* entspricht **-k** und der Ordinatenabschnitt ist gleich der Anfangskonzentration (C_o).

1.13.2.4 Reaktionen erster Ordnung

Eine Reaktion erster Ordnung kann durch den Ausdruck

$$A \longrightarrow Produkte$$

dargestellt werden. Beispiele solcher Prozesse sind der *radioaktive Zerfall* (vgl. Kap. 1.1.3) oder die thermische Zersetzung zahlreicher Verbindungen. Darüber hinaus sind als Reaktionsbeispiele die monomolekulare nucleophile Substitution (S_N1) sowie die monomolekulare Eliminierung (E_1) zu nennen (siehe Ehlers, **Chemie II**, Kap. 3.2.4 und 3.2.9). Für die Geschwindigkeit dieser Reaktionen gilt [vgl. **MC-Frage Nr. 1400**]:

$$- d[A]/dt = k \cdot [A]$$

Diese Gleichung lässt sich in einen Ausdruck umformen, in dem die Konzentration des Eduktes in Beziehung zur abgelaufenen Zeit steht. Bezeichnet man die Anfangskonzentration des Reaktanden zur Zeit t = 0 mit $[A_o]$ und zu einem beliebigen Zeitpunkt t mit [A], so gilt:

$$\int_{A_o}^{A} \frac{d[A]}{[A]} = - k \cdot \int_{0}^{t} dt$$

Die Integration ergibt,

$$\ln [A]/[A_o] = - k \cdot t$$
$$\ln [A] = - k \cdot t + \ln [A_o]$$
$$\log[A] = - (k \cdot t)/2,3 + \log [A_o]$$

und durch Entlogarithmieren erhält man:

$$\boxed{[A] = [A_0] \cdot e^{-kt}}$$

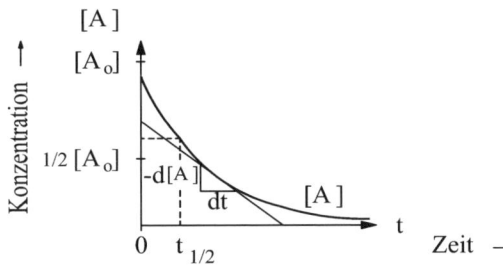

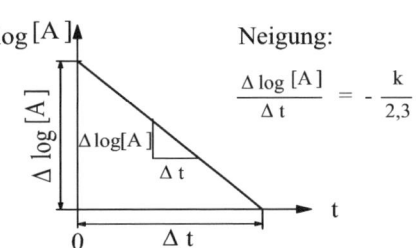

Abb. 1.143:   Konzentrations-Zeit-Diagramm für eine Reaktion 1. Ordnung

Abb. 1.144:   Lineare Darstellung des Konzentrationsverlaufs einer Reaktion 1. Ordnung

Der Verlauf dieser Funktion als Konzentrations-Zeit-Diagramm ist in Abb. 1.143 graphisch dargestellt. Hierin bedeutet $t_{1/2}$ die Halbwertszeit der Reaktion und $k \cdot [A]$ ist die *Steigung der Tangente* an die Kurve zur Zeit t. Aus der Graphik ist ersichtlich, dass die Konzentration und somit die Reaktionsgeschwindigkeit *exponentiell* mit der Zeit abnehmen und sich asymptotisch dem Wert Null nähern. Darüber hinaus ist auch abzuleiten, dass bei einer Reaktion erster Ordnung in gleichen Zeiträumen jeweils gleiche Bruchteile der noch vorhandenen Stoffmenge umgesetzt werden [vgl. auch **MC-Frage Nr. 787**].

Trägt man hingegen den Logarithmus der Konzentration des Reaktanden gegen die Zeit auf (siehe Abb. 1.144), so resultiert eine *Gerade*. Ihre Neigung entspricht dem Ausdruck $(-k/2,3)$ und ihr Schnittpunkt mit der Ordinate $(t = 0)$ stellt die Anfangskonzentration $(\log [A_o])$ dar [vgl. **MC-Fragen Nr. 777, 782, 784**].

Bei einer Reaktion erster Ordnung ist die **Halbwertszeit unabhängig von der Anfangskonzentration** $[A_o]$ des Reaktanden. Bezeichnet man die Konzentration $[A]$ des Reaktanden zur Zeit $(t_{1/2})$ mit $[A_o]/2$, so ergibt sich:

$$\ln [A_o]/([A_o] - [A^o]/2) = \ln 2 = k \cdot t_{1/2}$$

Daraus folgt:

$$\mathbf{t_{1/2} = ln\ 2/k - 0{,}693/k}$$

Aus dieser Gleichung ist abzuleiten, dass bei einer Reaktion erster Ordnung die Halbwertszeit umso größer ist, je langsamer die Reaktion verläuft, d. h., je kleiner die Geschwindigkeitskonstante (k) ist [vgl. **MC-Fragen Nr. 786–788**].

Beispiel (in Klammer Nr. der MC-Frage)
[789] Azobisisobutyronitril zerfällt bei 80 °C nach einer Reaktion 1. Ordnung mit
[1709] $t_{1/2}$ = 1 h 17 min. Nach dieser Zeit sind 50% der Ausgangsmenge zerfallen. Von den verbleibenden 50% wandelt sich wiederum die Hälfte (25%) mit einer Halbwertszeit von 1 h 17 min um, sodass insgesamt nach ca. **2,5 Stunden** 75% der Ausgangsmenge an Azobisisobutyronitril zerfallen sind.

1.13.2.5 Reaktionen zweiter Ordnung

Die thermische Zersetzung von **Iodwasserstoff** zu Iod und Wasserstoff ist ein Beispiel für eine Reaktion zweiter Ordnung.

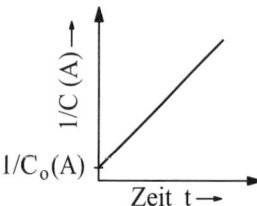

Beschreibt man diesen Prozess mit [2 A $\longrightarrow$ B + C], so lautet das Geschwindigkeitsgesetz der Reaktion:

$$\boxed{- d[A]/dt = k \cdot [A]^2}$$

Ein weiteres Beispiel ist die alkalische Verseifung eines Carbonsäureesters:

$$\text{R-COOR' + NaOH} \longrightarrow \text{R-COONa + R'OH}$$

Für diesen Vorgang [A + B $\longrightarrow$ Produkte] besitzt das Zeitgesetz die Form:

$$\boxed{- d[A]/dt = - d[B]/dt = k \cdot [A] \cdot [B]}$$

Für eine Reaktion zweiter Ordnung [2 A $\longrightarrow$ Produkte] ergibt sich mit

$$RG = k \cdot [C(A)]^2$$

das Geschwindigkeitsgesetz in integrierter Form zu:

$$1/C(A) = k \cdot t + [1/C_o(A)]$$

Darin bedeutet $C_o(A)$ die Anfangskonzentration des Stoffes A zur Zeit t = 0. Aus der Gleichung ist ersichtlich, dass der Kehrwert der Konzentration (1/C) proportional zur Zeit (t) ist. Trägt man deshalb 1/C(A) gegen die Zeit t auf, so resultiert daraus eine *Gerade* mit der Steigung k und dem Ordinatenabschnitt $1/C_o$ [siehe Abb. 1.145 und **MC-Frage Nr. 783**].

Für eine Reaktion [2 A $\longrightarrow$ Produkte] mit der Anfangskonzentration [A_o] ist die **Halbwertszeit ($t_{1/2}$)** umgekehrt proportional zur Ausgangskonzentration.

$$\boxed{t_{1/2} = 1 / ([A_o] \cdot k)}$$

Abb. 1.145: Lineare Darstellung des Konzentrationsverlaufs einer Reaktion zweiter Ordnung [2 A $\longrightarrow$ Produkte]

Tab. 1.76: **Charakteristika einstufiger Reaktionen**

Ordnung	Zeitgesetz	Lineare Beziehung	Halbwertszeit
Nullter	$RG = -k$	$C(X)$ gegen t	$C_o(X)/2 \cdot k$
Erster	$RG = -k \cdot C(X)$	$\ln C(X)$ gegen t	$0{,}693/k$
Zweiter	$RG = -k \cdot C^2(X)$	$1/C(X)$ gegen t	$1/C_o(X) \cdot k$

Die charakteristischen Merkmale einstufiger Reaktionstypen sind nochmals in Tab. 1.76 zusammengefasst. Das Minuszeichen in den Zeitgesetzen ist ein Hinweis darauf, dass die Konzentration des Reaktanden (X) abnimmt.

1.13.2.6 Temperaturabhängigkeit der Reaktionsgeschwindigkeit, Arrhenius-Gleichung

Der *Einfluss der Temperatur* auf die Reaktionsgeschwindigkeit ist beträchtlich. Bei allen chemischen Reaktionen nimmt die Reaktionsgeschwindigkeit mit steigender Temperatur zu. Dies gilt sowohl für endotherme als auch für exotherme Prozesse. Eine von **van't Hoff** aufgestellte Regel besagt, dass eine Temperaturerhöhung um 10 °C eine Steigerung der Reaktionsgeschwindigkeit um das zwei- bis vierfache zur Folge hat. Deshalb reagieren viele Stoffe, die sich bei Raumtemperatur kaum umsetzen, mit erhöhter Geschwindigkeit, wenn sie erwärmt werden. Für diese **RGT-Regel** gibt es allerdings manche Ausnahmen.

Die **Temperaturabhängigkeit der Reaktionsgeschwindigkeit** kommt in der **Temperaturabhängigkeit ihrer Geschwindigkeitskonstanten** (k) zum Ausdruck. Die Geschwindigkeitskonstante nimmt mit steigender Temperatur *exponentiell* zu. Deshalb führt eine kleine Änderung von T zu einer relativ großen Änderung von k und damit zu einer beträchtlichen Vergrößerung der Reaktionsgeschwindigkeit.

Auf empirischem Wege wurde von **Arrhenius** gefunden, dass eine lineare Abhängigkeit des Logarithmus der Geschwindigkeitskonstanten von der reziproken Temperatur besteht. Die **Arrhenius-Gleichung** lautet

$$\ln k - \ln A - \left[\frac{E_a}{R} \cdot \frac{1}{T} \right]$$

bzw. in entlogarithmierter Form:

$$k = A \cdot e^{-E_a/R \cdot T} \qquad \textbf{(Arrhenius-Gleichung)}$$

Der empirische Faktor A besitzt einen von der Temperatur unabhängigen konstanten Zahlenwert. E_a ist die **Aktivierungsenergie (Aktivierungsenthalpie)**, d. h.

der Mindestenergiebetrag, der nach Arrhenius überschritten werden muss, damit Stoffe miteinander reagieren (siehe auch Seite 338). R ist die universelle Gaskonstante und T die absolute Temperatur in K.

Die üblichen Aktivierungsenergien chemischer Reaktionen liegen im Bereich von 60 bis 250 kJ mol^{-1} und damit in der Größenordnung von Bindungsenergien (vgl. Kap. 1.4.3.3). Die Arrhenius-Gleichung gilt auch für mehrstufige Reaktionen.

Aufgrund der Arrhenius-Gleichung bestehen zwischen k, E$_a$ und T folgende Zusammenhänge [vgl. **MC-Fragen Nr. 790, 792, 1608**]:

* Je größer die Aktivierungsenthalpie (E$_a$) ist, desto kleiner ist k und umso langsamer verläuft die Reaktion.
* Ein Temperaturanstieg führt dazu, dass der Term (-E$_a$/R · T) kleiner wird und dadurch k und somit auch die Reaktionsgeschwindigkeit zunehmen.

> Die Arrhenius-Gleichung stellt den Zusammenhang zwischen der Geschwindigkeitskonstanten, der Temperatur und der Aktivierungsenergie einer Reaktion her.
>
> Die hauptsächliche Wirkung einer Temperaturerhöhung besteht vor allem darin, dass der Anteil der Reaktanden wächst, die genügend Energie besitzen, um bei einem eventuellen Zusammenstoß miteinander zu reagieren.

Wenn ln k als Funktion von 1/T aufgetragen wird, erhält man eine *Gerade*, deren Steigung dem Wert (-E$_a$/R) und deren Ordinatenabschnitt dem Wert (ln A) entspricht (vgl. Abb. 1.146). Auf diese Weise kann man die **Aktivierungsenergie** einer chemischen Reaktion experimentell bestimmen; es ist lediglich die Kenntnis der Geschwindigkeitskonstanten (k) bei mindestens zwei verschiedenen Temperaturen erforderlich [vgl. **MC-Frage Nr. 791**].

Im allgemeinen können Stoffe nur miteinander reagieren, wenn sie zusammenstoßen und dabei die alten Bindungen gelöst und neue geknüpft werden (**Kollisionstheorie**). Daher wird die Geschwindigkeit einer chemischen Reaktion von der Zahl (Z) der Zusammenstöße *aktivierter* Teilchen pro Zeiteinheit abhängen. Die Zahl der Zusammenstöße wächst mit steigender Temperatur. Allerdings führt nicht jeder Zusammenstoß aktivierter Partikel zu einer chemischen Umsetzung. Offenbar müssen die kollidierenden Reaktionspartner auch eine bestimmte Lage zueinander einnehmen; die Partner müssen in der richtigen gegenseitigen Orientierung aufeinander aufprallen.

Man hat diesem Sachverhalt dadurch Rechnung getragen, dass man die empirische Konstante (A) in der Arrhenius-Gleichung als Produkt aus der „Stoßzahl"

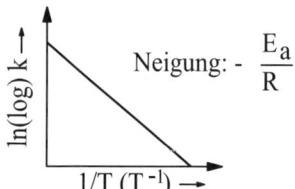

Abb. 1.146: **Temperaturabhängigkeit der Geschwindigkeitskonstanten**

(Z) und dem „sterischen Faktor" (P) darstellt. Somit lautet die Arrhenius-Gleichung in einer etwas modifizierten Form:

$$k = Z \cdot P \cdot e^{-E_a/R \cdot T}$$

Unbefriedigend an dieser Stoßtheorie ist, dass der sterische Faktor nicht berechnet werden kann, sondern in der Regel so gewählt wird, dass eine möglichst gute Übereinstimmung mit der experimentell ermittelten Temperaturabhängigkeit von k erreicht wird.

1.13.2.7 Mehrstufige Reaktionen (Folgereaktionen)

Für eine Reaktionsfolge [Edukte $\longrightarrow$ Zwischenprodukte $\longrightarrow$ Produkte]

$$A + B \xrightarrow{k_1} C \xrightarrow{k_2} D$$

werden die Teilgeschwindigkeiten der einzelnen Reaktionsschritte durch die Geschwindigkeitskonstanten k_1 und k_2 charakterisiert. Gilt z. B. $k_2 \gg k_1$, so ist der erste Reaktionsschritt **geschwindigkeitsbestimmend** und das Zwischenprodukt (C) wird zu keiner Zeit in höheren Konzentrationen gebildet. Ist $k_1 \gg k_2$, so ist der zweite Schritt geschwindigkeitsbestimmend für die Gesamtreaktion [vgl. auch **MC-Fragen Nr. 803, 1437**].

> Der langsamste Teilschritt einer mehrstufigen Reaktion wird geschwindigkeitsbestimmender Schritt genannt; von ihm hängt die Geschwindigkeit der Gesamtreaktion ab. Der geschwindigkeitsbestimmende Schritt einer mehrstufigen Reaktion hat von allen Teilschritten die höchste (freie) Aktivierungsenthalpie.

1.13.3 Reaktionsmolekularität

Man kann aus der Ordnung einer chemischen Reaktion nicht ohne weiteres auf ihren molekularen Ablauf, d. h. auf den **Reaktionsmechanismus** schließen. Man hat also exakt zwischen der **Reaktionsordnung** und der **Reaktionsmolekularität** zu unterscheiden. Zum Beispiel kann eine bimolekulare Reaktion durchaus auch einem Zeitgesetz erster Ordnung gehorchen [vgl. **MC-Fragen Nr. 777, 793**].

Die Reaktionsordnung gibt die *experimentell* ermittelte Abhängigkeit der Reaktionsgeschwindigkeit von den Konzentrationen der Reaktanden an, während sich die Reaktionsmolekularität auf den molekularen Ablauf einer Reaktion bezieht.

Man nennt einen Vorgang, der als Folge eines Zusammenstoßes *zweier* Teilchen eintritt, einen *bimolekularen* Prozess. Die seltenen Reaktionen, die den gleichzeitigen Zusammenstoß dreier oder mehrerer Teilchen erfordern, heißen *trimolekular* bzw. *höhermolekular*. *Monomolekulare* Reaktionen, zu denen gewisse Zerfallsprozesse wie der radioaktive Zerfall und zahlreiche Umlagerungsvorgänge gehören, bedürfen keines Zusammenstoßes mit einem anderen Reaktionspartner.

Mehrstufige Reaktionen verlaufen in einer Reihe hintereinandergeschalteter Teilschritte über Zwischenstufen, d. h., sie bestehen aus einer Folge mehrerer **Ele-**

mentarprozesse. Bei diesen Reaktionen bestimmt der langsamste Teilschritt nicht nur die Geschwindigkeit der Gesamtreaktion, sondern auch ihre Reaktionsmolekularität.

1.13.4 Reaktionsdiagramme, Reaktionskontrolle

1.13.4.1 Freie Enthalpie-Reaktionskoordinaten-Diagramme

Der *energetische Verlauf* einer Reaktion lässt sich anschaulich in Form sog. **Reaktionsdiagramme** (Energiediagramme) darstellen, die aufzeigen, wie sich die Energie der beteiligten Substanzen während der Reaktion verändert. In der Regel wird auf der Ordinate die **Reaktionsenthalpie** (ΔH) oder die **freie Reaktionsenthalpie** (ΔG) aufgetragen. Die Abszisse (Reaktionsweg) ist die sog. **Reaktionskoordinate**. Sie bildet ein Maß dafür, wie weit die Reaktion fortgeschritten ist. Abb. 1.147 illustriert das Reaktionsdiagramm für eine einstufige exotherme (exergonische) (a) bzw. für eine einstufige endotherme (endergonische) Reaktion (b). Die jeweilige *Rückreaktion* kann verfolgt werden, wenn man das Energiediagramm von rechts nach links betrachtet. Die **Aktivierungsenergie** (E_a) bzw. die **Aktivierungsenthalpie** ($\Delta H^{\neq}$) erscheint in den Reaktionsdiagrammen als Energiebarriere (Energiemaximum), die stets überwunden werden muss; selbst dann, wenn die Energie der Reaktanden höher ist als die der Reaktionsprodukte. Je mehr Teilchen die notwendige Aktivierungsenergie besitzen, desto schneller verläuft die Reaktion.

Die „Spitze des Energieberges" bezeichnet man als **Übergangszustand** (*transition state*) oder als „*aktivierten Komplex*". Es handelt sich hierbei um eine instabile Atomanordnung, die nur während kurzer Zeit beständig ist und in der sich die reagierenden Teilchen so weit einander nähern, dass die alten Bindungen gelöst und neue Bindungen geknüpft werden können. Der aktivierte Komplex wird meistens durch den hochgestellten Index $\neq$ gekennzeichnet; seine **Aktivierungsentropie** wird durch $\Delta S^{\neq}$, seine **freie Aktivierungsenthalpie** durch $\Delta G^{\neq}$ symbolisiert [vgl. **MC-Fragen Nr. 795, 797, 801, 802, 1323, 1324, 1467, 1504, 1505, 1608**].

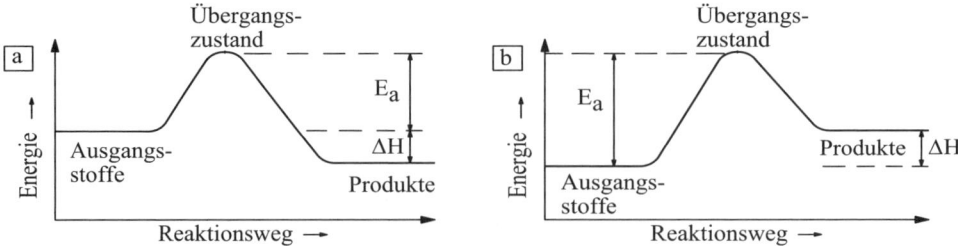

Abb. 1.147:   Reaktionsdiagramme verschiedener Prozesse
a) einstufige exotherme (exergonische) Reaktion
b) einstufige endotherme (endergonische) Reaktion

Der Übergangszustand (aktivierter Komplex) einer chemischen Reaktion ist ein instabiler Zustand relativ hoher Energie. Die Differenz der potentiellen Energie des Übergangszustandes und der potentiellen Energie der Reaktanden wird als Aktivierungsenergie (Aktivierungsenthalpie) bezeichnet. Die Reaktionsenthalpie (ΔH) (bzw. ΔG) ergibt sich in den Diagrammen als Enthalpiedifferenz zwischen den Edukten und den Reaktionsprodukten.

Protolyse von Säuren: Das bisher Ausgeführte soll am Beispiel der Protolyse einer Säure nochmals diskutiert werden.

Die Säurekonstante (K_s) (vgl. Kap. 1.11.3) ist ein Maß für die Differenz der freien Enthalpien (ΔG^o) der undissoziierten (einbasigen) Säure und ihrer konjugierten Base im Standardzustand. Ist $K_s > 1$ bzw. $pK_s < 1$, so ist ΔG^o negativ und die Protolyse verläuft *exergonisch* (vgl. Abb. 1.147a).

Bei allen Säuren mit positivem pK_s-Wert ist dagegen die Protonenübertragung eine *endergonische* Reaktion. Beispielsweise erfolgt die Protonenabgabe aller **Carbonsäuren** trotz der Mesomeriestabilisierung des resultierenden Carboxylat-Ions endergonisch (siehe Abb. 1.147b).

$$R\text{-}COOH + H_2O \rightleftharpoons R\text{-}COO^- + H_3O^+$$

Dies kann wie folgt begründet werden: Die Abspaltung eines Protons der Säure, d. h. die Trennung der O-H-Kovalenzbindung erfordert zwar Energie (endothermer Vorgang), parallel dazu entsteht aber eine neue Bindung durch Anlagerung des Protons an ein Wassermolekül unter Bildung von H_3O^+. Darüber hinaus hydratisieren die gebildeten Ionen, sodass in der Regel die mit der Protonenübertragung einhergehende **Enthalpieänderung** (ΔH^o) negativ (exotherm) ist. Demgegenüber nimmt aber die **Entropie** ab, wenn neutrale Moleküle als Protonendonatoren fungieren, weil die Hydratation der Ionen zu einer Ausrichtung der zuvor frei beweglichen Wassermoleküle führt (höherer Ordnungsgrad). Entsprechend der Gibbs-Helmholtz-Gleichung (vgl. Kap. 1.9.6) vermag die starke **Entropieänderung** (ΔS^o) ein negatives ΔH^o überzukompensieren, sodass die Protolyse insgesamt *endergonisch* abläuft [vgl. **MC-Frage Nr. 800**].

Zum Beispiel wurde für **Essigsäure** ΔH^o zu -0,469 kJ/mol und ΔS^o zu -92,5 J/mol $\cdot$ K gefunden. Daraus ergibt sich bei T = 298 K mit (-T $\cdot$ ΔS^o) = + 27,6 kJ/mol ein ΔG^o-Wert von + 27,1 kJ/ mol, entsprechend einem pK_s-Wert von 4,76 für die Essigsäure.

1.13.4.2 Reaktionsdiagramme und Geschwindigkeitsgesetze mehrstufiger Reaktionen (Folgereaktionen)

Prozesse, die eine Folge mehrerer Reaktionsschritte darstellen, müssen durch ein Reaktionsdiagramm, wie es Abb. 1.148 zeigt, veranschaulicht werden. *Jeder* Reaktionsschritt besitzt einen Übergangszustand und eine entsprechende Aktivierungsenergie. Als **Zwischenprodukte** bezeichnet man ganz allgemein Stoffe, die während der Reaktion entstehen und wieder verbraucht werden; sie zeigen sich in den Reaktionsdiagrammen als *Energieminima* [vgl. **MC-Frage Nr. 794**].

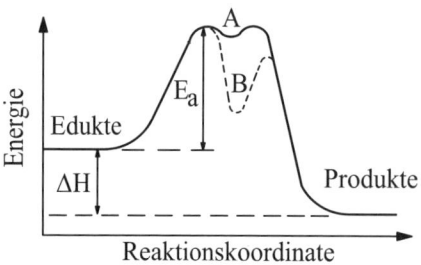

Abb. 1.148: **Reaktionsdiagramm einer zweistufigen, exothermen (exergonischen) Reaktion**
(A) instabile Zwischenstufe
(B) metastabile Zwischenstufe

Abb. 1.148 zeigt auch die beiden möglichen Arten von Zwischenprodukten. Im Extremfall ist das Energieminimum so wenig ausgeprägt, dass die Zwischenstufe (A) experimentell von einem Übergangszustand nicht zu unterscheiden ist. Befindet sich das Zwischenprodukt in einer tiefen „Energiemulde" und ist isolierbar, so haben wir es letztlich mit zwei getrennten Reaktionen zu tun, wobei jede einen eigenen Übergangszustand besitzt. In diesen Fällen bezeichnet man eine Substanz einfach deshalb als Zwischenstufe, weil sie bei der real ablaufenden Reaktion, die sich aus mehreren Teilschritten zusammensetzt, nicht isoliert wird.

Für eine mehrstufige Reaktion mit sehr unterschiedlichen Geschwindigkeiten ihrer Teilschritte ist der langsamste Schritt **geschwindigkeitsbestimmend**, weil der langsamste Teilschritt dieser Reaktion die höchste **freie Aktivierungsenthalpie** ($\Delta H^{\neq}$) besitzt (siehe Kap. 1.13.2.7).

In Abb. 1.149 sind mögliche Energiediagramme für eine *zweistufige Reaktion* der allgemeinen Form

$$A + X \underset{k_{-1}}{\overset{k_1}{\rightleftharpoons}} AX \qquad (1.\text{Teilschritt})$$

$$AX + B \underset{k_{-2}}{\overset{k_2}{\rightleftharpoons}} AXB \qquad (2.\text{Teilschritt})$$

(k_1, k_2 = Geschwindigkeitskonstanten der Teilschritte der Hinreaktion
k_{-1}, k_{-2} = Geschwindigkeitskonstanten der Teilschritte der Rückreaktion)

graphisch dargestellt [vgl. **MC-Fragen Nr. 798, 799, 804, 805, 806**].

Aus der Graphik (a) ist abzuleiten, dass die Aktivierungsenthalpien der Teilschritte für die Hin- und Rückreaktion in folgende Reihe [$E_{-2} > E_1 > E_{-1} > E_2$] abnehmender Energie geordnet werden können. Daher gilt für die Geschwindigkeitskonstanten der jeweiligen Teilschritte die Reihenfolge:

$$k_{-2} < k_1 < k_{-1} < k_2$$

Da $k_2 > k_1$ ist, bestimmt demzufolge k_1 die Geschwindigkeit der Hinreaktion und die Bildung von (AX) ist geschwindigkeitsbestimmend. Im Fall (b) mit den Aktivierungsenthalpien [$E_{-2} > E_2 > E_1 > E_{-1}$] ist $k_2 < k_1$ und die Gesamtgeschwindigkeit, d. h. die Bildung von (AXB) wird im Wesentlichen von k_2 beeinflusst.

Bei den meisten Folgereaktionen entstehen die reaktiven Zwischenprodukte nur in sehr niedriger, analytisch schwer oder überhaupt nicht fassbarer Konzentration. Man versucht dann den kinetischen Ablauf solcher Reaktionen anhand der

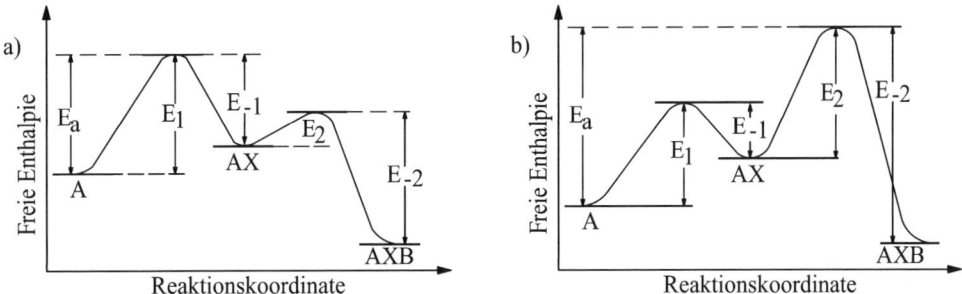

Abb. 1.149: **Energiediagramme zweistufiger Reaktionen**
a) zweistufige exergonische Reaktion, wobei der erste Reaktionsschritt geschwindigkeitsbestimmend ist
b) zweistufige exergonische Reaktion, wobei der zweite Reaktionsschritt geschwindigkeitsbestimmend ist

analytisch bestimmbaren Konzentrationen der Ausgangs- und Endprodukte zu erfassen.

Beispielsweise sei für eine Bruttoreaktion [A + C $\longrightarrow$ D] mit dem Mechanismus

$$A \underset{k_{-1}}{\overset{k_1}{\rightleftharpoons}} \quad B \quad \xrightarrow[k_2]{+ C} D$$

k_1 sehr klein im Vergleich zu k_{-1} und k_2, sodass das Zwischenprodukt (B) während der Reaktion nur in sehr geringer Konzentration auftritt. Hierbei lassen sich zwei Grenzfälle unterscheiden:

1) **k_{-1} >>> k_2**: In diesem Fall reagiert (C) in dem Maße, wie es durch das Gleichgewicht [$K_c = k_1/k_{-1}$] und die spezifische Geschwindigkeit k_2 bestimmt wird. Das Zeitgesetz lautet:

$$RG_{Gesamt} = K_c \cdot k_2 \cdot [A] \cdot [C]$$

Man erkennt, dass die Bildungsgeschwindigkeit des Reaktionsproduktes (D) nicht nur von der Reaktivität des Zwischenproduktes (B) (ein Maß dafür ist k_2) sondern auch von dessen Konzentration (die durch K_c bestimmt wird) abhängt. Eine hohe Bruttoreaktionsgeschwindigkeit kann deshalb auf einer hohen Konzentration oder auf einer hohen Reaktivität von (B) beruhen. Darüber hinaus haben die Konzentrationen der Reaktanden (A) und (C) einen Einfluss auf die Reaktionsgeschwindigkeit.

2) **k_2 >>> k_{-1}**: Hier wird das Zwischenprodukt (B) sofort durch die nachfolgende schnelle Reaktion zu (D) verbraucht. Die Bruttoreaktionsgeschwindigkeit wird nur noch durch die Geschwindigkeit bestimmt, mit der (B) entsteht und ist somit abhängig von der Konzentration des Reaktionspartners (A).

$$RG_{Gesamt} = k_1 \cdot [A]$$

1.13.4.3 Konkurrenzreaktionen, Reaktionskontrolle

Häufig treten bei chemischen Umsetzungen **Nebenreaktionen** (Parallel-, Konkurrenz-, Simultanreaktionen) auf. Zum Beispiel reagiere eine Substanz (A) gleichzeitig mit den Stoffen (B) und (C), die identisch sein können, zu den Produkten (D) und (E).

$$E \xleftarrow[\text{k}_2]{+\,C} A \xrightarrow[\text{k}_1]{+\,B} D$$

Bei einer *irreversiblen* Konkurrenzreaktion gleicher Reaktionsordnung ist das Verhältnis der gebildeten Produkte (D/E) während der gesamten Reaktion konstant und damit ein Maß für die Reaktivitäten der Stoffe (B) und (C) gegenüber (A):

$$[D]/[E] = k_1 \cdot [B]/k_2 \cdot [C]$$

(B) und (C) müssen nicht unbedingt verschiedene Verbindungen sein, sondern können auch zwei unterschiedliche Positionen in ein und demselben Molekül darstellen, wie z. B. die ortho-, meta- oder para-Position eines Benzol-Derivates bei der elektrophilen Substitution an Aromaten (siehe Ehlers, **Chemie II-Kurzlehrbuch**, Kap. 3.2.5).

Kompliziertere Verhältnisse liegen dann vor, wenn eine oder mehrere Konkurrenzreaktionen *reversibel* verlaufen. Beispielsweise reagiere ein Stoff (A) in reversibler Reaktion zur Substanz (B), wobei k_1 die Geschwindigkeitskonstante der Hinreaktion und k_{-1} die der Rückreaktion darstellt. Außerdem kann (A) in einer irreversiblen Konkurrenzreaktion mit der Geschwindigkeitskonstanten k_2 auch zum Produkt (C) reagieren.

$$C \xleftarrow{\text{k}_2} A \xrightleftharpoons[\text{k}_{-1}]{\text{k}_1} B$$

Für diese Reaktion soll $[k_1 > k_{-1} >>> k_2]$ gelten. Darüber hinaus soll von den beiden Konkurrenzprodukten (B) und (C) der Stoff (C) der thermodynamisch stabilere sein.

Kurze Zeit nach Reaktionsbeginn wird sich infolge der hohen Geschwindigkeitskonstanten k_1 eine relativ große Menge an (B) gebildet haben, während (C) nur in relativ geringen Mengen vorliegt. Bricht man die Reaktion zu diesem Zeitpunkt ab, wird überwiegend (B) als Reaktionsprodukt isoliert. Man spricht in diesem Fall von einer **kinetischen Kontrolle** der Reaktion. Bei einer kinetisch kontrollierten Reaktion entsteht bevorzugt das Produkt, zu dessen Bildung die **niedrigere Aktivierungsenergie** erforderlich ist.

Lässt man die Reaktion dagegen weiterlaufen, so wird allmählich das Edukt (A) dem Gleichgewicht (A $\rightleftharpoons$ B) durch die langsamere Konkurrenzreaktion nach (C) entzogen. Entsprechend der Gleichgewichtslage muss deshalb weiteres (B) in (A) übergehen, das zu (C) abreagiert. Wenn man die Reaktion lange genug laufen lässt, ist schließlich die gesamte Menge an (B) in das thermodynamisch (energetisch) stabilere Produkt (C) umgewandelt worden [vgl. auch **MC-Fragen Nr. 807, 1643**]. Die Reaktion (A $\longrightarrow$ C) ist eine **thermodynamisch kontrollierte Reaktion**,

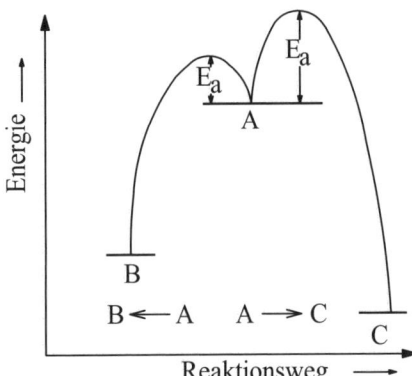

Abb. 1.150:   Reaktionsdiagramm einer Kon-kurrenzreaktion,
A $\longrightarrow$ B kinetisch kontrollierte Reaktion
A $\longrightarrow$ C thermodynamisch kontrollierte Reaktion

die stets zum thermodynamisch stabileren Produkt führt. Das in Abb. 1.150 gezeigte Reaktionsdiagramm veranschaulicht nochmals diesen Sachverhalt [vgl. **MC-Fragen Nr. 777, 808, 1607, 1777**].

In einer kinetisch gesteuerten Reaktion wird das Produkt gebildet, zu dessen Bildung die geringere freie Aktivierungsenthalpie benötigt wird. Eine thermodynamisch gesteuerte Reaktion führt zum stabileren (energetisch günstigeren) Reaktionsprodukt. Ein Produkt gilt als kinetisch kontrolliert, wenn es nicht das thermodynamisch stabilste der möglichen Produkte darstellt.

1.13.5 Katalyse, Katalysatoren

1.13.5.1 Homogene und heterogene Katalyse

Als **Katalysator** bezeichnet man einen Stoff, dessen Anwesenheit die Geschwindigkeit einer chemischen Reaktion erhöht. Ein Katalysator greift zwar in das Reaktionsgeschehen ein, er wird aber während der Reaktion nicht verbraucht und kann zurückgewonnen werden. In der Reaktionsgleichung schreibt man den Katalysator in Klammern über den Reaktionspfeil.

Ein Katalysator beschleunigt bei chemischen Reaktionen die Gleichgewichtseinstellung, hat aber **keinen** Einfluss auf die Gleichgewichtslage und die freie Enthalpie einer Reaktion. Katalysatoren beeinflussen bei reversiblen Prozessen sowohl die Hinreaktion als auch die Rückreaktion gleichermaßen.

Wie Abb. 1.151 in stark vereinfachter Form zeigt, *setzen Katalysatoren die freie Aktivierungsenthalpie einer Reaktion herab.* Als Folge dieser Erniedrigung der Aktivierungsenergie ergibt sich aus der Arrhenius-Gleichung (siehe Kap. 1.13.2.6) eine deutliche Erhöhung der Reaktionsgeschwindigkeit. Bei reversiblen Reaktionen werden die Aktivierungsenergien der Hin- und Rückreaktion jeweils um den *gleichen* Betrag gesenkt [vgl. **MC-Fragen Nr. 777, 809–815, 1557, 1760, 1777, 1826**].

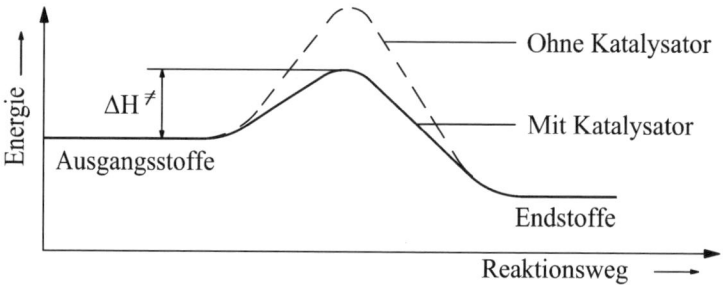

Abb. 1.151: **Vereinfachtes Energiediagramm einer einstufigen Reaktion mit und ohne Katalysator bei gleichem Reaktionsmechanismus**

Eine katalysierte Reaktion läuft aber häufig auf einem anderen Reaktionsweg, d. h. nach einem *anderen Mechanismus* ab. Eine einstufige, unkatalysierte Reaktion kann in Anwesenheit eines Katalysators durchaus mehrstufig verlaufen, wie dies Abb. 1.152 veranschaulicht. Jedoch gilt immer, dass insgesamt für die katalysierte Reaktion die niedrigere Aktivierungsenergie aufzubringen ist.

Die Wirkungsweise von Katalysatoren kann mit unterschiedlichen Hypothesen erklärt werden. Zu den wichtigsten Hypothesen zählen:

– Bildung eines **reaktiven Zwischenproduktes** mit einem der Edukte,
– Annahme einer reinen **Oberflächenwirkung**.

Nach der ersten Hypothese läuft eine Reaktion der allgemeinen Form [A + B → C] bei Anwesenheit eines Katalysators (K) nach folgendem Schema ab:

$$
\begin{array}{ll}
A + K \longrightarrow AK & \text{Bsp.:} \quad 1/2\ O_2 + NO \longrightarrow (NO_2) \\
\underline{AK + B \longrightarrow C + K} & \qquad\ \ \underline{(NO_2) + SO_2 \longrightarrow SO_3 + NO} \\
A + B \longrightarrow C & \qquad\ \ 1/2\ O_2 + SO_2 \longrightarrow SO_3
\end{array}
$$

Dabei bildet sich ein reaktives Zwischenprodukt (AK), das sofort nach seiner Entstehung unter *Rückbildung des Katalysators* weiterreagiert. Die beiden Teilschritte sind dadurch charakterisiert, dass sie zusammengenommen mit größerer Geschwindigkeit ablaufen als die direkte Reaktion. Man bezeichnet derartig wirkende Katalysatoren auch als **Überträger**. Ein Beispiel hierfür ist die Übertragung

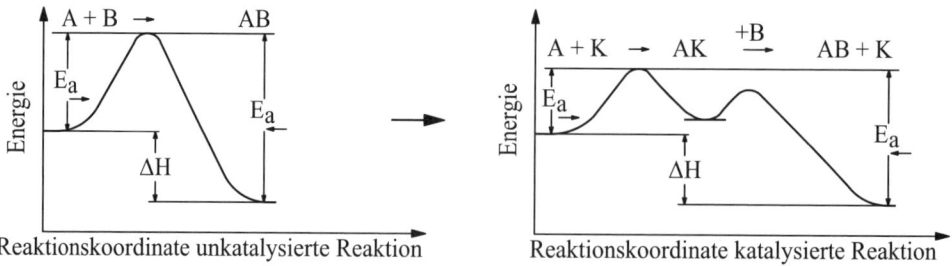

Abb. 1.152: **Energiediagramme katalysierter und nicht-katalysierter Reaktionen mit unterschiedlichem Mechanismus**

von Sauerstoff durch Stickstoffoxide auf Schwefeldioxid (SO_2), einem wichtigen Teilschritt der Schwefelsäure-Herstellung nach dem Bleikammer-Verfahren (siehe auch Kap. 2.4.8.4).

Diese Wirkungsweise von Katalysatoren beobachtet man vor allem bei der **homogenen Katalyse**, bei der Katalysator und reagierendes Substrat in derselben Phase (Gas- oder Lösungsphase) vorliegen. Viele sauer oder basisch katalysierte Reaktionen der org. Chemie laufen homogen katalysiert ab. Ein Beispiel hierfür ist die Decarbonylierung von **Ameisensäure** in Gegenwart von H_2SO_4 [vgl. **MC-Frage Nr. 816**].

$$HCOOH \xrightarrow{(H_3O^+)} H_2O + CO$$

Die **heterogene Katalyse**, bei der Gas- oder Lösungsreaktionen durch feste Katalysatoren beschleunigt werden, ist meistens mit der Annahme einer **Oberflächenwirkung** zu deuten. Hierbei werden die reagierenden Stoffe in der Regel durch chemische **Adsorption** (**Chemiesorption**) an der Oberfläche des Katalysators in einen reaktiveren Zustand übergeführt, in dem sie befähigt sind, schneller als im nicht-aktivierten Zustand zu reagieren.

Während bei der physikalischen Adsorption die Moleküle durch van der Waals-Kräfte die Haftung an der Oberfläche bedingen, werden bei der Chemiesorption die Moleküle durch chemische Bindungen an die Katalysatoroberfläche gebunden. Dies führt zu Veränderungen in der Elektronenverteilung der chemiesorbierten Moleküle, wodurch kovalente Bindungen geschwächt oder sogar aufgebrochen werden. Die Festigkeit der Adsorptionsbindung muss jedoch sehr spezifisch abgestuft sein, damit das adsorbierte Molekül zwar durch die Oberflächenbindung in einen reaktiveren Zustand versetzt wird, andererseits aber nicht – infolge zu fester Bindung – eine stabile chemische Oberflächenverbindung entsteht. Darüber hinaus muss die Art der Bindung auch eine Loslösung (**Desorption**) des Reaktionsproduktes vom Katalysator ermöglichen.

Beispiele für heterogene Katalysen sind die meisten Hydrierreaktionen der org. Chemie. Auch von **Enzymen** (biochemischen Katalysatoren) katalysierte Stoffwechselvorgänge in der lebenden Zelle sind in der Regel heterogene Katalysen. Darüber hinaus ist die Darstellung von Wasser aus den Elementen in Gegenwart von Platin als Beispiel einer heterogen katalysierten Reaktion zu nennen [vgl. Kap. 2.2.3.2 und **MC-Frage Nr. 817**].

$$2\ H_2 + O_2 \xrightarrow{(Pt)} 2\ H_2O$$

Im allgemeinen wirken Katalysatoren sehr *spezifisch*. D.h., ausgehend von bestimmten Substraten können verschiedene Katalysatoren zu unterschiedlichen Produkten führen. Desweiteren ist zu beachten, dass die Wirkung fester Katalysatoren durch geringste Mengen an Hemmstoffen (**Katalysatorgifte**) aufgehoben werden kann. Dies belegt, dass wahrscheinlich nicht die gesamte Oberfläche des festen Katalysators, sondern nur bestimmte *aktive Zentren* (Unregelmäßigkeiten, Fehlstellen), die durch die „Vergiftung" blockiert werden, für die Wirksamkeit eines Katalysators verantwortlich sind.

Durch Zugabe von Fremdstoffen (**Aktivatoren, Promotoren**), die für die betreffende zu katalysierende Reaktion nicht wirksam zu sein brauchen, kann die Oberfläche verändert und dadurch die Katalysatorwirkung in erheblichem Maße gesteigert werden. Solche **Mischkatalysatoren** besitzen eine große Anwendungsbreite bei technischen Prozessen.

1.13.5.2 Autokatalyse

Als **Autokatalyse** bezeichnet man einen Vorgang, bei dem im Verlaufe der Reaktion ein Katalysator erst gebildet wird. Diese Reaktionen unterscheiden sich in ihrem Ablauf deutlich von normalen chemischen Reaktionen. Ihre Geschwindigkeit ist anfangs gering, vergrößert sich mit der Zunahme der Katalysatorkonzentration und nimmt schließlich wieder ab. Ein Beispiel hierfür sind manche Oxidationsreaktionen mit $KMnO_4$, die von niederen Oxidationsstufen des Mangans katalysiert werden (vgl. Kap. 1.12.3 und **MC-Frage Nr. 818**).

1.13.5.3 Säurekatalyse und Basenkatalyse

Der Gesamtverlauf einer säurekatalysierten Reaktion kann in sehr vielen Fällen durch das allgemeine Schema

$$A + H^+ \underset{k_{-1}}{\overset{k_1}{\rightleftharpoons}} AH^+ \xrightarrow[k_2]{+ B} P$$

dargestellt werden. Aus diesem Schema lassen sich zwei Grenzfälle ableiten:

1) Die Umwandlungsgeschwindigkeit des Zwischenproduktes (AH^+) in (P) ist sehr viel größer als die Geschwindigkeit der Rückbildung von (A) [$k_2 \gg k_{-1}$]. Dann wandeln sich praktisch alle AH^+-Teilchen sofort nach ihrer Bildung in (P) um und es stellt sich kein Gleichgewicht zwischen dem Substrat und dem Katalysator ein. Die Geschwindigkeitskonstante der Gesamtreaktion wird durch k_1 bestimmt. Dies ist der Fall bei der sog. *allgemeinen Säurekatalyse*.

2) Verläuft die Umwandlungsgeschwindigkeit des Zwischenproduktes (AH^+) in (P) viel langsamer als die Geschwindigkeit der Rückbildung von (A), so befindet sich das Zwischenprodukt dauernd im Gleichgewicht mit dem Substrat. Daher wird die Reaktionsgeschwindigkeit durch die Gleichgewichtskonzentration des Zwischenproduktes mitbestimmt. Dies ist der Fall für eine *spezifische Säurekatalyse* (vgl. **MC-Frage Nr. 781** und Ehlers, **Chemie II**, Kap. 3.2.14). Für spezifisch säurekatalysierte Reaktionen findet man häufig ein Zeitgesetz der Form:

$$d[P]/dt = k \cdot [A] \cdot [H^+] \cdot [B]$$

Analoge Verhältnisse existieren auch für *allgemein* und *spezifisch basenkatalysierte* Reaktionen.

2. Anorganische Chemie

Von den insgesamt **109** bekannten Elementen sind 11 (Wasserstoff, Helium, Neon, Argon, Krypton, Xenon, Radon, Fluor, Chlor, Sauerstoff und Stickstoff) bei Raumtemperatur *gasförmig*, 2 (Brom und Quecksilber) *flüssig*, alle übrigen 96 Elemente sind *fest*. Sauerstoff und Silicium sind mit über 10 Gewichtsprozent der Erdrinde einschließlich der Wasser- und Lufthülle die beiden häufigsten Elemente, gefolgt von Aluminium als dritthäufigstem Element. Wasserstoff ist hingegen das *kosmisch* häufigste Element.

2.1 Edelgase

2.1.1 Vorkommen, Gewinnung, Reaktivität und Anwendung

2.1.1.1 Vorkommen und Gewinnung der Edelgase

Die Elemente **Helium** (He), **Neon** (Ne), **Argon** (Ar), **Krypton** (Kr), **Xenon** (Xe) und **Radon** (Rn) treten alle als Bestandteile der Luft auf, wobei Argon den größten Anteil ausmacht. Helium kommt ferner in gewissen Erdgasen als Folgeprodukt radioaktiver Zerfallsprozesse vor (vgl. Kap. 1.1.3) und wird daraus in technischem Maßstab gewonnen. Neon, Argon, Krypton und Xenon fallen als Nebenprodukte bei der fraktionierten Destillation verflüssigter Luft an (siehe Seite 384). Radon ist ein Produkt des radioaktiven Zerfalls von Radium. Seine Halbwertszeit $(t_{1/2})$ beträgt 3,8 Tage. Edelgase sind nicht brennbar. Sie werden daher als Schutz- und Füllgase zur Erzeugung einer inerten Atmosphäre verwendet.

2.1.1.2 Eigenschaften der Edelgase

Alle Edelgase sind bei Raumtemperatur einatomige, weitgehend reaktionsträge, farb- und geruchlose Gase, wobei Helium den tiefsten Schmelz- und Siedepunkt aller bekannten Stoffe besitzt. Der Anstieg der Schmelz- und Siedepunkte vom Helium zum Radon hin ist charakteristisch für Stoffe, bei denen allein schwache van der Waals-Kräfte den Zusammenhalt der Teilchen bewirken (vgl. Kap. 1.7.1.2). Über weitere Eigenschaften der Edelgase informiert Tab. 2.1.

Mit Ausnahme des Heliums ($1 s^2$) haben die Edelgase in der Valenzschale die Elektronenkonfiguration ns^2np^6. Da alle Edelgase im Grundzustand keine ungepaarten Elektronen enthalten, sind sie *diamagnetisch*. Darüber hinaus zeigen die Edelgase als Folge der vollständig besetzten s- und p-Niveaus keinerlei Tendenz sich untereinander zu Molekülen zu vereinigen (bzgl. des MO-Modells des He_2^+-Ions siehe Kap. 1.4.4.2).

Die *Ionisierungsenergien* der Edelgase sind relativ hoch und nehmen innerhalb der Gruppe vom He zum Rn hin ab. Helium hat das höchste Ionisierungspotential aller Elemente. Die Ionisierungsenergie des Xenons entspricht der des Sauerstoffs. Innerhalb einer Periode des PSE besitzen die Edelgase jeweils die höchste Ionisierungsenergie. Helium hat von allen Edelgasen die größte *Wärmeleitfähigkeit*, da bei gegebener Temperatur die Geschwindigkeit von He-Atomen aufgrund

Tab. 2.1: **Eigenschaften der Edelgase**

Edel-gas	Schmp. (°C)	Sdp. (°C)	Vol% in der Luft	Ionisie-rungs-energie (kJ/mol)	Elektronen-konfiguration	Atom-radius (pm)
He	-272,2*	-268,9	$5,2 \cdot 10^{-4}$	2374	$1s^2$	93
Ne	-248,6	-245,9	$1,8 \cdot 10^{-3}$	2081	$1s^2 2s^2 2p^6$	131
Ar	-189,4	-185,9	$9,3 \cdot 10^{-1}$	1520	$[Ne]3s^2 3p^6$	174
Kr	-157,2	-152,9	$1,0 \cdot 10^{-4}$	1352	$[Ar]3d^{10} 4s^2 4p^6$	189
Xe	-111,8	-107,1	$9,0 \cdot 10^{-6}$	1172	$[Kr]4d^{10} 5s^2 5p^6$	209
Rn	- 71,0	- 61,8	$\sim 6 \cdot 10^{-18}$	1040	$4f^{14} 5d^{10} 6s^2 6p^6$	214

*) bei ~ 2,6 MPa (Helium läßt sich nur unter Druck verfestigen)

ihrer geringen Masse höher ist als die der anderen Edelgase. Helium zeigt bei sehr tiefen Temperaturen das Phänomen der Suprafluidität (extrem niedrige Viskosität; fließt u. U. sogar aufwärts) [vgl. **MC-Fragen Nr. 819–824, 1340, 1344, 1621, 1661, 1784**].

2.1.1.3 Edelgasverbindungen

Lange bekannt sind Teilchen wie He_2^+ oder Ar_2^+, die vorübergehend in Gasentladungsröhren auftreten können. Echte Edelgasverbindungen wurden erst 1962 von **Bartlett** entdeckt [vgl. **MC-Fragen Nr. 825–827, 1257**].

In der Folgezeit konnten eine Reihe von Edelgasverbindungen hergestellt werden, hauptsächlich **Verbindungen** des **Xenons** und **Kryptons** mit den stark elektronegativen Elementen Sauerstoff und Fluor. Generell nimmt die Reaktivität der Edelgase vom Radon zum Helium hin ab. Helium bildet keine Verbindungen mit anderen Elementen, weil es das höchste 1.Ionisierungspotential aller Elemente besitzt.

Durch direkte Synthese aus den Elementen lassen sich relativ leicht die kristallinen **Xenonfluoride** [XeF_2, XeF_4, XeF_6] darstellen, von denen XeF_4 am stabilsten ist. Durch Hydrolyse der Fluoride entstehen **Oxide** und Oxoanionen [XeO_3, XeO_4, XeO_4^{2-}] bzw. **Oxidfluoride** [$XeOF_2$, $XeOF_4$]. Bei den chemischen Bindungen in diesen Substanzen handelt es sich um normale *kovalente Bindungen* mit Bindungsenergien von 125–210 kJ/mol.

2.2 Wasserstoff

Das Wasserstoffatom besitzt ein Valenzelektron und kann durch Aufnahme eines weiteren Elektrons eine Edelgaskonfiguration ($1s^2$) annehmen. Aufgrund seines kleinen Atomradius nimmt Wasserstoff jedoch eine *Sonderstellung* ein und unterscheidet sich in seinen Eigenschaften deutlich von den Elementen der I. bzw. VII. Hauptgruppe.

2.2.1 Gewinnung und Bildung von Wasserstoff

2.2.1.1 Technische Herstellungsverfahren

– In der Technik stellt man Wasserstoff meistens aus **Wasser** durch Elektrolyse (*kathodische Reduktion*) bzw. durch Reduktion mit einem unedlen Metall oder Kohle her [vgl. **MC-Fragen Nr. 828, 829, 831, 849, 1316, 1662, 1785**].

$$H_3O^+ + e^- \longrightarrow H_2O + 1/2\ H_2 \uparrow$$

$$Fe + H_2O \xrightarrow{650\ °C} FeO + H_2 \uparrow$$

$$C + H_2O \xrightarrow{1000\ °C} CO\uparrow + H_2 \uparrow \qquad [\Delta H = +\ 131{,}4\ kJ/mol]$$

Das bei letzterem Verfahren in endothermer Reaktion entstehende Gemisch aus Kohlenmonoxid (CO) und Wasserstoff („**Wassergas**") wird dadurch getrennt, dass man es mit weiterem Wasserdampf zu Kohlendioxid (CO_2) oxidiert (**Kohlenoxid-Konvertierung**). Danach wird CO_2 mit kaltem Wasser unter Druck oder mit NaOH unter Bildung von Na_2CO_3 herausgelöst [vgl. **MC-Frage Nr. 1879**].

$$CO + H_2O \xrightarrow[450\ °C]{(Co_3O_4)} H_2 \uparrow\ + CO_2 \xrightarrow{+\ 2\ NaOH} Na_2CO_3 + H_2O$$

– Größere Mengen an Wasserstoff entstehen auch bei der **Chloralkalielektrolyse** (vgl. Kap. 2.3.1) sowie beim **Steam-Reforming**, der H_2-Darstellung aus Kohlenwasserstoffen, insbesondere aus dem im Erdgas enthaltenen **Methan** (CH_4).

$$CH_4 + H_2O \xrightarrow[\text{900 °C}]{\text{(Ni)}} CO\uparrow + 3\ H_2\uparrow$$

Darüber hinaus wird Wasserstoff auch beim *Cracken* von im Erdöl enthaltenen Kohlenwasserstoffen zu kleineren Molekülen gebildet.

2.2.1.2 Darstellung im Laboratorium

- **Metall + Säure**: Auch die H_2-Darstellung im Labor geht von Wasser aus, indem man z. B. im Kippschen Apparat eine salzsaure bzw. essigsaure Lösung mit Zink oder Eisen reduziert [vgl. **MC-Fragen Nr. 830, 832, 833, 1541**].

$$Zn + 2\ CH_3COOH \longrightarrow Zn(CH_3COO)_2 + H_2\uparrow \qquad [E^0 = -0,76\ V]$$
$$Fe + 2\ HCl \longrightarrow FeCl_2 + H_2\uparrow \qquad [E^0 = -0,44\ V]$$

Generell sollten alle *unedlen* Metalle, die bei pH = 0, d. h. $[H_3O^+]$ = 1 mol/l, ein *negatives Normalpotential* ($E^0 < 0$) besitzen aus einer *Säure* Wasserstoff in Freiheit setzen (vgl. Tab. 1.74, S. 317).

$$Mg + 2\ H^+ \longrightarrow Mg^{2+} + H_2\uparrow \qquad [E^0 = -2,40\ V]$$
$$2\ Al + 6\ H^+ \longrightarrow 2\ Al^{3+} + 3\ H_2\uparrow \qquad [E^0 = -1,69\ V]$$
$$Sn + 2\ H^+ \longrightarrow Sn^{2+} + H_2\uparrow \qquad [E^0 = -0,14\ V]$$

Allerdings reagieren einige Metalle [Ni, Cr, Pb, Al] infolge von Hemmerscheinungen (**Passivierung**) nur sehr langsam. Eventuell auftretende **Wasserstoffüberspannungen** lassen sich häufig durch Kontakt mit **Platin** beseitigen [vgl. **MC-Frage Nr. 834** und Kap. 1.12.3.1]. Bei manchen Metallen kann die H_2-Entwicklung durch Ausbildung einer unlöslichen Schutzschicht ausbleiben. So löst sich z. B. **Blei** nicht in verd. H_2SO_4, weil das gebildete Bleisulfat [$Pb + H_2SO_4 \longrightarrow PbSO_4 + H_2$] als schützende Deckschicht den weiteren Angriff der H_2SO_4 unterbindet. **Eisen** bildet mit konz. HNO_3 eine oxidische Schutzschicht.

Edlere Metalle [Sb, Cu, Hg, Ag] vermögen aus Säuren *keinen* Wasserstoff zu entwickeln, sind also in *nichtoxierenden* Säuren unlöslich; sie lösen sich z.T. aber in *oxidierenden* Säuren wie H_2SO_4 oder HNO_3 [vgl. **MC-Fragen Nr. 828–830, 835, 1712**].

$$Cu + HCl \longrightarrow \text{keine Reaktion}$$
$$Cu + SO_4^{2-} + 4\ H^+ \longrightarrow Cu^{2+} + SO_2\uparrow + 2\ H_2O$$
$$3\ Cu + 2\ NO_3^- + 8\ H^+ \longrightarrow 3\ Cu^{2+} + 2\ NO\uparrow + 4\ H_2O$$
$$3\ Ag + NO_3^- + 4\ H^+ \longrightarrow 3\ Ag^+ + NO\uparrow + 2\ H_2O$$

- **Metall + Wasser**: In neutralem Wasser beträgt das Redoxpotential der Wasserstoffelektrode [E = $-0,06$ pH = $-0,42$ V] (vgl. Kap. 1.12.2). Metalle mit negativerem Potential wie Alkali- und einige Erdalkalielemente reagieren daher mit Wasser unter H_2-Bildung.

$$Na + H_2O \longrightarrow NaOH + 1/2\ H_2\uparrow$$

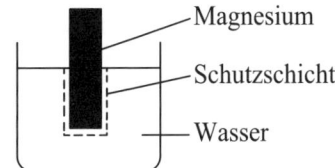

Abb. 2.1: **Passivierung des Magnesiums**

Allerdings entwickeln manche unedlen Metalle [Mg, Fe, Al, Zn] mit Wasser entgegen ihrer Stellung in der Spannungsreihe *keinen* Wasserstoff, weil das entstehende Hydroxid, wie Abb. 2.1 illustriert, eine unlösliche Schutzschicht um das Metall bildet [vgl. **MC-Frage Nr. 760**].

– **Metall + Lauge**: In starken Laugen lösen sich die primär entstehenden Hydroxide des **Aluminiums** und **Zinks** unter Bildung von Hydroxokomplexen wieder auf, sodass diese Metalle aus alkalischen Lösungen H_2 freisetzen können. Dies gilt auch für eine Ni-Al-Legierung (**Raney-Legierung**) und **Silicium** [vgl. **MC-Fragen Nr. 836, 1316**].

$$Zn + 2\,H_2O + 2\,HO^- \longrightarrow [Zn(OH)_4]^{2-} + H_2 \uparrow$$
$$2\ Al + 6\,H_2O + 2\,HO^- \longrightarrow 2\,[Al(OH)_4]^- + 3\,H_2 \uparrow$$
$$Si + 4\,HO^- \longrightarrow SiO_4^{4-} + 2\,H_2 \uparrow$$

– Wasserstoff kann auch durch Hydrolyse von salzartigen Hydriden oder durch Zersetzung von Lösungen der Alkalimetalle in flüssigem Ammoniak dargestellt werden (s. a. Kap. 2.9.1,).

$$CaH_2 + H_2O \longrightarrow 2\,H_2 \uparrow + CaO \xrightarrow{\ +\,H_2O\ } Ca(OH)_2$$
$$NaH + H_2O \longrightarrow NaOH + H_2 \uparrow$$
$$2\,Na + 2\,NH_3 \longrightarrow 2\,NaNH_2 + H_2 \uparrow$$

2.2.1.3 Atomarer Wasserstoff

Wasserstoff, der bei den o. a. Reaktionen der Metalle oder bei der Elektrolyse von Wasser gebildet wird, besteht zunächst aus paramagnetischen H-Atomen und ist deshalb wesentlich reaktionsfähiger. Beispielsweise reagiert er mit Arsen- oder Antimon-Verbindungen zu AsH_3 bzw. SbH_3. **Atomarer (nascierender) Wasserstoff** kann aus molekularem H_2 auch bei hohen Temperaturen und Bestrahlung mit kurzwelligem Licht oder an der Oberfläche fein verteilter Platinmetalle erzeugt werden.

Allerdings existieren freie H-Atome bei Raumtemperatur nur für eine kurze Zeit (0,3–0,5 s). Die Rekombination der Atome zu diamagnetischen H_2-Molekülen tritt jedoch nicht sofort ein, weil die bei der Rekombination freiwerdende und in Schwingungsenergie umgewandelte Bindungsenergie zum erneuten Zerfall des H_2-Moleküls führt [vgl. **MC-Fragen Nr. 837, 839, 841, 856, 1550**].

2.2.2 Wasserstoffisotope

Natürlicher Wasserstoff ist ein *Mischelement* und besteht aus den Isotopen ^1H, ^2H (**Deuterium**, Symbol: **D**) und ^3H (**Tritium**, Symbol: **T**) im Mengenverhältnis $1 : 1,1 \cdot 10^{-4} : 10^{-18}$.

Das Deuteriumnuclid ist stabil, Tritium hingegen ist radioaktiv und wandelt sich mit einer Halbwertszeit von ca. 12,3 Jahren unter β-Strahlung in Helium um [vgl. **MC-Fragen Nr. 841, 844, 849, 1366**].

$$^3_1H \longrightarrow {}^3_2He^+ + e^-$$

Künstlich hergestelltes Tritium wird wegen seiner Radioaktivität häufig zur Isotopenmarkierung von Wasserstoffverbindungen verwendet.

Bei keinem anderen Element ist der relative Massenunterschied zwischen den einzelnen Isotopen so groß wie beim Wasserstoff. Daher unterscheiden sich die Wasserstoffisotope hinsichtlich ihren Reaktionsgeschwindigkeiten und ihren Gleichgewichtskonstanten relativ stark voneinander (*Isotopieffekte*, vgl. Kap. 1.1.2). Die Tab. 2.2 und 2.3 belegen das unterschiedliche physikalische Verhalten von **Wasserstoff** [H_2] und **Deuterium** [D_2] bzw. von **Wasser** [H_2O] und „**schwerem Wasser**" [D_2O].

Beispielsweise kann D_2O durch Elektrolyse von destilliertem Wasser gewonnen werden, weil bei der Elektrolyse von destilliertem Wasser H_2O an der Kathode schneller zu H_2 reduziert wird als D_2O zu D_2, sodass sich D_2O im Rückstand anreichert [vgl. **MC-Fragen Nr. 842, 846, 847, 1644**]. Desweiteren ist das *Ionenprodukt*

Tab. 2.2: **Physikalische Eigenschaften von Wasserstoff und Deuterium**

	H_2	D_2
Schmelzpunkt (°C)	-259,1	-254,4
Siedepunkt (°C)	-252,7	-249,4
Verdampfungsenthalpie (J/mol)	903,7	225,9
Bindungsenergie (kJ/mol)	436,0	443,3

Tab. 2.3: **Physikalische Eigenschaften von Wasser und „schwerem Wasser"**

	H_2O	D_2O
Siedepunkt (°C)	100	101,42
Gefrierpunkt (°C)	0	3,8
Temperatur des Dichtemaximums (°C)	3,96	11,6
Ionenprodukt bei 25 °C (mol ^{2} l^{-2})	$1,01 \cdot 10^{-14}$	$0,195 \cdot 10^{-14}$

von „schwerem Wasser" bei Raumtemperatur etwa fünfmal kleiner als das von Wasser (vgl. Kap. 1.11.2.1 und **MC-Fragen Nr. 587, 841, 845**).

Darüber hinaus sind die *Bindungsenergien* von Bindungen mit Deuterium in der Regel höher als die Bindungsenergien entsprechender Wasserstoffbindungen. Hingegen ist die *Reaktionsgeschwindigkeit* von Deuterium anderen Elementen oder Verbindungen gegenüber meistens geringer als die von Wasserstoff (**kinetischer Isotopeneffekt**).

Diese erhöhte Stabilität von Bindungen des Deuteriums an andere Elemente nutzt man in **Isotopenaustauschreaktionen** mit Verbindungen, die einen beweglichen Wasserstoff enthalten [vgl. **MC-Fragen Nr. 842, 848, 1241, 1662**].

$$X\text{-}H + D_2O \longrightarrow X\text{-}D + HDO$$

Auf diese Weise lässt sich z. B. ein acides H-Atom im Ammoniak, in Aminen, Ammoniumsalzen, Alkoholen, Carbonsäuren oder in der α-Position von Carbonylverbindungen relativ leicht gegen Deuterium austauschen.

$$NH_4^+ + D_2O \longrightarrow NH_3D^+ + HDO$$
$$CH_3COOH + D_2O \longrightarrow CH_3COOD + HDO$$
$$CH_3OH + D_2O \longrightarrow CH_3OD + HDO$$
$$CH_3MgBr + D_2O \longrightarrow CH_3D + DOMgBr$$
$$CH_3CO\text{-}CH_2\text{-}COCH_3 + D_2O \longrightarrow CH_3CO\text{-}CHD\text{-}COCH_3 + HDO$$
$$CH_3\text{-}CO\text{-}R + D_2O \longrightarrow CH_2D\text{-}CO\text{-}R + HDO$$

H-Atome in Alkylgruppen sind dagegen kinetisch inert und werden nicht gegen D-Atome ausgetauscht. Dies gelingt erst, wenn man die Verbindung mit D_2 in Gegenwart eines Übergangsmetallkatalysators umsetzt.

$$CH_4 + D_2/Ni \longrightarrow CH_3D + HD$$
$$CH_2{=}CH_2 + D_2/Pt \longrightarrow DCH_2\text{-}CH_2D$$

2.2.3 Eigenschaften und Reaktionen des Wasserstoffs

Wasserstoff, ein unpolares diamagnetisches Molekül, ist das kosmisch häufigste Element und das leichteste aller Gase. Aufgrund seiner geringen Masse besitzt H_2 von allen Gasen die *größte Diffusionsgeschwindigkeit* und *Wärmeleitfähigkeit*.

Wasserstoff ist ein farb-, geruch- und geschmackloses Gas, das in Wasser praktisch unlöslich ist. Aus chemischer Sicht ist H_2 ein typisches Nichtmetall; sein Ionisierungspotential ist mehr als doppelt so groß wie das der Alkalimetalle; auch seine Elektronegativität [EN: 2,1] ist deutlich höher als die der Elemente der I.Hauptgruppe. Als Folge seiner relativ hohen Bindungsenergie ist molekularer Wasserstoff ziemlich reaktionsträge [vgl. **MC-Fragen Nr. 855, 1662**]. Viele Reaktionen des Wasserstoffs laufen deshalb erst bei höheren Temperaturen ab.

Wasserstoff kann in seinen Verbindungen in den Oxidationszahlen **+1** (Proton, H^+) und **−1** (Hydrid-Ion, H^-) auftreten. Elementarer Wasserstoff (H_2) besitzt definitionsgemäß die Oxidationszahl **0** [vgl. **MC-Fragen Nr. 849, 851, 1366**]. Über die Bindungsverhältnisse von molekularem Wasserstoff informierte bereits Kap. 1.4.2.1 und Kap. 1.4.4.2.

2.2.3.1 Orthowasserstoff, Parawasserstoff

Das Kernproton eines H-Atoms besitzt ebenso wie das Elektron einen Spin; als Folge des **Kernspins** existieren, wie Abb. 2.2 veranschaulicht, zwei Formen von H_2-Molekülen: der **Orthowasserstoff** (o-H_2) mit parallelen Kernspins und der **Parawasserstoff** (p-H_2) mit antiparallelen Kernspins [vgl. **MC-Fragen Nr. 850–854**].

Die beiden Formen stehen miteinander in einem dynamischen Gleichgewicht. Die gegenseitige Umwandlung geschieht durch Dissoziation des Moleküls und anschließende Rekombination.

$$\text{p-}H_2 + \text{Energie} \rightleftharpoons \text{o-}H_2$$

Ortho- und Parawasserstoff haben verschiedene Energieinhalte, wobei die ortho-Form die energiereichere ist. Beim abs. Nullpunkt liegt demzufolge reiner Parawasserstoff vor. Mit steigender Temperatur verschiebt sich das Gleichgewicht zugunsten von o-H_2. Bei Raumtemperatur besteht Wasserstoff zu 75% aus o-H_2 und zu 25% aus p-H_2.

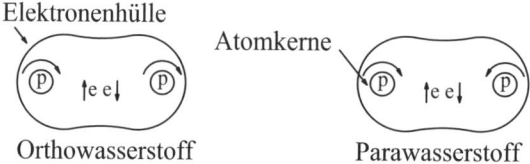

Abb. 2.2: **Kernspins in Wasserstoffmolekülen [p=Proton; e=Elektron]**

2.2.3.2 Knallgas-Reaktion

Bei Raumtemperatur reagieren Wasserstoff und Sauerstoff mit unmessbar geringer Geschwindigkeit miteinander, weil die Reaktion von H_2 mit O_2 eine sehr hohe Aktivierungsenergie erfordert. Das System H_2/O_2 ist metastabil (vgl. Kap. 1.13.1 und **MC-Fragen Nr. 1827, 1879**).

$$2\,H_2 + O_2 \longrightarrow 2\,H_2O \qquad [\Delta H = -\,241,1\ \text{kJ/mol}]$$

Hält man dagegen ein angewärmtes Pt-Blech in ein Gemisch von H_2 und O_2, so erfolgt eine spontane, explosionsartige Verbrennung. Durch Adsorption der H_2-Moleküle an der Oberfläche des Metalls wird die H-H-Bindung so stark gelockert, dass die Umsetzung mit O_2-Molekülen zu Wasser unmittelbar ablaufen kann. Die über Radikale (atomarer Wasserstoff) verlaufende Reaktion kann auch durch energiereiche UV-Strahlung ausgelöst werden. Bei etwa 600 °C erfolgt die Wasserbildung aus O_2 und H_2 auch in Abwesenheit eines Katalysators mit messbarer Geschwindigkeit [vgl. **MC-Fragen Nr. 856–860, 1333, 1717, 1904**].

Der laute Knall kommt dadurch zustande, dass der gebildete Wasserdampf infolge der freiwerdenden Reaktionswärme plötzlich ein viel größeres Volumen erlangt als das ursprüngliche H_2/O_2-Gemisch, sodass die Luft mit großer Wucht weggestoßen wird.

2.2.4 Wasserstoffverbindungen

Mit Ausnahme der Edelgase sind Wasserstoffverbindungen von allen Elementen bekannt. Sie werden **Hydride** genannt. Man unterscheidet gasförmige bzw. leichtflüchtige Hydride, polymere Hydride, die weder Salz- noch Metallcharakter besitzen, sowie salzartige und legierungsartige Hydride.

Innerhalb einer Periode der Hauptgruppenelemente des PSE beobachtet man im allgemeinen von links nach rechts folgenden Trend:

Salzartig	Hochpolymer	Gasförmig
NaH	$(MgH_2)_x$, $(AlH_3)_x$	SiH_4, PH_3, H_2S, HCl

Aufgrund der Bindungsverhältnisse lassen sich die Element-Wasserstoff-Verbindungen auch einteilen in [vgl. **MC-Fragen Nr. 1247, 1248, 1498, 1499, 1513**]:

- **Salzartige Hydride** (der I. und II. Hauptgruppe des PSE),
- **Metallische Hydride** (der Nebengruppenelemente),
- **Kovalente Hydride** (der III. bis VII. Hauptgruppe des PSE),
- **Komplexe Hydride**.

2.2.4.1 Salzartige Hydride

Als Folge seiner geringen Elektronenaffinität (- 73 kJ/mol) bildet Wasserstoff bei mäßig hohen Temperaturen salzartige Hydride nur mit den elektropositiven Metallen der I. und II. Hauptgruppe, ausgenommen Beryllium [vgl. **MC-Fragen Nr. 856, 864, 869, 1366, 1615, 1861, 1879**].

$$2\ Li + H_2 \longrightarrow 2\ LiH$$

Diese Verbindungen sind typische *Salze,* die in Ionengittern kristallisieren und deren Bildung durch die dabei freiwerdende Gitterenergie ermöglicht wird. In den salzartigen Hydriden ist der Wasserstoff elektronegativer als sein Bindungspartner und besitzt die Oxidationszahl **-1**. Diese Salze enthalten daher neben dem jeweiligen Metallkation das negativ geladene Hydrid-Ion (H^-) und liefern bei der *Elektrolyse* ihrer Schmelze Wasserstoff an der Anode.

Das Hydrid-Ion ist isoster zum Heliumatom oder Li^+-Ion und von ähnlicher Größe wie das Fluorid-Ion. Hydrid-Ionen sind extrem starke Basen und reagieren heftig mit Wasser oder anderen prototropen Lösungsmitteln unter Bildung von Wasserstoff.

$$LiH + CH_3OH \longrightarrow CH_3OLi + H_2 \uparrow$$
$$NaH + H_2O \longrightarrow NaOH + H_2 \uparrow$$
$$KH + NH_3 \longrightarrow KNH_2 + H_2 \uparrow$$

Die angeführten Reaktionen stellen zugleich auch Redoxreaktionen dar (Oxidation von H^- zu H_2). Das Normalpotential des H^-/H_2-Systems beträgt $E^o = -2{,}22V$. Hydrid-Ionen sind deshalb starke *Reduktionsmittel,* die z. B. elementare Halogene zu den entsprechenden Halogeniden reduzieren können.

$$2 \, LiH + Cl_2 \longrightarrow 2 \, LiCl + H_2$$

2.2.4.2 Metallische Hydride (legierungsartige Hydride)

Einige Übergangsmetalle absorbieren bei höheren Temperaturen in *nichtstöchiometrischen* Mengen Wasserstoff und bilden spröde, aber elektrisch leitende Festkörper, in denen Wasserstoff unter Spaltung der H-H-Bindung eingelagert wird.

Die Gitterstruktur des Metalls bleibt erhalten. Die Bindungsverhältnisse sind weitgehend als metallisch anzusehen. Allerdings beweist der im Vergleich zu den reinen Metallen verringerte Paramagnetismus der **Einlagerungshydride**, dass in gewissem Umfang auch eine Elektronenpaarung erfolgt.

Durch eine besondere Fähigkeit zur Einlagerung von Wasserstoff zeichnet sich **Palladium** aus; es absorbiert ungefähr das Tausendfache seines eigenen Volumens an H_2, was wegen seiner hohen Atommasse für das Hydrid eine Zusammensetzung von etwa $PdH_{0,8}$ ergibt [vgl. **MC-Frage Nr. 1879**].

2.2.4.3 Kovalente Hydride

Zu dieser Gruppe gehören die Hydride der Elemente der III.–VII. Hauptgruppe des PSE. Die meisten kovalenten Hydride sind *flüchtige* Stoffe; viele von ihnen sind bei Raumtemperatur gasförmig.

Die E-H-Bindung ist in allen kovalenten Hydriden mehr oder weniger stark *polar*. Entsprechend der Elektronegativität des Elements E ist dabei entweder das H- oder das E-Atom positiv polarisiert. Ersteres gilt für die Hydride der V.–VII. Hauptgruppe, letzteres für die Wasserstoffverbindungen von Silicium, Bor, Aluminium und Beryllium [vgl. **MC-Fragen Nr. 849, 861–863**].

Die Richtung des Bindungsdipols bestimmt somit auch den sauren oder basischen Charakter dieser Verbindungen. Im allgemeinen nimmt die *Säurestärke* innerhalb einer Periode von links nach rechts und innerhalb einer Gruppe mit steigender Ordnungszahl von oben nach unten zu (vgl. auch Kap. 1.11.3).

$$E\text{-}H \rightleftharpoons E^- + H^+$$

Einige Element-Wasserstoff-Verbindungen der V. Hauptgruppe sind *schwache Basen*. Die Veränderung ihrer basischen Eigenschaften erkennt man an der Lage des Gleichgewichts:

$$EH_3 + H^+ \rightleftharpoons EH_4^+$$

Beim **Ammoniak** (NH_3) liegt es auf der Seite des Ammonium-Ions. Beim **Phosphin** (PH_3) ist es weitgehend nach links verschoben; so zerfallen **Phosphoniumsalze** ($PH_4^+ X^-$) in wässriger Lösung in PH_3 und HX. Vom **Arsin** (AsH_3) sind *keine* Arsoniumverbindungen bekannt.

Die *Bindungsenergie* der E-H-Bindung wird vor allem von der *Polarität der Bindung* und der *Größe des E-Atoms* bestimmt. Wie Tab. 2.4 belegt, nimmt die Bindungsenergie innerhalb einer Periode des PSE von links nach rechts zu und innerhalb einer Gruppe von oben nach unten ab. Deshalb nimmt auch die *Thermostabilität* der Hydride im PSE nach rechts zu und nach unten ab [vgl. **MC-Frage Nr. 1589**].

Die *direkten Synthesen* der Nichtmetallhydride aus den Elementen sind alle *reversibel*. Wegen der hohen Bindungsenergie der H-F- und der H-O-Bindung zerfallen **Fluorwasserstoff** (HF) und **Wasser** (H_2O) erst bei sehr hohen Temperaturen. Die Hydride des Tellurs, Antimons oder Arsens zersetzen sich dagegen schon bei Raumtemperatur. Auf der Thermolabilität des **Arsins** (AsH_3) bzw. **Stibins** (SbH_3) beruht u. a. die **Marshsche Probe** zum Nachweis dieser Elemente.

Eine besondere Stellung unter den kovalenten Hydriden nehmen die **Kohlenwasserstoffe** ein (siehe auch Ehlers, **Chemie II**, Kap. 3.4). Obwohl es sich um thermodynamisch metastabile Verbindungen handelt, sind sie bei Raumtemperatur aufgrund des kinetisch inerten Charakters der C-H-Bindung beständig (vgl. Kap. 1.13.1).

Silicium, Bor, Aluminium und **Beryllium** bilden Wasserstoffverbindungen, in denen das H-Atom die Rolle des negativ polarisierten Bindungspartners übernimmt. Diese Hydride reagieren ähnlich wie ionische Hydride; sie haben reduzierende Eigenschaften und reagieren mit prototropen Lösungsmitteln unter Bildung von H_2. Zum Beispiel sind **Siliciumwasserstoffe (Silane)** selbstentzündliche, an der Luft explosive Verbindungen, die in Wasser (pH > 7) leicht zu Kieselsäure hydrolysieren.

$$SiH_4 + 4\,H_2O \longrightarrow Si(OH)_4 + 4\,H_2 \uparrow$$

Gründe dafür sind, dass in den kinetisch labilen Silanen die negativ polarisierten H-Atome das relativ große Si-Atom gegenüber dem Angriff eines Nucleophils nur schlecht abzuschirmen vermögen (vgl. auch Kap. 2.6.4.2).

Tab. 2.4: Bindungsenergien (in kJ/mol) und thermische Beständigkeit einiger kovalenter Hydride

Bindungsenergie							
HF	565	HCl	431	HBr	364	HI	297
H_2O	429	H_2S	345	H_2Se	306	H_2Te	268

Thermische Beständigkeit

HF > HCl > HBr > HI

H_2O > H_2S > H_2Se > H_2Te

NH_3 > PH_3 > AsH_3 > SbH_3 > BiH_3

(Monosilan)

Eine ungewöhnliche Gruppe kovalenter Hydride stellen als *Elektronenmangelverbindungen* die **Borwasserstoffe (Borane)** dar, über die Kap. 2.7.2 informiert.

2.2.4.4 Komplexe Hydride

Bor, Aluminium und Gallium bilden auch Metallhydride von teilweise salzartigem Charakter, in denen vier tetraedrisch angeordnete Hydrid-Ionen als Liganden das metallische Zentralion umgeben [vgl. **MC-Fragen Nr. 865–868, 1142, 1143, 1765**]:

- $NaBH_4$ **(Natriumborhydrid, Natriumboranat)**,
- $LiAlH_4$ **(Lithiumaluminiumhydrid, Lithiumalanat)**,
- $LiGaH_4$ (Lithiumgalliumhydrid, Lithiumgallanat).

$LiAlH_4$ ist eine weiße, in Diethylether lösliche Substanz; sie kann durch Umsetzung von Aluminiumchlorid (-bromid) mit Lithiumhydrid dargestellt werden.

$$AlCl_3 + 4\ LiH \longrightarrow Li^+[AlH_4]^- + 3\ LiCl$$

Die Umsetzung von Alkalimetallhydriden mit den Halogeniden der Elemente der III.Hauptgruppe kann generell zur Herstellung von Verbindungen dieses Typs herangezogen werden.

Die thermische Beständigkeit der komplexen Hydride nimmt innerhalb der Gruppe von oben nach unten ab. Umgekehrt wächst ihre Reaktionsbereitschaft gegenüber Wasser oder anderen prototropen Lösungsmitteln.

$$Me[XH_4] + 4\ H_2O \longrightarrow MeOH + X(OH)_3 + 4\ H_2 \uparrow$$
$$Me[XH_4] + 4\ CH_3OH \longrightarrow CH_3OMe + X(OCH_3)_3 + 4\ H_2 \uparrow$$

$NaBH_4$ löst sich als salzartiger Stoff in Wasser und ist relativ stabil. Demgegenüber hydrolysiert $LiAlH_4$ sehr rasch, z.T. explosionsartig in wässrigen Lösungen. Die große Bedeutung der komplexen Hydride liegt in ihrer Verwendung als **Reduktionsmittel** in der organischen Chemie (siehe Ehlers, **Chemie II-Kurzlehrbuch**, Kap. 3.2.17).

2.3 Halogene

Die Elemente der VII. Hauptgruppe [**Fluor** (F), **Chlor** (Cl), **Brom** (Br), **Iod** (I) und **Astat** (At)] werden **Halogene** (*Salzbildner*) genannt. Mit Ausnahme des radioaktiven Astats sind sie in der Natur weit verbreitet. Fluor und Iod sind Reinelemente. Natürliches Chlor besteht aus zwei Isotopen: ^{35}Cl (75,4 %) und ^{37}Cl (24,6%). Auch Brom tritt in der Natur in zwei Isotopen auf: ^{79}**Br** (50,57%) und ^{81}**Br** (49,43%) [vgl. **MC-Frage Nr. 884**].

2.3.1 Vorkommen und Gewinnung der Elemente

2.3.1.1 Vorkommen

Als Folge ihrer hohen Reaktivität treten die Halogene in der Natur nicht elementar sondern nur als Salze, vor allem in Form ihrer **Halogenide**, auf. Zu den wichtigsten Mineralien zählen: **Steinsalz** [NaCl], **Sylvin** [KCl], **Kryolith**[Na$_3$AlF$_6$], **Flussspat** [CaF$_2$], **Fluorapatit** [Ca$_5$(PO$_4$)$_3$F] und NaIO$_3$ (im *Chilesalpeter*).

2.3.1.2 Darstellung von Fluor

Zur Darstellung von elementarem Fluor geht man von **Fluorwasserstoff** (HF) aus. Da Fluor das positivste Standard-Redoxpotential aller Oxidationsmittel besitzt, existiert kein chemisches Oxidans, das stark genug ist, um Fluorid-Ionen zu F$_2$ zu oxidieren. Die Zerlegung von HF ist deshalb nur auf elektrochemischem Wege (*anodische Oxidation*) möglich [vgl. **MC-Fragen Nr. 870–872, 883, 1880**]. Der für die Elektrolyse benötigte Fluorwasserstoff kann aus CaF$_2$ und H$_2$SO$_4$ gewonnen werden.

$$CaF_2 + H_2SO_4 \xrightarrow{\text{-CaSO}_4 \downarrow} 2\ HF \xrightarrow{\text{Elektrolyse}} H_2 \uparrow + F_2 \uparrow$$

Als Elektrolyt ist in diesem Falle eine *wässrige* HF-Lösung *nicht* geeignet, weil Fluor ein höheres Redoxpotential als Sauerstoff hat und somit Wasser sofort zu O$_2$ oxidiert, sodass bei der Elektrolyse einer wässrigen Fluorid-Lösung an der Anode kein Fluor sondern Sauerstoff erhalten wird [vgl. auch **MC-Fragen Nr. 872, 1242, 1521, 1789**].

$$F_2 + H_2O \longrightarrow 2\ HF + 1/2\ O_2 \uparrow$$

Deshalb verwendet man *wasserfreien, flüssigen Fluorwasserstoff*, dem zur Erhöhung der elektr. Leitfähigkeit Kaliumfluorid (KF) zugesetzt wird. Reiner Fluorwasserstoff leitet wie Wasser nur schlecht den elektrischen Strom. Als Ladungsträger fungieren K^+- und **Hydrogendifluorid-Ionen** (HF_2^-), in denen ein Fluorid-Ion über eine Wasserstoffbrücke an ein HF-Molekül gebunden ist.

Auch *wasserfreie Schmelzen* von Salzen wie $KF \cdot HF$ [Schmp. 217 °C], $KF \cdot 2\,HF$ [Schmp. 72 °C] oder $KF \cdot 3\,HF$ [Schmp. 66 °C] lassen sich zur Elektrolyse einsetzen. Besonders geeignet sind die beiden letztgenannten Salze, die eine Elektrolyse bei Temperaturen unter 100 °C erlauben.

2.3.1.3 Darstellung von Chlor

Zur Gewinnung von elementarem Chlor oxidiert man meistens Chloride oder **Chlorwasserstoff** (HCl) [vgl. **MC-Fragen Nr. 873, 874, 884, 1345, 1381, 1787**].

– Ein geeignetes Oxidationsmittel ist Luftsauerstoff, der bei erhöhter Temperatur Wasserstoff unter Bildung von Wasser bindet. Die Reaktion (**Deacon-Verfahren**) bedarf der Beschleunigung durch einen $CuCl_2$-Katalysator.

$$4\,HCl + O_2 \xrightarrow{\text{(CuCl}_2\text{)}} 2\,H_2O + 2\,Cl_2 \uparrow$$

– Ein weiteres Oxidationsmittel ist Braunstein (MnO_2) (**Weldon-Verfahren**). Die Umsetzung verläuft zweistufig.

$$
\begin{aligned}
4\,HCl + MnO_2 &\longrightarrow 2\,H_2O + MnCl_4 \\
MnCl_4 &\longrightarrow MnCl_2 + Cl_2 \\
\hline
4\,HCl + MnO_2 &\longrightarrow 2\,H_2O + MnCl_2 + Cl_2 \uparrow
\end{aligned}
$$

– Im Labormaßstab gebräuchlich sind Oxidationsmittel wie $KMnO_4$, PbO_2 oder Chlorkalk [$CaCl(OCl)$]:

$$CaCl(OCl) + 2\,HCl \longrightarrow CaCl_2 + H_2O + Cl_2 \uparrow$$

– Statt auf chemischem Wege kann HCl auch elektrolytisch zerlegt werden. Hierbei entsteht an der Kathode H_2 und an der Anode Cl_2.

$$2\,HCl \longrightarrow H_2 \uparrow + Cl_2 \uparrow$$

Chloralkalielektrolyse: Die Hauptmenge an Chlor wird heute durch Elektrolyse einer wässrigen Natriumchlorid-Lösung hergestellt. Neben Chlor fallen noch Wasserstoff und Natriumhydroxid als Elektrolyseprodukte an [vgl. **MC-Fragen Nr. 1455, 1880**].

$$2\,HOH + 2\,NaCl \longrightarrow H_2 \uparrow + 2\,NaOH + Cl_2 \uparrow$$

In kleineren Mengen erhält man Chlor auch bei der Elektrolyse von geschmolzenem NaCl, $CaCl_2$ und $MgCl_2$, die zur Gewinnung der entsprechenden Metalle durchgeführt wird.

2.3.1.4 Darstellung von Brom

– Elementares Brom kann durch Einleiten von Chlorgas in wässrige Bromid-Lösungen hergestellt werden, weil Cl_2 ein stärkeres Oxidationsmittel als Brom ist [vgl. **MC-Frage Nr. 875**]. Das gebildete Brom wird mit Wasserdampf aus der Lösung getrieben.

$$2\,Br^- + Cl_2 \longrightarrow 2\,Cl^- + Br_2 \uparrow$$

– Im Laboratorium lässt sich Brom bequem durch Einwirken von konzentrierter H_2SO_4 und Braunstein (MnO_2) auf KBr gewinnen. Auch durch Einwirken von konz. H_2SO_4 allein kann elementares Brom aus Bromiden hergestellt werden (vgl. Kap. 2.3.3.4 und **MC-Fragen Nr. 896, 900, 1242, 1789**).

$$4\,KBr + 2\,H_2SO_4 \longrightarrow 2\,K_2SO_4 + 4\,HBr$$
$$4\,HBr + MnO_2 \longrightarrow MnBr_2 + 2\,H_2O + Br_2$$

2.3.1.5 Darstellung von Iod

– Die Hauptmenge an Iod wird heute aus dem Iodat der Chilesalpeter-Mutterlaugen gewonnen, das durch Schweflige Säure (H_2SO_3) zu Iodwasserstoff (HI) reduziert wird [vgl. **MC-Frage Nr. 1880**].

$$(1) \qquad HIO_3 + 3\,H_2SO_3 \longrightarrow HI + 3\,H_2SO_4$$

Zur Rückoxidation von HI zu elementarem Iod bedarf es keines gesonderten Oxidationsmittels, da die in der Lösung vorhandene Iodsäure (HIO_3) HI zu Iod oxidieren kann.

$$(2) \qquad HIO_3 + 5\,HI \longrightarrow 3\,H_2O + 3\,I_2$$

Gibt man daher nur 5/6 der nach Gleichung (1) erforderlichen Menge an Schwefliger Säure bzw. Schwefeldioxid hinzu, sodass je Mol gebildeter HI noch 1/5 Mol HIO_3 in der Lösung vorhanden ist, so erhält man direkt Iod als Reaktionsprodukt.

$$(3) \qquad 2\,HIO_3 + 5\,H_2SO_3 \longrightarrow 5\,H_2SO_4 + H_2O + I_2$$

– Darüber hinaus gelingt die Oxidation von HI oder Iodiden zu Iod auch mit Oxidantien wie Cl_2, Br_2, MnO_2, H_2SO_4 bzw. durch anodische Oxidation [vgl. **MC-Fragen Nr. 876, 898**].

$$4\,HI + MnO_2 \longrightarrow I_2 + MnI_2 + 2\,H_2O$$
$$2\,I^- + Cl_2 \longrightarrow I_2 + 2\,Cl^-$$

2.3.2 Eigenschaften der Halogene

2.3.2.1 Gruppeneigenschaften

Alle Halogene besitzen die *Elektronenkonfiguration* ns^2np^5, also ein Elektron weniger als die nachfolgenden Edelgase. Ihr chemisches Verhalten wird daher geprägt durch die Aufnahme eines Elektrons unter Bildung einer abgeschlossenen

Schale. Mit Ausnahme des Fluors treten die übrigen Halogene auch in positiven Oxidationsstufen auf (vgl. Kap. 1.12.1).

Die *Bindungsenergien* (Dissoziationsenergie) der zweiatomigen Halogene nehmen in der Reihe $Cl_2 > Br_2 > I_2$ ab, weil die Kovalenzbindungen mit zunehmender Atomgröße schwächer werden. Eine Sonderstellung nimmt **Fluor** ein, dessen Bindungsenergie mit der des Iods vergleichbar ist. Als Ursache hierfür kann die abstoßende Wechselwirkung der nichtbindenden Elektronenpaare der kleinen Fluoratome angesehen werden. Die *Atom-* und *Ionenradien* nehmen erwartungsgemäß mit steigender Ordnungszahl zu [vgl. **MC-Fragen Nr. 276, 881, 882, 899**].

Die *Elektronegativität* der Halogene ist relativ hoch und nimmt vom Fluor zum Iod hin ab. **Fluor** ist das *elektronegativste* aller Elemente. Alle Halogene sind ausgesprochene **Nichtmetalle**, wobei der Nichtmetallcharakter innerhalb der Gruppe von oben nach unten abnimmt; beim Iod fällt schon ein äußeres Merkmal der Metalle, der Metallglanz, ins Auge. Innerhalb einer Periode ist das Halogen das jeweils reaktionsfähigste Nichtmetall [vgl. **MC-Fragen Nr. 877, 878, 880**].

Die *Elektronenaffinität* ist bei allen Halogenen negativ; sie ist beim **Chlor** am *größten* und sinkt wiederum mit zunehmender Kernladungszahl. Die *Ionisierungsenergien* sind relativ hoch und nehmen gleichfalls mit steigender relativer Atommasse ab.

Alle elementaren Halogene sind *starke Oxidationsmittel*. Die *Normalpotentiale* des Systems X^-/X_2 nehmen vom Fluor zum Iod ab. Fluor ist das stärkste Oxidans und vermag daher alle übrigen Halogene (X_2) aus ihren Halogeniden (X^-) in Freiheit zu setzen. Fluor ist auch ein stärkeres Oxidationsmittel als Ozon. Iodide und HI werden demgegenüber oft als Reduktionsmittel eingesetzt. Die große Oxidationskraft des Fluors ist eine Folge der hohen Hydratationsenthalpie des F^--Ions sowie der kleinen Bindungsenergie des F_2-Moleküls [vgl. **MC-Fragen Nr. 879, 880**].

2.3.2.2 Physikalische Eigenschaften der Halogene

Tab. 2.5 informiert über die wichtigsten physikalischen Eigenschaften der elementaren Halogene. Alle Halogene sind *flüchtige* Stoffe und zeigen charakteristische

Tab. 2.5: **Physikalische Eigenschaften der Halogene**

	Fluor	Chlor	Brom	Iod
Farbe (im Gaszustand)	Fast farblos	Gelbgrün	Rotbraun	Violett
Schmelzpunkt (°C)	-220	-101	- 7,3	114
Siedepunkt (°C)	-188	- 34,6	59	185
Elektronenaffinität (kJ/mol)	-376,6	-387,0	-364,4	-331,4
Elektronegativität	4,0	3,0	2,8	2,4
Normalpotential [E°] (Volt)	+2,85	+1,36	+1,07	+0,54
Bindungsenergie [X_2] (kJ/mol) (Dissoziationsenergie)	159	242	193	151
Ionenradius [X^-] (pm)	136	181	195	216

Farben. Fluor ist unter Normalbedingungen ein Gas und Chlor ein leicht zu verflüssigendes Gas. Brom ist flüssig, wobei Bromdämpfe schwerer sind als Luft. Iod ist ein Feststoff. Als Folge der wachsenden van der Waals-Kräfte steigen die Schmelz- und Siedepunkte der Halogene innerhalb der Gruppe mit zunehmender Atommasse an [vgl. **MC-Fragen Nr. 884, 893, 906, 1372, 1880, 1881**].

2.3.2.3 Chemische Eigenschaften der Halogene

Alle Halogene sind äußerst reaktionsfähige Elemente. Die allgemeine **Reaktivität** nimmt in der Reihe $F_2 > Cl_2 > Br_2 > I_2$ ab, weil in dieser Richtung die Elektronenaffinität und die Elektronegativität ab- und die Ionenradien zunehmen. Mit *Metallen* bilden sie *salzartige*, mit *Nichtmetallen* flüchtige, *kovalente Halogenide* (vgl. Kap. 2.3.4.1 und **MC-Fragen Nr. 881, 882**].

Alle Halogene bilden kovalente Wasserstoffverbindungen (HX), die in wässriger Lösung sauer reagieren. Die *Affinität zu Wasserstoff* nimmt mit steigender relativer Atommasse ab. F_2 verbindet sich schon im Dunkeln bei niedriger Temperatur mit H_2 zu HF, während Iod erst in der Wärme und in Anwesenheit eines Katalysators reagiert.

Entsprechend der höheren Oxidationskraft vermag jedes leichtere Halogen das schwerere aus seiner Wasserstoffverbindung oder aus seinen Halogeniden zu verdrängen; so setzt Fluor sämtliche anderen Halogene in Freiheit. Chlor oxidiert nur noch die Wasserstoffverbindungen des Broms und Iods, Brom nur noch die des Iods.

$$2 \text{ H-X} + F_2 \longrightarrow 2 \text{ HF} + X_2 \text{ (X = Cl, Br, I)}$$

Die unterschiedliche Oxidationskraft der Halogene zeigt sich auch daran, dass Chlor und Brom im neutralen bis schwach sauren Medium **Thiosulfat** ($S_2O_3^{2-}$) zu **Sulfat** (SO_4^{2-}) oxidieren, während die Oxidation mit Iod zum **Tetrathionat** ($S_4O_6^{2-}$) führt [vgl. **MC-Fragen Nr. 884, 897, 988–991, 1401, 1590**].

$$4 \text{ Cl}_2 + S_2O_3^{2-} + 15 \text{ H}_2\text{O} \longrightarrow 2 \text{ SO}_4^{2-} + 10 \text{ H}_3\text{O}^+ + 8 \text{ Cl}^-$$
$$I_2 + 2 \text{ S}_2\text{O}_3^{2-} \longrightarrow S_4O_6^{2-} + 2 \text{ I}^-$$

Von allen Halogenen existieren Sauerstoffverbindungen. Die *Affinität zu Sauerstoff* nimmt vom Fluor zum Iod hin zu, sodass die Oxide des Iods am beständigsten und zum Unterschied von den endothermen Oxiden der übrigen Halogene exotherme Verbindungen sind (vgl. Kap. 2.3.7 und **MC-Fragen Nr. 877, 879**).

Allgemeine Reaktionsfähigkeit	$F \longrightarrow Cl \longrightarrow Br \longrightarrow I$	nimmt ab
Affinität zu elektropositiven Elementen		nimmt ab
Affinität zu elektronegativen Elementen		nimmt zu

Mit *Wasser* reagiert Fluor sehr heftig unter Bildung von HF und Sauerstoff; bei pH-Werten > 7 entsteht gasförmiges **Difluoroxid** (Sauerstoffdifluorid) (F_2O) [vgl. **MC-Fragen Nr. 886, 1242, 1521**].

$$2 \text{ F}_2 + 2 \text{ H}_2\text{O} \longrightarrow 4 \text{ HF} + O_2 \uparrow$$
$$2 \text{ F}_2 + 2 \text{ HO}^- \longrightarrow F_2O + 2 \text{ F}^- + H_2O$$

Auch Chlor reagiert in gewissem Ausmaß mit Wasser, wobei sich unter Disproportionierung **Hypochlorige Säure** (HOCl) bildet. Im alkalischen Milieu entstehen Chlorid und Hypochlorit. Brom und Iod reagieren analog [vgl. **MC-Fragen Nr. 884, 886, 1521, 1825**].

$$Cl_2 + 2\ H_2O \rightleftharpoons H_3O^+ + Cl^- + HOCl$$
$$Cl_2 + 2\ HO^- \longrightarrow H_2O + Cl^- + ClO^-$$
$$Br_2 + 2\ HO^- \longrightarrow H_2O + Br^- + BrO^-$$
$$I_2 + 2\ HO^- \longrightarrow H_2O + I^- + IO^-$$

Das durch Lösen von Iod in NaOH-Lösung gebildete Hypoiodit (IO^-) disproportioniert jedoch rasch zu Iodat (IO_3^-) und Iodid [vgl. **MC-Fragen Nr. 1242, 1789**].

$$3\ IO \longrightarrow IO_3^- + 2\ I$$

> Während die Elemente Chlor, Brom und Iod in Wasser oberhalb pH = 8 zu Halogenid und Hypohalogenit disproportionieren, geht Fluor unter diesen Bedingungen in ein Sauerstoff-Fluorid (F_2O) über, in dem der Sauerstoff die Oxidationszahl +2 besitzt.

2.3.2.4 Sonderstellung des Fluors

Die hohe Reaktivität des Fluors ist darauf zurückzuführen, dass die *Dissoziationsenergie* der F-F-Bindung mit 159 kJ/mol ungewöhnlich niedrig ist. Dies ist eine Folge der relativ starken Abstoßungskräfte der nichtbindenden Elektronenpaare gekoppelt mit der hohen Bindungsenergie der neu geknüpften Bindungen bzw. der großen Hydratationsenthalpie der entstehenden Fluorid-Ionen. Im Allgemeinen bildet ein Element mit einem Fluoratom immer eine stärkere Bindung wie mit einem anderen Halogenatom. Darüber hinaus gilt für Fluor als Element der 2.Periode streng die Oktettregel; eine Oktettaufweitung unter Beteiligung von d-AO erfolgt nicht. In seinen Verbindungen hat Fluor stets die Oxidationszahl **-1**. Fluor hat von allen Halogenen das höchste 1. Ionisierungspotential [vgl. **MC-Fragen Nr. 907, 1912**].

2.3.2.5 Löslichkeit der Elemente in Wasser

Wie Tab. 2.6 zeigt, ist die Löslichkeit der drei schwereren Halogene in Wasser *gering*. In Gegenwart von Halogenid-Ionen erhöht sich die Löslichkeit durch Bildung von X_3^--Ionen. Diese **Polyhalogenid-Anionen** besitzen eine lineare Struktur

Tab. 2.6:   Wasserlöslichkeit der Halogene

	Chlor	Brom	Iod
mol/l	0,092	0,214	0,001

und sind wesentlich hydrophiler als die freien Elemente. Die Tendenz zur Bildung von wasserlöslichen charge transfer-Komplexen des Typs „X_3^-" ist beim Iod (I_3^-) stärker ausgeprägt als beim Chlor und Brom [vgl. auch **MC-Fragen Nr. 885, 889, 1242, 1446, 1599, 1616, 1714, 1914**].

$$Br_2 + KBr \rightleftharpoons K^+[Br_3]^-$$
$$I_2 + KI \rightleftharpoons K^+[I_3]^- \quad \text{(braun)}$$

2.3.2.6 Lösungsmittelabhängigkeit der Iod-Farbe

Iod löst sich sehr gut in unpolaren Lösungsmitteln wie **Schwefelkohlenstoff** (CS_2) oder **Tetrachlorkohlenstoff** (CCl_4); die entstehenden *violetten* Lösungen enthalten I_2-Moleküle. Auch in **Chloroform**($CHCl_3$) ist Iod mit *violetter* Farbe löslich [vgl. **MC-Fragen Nr. 885, 890–892, 1616, 1911**].

Die Lösungen von Iod in **Benzen, Dioxan, Alkoholen** oder **Ketonen** sind dagegen *rotbraun* gefärbt und enthalten nur wenig beständige *charge transfer-Komplexe* aus I_2 und den jeweiligen Lösungsmittelmolekülen. Diese Verbindungen kommen dadurch zustande, dass Iod mit dem (sauerstoff- oder stickstoffhaltigen) Donor-Lösungsmittel (D) durch teilweise Übertragung eines Elektronenpaars vom Donor zum Iod (Schalenerweiterung von Iod) einen Ladungsübertragungskomplex bildet, in dem ein Resonanzhybrid des folgenden Typs vorliegt [vgl. **MC-Frage Nr. 888**].

$$I_2 + |D \longleftrightarrow \overset{(-)}{I_2} \dots \overset{(+)}{D}$$

Mit **Stärke** bildet Iod eine in der Hitze unbeständige, *blaugefärbte* Einschlussverbindung, bei der I_2-Moleküle in Anwesenheit von Iodid-Ionen in die Hohlräume des Polysaccharids **Amylose** eingelagert werden (siehe auch Ehlers, **Analytik II-Kurzlehrbuch**, Kap. 7.2.3 und **MC-Fragen Nr. 1600, 1616**).

2.3.3 Halogenwasserstoffe

2.3.3.1 Eigenschaften der Halogenwasserstoffe

Alle Halogenwasserstoffe sind kovalent gebundene, Schleimhaut-reizende, farblose, stechend riechende Gase, die sich leicht in Wasser lösen. Die wässrigen Lösungen heißen **Flusssäure** (HF), **Salzsäure** (HCl), **Bromwasserstoffsäure** (HBr) und **Iodwasserstoffsäure**(III). Die *Acidität* der Halogenwasserstoffsäuren nimmt mit steigender Atommasse zu; **Fluorwasserstoff** ist eine verhältnismäßig schwache, **Iodwasserstoff** eine sehr starke Säure (vgl. auch Kap. 1.11.3 und **MC-Fragen Nr. 913, 1663**).

Die *Bindungsenergien* und die *Thermostabilität* der Halogenwasserstoffe nehmen von HF zu HI hin stark ab. Während sich HF spontan und in sehr heftiger Reaktion aus den Elementen bildet, muss die nach einem *Radikalkettenmechanismus* ablaufende Reaktion von Cl_2 mit H_2 (**Chlorknallgasreaktion**) photochemisch oder durch Erwärmen gestartet werden. Brom reagiert weit weniger heftig und beim

Tab. 2.7: Eigenschaften der Halogenwasserstoffe

	HF	HCl	HBr	HI
Schmelzpunkt (°C)	- 83,1	-114,8	- 86,9	- 50,7
Siedepunkt (°C)	19,5	- 84,9	- 66,8	- 35,4
Dipolmoment (D)	1,91	1,03	0,78	0,38
pK$_s$-Wert	3,14	- 3	- 6	- 8
Bindungslänge [H-X] (pm)	92	128	141	160
Bildungsenthalpie (kJ/mol)	-286,6	- 92,3	- 36,2	+ 25,9

Iod verläuft die entsprechende Reaktion nur unvollständig. Darüber hinaus zersetzen sich HBr und besonders HI bereits bei mäßig erhöhter Temperatur. Die Synthese von Iodwasserstoff aus den Elementen folgt einem Zeitgesetz zweiter Ordnung (vgl. **MC-Frage Nr. 903** und Kap. 1.13.2). In Tab. 2.7 sind die wichtigsten phys. Eigenschaften der Halogenwasserstoffe zusammengestellt. Die Siedepunkte der flüssigen Halogenwasserstoffe steigen in der Reihe HCl < HBr < HI < HF an [vgl. **MC-Fragen Nr. 895, 904, 906, 907, 1663**]. Der abnorm hohe Siedepunkt von HF wird durch starke Wasserstoffbrückenbindungen bedingt. Die H-F...F-Brücken haben als Folge der hohen Polarität der H-F-Bindung die größtmögliche Bindungsenergie aller Wasserstoffbrücken (25–35 kJ/mol) (vgl. auch Kap. 1.7.3). Wie die *Dipolmomente* zeigen, nimmt die Polarität der Halogenwasserstoffe mit steigender relativer Molmasse ab [vgl. **MC-Frage Nr. 905** und Kap. 1.4.5]. Alle Halogenwasserstoffsäuren bilden mit Wasser azeotrope Gemische [vgl. **MC-Fragen Nr. 1845, 1872**]. Die **Darstellung** der Halogenwasserstoffe gelingt im Allgemeinen

– durch direkte Synthese aus den Elementen,
– durch Umsetzung eines Halogenid-Ions mit einer starken Säure,
– durch Hydrolyse eines Nichtmetallhalogenids in Wasser.

2.3.3.2 Fluorwasserstoff und Fluoride

HF kann entweder aus den Elementen oder durch Einwirkung einer starken Säure auf ein Fluorid gewonnen werden. Zum Beispiel entweicht Fluorwasserstoff nach Behandeln von **Flussspat** (CaF_2) mit konz. H_2SO_4 beim Erwärmen, wodurch das Gleichgewicht nach rechts verlagert wird.

$$CaF_2 + H_2SO_4 \longrightarrow CaSO_4\downarrow + H_2F_2\uparrow$$

Die bei der Dissoziation der Flusssäure gebildeten Fluorid-Ionen lagern sich über H-Brücken an HF-Moleküle an, sodass wässrige HF-Lösungen auch Ionen wie HF_2^-, $H_2F_3^-$ usw. enthalten.

$$F^- + HF \rightleftharpoons HF_2^-$$
$$F^- + H_2F_2 \rightleftharpoons H_2F_3^-$$

Flusssäure löst zahlreiche Metalle unter H_2-Entwicklung; Gold und Platin werden nicht angegriffen, Blei nur oberflächlich (Bildung von schwerlöslichem PbF_2). HF *ätzt* Quarz und Glas unter Bildung von *gasförmigen Siliciumtetrafluorid* (SiF_4) und kann deshalb nicht in Glasgefäßen aufbewahrt werden [vgl. **MC-Frage Nr. 1663**].

$$4\ HF + SiO_2 \longrightarrow 2\ H_2O + SiF_4 \uparrow$$

Durch Einwirken von HF auf **Borsäure** (H_3BO_3) entsteht **Fluoroborsäure** $H[BF_4]$, eine extrem starke Säure, die nur in wässriger Lösung, nicht dagegen im freien Zustand bekannt ist.

$$B(OH)_3 + 4\ HF \longrightarrow H^+[BF_4]^- + 3\ H_2O$$

Die Salze der Flusssäure heißen **Fluoride**. Die meisten Metallfluoride lösen sich in Wasser, einige [CuF_2, PbF_2] jedoch nur schwer. Die Erdalkalifluoride [CaF_2, SrF_2, BaF_2] sind wasserunlöslich. Im Gegensatz zu den übrigen Silberhalogeniden ist **Silberfluorid** (AgF) ein in Wasser lösliches Salz. Einige kovalente Fluoride (BF_3, SbF_5 u. a.) sind starke Lewis-Säuren [vgl. **MC-Fragen Nr. 909, 1912**].

Fluoride sind in höheren Konzentrationen giftig; in großer Verdünnung wirken F^--Ionen kariesverhindernd (Milch- und Trinkwasser-Fluorierung) [vgl. **MC-Frage Nr. 883**].

2.3.3.3 Chlorwasserstoff und Chloride

Die technische Darstellung von Chlorwasserstoff (HCl) geht entweder von **Kochsalz** (NaCl) oder von den Elementen Wasserstoff und Chlor aus.

– Lässt man konz. H_2SO_4 auf Kochsalz bei erhöhter Temperatur einwirken, so erfolgt ein zweistufiger Austausch des Natrium-Ions gegen ein Proton unter intermediärer Bildung von Natriumhydrogensulfat ($NaHSO_4$) [**Sulfat-Salzsäure-Prozess**].

$$NaCl + H_2SO_4 \longrightarrow HCl + NaHSO_4$$
$$\underline{NaCl + NaHSO_4 \xrightarrow{800\ °C} HCl + Na_2SO_4}$$
$$2\ NaCl + H_2SO_4 \longrightarrow 2\ HCl + Na_2SO_4$$

– Besonders reinen Chlorwasserstoff erhält man bei der Synthese aus den Elementen, die ihrerseits als Nebenprodukte der Chloralkalielektrolyse anfallen.

Mischt man hierzu $H_2 + Cl_2$ im Molverhältnis 1:1 miteinander, so tritt bei Raumtemperatur und im Dunkeln keine merkliche Reaktion ein; das System ist metastabil. Bestrahlt man dagegen mit kurzwelligem Licht [UV] (oder bei lokaler Erhitzung), so bildet sich Chlorwasserstoff explosionsartig (**Chlorknallgas-Reaktion**) [vgl. auch **MC-Frage Nr. 887**].

Die reaktionsbeschleunigende Wirkung des Lichts bzw. der Wärme beruht darauf, dass durch Zufuhr von Energie eine homolytische Spaltung einzelner Cl_2-Moleküle eintritt. Die gebildeten Chloratome reagieren dann in einer *Radikalkettenreaktion* mit den vorhandenen H_2-Molekülen [vgl. **MC-Frage Nr. 751**].

$$Cl_2 \xrightarrow{h\nu} 2\ Cl\cdot$$

$$
\begin{array}{ll}
Cl\cdot + H_2 \longrightarrow HCl + H\cdot & \Delta H = +\ \ \ 4{,}2\ \text{kJ/mol} \\
H\cdot + Cl_2 \longrightarrow HCl + Cl\cdot & \Delta H = -\ 189{,}0\ \text{kJ/mol} \\
\hline
Cl_2 + H_2 \longrightarrow 2\ HCl & \Delta H = -\ 184{,}8\ \text{kJ/mol}
\end{array}
$$

Anstelle von H_2 können zur HCl-Darstellung auch Wasserstoffverbindungen wie z. B. **Kohlenwasserstoffe** eingesetzt werden. So fallen in der Technik große Mengen an HCl bei der **Alkanchlorierung** an (R = Alkylrest).

$$R\text{-}H + Cl_2 \longrightarrow R\text{-}Cl + HCl$$

Chlorwasserstoff ist ein farbloses Gas, dessen wässrige Lösung **Salzsäure** genannt wird. Konz. Salzsäure enthält 36 Gew% an HCl-Gas in gelöster Form. Die Salze der Chlorwasserstoffsäure heißen **Chloride**. AgCl, $PbCl_2$ und Hg_2Cl_2 sind in Wasser mäßig bis schwerlöslich [vgl. **MC-Frage Nr. 909**]. Viele Chloride wie $AlCl_3$, $CaCl_2$ oder $MgCl_2$ sind *hygroskopisch;* dagegen ist NaCl *nicht* hygroskopisch. Die wasseranziehenden Eigenschaften von Speisesalz stammen vom darin enthaltenen Magnesiumchlorid [vgl. **MC-Fragen Nr. 908, 1206**].

2.3.3.4 Bromwasserstoff und Bromide

Bromwasserstoff (HBr) kann *nicht* durch Behandeln von Bromiden mit konz. H_2SO_4 hergestellt werden, weil HBr teilweise von Schwefelsäure zu elementarem Brom oxidiert wird [vgl. **MC-Fragen Nr. 902, 1713**].

$$2\ HBr + H_2SO_4 \longrightarrow H_2O + Br_2 + H_2SO_3$$

Hingegen gelingt die Darstellung bei Verwendung einer schwerflüchtigen, nicht-oxidierenden Säure wie z. B. konz. Phosphorsäure.

$$3\ KBr + H_3PO_4 \longrightarrow K_3PO_4 + 3\ HBr$$

Ein weiterer Weg ist die Hydrolyse von **Phosphortribromid** (PBr_3). Da Bromwasserstoff flüchtiger ist als die gebildete Phosphorige Säure (H_3PO_3), lässt er sich bequem aus dem Reaktionsansatz abtrennen.

$$PBr_3 + 3\ H_2O \longrightarrow P(OH)_3 + 3\ HBr$$

Bei dieser Herstellungsvariante kann man auch von den Elementen Phosphor und Brom ausgehen, die sich in situ zu PBr_3 umsetzen.

Die Salze der Bromwasserstoffsäure nennt man **Bromide**; sie sind meistens in Wasser löslich. Unlöslich ist AgBr, schwerlöslich $PbBr_2$ [vgl. **MC-Frage Nr. 909**].

2.3.3.5 Iodwasserstoff und Iodide

Da Iodwasserstoff (HI) noch leichter oxidierbar ist als HBr, kommt auch hier eine Darstellung aus einem Iodid und konz. H_2SO_4 nicht in Frage. Man lässt entweder konz. H_3PO_4 auf ein Iodid bzw. Wasser auf **Phosphortriiodid** (PI_3) einwirken oder leitet H_2S-Gas als Reduktionsmittel durch eine wässrige Iod-Aufschlämmung.

$$PI_3 + 3\,H_2O \longrightarrow P(OH)_3 + 3\,HI$$
$$I_2 + H_2S \longrightarrow S + 2\,HI$$

HI ist die stärkste Elementwasserstoffsäure, ihre Salze nennt man **Iodide**. **Kaliumiodid** (KI), das wichtigste Salz der HI, wird dem Tafelsalz zur Vorbeugung einer Kropfbildung zugesetzt. AgI, HgI$_2$, PbI$_2$ und CuI sind in Wasser schwerlöslich [vgl. **MC-Frage Nr. 909**].

2.3.4 Halogenide und kovalente Halogen- verbindungen

Halogenverbindungen sind mit Ausnahme der Edelgase He, Ne und Ar von allen Elementen bekannt; man unterteilt sie in salzartige und kovalente Halogenide. Zu ihrer **Synthese** stehen verschiedene Verfahren zur Verfügung. Zu den wichtigsten zählen:

- Darstellung aus den Elementen,
- Umsetzung von Halogenwasserstoffen mit (unedlen) Metallen,
- Reaktion von Halogenwasserstoffen mit Metalloxiden, -hydroxiden oder -carbonaten.

2.3.4.1 Salzartige Halogenide

Mit Ausnahme des Berylliums ergeben Alkali- und Erdalkalimetalle Halogenide mit vorwiegend ionischem Charakter. Auch die Übergangsmetalle (vor allem in niederen Oxidationsstufen) bilden zahlreiche salzartige Halogenide. Bei Metallen, die in mehreren Oxidationsstufen auftreten, bildet das Element in seiner höchsten Oxidationsstufe ein Halogenid mit stärker ausgeprägtem kovalenten Bindungscharakter. Dies belegen z. B. die Schmelzpunkte der entsprechenden Chloride [PbCl$_2$ (Schmp. 501 °C) $\rightarrow$ PbCl$_4$ (Schmp. -15 °C); SnCl$_2$ (Schmp. 246 °C) $\rightarrow$ SnCl$_4$ (Schmp. −33 °C)].

In Übereinstimmung mit den Elektronegativitäten besitzen *Metallfluoride* höhere ionische Bindungsanteile als die betreffenden Verbindungen der übrigen Halogenide [HgF$_2 \rightarrow$ HgCl$_2$ bzw. Hg$_2$Cl$_2$; PbF$_4 \rightarrow$ PbCl$_4$] (vgl. auch **MC-Frage Nr. 912**). Bromide, Iodide und in gewissem Umfang auch Chloride zeigen bereits deutliche Übergänge zur Kovalenzbindung, weil in der Reihe F < Cl < Br < I die Polarisierbarkeit des Anions zunimmt [vgl. auch **MC-Frage Nr. 911** und Kap. 1.3.1]. Dies manifestiert sich auch in den jeweiligen Gitterstrukturen; Fluoride kristallisieren gewöhnlich in typischen Ionengittern, während die anderen Halogenide z.T. Schichten- oder Molekülgitter bilden [HgCl$_2$, PbCl$_2$]. Im allgemeinen nimmt der *kovalente* Bindungscharakter mit höherer Wertigkeit des Kations zu (stärker polarisierende Wirkung). So kristallisiert **Aluminiumchlorid** (AlCl$_3$) im Gegensatz zu NaCl in einer Schichtgitterstruktur (vgl. auch Kap. 1.3.2 und **MC-Frage Nr. 1852**).

Je höher die Bindungspolarität der Element-Halogen-Bindung ist, desto höher sind die Schmelz- und Siedepunkte dieser Salze. In der Regel nimmt der Ionencharakter der Element-Halogen-Bindung innerhalb einer Gruppe mit steigender Kernladungszahl zu [LiF → CsF]. Häufig sinkt mit zunehmendem kovalenten Bindungsgrad auch die Löslichkeit der Halogenide in Wasser [AgF → AgI].

2.3.4.2 Kovalente Halogenide

Kovalente Halogenide werden von Nichtmetallen und Übergangsmetallen in höheren Oxidationsstufen gebildet. Viele Halogenide mit kovalentem oder überwiegend kovalentem Bindungscharakter sind starke **Lewis-Säuren** [BF_3, BCl_3, $AlCl_3$, SbF_5, PCl_5, $TiCl_4$]. Die Wirkung der Lewis-Säure zeigt sich auch in der Fähigkeit dieser Substanzen, Halogenid-Ionen unter Bildung komplexer Ionen wie $[AlCl_4]^-$, $[PCl_6]^-$, $[SbF_6]^-$ anzulagern [vgl. **MC-Fragen Nr. 906, 907, 1852**].

$$SbF_5 + F^- \longrightarrow SbF_6^-$$
$$PCl_5 + Cl^- \longrightarrow PCl_6^-$$

Zahlreiche kovalente Halogenide sind reaktionsfähige Substanzen, die infolge ihres Lewis-Säure-Charakters, leicht von Nucleophilen angegriffen werden. So tritt z. B. in Anwesenheit von Wasser Hydrolyse ein, wobei neben der Halogenwasserstoffsäure die Säure des betreffenden Nichtmetalls entsteht. Chloride und Bromide sind leichter zu hydrolysieren als die stabileren Fluoride [vgl. **MC-Fragen Nr. 910, 1250, 1330, 1521**].

$$PCl_3 + 3\,H_2O \longrightarrow P(OH)_3 + 3\,HCl$$
$$BCl_3 + 3\,H_2O \longrightarrow B(OH)_3 + 3\,HCl$$
$$SiCl_4 + 4\,H_2O \longrightarrow Si(OH)_4 + 4\,HCl$$
$$TiCl_4 + 2\,H_2O \longrightarrow TiO_2 + 4\,HCl$$

Die Eigenschaften der wichtigsten Halogenide des Schwefels, Stickstoffs, Phosphors, Siliciums und Bors werden in den entsprechenden Kapiteln dieser Elemente vorgestellt.

2.3.4.3 Fluorverbindungen

Zahlreiche Elemente bilden mit Fluor Verbindungen in hohen Oxidationsstufen [SF_6, IF_7, CoF_3, AgF_2], manche Elemente (z. B. Cu) zeigen die höchstmögliche Oxidationszahl nur in Verbindungen mit Fluor. Fluoride von Nichtmetallen [CF_4, SF_6] sind oft reaktionsträger als die entsprechenden anderen Halogenide. Die Nichtmetall-Fluor-Bindung ist nicht nur thermodynamisch stabil sondern auch kinetisch inert (vgl. Kap. 1.13.1).

Viele Kationen hoher Ladung und kleinem Ionenradius bilden mit F^--Ionen stabilere Komplexe als mit den übrigen Halogenid-Ionen [BF_4^-, AlF_6^{3-}, SiF_6^{2-}, FeF_6^{3-}, CoF_6^{3-}]. Zu diesen Verbindungen analoge Komplexe mit anderen Halogeniden existieren nicht. Die Liganden in diesen **Fluorokomplexen** besitzen weitgehend Ionencharakter; die Gitterenergien der Komplexe sind daher groß und die Substanzen sind dementsprechend sehr stabil.

2.3.5 Interhalogenverbindungen

Die Halogene bilden untereinander eine Reihe von Verbindungen der allgemeinen Form XY_n, wobei n eine ungerade Zahl (n = 1, 3, 5, 7) und Y das leichtere Halogen ist. Ihre Stabilität nimmt mit zunehmender Zahl n, mit wachsender Größe von X und abnehmender Größe von Y ab. Ihre Strukturen sind mit Hilfe des Elektronenpaar-Abstoßungsmodells erklärbar (vgl. Kap. 1.4.2 und **MC-Fragen Nr. 915, 1329**).

In Bezug auf ihre physikalischen Eigenschaften stehen viele Interhalogenverbindungen zwischen den beiden Elementen, aus denen sie aufgebaut sind. Die Moleküle sind *polar*, entsprechend der unterschiedlichen Elektronegativität von X und Y. Alle Interhalogene sind reaktiv. Es sind starke, *hydrolyseempfindliche Oxidationsmittel*.

Die einfachsten Vertreter (**XY**) entstehen durch direkte Reaktion der beiden Elemente; höhere Interhalogenverbindungen sind durch Anlagerung von weiterem Halogen an die einfachen XY-Verbindungen darstellbar.

$$X_2 + Y_2 \rightleftharpoons 2\,XY$$
$$XY + m\,Y_2 \rightleftharpoons XY_{2\,m+1} \qquad (2m+1 = n)$$

Iodchlorid (ICl) und **Iodbromid** (IBr) werden in den Pharmakopöen als Reagenzien zur Bestimmung der Iodzahl in Fetten oder fetten Ölen verwendet.

Zur *Nomenklatur* der Interhalogene (siehe Anhang) wird der elektropositivere Bestandteil zuerst genannt. Der nachfolgende Name des elektronegativeren Bindungspartners erhält die Endung **-id**. So wird IBr korrekterweise als **Iodbromid** und nicht als Bromiodid bezeichnet, da bei der Heterolyse von IBr das Bromatom aufgrund seiner größeren Elektronegativität als Anion abgespalten wird [vgl. **MC-Frage Nr. 914**].

2.3.6 Halogensauerstoffsäuren

Mit Ausnahme des Fluors sind von allen Halogenen mehrere *Oxosäuren* bekannt. Fluor bildet lediglich die instabile **Hypofluorige Säure** (HOF). Generell nimmt die Acidität dieser Säuren mit steigender Oxidationszahl des Halogens zu und jeweils vom Chlor zum Iod hin ab (vgl. Kap. 1.11.3). Mit steigender Acidität der Säure nehmen auch deren oxidierende Eigenschaften ab. Im allgemeinen wirken die Halogensauerstoffsäuren in saurer Lösung stärker oxidierend als im Alkalischen. Viele Oxosäuren neigen zu Disproportionierungen.

2.3.6.1 Sauerstoffsäuren des Chlors

In Tab. 2.8 sind die vier Oxosäuren des Chlors aufgelistet.

Hypochlorige Säure (Unterchlorige Säure): Sie entsteht beim Einleiten von Chlorgas in Wasser im Gleichgewicht mit Salzsäure. Das Gleichgewicht liegt weitgehend auf der linken Seite (**Chlorwasser**).

$$Cl_2 + H_2O \rightleftharpoons HCl + HOCl$$

Tab. 2.8: **Sauerstoffsäuren des Chlors**

Formel	Bezeichnung	pK_s	Salz	Ox.zahl
$HClO$	Hypochlorige Säure	7,25	Hypochlorit	+1
$HClO_2$	Chlorige Säure	2,0	Chlorit	+3
$HClO_3$	Chlorsäure	0	Chlorat	+5
$HClO_4$	Perchlorsäure	-9	Perchlorat	+7

Zur Verschiebung des Gleichgewichts fängt man die gebildete HCl mit Quecksilberoxid (HgO) unter Bildung von unlöslichem $[HgO \cdot HgCl_2]$ ab.

$$2\,Cl_2 + 2\,HgO + H_2O \longrightarrow [HgO \cdot HgCl_2] \downarrow + 2\,HOCl$$

Zur Darstellung der Hypochlorite leitet man Chlor in die entsprechenden Laugen ein. Die Umsetzung mit Kalkmilch führt zu **Chlorkalk** $[CaCl(OCl)]$.

$$Cl_2 + 2\,NaOH \longrightarrow NaOCl + NaCl + H_2O$$
$$Cl_2 + Ca(OH)_2 \longrightarrow CaCl(OCl) + H_2O$$

Hypochlorige Säure ist nur in wässriger Lösung beständig. Versucht man diese Lösungen zu entwässern, so bildet sich **Dichloroxid** (Cl_2O), das Anhydrid der HOCl.

$$2\,HOCl \longrightarrow Cl_2O \uparrow + H_2O$$

Hypochlorige Säure ist eine schwache Säure. Hypochlorit-Lösungen wirken oxidierend und disproportionieren bei erhöhter Temperatur ($\sim 75\,°C$) zu Chlorid und Chlorat (ClO_3^-).

$$3\,ClO^- \longrightarrow ClO_3^- + 2\,Cl^-$$

Chlorige Säure: Sie entsteht beim Einleiten von Chlordioxid in Wasser.

$$2\,ClO_2 + H_2O \longrightarrow HClO_2 + HClO_3$$

Die freie Säure ist instabil; ihre im Alkalischen einigermaßen stabilen Salze erhält man durch Reduktion von Chloraten.

Chlorsäure: Zur Darstellung der recht starken Chlorsäure geht man von Chloraten aus. Diese entstehen bei der Einwirkung von Hypochloriger Säure auf Hypochlorite.

$$2\,HOCl + NaOCl \longrightarrow 2\,HCl + NaClO_3$$

Zur Gewinnung der unbeständigen freien Säure setzt man Bariumchlorat mit Schwefelsäure um.

$$Ba(ClO_3)_2 + H_2SO_4 \longrightarrow BaSO_4 \downarrow + 2\,HClO_3$$

Wässrige Lösungen von Chloraten sind beständiger und wirken weniger stark oxidierend als Hypochlorite. Erst beim Erhitzen über ihren Schmelzpunkt hinaus gehen Chlorate in Perchlorate (ClO_4^-) über; bei noch stärkerem Erhitzen spaltet schließlich auch das gebildete Perchlorat molekularen Sauerstoff ab [vgl. **MC-Fragen Nr. 1102, 1405, 1788**].

$$4\ ClO_3^- \xrightarrow{\text{Schmelze}} 3\ ClO_4^- + Cl^-$$

$$ClO_4^- \xrightarrow{\text{Schmelze}} Cl^- + 2\ O_2\uparrow$$

Perchlorsäure: Behandelt man die bei höheren Temperaturen durch Disproportionierung von Chloraten gebildeten Perchlorate mit konz. H_2SO_4, so wird $HClO_4$ freigesetzt und kann im Vakuum bei vorsichtigem Erwärmen des Reaktionsgemischs abdestilliert werden.

$$KClO_4 + H_2SO_4 \longrightarrow KHSO_4 + HClO_4$$

Perchlorsäure ist die beständigste und einzige in reiner Form herstellbare Chlorsauerstoffsäure; sie ist die *stärkste* bekannte Säure. Das tetraedrisch gebaute, mesomeriestabilisierte Perchlorat-Ion (ClO_4^-), eine extrem schwache Base, ist wegen seiner hohen Symmetrie besonders reaktionsträge und wirkt kaum oxidierend. Mit Wasser bildet Perchlorsäure ein kristallines Hydrat der Form $[H_3O^+ \cdot ClO_4^-]$. Perchlorate sind in wässriger Lösung stabil **Kaliumperchlorat** ($KClO_4$) ist im Wasser schwerlöslich [vgl. **MC-Fragen Nr. 916, 1405, 1622, 1715, 1853, 1882**].

2.3.6.2 Sauerstoffsäuren des Broms

Vom Brom existieren gleichfalls Verbindungen, die sich von vier unterschiedlichen Oxosäuren ableiten.

Hypobromige Säure (HOBr) und ihre Salze entstehen in Analogie zu den entsprechenden Verbindungen des Chlors durch Schütteln von **Bromwasser** mit HgO bzw. durch Umsetzung von Brom mit Alkalihydroxid-Lösungen.

$$2\ Br_2 + 2\ HgO + H_2O \longrightarrow [HgO \cdot HgBr_2]\downarrow + 2\ HOBr$$
$$Br_2 + 2\ NaOH \longrightarrow NaOBr + NaBr + H_2O$$

Hypobromige Säure ist eine schwache Säure ($pK_s = 8,7$) und ihre Salze disproportionieren in wässriger Lösung ziemlich rasch zu Bromid und Bromat, sodass Hypobromit-Lösungen nur unterhalb von 0 °C beständig sind.

$$3\ BrO^- \longrightarrow BrO_3^- + Br^-$$

Die **Bromige Säure** ($HBrO_2$) wird technisch in Form ihrer Salze *(Bromite)* durch Oxidation von Hypobromiten mit Hypochloriten dargestellt.

$$BrO^- + ClO^- \longrightarrow BrO_2^- + Cl^-$$

Zum Unterschied von Chloriten sind Bromite nur in alkalischer Lösung beständig. Mit einigen Schwermetallionen (Pb^{2+}, Hg^{2+}, Ag^+) bilden Alkalibromite schwerlösliche, gelbe bis orangefarbene Niederschläge.

Bromsäure ($HBrO_3$) lässt sich in Analogie zur Chlorsäure durch Umsetzung von Bariumbromat ($BaBrO_3$) mit verdünnter Schwefelsäure herstellen. **Kalium-**

bromat ($KBrO_3$) ist ein in der analytischen Chemie häufig eingesetztes Oxidationsmittel (siehe Ehlers, **Analytik II**, Kap. 7.2.5 „Bromatometrie").

Die **Perbromsäure** ($HBrO_4$) wird in Form ihrer Salze *(Perbromate)* durch Oxidation von Bromat mit elementarem Fluor oder Xenondifluorid (XeF_2) gewonnen.

$$BrO_3^- + F_2 + H_2O \longrightarrow BrO_4^- + 2HF$$

Verdünnte Schwefelsäure setzt aus Alkaliperbromaten wie $KBrO_4$ die zugrunde liegende Säure frei. $HBrO_4$ ist weniger flüchtig als $HClO_4$.

2.3.6.3 Sauerstoffsäuren des Iods

Hypoiodsäure (HOI): Hypoiodite disproportionieren bereits bei tiefen Temperaturen so schnell, dass man beim Lösen von Iod in einer Alkalihydroxid-Lösung direkt Iodat erhält (siehe Kap. 2.3.2.3).

Iodsäure: HIO_3, ein farbloser Feststoff, kann durch Oxidation von Iod mit konz. HNO_3, Ozon, H_2O_2 oder Cl_2 in wässriger Lösung gewonnen werden.

$$I_2 + 5\,Cl_2 + 6\,H_2O \rightleftharpoons 2\,HIO_3 + 10\,HCl$$

Hierbei muss die gebildete HCl als schwerlösliches AgCl aus dem Gleichgewicht entfernt werden, da umgekehrt HIO_3 Salzsäure wieder zu Chlor zu oxidieren vermag. Iodsäure und ihre Salze, die **Iodate**, sind starke Oxidationsmittel, aber beständiger als Chlorate und Bromate.

In der pharmazeutischen Analytik verwendet man Iodate zur in situ-Herstellung von Iod, wobei durch Komproportionierung mit Iodid pro Mol Iodat 6 Äquivalente Iod freigesetzt werden [siehe **Ehlers, Analytik II,** Kap. 7.2.3 und **MC-Frage Nr. 1614**].

$$IO_3^- + 5\,I^- + 6\,H_3O^+ \longrightarrow 3\,I_2 + 9\,H_2O$$

Periodsäure: Oxidiert man Iodate mit Hypochlorit in alkalischer Lösung, so entstehen Periodate.

$$IO_3^- + ClO^- \longrightarrow IO_4^- + Cl^-$$

Die Periodate leiten sich aber nicht nur von der **Metaperiodsäure** (HIO_4) sondern auch von der wasserreicheren **Orthoperiodsäure** (H_3IO_5 oder H_5IO_6) ab. Letztere erhält man als farblose, fließende Kristalle auch beim Verdampfen des Wassers aus angesäuerten, wässrigen Periodat-Lösungen.

2.3.7 Halogenverbindungen des Sauerstoffs

Alle Elemente der VII.Hauptgruppe bilden Verbindungen mit Sauerstoff. Diese **Oxide** sind ziemlich unbeständige und reaktionsfreudige Substanzen, die größtenteils zu explosionsartigen Zersetzungen neigen.

2.3.7.1 Oxide des Fluors

Die Fluor-Sauerstoff-Verbindungen werden aufgrund der hohen Elektronegativität des Fluors besser als **Sauerstoff-Fluoride** statt als Fluoroxide bezeichnet [vgl. **MC-Frage Nr. 917**].

Difluoroxid (Sauerstoffdifluorid) (F_2O) ist ein metastabiles, sehr reaktionsfähiges Gas und die einzige bei Raumtemperatur existente Fluor-Sauerstoff-Verbindung. Sie entsteht beim Einleiten von Fluor in eine verd. Natriumhydroxid-Lösung.

$$2 \, F_2 + 2 \, NaOH \longrightarrow 2 \, NaF + H_2O + F_2O \uparrow$$

2.3.7.2 Oxide des Chlors

Von den theoretisch denkbaren Anhydriden der Chlorsauerstoffsäuren sind nur Cl_2O und Cl_2O_2 bekannt. Zusätzlich existieren noch zwei gemischte Anhydride [ClO_2, Cl_2O_6].

Dichloroxid (Cl_2O) ist ein gelbes Gas und bildet sich beim Überleiten von Chlor über feuchtes Quecksilberoxid. In Wasser hydrolysiert es zu Hypochloriger Säure.

$$2 \, Cl_2 + HgO \xrightarrow{- \, HgCl_2} Cl_2O \xrightarrow{+ \, H_2O} 2 \, HOCl$$

Chlordioxid (ClO_2) entsteht bei tiefen Temperaturen durch Reduktion von Chloraten mit Oxalsäure ($H_2C_2O_4$) oder Schwefliger Säure (H_2SO_3).

$$2 \, HClO_3 + H_2C_2O_4 \longrightarrow 2 \, ClO_2\uparrow + 2 \, CO_2\uparrow + 2 \, H_2O$$
$$2 \, HClO_3 + H_2SO_3 \longrightarrow 2 \, ClO_2\uparrow + H_2SO_4 + H_2O$$

ClO_2, ein gelbes Gas, ist aufgrund seiner ungeraden Elektronenzahl *paramagnetisch* und als Radikal äußerst reaktiv. Es zerfällt schon bei geringem Erwärmen in die Elemente.

$$ClO_2 \longrightarrow 1/2 \, Cl_2\uparrow + O_2\uparrow \qquad [\Delta H = - \, 103,3 \, kJ/mol]$$

In Wasser gelöst, zersetzt es sich allmählich unter Bildung von Chloriger Säure und Chlorsäure (siehe Kap. 2.3.6.1).

2.3.7.3 Oxide des Broms und Iods

Dibromoxid (Br_2O), das Anhydrid der Hypobromigen Säure, entsteht analog dem Dichloroxid beim Einwirken von Brom auf Quecksilberoxid.

$$2 \, Br_2 + HgO \longrightarrow HgBr_2 + Br_2O \uparrow$$

Bei Temperaturen > -40 °C zersetzt es sich allmählich in die Elemente. Als weitere Brom-Sauerstoff-Verbindung kennt man **Bromdioxid** (BrO_2).

Iod(V)-oxid (I_2O_5), ein weißer hygroskopischer Feststoff, ist das stabilste Halogenoxid. Es kann als Anhydrid der Iodsäure aufgefasst werden und entsteht aus HIO_3 beim Erwärmen auf ca. 250 °C.

$$2 \, HIO_3 \longrightarrow I_2O_5 + H_2O$$

Behandelt man dagegen Iodsäure mit heißer konz. H_2SO_4, so wird **Diiodtetroxid** (I_2O_4) gebildet.

2.3.8 Pseudohalogene, Pseudohalogenide und Pseudohalogenwasserstoffe

Bestimmte Verbindungen stark elektronegativer Elemente gleichen in ihrem Verhalten den elementaren Halogenen. Es sind wie diese flüchtige Stoffe und sie bilden mit Metallen Salze, die in ihren Eigenschaften den Halogeniden ähneln.

Zu den wichtigsten *Pseudohalogenen* gehören **Dicyan** [$(CN)_2$] und **Dirhodan** [$(SCN)_2$]. Zu den *Pseudohalogeniden*, die viele für Halogenide typische Reaktionen liefern, zählen **Cyanide** (CN^-), **Rhodanide (Thiocyanate)** (SCN^-), **Cyanate** (OCN^-), **Isocyanate** (NCO^-) und **Azide** (N_3^-). Die Eigenschaften der letztgenannten Substanzklasse werden im Kap. 2.5.4 vorgestellt [vgl. auch **MC-Fragen Nr. 918–922, 1249, 1664**].

2.3.8.1 Dicyan

Eigenschaften: Dicyan [$N{\equiv}C\text{-}C{\equiv}N$] ist ein farbloses, giftiges Gas, das mit Metallen zu vorwiegend ionischen **Cyaniden**, in Gegenwart von Wasserstoff zu **Cyanwasserstoff** (HCN) und mit Wasser zu **Oxalsäure** ($H_2C_2O_4$) reagiert.

$$Me + (CN)_2 \longrightarrow Me^{II}(CN)_2$$
$$H_2 + (CN)_2 \longrightarrow 2\ HCN \qquad [\Delta H = -47\ kJ/mol]$$
$$4\ H_2O + (CN)_2 \longrightarrow HOOC\text{-}COOH + 2\ NH_3$$

In Analogie zu den schwereren Halogenen disproportioniert Dicyan in alkalischer Lösung in Cyanid- und Cyanat-Ionen [vgl. **MC-Frage Nr. 923**].

$$(CN)_2 + 2\ HO^- \longrightarrow CN^- + OCN^- + H_2O$$

Darstellung: Im Laboratorium kann Dicyan durch thermische Zersetzung von AgCN bzw. von $Hg(CN)_2$ in Anwesenheit von $HgCl_2$ oder durch Oxidation von Cyanid-Ionen, z. B. mit Cu(II)Salzen, dargestellt werden [vgl. **MC-Fragen Nr. 923, 924, 926, 1910**].

$$2\ AgCN \longrightarrow 2\ Ag + (CN)_2 \uparrow$$
$$Hg(CN)_2 + HgCl_2 \longrightarrow Hg_2Cl_2 + (CN)_2 \uparrow$$
$$2\ Cu^{2+} + 4\ CN^- \longrightarrow 2\ CuCN + (CN)_2 \uparrow$$

2.3.8.2 Cyanwasserstoff und Cyanide

Darstellung: Cyanwasserstoff (HCN), der formal als Nitril der Ameisensäure aufgefasst werden kann, wird durch Behandeln von Metallcyaniden mit Säuren oder großtechnisch durch katalysierte Oxidation von **Methan** (CH_4) in Gegenwart von Ammoniak hergestellt.

$$2\ CH_4 + 3\ O_2 + 2\ NH_3 \xrightarrow[800\ °C]{Kat.} 2\ HCN + 6\ H_2O$$

Eigenschaften: Cyanwasserstoff ist wie die Halogenwasserstoffe eine kovalente Molekülverbindung, die in zwei tautomeren Formen, einer *Nitril-* und einer *Isonitril-Form,* auftreten kann.

$$\text{(Nitril)} \quad \text{H-C}\equiv\overline{\text{N}} \rightleftharpoons \; |\text{C}=\overline{\text{N}}\text{-H} \quad \text{(Isonitril)}$$

HCN ist eine farblose, nach Bittermandelöl riechende, toxische Flüssigkeit [Sdp. 25,6 °C] mit einer größeren Dielektrizitätszahl als Wasser (vgl. Seite 75). Flüssiger Cyanwasserstoff neigt in Abwesenheit von Stabilisatoren zu explosionsartigen Polymerisationen [vgl. **MC-Fragen Nr. 924–926, 1910**].

Cyanwasserstoff ist gut wasserlöslich; die wässrige Lösung nennt man **Blausäure**. Ihre Salze heißen **Cyanide**. In konz. H_2SO_4 zerfällt HCN in H_2O und CO. Im Gegensatz zu den Halogenwasserstoffen ist Cyanwasserstoff nur eine *schwache* Säure ($pK_s = 9,4$). Deshalb reagieren wässrige Alkalicyanid-Lösungen *alkalisch*.

$$CN^- + H_2O \rightleftharpoons HCN + HO^-$$

Das Cyanid-Ion (CN^-) ist isoelektronisch zu CO und N_2. Die meisten Cyanide sind in Wasser leichtlöslich. In Analogie zu den Halogeniden sind jedoch AgCN, $Pb(CN)_2$ schwerlöslich in Wasser, wobei AgCN bei einem Überschuss an CN^--Ionen als komplexes Cyanid wieder in Lösung geht. Diese Komplexbildungsreaktion nutzt man z. B. in der „*Cyanidlaugerei*", um Silber aus seinen Erzen herauszulösen [vgl. **MC-Fragen Nr. 924, 926, 1883, 1910**].

$$AgCN + CN^- \longrightarrow [Ag(CN)_2]^-$$

Die Tendenz zur *Komplexbildung* von Cyanid-Ionen ist stärker ausgeprägt als bei den Halogeniden und führt in der Regel zu sehr stabilen **komplexen Cyaniden** wie z. B. $[Hg(CN)_4]^{2-}$, $[Cu(CN)_4]^{3-}$, $[Ni(CN)_4]^{2-}$, $[Fe(CN)_6]^{3-}$, $[Fe(CN)_6]^{4-}$, $[Co(CN)_6]^{3-}$ (siehe auch Kap. 1.5.4). Die extrem giftige Wirkung der Cyanide und der Blausäure beruht u. a. darauf, dass sie schwermetallhaltige Enzyme durch Komplexbildung inaktivieren.

2.3.8.3 Cyansäure und Fulminsäure (Knallsäure)

Cyanate (NCO^-) können durch Oxidation von Cyaniden mit milden Oxidationsmitteln oder durch Disproportionierung von Dicyan in alkalischer Lösung hergestellt werden. Daraus entsteht nach dem Ansäuern eine wässrige Lösung der **Cyansäure** (HOCN), die man auch durch thermische Zersetzung von Harnstoff-Lösungen erhalten kann [vgl. **MC-Frage Nr. 926**].

Die wässrigen Lösungen der Cyansäure sind instabil und zerfallen in CO_2 und NH_3. Das Cyanat-Ion ist isoelektronisch zum CO_2- und N_2O-Molekül sowie zum N_3^--Ion. Von der Cyansäure existiert gleichfalls eine tautomere Isoform.

$$\text{(Cyansäure)} \quad \text{H-O-C}\equiv\overline{\text{N}} \rightleftharpoons \text{O}=\text{C}=\overline{\text{N}}\text{-H} \quad \text{(Isocyansäure)}$$

Cyansäure kann formal als Nitril der Kohlensäure aufgefasst werden. HOCN trimerisiert leicht zur **Cyanursäure**, einem Derivat des 1.3.5-Triazins.

$$3 \text{ HOCN} \longrightarrow$$

Cyansäure   **Cyanursäure**   **Isocyanursäure**

Ersetzt man die HO-Gruppe der Cyansäure durch ein Brom- oder Chloratom, so erhält man die äußerst reaktiven Verbindungen **Bromcyan** (Br-CN) und **Chlorcyan** (Cl-CN). Daraus entsteht durch Umsetzung mit Ammoniak **Cyanamid** (H_2N-CN), das einerseits als Amid der Cyansäure und andererseits als Nitril der Carbamidsäure angesehen werden kann. Es steht in einem tautomeren Gleichgewicht zum **Carbodiimid** (HN=C=NH).

$$\text{Br-C} \equiv \text{N} + \text{NH}_3 \xrightarrow[- \text{HBr}]{} \underset{\text{Cyanamid}}{H_2\text{N-C} \equiv \text{N}} \rightleftharpoons \underset{\text{Carbodiimid}}{\text{HN=C=NH}}$$

Eine zur Cyansäure isomere Substanz ist die **Fulminsäure** (*Knallsäure*) (HCNO), die in freiem Zustand nicht beständig ist. Auch von der Knallsäure existieren isomere Formen.

$$\text{H-}\overline{\text{C}}\text{=N=}\overline{\text{O}} \rightleftharpoons |\text{C} \equiv \text{N-}\overline{\text{O}}\text{-H}$$
$$\ominus \oplus \qquad\qquad \ominus \oplus$$

Die Salze der Knallsäure heißen **Fulminate**. Man stellt sie aus einem Metall, Salpetersäure und Ethanol her. Quecksilber- und Silberfulminat dienen als Initialzünder.

2.3.8.4 Dirhodan und Thiocyansäure

Das bei Raumtemperatur flüssige **Dirhodan** (N≡C-S-S-C≡N) [Schmp. 12 °C] kann durch Oxidation von **Thiocyanat-Ionen** (SCN^-) hergestellt werden. In freiem Zustand polymerisiert es ziemlich rasch zu einem *roten* Feststoff unbekannter Struktur.

Thiocyansäure (*Rhodanwasserstoffsäure*) (HS-CN) ist ein farbloses Gas und stärker sauer als Cyanwasserstoff ($pK_s = 4$). Sowohl Thiocyanat-Ionen als auch die freie Thiocyansäure sind weniger giftig als Cyanide oder Blausäure. Thiocyanate können durch Zusammenschmelzen von Cyaniden mit elementarem Schwefel erhalten werden [vgl. **MC-Frage Nr. 923**].

$$8 \text{ CN}^- + \text{S}_8 \longrightarrow 8 \text{ SCN}^-$$

Das wahrscheinlich linear gebaute Rhodanid-Ion (N≡C-S$^-$) bildet wie das CN^--Ion zahlreiche stabile Metallkomplexe ($[Ag(SCN)_2]^-$ oder $[Fe(SCN)_6]^{3-}$).

2.4 Chalkogene

Zu den Elementen der VI.Hauptgruppe gehören: **Sauerstoff** (O), **Schwefel** (S), **Selen** (Se), **Tellur** (Te) sowie das radioaktive **Polonium** (Po). Die **Chalkogene** (*Erzbildner*) unterscheiden sich in ihren Eigenschaften viel stärker voneinander als die Halogene, wobei der Sauerstoff als erstes Element der Gruppe wiederum eine *Sonderstellung* einnimmt. Über die wichtigsten allgemeinen Eigenschaften der Chalkogene informiert Tab. 2.9 [vgl. **MC-Frage Nr. 1315**].

Metallcharakter: Sauerstoff und Schwefel sind ausgesprochene Nichtmetalle. Selen kommt außer in typisch nichtmetallischen (roten) Formen bereits in einer (grauen) Modifikation vor, die sich durch starke Lichtreflexion und ein gewisses

Tab. 2.9: **Eigenschaften der Chalkogene**

	O	S	Se	Te	Po
Elektronenkonfiguration	ns^2np^4				
Schmelzpunkt (°C)	-218,4	119	217	449,5	254
Siedepunkt (°C)	-182,9	444,6	684,9	989,8	962
Ionisierungsenergie (kJ/mol)	1312	1004	942	870	-
Elektronenaffinität					
[E $\longrightarrow$ E^{2-}] (kJ/mol)	695	333	403	414	-
Elektronegativität	3,5	2,5	2,4	2,1	2,0
Normalpotential					
[E/E^{2-}] (V)	+0,82	-0,51	+0,92	+1,14	-1,4
Atomradius (pm)	73	127	140	160	176
Ionenradius [E^{2-}] (pm)	140	184	198	221	230
Metallcharakter	———————— **Zunehmend** ————————→				
Reaktionsfähigkeit	———————— **Abnehmend** ————————→				
Salzcharakter der Halogenide	———————— **Zunehmend** ————————→				
Affinität zu elektropositiven Elementen	———————— **Abnehmend** ————————→				
Affinität zu elektronegativen Elementen	———————— **Zunehmend** ————————→				

Leitvermögen für den elektrischen Strom auszeichnet. Beim Tellur und Polonium ist die metallische Modifikation schon die bevorzugte Zustandsform.

Reaktivität: Einem Chalkogenatom fehlen zwei Elektronen bis zur nächsthöheren Edelgaskonfiguration. Daher treten alle Elemente der VI.Hauptgruppe gegenüber *elektropositiven* Elementen *zweiwertig* auf (Oxidationszahl: **-2**). Die Affinität zu Wasserstoff nimmt innerhalb der Gruppe von oben nach unten ab.

Gegenüber *elektronegativen* Elementen sind die Chalkogene mit Ausnahme des Sauerstoffs *zwei-, vier-* und *sechswertig* (Oxidationszahl: **+2, +4, +6**) (vgl. auch Kap. 1.12.1).

2.4.1 Sauerstoff

2.4.1.1 Gewinnung und Eigenschaften von Sauerstoff

Atmosphärischer Sauerstoff ist ein Gemisch aus ^{16}O (99,795%), ^{17}O (0,037%) und ^{18}O (0,205%). Keines dieser Isotope ist radioaktiv [vgl. **MC-Frage Nr. 1669**].

Darstellung: *Sauerstoff* und *Stickstoff* werden heute großtechnisch nach dem **Linde-Verfahren** durch *fraktionierte Destillation* (Rektifikation) aus verflüssigter Luft gewonnen, in der sie zu 21 Vol% bzw. zu 78 Vol% als Hauptbestandteile enthalten sind (siehe Tab 2.10).

Flüssiger Stickstoff siedet bei $-196\,°C$ und flüssiger Sauerstoff bei $-183\,°C$. Mischungen beider Flüssigkeiten sieden bei dazwischenliegenden Temperaturen, beispielsweise eine Mischung von 80/20% N_2/O_2 bei $-194,5\,°C$.

Trägt man in einem Diagramm auf der Abszisse die prozentuale Zusammensetzung des flüssigen N_2/O_2-Gemischs und auf der Ordinate die jeweilige Siedetemperatur auf, so erhält man die in Abb. 2.3 als *„Siedekurve"* bezeichnete Linie. Erwärmt man nun eine flüssige Stickstoff/Sauerstoff-Mischung gegebener Zusammensetzung, so ist der entstehende Dampf stets stickstoffreicher als die Flüssigkeit. Dampf und Flüssigkeit haben also zwischen $-183\,°C$ und $-196\,°C$ eine verschiedene Zusammensetzung. Kühlt man danach die mit der Flüssigkeit im Gleichgewicht befindlichen Dämpfe ab und notiert die bei gegebener Zusammensetzung gemessenen Temperaturen, bei denen sich beim Kondensieren das erste

Tab. 2.10: **Bestandteile der Luft**

	Massen%	Vol%	Sdp.(°C)	Schmp.(°C)
Sauerstoff	23,16	20,95	-182,9	-219
Stickstoff	75,51	78,08	-195,8	-219
Edelgase	1,28	0,933	-	-
Kohlendioxid	0,05	0,034	-	*)

*) CO_2 sublimiert bei 1013 mbar bei -78,5 °C

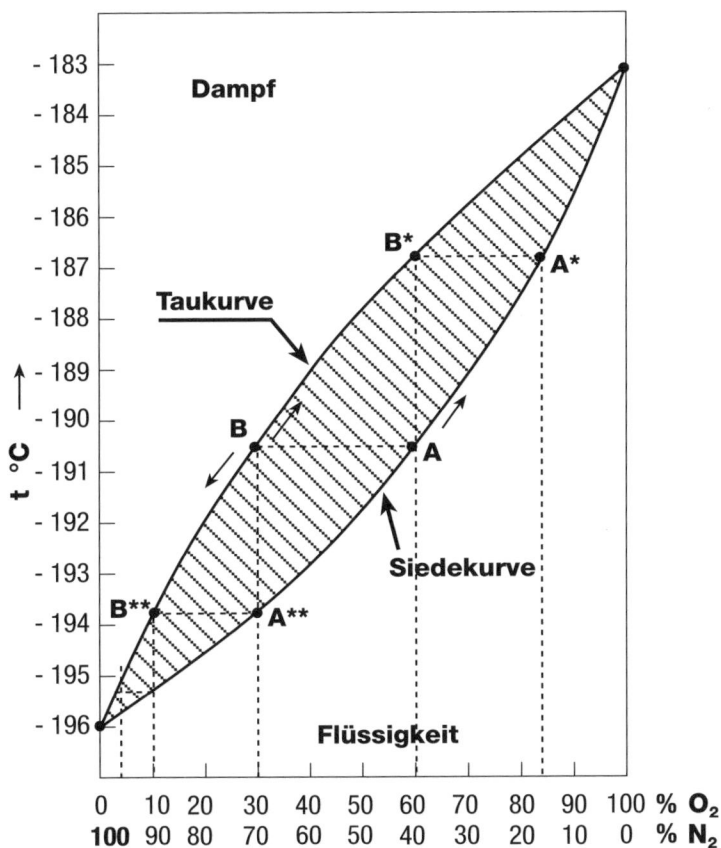

Abb. 2.3: **Siedediagramm von Stickstoff-Sauerstoff-Gemischen**

Flüssigkeitströpfchen abscheidet, so erhält man die als *„Taukurve"* (Kondensationskurve) bezeichnete Linie.

Destilliert man z. B. ein Gemisch von 60 Vol% O_2 und 40 Vol% N_2 (Punkt A in Abb. 2.3), so siedet es bei $-190,6\,°C$. Der entstehende Dampf ist stickstoffreicher und hat eine Zusammensetzung von 30/70 Vol% O_2/N_2, während die verbleibende Flüssigkeit sauerstoffreicher wird. Während der Destillation bewegen wir uns also auf der Siedekurve bezüglich der verbleibenden flüssigen Phase in Richtung A*.

Kondensiert man den bei der Destillation des Gemischs A erhaltenen Dampf, so erhält man ein Kondensat B, das nur noch 30 Vol% O_2 enthält. Destilliert man diese Flüssigkeit erneut, so ist das daraus gebildete Kondensat noch weiter an Sauerstoff verarmt. Wir bewegen uns also während der Destillation bezüglich des aus dem Dampf gebildeten Kondensats auf der Taukurve in Richtung B**.

Auf diese Weise gelingt es schließlich, durch wiederholte fraktionierte Destillation *reinen Sauerstoff* und *reinen Stickstoff* herzustellen, während ein O_2/N_2-Gemisch naturgemäß durch eine einfache Destillation nicht zu trennen ist [vgl. **MC-Fragen Nr. 929, 994–996, 1308, 1335, 1403**].

Der Siedepunkt eines idealen Gemischs zweier Flüssigkeiten hängt von der Zusammensetzung der flüssigen Phase ab, die sich bei jeder Temperatur von der in der Dampfphase unterscheidet. In der Dampfphase reichert sich die niedriger siedende, in der flüssigen Phase die höher siedende Komponente an. Trägt man bei konstantem Druck die jeweiligen Siedetemperaturen als Funktion der Zusammensetzung in beiden Phasen auf, so ergeben sich zwei unterschiedliche Kurven, die als Siedekurve und als Taukurve bezeichnet werden.

Die Gewinnung von Sauerstoff durch *Elektrolyse von Wasser,* wobei O_2 an der Anode entsteht, hat großtechnisch keine Bedeutung.

Im Labormaßstab gewinnt man Sauerstoff durch katalytische Zersetzung von **Wasserstoffperoxid** (siehe Kap. 2.4.2.2) oder durch Erhitzen von **Chloraten.**

$$4 \ KClO_3 \ \xrightarrow[- \ KCl]{400 \ °C} \ 3 \ KClO_4 \ \xrightarrow{500 \ °C} \ 3 \ KCl + 6 \ O_2 \uparrow$$

In Anwesenheit eines MnO_2-Katalysators erniedrigt sich die Temperatur dieser Zersetzungsreaktion auf etwa 150 °C.

$$2 \ KClO_3 \ \xrightarrow[150 \ °C]{(MnO_2)} \ 2 \ KCl + 3 \ O_2 \uparrow$$

Auch **Alkalinitrate** sowie **Silber-** (Ag_2O) und **Quecksilberoxid** (HgO) spalten beim Erhitzen molekularen Sauerstoff ab.

$$2 \ HgO \longrightarrow 2 \ Hg + O_2 \uparrow$$
$$2 \ NaNO_3 \longrightarrow 2 \ NaNO_2 + O_2 \uparrow$$

Eine weitere Möglichkeit zur Sauerstoffgewinnung besteht darin, dass man ihn aus der *Luft* an einen Stoff bindet, der imstande ist, nach der O_2-Bindung den gebundenen Sauerstoff wieder abzugeben. Ein Beispiel hierfür ist **Bariumoxid** (BaO), das sich bei ca. 500 °C unter Druck mit O_2 in **Bariumperoxid** (BaO_2) umwandelt [vgl. **MC-Frage Nr. 929**].

$$2 \ BaO + O_2 \ \underset{700 \ °C}{\overset{500 \ °C}{\rightleftharpoons}} \ 2 \ BaO_2$$

Bei 700 °C oder bei Druckminderung gibt Bariumperoxid den gebundenen Sauerstoff wieder ab. Auch aus anderen **Peroxiden** wie z. B. **Natriumperoxid** (Na_2O_2) lässt sich Sauerstoff thermisch freisetzen.

$$4 \ Na + 2 \ O_2 \longrightarrow 2 \ Na_2O_2 \longrightarrow 2 \ Na_2O + O_2 \uparrow$$

Eigenschaften: Sauerstoff – das häufigste aller Elemente – ist ein farb-, geruch- und geschmackloses Gas. In Wasser ist Sauerstoff in geringem Maße löslich; die Löslichkeit wächst mit steigendem Druck und nimmt mit zunehmender Temperatur ab.

Das zweiatomige Sauerstoffmolekül, das eine gerade Anzahl von Elektronen besitzt, ist ein **Diradikal**; es enthält zwei ungepaarte Elektronen in antibindenden $2\pi^*p_z$- und $2\pi^*p_y$-MO (vgl. Kap. 1.4.4.2). Die beiden ungepaarten Elektronen bedingen den *Paramagnetismus* und die verglichen mit H_2 ziemlich hohe Reaktivität von molekularem O_2. Der *Triplett-Charakter* des Sauerstoffs ($^3O_2$-↑↑) im Grundzustand bedingt auch, dass O_2 bei vielen photochemischen Reaktionen als Radikalfänger fungieren kann [vgl. **MC-Fragen Nr. 928, 929, 931, 1325, 1531**].

Sauerstoff wirkt auf viele Stoffe *oxidierend* und bildet mit den meisten Elementen auf direktem Wege **Oxide** (siehe Kap. 2.4.4). Die in der Regel exothermen Reaktionen des Sauerstoffs laufen jedoch bei Raumtemperatur nur sehr langsam ab; Ursache hierfür ist die hohe Dissoziationsenergie der O-O-Bindung von etwa 984 kJ/mol [vgl. **MC-Frage Nr. 928**].

Vom Sauerstoffmolekül leiten sich drei Anionen ab: das paramagnetische **Hyperoxid-Ion** (O_2^-) sowie die beiden diamagnetischen **Peroxid-** (O_2^{2-}) und **Oxid-Ionen** (O^{2-}). Die Ionisierung des O_2-Moleküls führt zum **Dioxygenyl-Ion** (O_2^+); zur Bindungsstruktur dieser Ionen siehe Kap. 1.4.4.2 [vgl. **MC-Fragen Nr. 932, 933, 1632, 1633**].

2.4.1.2 Singulett-Sauerstoff

Singulett-Sauerstoff ($^1O_2$-↑↓) ist ein elektronenenergetisch angeregter Zustand von molekularem Sauerstoff. Die beiden energiereichsten π^*-Elektronen des O_2-Moleküls besitzen eine entgegengesetzte Spinorientierung, so dass Singulett-Sauerstoff diamagnetisch ist. Der Singulett-Zustand liegt etwa 93,8 kJ/mol oberhalb des Triplett-Grundzustandes [vgl. **MC-Fragen Nr. 930, 1326, 1506**].

Singulett-Sauerstoff kann durch Reaktion von Wasserstoffperoxid (H_2O_2) mit Natriumhypochlorit [NaOCl] oder durch Thermolyse bestimmter Ozonide erzeugt werden.

$$H_2O_2 + ClO^- \longrightarrow Cl^- + H_2O + {^1O_2}\ (\uparrow\downarrow)$$

Häufigstes Verfahren ist jedoch die Farbstoff-sensibilisierte photochemische Anregung von Triplett-Sauerstoff. Hierbei wird ein Farbstoff (F) mit sichtbarem Licht in einen angeregten Singulett-Zustand (S^1) übergeführt, der sich nach einem raschen **intersystem crossing** in einen angeregten Triplett-Zustand (T^1) umwandelt. Der Farbstoff wirkt dann als **Sensibilisator**, indem er die Anregungsenergie auf den Triplett-Sauerstoff (T_0) überträgt, wodurch Singulett-Sauerstoff (S^1) gebildet wird und der Farbstoff in seinen Grundzustand zurückkehrt (vgl. auch Kap. 1.1.6).

$$F(S^o) \xrightarrow{\ h\nu\ } F^*(S^1) \xrightarrow[\text{crossing}]{\text{intersystem}} F^*(T^1) \xrightarrow{\ +\ O_2(T^o)\ } F(S^o) + O_2^*\,(S^1)$$

Singulett-Sauerstoff ist ein wirksames Oxidationsmittel. Seine Reaktionen mit organischen Molekülen werden als **Photooxidationen** bezeichnet. Bei diesen Reaktionen verhält sich Singulett-O_2 wie **Ethen** und kann sich an Doppelbindungssysteme unter Cycloaddition anlagern [vgl. **MC-Frage Nr. 930**].

$$R_2C{=\!\!=}CR_2 + \text{Singulett-}O_2 \longrightarrow \begin{array}{c} R_2C-O \\ | \quad | \\ R_2C-O \end{array}$$

2.4.1.3 Ozon

Sauerstoff existiert in der Natur in einer weiteren allotropen Modifikation; setzt man O_2 elektrischen Entladungen oder einer Bestrahlung mit UV-Licht (185 nm) aus, so bildet sich **Ozon** (O_3), ein bläuliches, charakteristisch riechendes Gas. Die Bildung von Ozon aus Sauerstoff ist ein *endothermer* Prozess, der in zwei Teilschritten verläuft. Nach dem ersten endothermen, durch UV-Licht ausgelösten Dissoziationsschritt reagieren die gebildeten Sauerstoffatome in einer exothermen Folgereaktion mit Sauerstoffmolekülen zu Ozon [vgl. **MC-Fragen Nr. 927, 929, 934–936, 1346, 1385, 1469, 1492, 1669, 1791**].

$$
\begin{array}{lll}
O_2 \longrightarrow 2\,O & \Delta H = +489 \text{ kJ/mol} \\
\underline{O + O_2 \longrightarrow O_3} & \underline{\Delta H = -101 \text{ kJ/mol}} \\
1,5\,O_2 \longrightarrow O_3 & \Delta H = +143,5 \text{ kJ/mol}
\end{array}
$$

Das diamagnetische O_3-Molekül ist *gewinkelt* gebaut und durch Mesomerie stabilisiert.

Ozon ist ein essentieller Bestandteil höherer Schichten der Erdatmosphäre. In höheren Konzentrationen ist Ozon stark *giftig*. Es ist in Wasser etwas besser löslich als O_2. Sein Siedepunkt von -112 °C liegt höher als der von Sauerstoff.

Ozon ist ein starkes Oxidationsmittel [$E^o(O_3/O_2) = +1,9$ V] und reaktiver als Sauerstoff. Ozon reagiert mit Alkalihydroxiden zum paramagnetischen **Ozonid-Ion** (O_3^-).

Man benutzt Ozon zur Trinkwasserdesinfizierung sowie zur **Ozonisierung** ungesättigter org. Verbindungen (siehe Ehlers, **Chemie II-Kurzlehrbuch**, Kap. 3.2.16].

2.4.2 Wasserstoffperoxid, Peroxoverbindungen

2.4.2.1 Darstellung von Wasserstoffperoxid

Wasserstoffperoxid (H_2O_2) wird technisch durch Hydrolyse von Peroxoverbindungen hergestellt, z. B. aus

– **Peroxodisulfaten**

$$H_2O + \begin{bmatrix} \overset{O}{\underset{O}{\overset{\|}{\|}}} \; \overset{O}{\underset{O}{\overset{\|}{\|}}} \\ O\text{-}S\text{-}O\text{-}O\text{-}S\text{-}O \end{bmatrix}^{2-} \xrightarrow[\text{- HSO}_4^-]{\text{Langsam}} \begin{bmatrix} \overset{O}{\overset{\|}{}} \\ H\text{-}O\text{-}O\text{-}S\text{-}O \\ \underset{O}{\underset{\|}{}} \end{bmatrix}^{-} \xrightarrow[\substack{+ H_2O \\ - HSO_4^-}]{\text{Schnell}} H\text{-}O\text{-}O\text{-}H$$

Da der erste Reaktionsschritt langsamer verläuft, kann **Carosche Säure** (H_2SO_5) als Intermediat isoliert werden. Um eine Oxidation des gebildeten H_2O_2 durch HSO_5^--Ionen zu verhindern, führt man die Hydrolyse unter vermindertem Druck durch. Dabei destilliert H_2O_2 als etwa 30%ige Lösung ab [vgl. **MC-Fragen Nr. 940, 942, 1854**].

Peroxodischwefelsäure ($H_2S_2O_8$) erhält man durch anodische Oxidation von *wasserfreier* Schwefelsäure, wobei an der Kathode H_2 gebildet und H_2SO_4 bei der nachfolgenden Hydrolyse wieder zurückgewonnen wird. Deshalb läuft das Verfahren letzten Endes auf eine Umwandlung von Wasser in H_2 und H_2O_2 hinaus.

$$2\ H_2SO_4 \xrightarrow{\text{Elektrolyse}} H_2S_2O_8 + H_2$$

$$\underline{H_2S_2O_8 + 2\ H_2O \xrightarrow{\text{Hydrolyse}} H_2O_2 + 2\ H_2SO_4}$$

$$2\ H_2O \longrightarrow H_2O_2 + H_2 \uparrow$$

– **Natrium-** oder **Bariumperoxid**, die sich ihrerseits leicht durch Erhitzen von Na oder BaO mit O_2 gewinnen lassen. Bei der Hydrolyse dieser **Peroxide** bildet sich H_2O_2. Hierbei bindet eine geeignete Säure [H_2SO_4, H_3PO_4] die freigesetzte Lauge und verschiebt das Gleichgewicht zugunsten der H_2O_2-Bildung. Die Hydrolyse von Natriumperoxid verläuft zweistufig unter intermediärer Bildung von **Natriumhydroperoxid** (NaOOH).

$$2\ Na + O_2 \longrightarrow Na_2O_2 \xrightarrow{+ H_2SO_4} Na_2SO_4 + H_2O_2$$

$$BaO + 1/2\ O_2 \longrightarrow BaO_2 \xrightarrow{+ H_2SO_4} BaSO_4 \downarrow + H_2O_2$$

– aus einem ggf. substituierten **Anthrahydrochinon** durch Oxidation mit Luftsauerstoff. Anstelle von Anthrahydrochinon werden auch dessen Derivate wie 2-Ethylanthrahydrochinon zur H_2O_2-Herstellung eingesetzt [vgl. **MC-Frage Nr. 937**].

Anthrahydrochinon   **Anthrachinon**

2.4.2.2 Eigenschaften und Reaktionen von Wasserstoffperoxid

H_2O_2 ist eine farblose, in dickeren Schichten bläuliche, über H-Brücken *assoziierte* Flüssigkeit [Schmp. $-0,4$ °C; Sdp. 150,2 °C]. Eine 30%ige konz. H_2O_2-Lösung ist als Perhydrol® im Handel.

Wasserstoffperoxid ist eine zwar äußerst schwache Säure ($pK_s = 11,62$), jedoch stärker sauer als Wasser. Durch Neutralisation mit NaOH entsteht Natriumhydroperoxid ($NaHO_2$). Das Peroxid-Ion (O_2^{2-}) ist eine starke Base, jedoch schwächer basisch als das Oxid-Ion (O^{2-}). H_2O_2 besitzt wie Wasser eine hohe Dielektrizitätszahl ($\varepsilon = 84,2$). Wie Abb. 2.4 zeigt, ist das H_2O_2-Molekül *gewinkelt* gebaut und enthält zwei gleichsinnig polarisierte H-O-Bindungen. Hochkonzentrierte Lösungen oder reines H_2O_2 neigen zu explosionsartigem Zerfall. Bei Raumtemperatur ist jedoch die Zerfallsgeschwindigkeit der exothermen und exergonischen *Disproportionierung* von H_2O_2 sehr langsam. Wasserstoffperoxid ist somit *metastabil* [vgl. **MC-Frage Nr. 1854**].

$$\overset{-1}{2\,H_2O_2} \longrightarrow \overset{-2}{2\,H_2O} + \overset{0}{O_2} \uparrow$$

Durch Katalysatoren (Edelmetalle, Schwermetallionen, MnO_2, HO^-, I^-, Kohle- und Staubteilchen) oder durch das *Enzym Katalase* wird die radikalische Zersetzungsreaktion stark beschleunigt. Deshalb werden H_2O_2-Lösungen durch Zusatz von *Phosphorsäure* oder verschiedene org. Säuren wie *Barbitursäure* oder *Harnsäure* stabilisiert [vgl. **MC-Fragen Nr. 938, 940–947, 1604, 1717, 1792**].

In Anwesenheit von Protonen und katalytischen Mengen von Fe(II) kann die H_2O_2-Disproportionierung wie folgt formuliert werden:

$$2\,Fe^{2+} + H_2O_2 + 2\,H^+ \longrightarrow 2\,Fe^{3+} + 2\,H_2O$$
$$2\,Fe^{3+} + H_2O_2 \longrightarrow 2\,Fe^{2+} + 2\,H^+ + O_2$$
$$\overline{\qquad 2\,H_2O_2 \longrightarrow 2\,H_2O + O_2 \uparrow \qquad}$$

H_2O_2 wirkt stark *oxidierend* [$E°(H_2O_2/H_2O) = +1,77$ V]. Allerdings sind manche dieser Oxidationsprozesse gehemmt und laufen nur sehr langsam ab (vgl. Kap. 1.12.3). Die Oxidation von Fe(II)-Ionen mit H_2O_2 verläuft wahrscheinlich über zwei Stufen, wobei intermediär *Radikale* auftreten [vgl. **MC-Frage Nr. 1495**].

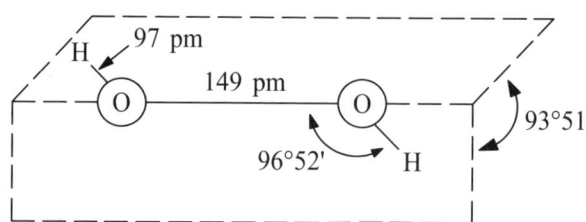

Abb. 2.4: **Struktur des Wasserstoffperoxids**

$$Fe^{2+} + H_2O_2 \longrightarrow Fe^{3+} + HO^- + HO\cdot$$
$$Fe^{2+} + HO\cdot \longrightarrow Fe^{3+} + HO^-$$

Gegenüber Substanzen mit positiverem Redoxpotential vermag H_2O_2 auch *reduzierend* zu wirken; so wird es z. B. durch $KMnO_4$ in saurer Lösung quantitativ zu H_2O und O_2 oxidiert [E° (H_2O_2/O_2) = + 0,68 V]. Wasserstoffperoxid ist *redox-amphoter* [vgl. **MC-Fragen Nr. 939, 942, 1341**].

$$2\ MnO_4^- + 5\ H_2O_2 + 6\ H^+ \longrightarrow 2\ Mn^{2+} + 5\ O_2 + 8\ H_2O$$

2.4.2.3 Peroxide und Peroxosäuren

Wie bereits ausgeführt verbrennen manche Metalle an der Luft zu **Peroxiden** (Na_2O_2, BaO_2). Sie sind ionisch aufgebaut und enthalten das diamagnetische Peroxid-Ion (O_2^{2-}).

Kalium und die schwereren Alkalimetalle verbrennen an der Luft zu „**Superoxiden**", in deren Gitter paramagnetische O_2^--Ionen eingebaut sind. Das **Hyperoxid-Ion** (O_2^-) besitzt dieselbe Struktur wie das O_2-Molekül und zusätzlich noch ein Elektron in einem antibindenden π^*2p_y-MO (siehe Kap. 1.4.4). Superoxide sind äußerst reaktionsfähige Substanzen, die mit Wasser H_2O_2 und O_2 bzw. mit CO_2 Carbonate und O_2 bilden.

$$4\ MeO_2 + 2\ CO_2 \longrightarrow 2\ Me_2CO_3 + 3\ O_2 \uparrow \qquad [Me = K, Rb, Cs]$$
$$2\ MeO_2 + 2\ H_2O \longrightarrow H_2O_2 + 2\ MeOH + O_2 \uparrow$$

Viele andere Elemente bilden ebenfalls Peroxoverbindungen [CrO_5, H_2SO_5, $H_2S_2O_8$, CH_3CO_3H, $C_6H_5CO_3H$], die z.T. durch Reaktion einer konz. H_2O_2-Lösung mit der entsprechenden Säure oder deren Salzen erhalten werden. **Peroxycarbonsäuren** [RCO_3H] werden bei der Umsetzung von Carbonsäuren mit H_2O_2 gebildet. Bei der Reaktion von Carbonsäurehalogeniden mit H_2O_2 entstehen **Diacylperoxide** [R-CO-O-O-CO-R] [vgl. **MC-Fragen Nr. 947–949, 1718, 1854**].

$$\underset{\overset{\|}{O}}{R-C}-O-H + H_2O_2 \longrightarrow \underset{\overset{\|}{O}}{R-C}-O-O-H + H_2O$$

Peroxide [R-O-O-R] dienen in der organischen Chemie als *Initiatoren* radikalisch verlaufender Reaktionen. Beispielsweise zerfällt **Dibenzoylperoxid** beim Erhitzen zunächst in Benzoylradikale, aus denen schließlich durch Decarboxylierung Phenylradikale gebildet werden [vgl. **MC-Frage Nr. 950**].

Dibenzoylperoxid   **Benzoylradikal**   **Phenylradikal**

2.4.3 Wasser

Unter den kovalenten Oxiden nimmt Wasser eine Sonderstellung ein. Das H_2O-Molekül besitzt einen *gewinkelten* Bau und kann am besten mit der Annahme einer sp^3-Hybridisierung des O-Atoms beschrieben werden (vgl. Kap. 1.4.2). Der H-O-H-Bindungswinkel beträgt 104,5°. Seine in mancher Hinsicht einzigartigen Eigenschaften lassen sich letztlich alle auf die Struktur des H_2O-Moleküls und dessen Fähigkeit, sehr starke **Wasserstoffbrücken** zu bilden, zurückführen (vgl. Kap. 1.7.3). Als stark assoziierte Flüssigkeit hat Wasser trotz seiner kleinen Molmasse einen relativ hohen *Siedepunkt*. Sehr reines Wasser hat nur eine geringe elektrische *Leitfähigkeit* (vgl. Kap. 1.11.2). Über die wichtigsten physikalischen Eigenschaften von Wasser informiert Tab. 2.11 [vgl. **MC-Fragen Nr. 951–953, 1391**].

2.4.3.1 Struktur und Dichte von Wasser

Im **Eis** ist ein sp^3-hybridisiertes O-Atom tetraedrisch von vier H-Atomen umgeben, von denen zwei durch kovalente Bindungen und zwei durch H-Brückenbindungen gebunden werden (vgl. Kap. 1.7.3, Abb. 1.100). Diese offene, netzförmige Anordnung ist sehr locker und voluminös. Beim Schmelzen bricht die Gitterordnung des Eises zusammen und die Moleküle können sich dichter zusammenlagern, sodass Wasser bei 0 °C eine höhere Dichte als Eis besitzt. Bei weiterem Erwärmen nimmt einerseits die Raumbeanspruchung der Teilchen zu (stärkere Wärmebewegung), andererseits wird aber die Ordnung immer mehr gestört und die Teilchen lagern sich noch enger zusammen. Als Folge dieser entgegengesetzten Effekte zeigt Wasser ein *Maximum der Dichte* bei **4 °C** (**Dichteanomalie des Wassers**). Dieses Dichtemaximum verhindert bzw. erschwert ein vollständiges Gefrieren tieferer Gewässer [vgl. **MC-Fragen Nr. 951, 952, 1391, 1846**].

Auch oberhalb von 4 °C ist im Wasser in bestimmten Bereichen noch eine gewisse Ordnung infolge Assoziatbildung vorhanden; ein Beweis dafür ist die im Vergleich zu seiner Molmasse und zu anderen nichtassoziierten Flüssigkeiten hohe *Verdampfungsenthalpie* des Wassers [vgl. **MC-Frage Nr. 951**].

Der *Dipolcharakter* des Moleküls bedingt das gute Lösevermögen des Wassers für Salze und stark polare Substanzen wie z. B. Harnstoff, Alkohole oder Zucker [vgl. **MC-Fragen Nr. 224, 954**].

Tab. 2.11: **Physikalische Eigenschaften des Wassers**

Schmelzpunkt (°C)	0
Siedepunkt (°C)	100
Tripelpunkt (°C)	0,01
Bindungsenthalpie (kJ/mol)	-286,0
Schmelzenthalpie (kJ/mol)	5,632
Verdampfungsenthalpie (kJ/mol)	40,656
Dielektrizitätszahl	78,54
Leitfähigkeit (Ohm^{-1}cm^{-1} bei 18°C)	$4 \cdot 10^{-8}$
Ionenprodukt (mol^{2}l^{-2} bei 25 °C)	$1,002 \cdot 10^{-14}$

2.4.3.2 Chemische Eigenschaften

Die polare H-O-Bindung lässt sich nur durch Zufuhr großer Energiebeträge spalten, z. B. durch Elektrolyse oder extrem starkes Erhitzen auf Temperaturen um 2000 °C. Die Zersetzungsspannung von Wasser beträgt 1,24 V; wegen der geringen elektrischen Leitfähigkeit von reinem Wasser geschieht die Elektrolyse unter Zusatz von H_2SO_4 oder NaOH. Durch sehr starke Oxidationsmittel [F_2, Co^{3+}] oder Reduktionsmittel [Na, K] kann Wasser zu O_2 oxidiert bzw. zu H_2 reduziert werden [vgl. **MC-Frage Nr. 1828**].

$$2\ F_2 + H_2O \longrightarrow 4\ HF + O_2 \uparrow$$
$$2\ Na + 2\ H_2O \longrightarrow 2\ NaOH + H_2 \uparrow$$

2.4.3.3 Wasserhärte

Natürliches Wasser ist niemals rein. Die wichtigsten Bestandteile von *Brunnenwasser* sind neben CO_2 und O_2 vor allem Salze wie $Ca(HCO_3)_2$, $CaSO_4$ oder $MgCl_2$.

Ein an **Calciumsalzen** reiches Wasser heißt *„hartes Wasser"*, zum Unterschied von Calciumsalz-freiem oder -armen Wasser, das als *„weiches Wasser"* bezeichnet wird. Gemessen wird die Wasserhärte in **Härtegraden**; darunter versteht man die Anzahl Milligramm CaO je 100 ml Wasser. Hartes Wasser erhöht den Seifenverbrauch.

Beim Erhitzen vom hartem Wasser fällt gelöstes **Calciumhydrogencarbonat** [$Ca(HCO_3)_2$] als **Calciumcarbonat** [$CaCO_3$] (**Kesselstein**) aus, wodurch ein Teil der Wasserhärte – die *vorübergehende* oder *temporäre Härte* (**Carbonathärte**) – verschwindet [vgl. **MC-Fragen Nr. 1092, 1917**].

$$Ca(HCO_3)_2 \longrightarrow CaCO_3 \downarrow + H_2O + CO_2 \uparrow$$

Die verbleibende, auf den Gehalt an **Calciumsulfat** [$CaSO_4$] zurückzuführende Wasserhärte wird *bleibende* oder *permanente Härte* genannt. Vorübergehende und bleibende Härte ergeben zusammen die **Gesamthärte** des Wassers.

Die *Enthärtung* von Wasser für technische Zwecke erfolgt entweder durch *Destillation* oder durch chemische *Ausfällung* der störenden Ionen, z. B. mit **Soda** (Na_2CO_3) oder **Natriumphosphat** (Na_3PO_4) [vgl. **MC-Fragen Nr. 955–957, 959, 1302**].

$$Ca^{2+} + CO_3^{2-} \longrightarrow CaCO_3 \downarrow$$
$$3\ Ca^{2+} + 2\ PO_4^{3-} \longrightarrow Ca_3(PO_4)_2 \downarrow$$

Da Salze durch *Ionenaustauscher* aus wässrigen Lösungen entfernt werden können, ist eine Enthärtung des Wassers auch durch Bindung der Ionen an geeignete Ionenaustauscher möglich, was zu einer Vollentsalzung des Wassers führt (vgl. auch Ehlers, **Analytik II-Kurzlehrbuch**, Kap. 12.4.4). Zu diesem Zweck leitet man Wasser zunächst über einen Ionenaustauscher, der saure Gruppen enthält und die Kationen des harten Wassers gegen H^+-Ionen austauscht, während der zweite basische Filter Anionen bindet und dafür die äquivalente Menge an Hydroxid-Ionen abgibt. Die in der ersten Stufe gebildeten H^+-Ionen werden dadurch neutralisiert, sodass salzfreies (*deionisiertes*) Wasser zurückbleibt [vgl. **MC-Frage Nr. 958**].

1.Stufe: $Ca^{2+} + 2\ R\text{-}H \longrightarrow R_2Ca + 2\ H^+$ (Kationenaustausch)

2.Stufe: $SO_4^{2-} + 2\ R\text{-}OH \longrightarrow R_2SO_4 + 2\ HO^-$ (Anionenaustausch)

$H^+ + HO^- \longrightarrow H_2O$ (Neutralisation)

> Die temporäre Härte des Wassers wird im wesentlichen durch Calciumhydrogencarbonat verursacht. Sie kann durch Erhitzen des Wassers beseitigt werden, wobei Kesselstein ($CaCO_3$) ausfällt. Die permanente Härte wird vor allem durch Calciumsulfat verursacht. Permanente und temporäre Härte können gemeinsam durch Sodazusatz (Na_2CO_3) verringert werden. Die Demineralisierung von Wasser erfolgt durch Mischbettbehandlung mit stark sauren Kationen- und stark basischen Anionenaustauschern.

2.4.4 Metalloxide, Nichtmetalloxide, Oxokomplexe

(vgl. auch Kap. 1.11.1.5)

Von allen Elementen, ausgenommen den leichteren Edelgasen (He, Ne, Ar), sind Sauerstoffverbindungen bekannt. Mit Ausnahme einiger **Oxide** der Halogene und Edelmetalle können sie alle durch *direkte Synthese* aus den Elementen gewonnen werden. Eine weitere Methode zur Darstellung von Oxiden ist die Thermolyse von Metallcarbonaten. Auch die Dehydratisierung von Metallhydroxiden oder Sauerstoffsäuren in Gegenwart wasserentziehender Reagenzien führt zu Oxiden.

$$2\ Me + O_2 \longrightarrow 2\ Me^{II}O$$
$$MeCO_3 \longrightarrow Me^{II}O + CO_2 \uparrow$$
$$Me(OH)_2 \longrightarrow Me^{II}O + H_2O$$

Entsprechend ihres Säure- oder Basencharakters bei der Umsetzung mit Wasser lassen sich Oxide unterteilen in:

- **Säureanhydride** (saure Oxide),
- **Basenanhydride** (basische Oxide),
- **amphotere Oxide.**

Aufgrund ihres Bindungscharakters werden sie eingeteilt in:

- **salzartige (ionische) Oxide,**
- **kovalente Oxide.**

Alkali- und Erdalkalielemente bilden *salzartige Oxide*, die O^{2-}-Ionen als Anionen enthalten und in Ionengittern (z. B. Steinsalzgitter) kristallisieren (vgl. Kap. 1.3.2). Diese Oxide werden auch *basische Oxide* oder **Basenanhydride** genannt, weil sie alkalisch reagieren und mit Wasser Hydroxid-Ionen bilden [vgl. **MC-Frage Nr. 962**].

$$Li_2O + H_2O \longrightarrow 2\ LiOH$$
$$CaO + H_2O \longrightarrow Ca(OH)_2$$

Das **Oxid-Ion** (O^{2-}) ist eine starke Base ($pK_b = -10$), die in Wasser nicht beständig ist und zu Hydroxid-Ionen nivelliert wird.

$$O^{2-} + H_2O \longrightarrow 2\ HO^-$$

Nur die Oxide der Alkalimetalle lösen sich gut in Wasser. Die anderen salzartigen Oxide, auch die der Erdalkalimetalle lösen sich jedoch in Säuren. Einige in Wasser schwerlösliche Oxide wie **Magnesiumoxid** (MgO) werden beim Erhitzen auf hohe Temperaturen ziemlich resistent gegenüber dem Angriff von Säuren.

Zu den Oxiden mit überwiegend *kovalenten* Bindungsanteilen zählen die Oxide der *Nichtmetalle* (CO_2, As_2O_3, SO_2) und mancher Schwermetalle (CrO_3). Mit Wasser bilden sie Sauerstoffsäuren. Es sind deshalb *saure Oxide* oder **Säureanhydride** [vgl. **MC-Fragen Nr. 960, 961**].

$$As_2O_3 + 3\ H_2O \longrightarrow 2\ H_3AsO_3$$
$$SO_3 + H_2O \longrightarrow H_2SO_4$$
$$Cl_2O + H_2O \longrightarrow 2\ HOCl$$

Basische und saure Oxide lassen sich häufig zu Salzen vereinigen.

$$Na_2O + SiO_2 \xrightarrow{\text{Schmelze}} Na_2SiO_3$$

Einige Oxide (ZnO, Al_2O_3) lösen sich sowohl in Säuren als auch in Hydroxid-Lösungen; sie besitzen *amphoteren* Charakter.

$$ZnO + 2\ H_3O^+ \longrightarrow Zn^{2+} + 3\ H_2O$$
$$ZnO + 2\ HO^- + H_2O \longrightarrow [Zn(OH)_4]^{2-}$$
$$Al_2O_3 + 6\ H_3O^+ \longrightarrow 2\ Al^{3+} + 9\ H_2O$$
$$Al_2O_3 + 2\ HO^- + 3\ H_2O \longrightarrow 2\ [Al(OH)_4]^-$$

Darüber hinaus existieren einige *reaktionsträge* Oxide (CO, N_2O, MnO_2, PbO_2), die sich weder in Säuren noch in Basen lösen. Tritt trotzdem Lösung ein, so stellt dies eine Redoxreaktion und keine Säure-Base-Reaktion dar.

$$\overset{+4}{Mn}O_2 + 4\ \overset{-1}{H}Cl \longrightarrow \overset{+2}{Mn}Cl_2 + \overset{0}{Cl_2} + 2\ H_2O$$

Man kennt auch eine Reihe sog. **Doppeloxide** wie z. B. **Spinelle** [$MeO \cdot Me_2O_3$]; ihre Eigenschaften werden im Kap. 2.7.6 besprochen. Zu den Doppeloxiden gehört auch $CaTiO_3$ [$CaO \cdot TiO_2$] [vgl. **MC-Frage Nr. 963**].

Die meisten **Übergangsmetalle** bilden *mehrere* Oxide, die im allgemeinen nicht typisch salzartig sind, sondern Übergangsformen darstellen. Die Oxide niedriger Oxidationsstufen lösen sich oft noch in Säuren und ergeben hydratisierte Metallionen; Oxide höherer Oxidationsstufen werden dagegen in der Regel in **Oxoanionen** übergeführt.

Cr(III) : $Cr_2O_3 \longrightarrow (Cr^{3+})_{aq}$ **Cr(VI)** : $CrO_3 \longrightarrow CrO_4^{2-}$

Mn(II) : $MnO \longrightarrow (Mn^{2+})_{aq}$ **Mn(VII)** : $Mn_2O_7 \longrightarrow MnO_4^-$

Existieren von einem Element mehrere Oxide, so ist das Oxid, in dem das Element die höchste formale Oxidationszahl besitzt, gewöhnlich das stärker saure und das mit dem ausgeprägteren kovalenten Bindungscharakter.

$$CrO = basisch \; - \; Cr_2O_3 = amphoter \; - \; CrO_3 = sauer$$

Manche Oxide der Übergangselemente besitzen keine stöchiometrische Zusammensetzung wie z. B. **Titan(II)-oxid** [$Ti_{(0,90-1,33)}O$] oder **Eisen(II)-oxid** [$Fe_{(0,90-0,95)}O$]. Letzteres enthält in Gitterhohlräumen zum Ladungsausgleich Fe(III)-Ionen (vgl. Kap. 1.3.2).

Die **Reduktion von Oxiden** dient in der Technik zur *Darstellung vieler Metalle*. Am häufigsten wird Koks oder Kohlenmonoxid als Reduktionsmittel eingesetzt. Hierbei erhält man selten die reinen Metalle. Metalle, die mit Kohlenstoff leicht *Carbide* bilden, müssen durch Reduktion der Oxide mit Al, Mg oder H_2 gewonnen werden.

2.4.5 Schwefel

2.4.5.1 Vorkommen

Schwefel kommt in der Natur sowohl in freiem (elementaren) als auch in gebundenem Zustand vor [vgl. **MC-Fragen Nr. 964, 966**].

Anorganisch gebundener Schwefel findet sich hauptsächlich in Form von **Sulfiden** und **Sulfaten**. Je nach ihrem Aussehen unterteilt man die Sulfide in **Kiese** [Eisenkies (**Pyrit**): FeS_2], **Blenden** [Zinkblende: ZnS] und **Glanze** [Bleiglanz: PbS]. Zu den wichtigsten natürlichen Sulfaten zählen: Calciumsulfat [**Gips**: $CaSO_4 \cdot 2\,H_2O$; **Anhydrit**: $CaSO_4$], Magnesiumsulfat [**Bittersalz**: $MgSO_4 \cdot 7\,H_2O$; **Kieserit**: $MgSO_4 \cdot H_2O$], Bariumsulfat [**Schwerspat**: $BaSO_4$] und Natriumsulfat [**Glaubersalz**: $Na_2SO_4 \cdot 10\,H_2O$].

Als Bestandteil von Peptiden und Proteinen (Cystein, Cystin, Methionin) tritt Schwefel in der Natur auch in organisch gebundener Form auf.

2.4.5.2 Modifikationen des Schwefels

Schwefel ist *polymorph*. Unter Normalbedingungen ist nur die gelbe, *rhombische* Form des Schwefels (**α-Schwefel**) stabil. Sie wandelt sich bei 95,6 °C langsam und *reversibel* in den *monoklin* kristallisierenden **β-Schwefel** um. Die beiden Modifikationen enthalten kronenförmige, cyclische S_8-Moleküle („*Cyclooctaschwefel*" – vgl. Abb. 2.5). Der S-S-S-Bindungswinkel beträgt etwa 105°. Beide Modifikationen sind wasserunlöslich, lösen sich aber in Schwefelkohlenstoff (CS_2) [vgl. **MC-Fragen Nr. 964, 966, 1244, 1558**].

Neben α- und β-Schwefel existieren bei Raumtemperatur noch weitere, allerdings metastabile Formen des Schwefels.

Monokliner Schwefel schmilzt bei 119,6 °C zu einer honiggelben, leicht beweglichen Flüssigkeit. Bei deren Abkühlung entsteht zunächst β-Schwefel und unterhalb von 95,6 °C wiederum α-Schwefel. Flüssiger Schwefel enthält bis etwa 160 °C vorwiegend S_8-Moleküle. Oberhalb dieser Temperatur wird die Schmelze hochvis-

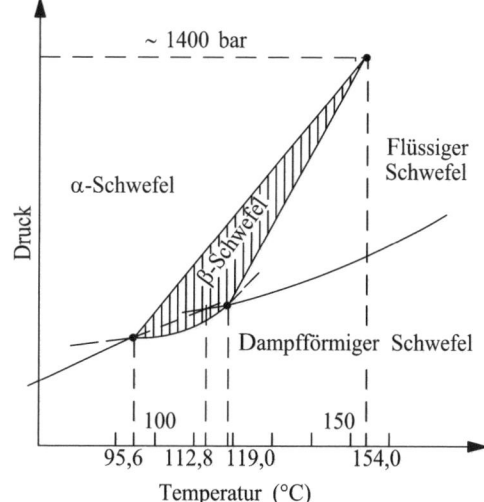

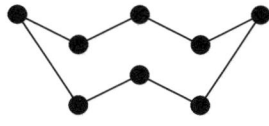

Abb. 2.5: Struktur von elementarem Schwefel

Abb. 2.6: Zustandsdiagramm des Schwefels

kos und dunkelbraun; der größte Teil der S_8-Ringe wurde thermisch zu hochmolekularen S_n-Ketten gespalten. Bei weiterem Erhitzen fragmentieren diese Ketten zu kleineren Bruchstücken und bei 400 °C wird die Schmelze erneut dünnflüssig.

Beim Siedepunkt (444,6 °C) besteht Schwefel nahezu ausschließlich aus S_8-Molekülen. Im Dampf bis ca. 800 °C existieren verschiedene Molekülarten (S_8, S_6, S_4, S_2) im Gleichgewicht nebeneinander und erst oberhalb dieser Temperatur sind überwiegend paramagnetische S_2-Moleküle vorhanden.

Schreckt man hocherhitzten, flüssigen Schwefel in kaltem Wasser ab, so bleibt die Kettenstruktur erhalten und man isoliert ein plastisches, in Schwefelkohlenstoff völlig unlösliches Produkt (**γ-Schwefel**). Beim Stehenlassen wandelt sich auch diese Form allmählich wieder in α-Schwefel um.

Abb. 2.6 zeigt ein vereinfachtes **Phasendiagramm** des Schwefels, das die Existenzbereiche der verschiedenen (stabilen) Schwefelmodifikationen anschaulich wiedergibt. Man erkennt, dass z. B. bei sehr hohen Drücken monokliner Schwefel nicht mehr beständig ist und sich α-Schwefel nun direkt verflüssigen lässt.

2.4.5.3 Gewinnung von Schwefel

Die technische Gewinnung von Schwefel erfolgt teils aus natürlichen Vorkommen, teils durch Oxidation von **Schwefelwasserstoff** (H_2S) oder durch Reduktion von **Schwefeldioxid** (SO_2) [vgl. **MC-Fragen Nr. 1541, 1828**].

$$H_2S \xrightarrow[\text{[O]}]{\text{Oxidation}} S \xleftarrow[\text{[C]}]{\text{Reduktion}} SO_2$$

Neuerdings stellt man Schwefel aus H_2S-haltigen Erdgasen oder Abgasen her. Hierzu wird H_2S mit Luftsauerstoff zu SO_2 oxidiert, das anschließend als Oxidans für weiteren H_2S fungiert [**Claus-Prozess**] (siehe auch Kap. 2.4.5.3 und **MC-Frage Nr. 970**).

$$2 H_2S + 3 O_2 \longrightarrow 2 H_2O + 2 SO_2 \uparrow$$
$$2 H_2S + SO_2 \longrightarrow 2 H_2O + 3 S \downarrow$$

2.4.5.4 Eigenschaften von elementarem Schwefel

Schwefel – ein typischer *Nichtleiter* – verfügt im Grundzustand über unbesetzte d-Atomorbitale und kann 2-, 4- und 6-bindig auftreten. Mit vielen Metallen und Nichtmetallen reagiert er schon bei mäßig erhöhter Temperatur.

Beim Erhitzen an der Luft verbrennt Schwefel zu SO_2, mit Wasserstoff vereinigt er sich zu **Schwefelwasserstoff** (H_2S). Beim Überleiten von Schwefeldampf über glühende Kohle bildet sich **Schwefelkohlenstoff** (CS_2). Beim Schmelzen mit Sulfiten (SO_3^{2-}) entstehen **Thiosulfate** ($S_2O_3^{2-}$). Mit Sulfiden (S^{2-}) reagiert elementarer Schwefel zu **Polysulfiden** (S_n^{2-}) [n = 2–8] [vgl. **MC-Fragen Nr. 965–968, 1244**].

2.4.6 Schwefelwasserstoff und Sulfide

2.4.6.1 Darstellung und Eigenschaften von Schwefelwasserstoff

Darstellung: Schwefelwasserstoff (**Monosulfan**) (H_2S) kann aus den Elementen synthetisiert werden. Bequemer ist seine Darstellung durch Behandeln eines Sulfids mit einer starken Säure. In der Regel verwendet man hierfür **Eisensulfid** (FeS). FeS wird durch Erhitzen von Eisenpulver mit Schwefel hergestellt [vgl. **MC-Fragen Nr. 969, 971**].

$$FeS + 2 HCl \longrightarrow FeCl_2 + H_2S \uparrow$$

Eine elegante Methode zur Darstellung von H_2S besteht im Erhitzen eines Gemischs von *Paraffin* und Schwefel, wobei Kohle zurückbleibt. Im Laboratorium wird H_2S häufig durch (saure) *Hydrolyse von Thioacetamid* gewonnen [vgl. **MC-Fragen Nr. 970, 1793**].

$$\underset{\textbf{Thioacetamid}}{CH_3\text{-}\overset{\displaystyle S}{\overset{\|}{C}}\text{-}NH_2} + H_2O \longrightarrow \underset{\textbf{Acetamid}}{CH_3\text{-}\overset{\displaystyle O}{\overset{\|}{C}}\text{-}NH_2} + H_2S \uparrow$$

Eigenschaften: H_2S ist ein farbloses, brennbares, sehr giftiges Gas [Schmp. –85,5 °C; Sdp. –61 °C]. Es besitzt den unangenehmen Geruch fauler Eier. Die Löslichkeit in Wasser ist gering [2,47 l H_2S in 1 l H_2O bei 20 °C]. Das H_2S-Molekül ist *gewinkelt* gebaut.

Schwefelwasserstoff ist eine schwache, zweibasige Säure [pK_{s1} = 6,92; pK_{s2}= 13,0]. Das **Hydrogensulfid-Ion** (HS⁻) ist demzufolge eine schwache, das **Sulfid-Ion** (S²⁻) eine starke Base [vgl. **MC-Fragen Nr. 972, 1828**].

H_2S ist ein mittelstarkes Reduktionsmittel [E° = −0,51 V] und verbrennt an der Luft mit blauer Flamme zu **Schwefeldioxid** (SO_2) und Wasser; bei unvollständiger Verbrennung (begrenzte Luftzufuhr) scheidet sich elementarer Schwefel ab.

$$2\ H_2S + 3\ O_2 \longrightarrow 2\ SO_2\uparrow + 2\ H_2O$$
$$2\ H_2S + O_2 \longrightarrow 2\ S\downarrow + 2\ H_2O$$

2.4.6.2 Sulfide

Als zweibasige Säure bildet H_2S zwei Reihen von Salzen: **Hydrogensulfide** [MeHS] und **Sulfide** [Me_2S]. Alle Hydrogensulfide sind in Wasser leichtlöslich.

Von den Sulfiden sind nur die Alkali- und Erdalkalisulfide sowie Ammonium-sulfid salzartig und in Wasser löslich. Hierbei protolysiert die starke Base (S²⁻) und es bilden sich HS⁻-Ionen. Die löslichen Sulfide reagieren deshalb in wässriger Lö-sung *alkalisch* (vgl. Kap. 1.11.3 und **MC-Frage Nr. 1793**].

$$S^{2-} + H_2O \longrightarrow HS^- + HO^-$$

Manche Sulfide [Al_2S_3, Cr_2S_3], deren Metallionen schwerlösliche Hydroxide bil-den, werden durch Wasser quantitativ zersetzt.

$$Al_2S_3 + 6\ H_2O \longrightarrow 2\ Al(OH)_3 + 3\ H_2S$$

Die meisten, in Wasser *schwerlöslichen* Metallsulfide sind keine reinen Ionenver-bindungen, sondern bilden Übergänge zwischen Ionen- und Atomgittern.

Auf der *pH-abhängigen*, unterschiedlichen *Löslichkeit* der Metallsulfide beruht die große Bedeutung des Schwefelwasserstoffs für die **qualitative Analyse**. Die Löslichkeitsprodukte der wichtigsten Metallsulfide sind in Tab. 1.58 aufgelistet. Im sauren Milieu fallen im allgemeinen nur Sulfide aus, deren Löslichkeitsprodukt kleiner 10^{-22} ist, in neutraler oder schwach alkalischer Lösung vorzugsweise solche mit K_L-Werten von 10^{-15} bis 10^{-22} (vgl. auch Ehlers, **Analytik I**, Kap. 2.3.1).

2.4.6.3 Polysulfide

Durch Lösen von elementarem Schwefel in konz. Alkali- oder Erdalkalisulfid-Lö-sungen erhält man komplexe Gemische von **Polysulfid-Anionen** (S_n^{2-}) [n = 2–8], die aus zickzackförmig miteinander verknüpften S-Atomen bestehen. Säuert man diese Lösungen bei Raumtemperatur an, so bildet sich H_2S und Schwefel fällt aus.

Beim vorsichtigen Ansäuern mit konz. HCl bei −15 °C entstehen alkaliempfind-liche **Sulfane** (H_2S_n). Mit Ausnahme des **Monosulfans** (H_2S) sind alle Sulfane was-serunlöslich. Es sind gelbe, ölige Flüssigkeiten, deren Viskosität mit steigender Kettenlänge zunimmt. Nur **Disulfan** (H_2S_2) und **Trisulfan** (H_2S_3) können im Va-kuum unzersetzt destilliert werden; höhere Sulfane zerfallen schon bei gelindem Erhitzen in H_2S und elementaren Schwefel.

2.4.7 Schwefeloxide und Schwefelhalogenide

2.4.7.1 Halogenverbindungen des Schwefels

Schwefel reagiert mit Halogenen je nach den Versuchsbedingungen zu einer Vielzahl von Schwefel-Halogen-Verbindungen. Ihre Zusammensetzung entspricht den allgemeinen Formeln $\mathbf{S_2X_2}$ [X = Cl, Br], $\mathbf{SX_2}$ [X = Cl, Br], $\mathbf{SX_4}$ [X = F, Cl, Br] und $\mathbf{SF_6}$.

Schwefeltetrafluorid (SF_4) besitzt aufgrund seiner großen Reaktionsfähigkeit eine gewisse Bedeutung als *Fluorierungsmittel* in der organischen Chemie. Es reagiert sehr selektiv, indem es C=O- und COOH-Gruppen in CF_2- bzw. CF_3-Gruppen umwandelt, ohne dass hierbei andere funktionelle Gruppen angegriffen werden.

Schwefelhexafluorid (SF_6) ist, als Folge der starken Abschirmung des S-Rumpfes durch die sechs F-Atome, eine Verbindung von großer Reaktionsträgheit gegenüber nucleophilen Reagenzien. Das oktaedrisch gebaute Schwefelhexafluorid ist direkt aus den Elementen darstellbar. SF_6 ist isoster zum $[SiF_6]^{2-}$-Ion [vgl. **MC-Fragen Nr. 973, 1406**].

2.4.7.2 Thionylhalogenide

Thionylhalogenide [SOF_2, $SOCl_2$, $SOBr_2$, $SOFCl$] sind *Säurehalogenide*, die sich von der Schwefligen Säure (H_2SO_3) durch Ersatz der beiden HO-Gruppen gegen Halogenatome ableiten [vgl. **MC-Frage Nr. 1563**].

$$\overset{\text{O}}{\overset{\|}{\text{HO-S-OH}}} \longrightarrow \overset{\text{O}}{\overset{\|}{\text{X-S-X}}} \qquad [\text{X = F, Cl, Br}]$$

In den Thionylhalogeniden sind die vier Elektronenpaare des S-Atoms tetraedrisch angeordnet. Daraus resultiert ein *pyramidaler* Bau der Moleküle. Die relativ kurze Bindungslänge der S-O-Bindung weist darauf hin, dass ihr in gewissem Umfang Doppelbindungscharakter zukommt (Besetzung der d-AO des S-Atoms – vgl. auch Ehlers, **Chemie II-Kurzlehrbuch**, Kap. 3.11.1).

Thionylhalogenide werden durch Wasser rasch zu SO_2 und dem entsprechenden Halogenwasserstoff hydrolysiert, wobei das Thionylhalogenid als Lewis-Säure reagiert.

Thionylchlorid ($SOCl_2$), eine farblose Flüssigkeit, kann aus SO_2 und Phosphorpentachlorid (PCl_5) oder durch Umsetzung von Schwefeldichlorid (SCl_2) mit SO_3 hergestellt werden.

$$SO_2 + PCl_5 \longrightarrow SOCl_2 + POCl_3$$
$$SCl_2 + SO_3 \longrightarrow SOCl_2 + SO_2 \uparrow$$

$SOCl_2$ wird in der organischen Chemie als *Chlorierungsmittel* verwendet, z. B. zur Synthese von Säurechloriden aus Carbonsäuren oder von Alkylchloriden aus Alkoholen. Daneben entstehen SO_2 und HCl, die als Gase leicht aus dem Reaktionsansatz entweichen können.

$$R\text{-}COOH + SOCl_2 \longrightarrow R\text{-}COCl + HCl\uparrow + SO_2 \uparrow$$
$$R\text{-}OH + SOCl_2 \longrightarrow R\text{-}Cl + HCl \uparrow + SO_2 \uparrow$$

2.4.7.3 Sulfurylhalogenide

Sulfurylhalogenide (SO_2X_2), die Säurehalogenide der Schwefelsäure, sind *tetraedrisch* konfiguriert.

Sulfurylchlorid (SO_2Cl_2) bildet sich durch direkte Reaktion von SO_2 und Cl_2 unter der katalytischen Wirkung von Aktivkohle. Beim Erhitzen auf 300 °C zerfällt das Molekül in Umkehrung seiner Bildungsreaktion. SO_2Cl_2 ist eine farblose, durch Wasser leicht zu H_2SO_4 hydrolysierbare Flüssigkeit; sie dient in der org. Chemie zur Chlorierung und zur Einführung der SO_2Cl-Gruppierung *(Sulfochlorierung)* [vgl. **MC-Frage Nr. 1423**].

Sulfurylfluorid (SO_2F_2), ein nahezu inertes Gas, reagiert selbst bei 150 °C *nicht* mit Wasser und wird erst von konz. Hydroxid-Lösungen langsam hydrolysiert.

2.4.7.4 Schwefeldioxid

Darstellung: Schwefeldioxid (SO_2), ein farbloses, stechend riechendes Gas, bildet sich bei der *direkten* Verbrennung von elementarem Schwefel an der Luft (neben sehr wenig SO_3). Darüber hinaus entsteht SO_2 auch beim *Rösten* sulfidischer Erze [vgl. **MC-Frage Nr. 975**].

$$4\ FeS_2 + 11\ O_2 \longrightarrow 2\ Fe_2O_3 + 8\ SO_2 \uparrow$$

Im Laboratorium gewinnt man SO_2 als Anhydrid der Schwefligen Säure am bequemsten durch Behandeln von Sulfiten mit konz. H_2SO_4 als wasserentziehendem Mittel.

$$NaHSO_3 + H_2SO_4 \longrightarrow NaHSO_4 + H_2O + SO_2 \uparrow$$

Statt von Schwefliger Säure kann man auch von Schwefelsäure ausgehen und diese z. B. mit metallischem Kupfer reduzieren.

$$Cu + 2\ H_2SO_4 \longrightarrow 2\ H_2O + CuSO_4 + SO_2 \uparrow$$

Eigenschaften: SO_2 ist ein starkes Reduktionsmittel und wirkt desinfizierend. Die oxidierende Wirkung des SO_2 zeigt sich nur gegenüber unedlen Metallen (Al, Ca, K, Na, Mg, Zn), von denen es zu Schwefelwasserstoff reduziert wird [vgl. **MC-Frage Nr. 1244**].

$$SO_2 + 3\,Zn + 6\,HCl \longrightarrow H_2S \uparrow + 3\,ZnCl_2 + 2\,H_2O$$

In Wasser ist es nur mäßig löslich. *Flüssiges Schwefeldioxid* [Sdp. -10 °C] ist ein gutes Lösungsmittel für zahlreiche Substanzen, insbesondere Salze [vgl. **MC-Fragen Nr. 974, 1244, 1701**].

SO_2 besteht aus *gewinkelten* Molekülen (Bindungswinkel: 119,5°), die mesomer sind. Der relativ kurze S-O-Abstand von 143 pm deutet auf das Vorliegen einer S=O-Doppelbindung hin (d_π-p_π-Bindung). Im festen Zustand bildet SO_2 Molekülgitter.

2.4.7.5 Schwefeltrioxid

Darstellung: Schwefeltrioxid (SO_3) wird in der Technik durch Luftoxidation von SO_2 gewonnen (siehe Kap. 2.4.8.4). Eine geeignete Labormethode zur SO_3-Herstellung ist das Erhitzen von **Pyrosulfaten** (Disulfaten) ($S_2O_7^{2-}$) [vgl. **MC-Fragen Nr. 977, 978, 1317**].

$$S_2O_7^{2-} \longrightarrow SO_3 \uparrow + SO_4^{2-}$$

Struktur: SO_3, eine flüchtige Verbindung [Sdp. 44,8 °C; Schmp. 16,9 °C] enthält im Dampfzustand monomere, *planar-gebaute* SO_3-Moleküle. Auch hier zeigt der kurze S-O-Bindungsabstand von 143 pm das Vorliegen von S=O-Doppelbindungen an. Im flüssigen Zustand besteht SO_3 aus einem Gemisch von monomeren und trimeren $(SO_3)_3$-Molekülen. *Festes* Schwefeltrioxid existiert demgegenüber in drei unterschiedlichen Modifikationen. Die *eisenartige* Modifikation besteht aus sechsgliedrigen Ringen, während die beiden *asbestartigen* Formen lange, faserige Ketten enthalten [vgl. **MC-Frage Nr. 1558**].

Eigenschaften: SO_3 besitzt stark oxidierende Eigenschaften. Die Substanz reagiert heftig und stark exotherm mit Wasser. Diese Reaktion kann als Umsetzung einer

Lewis-Säure (SO$_3$) mit einer Lewis-Base (H$_2$O) angesehen werden. SO$_3$ ist das Anhydrid der Schwefelsäure. Mit Oxiden bildet es Sulfate.

$$SO_3 + H_2O \longrightarrow H_2SO_4$$

2.4.8 Sauerstoffsäuren des Schwefels

2.4.8.1 Klassifizierung und Struktur der Sauerstoffsäuren des Schwefels

Der Schwefel bildet vier Sauerstoffsäuren der allgemeinen Formel **H$_2$SO$_n$** [n = 2, 3, 4, 5] und fünf Sauerstoffsäuren der allgemeinen Zusammensetzung **H$_2$S$_2$O$_n$** [n = 4, 5, 6, 7, 8]. Über die Nomenklatur dieser Oxosäuren und ihrer Salze informiert Tab. 2.12.

Mit Ausnahme der *einbasigen* Peroxomonoschwefelsäure (H$_2$SO$_5$) sind alle Sauerstoffsäuren des Schwefels *zweibasig*. Die Molekülstrukturen einiger Oxosäuren des Schwefels und ihrer Ionen zeigt Tab. 2.13 [vgl. **MC-Fragen Nr. 983–987, 1282–1284, 1666–1668**].

Tab. 2.12: Sauerstoffsäuren des Schwefels

Säuren des Typs H$_2$SO$_n$			Säuren des Typs H$_2$S$_2$O$_n$		
Formel	Name	Salze	Formel	Name	Salze
H$_2$SO$_2$	Sulfoxylsäure Schwefel(II)-säure	Sulfoxylate Sulfate(II)			
			H$_2$S$_2$O$_4$	Dithionige Säure Dischwefel(III)-säure	Dithionite Disulfate(III)
H$_2$SO$_3$	Schweflige Säure Schwefel(IV)-säure	Sulfite Sulfate(IV)	H$_2$S$_2$O$_5$	Dischweflige Säure Dischwefel(IV)-säure	Disulfite Disulfate(IV)
			H$_2$S$_2$O$_6$	Dithionsäure Dischwefel(V)-säure	Dithionate Disulfate(V)
H$_2$SO$_4$	Schwefelsäure Schwefel(VI)-säure	Sulfate Sulfate(VI)	H$_2$S$_2$O$_7$	Dischwefelsäure Dischwefel(VI)-säure	Disulfate Disulfate(VI)
			H$_2$S$_2$O$_8$	Peroxodischwefel(VI)-säure	Peroxodisulfate(VI)
H$_2$SO$_5$	Peroxoschwefel(VI)-säure	Peroxosulfate(VI)			

Tab. 2.13: Konstitution einiger Schwefelsauerstoffsäuren und ihrer Derivate

$$\text{H-O-S-O-H} \qquad \text{H-O-S-O}^{\ominus} \qquad {}^{\ominus}\text{O-S-O}^{\ominus} \qquad \text{H-O-S-Cl}$$

Schwefelsäure	Hydrogen-sulfat-Ion	Sulfat-Ion	Chlorsulfon-säure

$$\text{H-S-S-O-H} \qquad \text{H-O-S-O-H} \qquad \text{H-O-S-O-S-O-H}$$

Thioschwefel-säure	Schweflige Säure	Dischwefelsäure

$$\text{H-O-S-S-O-H} \qquad \text{H-O-O-S-O-H} \qquad \text{H-O-S-O-O-S-O-H}$$

Dithionige Säure	Peroxomono-schwefelsäure	Peroxodischwefel-säure

$${}^{\ominus}\text{O-S-S-S-S-O}^{\ominus} \qquad \text{Cl-S-Cl} \qquad \text{Cl-S-Cl}$$

Tetrathionat-Ion	Thionylchlorid	Sulfurylchlorid

2.4.8.2 Schweflige Säure

Schwefeldioxid löst sich ziemlich gut in Wasser [40 l SO_2 in 1 l H_2O bei 20 °C]. Die Lösung reagiert deutlich sauer, wobei die hydratisierten SO_2-Moleküle direkt HSO_3^--Ionen bilden. Bis jetzt bestehen *keine* Hinweise darauf, dass eine Verbindung der Formel „H_2SO_3" existiert.

$$SO_2 + H_2O \rightleftharpoons H_3O^+ + HSO_3^-$$

Sulfite (Me_2SO_3) entstehen beim Einleiten von SO_2 in wässrige Lösungen von Metallcarbonaten oder -hydroxiden. Neben den normalen Sulfiten kennt man noch (saure) **Hydrogensulfite** (Me^ISO_3).

Durch Erhitzen von festen Hydrogensulfiten oder beim Einleiten von SO_2 in wässrige Hydrogensulfit-Lösungen bilden sich **Pyrosulfite (Disulfite)** ($S_2O_5^{2-}$).

$$2\ HSO_3^- \longrightarrow S_2O_5^{2-} + H_2O$$
$$HSO_3^- + SO_2 \longrightarrow HS_2O_5^-$$

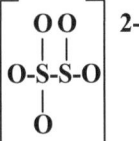

Das $S_2O_5^{2-}$-Ion ist unsymmetrisch gebaut und enthält eine S-S-Bindung. Sulfite, Hydrogensulfite und Pyrosulfite sind – besonders in alkalischer Lösung – starke Reduktionsmittel, die leicht zu Sulfat oxidiert werden [vgl. **MC-Fragen Nr. 982, 1341**].

$$SO_2 + 6\ H_2O \rightleftharpoons SO_4^{2-} + 4\ H_3O^+ + 2\ e^- \quad [E^\circ = +0{,}14\ V]$$

Gegenüber stark reduzierenden Substanzen können Schwefel(IV)-Verbindungen auch als Oxidationsmittel reagieren, wie die Komproportionierung von H_2S mit SO_2 beweist.

$$\overset{-2}{2\ H_2S} + \overset{+4}{SO_2} \longrightarrow 2\ H_2O + \overset{0}{3\ S}$$

Alkalisulfite können mit Alkylhalogeniden zu *Alkansulfonsäuren* (R-SO_3H) umgesetzt werden. Als weitere Reaktionsprodukte entstehen *Schwefligsäureester* ($SO(OR)_2$) [vgl. **MC-Frage Nr. 1855**].

$$CH_3CH_2\text{-}Br + K_2SO_3 \longrightarrow CH_3CH_2\text{-}SO_3^-\ K^+ + Br$$

2.4.8.3 Chlorsulfonsäure

Chlorsulfonsäure (HSO_3Cl), das Monochlorid der Schwefelsäure, ist eine farblose Flüssigkeit [Sdp. 152 °C]; sie entsteht in einer Lewis-Säure-Base-Reaktion bei der Umsetzung von HCl-Gas mit SO_3.

$$HCl + SO_3 \longrightarrow H\text{-}O\text{-}SO_2\text{-}Cl \xrightarrow{+ H_2O} H_2SO_4 + HCl$$

Eine weitere Darstellungsvariante ist die Reaktion von Phosphorpentachlorid mit konz. H_2SO_4.

$$H_2SO_4 + PCl_5 \longrightarrow HO_3S\text{-}Cl + POCl_3 + HCl$$

Von Wasser wird Chlorsulfonsäure leicht zu H_2SO_4 hydrolysiert. In der organischen Chemie findet sie Verwendung zur *Sulfonierung* und *Sulfochlorierung* (siehe Ehlers, **Chemie II**, Kap. 3.6.4 und **MC-Frage Nr. 1566**].

2.4.8.4 Schwefelsäure

Darstellung: Zur technischen Gewinnung von H_2SO_4 dienen zwei Verfahren, das bevorzugt angewandte **Kontaktverfahren** sowie das **Bleikammerverfahren**. Beide Prozesse gehen von **Schwefeldioxid** (SO_2) aus und oxidieren dieses mit Luftsauerstoff zu **Schwefeltrioxid** (SO_3). Beim Kontaktverfahren dienen Vanadinverbindungen, beim Bleikammerverfahren Stickstoffoxide als Sauerstoffüberträger. Auch Platin ist als Katalysator geeignet.

Die Umsetzung von SO_2 mit O_2 zu SO_3 verläuft *exotherm* und *reversibel*.

$$2\ SO_2 + O_2 \rightleftharpoons 2\ SO_3 \quad [\Delta H° = -98{,}3\ kJ]$$
$$[\Delta G° = -70{,}0\ kJ]$$

Bei Raumtemperatur reagieren SO_2 und O_2 kaum miteinander; bei sehr hohen Temperaturen liegt das Gleichgewicht auf der linken Seite (Le Chatelier-Prinzip, vgl. Kap. 1.10.3). Will man deshalb SO_2 möglichst quantitativ zu SO_3 oxidieren, muss man bei nicht allzu hohen Temperaturen [400–500 °C] arbeiten. Bei diesen Temperaturen läuft die Reaktion jedoch nur in Anwesenheit von Katalysatoren (Platin, Vanadinoxide) mit hinreichender Geschwindigkeit ab [vgl. **MC-Fragen Nr. 975–977, 1357, 1532**]. Die sauerstoffübertragende Wirkung der Vanadinoxide beim **Kontaktverfahren** kann durch folgendes Schema erklärt werden.

$$1/2\ O_2 + 2\ VO_2 \longrightarrow V_2O_5$$
$$\underline{V_2O_5 + SO_2 \longrightarrow SO_3 + 2\ VO_2}$$
$$1/2\ O_2 + SO_2 \longrightarrow SO_3$$

Das beim Kontaktverfahren entstehende SO_3 löst sich nur sehr schlecht in Wasser; man löst es daher in *konzentrierter* Schwefelsäure, die bis zu 65% ihres Gewichts an SO_3 absorbieren kann und dabei eine an der Luft stark rauchende Flüssigkeit (**Pyroschwefelsäure, Oleum**) bildet. Durch Zusatz von Wasser kann dann Schwefelsäure der gewünschten Konzentration erhalten werden.

$$SO_3 + H_2SO_4 \longrightarrow H_2S_2O_7$$
$$\underline{H_2S_2O_7 + H_2O \longrightarrow 2\ H_2SO_4}$$
$$SO_3 + H_2O \longrightarrow H_2SO_4$$

Zur Oxidation von SO_2 nach dem homogen katalysierten **Bleikammerverfahren** wird Stickstoffdioxid (NO_2) verwendet, das zu Stickstoffmonoxid (NO) reduziert wird. Letzteres bildet an der Luft erneut NO_2. Das Bleikammerverfahren liefert *nur verdünnte* Schwefelsäure [vgl. **MC-Fragen Nr. 978, 1317**].

$$SO_2 + NO_2 \longrightarrow SO_3{\uparrow} + NO{\uparrow}$$
$$2\ NO + O_2 \longrightarrow 2\ NO_2{\uparrow}$$

Eigenschaften: Reine H_2SO_4 ist eine ölige Flüssigkeit [Sdp. 338 °C; Schmp. 10,4 °C], die unter beträchtlicher Wärmeentwicklung sehr leicht Wasser aufnimmt (*wasserentziehende Wirkung*). Dabei entstehen Hydrate der Schwefelsäure [$H_2SO_4 \cdot xH_2O$] (x = 1, 2, 4), die als **Hydroxoniumsalze** [$H_3O^+ \cdot HSO_4^-$] aufgefasst werden können. Wasserfreie Schwefelsäure kann daher zum Trocknen von Gasen (HCl, CO_2) verwendet werden, die nicht mit H_2SO_4 reagieren.

Reine, 98%ige Schwefelsäure zeigt eine *geringe*, jedoch messbare *elektrische Leitfähigkeit*, die auf ihrer *Autoprotolyse* beruht [vgl. **MC-Fragen Nr. 979, 981**].

$$H_2SO_4 + H_2SO_4 \rightleftharpoons H_3SO_4^+ + HSO_4^-$$

Schwefelsäure ist eine starke, zweibasige Säure (pK_{s1} = -3). Verd. H_2SO_4 ist nahezu vollständig in H_3O^+- und HSO_4^--Ionen dissoziiert. Dank der Bildung dieser Ionen nimmt die *spezifische Leitfähigkeit* mit wachsender Verdünnung zunächst zu, mit immer stärkerer Verdünnung jedoch wieder ab (Verringerung der molaren Ionen-konzentration!). 30%ige H_2SO_4 zeigt ein Maximum an Leitfähigkeit.

Heiße, konz. Schwefelsäure besitzt deutlich *oxidierende Eigenschaften*. Als Säure entwickelt sie H_2 bei der Einwirkung auf Metalle, die in der Spannungsreihe oberhalb des Wasserstoffs stehen [vgl. **MC-Fragen Nr. 979, 980**].

$$Me + H_2SO_4 \longrightarrow Me^{II}SO_4 + H_2 \uparrow$$

Die in der Spannungsreihe unterhalb des Wasserstoffs angeordneten edleren Metalle [Kupfer, Quecksilber, Silber] lösen sich beim Erhitzen in H_2SO_4 nicht unter H_2- sondern unter SO_2-Entwicklung. Gold und Platin werden von Schwefelsäure nicht angegriffen.

$$Me + 2\ H_2SO_4 \longrightarrow Me^{II}SO_4 + 2\ H_2O + SO_2 \uparrow$$

Mit Ausnahme der schwerlöslichen Salze $SrSO_4$, $BaSO_4$ und $PbSO_4$ sind die übrigen **Sulfate** in Wasser leichtlöslich. $CaSO_4$ und Ag_2SO_4 sind nur mäßig löslich. Wegen des äußerst schwach basischen Charakters des Sulfat-Ions lösen sich die schwerlöslichen Sulfate auch nicht in Säuren. **Hydrogensulfate** ($MeHSO_4$) kennt man nur von den Alkalimetallen. Mit Alkoholen vermag Schwefelsäure *saure* (*Alkylhydrogensulfate*, $RO\text{-}SO_3H$) und *neutrale Ester* (*Alkylsulfate*, $SO_2(OR)_2$) zu bilden.

2.4.8.5 Dischwefelsäure (Pyroschwefelsäure)

Beim Erhitzen von Hydrogensulfaten bilden sich **Pyrosulfate** (**Disulfate**) ($S_2O_7^{2-}$).

$$2\ HSO_4^- \rightleftharpoons S_2O_7^{2-} + H_2O$$

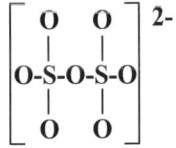 Im Pyrosulfat-Anion sind zwei SO_3-Gruppen über eine Sauerstoffbrücke miteinander verbunden. Die freie **Dischwefelsäure** ($H_2S_2O_7$) entsteht beim Auflösen von SO_3 in konz. H_2SO_4 und wird als *Oleum* bezeichnet. Sie wirkt stärker oxidierend und dehydratisierend als Schwefelsäure. Pyrosulfate werden in Umkehrung ihrer Bildung durch Wasser wieder zu Hydrogensulfaten gespalten.

2.4.8.6 Dithionsäure

Durch Oxidation von Sulfiten mit Braunstein entstehen **Dithionate**. Die gleichzeitig gebildeten Sulfate können als $BaSO_4$ abgetrennt werden, weil Bariumdithionat (BaS_2O_6) im Gegensatz zu $BaSO_4$ in Wasser leichtlöslich ist.

$$2\ SO_3^{2-} + MnO_2 + 4\ H_3O^+ \longrightarrow Mn^{2+} + S_2O_6^{2-} + 6\ H_2O$$

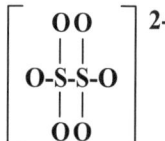

Im Dithionat-Anion ist jedes S-Atom tetraedrisch von vier anderen Atomen umgeben. Die Dithionate, die den Schwefel in der ungewöhnlichen Oxidationsstufe **+5** enthalten, sind überraschend stabil. **Dithionsäure** ($H_2S_2O_6$), eine mittelstarke Säure, disproportioniert dagegen in konz. Lösungen (30%) zu SO_2 und Schwefelsäure.

2.4.8.7 Dithionige Säure

Dithionite ($S_2O_4^{2-}$) lassen sich durch Reduktion von Sulfiten bzw. Hydrogensulfiten mit Zink oder Natrium herstellen.

$$2\ SO_2 + Zn \longrightarrow Zn^{2+} + S_2O_4^{2-}$$

$$\left[\begin{array}{c} OO \\ |\ | \\ O\text{-}S\text{-}S\text{-}O \end{array} \right]^{2-}$$

In diesen Anionen kommt der Schwefel formal in der Oxidationsstufe **+3** vor. Dithionite und **Dithionige Säure** ($H_2S_2O_4$) disproportionieren rasch in Thiosulfat und Hydrogensulfit bzw. in SO_2 und Schwefel.

$$2\ H_2S_2O_4 \longrightarrow 2\ H_2O + 3\ SO_2\uparrow + S\downarrow$$

Dithionite sind starke Reduktionsmittel [$E° = -1{,}4$ V]; sie reduzieren zahlreiche org. Farbstoffe zu farblosen Leukobasen [vgl. **MC-Frage Nr. 993**].

2.4.8.8 Thioschwefelsäure

Beim Erhitzen von Sulfit-Lösungen mit elementarem Schwefel entstehen **Thiosulfate** ($S_2O_3^{2-}$).

$$SO_3^{2-} + S \longrightarrow S_2O_3^{2-}$$

Die **Thioschwefelsäure** [Monosulfanmonosulfonsäure] ($H_2S_2O_3$) ist in freier Form nicht beständig; beim Ansäuern von Thiosulfat-Lösungen erfolgt in Umkehrung der Bildungsreaktion eine Zersetzung zu Schwefel und SO_2.

$$S_2O_3^{2-} + 2\ H^+ \longrightarrow (H_2S_2O_3) \longrightarrow SO_2\uparrow + S\downarrow + H_2O$$

Thiosulfate, in denen die beiden S-Atome chemisch nicht gleichwertig sind, besitzen *reduzierende* Eigenschaften [$E° = +0{,}08$ V]. Sie können z. B. in schwach saurem Medium **Iod** quantitativ zu Iodid reduzieren, wobei sie selbst zum **Tetrathionat** ($S_4O_6^{2-}$) oxidiert werden. Auf dieser Reaktion beruht eine für die pharmazeutische Analytik wichtige Methode der Maßanalyse, die *Iodometrie* (vgl. Ehlers, **Analytik II**, Kap. 7.2.3 und **MC-Fragen Nr. 988, 1558**).

$$2\ \left[\begin{array}{c} O \\ | \\ O\text{-}S\text{-}S \\ | \\ O \end{array} \right]^{2-} \xrightarrow[-\ 2\ I^-]{+\ I_2} \left[\begin{array}{c} O \qquad O \\ |\qquad | \\ O\text{-}S\text{-}S\text{-}S\text{-}S\text{-}O \\ |\qquad | \\ O \qquad O \end{array} \right]^{2-}$$

Thiosulfat   **Tetrathionat**

Die freie **Tetrathionsäure** [Disulfandisulfonsäure] ($H_2S_4O_6$) ist nicht beständig. **Dithionat** (n = 2), **Trithionat** (n = 3) und **Tetrathionat** (n = 4) sind Verbindungen der allgemeinen Formel $[O_3S\text{-}S_{(n-2)}\text{-}SO_3]^{2-}$. In diesen Substanzen sind die beiden Endglieder einer S_n-Kette jeweils mit drei Sauerstoffatomen koordiniert. **Natriumthiosulfat** ($Na_2S_2O_3$), das wichtigste Salz der Thioschwefelsäure, wird aus Natriumsulfit (Na_2SO_3) und Schwefel hergestellt. Eine $Na_2S_2O_3$-Lösung löst *Silberhalogenide* unter Komplexbildung, sodass man die Substanz in der Photographie als *Fixiersalz* zum Herauslösen des beim Belichten und Entwickeln unveränderten Silberhalogenids (AgX) einsetzt [vgl. **MC-Fragen Nr. 991, 992, 1551, 1719, 1913**].

$$AgX + 2\ S_2O_3^{2-} \longrightarrow [Ag(S_2O_3)_2]^{3-} + X^-$$

Beim Chlorbleichen von Geweben benutzt man es als *Antichlor* zum Entfernen überschüssigen Chlors, da es **Chlor** zu Chlorid reduziert und dabei selbst in Sulfat übergeht. Auch elementares **Brom** vermag Thiosulfat bis zur Stufe des Sulfats zu oxidieren [vgl. **MC-Fragen Nr. 989, 990, 1665**].

$$4\ Cl_2 + S_2O_3^{2-} + 5\ H_2O \longrightarrow 2\ SO_4^{2-} + 10\ H^+ + 8\ Cl^-$$

2.4.8.9 Peroxoschwefelsäuren

Die Oxidation von Sulfaten mit elementarem Fluor oder an einer Anode entsprechend positiven Potentials liefert **Peroxodisulfate** ($S_2O_8^{2-}$).

$$2\ SO_4^{2-} \longrightarrow S_2O_8^{2-} + 2\ e^-$$

Technisch erfolgt die Darstellung der **Peroxodischwefelsäure** und ihrer Salze in der Weise, dass man konz. Schwefelsäure bzw. Sulfat-Lösungen mit hoher Stromdichte elektrolysiert. Besonders leicht sind **Kalium-** oder **Ammoniumperoxodisulfat** zu gewinnen, da sie wegen ihrer Schwerlöslichkeit auskristallisieren. Fast alle übrigen Peroxodisulfate sind wasserlöslich.

Peroxodischwefelsäure ($H_2S_2O_8$) und Peroxodisulfate sind sehr starke Oxidationsmittel [$E° = +2,05\ V$]. Allerdings verlaufen manche Oxidationsreaktionen recht langsam. Die hohe Oxidationskraft von Peroxodisulfaten zeigt sich u. a. daran, dass sie Mangan(II)-Salze zu Braunstein (MnO_2) und unter Ag^+-Katalyse auch bis zur Stufe des Permanganats (MnO_4^-) oxidieren können [vgl. **MC-Frage Nr. 950**].

$$S_2O_8^{2-} + Mn^{2+} + 2\ H_2O \longrightarrow 2\ H_2SO_4 + MnO_2\downarrow$$

$$5\ S_2O_8^{2-} + 2\ Mn^{2+} + 8\ H_2O \xrightarrow{(Ag^+)} 10\ SO_4^{2-} + 16\ H^+ + 2\ MnO_4^-$$

Peroxodischwefelsäure ist in der 1. Protolysestufe eine starke Säure. Während wässrige Peroxodisulfat-Lösungen recht beständig sind, ist die *freie* Peroxodischwefelsäure [Schmp. 65 °C] stark hygroskopisch und unterliegt in wässriger Lösung leicht der Hydrolyse, wobei **Peroxomonoschwefelsäure [Carosche Säure]** (H_2SO_5) als Intermediat gebildet wird; letztere hydrolysiert weiter zu H_2SO_4 und

H_2O_2. Deshalb ist die Carosche Säure [Schmp. 45 °C] in wasserfreier Form stark hygroskopisch [vgl. **MC-Frage Nr. 1567**].

$$H_2S_2O_8 \xrightarrow[- H_2SO_4]{+ H_2O} H_2SO_5 \xrightarrow{+ H_2O} H_2SO_4 + H_2O_2$$

Die Carosche Säure kann als Monosulfonsäure des Wasserstoffperoxids angesehen werden. Ihre Darstellung gelingt deshalb auch durch Umsetzung von Chlorsulfonsäure mit H_2O_2 [vgl. **MC-Frage Nr. 950**].

$$HO_3S\text{-}Cl + H\text{-}OOH \longrightarrow HO_3S\text{-}OOH + HCl$$

Zur Struktur der Peroxoschwefelsäuren siehe Tab. 2.13.

2.4.9 Selen und Tellur

Selen tritt in einer nichtmetallischen, halbmetallischen und einer metallischen Modifikation auf. **Tellur** ist nur in einer metallischen Form geringer elektrischer Leitfähigkeit bekannt.

    Selenwasserstoff (H_2Se) und **Tellurwasserstoff** (H_2Te) sind acider, aber deutlich weniger stabil als H_2S. Beide Substanzen sind starke Reduktionsmittel; H_2Te vermag sogar Wasser zu H_2 zu reduzieren. Die Darstellung der Wasserstoffverbindungen gelingt durch Reduktion der Oxide mit Zn/HCl.

    Beide Elemente verbrennen an der Luft zu festen, weißen Dioxiden. **Selendioxid** (SeO_2), ein in der organischen Chemie oft eingesetztes Oxidationsmittel, bildet Molekülgitter, in dem SeO_2-Moleküle zu Ketten unbegrenzter Länge angeordnet sind. **Tellurdioxid** (TeO_2) kristallisiert in einem Ionengitter, das Te^{4+}-Ionen enthält [vgl. **MC-Frage Nr. 1244**].

SeO_2 löst sich in Wasser unter Bildung der schwachen **Selenigen Säure** (H_2SeO_3); in alkalischer Lösung bilden sich **Selenite**. Ihre Oxidation zu **Selensäure** (H_2SeO_4) gelingt nur mit starken Oxidationsmitteln (Cl_2, $HClO_3$) oder durch anodische Oxidation. Die stark hygroskopische H_2SeO_4 wirkt stärker oxidierend, ist aber schwächer sauer als H_2SO_4. Ihre Salze heißen **Selenate**.

    Auch vom Tellur kennt man zwei Sauerstoffsäuren: **Tellurige Säure** (H_2TeO_3) und **Orthotellursäure** (H_6TeO_6); ihre Salze nennt man **Tellurite** bzw. **Tellurate**.

2.5 Stickstoffgruppe

Zur V.Hauptgruppe des PSE gehören die Elemente **Stickstoff** (N), **Phosphor** (P), **Arsen** (As), **Antimon** (Sb) und **Bismut** (Bi). Außer Stickstoff und Bismut treten alle Elemente in mehreren *Modifikationen* auf. Die im Vergleich zu den anderen Elementen der Gruppe große Reaktionsträgheit des Stickstoffs ist eine Folge der hohen Bindungsenergie des N_2-Moleküls von 945 kJ/mol. Die wichtigsten Eigenschaften der Elemente der Stickstoffgruppe sind in Tab. 2.14 zusammengefasst.

Tab. 2.14: **Eigenschaften der Elemente der V. Hauptgruppe**

	N	P	As	Sb	Bi
Elektronenkonfiguration	ns^2np^3				
Siedepunkt (°C)	-195,8	280	633	1325	1560
Schmelzpunkt (°C)	-210	44,1	subl.	631	271
Ionisierungsenergie (kJ/mol)	1399	1061	965	830	772
Atomradius (pm)	70	110	121	141	146
Ionenradius $[E^{5+}]$ (pm)	11	34	47	62	74
Elektronegativität	3,0	2,1	2,0	1,9	1,9
Metallcharakter	——— Zunehmend ——→				
Affinität zu elektropositiven Elementen	——— Abnehmend ——→				
Affinität zu elektronegativen Elementen	——— Zunehmend ——→				
Thermische Beständigkeit der Wasserstoffverbindungen $[EH_3]$	——— Abnehmend ——→				
Basencharakter der Wasserstoffverbindungen $[EH_3]$	——— Abnehmend ——→				
Salzcharakter der Halogenide $[EX_3]$	——— Zunehmend ——→				
Stabilität der Oxide $[E_2O_3]$	——— Zunehmend ——→				
Basenstärke der Oxide $[E_2O_3]$	——— Zunehmend ——→				
Säurestärke der Oxide $[E_2O_3]$	——— Abnehmend ——→				
Stabilität der Oxidationsstufe [+3]	——— Zunehmend ——→				
Stabilität der Oxidationsstufe [+5]	——— Abnehmend ——→				

Metallcharakter: Der metallische Charakter der Elemente nimmt mit steigender Ordnungszahl vom Stickstoff zum Bismut hin zu. *Stickstoff* ist ein reines Nichtmetall, *Phosphor* kommt außer in drei typisch nichtmetallischen Modifikationen (weißer, roter, violetter P) bereits in einer (schwarzen) Form vor, die elektrisches Leitvermögen und eine starke Lichtbrechung zeigt (siehe Kap. 2.5.10.2). *Arsen* und *Antimon* zählen zu den Halbmetallen; sie existieren in drei verschiedenen Modifikationen, während vom *Bismut* nur eine einzige metallische Form bekannt ist (vgl. Kap. 2.5.18).

Wertigkeit: Gegenüber elektropositiven Elementen (Wasserstoff, Metalle) treten die Elemente der V.Hauptgruppe nur dreiwertig auf, gegenüber elektronegativen Elementen (Sauerstoff, Schwefel, Halogene) sind sie vor allem drei- und fünfwertig.

Die Beständigkeit der dreiwertigen Stufe gegenüber elektropositiven Elementen nimmt innerhalb der Gruppe mit steigender Ordnungszahl ab, die der Verbindungen mit elektronegativen Elementen dagegen zu. So ist Ammoniak (NH_3) im Vergleich zum zersetzlichen Bismutin (BiH_3) sehr beständig, während umgekehrt die Oxide, Sulfide oder Halogenide des Stickstoffs unbeständiger sind als die des Bismuts.

Stickstoff, Phosphor und Arsen bilden keine einfachen Ionen. Dagegen können Antimon und Bismut durch Abspaltung ihrer p-Elektronen Sb^{3+}- und Bi^{3+}-Ionen bilden. In wässriger Lösung reagieren diese Ionen zu Antimonyl- (SbO^+) bzw. Bismutyl-Verbindungen (BiO^+). Fünffach positiv geladene Ionen existieren von keinem Element; die Oxidationsstufe +5 wird nur in kovalenten Verbindungen erreicht. Die Beständigkeit der fünfwertigen Stufe nimmt vom Stickstoff zum Bismut hin ab.

Über die wichtigsten *Oxidationszahlen* des Stickstoffs und Phosphors in ihren Verbindungen informierte bereits Kap. 1.11.1.

Bindigkeit: Da Stickstoff als Element der 2.Periode über keine unbesetzten d-Orbitale verfügt, kann es maximal nur vierbindig auftreten [z. B. NH_4^+]. Phosphor, Arsen, Antimon und Bismut bilden demgegenüber auch Verbindungen mit bis zu sechs kovalenten Bindungen [z. B. PCl_6^-, SbF_6^-] [vgl. **MC-Frage Nr. 1060**].

Stickstoffatome gehen leicht *Mehrfachbindungen* ein (p_π-p_π-**Bindung**). Beim Phosphor ist die Tendenz zur Bildung von Mehrfachbindungen (p_π-d_π-**Bindung**) bereits deutlich schwächer, und beim Arsen, Antimon oder Bismut spielen Mehrfachbindungen keine Rolle.

Oxide: Der saure Charakter der dreiwertigen Oxide [E_2O_3] nimmt vom Stickstoff zum Bismut hin ab. N_2O_3, P_4O_6, As_4O_6 sind Säureanhydride, Sb_4O_6 ist amphoter und Bi_2O_3 ist ein ausgesprochenes Basenanhydrid.

$$EO_3^{3-} + 3\ H^+ \rightleftharpoons E(OH)_3 \rightleftharpoons E^{3+} + 3\ HO^-$$
$$\uparrow$$
$$E_2O_3\ (E_4O_6)$$

Die Oxide der fünfwertigen Oxidationsstufe (E_2O_5) sind ausnahmslos Säureanhydride. Auch hier nimmt die Acidität der resultierenden Säure (H_3EO_4) innerhalb der Gruppe mit steigender Kernladungszahl von oben nach unten ab.

Hydride: Der basische Charakter der Element-Wasserstoff-Verbindungen (EH_3) nimmt mit steigender relativer Atommasse ab, sodass das Protolysegleichgewicht beim NH_3 ganz auf der rechten, beim Arsen dagegen ganz auf der linken Seite liegt.

$$EH_3 + H^+ \rightleftharpoons EH_4^+$$

2.5.1 Stickstoff

2.5.1.1 Gewinnung und Eigenschaften des Stickstoffs

Gewinnung: Stickstoff tritt in elementarer Form in der Atmosphäre auf (~ 78 Vol%) und wird in großen Mengen durch Fraktionierung verflüssigter Luft gewonnen, wobei N_2 vor O_2 überdestilliert. Reinen Stickstoff erhält man durch Thermolyse von **Aziden** (z. B. NaN_3) oder beim trockenen Erhitzen von **Ammoniumnitrit** (NH_4NO_2) bzw. beim Erhitzen von konz. NH_4NO_2-Lösungen [vgl. Seite 384 und **MC-Fragen Nr. 994–997, 1335, 1829**].

$$2\,NaN_3 \longrightarrow 3\,N_2\uparrow + 2\,Na$$
$$NH_4NO_2 \longrightarrow N_2\uparrow + 2\,H_2O$$

Eigenschaften: Stickstoff ist das einzige bei Raumtemperatur gasförmige Element der V. Hauptgruppe [Schmp. $-210\,°C$; Sdp. $-196\,°C$]. Natürlicher Stickstoff besteht aus den stabilen Isotopen ^{14}N und ^{15}N im Mengenverhältnis 272:1. Stickstoff ist geschmack- und geruchlos. Die hohe Dissoziationsenergie der $N\equiv N$-Dreifachbindung hat nicht nur eine extreme Reaktionsträgheit zur Folge, sondern ist auch verantwortlich dafür, dass Reaktionen, bei denen Stickstoff gebildet wird, in der Regel stark *exotherm* verlaufen. Die einzige mit elementarem Stickstoff bei Raumtemperatur mögliche Reaktion ist die Umsetzung mit metallischem Lithium zu **Lithiumnitrid** (Li_3N).

2.5.1.2 Nitride

Salzartige Nitride werden von Alkali- und Erdalkalimetallen gebildet. Sie entstehen durch direkte Synthese aus den Elementen und enthalten das N^{3-}-Ion, das noch stärker basisch ist als das O^{2-}-Ion. Salzartige Nitride reagieren deshalb mit Wasser unter Bildung von Ammoniak und den entsprechenden Metallhydroxiden [vgl. **MC-Fragen Nr. 998, 1316, 1674, 1915**].

$$Li_3N + 3\,H_2O \longrightarrow 3\,LiOH + NH_3\uparrow$$
$$Mg_3N_2 + 6\,H_2O \longrightarrow 3\,Mg(OH)_2 + 2\,NH_3\uparrow$$

Von den **kovalenten Nitriden** der Elemente der III.–VI. Hauptgruppe sind **Bor-(BN)** und **Aluminiumnitrid** (AlN) besonders schwerflüchtige Substanzen (vgl. auch Kap. 2.7.1).

Mit Übergangsmetallen bilden sich nicht immer stöchiometrisch zusammengesetzte **interstitielle Nitride** (**Einlagerungsnitride**), in denen N-Atome Hohlräume in den Metallgittern besetzen. Diese Verbindungen leiten den elektrischen Strom, sind sehr hart und besitzen eine große Reaktionsträgheit.

2.5.2 Ammoniak

2.5.2.1 Darstellung von Ammoniak

Das *trigonal-pyramidal* gebaute Ammoniakmolekül (NH_3) kann direkt aus den Elementen hergestellt werden (**Haber-Bosch-Verfahren**).

$$N_2 + 3 H_2 \rightleftharpoons 2 NH_3 \qquad [\Delta G^\circ = -16,4 \text{ kJ/mol}]$$
$$[\Delta H^\circ = -45,6 \text{ kJ/mol}]$$

Bei tiefen Temperaturen führt jedoch die extreme Reaktionsträgheit des Stickstoffs dazu, dass die Geschwindigkeit dieses *exothermen* Vorganges äußerst gering ist. Katalysatoren wirken erst ab 400 °C genügend stark beschleunigend, sodass man in der Praxis bei Temperaturen von 400–500 °C arbeiten muss.

Da bei dieser Reaktion aus 1 Mol N_2 und 3 Mol H_2 unter *Volumenverminderung* nur 2 Mol NH_3 entstehen, muss nach dem Prinzip von Le Chatelier ein hoher Druck die Ammoniakbildung begünstigen. Bei Drücken von etwa 200 at liegt die Ausbeute bei 17,6 Vol% [siehe Kap. 1.10.3.5, Seite 247 und **MC-Fragen Nr. 1000, 1829**].

Als Ausgangsmaterial zur Gewinnung von N_2 dient **Luft**. Den Sauerstoffanteil der Luft entfernt man mit Koks [vgl. **MC-Frage Nr. 1087**].

$$[4 \ N_2 + O_2 + 2 \ C] \longrightarrow [4 \ N_2 + 2 \ CO]$$
$$\textbf{Generatorgas}$$

Den Wasserstoff erhält man durch Elektrolyse von **Wasser** oder dadurch, dass man Wasserdampf über glühende Kohle leitet [vgl. **MC-Fragen Nr. 1676, 1879**].

$$H_2O + C \longrightarrow [H_2 + CO]$$
$$\textbf{Wassergas}$$

Das jeweils gebildete Kohlenmonoxid wird katalytisch mit weiterem Wasserdampf zu CO_2 oxidiert, das unter Druck in Wasser gelöst und damit aus dem Gleichgewicht entfernt wird.

$$\underset{\textbf{Wassergas}}{5 \ [H_2 + CO]} + \underset{\textbf{Generatorgas}}{2 \ [2 \ N_2 + CO]} \xrightarrow[- 7 \ CO_2]{+ 7 \ H_2O} \underset{\textbf{(3 : 1)}}{[12 \ H_2 + 4 \ N_2]}$$

Die Herstellung von Ammoniak durch Hydrolyse von **Nitriden** spielt heute großtechnisch keine Rolle mehr. Im Laboratorium kann man NH_3 auch durch Behandeln eines **Ammoniumsalzes** mit einer starken Base darstellen.

2.5.2.2 Eigenschaften von Ammoniak

Ammoniak ist ein stechend riechendes, farbloses, tränenreizendes Gas [Schmp. –77 °C; Sdp. –33,4 °C], das sich sehr gut in Wasser löst [1 l H_2O löst bei 15 °C 727 l NH_3]. Entsprechend des sich einstellenden Protolysegleichgewichts reagiert die Lösung *alkalisch*. Eine Substanz der Formel NH_4OH, wie sie nach der Arrhenius-Theorie postuliert wurde, *existiert* mit Sicherheit *nicht* [vgl. **MC-Frage Nr. 1002**].

$$NH_3 + H_2O \rightleftharpoons NH_4^+ + HO^-$$

Flüssiges Ammoniak gleicht in seinem physikalischen Verhalten dem Wasser und ist zur *Autoprotolyse* befähigt, wobei das Gleichgewicht noch stärker als beim Wasser auf der linken Seite liegt (vgl. Kap. 1.11.4 und **MC-Frage Nr. 1795**).

$$NH_3 + NH_3 \rightleftharpoons NH_4^+ + NH_2^- \qquad [pK = 33 \text{ (bei -35 °C)}]$$
$$[\varepsilon = 22]$$

Viele Reaktionen in flüssigem Ammoniak verlaufen in ähnlicher Weise wie in Wasser. So entspricht die Umsetzung von Ammoniumsalzen ($NH_4^+ X^-$) mit Amiden ($Me^+NH_2^-$) der Neutralisation einer starken Säure. Darüber hinaus löst NH_3 in verflüssigter Form zahlreiche Salze [vgl. **MC-Frage Nr. 1001**].

$$NH_4^+ X^- + Me^+NH_2^- \longrightarrow 2\ NH_3 + Me^+X^-$$

Die wichtigste Eigenschaft des NH_3-Moleküls ist seine *basische Wirkung* [$pK_b = 4,75$]. Der verglichen mit Wasser stärker basische Charakter des NH_3 zeigt sich u. a. daran, dass viele Säuren, die in Wasser nur in geringem Maße dissoziieren, in flüssigem Ammoniak starke Säuren sind [vgl. **MC-Frage Nr. 1000**].

Ähnlich wie Wasser neigt Ammoniak zur *Komplexbildung* mit zahlreichen Metallionen. Die resultierenden **Amminkomplexe** sind in der Regel wesentlich stabiler als die entsprechenden Aquokomplexe, sodass sie beim Versetzen der wässrigen Metall-Salzlösungen mit NH_3 gebildet werden.

$$[Cu(H_2O)_4]^{2+} + 4\ NH_3 \longrightarrow [Cu(NH_3)_4]^{2+} + 4\ H_2O$$

Die schwach N-H-aciden Wasserstoffatome des Ammoniaks lassen sich sukzessive durch Metallatome substituieren. Man kommt so zu den Substanzklassen der **Amide** [$MeNH_2$], **Imide** [Me_2NH] und **Nitride** [Me_3N]. Alkali- und Erdalkaliamide entstehen beim Einwirken von Ammoniakgas auf die erhitzten Metalle [vgl. **MC-Frage Nr. 999**].

$$2\ NH_3 + 2\ Na \longrightarrow 2\ NaNH_2 + H_2 \uparrow$$

Amide sind starke Basen, die mit Wasser quantitativ unter Bildung von NH_3 und den entsprechenden Metallhydroxiden reagieren.

$$NaNH_2 + H_2O \longrightarrow NaOH + NH_3 \uparrow$$

Ammoniak ist leicht *oxidierbar*. Je nach Oxidans und den jeweiligen Reaktionsbedingungen bilden sich unterschiedliche Produkte [Hydrazin, Stickstoff, Stickstoffoxid]. In reinem Sauerstoff verbrennt NH_3 exotherm zu N_2 und Wasser, während in Gegenwart eines Pt-Katalysators Stickstoffmonoxid entsteht (vgl. Kap. 2.5.7.2 und **MC-Fragen Nr. 1001, 1904**].

$$4\ NH_3 + 3\ O_2 \longrightarrow 2\ N_2 + 6\ H_2O$$

2.5.2.3 Ammoniumsalze

Aufgrund ähnlicher Kationenradien gleichen die leicht flüchtigen **Ammoniumsalze** in ihren Eigenschaften den Kalium- und Rubidiumsalzen. Die meisten Ammoniumsalze sind wasserlöslich. Das Ammonium-Ion [pK_s = 9,25] ist deutlich schwächer sauer als das Hydroxonium-Ion [pK_s = −1,74]. Beim Erhitzen zerfallen Ammoniumsalze von nichtoxidierenden Säuren in Umkehrung ihrer Bildung in NH_3 und die betreffende Säure.

Auch basische Oxide wie MgO setzen aus Ammoniumsalzen Ammoniak frei. **Ammoniumnitrit** [NH_4NO_2], **Ammoniumperchlorat** [NH_4ClO_4] und **Ammoniumdichromat** [$(NH_4)_2Cr_2O_7$] liefern demgegenüber beim Erhitzen elementaren Stickstoff, während die Thermolyse von **Ammoniumnitrat** [NH_4NO_3] Distickstoffoxid (N_2O) ergibt [vgl. **MC-Frage Nr. 1493**].

$$NH_4^+\,X^- \xrightarrow{\;\Delta\;} NH_3 \uparrow\; + HX$$
$$2\,NH_4Cl + MgO \longrightarrow MgCl_2 + H_2O + 2\,NH_3 \uparrow$$
$$NH_4Cl + KNO_2 \longrightarrow KCl + 2\,H_2O + N_2 \uparrow$$
$$NH_4^+\,NO_2^- \longrightarrow N_2 \uparrow\; + 2\,H_2O$$
$$NH_4^+\,NO_3^- \longrightarrow N_2O \uparrow\; + 2\,H_2O$$

2.5.3 Hydrazin

Darstellung: **Hydrazin** (H_2N-NH_2) entsteht durch Oxidation von Ammoniak mit Hypochloriger Säure oder einer Natriumhypochlorit-Lösung. Als Zwischenprodukt tritt **Chloramin** (H_2N-Cl) auf (**Raschig-Verfahren**).

$$NH_3 + HOCl \longrightarrow H_2N\text{-}Cl + H_2O$$
$$\underline{H_2N\text{-}Cl + NH_3 \longrightarrow H_2N\text{-}NH_2 + HCl}$$
$$2\,NH_3 + HOCl \longrightarrow N_2H_4 + H_2O + HCl$$

Spuren von Schwermetallsalzen katalysieren allerdings die rasche Weiteroxidation von NH_3, Chloramin oder Hydrazin zu Stickstoff.

Eigenschaften: Reines Hydrazin ist eine unter Normaldruck bei Raumtemperatur farblose Flüssigkeit, die *schwächer* basisch ist als Ammoniak [pK_b = 6,07]. Hydrazin bildet als *zweiprotonige* Base zwei Reihen von Salzen [$N_2H_5^+\,X^-$ und $N_2H_6^{2+}\,(X^-)_2$], die in wässriger Lösung sauer reagieren. Salze vom Typ $N_2H_5^+\,X^-$ sind in Wasser stabil, dagegen protolysieren $N_2H_6^{2+}$-Ionen vollständig zu $N_2H_5^+$- und H_3O^+-Ionen. Von den Salzen ist **Hydrazinsulfat** in Wasser schwerlöslich.

An der Luft verbrennt Hydrazin unter beträchtlicher Wärmeentwicklung zu elementarem Stickstoff.

$$N_2H_4 + O_2 \longrightarrow N_2 + 2\,H_2O \qquad [\Delta H = -621,7 \text{ kJ/mol}]$$

In stark alkalischer Lösung wirkt Hydrazin stark *reduzierend* und wird zu N_2 oxidiert.

$$N_2H_4 + 4\,HO^- \longrightarrow N_2 + 4\,H_2O + 4\,e^- \qquad [E^\circ = -1,16 \text{ V}]$$

Gegenüber starken Reduktionsmitteln vermag es auch oxidierend zu wirken. In der organischen Chemie wird es als *Carbonylreagenz* verwendet. Es bilden sich **Hydrazone** und **Azine** (vgl. Ehlers, **Chemie II**, Kap. 3.12.5 und **MC-Fragen Nr. 1003–1007, 1292**).

$$R_2C=O + H_2N\text{-}NH_2 \xrightarrow[]{-\ H_2O} R_2C=N\text{-}NH_2 \xrightarrow[-\ H_2O]{+\ R_2C=O} R_2C=N\text{-}N=CR_2$$

Carbonylverbindung \qquad **Hydrazon** \qquad **Azin**

2.5.4 Stickstoffwasserstoffsäure (Hydrogenazid) und Azide

In der Stickstoffwasserstoffsäure (HN_3) sind die drei N-Atome *linear* miteinander verknüpft; sie besitzen eine unterschiedliche Bindungsordnung. Der N-N-H-Bindungswinkel beträgt 110°. Das HN_3-Molekül ist mesomeriestabilisiert.

Hydrogenazid \qquad **Azid-Ion**

Stickstoffwasserstoffsäure wird durch Umsetzung von Hydrazin mit Salpetriger Säure (HNO_2) erhalten und kann durch Destillation aus dem Reaktionsgemisch abgetrennt werden.

$$N_2H_4 + HNO_2 \longrightarrow HN_3 + 2\ H_2O$$

Natriumazid (NaN_3) gewinnt man aus Natriumamid ($NaNH_2$) durch Reaktion mit Natriumnitrat ($NaNO_3$) in der Schmelze oder in flüssigem NH_3 bzw. durch Umsetzung mit Distickstoffoxid (N_2O).

$$3\ NaNH_2 + NaNO_3 \longrightarrow NaN_3 + NH_3 + 3\ NaOH$$
$$NaNH_2 + N_2O \longrightarrow NaN_3 + H_2O$$

Hydrogenazid ist eine farblose, giftige, stark endotherme Flüssigkeit [Schmp. −80 °C; Sdp. +35,7 °C], die zu explosionsartiger Zersetzung neigt. HN_3 ist eine schwache Säure [$pK_s = 4{,}76$]; ihre Salze, die **Azide**, ähneln in ihrem Verhalten den Halogeniden und werden zu den *Pseudohalogeniden* gerechnet. Schwermetallazide, insbesondere **Bleiazid** [$Pb(N_3)_2$], detonieren beim Erhitzen oder auf Schlag; sie werden in der Sprengtechnik als Initialzünder verwendet; Alkaliazide sind stabiler und nicht explosiv. Die Stickstoffwasserstoffsäure ist ein verhältnismäßig starkes Oxidationsmittel und wird dabei zu Stickstoff oder Ammoniak reduziert. Gegenüber sehr starken Oxidantien vermag HN_3 auch reduzierend zu wirken [vgl. **MC-Fragen Nr. 1007, 1268, 1671**].

2.5.5 Hydroxylamin

Hydroxylamin ($H_2N\text{-}OH$) ist eine bei Raumtemperatur feste, farblose Substanz [Schmp. 33 °C]. Sie entsteht bei der Reduktion von Nitraten oder Nitriten mit SO_2 (Schweflige Säure) oder Hydrogensulfiten bzw. bei der kathodischen Reduktion dieser Verbindungen oder ihren Säuren in schwefelsaurer Lösung. Darüber hinaus kann Hydroxylamin auch durch katalytische Reduktion von Stickstoffoxiden [NO, NO_2] gewonnen werden.

$$HNO_2 + 2\ SO_2 + 3\ H_2O \longrightarrow H_2N\text{-}OH + 2\ H_2SO_4$$
$$HNO_3 + 6\ H^+ + 6\ e^- \longrightarrow H_2N\text{-}OH + 2\ H_2O$$

Hydroxylamin ist eine *schwächere* Base als Ammoniak [$pK_b = 8{,}18$]; oberhalb 100 °C tritt unter *Disproportionierung* eine explosionsartige Zersetzung ein.

$$\overset{-1}{3\ NH_2OH} \longrightarrow \overset{-3}{NH_3} + \overset{0}{N_2} + 3\ H_2O$$

Deshalb verwendet man vorzugsweise ihre Salze [$NH_3OH^+X^-$], insbesondere **Hydroxylammoniumchlorid** [$NH_3OH^+Cl^-$], die an der Luft beständig sind. Hydroxylamin kann als Oxidations- oder Reduktionsmittel wirken, wobei es zu NH_3 reduziert bzw. zu N_2 oxidiert wird.

Hydroxylamin reagiert mit Aldehyden oder Ketonen zu **Oximen** (Aldoximen, Ketoximen) und mit Carbonsäureestern zu **Hydroxamsäuren** (vgl. Ehlers, **Chemie II**, Kap. 3.12.5 und **MC-Fragen Nr. 1008–1010, 1268**).

$$R_2C\text{=}O + H_2N\text{-}OH \xrightarrow{\ -\ H_2O\ } R_2C\text{=}N\text{-}OH \qquad \textbf{(Oxim)}$$

$$\underset{O}{\overset{\|}{R\text{-}C}}\text{-}OR' + H_2N\text{-}OH \xrightarrow{\ -R'OH\ } \underset{O}{\overset{\|}{R\text{-}C}}\text{-}NH\text{-}OH \qquad \textbf{(Hydroxamsäure)}$$

2.5.6 Halogenverbindungen des Stickstoffs

Die Trihalogenide des Stickstoffs (NX_3) lassen sich durch Umsetzung von elementaren Halogenen mit NH_3 herstellen.

$$NH_3 + 3\ X_2 \longrightarrow NX_3 + 3\ HX$$

NF_3 ist ein farbloses, relativ stabiles Gas, NCl_3 ein gelbliches Öl und NI_3 ein schwarzer Feststoff, der nur als Ammoniakat [$NI_3 \cdot xNH_3$] isoliert werden kann. NBr_3 ist bisher in reiner Form nicht bekannt. Die Stickstofftrihalogenide zerfallen beim Erwärmen z.T. explosionsartig in die Elemente.

$$2\ NCl_3 \longrightarrow N_2 + 3\ Cl_2 \quad [\Delta H = \text{-}230\ kJ/mol]$$

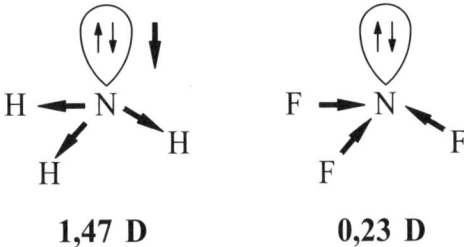

Abb. 2.7: Struktur des Ammoniaks und Stickstofftrifluorids
(Die Pfeile sind von δ^- nach δ^+ gerichtet)

1,47 D   **0,23 D**

Die Trihalogenide zeigen ein unterschiedliches Verhalten gegenüber Wasser; so ist NF_3 praktisch inert, während NCl_3 leicht unter Bildung von Hypochloriger Säure hydrolysiert [vgl. **MC-Frage Nr. 1011**].

$$NF_3 + 3\ H_2O \longrightarrow \text{keine Reaktion}$$
$$NCl_3 + 3\ H_2O \longrightarrow NH_3 + 3\ HOCl$$

Stickstofftrifluorid (NF_3) ist wie Ammoniak *pyramidal* gebaut (Abb. 2.7), besitzt jedoch im Gegensatz zu Ammoniak keine basischen Eigenschaften mehr und hat, ebenfalls im Gegensatz zu Ammoniak, nur ein *minimales Dipolmoment*. Dies resultiert daher, dass sich im NH_3-Molekül die Einzeldipolmomente der N-H-Bindungen zu einem relativ großen Gesamtdipolmoment addieren, während die umgekehrt gerichteten N-F-Dipole dies teilweise kompensieren (vgl. auch Kap. 1.4.5 und **MC-Frage Nr. 1011**).

2.5.7 Stickstoffoxide

2.5.7.1 Distickstoffoxid (Distickstoffmonoxid)

Distickstoffoxid (N_2O) ist *linear* gebaut; das Molekül ist mesomeriestabilisiert und isoelektronisch zu CO_2.

$$N \xrightarrow{112,9\text{pm}} N \xrightarrow{118,8\text{pm}} O; \quad \left[\overline{\underset{\ominus}{N}}{=}\underset{\oplus}{N}{=}\overline{\underline{O}} \longleftrightarrow \overline{N}{\equiv}\underset{\oplus}{N}{-}\underset{\ominus}{\overline{\underline{O}}}| \right]$$

N_2O, ein farbloses Gas [Schmp. $-102,4\ ^\circ C$; Sdp. $-88,5\ ^\circ C$], entsteht beim Erhitzen konzentrierter wässriger **Ammoniumnitrat**-Lösungen oder durch vorsichtiges Schmelzen von festem NH_4NO_3.

$$NH_4^+\ NO_3^- \xrightarrow{\Delta} N_2O{\uparrow} + 2\ H_2O$$

Die endotherme Verbindung ist metastabil und wird im Gemisch mit Sauerstoff als Inhalationsnarkotikum („*Lachgas*") verwendet. N_2O ist bei Raumtemperatur recht reaktionsträge, zerfällt aber bei erhöhter Temperatur in die Elemente, sodass es aufgrund der O_2-Freisetzung Verbrennungsprozesse unterhalten kann [vgl. **MC-Fragen Nr. 1012, 1013, 1032, 1268, 1429, 1473, 1886**].

$$N_2O \xrightarrow{\Delta} N_2 + 1/2 \; O_2$$

2.5.7.2 Stickstoffmonoxid (Stickoxid)

Darstellung: **Stickstoffmonoxid** (NO) ist ein *farbloses*, in Wasser nur wenig lösliches Gas, das großtechnisch als Zwischenprodukt zur Herstellung von Salpetersäure durch *Oxidation von Ammoniak* gewonnen wird (**Ostwald-Verfahren**) [vgl. **MC-Fragen Nr. 1015, 1407, 1474, 1723**].

$$4 \; NH_3 + 5 \; O_2 \xrightarrow[600 \; °C]{\text{Pt-Netz}} 4 \; NO\uparrow + 6 \; H_2O \quad [\Delta H = -226{,}5 \text{ kJ/mol}]$$

Zur Katalyse verwendet man Pt-Drahtnetze, über die man ein Gemisch von NH_3 und O_2 strömen lässt. Das NH_3/O_2-Gemisch darf dabei nur kurze Zeit (1/1000 s) mit dem Katalysator in Kontakt kommen, weil sonst das bei 600 °C metastabile NO in N_2 und O_2 zerfällt [vgl. **MC-Frage Nr. 1031**].

$$2 \; NO \longrightarrow N_2 + O_2$$

Die Verbrennung von Ammoniak verläuft *exotherm*, sodass man den Katalysator nur zu Beginn erhitzen muss. Bereits während des Abkühlens der Verbrennungsgase vereinigt sich NO spontan mit noch vorhandenem Restsauerstoff in exothermer Reaktion zu **Stickstoffdioxid** (NO_2) [vgl. **MC-Fragen Nr. 1017, 1407**].

$$2 \; NO + O_2 \longrightarrow 2 \; NO_2 \quad \begin{array}{l} [\Delta H = -56{,}5 \text{ kJ/mol}] \\ [\Delta G = -69{,}6 \text{ kJ/mol}] \end{array}$$

Das gebildete NO_2 wird anschließend in Rieseltürmen durch Zufuhr von Luft und Wasser unter intermediärer Bildung von Salpetriger Säure (HNO_2) in eine etwa 40–50%ige **Salpetersäure** (HNO_3) umgewandelt.

$$2 \; NO_2 + H_2O + 1/2 \; O_2 \longrightarrow 2 \; HNO_3$$

Ein weiteres Verfahren zur NO-Herstellung ist die sog. *Luftverbrennung*, bei der Luft durch einen Flammenbogen geschickt und nachher rasch abgekühlt wird. Dabei reagieren N_2 und O_2 miteinander zu NO [vgl. **MC-Frage Nr. 1017**].

$$N_2 + O_2 \longrightarrow 2 \; NO \quad \begin{array}{l} [\Delta H° = +180{,}7 \text{ kJ/mol}] \\ [\Delta G° = +173{,}4 \text{ kJ/mol}] \end{array}$$

Im Laboratorium gewinnt man Stickstoffmonoxid durch Reduktion von Nitriten oder Nitraten [vgl. **MC-Frage Nr. 1014**].

$$2 \; NaNO_2 + 2 \; NaI + 2 \; H_2SO_4 \longrightarrow 2 \; NO + I_2 + 2 \; Na_2SO_4 + 2 \; H_2O$$
$$2 \; NO_3^- + 3 \; Cu + 8 \; H^+ \longrightarrow 2 \; NO + 3 \; Cu^{2+} + 4 \; H_2O$$

Eigenschaften: Das NO-Molekül besitzt eine ungerade Elektronenzahl und ist *paramagnetisch* ; das Molekül ist mit Hilfe einer einfachen Lewis-Formel nicht darstellbar, hingegen liefert die MO-Theorie eine bessere Beschreibung der Bindungsverhältnisse und des Radikalcharakters [vgl. Kap. 1.4.4.3, Abb. 1.72 und **MC-Fragen Nr. 1268, 1407**].

Im Gaszustand ist NO monomer, jedoch existieren Befunde, dass es im flüssigen Zustand dimer als N_2O_2 vorliegt. NO ist sehr reaktionsfähig und verbrennt an der Luft spontan zu *braunem* NO_2.

Stickstoffmonoxid lagert sich an einige Metallsalze (z. B. $FeSO_4$, $CuCl_2$) unter Bildung lockerer Additionsverbindungen an, die sich durch Erwärmen wieder in die Ausgangskomponenten zerlegen lassen.

$$NO + FeSO_4 \rightleftharpoons [Fe(NO)]SO_4$$

NO kann als Ligand in Übergangsmetallkomplexen auftreten. Durch starke Oxidationsmittel, z. B. **Permanganat**, wird Stickstoffoxid bis zur Nitratstufe oxidiert und durch starke Reduktionsmittel bis zum NH_3 reduziert [vgl. **MC-Frage Nr. 1016**].

$$5\ NO + 3\ MnO_4^- + 4\ H^+ \longrightarrow 5\ NO_3^- + 3\ Mn^{2+} + 2\ H_2O$$

2.5.7.3 Nitrosylverbindungen

Durch Umsetzung von Stickstoffoxid mit elementaren Halogenen entstehen **Nitrosylhalogenide** (ON-X) [vgl. **MC-Frage Nr. 1407**].

$$2\ NO + X_2 \longrightarrow 2\ O{=}N{-}X \quad [X = F, Cl, Br]$$

Die *gewinkelt gebauten* Moleküle können als gemischte Anhydride der Salpetrigen Säure (HNO_2) und der betreffenden Halogenwasserstoffsäure aufgefasst werden. Demzufolge hydrolysieren sie in Wasser zu HNO_2 und Halogenwasserstoffen.

$$O{=}N{-}X + H_2O \longrightarrow O{=}N{-}OH + H{-}X$$

Nitrosylchlorid (NOCl) ist ein rotbraunes Gas [Sdp. −6,4 °C] und kann durch Umsetzung von Chlorwasserstoff mit flüssigem **Distickstofftrioxid** (N_2O_3) in Gegenwart von P_2O_5 hergestellt werden.

$$N_2O_3 + 2\ HCl \longrightarrow 2\ O{=}N{-}Cl \uparrow + H_2O$$

Gegenüber Metallen wirken Nitrosylhalogenide wie Oxidationsmittel; mit manchen Lewis-Säuren reagieren sie unter Bildung von **Nitrosyl-Kationen** (NO^+) [vgl. **MC-Frage Nr. 1024**].

$$O{=}N{-}F + BF_3 \longrightarrow O{=}N^+[BF_4]^-$$

Das NO^+-Ion entspricht in seiner Elektronenstruktur dem NO-Molekül, besitzt aber ein antibindendes π^*2p_y-Elektron weniger als dieses (vgl. Kap. 1.4.4.3, Abb. 1.72). Deshalb ist die Dissoziationsenergie der N-O-Bindung im Nitrosyl-Ion größer als im NO-Molekül. Das NO^+-Ion ist isoelektronisch zum CO-Molekül und CN^--Ion.

Nitrosylhydrogensulfat („*Nitrosylschwefelsäure*") [$NO^+HSO_4^-$] ist ein Zwischenprodukt des Bleikammerverfahrens zur Herstellung von Schwefelsäure (vgl. Kap. 2.4.8).

$$2\ HSO_4^-NO^+ + 2\ H_2O + SO_2 \longrightarrow 3\ H_2SO_4 + 2\ NO$$

und kann aus einem Gemisch von konz. H_2SO_4 und N_2O_3 als kristalliner Feststoff isoliert werden.

$$N_2O_3 + 2\ H_2SO_4 \longrightarrow 2\ NO^+HSO_4^- + H_2O$$

2.5.7.4 Distickstofftrioxid

Distickstofftrioxid (N_2O_3) bildet sich als blauer Feststoff [Schmp. −111 °C], wenn man ein äquimolares Gemisch von NO und NO_2 auf tiefe Temperaturen abkühlt.

$$NO + NO_2 \rightleftharpoons N_2O_3$$

Bei höheren Temperaturen (> -20 °C) zerfällt es wieder in die Ausgangskomponenten. Das diamagnetische N_2O_3 kann als Anhydrid der Salpetrigen Säure (HNO_2) aufgefasst werden [vgl. **MC-Fragen Nr. 1017, 1018**].

$$N_2O_3 + H_2O \longrightarrow 2\ HNO_2$$

2.5.7.5 Stickstoffdioxid, Distickstofftetroxid

Darstellung: Großtechnisch fällt **Stickstoffdioxid** (NO_2) als Zwischenprodukt der Salpetersäure-Herstellung an. Im Laboratorium gewinnt man es durch Reduktion von HNO_3 oder durch Erhitzen von Schwermetallnitraten [vgl. **MC-Frage Nr. 1429**].

$$2\ Pb(NO_3)_2 \xrightarrow{\Delta} 2\ PbO + 4\ NO_2 \uparrow + O_2 \uparrow$$

Eigenschaften: In der vierwertigen Stufe bildet Stickstoff zwei miteinander im Gleichgewicht stehende Oxide: **Stickstoffdioxid** (NO_2), ein *braunes* Gas, und **Distickstofftetroxid** (N_2O_4), eine *farblose* Flüssigkeit, die bei −11,2 °C fest wird [vgl. **MC-Fragen Nr. 1017, 1102**].

$$2\ NO_2 \rightleftharpoons N_2O_4 \qquad [\Delta H° = -58,2\ kJ]$$
$$\text{braun} \qquad\qquad \text{farblos}$$
$$\text{paramagnetisch} \qquad \text{diamagnetisch}$$

Bei höheren Temperaturen verschiebt sich das Gleichgewicht auf die linke Seite. Bei 135 °C besteht der Dampf zu etwa 99% aus NO_2-Molekülen. Im Bereich von -20 bis +140 °C liegt ein Gemisch aus Monomerem und Dimerem vor. Beim Schmelzpunkt überwiegen die N_2O_4-Spezies.

N_2O_4 (bzw. NO_2) kann als gemischtes Anhydrid der Salpetrigen Säure und der Salpetersäure angesehen werden. Demzufolge disproportioniert die Substanz in Alkalihydroxid-Lösungen zu Nitrit und Nitrat [vgl. **MC-Frage Nr. 1020**].

$$N_2O_4 + 2\ NaOH \longrightarrow NaNO_2 + NaNO_3 + H_2O$$
$$N_2O_4 + H_2O \longrightarrow HNO_2 + HNO_3$$

Infolge seiner leichten Sauerstoffabgabe ist NO_2 ein kräftiges Oxidationsmittel [$E°(NO_2/HNO_2) = + 1,07$ V].

Struktur: Das NO_2-Molekül ist *gewinkelt* gebaut und besitzt aufgrund seiner ungeraden Elektronenzahl *Radikalcharakter* [vgl. **MC-Frage Nr. 1268**].

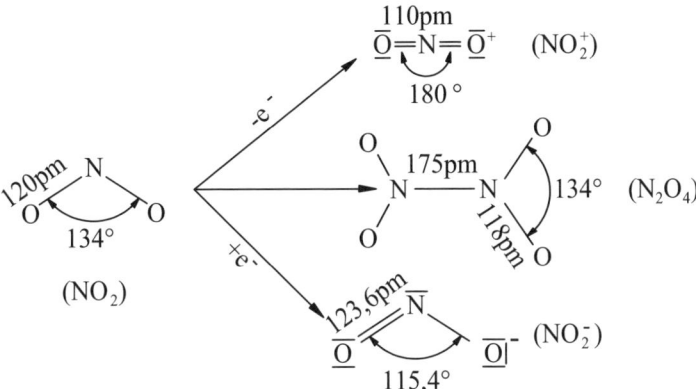

Durch Elektronenabgabe entsteht das **Nitryl-Kation** (**Nitronium-Ion**) (NO_2^+). Das *lineare* NO_2^+-Ion ist mit dem CO_2-Molekül und dem N_3^--Ion isoster; es ist das elektrophile, den aromatischen Ring angreifende Teilchen bei der Nitrierung aromatischer Verbindungen (siehe Ehlers, **Chemie II-Kurzlehrbuch**, Kap. 3.6.4 und **MC-Fragen Nr. 1021, 1023**].

Nitrylhalogenide ($NO_2^+ X^-$) sind wie die Nitrosylhalogenide starke Lewis-Säuren, die von Wasser zu HNO_3 und dem entsprechenden Halogenwasserstoff hydrolysiert werden.

2.5.7.6 Distickstoffpentoxid

Distickstoffpentoxid (N_2O_5), das Anhydrid der Salpetersäure, wird aus HNO_3 mit wasserentziehenden Mitteln hergestellt.

$$4\ HNO_3 + P_4O_{10} \longrightarrow 4\ HPO_3 + 2\ N_2O_5$$

Das farblose N_2O_5 schmilzt bei 32,5 °C und zersetzt sich beim Erwärmen leicht in NO_2 und O_2. Im festen Zustand liegt es ionogen als **Nitrylnitrat** [$NO_2^+\ NO_3^-$] vor. Distickstoffpentoxid (Sdp. 47 °C) ist im Vergleich zum homologen P_2O_5 ein starkes Oxidationsmittel, weil Phosphor verglichen zu Stickstoff eine höhere Sauerstoffaffinität aufweist [vgl. **MC-Frage Nr. 1418**].

2.5.8 Salpetrige Säure

Darstellung: **Salpetrige Säure** (HNO_2) ist eine Oxosäure des Stickstoffs in der Oxidationsstufe **+3**. **Alkalinitrite** entstehen bei der thermischen Zersetzung von Alkalinitraten oder beim Einleiten eines äquimolaren Gemischs von NO und NO_2 in

Alkalihydroxid-Lösungen. Darüber hinaus können Nitrite auch durch Reduktion von Nitraten gebildet werden. Als Reduktionsmittel verwendet man Blei, Eisen oder Kohle [vgl. **MC-Frage Nr. 1027**].

$$NO + NO_2 + 2\,NaOH \longrightarrow 2\,NaNO_2 + H_2O$$
$$2\,NaNO_3 \longrightarrow 2\,NaNO_2 + O_2\uparrow$$
$$NaNO_3 + C \longrightarrow NaNO_2 + CO\uparrow$$

Durch Ansäuern lassen sich daraus wässrige Lösungen der HNO_2 erhalten. Die freie Säure ist unbekannt. Beim Konzentrieren von HNO_2-Lösungen tritt Disproportionierung unter Bildung von NO und NO_2 (bzw. N_2O_3) ein, sodass in einer wässrigen Lösung der Salpetrigen Säure folgende Reaktionen ablaufen können [vgl. **MC-Frage Nr. 1025**].

$$HNO_2 + H_2O \rightleftharpoons H_3O^+ + NO_2^-$$
$$2\,HNO_2 \rightleftharpoons H_2O + N_2O_3$$
$$N_2O_3 \rightleftharpoons NO + NO_2$$
$$2\,NO_2 + H_2O \rightleftharpoons HNO_3 + HNO_2$$

Eigenschaften: Salpetrige Säure ist eine schwache Säure [$pK_s = 3{,}35$]. Wässrige Lösungen von Nitriten reagieren daher schwach *alkalisch*.

Je nach Wahl der Reaktionspartner können HNO_2 oder Nitrite als Oxidations- bzw. als Reduktionsmittel wirken. Von starken Reduktoren werden sie zu NO reduziert, von Oxidantien (z. B. Luftsauerstoff) zu Nitraten (bzw. HNO_3) oxidiert. In saurer Lösung disproportionieren Nitrite zu NO und Nitraten; basische Nitrit-Lösungen sind demgegenüber stabiler.

$$3\,HNO_2 \longrightarrow 2\,NO + NO_3^- + H_3O^+$$

Durch NH_4^+-Ionen werden Nitrite beim Erhitzen unter Komproportionierung in elementaren Stickstoff übergeführt [vgl. **MC-Frage Nr. 1269**].

$$\overset{-3}{NH_4^+} + \overset{+3}{NO_2^-} \overset{\Delta}{\longrightarrow} \overset{0}{N_2} + 2\,H_2O$$

Beim Einwirken angesäuerter Nitrit-Lösungen auf aromatische Amine entstehen **Diazoniumsalze** (vgl. Ehlers, **Chemie II**, Kap. 3.10.6).

$$Ar\text{-}\overline{N}H_2 \xrightarrow[\;H_3O^+\;]{NaNO_2} [Ar\text{-}N{\equiv}\underline{N}^+ \longleftrightarrow Ar\text{-}\underline{N}{=}\underline{N}^+] \qquad (Ar = Arylrest)$$

Sie spielen eine Rolle bei der Herstellung von Azofarbstoffen (Azokupplung), als Zwischenprodukte der Sandmeyer-Reaktion sowie bei der Darstellung von Phenolen. *Alkylnitrite* (RO-NO), die Ester der Salpetrigen Säure, spielen in der organischen Chemie als Nitrosierungsmittel eine gewisse Rolle. Mit Harnstoff reagiert Salpetrige Säure zu N_2, CO_2 und H_2O. Diese Reaktion dient in der analytischen

Chemie zur Entfernung von Nitrit aus der Analysenlösung (vgl. Ehlers, **Analytik I-Kurzlehrbuch**, Kap. 2.2.2 und **MC-Fragen Nr. 1026, 1027**).

$$2 \ HNO_2 + (H_2N)_2C{=}O \longrightarrow CO_2{\uparrow} + 2 \ N_2{\uparrow} + 3 \ H_2O$$

Struktur: Freie Salpetrige Säure kann in zwei tautomeren Formen auftreten, von denen organische Derivate bekannt sind.

Das Nitrit-Ion (NO_2^-) besitzt ebenfalls einen *gewinkelten* Molekülbau und ist isoelektronisch zum O_3-Molekül.

2.5.9 Salpetersäure

2.5.9.1 Darstellung und Struktur der Salpetersäure

Darstellung: **Salpetersäure** (HNO_3), die wichtigste Oxosäure des Stickstoffs, wird technisch nach dem **Ostwald-Verfahren** durch Oxidation aus **Ammoniak** erzeugt (vgl. Kap. 2.5.7.2). Das als Zwischenprodukt entstehende Stickstoffdioxid (NO_2) disproportioniert in wässriger Lösung zu HNO_3 und HNO_2; letztere wird anschließend durch Luftsauerstoff zu HNO_3 oxidiert, sodass bei der Salpetersäure-Darstellung folgende Teilschritte ablaufen [vgl. **MC-Fragen Nr. 1028, 1030, 1269**].

$$
\begin{aligned}
4 \ NH_3 + 5 \ O_2 &\longrightarrow 4 \ NO + 6 \ H_2O \\
2 \ NO + O_2 &\longrightarrow 2 \ NO_2 \\
2 \ NO_2 + H_2O &\longrightarrow HNO_2 + HNO_3 \\
2 \ HNO_2 + O_2 &\longrightarrow 2 \ HNO_3 \\
\hline
4 \ NO_2 + O_2 + 2 \ H_2O &\longrightarrow 4 \ HNO_3
\end{aligned}
$$

Da beide Ausgangsstoffe (NH_3, NO) aus elementarem Stickstoff darstellbar sind, kann der Prozess *indirekt* als eine Verbrennung des N_2-Moleküls aufgefasst werden.

$$
\begin{aligned}
N_2 + 3 \ H_2 &\longrightarrow 2 \ NH_3 \\
N_2 + O_2 &\longrightarrow 2 \ NO
\end{aligned}
$$

Das Produkt des Ostwald-Verfahrens ist eine 69%ige HNO_3, die ein *azeotropes* Gemisch bildet. Konzentriertere Lösungen werden daraus durch Destillation in Gegenwart wasserentziehender Agenzien (H_2SO_4, P_4O_{10}) hergestellt. Darüber hinaus wird Salpetersäure in geringen Mengen auch aus dem **Chilesalpeter** ($NaNO_3$) gewonnen.

$$NaNO_3 + H_2SO_4 \longrightarrow NaHSO_4 + HNO_3$$

Struktur: Das HNO_3-Molekül ist *trigonal-planar* gebaut. Das ebene und symmetrische **Nitrat-Ion** (NO_3^-) ist gegenüber dem HNO_3-Molekül durch Mesomerie so sehr stabilisiert, dass die Abgabe des Protons stark exergonisch erfolgt [vgl. **MC-Fragen Nr. 1030, 1368**].

(HNO₃)   **(NO₃⁻)**

2.5.9.2 Eigenschaften der Salpetersäure, Nitrate

Reine Salpetersäure [Sdp. 84,1 °C] ist eine *farblose* Flüssigkeit und zählt zu den starken Mineralsäuren ($pK_s = -1,32$). Sie ist thermodynamisch wenig stabil und zerfällt unter Lichteinfluss in H_2O, O_2 und NO_2. Letzteres löst sich in HNO_3 mit *roter* Farbe („*rote rauchende Salpetersäure*") [vgl. **MC-Fragen Nr. 1029, 1368**].

$$4\ HNO_3 \xrightarrow{\ h\nu\ } 4\ NO_2\uparrow + 2\ H_2O + O_2\uparrow$$

Gegenüber wesentlich stärkeren Säuren kann HNO_3 auch als *Base* wirken.

$$HNO_3 + H_2SO_4 \rightleftharpoons H_2NO_3^+ + HSO_4^-$$
$$\updownarrow$$
$$NO_2^+ + H_2O$$

Das gebildete **Nitratacidium-Ion** ($H_2NO_3^+$) spaltet leicht Wasser ab und ergibt das relativ stabile **Nitryl-Ion** (NO_2^+). Auf dieser Reaktion beruht auch die Verwendung von HNO_3/H_2SO_4-Gemischen (*Nitriersäure*) zur Nitrierung von Aromaten (vgl. Ehlers, **Chemie II**, Kap. 3.6.4). Bei reaktiveren Aromaten setzt man anstelle von Nitriersäure eine konz. HNO_3-Lösung ein, die zur *Autoprotolyse* befähigt ist [vgl. **MC-Fragen Nr. 1022, 1029**].

$$HNO_3 + HNO_3 \rightleftharpoons H_2NO_3^+ + NO_3^-$$

Nitratacidium-   Nitrat-
Ion   Ion

Konzentrierte Salpetersäure ist ein *starkes Oxidationsmittel* [$E^\circ = +0,95$ V] und wird gewöhnlich zu NO reduziert. Häufig entstehen jedoch bei diesen Reaktionen Gemische von NO, NO_2 und N_2O_4 („*Nitrose Gase*"). **Nitrate** wirken aufgrund ihrer höheren thermodynamischen Stabilität in Lösung weit weniger stark oxidierend als die freie Säure. Erhitzt man allerdings Nitrate über ihren Schmelzpunkt hinaus, so bilden sich aus Alkalinitraten Nitrite, die übrigen Nitrate reagieren unter NO_2-Abspaltung zu Oxiden und Ammoniumnitrat liefert beim Erhitzen Distickstoffoxid (N_2O) [vgl. **MC-Frage Nr. 1032**].

$$2 \text{ NaNO}_3 \xrightarrow{\Delta} 2 \text{ NaNO}_2 + \text{O}_2\uparrow$$
$$2 \text{ Pb(NO}_3)_2 \longrightarrow 2 \text{ PbO} + 4 \text{ NO}_2\uparrow + \text{O}_2\uparrow$$
$$\text{NH}_4\text{NO}_3 \longrightarrow \text{N}_2\text{O}\uparrow + 2 \text{ H}_2\text{O}$$

Metalle mit geringerem Normalpotential als +0,95 V [**Cu**: E^o = +0,35 V; **Ag**: E^o = +0,81 V; **Hg**: E^o = +0,85 V] setzen aus *konz.* HNO_3-Lösungen *keinen* Wasserstoff frei, sondern reagieren unter Bildung von NO_2. In *verd.* Salpetersäure entsteht dagegen NO.

$$\text{Cu} + 4 \text{ H}^+ + 2 \text{ NO}_3^- \longrightarrow \text{Cu}^{2+} + 2 \text{ NO}_2\uparrow + 2 \text{ H}_2\text{O}$$
$$3 \text{ Cu} + 8 \text{ H}^+ + 2 \text{ NO}_3^- \longrightarrow 3 \text{ Cu}^{2+} + 2 \text{ NO}\uparrow + 4 \text{ H}_2\text{O}$$

Nur Gold, Platin [**Au**: E^o = +1,5 V; **Pt**: E^o = +1,6 V] sowie Rhodium und Iridium werden von HNO_3 nicht angegriffen. Unter dem Namen „*Scheidewasser*" benutzt man deshalb konz. Salpetersäure zur Trennung von Gold und Silber.

Eisen, Chrom und Aluminium werden trotz ziemlich negativen Normalpotentials von konz. HNO_3 gleichfalls nicht angegriffen, weil die Metalle infolge der oxidierenden Wirkung der Säure durch eine schützende Oxidschicht *passiviert* werden. Stark verdünnte HNO_3 löst einige unedle Metalle unter H_2-Entwicklung, doch entsteht stets auch etwas NO bzw. NO_2. Darüber hinaus werden zahlreiche Nichtmetalle durch konz. HNO_3 zu Oxiden oder Oxosäuren oxidiert.

Besonders stark oxidierend wirkt ein Gemisch aus 1 Teil konz. HNO_3 und 3 Teilen konz. Salzsäure, da es neben **Nitrosylchlorid** (NOCl) auch nascierendes **Chlor** freisetzt. Diese Mischung wird „**Königswasser**" genannt.

$$1 \text{ HNO}_3 + 3 \text{ HCl} \longrightarrow \text{NOCl} + 2 \text{ Cl}\cdot + 2 \text{ H}_2\text{O}$$

Königswasser löst mit Ausnahme von Iridium alle Metalle einschließlich **Gold** und **Platin**; die komplexierende Wirkung der Cl^--Ionen unter Bildung von $[AuCl_4]^-$-Komplexen fördert die oxidierende Wirkung von Königswasser auf Gold. Königswasser löst auch das in Säuren schwerlösliche **Quecksilbersulfid** (HgS) [vgl. **MC-Fragen Nr. 1029, 1033, 1269, 1368, 1624, 1682**].

Die Salze der Salpetersäure heißen **Nitrate**. Sämtliche Nitrate sind in Wasser löslich. In der Natur kommen u. a. **Chilesalpeter** [$NaNO_3$], **Kaliumsalpeter** [KNO_3] und **Kalksalpeter** [$Ca(NO_3)_2$] vor. Salpetersäure-Derivate wie Alkalinitrate finden Verwendung als Düngemittel sowie als *Salpetersäureester* (*Akylnitrate*, $RO\text{-}NO_2$) wie z. B. Nitroglycerin oder Nitrocellulose.

2.5.10 Phosphor

2.5.10.1 Vorkommen und Darstellung von elementarem Phosphor

Vorkommen: Phosphor tritt als Folge seiner hohen Sauerstoffaffinität in der Natur nur in Form von Derivaten der Phosphorsäure (H_3PO_4) auf. Die wichtigsten Mineralphosphate sind **Phosphorit** [$Ca_3(PO_4)_2$] und **Apatit** [$Ca_5(PO_4)_3(HO,F,Cl)$], also **Calciumphosphate**.

Darüber hinaus bilden Verbindungen der Phosphorsäure in Nucleinsäuren, Phospholipiden u. a. wichtige Bestandteile des pflanzlichen und tierischen Organismus.

Darstellung: **Weißer Phosphor** lässt sich bei hohen Temperaturen durch Reduktion von Phosphor(V)-oxid (P_4O_{10}) mit Kohle herstellen.

$$P_4O_{10} + 10\ C \longrightarrow P_4 + 10\ CO\uparrow$$

Das hierfür benötigte P_4O_{10} gewinnt man in einem Arbeitsgang mit dieser Reaktion, indem ein Gemisch von Calciumphosphat/Quarzsand und Koks im elektr. Ofen auf 1300–1450 °C erhitzt wird. Dabei setzt die Kieselsäure als weniger flüchtige Säure H_3PO_4 in Freiheit, die anschließend durch Kohle reduziert wird.

$$2\ Ca_3(PO_4)_2 + 6\ SiO_2 \longrightarrow 6\ CaSiO_3 + P_4O_{10}$$
$$2\ Ca_3(PO_4)_2 + 6\ SiO_2 + 10\ C \longrightarrow 6\ CaSiO_3 + 10\ CO\uparrow + P_4\uparrow$$

Die gasförmigen Produkte [P_4 und CO] leitet man in Wasser ein, wobei sich Phosphor als weißer Feststoff abscheidet.

Roter Phosphor entsteht aus der weißen Modifikation durch langsames Erwärmen auf 250 °C. Geringe Mengen an Iod beschleunigen diesen Vorgang [vgl. **MC-Frage Nr. 1037**].

2.5.10.2 Modifikationen des Phosphors

Natürlicher Phosphor ist ein Reinelement und existiert in mehreren Modifikationen, die sich in ihren Eigenschaften stark voneinander unterscheiden.

Die **weiße Modifikation** entsteht durch Kondensation von Phosphordampf. Infolge seiner leichten Oxidierbarkeit und niedrigen Entzündungstemperatur (Selbstentzündung) muss weißer Phosphor unter Wasser aufbewahrt werden. Weißer Phosphor ist giftig und verursacht Knochennekrosen.

Wie Abb. 2.8 zeigt, enthält weißer Phosphor P_4-Moleküle, in denen die vier P-Atome *tetraedrisch* angeordnet sind und jedes P-Atom durch Einfachbindungen mit drei anderen verknüpft ist. Die Dissoziationsenergie der P-P-Einfachbindung ist zwar beträchtlich höher als die Dissoziationsenergie einer N-N-Einfachbindung, aber der abnorm *kleine Bindungswinkel* von **60°** und die daraus resultierende starke Spannung des verzerrten P_4-Tetraeders bedingt den metastabilen Charakter und die hohe Reaktivität von weißem Phosphor [Spannungsenergie:

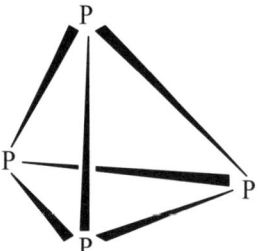

Abb. 2.8: Struktur von weißem Phosphor

Abb. 2.9: **Struktur des roten Phosphors**

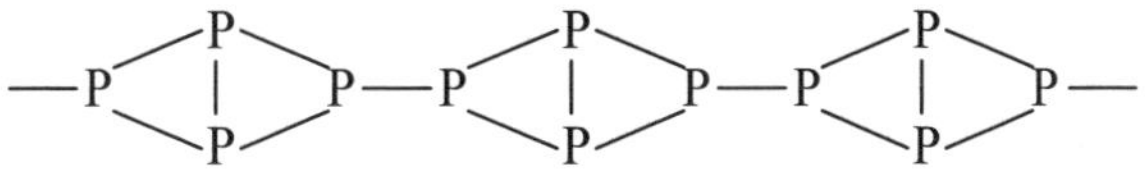

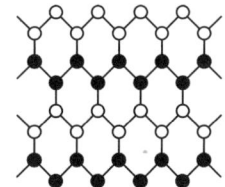

Abb. 2.10: **Gewellte Schichtgitterstruktur des schwarzen Phosphors**
[● = P-Atome liegen oberhalb der Papierebene,
○ = P-Atome liegen unterhalb der Papierebene]

92 kJ/mol; P-P-Abstand: 221 pm]. P_4-Moleküle treten auch im Phosphordampf auf; erst oberhalb von 800 °C spalten sich die P_4-Tetraeder teilweise in P_2-Moleküle [$\underline{P}\equiv\underline{P}$] auf [vgl. **MC-Fragen Nr. 1034–1036, 1673, 1724**].

Weißer Phosphor wandelt sich beim Erwärmen auf 250 °C unter Luftausschluss allmählich in **roten Phosphor** um. Wie Abb. 2.9 illustriert, enthält die rote Modifikation Ketten von P_4-Einheiten.

Roter Phosphor, der sich *nicht direkt* wieder in die weiße Form umwandeln lässt, ist amorph. Trotzdem ist roter Phosphor weniger löslich und reaktionsträger als die weiße Modifikation [vgl. **MC-Fragen Nr. 1035, 1432, 1623**].

Erhitzt man roten Phosphor längere Zeit auf 550 °C, so wird eine kristalline, *violette* Modifikation (**Hittorfscher Phosphor**) erhalten, die bis zum Schmelzpunkt von etwa 620 °C stabil bleibt. **Violetter Phosphor** besitzt eine komplizierte Schichtgitterstruktur, deren Bauelemente Ketten von P-Atomen sind, die röhrenförmige Strukturelemente bilden.

Darüber hinaus existiert noch eine **schwarze Form** des Phosphors, die katalytisch (Hg) oder unter hohem Druck aus weißem Phosphor hergestellt werden kann und die bei Raumtemperatur stabil ist. Wie Abb. 2.10 veranschaulicht, besitzt diese Modifikation ein Gitter aus parallel übereinanderliegenden Doppelschichten von P-Atomen, wobei jedes P-Atom wiederum mit drei anderen P-Atomen unter einem *Bindungswinkel* von **120°** verbunden ist.

Die elektrische Leitfähigkeit der schwarzen Modifikation deutet darauf hin, dass leicht verschiebbare Elektronen (das an jedem P-Atom noch vorhandene nichtbindende Elektronenpaar) im Gitter vorliegen müssen. Schwarzer Phosphor besitzt eine *schuppige* Konsistenz und ist bis 550 °C die thermodynamisch *stabilste* und am wenigsten reaktive Form des Phosphors. Alle übrigen Formen sind metastabil. Roter, violetter und schwarzer Phosphor lassen sich *nicht* auf direktem Wege wieder in die weiße Modifikation umwandeln.

2.5.10.3 Eigenschaften von elementarem Phosphor

Weißer Phosphor ist eine wachsweiche, destillierbare Substanz [Schmp. 44,1 °C; Sdp. 280,5 °C]. Er ist unlöslich in Wasser, löst sich aber in Benzen, Ether und Schwefelkohlenstoff. Bei 45°C entzündet sich weißer Phosphor an der Luft und verbrennt ebenso wie roter Phosphor zu **Phosphor(V)-oxid** (P_4O_{10}). Mit elementaren Halogenen verbindet er sich zu **Phosphortrihalogeniden** (PX_3). Bei der Umsetzung mit Metallen entstehen **Phosphide**. Beim Kochen von weissem Phosphor in Alkalihydroxid-Lösungen erfolgt *Disproportionierung* unter Bildung von **Phosphin** (PH_3) und **Hypophosphit** ($H_2PO_2^-$). Weißer Phosphor ist ein starkes Reduktionsmittel, der z. B. Schwefelsäure zu Schwefeldioxid und Salpetersäure zu Stickoxiden reduziert [vgl. **MC-Fragen Nr. 1432, 1623, 1673, 1724**].

Der **rote Phosphor** ist Bestandteil der Reibflächen von Streichholzschachteln. Er ist unlöslich in CS_2, schwer entzündbar und wesentlich reaktionsträger als die weiße Form. Auch **violetter Phosphor** [Schmp. 620 °C] ist unlöslich in Schwefelkohlenstoff [vgl. **MC-Frage Nr. 1037**].

2.5.10.4 Phosphide

Die meisten Metalle bilden mit Phosphor binäre Verbindungen. Aufgrund der hohen Polarisierbarkeit des **Phosphid-Ions** (P^{3-}) besitzen sie einen höheren kovalenten Bindungsanteil als Nitride und Sulfide. Auch **Alkaliphosphide** [Li_3P, Na_3P, K_3P] sind keine echten Salze; sie reagieren mit Wasser zu **Phosphin** (PH_3) [vgl. **MC-Frage Nr. 1674**].

$$Li_3P + 3\ H_2O \longrightarrow 3\ LiOH + PH_3 \uparrow$$

2.5.11 Phosphane (Phosphorwasserstoffe)

Von den binären Hybriden des Phosphors werden zwei Verbindungen vorgestellt: **Phosphin** (**Phosphan, Monophosphan**) [PH_3] und **Diphosphin** (**Diphosphan**) [P_2H_4]. **Phosphin** ist ein giftiges Gas [Sdp. −87,7 °C] und besitzt einen tieferen Siedepunkt als NH_3 [Sdp. -33,4°C]. PH_3 ist instabiler als Ammoniak und in Wasser nur wenig löslich. Es bildet sich bei der Hydrolyse von Metallphosphiden (z. B. Ca_3P_2) oder bei der Disproportionierung von *weißem* Phosphor in warmen Alkalihydroxid-Lösungen [vgl. **MC-Fragen Nr. 1037, 1039, 1040, 1269, 1674**].

$$P_4 + 3\ HO^- + 3\ H_2O \longrightarrow PH_3 \uparrow + 3\ H_2PO_2^-$$
$$Ca_3P_2 + 6\ H_2O \longrightarrow 2\ PH_3 \uparrow + 3\ Ca(OH)_2$$

Darüber hinaus stehen für die PH_3-Gewinnung noch die direkte Synthese aus den Elementen sowie die Behandlung von Phosphoniumhalogeniden mit starken Basen zur Verfügung.

$$PH_4^+ + HO^- \longrightarrow PH_3 \uparrow + H_2O$$

Auch höhere Oxidationsstufen des Phosphors lassen sich mit nascierendem Wasserstoff zu PH_3 reduzieren. Ferner besteht die Möglichkeit zur Synthese von PH_3 durch Umsetzung von Phosphortrichlorid (PCl_3) mit Lithiumalanat in Ether.

$$4\ PCl_3 + 3\ LiAlH_4 \longrightarrow 4\ PH_3 \uparrow + 3\ LiCl + 3\ AlCl_3$$

Diphosphin entsteht gewöhnlich in kleinen Mengan als Nebenprodukt bci der Herstellung von Phosphin. Es ist noch instabiler als PH_3 und die Ursache für die

Selbstentzündlichkeit des Phosphins an der Luft. Unter Lichteinfluss disproportioniert es zu PH_3 und Phosphor.

$$3\ P_2H_4 \longrightarrow 4\ PH_3{\uparrow} + 2\ P$$

Sowohl Phosphin als auch Diphosphin sind *starke Reduktionsmittel*. Beispielsweise verbrennt PH_3 an der Luft zu Phosphorsäure.

$$PH_3 + 2\ O_2 \longrightarrow H_3PO_4$$

Das *pyramidal* gebaute **Phosphin** [$pK_b = 27{,}4$] ist eine deutlich schwächere Base
als Ammoniak, sodass die thermisch labilen **Phosphoniumsalze** unter Ausschluss
von Wasser *nur* mit den stärksten Säuren erhalten werden. **Phosphoniumiodid**
(PH_4I) ist das einzige bei Raumtemperatur einigermaßen stabile Salz. Wie die übrigen Phosphoniumhalogenide setzt es sich bei der Hydrolyse oder Thermolyse
vollständig zu PH_3 um [vgl. **MC-Fragen Nr. 1040, 1674**].

$$PH_4^+X^- \longrightarrow PH_3 + HX$$

2.5.12 Phosphorhalogenide und Phosphor-sulfide

2.5.12.1 Schwefelverbindungen des Phosphors

Bei Temperaturen oberhalb 100 °C verbinden sich Schwefel und Phosphor zu nie-
dermolekularen Sulfiden wie z. B. P_4S_3, P_4S_5, P_4S_7 und P_4S_{10}. Ebenso wie die Oxide
leiten sich auch die Sulfide formal vom P_4-Tetraeder ab, indem zwischen einzelnen
P-P-Bindungen S-Atome eingeschoben sind, wie dies Abb. 2.11 für das P_4S_3-Mole-
kül zeigt. P_4S_{10} ähnelt in seiner Struktur dem Phosphor(V)-oxid (siehe Abb. 2.12).

An der Luft verbrennen die Phosphorsulfide zu P_4O_{10} und SO_2; mit Wasser ergeben sie H_2S und Phosphorsauerstoffsäuren. **Phosphor(V)-sulfid** (P_4S_{10}) dient in
der organischen Chemie als *Schwefelüberträger* auf Carbonylverbindungen [vgl.
MC-Frage Nr. 1041].

$$P_4S_{10} + 16\ H_2O \longrightarrow 4\ H_3PO_4 + 10\ H_2S \uparrow$$

$$R_2C\text{-}O \xrightarrow{(P_4S_{10})} R_2C{=}S\ \textbf{(Thiocarbonylverbindung)}$$

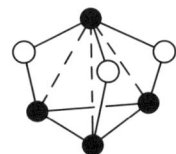

Abb. 2.11:   Struktur des P_4S_3-Moleküls
[● = P-Atom; ○ = S-Atom]

2.5.12.2 Halogenverbindungen des Phosphors

Phosphor bildet mit Halogenen Verbindungen der allgemeinen Zusammensetzung **POX$_3$, PX$_3$** und **PX$_5$** (letztere nicht mit Iod). Diese Substanzen dienen in der org. Chemie als *Halogenierungsmittel*. So entstehen z. B. bei der Umsetzung von prim. Alkoholen mit Phosphortrichlorid (PCl$_3$) Alkylchloride und Carbonsäuren werden durch Phosphorpentachlorid (PCl$_5$) in Carbonsäurechloride umgewandelt [vgl. **MC-Frage Nr. 1044**].

$$3 \text{ R-CH}_2\text{OH} + \text{PCl}_3 \longrightarrow 3 \text{ R-CH}_2\text{Cl} + \text{P(OH)}_3$$
$$\text{R-COOH} + \text{PCl}_5 \longrightarrow \text{R-COCl} + \text{POCl}_3 + \text{HCl}$$

Die *trigonal-pyramidal* gebauten **Phosphortrihalogenide** können durch direkte Umsetzung von weißem Phosphor mit dem betreffenden Halogen dargestellt werden. Im Falle von PCl$_3$ und PBr$_3$ ist ein Halogenüberschuss zu vermeiden, da sonst die jeweiligen **Pentahalogenide** gebildet werden. **Phosphortrifluorid** (PF$_3$), das kaum noch den Charakter einer Lewis-Säure besitzt, kann aus PCl$_3$ und AsF$_3$ gewonnen werden [vgl. **MC-Fragen Nr. 1042, 1044**].

Phosphortrichlorid (PCl$_3$) ist eine stechend riechende Flüssigkeit [Schmp. –111,8 °C; Sdp. 74,2 °C]. Sie wird sehr leicht von Wasser unter Bildung von Phosphoriger Säure (H$_3$PO$_3$) und Salzsäure hydrolysiert und raucht deshalb an der feuchten Luft [vgl. **MC-Fragen Nr. 1042, 1043**].

$$\text{PCl}_3 + 3 \text{ H}_2\text{O} \longrightarrow \text{H}_3\text{PO}_3 + 3 \text{ HCl}$$

PCl$_3$ wirkt somit als Lewis Säure und wird durch Oxidationsmittel (z. B. Chlorat) in **Phosphoroxidchlorid** (POCl$_3$) übergeführt. Aufgrund seines freien Elektronenpaars kann PCl$_3$ auch als Lewis-Base aufgefasst werden, die mit überschüssigem Chlor zu PCl$_5$ reagiert.

Phosphorpentachlorid (PCl$_5$) ist ein bei Raumtemperatur fester Stoff, der ab 160 °C sublimiert und im Dampfzustand als *trigonal-bipyramidal* gebautes PCl$_5$-Molekül vorliegt (sp^{3}d-Hybridisierung des P-Atoms). Im festen kristallisierten Zustand bilden sich hingegen *Ionengitter* mit PCl$_4^+$ – und PCl$_6^-$ -Ionen. PCl$_5$ hat aufgrund seiner unbesetzten, für Bindungen zur Verfügung stehenden d-Orbitale am P-Atom *Lewis-Säurecharakter*. Daher reagiert es mit Wasser zu Phosphorsäure (H$_3$PO$_4$), wobei POCl$_3$ als Zwischenprodukt abgefangen werden kann [vgl. **MC-Fragen Nr. 1042, 1043**].

$$\text{PCl}_5 \xrightarrow[- 2 \text{ HCl}]{+ \text{ H}_2\text{O}} \text{POCl}_3 \xrightarrow[- 3 \text{ HCl}]{+ 3 \text{ H}_2\text{O}} \text{H}_3\text{PO}_4$$

Phosphorpentachlorid zerfällt beim Erhitzen in Umkehrung seiner Bildung teilweise wieder in PCl$_3$ und Cl$_2$ [vgl. **MC-Frage Nr. 1044**].

Phosphoroxidchlorid (Phosphorylchlorid) (POCl$_3$) entsteht bei der Hydrolyse von PCl$_5$ mit der berechneten Menge Wasser. Um die weitere Zersetzung zu H$_3$PO$_4$ zu vermeiden, lässt man jedoch Substanzen einwirken, die nur schwer Wasser abgeben (Oxalsäure, Borsäure) [vgl. **MC-Fragen Nr. 1043, 1044**].

$$\text{PCl}_5 + \text{H}_2\text{C}_2\text{O}_4 \longrightarrow \text{POCl}_3 + 2 \text{ HCl} \uparrow + \text{CO} \uparrow + \text{CO}_2 \uparrow$$

Darüber hinaus ist POCl$_3$ durch Umsetzung von PCl$_5$ mit Phosphorpentoxid (P$_4$O$_{10}$) darstellbar.

$$6 \text{ PCl}_5 + \text{P}_4\text{O}_{10} \longrightarrow 10 \text{ POCl}_3$$

POCl$_3$ ist eine an der Luft stark rauchende Flüssigkeit [Sdp. 105 °C]. Das Molekül hat die Struktur eines verzerrten *Tetraeders*.

2.5.13 Phosphoroxide

Phosphor(III)-oxid (P$_4$O$_6$) [Schmp. 22,5 °C; Sdp. 173,1 °C] – zuweilen auch **Phosphortrioxid** genannt – bildet sich bei der Verbrennung von *weißem* Phosphor unter *verminderter* Zufuhr von Sauerstoff und besitzt eine Adamantan-Struktur. Wie Abb. 2.12 zeigt, leitet sich die Struktur des P$_4$O$_6$-Moleküls vom P$_4$-Tetraeder ab, indem jede P-P-Bindung durch eine P-O-P-Bindung ersetzt ist. P$_4$O$_6$ ist das Anhydrid der Phosphorigen Säure (H$_3$PO$_3$); letztere entsteht aus dem Oxid durch Umsetzung mit *kaltem* Wasser (mit heißem Wasser bilden sich Gemische unterschiedlicher Produkte) [vgl. **MC-Fragen Nr. 1269, 1425, 1559, 1575, 1856**].

Verbrennt man Phosphor bei hinreichender Sauerstoffzufuhr, so bildet sich **Phosphor(V)-oxid** (P$_4$O$_{10}$), das bisweilen auch **Diphosphorpentoxid** oder kurz **Phosphorpentoxid** genannt wird. Das Oxid ist das Anhydrid der Phosphorsäure und existiert in drei verschiedenen Modifikationen. Seine Struktur leitet sich gleichfalls vom P$_4$-Tetraeder ab, wobei jedes P-Atom des P$_4$O$_6$-Moleküls mit einem weiteren Sauerstoffatom verbunden ist. Wie die Bindungslängen [P-O: 160 pm; P=O: 140 pm] dokumentieren, hat eine der vier P-O-Bindungen den Charakter einer Doppelbindung. Abb. 2.13 veranschaulicht, dass solche Doppelbindungen durch Überlappung eines zweifach besetzten p-Orbitals des O-Atoms mit einem unbesetzten d-Orbital des P-Atoms zustandekommen (**p$_\pi$-d$_\pi$-Bindung**).

P$_4$O$_{10}$ ist ein weißes Pulver, das bei 360 °C sublimiert. Die Substanz ist stark hygroskopisch und ein äußerst wirksames *Trocknungsmittel*. Sie vermag selbst Verbindungen Wasser zu entziehen, wobei P$_4$O$_{10}$ über Meta- und Polyphosphorsäuren schließlich in Orthophosphorsäure übergeht.

$$\text{P}_4\text{O}_{10} \xrightarrow{+ 2 \text{ H}_2\text{O}} 4 \text{ HPO}_3 \xrightarrow{+ 2 \text{ H}_2\text{O}} 2 \text{ H}_4\text{P}_2\text{O}_7 \xrightarrow{+ 2 \text{ H}_2\text{O}} 4 \text{ H}_3\text{PO}_4$$

Metaphosphorsäure   **Diphosphorsäure**   **Orthophosphorsäure**

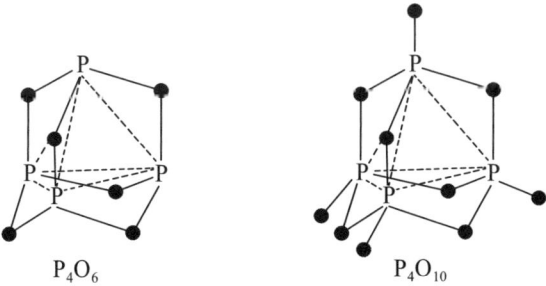

P$_4$O$_6$ P$_4$O$_{10}$

Abb. 2.12: **Struktur der Phosphoroxide [● = Sauerstoff]**

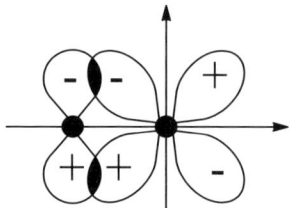

Abb. 2.13:   Zustandekommen einer p_π-d_π-Bindung

So erhält man z. B. aus P_4O_{10} und Schwefelsäure oder Salpetersäure deren Anhydride SO_3 bzw. N_2O_5. Phosphor(V)-oxid besitzt *keine* oxidierenden Eigenschaften; mit PCl_5 reagiert es zu $POCl_3$ [vgl. **MC-Fragen Nr. 1045, 1046**].

2.5.14 Sauerstoffsäuren des Phosphors

Phosphor bildet vier Oxosäuren der allgemeinen Formel H_3PO_n (n = 2, 3, 4, 5) [**Orthosäuren**] bzw. in wasserärmerer Form HPO_{n-1} [**Metasäuren**] (vgl. Kap. 1.11.1). Darüber hinaus existieren noch fünf Sauerstoffsäuren der allgemeinen Zusammensetzung $H_4P_2O_n$ (n = 4, 5, 6, 7, 8). Die Namen der einzelnen Säuren und ihrer Salze sind in Tab. 2.15 aufgelistet. **Polyphosphorsäuren** [$H_{n+2}P_nO_{3n+1}$] und **Metapolyphosphorsäuren** [$(HPO_3)_x$] sind Gegenstand des Kap. 2.5.17.

Tab. 2.15:   Sauerstoffsäuren des Phosphors

Säuren des Typs H_3PO_n (HPO_{n-1})				Säuren des Typs $H_4P_2O_n$		
Formel		Name	Salze	Formel	Name	Salze
Orthoform	Metaform					
H_3PO_2	(HPO)	Hypophosphorige Säure Phosphinsäure	Hypophosphite			
				$H_4P_2O_4$	Hypodiphosphorige Säure	Hypodiphosphite
H_3PO_3	HPO_2	Phosphorige Säure Phosphonsäure	Phosphite	$H_4P_2O_5$	Diphosphorige Säure	Diphosphite
				$H_4P_2O_6$	Hypodiphosphorsäure	Hypodiphosphate
H_3PO_4	HPO_3	Phosphorsäure	Phosphate	$H_4P_2O_7$	Diphosphorsäure	Diphosphate
				$H_4P_2O_8$	Peroxodiphosphorsäure	Peroxodiphosphate
H_3PO_5	(HPO_4)	Peroxophosphorsäure	Peroxophosphate			

2.5.15 Phosphinsäure (Hypophosphorige Säure)

Hypophosphorige Säure (H_3PO_2) [Schmp. 26,5 °C] kann in Form ihrer Salze, die alle gut wasserlöslich sind, durch Erhitzen von weißem Phosphor mit Alkalihydroxid-Lösungen erhalten werden. Die Säure selbst wird aus Bariumhypophosphit und H_2SO_4 hergestellt.

$$P_4 + 6\ H_2O \longrightarrow PH_3\uparrow + 3\ H_3PO_2$$

Die tetraedrisch gebaute Phosphinsäure ist eine starke, *einbasige* Säure (pK_s = 2,0), weil zwei H-Atome direkt an das Phosphoratom gebunden sind (nur H-Atome, die mit O-Atomen verknüpft sind, haben aciden Charakter).

$$
\begin{array}{ccc}
\overset{\displaystyle H}{\underset{\displaystyle OH}{H-P=O}} & \xrightarrow{-H^+} & \left[\overset{\displaystyle H}{H-P\cdots O}\right]^{\ominus}
\end{array}
$$

$$(H_3PO_2) \qquad\qquad (H_2PO_2^-)$$

H_3PO_2 und **Hypophosphite** [MeH_2PO_2] sind starke Reduktionsmittel [$E^o = -1,65$ V], die leicht zu Phosphaten oxidiert werden. Sie wirken stärker reduzierend als Phosphite. Phosphinsäure disproportioniert beim Erwärmen auf 130 °C zu Phosphin und Phosphoriger Säure (H_3PO_3).

$$\overset{+1}{3\ H_3PO_2} \longrightarrow \overset{+3}{2\ H_3PO_3} + \overset{-3}{PH_3}\uparrow$$

2.5.16 Phosphonsäure (Phosphorige Säure)

Phosphorige Säure (H_3PO_3), eine farblose, feste Substanz [Schmp. 70 °C], kann durch Hydrolyse von PCl_3 oder P_4O_6 erhalten werden.

$$PCl_3 + 3\ H_2O \longrightarrow H_3PO_3 + 3\ HCl\uparrow$$
$$P_4O_6 + 6\ H_2O \longrightarrow 4\ H_3PO_3$$

Phosphonsäure ist eine *zweiprotonige* Säure [pK_{s1} = 1,8], da in der vorherrschenden tautomeren Form ein H-Atom direkt an den Phosphor gebunden ist.

$$
HO-P-OH \rightleftharpoons \overset{\displaystyle H}{\underset{\displaystyle O}{HO-P-OH}} \xrightarrow{-H^+} \left[\overset{\displaystyle H}{HO\ \ P\cdots O}\right]^{\ominus} \xrightarrow{-H^+} \left[\overset{\displaystyle H}{O\cdots P\cdots O}\right]^{2\ominus}
$$

$$\underset{OH}{\ } \qquad (H_3PO_3) \qquad\qquad (H_2PO_3^-) \qquad\qquad (HPO_3^{2-})$$

Sowohl die Säure als auch ihre Salze (**Phosphite**) sind mittelstarke Reduktionsmittel [$E^o = -1,12$ V], wobei sie zu Phosphorsäure bzw. Phosphaten oxidiert werden. Beim Erhitzen der Säure im trockenen Zustand erfolgt Disproportionierung zu Phosphorsäure (H_3PO_4) und Phosphin (PH_3).

$$\overset{+3}{4 \ H_3PO_3} \longrightarrow \overset{-3}{PH_3}\uparrow + \overset{+5}{3 \ H_3PO_4}$$

Phosphonsäure bildet mit Alkoholen *Ester* der allgemeinen Form $P(OR)_3$, die als *Trialkylphosphite* bezeichnet werden [vgl. **MC-Fragen Nr. 1050–1053, 1057, 1448, 1725, 1798, 1888, 1916**].

Als zweibasige Säure bildet Phosphonsäure zwei Reihen von Salzen: **Hydrogenphosphite** (prim. Phosphite) $[MeH_2PO_3]$ und **Phosphite** (sek. Phosphite) $[Me_2HPO_3]$. Alkaliphosphite sowie Calciumphosphit lösen sich leicht in Wasser, die übrigen Phosphite sind schwerlöslich.

2.5.17 Phosphorsäuren

2.5.17.1 Orthophosphorsäure [Phosphor(V)-säure]

$$\textbf{ortho-} \quad \textbf{Form} \qquad HO-\underset{\underset{O}{\|}}{\overset{\overset{OH}{|}}{P}}-OH \quad \xrightarrow{-H_2O} \quad HO-\underset{\underset{O}{\|}}{P}=O \quad \textbf{meta-} \quad \textbf{Form}$$

Phosphor(V)-oxid (P_4O_{10}) reagiert mit kaltem Wasser zu **Metaphosphorsäure** (HPO_3), während in der Hitze oder bei einem Überschuss an Wasser die stabilere **Orthophosphorsäure** (H_3PO_4) gebildet wird. In der Technik wird Orthophosphorsäure auch beim Aufschluss von Mineralphosphaten mit H_2SO_4 gewonnen.

$$Ca_3(PO_4)_2 + 3 \ H_2SO_4 \longrightarrow 2 \ H_3PO_4 + 3 \ CaSO_4$$

Durch Konzentrieren solcher Lösungen erhält man eine 85–90%ige *sirupöse* Phosphorsäure, deren hohe Viskosität auf H-Brücken zwischen den H_3PO_4-Molekülen zurückzuführen ist. Wasserfreie H_3PO_4 [Schmp. 42 °C] fällt beim Eindampfen im Vakuum an [vgl. **MC-Fragen Nr. 1054, 1872**].

Orthophosphorsäure besitzt praktisch *keine* oxidierenden Eigenschaften; sie ist eine mittelstarke, *dreiprotonige* Säure [pK_{s1} ~ 2; pK_{s2} ~ 7; pK_{s3} ~ 12], die drei Reihen von Salzen bildet:

MeH_2PO_4	Primäres Phosphat	**(Dihydrogenphosphat**)
Me_2HPO_4	Sekundäres Phosphat	**(Hydrogenphosphat**)
Me_3PO_4	Tertiäres Phosphat	

Sowohl $H_2PO_4^-$ - als auch HPO_4^{2-}-Ionen sind **Ampholyte**. Beim Dihydrogenphosphat überwiegt jedoch der saure, beim Hydrogenphosphat der basische Charakter. Prim. Phosphate reagieren deshalb in wässriger Lösung *sauer*, sekundäre dagegen *alkalisch*. Mischungen von prim. und sek. Phosphaten *puffern* im pH-Bereich von 6,5–7,5. Das *tetraedrisch* gebaute PO_4^{3-}-Ion ist eine starke Base. PO_4^{3-}-Ionen sind in wässriger Lösung nur oberhalb pH = 13 existent. Mit Ausnahme der Alkalisalze sind alle tert. Phosphate in Wasser schwerlöslich, lösen sich aber aufgrund ihres stark basischen Charakters in Säuren [vgl. **MC-Frage Nr. 1054**].

Phosphate sind wichtige *Düngemittel*. Die natürlichen Mineralien **Phosphorit** und **Apatit** werden infolge ihrer Schwerlöslichkeit von den Pflanzen nicht aufgenommen. Mit H_2SO_4 lässt sich aber Phosphorit in ein Gemisch aus $CaSO_4$ und $Ca(H_2PO_4)_2$ überführen, das besser löslich ist und „*Superphosphat*" genannt wird.

$$Ca_3(PO_4)_2 + 2\ H_2SO_4 \longrightarrow [Ca(H_2PO_4)_2 \cdot 2\ CaSO_4]$$
Superphosphat

Beim *Glühen* gehen Phosphate wie $CaHPO_4 \cdot 2\ H_2O$ in **Pyrophosphate** ($P_2O_7^{4+}$) über. Diese Reaktion wird bei der gravimetrischen Bestimmung schwerlöslicher Phosphate genutzt [vgl. **Ehlers, Analytik II** und **MC-Fragen Nr. 1181, 1277, 1861**].

$$2\ CaHPO_4 \cdot 2\ H_2O \xrightarrow{\Delta} Ca_2P_2O_7 + 3\ H_2O$$

Mit Alkoholen bildet Phosphorsäure drei Reihen von *Estern* [vgl. **MC-Fragen Nr. 1726, 1889**].

$$
\begin{array}{ccc}
\text{O} & \text{O} & \text{O} \\
\parallel & \parallel & \parallel \\
\text{RO-P-OH} & \text{RO-P-OR} & \text{RO-P-OR} \\
\mid & \mid & \mid \\
\text{OH} & \text{OH} & \text{OR} \\
\textbf{Monoalkyl-} & \textbf{Dialkyl-} & \textbf{Trialkyl-} \\
\textbf{phosphat} & \textbf{phosphat} & \textbf{phosphat}
\end{array}
$$

2.5.17.2 Polyphosphorsäuren

Orthophosphorsäure und Hydrogenphosphat-Ionen neigen zur *Kondensation*. Kondensierte Phosphorsäuren oder **Polyphosphorsäuren** haben eine Kettenstruktur aus PO_4-Tetraedern, die über gemeinsame O-Brücken miteinander verknüpft sind.

Beispielsweise erhält man die vierbasige **Diphosphorsäure (Pyrophosphorsäure)** [Schmp. 61 °C] durch *intermolekulare* Wasserabspaltung aus zwei H_3PO_4-Molekülen.

Pyrophosphorsäure

Bei stärkerem Erhitzen [T > 200 °C] oder bei der Reaktion von Phosphor(V)-oxid (P_4O_{10}) mit wenig Wasser bilden sich höhere Polyphosphorsäuren ($H_{n+2}P_nO_{3n+1}$). Der Kondensationsgrad ist stark pH-abhängig.

Pyrophosphorsäure ist eine wesentlich stärkere Säure als Phosphorsäure; sie bildet zwei Reihen von Salzen. Die sauren Salze sind in der Regel in Wasser löslich, von den neutralen Salzen sind nur die Alkalisalze wasserlöslich.

Werden Dihydrogenphosphate auf hohe Temperaturen erhitzt [T = 200–1000 °C], so kondensieren sie zu hochpolymeren **Polyphosphaten** mit 10^3–10^4 P-Atomen in einer kettenförmigen Anordnung. Natriumpolyphosphate finden Anwendung bei der Waschmittel- und der Lebensmittelherstellung.

$$-O-\underset{\underset{O}{\|}}{\overset{\overset{O^-}{|}}{P}}-O-\underset{\underset{O}{\|}}{\overset{\overset{O^-}{|}}{P}}-O-\underset{\underset{O}{\|}}{\overset{\overset{O^-}{|}}{P}}-O-\underset{\underset{O}{\|}}{\overset{\overset{O^-}{|}}{P}}-O-\underset{\underset{O}{\|}}{\overset{\overset{O^-}{|}}{P}}-O-\underset{\underset{O}{\|}}{\overset{\overset{O^-}{|}}{P}}- \qquad \text{[Polyphosphat]}$$

2.5.17.3 Metaphosphorsäuren

Metaphosphate $(PO_3^-)_x$ bzw. **Metaphosphorsäuren** $(HPO_3)_x$ haben fast die gleiche stöchiometrische Zusammensetzung wie Polyphosphate oder Polyphosphorsäuren; sie unterscheiden sich jedoch von diesen dadurch, dass sie *ringförmig* geschlossene Moleküle enthalten, weil die Wasserabspaltung beim Erhitzen auch *intramolekular* erfolgen kann [vgl. **MC-Frage Nr. 1494**].

Die einfachste Metaphosphorsäure ist die **Trimetaphosphorsäure** $(H_3P_3O_9)$, die einen Sechsring bildet. Von den verschiedenen Metaphosphorsäuren sind nur die Glieder mit x = 3–6 gut charakterisierbar; sie haben eine der Orthophosphorsäure vergleichbare Säurestärke und ihre Anionen sind isoelektronisch zum SO_3-Molekül. Von Wasser werden sie über Polyphosphorsäuren schließlich bis zur Orthophosphorsäure hydrolysiert [vgl. **MC-Fragen Nr. 1053, 1055, 1058, 1494**].

Trimetaphosphorsäure

2.5.18 Arsen, Antimon und Bismut

Vorkommen: **Arsen** (As) und **Antimon** (Sb) kommen in der Natur sowohl gediegen (elementar) als auch in Verbindungen, hauptsächlich in Form von Sulfiden und Oxiden, vor. Die wichtigsten **Bismuterze** sind **Bismutglanz** (Bi_2S_3) und **Bismutocker** (Bi_2O_3).

Modifikationen: Während Arsen und Antimon in drei verschiedenen Modifikationen auftreten, ist vom Bismut nur eine einzige Form bekannt. Die thermodynamisch instabilen *gelben* Formen des Arsens und Antimons enthalten analog dem weißen Phosphor As_4- bzw. Sb_4-Moleküle. Die *grauen* metallischen Modifikationen sind beständig und entsprechen dem schwarzen Phosphor; sie sind isomorph zum metallischen Bismut, kristallisieren in Schichtengittern und zeigen eine relativ gute elektr. Leitfähigkeit (**Arsen** ist ein *Halbleiter*). Darüber hinaus kennt man vom Arsen und Antimon noch instabile, *schwarze* Formen. Elementares Bismut zeigt ähnlich wie Eis als Folge seiner lockeren Gitterstruktur beim Schmelzen eine Volumenkontraktion [vgl. **MC-Fragen Nr. 1061, 1063, 1065**].

2.5.18.1 Arsen

Zahlreiche Metalle bilden mit Arsen sog. **Arsenide**; die Alkali- (z. B. Na_3As) und Erdalkaliarsenide reagieren mit Wasser zu **Arsin** (**Arsan**) [AsH_3]. AsH_3 ist ein noch giftigeres und instabileres Gas als PH_3. Arsenwasserstoff entsteht auch bei der Einwirkung von nascierendem Wasserstoff (Zn/HCl) auf lösliche Arsenverbindungen. Die Bildung eines *Arsenspiegels* durch Thermolyse von Arsin dient zu dessen Nachweis (**Marshsche Probe**) (vgl. Ehlers, **Analytik I-Kurzlehrbuch**, Kap. 1.1.2 und **MC-Fragen Nr. 1062, 1065, 1102, 1342, 1646**]).

$$Na_3As + 3 H_2O \longrightarrow 3 NaOH + AsH_3 \uparrow$$

$$2 H_3AsO_3 + 12 H\cdot \xrightarrow{- 6 H_2O} 2 AsH_3 \uparrow \xrightarrow{\Delta} 2 As\downarrow + 3 H_2 \uparrow$$

Arsenwasserstoff ist eine deutlich *schwächere* Base als NH_3; AsH_3 wirkt stark reduzierend und scheidet aus $AgNO_3$-Lösungen metallisches Silber ab. Mit festem $AgNO_3$ reagiert es dagegen unter Bildung von **Silberarsenid**.

$$AsH_3 + 3 H_2O + 6 Ag^+ \longrightarrow H_3AsO_3 + 6 H^+ + 6 Ag\downarrow$$
$$AsH_3 + 3 Ag^+ \longrightarrow AsAg_3 + 3 H^+$$

An der Luft verbrennt Arsin zu **Arsentrioxid** (As_4O_6).

$$4 AsH_3 + 6 O_2 \longrightarrow As_4O_6 + 6 H_2O$$

Arsen(III)-oxid (**Arsenik**) [As_4O_6] ist eine analog dem P_4O_6-Molekül gebaute Verbindung, die sich auch beim Erhitzen des Elements an der Luft bildet [vgl. **MC-Fragen Nr. 1063–1065, 1272, 1342**].

Das *farblose* As_4O_6 löst sich unter *saurer* Reaktion nur langsam und in geringem Maße in Wasser. Das Oxid ist jedoch gut löslich in konz. Natriumhydroxid-Lösungen unter Bildung von primären (NaH_2AsO_3), sekundären (Na_2HAsO_3) und tertiären **Arseniten** (Na_3AsO_3). Die **Arsenige Säure** (H_3AsO_3) ist im Gegensatz zur Phosphorigen Säure (H_3PO_3) eine *dreibasige* Säure; sie kann *nicht* in reiner Form isoliert werden.

As(III)-oxid, eine bei Redoxtitrationen häufig benutzte *Urtitersubstanz*, wirkt oxidierend und reduzierend. Beispielsweise reduziert $SnCl_2$ As(III)-Verbindungen zu As, während die Reduktion mit nascierendem Wasserstoff bis zur Arsin-Stufe weiterläuft. Oxidationsmittel wie Iod oder Salpetersäure überführen Arsenige Säure in **Arsensäure** (H_3AsO_4) bzw. Arsenite in **Arsenate**.

$$H_3AsO_3 + 3 H^+ + 3 e^- \longrightarrow As + 3 H_2O$$
$$H_3AsO_3 + H_2O \longrightarrow H_3AsO_4 + 2 H^+ + 2 e^-$$

Arsen(V)-oxid (As_4O_{10}) ist deutlich instabiler als das dreiwertige Oxid; es besitzt eine polymere Struktur. As_4O_{10} kann im Gegensatz zum P_4O_{10} *nicht* durch Verbrennen des Elements an der Luft erhalten werden, sondern wird durch Entwässern von Arsensäure gewonnen.

$$4 H_3AsO_4 \xrightarrow{300\ °C} As_4O_{10} + 6 H_2O$$

Arsensäure (H_3AsO_4) ist eine mittelstarke, *dreibasige* Säure ($pK_{s1} = 2,3$) und wirkt etwas schwächer sauer als H_3PO_4. Sie unterscheidet sich von der Phosphorsäure durch ihr *Oxidationsvermögen* [$E^o = +0,56$ V] und kann z. B. in stark saurer Lösung Iodid zu Iod oxidieren (vgl. Ehlers, **Analytik II**, Kap. 7.2.3).

$$H_3AsO_4 + 2\ H^+ + 2\ I^- \rightleftharpoons H_3AsO_3 + H_2O + I_2$$

Die Salze der Arsensäure heißen **Arsenate**; sie ähneln in ihrer Löslichkeit und Kristallform stark den entsprechenden Phosphaten. Arsenate und Phosphate sind *isomorph* (vgl. Kap. 1.3.2).

Arsen bildet mit Halogenen Verbindungen der allgemeinen Zusammensetzung **AsX_3** und **AsX_5**. Die Arsentrihalogenide, z. B. $AsCl_3$, hydrolysieren in Wasser zu Arseniger Säure und Halogenwasserstoffen. Alle Arsenhalogenide sind Lewis-Säuren. Bekannt sind auch Halogenkomplexe wie AsF_6^-.

$$AsCl_3 + 3\ H_2O \longrightarrow H_3AsO_3 + 3\ HCl$$

Beim Zusammenschmelzen des Elements mit elementarem Schwefel erhält man eine Reihe von Arsen-Schwefel-Verbindungen [**Realgar**: As_4S_4; **Auripigment**: As_4S_6; As_4S_{10}]; **As(III)-sulfid** (As_4S_6) und **As(V)-sulfid** (As_4S_{10}) entsprechen in ihrer Struktur den jeweiligen Phosphorverbindungen. Im Gegensatz zu diesen werden sie jedoch nicht von Wasser zu Arsensauerstoffsäuren zerlegt; im Gegenteil, sie entstehen aus wässrigen Arsenit- bzw. Arsenat-Lösungen beim Versetzen mit Schwefelwasserstoff (H_2S) als schwerlösliche Sulfide. Beide Sulfide lösen sich aber in einer Alkalisulfid-Lösung unter Bildung von Thiosalzen.

$$As_4S_6 + 6\ S^{2-} \longrightarrow 4\ AsS_3^{3-} \quad \textbf{(Thioarsenit)}$$
$$As_4S_{10} + 6\ S^{2-} \longrightarrow 4\ AsS_4^{3-} \quad \textbf{(Thioarsenat)}$$

2.5.18.2 Antimon

Der durch Einwirken von nascierendem Wasserstoff auf lösliche Antimonverbindungen darstellbare **Antimonwasserstoff (Stibin, Stiban)** [SbH_3] ist thermisch noch unbeständiger als Arsin und bildet gleichfalls mit Säuren keine Salze.

Die analog den P- und As-Halogeniden gebauten Halogenverbindungen des Antimons sind starke Lewis-Säuren (z. B. $SbCl_5$); sie reagieren mit überschüssigen Halogenid-Ionen zu Halogenokomplexen (z. B. $SbCl_6^-$) und hydrolysieren in Wasser zu **Antimonyl-Verbindungen** (SbO^+X^-).

$$SbCl_3 + H_2O \longrightarrow (SbO^+)_{aq} + 3\ (Cl^-)_{aq} + 2\ (H^+)_{aq}$$

Von den Sauerstoffverbindungen sind die **Antimonige Säure** ($HSbO_2$) und **Antimonsäure** ($HSbO_3$) und deren Anhydride (Sb_4O_6 bzw. Sb_4O_{10}) zu nennen.

Antimon(III)-oxid (Sb_4O_6) ist *amphoter* und kann mit Säuren und Basen Salze bilden. In Wasser ist es nur wenig löslich, löst sich jedoch in Säuren unter Bildung von Sb^{3+}- bzw. SbO^+-Ionen. In basischen Lösungen bilden sich **Antimonit-Ionen** [$Sb(OH)_4$]$^-$. Das dreiwertige Oxid ist stabiler als das fünfwertige.

Antimon(V)-oxid (Sb_4O_{10}) ist nur wenig wasserlöslich und wird durch Oxidation von Sb mit Salpetersäure gewonnen. Die wässrige Lösung reagiert sauer und enthält neben H_3O_+-Ionen wahrscheinlich **Hexahydroxoantimonat-Ionen** $[Sb(OH)_6]^-$, die mit Na^+-Ionen ein schwerlösliches Salz $Na[Sb(OH)_6]$ ergeben.

Die den Arsensulfiden analogen Verbindungen Sb_4S_6 (Sb_2S_3) und Sb_4S_{10} (Sb_2S_5) ähneln diesen in ihren Eigenschaften. **Antimonsulfide** sind praktisch unlöslich in Säuren, lösen sich aber in Ammoniumsulfid-Lösungen.

$$Sb_2S_5 + 3\ S^{2-} \longrightarrow 2\ SbS_4^{3-} \quad [\textbf{Thioantimonat(V)}\,]$$

Beide Antimonsulfide können durch direkte Reaktion der Elemente oder durch Behandlen von Antimonit- bzw. Antimonat-Lösungen mit H_2S erhalten werden [vgl. **MC-Frage Nr. 1066**].

2.5.18.3 Bismut

Die Darstellung von metallischem Bismut erfolgt durch Reduktion der oxidischen Erze mit Kohle. Die sulfidischen Erze werden nach dem Röstreduktionsverfahren verarbeitet.

$$2\ Bi_2S_3 + 9\ O_2 \longrightarrow 2\ Bi_2O_3 + 6\ SO_2 \uparrow \text{(Rösten)}$$
$$Bi_2O_3 + 3\ C \longrightarrow 2\ Bi + 3\ CO \uparrow \quad \text{(Reduktion)}$$

Metallisches Bismut, das sich mit Halogenen und Schwefel direkt zu Halogeniden und Sulfiden verbindet, löst sich *nicht* in verd. Salzsäure, dagegen in oxidierenden Säuren wie HNO_3 oder H_2SO_4. Diese Lösungen enthalten Bi^{3+}-Ionen. Beim Alkalisieren der Lösung erhält man das schwach **basische Bismut(III)-hydroxid** $[Bi(OH)_3]$. Beim Erwärmen geht das Hydroxid in die wasserärmere Form $[BiOOH]$ über und bildet schließlich bei noch stärkerem Erhitzen das *gelbe* **Bismut(III)-oxid** (Bi_2O_3).

$$Bi^{3+} + 3\ HO^- \longrightarrow Bi(OH)_3 \downarrow \xrightarrow{-\ H_2O} BiOOH \xrightarrow{\Delta} Bi_2O_3$$

Bi(III)-oxid verhält sich ausgesprochen basisch; es ist in Säuren löslich, löst sich aber nicht in Basen. Das instabile **Bismut(V)-oxid** (Bi_2O_5) ist bislang noch nicht in reiner Form isoliert worden; es spaltet leicht Sauerstoff ab und wirkt daher stark oxidierend.

Bismut(III)-Salze hydrolysieren in wassriger Losung und bilden **Bismutyl-Verbindungen** $[BiO^+X^-]$, die z.T. in Wasser schwerlöslich sind $[BiOCl, BiONO_3]$. Bismut(III)-nitrat ist nur in Gegenwart überschüssiger Salpetersäure stabil [vgl. **MC-Frage Nr. 1067**].

$$BiCl_3 + H_2O \longrightarrow BiOCl + 2\ HCl$$

Bi(III)-Halogenide bilden mit überschüssigen Alkalihalogeniden komplexe **Tetrahalogenobismutate**, wie z. B. das **Tetraiodobismutat**.

$$BI_3 + KI \longrightarrow K^+[BI_4]^- \quad \textbf{(Dragendorffs Reagenz)}$$

2.6 Kohlenstoffgruppe

Zu den Elementen der IV.Hauptgruppe gehören **Kohlenstoff** (C), **Silicium** (Si), **Germanium** (Ge), **Zinn** (Sn) und **Blei** (Pb). Silicium ist nach Gewichtsprozenten das zweithäufigste Element in der Erdkruste. Kohlenstoff und Zinn treten in mehreren Modifikationen auf. Über die wichtigsten Eigenschaften der Elemente der Kohlenstoffgruppe informiert Tab. 2.16 [vgl. **MC-Fragen Nr. 1097, 1122, 1800**].

Tab. 2.16: Eigenschaften der Elemente der IV. Hauptgruppe

	C	Si	Ge	Sn	Pb
Elektronenkonfiguration	$ns^2 np^2$				
Schmelzpunkt (°C)	3750	1420	959	232	327
Siedepunkt (°C)	4827	2355	2700	2260	1744
Ionisierungsenergie (kJ/mol)	1090	782	782	704	714
Atomradius (pm)	77	117	122	141	154
Ionenradius [E^{4+}] (pm)	16	42	53	71	84
[E^{2+}] (pm)	-	-	93	112	120
[E^{4-}] (pm)	260	271	272	294	313
Elektronegativität	2,50	1,74	2,02	1,72	1,55
Normalpotential [E/E^{2+}] (V)	+0,51	-	-	-0,14	-0,13

Metallcharakter	———————— **Zunehmend** ————————➤
Affinität zu elektropositiven Elementen	———————— **Abnehmend** ————————➤
Affinität zu elektronegativen Elementen	———————— **Zunehmend** ————————➤
Beständigkeit der zweiwertigen Verbindungen	———————— **Zunehmend** ————————➤
Beständigkeit der vierwertigen Verbindungen	———————— **Abnehmend** ————————➤
Säurecharakter der Oxide [EO]	———————— **Abnehmend** ————————➤
Säurecharakter der Oxide [EO_2]	———————— **Zunehmend** ————————➤
Salzcharakter der Chloride	———————— **Zunehmend** ————————➤
Hydrolyseneigung der Chloride	———————— **Zunehmend** ————————➤
Stabilität der Wasserstoffverbindungen [EH_4]	———————— **Abnehmend** ————————➤

Metallcharakter: Kohlenstoff ist ein Nichtmetall, wenn auch Graphit elektrisch leitend ist. Silicium verhält sich chemisch wie ein Nichtmetall, seine phys. Eigenschaften entsprechen jedoch denen eines Halbmetalls. Germanium ist ein Halbmetall. Zinn und Blei sind Metalle mit relativ niedrigem Schmelzpunkt.

Beständigkeit der Oxidationsstufen: Bei den Verbindungen der zweiwertigen Elemente nimmt die Stabilität vom Kohlenstoff zum Blei hin zu. Kohlenstoff tritt überhaupt nicht zweiwertig auf; Verbindungen des zweiwertigen Siliciums sind unbeständig; beim Zinn hält sich die Stabilität der zwei- und vierwertigen Stufe die Waage, während beim Blei die Zweiwertigkeit gegenüber der Vierwertigkeit dominiert. Pb(IV)-Verbindungen sind starke Oxidationsmittel.

In den meisten Verbindungen mit den Oxidationszahlen **+2** und **+4** überwiegt der kovalente Bindungscharakter, jedoch sind einige Pb(II)-Verbindungen [PbF_2, $PbCl_2$] als Ionenverbindungen anzusehen. Während Kohlenstoff maximal nur vierbindig ist, können die übrigen Elemente dieser Gruppe unter Einbeziehung von d-Orbitalen auch sechsbindig auftreten und oktaedrische Strukturen bilden [SiF_6^{2-}, $Sn(OH)_6^{2-}$, $PbCl_6^{2-}$].

Vergleich Kohlenstoff/Silicium: Wie Tab. 2.17 ausweist, ist die C-C-Bindung etwa so stark wie die Bindung eines C-Atoms an irgendein anderes Element. Kohlenstoffatome besitzen daher eine hohe Tendenz, Bindungen mit anderen C-Atomen einzugehen.

Demgegenüber ist die Si-Si-Bindung deutlich schwächer als die Bindung eines Si-Atoms an andere Atome. Silicium neigt deshalb eher dazu, sich mit anderen Elementen zu verbinden als Si-Si-Bindungen zu knüpfen.

Eine weitere Eigenschaft des Kohlenstoffs, die bei den übrigen Elementen der Gruppe nur sehr wenig ausgeprägt ist, ist seine Fähigkeit *Mehrfachbindungen* (**p_π-p_π-Bindungen**) zu bilden [vgl. **MC-Fragen Nr. 1079, 1097, 1103, 1120**].

Tab. 2.17: **Bindungsenergien des Kohlenstoffs und Siliciums (in kJ/mol)**

| C—C | 348 | C—O | 358 | Si—Si | 226 | Si—O | 368 |
| C—H | 413 | C—Cl | 339 | Si—H | 328 | Si—Cl | 391 |

2.6.1 Kohlenstoff

Kohlenstoff tritt in der Natur in den Isotopen ^{12}C (98,89 %) und ^{13}C (1,11 %) auf; in Spuren kommt auch das radioaktive Nuklid ^{14}C vor. ^{14}C ist ein β-Strahler mit einer Halbwertszeit von ca. 5570 Jahren. Die Bestimmung des ^{14}C-Anteils kann zur Altersbestimmung fossiler Funde herangezogen werden (vgl. Kap. 1.1.3 und **MC-Fragen Nr. 1075, 1078, 1890**).

2.6.1.1 Allotropie des Kohlenstoffs

Elementarer Kohlenstoff ist *polymorph* und tritt in den beiden Modifikationen **Diamant** und **Graphit** auf, die sich in ihren Kristallstrukturen stark voneinander unterscheiden.

Abb. 2.14 zeigt das **Kristallgitter des Diamanten**, einer dreidimensionalen, Adamantan-ähnlichen Struktur mit gewellten Sechsringen. Im Diamant, der bei Raumtemperatur *metastabilen* Modifikation des Kohlenstoffs, ist jedes der **sp³-hybridisierten** C-Atome von *vier* anderen Atomen *tetraedrisch* umgeben, wobei die Atome durch kovalente Bindungen miteinander verbunden sind. Die C-C-Bindungslänge beträgt 154 pm und der Abstand der einzelnen Ebenen des Diamantgitters wurde zu 250 pm gefunden. Das Fehlen von nicht-hybridisierten p-Elektronen macht Diamant zum Nichtleiter und bedingt seine Festigkeit und große Härte in allen drei Raumrichtungen. Die Härte des Diamanten ist auch eine Folge seiner relativ hohen Gitterenergie von 348 kJ/mol. Diamant ist farblos, transparent und reaktionsträger als Graphit [vgl. **MC-Fragen Nr. 1068, 1069, 1075, 1076, 1559, 1647, 1800, 1813, 1890**].

Abb. 2.15 zeigt das **Kristallgitter des Graphits**, das aus vielen übereinanderliegenden Kohlenstoffschichten besteht, in welchen die **sp²-hybridisierten** C-Atome zu lauter Sechsecken der Kantenlänge 142 pm (**Wabennetz**) zusammengefügt sind. Wie Abb. 2.16 veranschaulicht, sind die einzelnen Ebenen des Schichtengitters so angeordnet, dass über und unter der Mitte eines jeden Sechsecks der Ausgangsebene ein C-Atom der benachbarten Ebene zu liegen kommt. Die Schichten haben jeweils einen Abstand von 335 pm voneinander. Da in den Sechsringen jedes C-Atom nur mit *drei* anderen Kohlenstoffatomen verknüpft ist, betätigt es lediglich drei seiner vier Valenzelektronen für kovalente Bindungen. Die jeweils vierten Valenzelektronen in nichthybridisierten, senkrecht zu den Schichten angeordneten p-AO bilden ein völlig *delokalisiertes π-Elektronensystem*. Dies erklärt die *elektrische Leitfähigkeit*, die hohe Lichtabsorption sowie den metallischen Glanz und die gute Wärmeleitfähigkeit des Graphits. Die Leitfähigkeit des Graphits ist *anisotrop*; parallel zu den Schichten ist die Leitfähigkeit groß, senkrecht dazu ist sie gering [vgl. auch Kap. 1.3.2 und **MC-Fragen Nr. 1070–1074, 1076, 1079, 1088, 1800**].

Zwischen den einzelnen Schichten wirken nur schwache van der Waals-Kräfte, was die geringe Härte und die leichte Spaltbarkeit des Graphits parallel zu den Schichtebenen erklärt. Graphit ist ein schwarzer, weicher Festkörper.

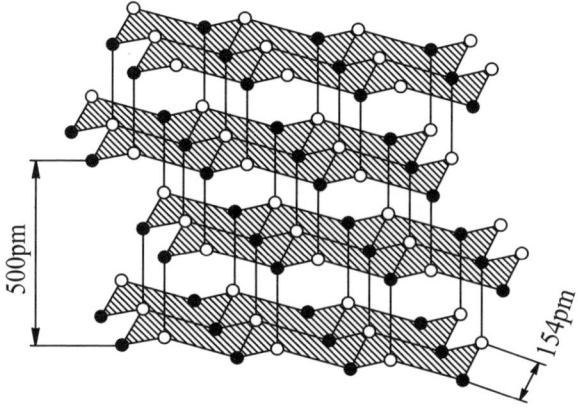

Abb. 2.14: **Kristallgitter des Diamanten**

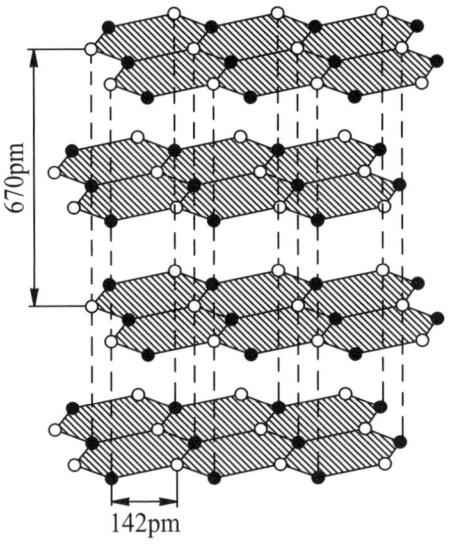

670pm

142pm

Abb. 2.15: Kristallgitter des Graphits

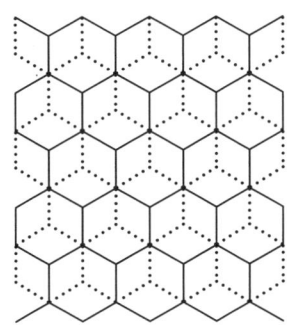

Abb. 2.16: Sechsringanordnung der Graphit-Schichten
[ausgezogene Linien: Ausgangsebene, punktierte Linien: darunter- bzw. darüberliegende Ebene]

Graphit ist bei Normaldruck und Raumtemperatur die *thermodynamisch stabilere* Form des Kohlenstoffs. Die Differenz der freien Energie zwischen beiden Modifikationen beträgt jedoch nur **1,89** kJ/mol. Die Umwandlung von Diamant in Graphit verläuft aber extrem langsam; erst beim Erhitzen auf 1500 °C unter Luftausschluss geht Diamant rascher in Graphit über. Industriediamanten werden aus Graphit bei 3000 °C und Drücken von ca. $1,5 \cdot 10^5$ bar hergestellt. Graphit und Diamant sind somit wechselseitig ineinander umwandelbar [vgl. **MC-Fragen Nr. 1074–1079, 1799**].

Die weiteren amorphen Formen des Kohlenstoffs wie **Koks**, **Gaskohle** oder **Ruß** stellen keine besonderen Modifikationen dieses Elements dar, sondern bestehen im Wesentlichen aus mikrokristallinem Graphit [vgl. **MC-Fragen Nr. 1076, 1078, 1890**].

Fullerene: Bei den Fullerenen handelt es sich um eine neue, 1985 entdeckte *allotrope Form* des Kohlenstoffs, die mit dem Graphit strukturell verwandt ist. Im Gegensatz aber zu Diamant und Graphit, die beide ausgedehnte Festkörperstrukturen besitzen, sind die Fullerene *sphärische* Moleküle, die in vielen organischen Lösungsmitteln löslich sind. Beispielsweise löst sich das dunkelbraune Fulleren C_{60} in organischen Lösungsmitteln mit weinroter Farbe [vgl. **MC-Frage Nr. 1830**].

Alle bekannten Fullerene sind aus anellierten Fünf- und Sechsringen sp^2-hybridisierter C-Atome aufgebaut. Die Fünfringe sorgen für die Krümmung des Kohlenstoff-Netzwerkes. Darüber hinaus sind die Bindungen zwischen zwei Sechsringen kürzer (138 pm) als zwischen einem Fünf- und einem Sechsring (145 pm).

Ein besonders hervorstechendes Charakteristikum dieser Kohlenstoffmodifikation ist ihr hohler Innenraum, in den Atome oder Ionen eingelagert werden können. Darüber hinaus besitzen Fullerene eine hohe Elektronenaffinität und neigen zu Additionsreaktionen.

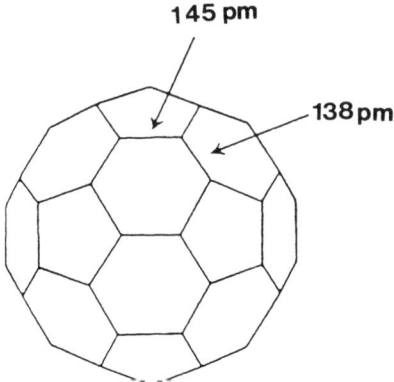

Abb. 2.17: **Sphärische Struktur des Buckminsterfulleren**

Das bekannteste Fulleren ist das hochsymmetrische, fußballförmige **Buckmins-terfulleren** C_{60}, dessen sphärische Struktur in Abb. 2.17 dargestellt ist. Weitere höhere Fullerene (C_{70}, C_{76}, C_{78}, C_{82}, C_{84}) wurden mittlerweile isoliert und charakterisiert. Man erhält Fullerene durch Verdampfen von Graphit im Lichtbogen (3000 K) in einer Helium-Atmosphäre. Die Fullerene lassen sich aus dem mitgebildeten Ruß mit Toluen extrahieren und mithilfe chromatographischer Verfahren trennen. Der Mechanismus der Fulleren-Bildung ist noch nicht in allen Einzelheiten geklärt.

2.6.1.2 Carbide

Carbide sind Element-Kohlenstoff-Verbindungen. Sie lassen sich durch direkte Vereinigung der Elemente oder durch Reduktion von Metalloxiden mit Kohle herstellen.

Salzartige Carbide werden nur von den stark elektropositiven Metallen gebildet. Je nach dem Produkt [Methan, Acetylen (Ethin)], das bei ihrer Hydrolyse entsteht, unterscheidet man zwischen **Methaniden** [Al_4C_3, Be_2C, Mg_2C] und **Acetyliden** [CaC_2, Cu_2C_2, Ag_2C_2]. Während Acetylide das C_2^{2-}-Anion enthalten, dürfte aufgrund seiner hohen Ladung in den Methaniden ein C^{4-}-Ion eher unwahrscheinlich sein [vgl. **MC-Fragen Nr. 1277, 1390, 1468, 1861**].

$$Al_4C_3 + 12\ H_2O \longrightarrow 3\ CH_4 \uparrow + 4\ Al(OH)_3$$
$$CaC_2 + 2\ H_2O \longrightarrow HC \equiv CH \uparrow + Ca(OH)_2$$

Zu den **kovalenten Carbiden** zählen nur **Siliciumcarbid** (SiC) und **Borcarbid** ($B_{13}C_2$), die überaus harte, unschmelzbare Festkörper von großer Reaktionsträgheit darstellen. SiC (**Carborundum**) kristallisiert in einer Diamantstruktur, in der jedes zweite C-Atom durch ein Si-Atom ersetzt ist.

Mit einigen Übergangsmetallen bildet Kohlenstoff *interstitielle Carbide* (**Einlagerungscarbide**), bei denen C-Atome in die Hohlräume des Metallgitters eingelagert werden. Diese Carbide zeigen metallische Leitfähigkeit und sind härter und schwerer flüchtig als die reinen Metalle.

2.6.1.3 Schwefelverbindungen des Kohlenstoffs

Durch Erhitzen von Kohle mit elementarem Schwefel entsteht **Kohlenstoffdisulfid (Schwefelkohlenstoff)** (CS_2). CS_2 ist eine unangenehm riechende, leicht verdampfbare und leicht entzündliche Flüssigkeit [Sdp. 46,2 °C]. Schwefelkohlenstoff, einer der wenigen Fälle, in denen Schwefel als Element der 3.Periode eine echte p_π-p_π-Bindung eingeht, bildet sich auch bei der Umsetzung von **Methan** mit Schwefeldampf.

$$CH_4 + 4\ S \xrightarrow[\ 600\ °C\ ]{(Al_2O_3)} S{=}C{=}S \uparrow + 2\ H_2S \uparrow$$

Schwefelkohlenstoff reagiert mit Alkalisulfid-Lösungen zu **Trithiocarbonat** (CS_3^{2-}). Die daraus durch Ansäuren erhältliche freie **Trithionkohlensäure** (H_2CS_3) ist instabil und nicht isolierbar [vgl. **MC-Fragen Nr. 1080–1082**].

2.6.1.4 Halogenverbindungen des Kohlenstoffs

Von den einfachen Kohlenstoffhalogeniden sind vor allem **Tetrafluorkohlenstoff** (CF_4) und **Tetrachlorkohlenstoff** (CCl_4) zu erwähnen. Letzteres wird auch Kohlenstofftetrachlorid genannt.

CF$_4$ ist ein ungewöhnlich stabiles Gas und CCl_4 eine farblose, nicht brennbare Flüssigkeit [Schmp. -22,9 °C; Sdp. 76,1 °C]. CCl_4 ist aufgrund der geringeren Bindungsenergie der C-Cl-Bindung weniger stabil als CF_4 und wird in der Technik aus CS_2 und Chlor bzw. durch Methanchlorierung gewonnen.

$$CS_2 + 3\ Cl_2 \longrightarrow S_2Cl_2 + CCl_4$$
$$CH_4 + 4\ Cl_2 \longrightarrow CCl_4 + 4\ HCl$$

Tetrachlorkohlenstoff ist nicht mit Wasser mischbar und wird von reinem Wasser praktisch nicht hydrolysiert, weil die vier Chloratome das kleinere C-Atom gegenüber dem Angriff von Lewis-Basen abschirmen. Darüber hinaus besitzt der Kohlenstoff keine energetisch tiefliegenden d-Orbitale, die zur Bildung aktivierter Komplexe benutzt werden können [vgl. **MC-Fragen Nr. 1108–1110, 1293**].

2.6.2 Kohlenmonoxid

Kohlenmonoxid (CO) ist ein farb-, geruch- und geschmackloses Gas [Schmp. -204 °C; Sdp. –191,5 °C], das neben Kohlendioxid (CO_2) bei der unvollständigen Verbrennung von Kohlenstoff an der Luft entsteht. Darüber hinaus bildet es sich im Gemisch mit H_2 (**Wassergas**), wenn man überhitzten Wasserdampf über glühenden Koks leitet. Kohlenmonoxid ist auch Bestandteil des **Generatorgases** (vgl. Kap. 2.5.2 und **MC-Fragen Nr. 1077, 1078, 1083, 1084, 1087, 1271, 1303, 1675, 1799, 1879, 1890**).

$$H_2O + C \xrightarrow[\textbf{Wassergas (Synthesegas)}]{1000\text{-}1400 \quad °C} [CO + H_2] \qquad [\Delta H = +118{,}8 \text{ kJ}]$$

CO ist ein *Atemgift*, weil es an *Hämoglobin*, dem Farbstoff der roten Blutkörperchen, besser bindet als Sauerstoff. Dies führt zu einer ungenügenden Sauerstoffzufuhr in den Körperzellen [vgl. **MC-Frage Nr. 1910**].

Das CO-Molekül ist isoelektronisch mit dem N_2-Molekül sowie mit dem NO^+- und CN^--Ion. Bezüglich des MO-Schemas von Kohlenmonoxid siehe Kap. 1.4.4.

Kohlenmonoxid löst sich nur wenig in Wasser [bei 0 °C sind es 0,033 l in 1 l H_2O]; die Lösung reagiert *nicht* sauer. CO kann deshalb nicht als Anhydrid der *Ameisensäure* angesehen werden, obgleich es aus dieser durch Behandeln mit konz. H_2SO_4 entsteht und mit NaOH unter Druck zu **Natriumformiat** reagiert [vgl. **MC-Fragen Nr. 1086, 1259, 1675**].

$$HCOOH \xrightarrow[100\ °C]{(H_2SO_4)} CO \uparrow + H_2O$$

$$CO + NaOH \xrightarrow[3\text{-}4\ at]{>150\ °C} HCOO^-Na^+$$

CO besitzt *reduzierende* Eigenschaften. Mit Wasserdampf reagiert es zu CO_2 und H_2. An der Luft verbrennt CO mit hellblauer Flamme zu CO_2. Obwohl das Gleichgewicht bei Raumtemperatur stark rechts liegt, ist Kohlenmonoxid *kinetisch inert* und reagiert im Gegensatz zu Stickstoffoxid (NO) nicht spontan mit Sauerstoff. Kohlenmonoxid ist daher eine bei Raumtemperatur *metastabile* Substanz.

$$2\ CO + O_2 \rightleftharpoons 2\ CO_2 \qquad [\Delta H = -283 \text{ kJ/mol}]$$

CO_2, CO und Kohlenstoff stehen miteinander im sog. **Boudouard-Gleichgewicht :**

$$C + CO_2 \rightleftharpoons 2\ CO \qquad [\Delta H = +172{,}4 \text{ kJ}]$$

Die Reaktion verläuft *endotherm* und das Gleichgewicht verlagert sich mit höherer Temperatur auf die rechte Seite der Reaktionsgleichung. [Bei 1000 °C und darüber liegt das Gleichgewicht auf der Seite des CO, bei 400 °C und darunter auf der Seite von C und CO_2; bei etwa 680 °C liegen beide Gase zu gleichen Teilen vor.] Die Reaktion ist für technische Verbrennungsprozesse und Reduktionen sauerstoffhaltiger Verbindungen von großer Bedeutung. Reduziert man z. B. ein Metalloxid bei hoher Temperatur mit Kohle, so bildet sich vorwiegend CO, während bei tieferen Temperaturen bevorzugt CO_2 entsteht [vgl. **MC-Fragen Nr. 1083, 1089, 1463**].

$$MeO + C \longrightarrow Me + CO \uparrow \text{ (hohe Temperaturen)}$$
$$2\ MeO + C \longrightarrow 2\ Me + CO_2 \uparrow \text{ (niedrige Temperaturen)}$$

Kohlenmonoxid ist eine schwache Lewis-Base. Trotzdem reagiert es als Ligand mit zahlreichen Übergangsmetallen zu **Metallcarbonylen** (vgl. Kap. 1.5.4.2). In diesen Komplexen erfolgt die Bindung von CO zum Zentralatom über den Kohlenstoff.

$$Ni + 4\ CO \underset{}{\overset{80\ °C}{\rightleftharpoons}} [Ni(CO)_4]$$

$$Fe + 5\ CO \xrightarrow[100\ at]{200\ °C} [Fe(CO)_5]$$

Metallcarbonyle sind teilweise leichtflüchtige, sehr giftige und bei Raumtemperatur relativ stabile Substanzen, die z. T. technisches Interesse besitzen. Die Darstellung von hochreinem Nickel erfolgt z. B. in der Weise, dass man Rohnickel mit CO in **Nickeltetracarbonyl** [Ni(CO)$_4$] überführt und letzteres bei höheren Temperaturen wieder in die Ausgangskomponenten zerlegt.

Mit Schwefeldampf reagiert CO zu **Carbonylsulfid** (Kohlenstoffoxidsulfid) [O=C=S], mit Halogenen bilden sich bei Bestrahlung **Carbonylhalogenide** [O=CX$_2$].

$$CO + Cl_2 \xrightarrow{h\nu} COCl_2 \quad \textbf{(Phosgen)}$$

Zum *Nachweis* von CO kann ein mit einer Palladium(II)-chlorid-Lösung getränktes Filterpapier dienen. CO reduziert PdCl$_2$ zum elementaren Pd, das schon in geringer Konzentration zu einer Dunkelfärbung des Filterpapieres führt.

$$CO + PdCl_2 + H_2O \longrightarrow CO_2\uparrow + Pd\downarrow + 2\ HCl$$

Des Weiteren kann Kohlenmonoxid durch Absorption in einer Kupfer(I)-chlorid-Lösung (CuCl) bestimmt werden [vgl. **MC-Frage Nr. 1303**].

2.6.3 Kohlendioxid, Kohlensäure und Derivate

2.6.3.1 Kohlendioxid

Kohlendioxid (CO$_2$) ist das Produkt der vollständigen Verbrennung von Kohlenstoff und kohlenstoffhaltiger Verbindungen. CO$_2$ entsteht auch als Produkt der pflanzlichen und tierischen Atmung sowie bei der alkoholischen Gärung. In der Technik gewinnt man CO$_2$ durch Verbrennen von Koks mit Luft oder als Nebenprodukt beim *Kalkbrennen* [vgl. **MC-Frage Nr. 1092**].

$$CaCO_3 \xrightarrow{\Delta} CaO + CO_2\uparrow$$

Im Laboratorium setzt man CO$_2$ aus Carbonaten durch Einwirken starker Säuren in Freiheit.

$$CaCO_3 + 2\ HCl \longrightarrow CaCl_2 + H_2O + CO_2\uparrow$$

CO$_2$ ist ein farb-, geruch- und geschmackloses Gas, das bei -78,5 °C sublimiert. Bezüglich seines Phasendiagramms siehe Kap. 1.8.6.4, Abb. 1.112. CO$_2$ ist deutlich *schwerer* als Luft, deren CO_2-Anteil etwa 0,03 Vol% (345 ppm) beträgt. CO_2 kann als Anhydrid der Kohlensäure angesehen werden.

Das CO_2-Molekül ist *linear* gebaut und besitzt dementsprechend *kein* Dipolmoment. Das zentrale C-Atom ist *sp-hybridisiert*. CO_2 ist isoelektronisch mit N_2O und den Ionen NO_2^+ und N_3^- (vgl. Kap. 1.4.2). CO_2 kann als Lewis-Säure leicht mit Nucleophilen reagieren und bildet mit Alkalihydroxiden Carbonate (vgl. Kap. 1.11.1.8 und **MC-Fragen Nr. 1089, 1091, 1424, 1569, 1658, 1831**).

$$CO_2 + 2\ HO^- \longrightarrow CO_3^{2-} + H_2O$$

2.6.3.2 Kohlensäure und Carbonate

Die Löslichkeit von CO_2 in Wasser ist gering. Eine *gesättigte wässrige Lösung* von Kohlendioxid reagiert schwach sauer (pH = 4–5). Die CO_2-Löslichkeit in Wasser steigt mit zunehmendem Druck und sinkt mit steigender Temperatur, weil der Lösevorgang von CO_2 in Wasser exotherm verläuft [vgl. **MC-Fragen Nr. 1093, 1096**]. In einer solchen Lösung treten folgende Gleichgewichte auf:

(1)	$CO_2 + H_2O \rightleftharpoons (H_2CO_3)$		$(pK_s = 3{,}16)$
(2)	$(H_2CO_3) + H_2O \rightleftharpoons H_3O^+ + HCO_3^-$		$(pK_s = 3{,}30)$
(3)	$CO_2 + 2\ H_2O \rightleftharpoons H_3O^+ + HCO_3^-$		$(pK_s = 6{,}46)$
(4)	$HCO_3^- + H_2O \rightleftharpoons H_3O^+ + CO_3^{2-}$		$(pK_s = 10{,}4)$

Kohlensäure (H_2CO_3) lässt sich wegen ihrer raschen Dehydratation *nicht* als Reinsubstanz isolieren. Das Gleichgewicht (1) liegt ziemlich stark auf der linken Seite; bei 20 °C liegen etwa 99,8% des gelösten CO_2 in Form physikalisch gelöster CO_2-Moleküle vor. Deshalb wirkt eine wässrige CO_2-Lösung entsprechend der Reaktionsgleichung (3) nur wie eine schwache Säure [siehe Kap. 1.11.3.2 und **MC-Fragen Nr. 664, 665, 1327, 1610, 1831**].

Als *zweiprotonige* Säure bildet Kohlensäure zwei Reihen von Salzen: **Hydrogencarbonate** (**Bicarbonate**) [$MeHCO_3$] und **Carbonate** [Me_2CO_3]. Hydrogencarbonat- und Carbonat-Ionen sind *eben* gebaut (sp^2-Hybridisierung des C-Atoms). Das Hydrogencarbonat-Ion ist isoelektronisch zum HNO_3-Molekül [vgl. **MC-Fragen Nr. 1089, 1090, 1800**]. HCO_3^--Ionen wirken schwach basisch, CO_3^{2-}-Ionen sind dagegen starke Basen. Mit Ausnahme des Natriumhydrogencarbonats lösen sich alle Hydrogencarbonate leicht in Wasser. Von den Carbonaten sind nur die Alkalicarbonate wasserlöslich, alle übrigen sind schwerlöslich in Wasser.

Beim Ansäuern von Carbonat-Lösungen bilden sich zunächst bei pH = 7–9 Hydrogencarbonate; bei weiterem Ansäuern entsteht CO_2, das der Lösung entweicht, sobald seine Löslichkeit überschritten ist. Mischungen von CO_2 und Hydrogencarbonaten *puffern* im pH-Bereich von 7,0–7,5 (Blut, Brunnenwasser). Leitet man durch eine solche Pufferlösung N_2, so nimmt der Gehalt an gelöstem CO_2 ab und der pH-Wert der Lösung steigt an [vgl. **MC-Frage Nr. 1094**].

Beim Erhitzen von Carbonaten tritt Zersetzung in CO_2 und das betreffende Metalloxid ein, wobei die Carbonate mit zunehmender Ordnungszahl des Kations [z. B. Mg → Ba] thermisch stabiler werden.

$$MeCO_3 \xrightarrow{\Delta} MeO + CO_2\uparrow$$

Hydrogencarbonate zersetzen sich bei mäßigem Erhitzen in Carbonate, Wasser und CO_2.

$$Me(HCO_3)_2 \rightleftharpoons MeCO_3 + H_2O + CO_2\uparrow$$

Umgekehrt werden durch Einleiten von CO_2 in wässrige Carbonat-Suspensionen wieder lösliche Hydrogencarbonate erhalten; CO_2 kann daher in wässrigem Milieu zur Auflösung von **Kalkspat** ($CaCO_3$) führen [vgl. **MC-Fragen Nr. 1091, 1098, 1099, 1101, 1102, 1569**].

2.6.3.3 Ausgewählte Carbonate und Hydrogencarbonate

Natriumcarbonat [Soda] (Na_2CO_3) kommt in der Natur in Salzseen vor und wird technisch durch den „**Ammoniak-Soda-Prozess**" (**Solvay-Verfahren**) aus **Kalk** ($CaCO_3$) und **Kochsalz** (NaCl) hergestellt [vgl. **MC-Frage Nr. 1101**].

Bei diesem Verfahren wird die rel. Schwerlöslichkeit von Natriumhydrogencarbonat ($NaHCO_3$) ausgenutzt. Hierzu leitet man in eine gesättigte NaCl-Lösung nacheinander NH_3 und CO_2 ein, wobei $NaHCO_3$ ausfällt und Ammoniumchlorid (NH_4Cl) in Lösung bleibt. Anschließend wird $NaHCO_3$ durch Erhitzen in Soda (Na_2CO_3) übergeführt (*Calcinieren*). Das benötigte CO_2 erhält man durch Brennen von Kalk ($CaCO_3$). Das hierbei gebildete Calciumoxid (CaO) (*gebrannter Kalk*) wird danach zur Rückgewinnung des Ammoniaks verwendet. Zu diesem Zweck lässt man CaO mit Wasser zu Calciumhydroxid [$Ca(OH)_2$] (*gelöschter Kalk*) reagieren und setzt dieses mit der bei der $NaHCO_3$-Bildung entstandenen NH_4Cl-Lösung um, wobei NH_3 und Calciumchlorid ($CaCl_2$) als Abfallprodukte anfallen. Der Solvay-Prozess kann insgesamt durch folgende Teilprozesse beschrieben werden.

$$2\,NaCl + 2\,NH_3 + 2\,CO_2 + 2\,H_2O \longrightarrow 2\,NaHCO_3 + 2\,NH_4Cl$$
$$2\,NaHCO_3 \xrightarrow{\Delta} Na_2CO_3 + H_2O + CO_2\uparrow$$
$$CaCO_3 \xrightarrow{\Delta} CaO + CO_2\uparrow$$
$$CaO + H_2O \longrightarrow Ca(OH)_2$$
$$Ca(OH)_2 + 2\,NH_4Cl \longrightarrow CaCl_2 + 2\,H_2O + 2\,NH_3\uparrow$$

$$\mathbf{2\,NaCl + CaCO_3 \longrightarrow Na_2CO_3 + CaCl_2}$$

Die direkte Gewinnung von Soda durch Umsetzung einer wässrigen NaCl-Lösung mit $CaCO_3$ ist *nicht* durchführbar, weil $CaCO_3$ im Gegensatz zu NaCl, Na_2CO_3 und $CaCl_2$ in Wasser schwerlöslich ist [vgl. **MC-Frage Nr. 1100**].

Natriumhydrogencarbonat ($NaHCO_3$) enthält das schwach basische HCO_3^--Anion und dient als Medikament zur Neutralisierung überschüssiger Magensäure (*Antacidum*). Beim Erwärmen tritt Abspaltung von CO_2 ein (Verwendung als Backpulver). $NaHCO_3$ ist in Wasser relativ schwerlöslich.

Calciumcarbonat ($CaCO_3$), das wichtigste Carbonat, kommt in der Natur als **Kalk**, **Marmor** oder **Kalkspat** (**Calcit**) vor. Darüber hinaus entsteht es beim Einleiten von CO_2 in $Ca(OH)_2$-Lösungen.

$$Ca^{2+} + 2\ HO^- + CO_2 \longrightarrow CaCO_3\downarrow + H_2O$$
$$CaCO_3 + CO_2 + H_2O \longrightarrow Ca(HCO_3)_2$$
$$Ca(HCO_3)_2 \xrightarrow{\Delta} CaCO_3 + H_2O + CO_2\uparrow$$

Leitet man in eine $CaCO_3$-Suspension CO_2 ein, so erfolgt Auflösung unter Bildung von Calciumhydrogencarbonat. Letzteres spaltet beim Erhitzen wieder CO_2 ab. Zur *Carbonathärte* von natürlichem Wasser siehe Kap. 2.4.3.3.

2.6.4 Silicium, Siliciumwasserstoffe, Siliciumhalogenide

2.6.4.1 Silicium

Silicium ist nach Sauerstoff das zweithäufigste Element in der Erdkruste. Es tritt im Gegensatz zu Kohlenstoff in der Natur *nicht* elementar auf und wird in der Technik durch Reduktion von **Quarz** (SiO_2) mit Kohle oder Calciumcarbid hergestellt. Im Laboratorium können auch unedle Metalle wie Al oder Mg als Reduktionsmittel verwendet werden [vgl. **MC-Fragen Nr. 1103, 1104, 1728, 1832**].

$$SiO_2 + 2\ C \xrightarrow{>\ 2000\ °C} Si + 2\ CO\uparrow$$

Elementares Silicium ist ziemlich reaktionsträge und kristallisiert in der Diamantstruktur; eine graphitartige Modifikation ist nicht bekannt. Mit heißen Laugen reagiert Silicium zu Silicaten und H_2 (vgl. Kap. 2.2.1). Si ist ein wichtiger Grundstoff der Halbleitertechnik und bildet mit vielen Metallen **Silicide** [Mg_2Si, $CaSi$, $FeSi$].

Im Gegensatz zu Kohlenstoff geht Si keine Mehrfachbindungen ein. In seinen Verbindungen tritt es in der Regel vierbindig, in Ausnahmefällen auch sechsbindig [z. B. $SiCl_6^{2-}$] auf, weil Silicium unbesetzte d-AO für Bindungen zur Verfügung stellen kann [vgl. **MC-Frage Nr. 1105**].

2.6.4.2 Wasserstoffverbindungen des Siliciums (Silane)

Silicium bildet weit weniger Wasserstoffverbindungen (**Silane**) als Kohlenstoff. Die den Alkanen analog gebauten ersten Glieder der homologen Reihe der Silane **Si_nH_{2n+2}** sind bis zum **Hexasilan** (Si_6H_{14}) bekannt. Silane sind selbstentzündliche, an der Luft explosive Substanzen, die von Wasser bei pH > 7 rasch zu **Kieselsäure** (H_4SiO_4) hydrolysiert werden [vgl. **MC-Fragen Nr. 1106, 1107**].

$$SiH_4 + 4\ H_2O \longrightarrow Si(OH)_4 + 4\ H_2\uparrow$$
$$2\ Si_2H_6 + 7\ O_2 \longrightarrow 4\ SiO_2 + 6\ H_2O$$

Die im Vergleich zu den hydrolysestabilen Alkanen kinetische Instabilität der Silane ist darauf zurückzuführen, dass die größeren Si-Atome durch die H-Atome nur ungenügend abgeschirmt werden und darüber hinaus das Silicium unbesetzte d-AO für die Bildung aktivierter Komplexe bereitstellen kann. Zudem ist in den Si-H-Bindungen das Siliciumatom *positiv polarisiert*, was den Angriff von Nucleophilen erleichtert. Demgegenüber ist in Alkanen das H-Atom der positiv polarisierte Bindungspartner (vgl. auch Kap. 2.2.4).

$$\text{Monosilan:} \quad \underset{\underset{\displaystyle H}{|}}{\overset{\overset{\displaystyle H}{|}}{H-\underset{}{\overset{\delta^+}{Si}}}}-\overset{\delta^-}{H} \qquad\qquad \text{Methan:} \quad \underset{\underset{\displaystyle H}{|}}{\overset{\overset{\displaystyle H}{|}}{H-\underset{}{\overset{\delta^-}{C}}}}-\overset{\delta^+}{H}$$

2.6.4.3 Halogenverbindungen des Siliciums

Bei der Umsetzung von Silicium mit elementaren Halogenen erhält man **Siliciumtetrahalogenide** (SiX_4). **Siliciumtetrafluorid** (SiF_4) bildet sich auch durch Einwirkung von Fluorwasserstoff (HF) auf SiO_2 oder Glas (siehe Kap. 2.3.3). Lässt man elementares Chlor mit Calciumsilicid (CaSi) reagieren, so entstehen die höheren Glieder der homologen Reihe Si_nCl_{2n+2} [vgl. **MC-Frage Nr. 1103**].

SiF_4 ist bei Raumtemperatur ein Gas, $SiCl_4$ und $SiBr_4$ sind flüssig und SiI_4 ist fest [Schmp. 120,5 °C]; die anderen Siliciumhalogenide sind Flüssigkeiten. Siliciumhalogenide sind sehr reaktionsfähige Stoffe; sie werden alle durch Wasser leicht zu Kieselsäure hydrolysiert. Aufschlussreich ist der Vergleich des chemischen Verhaltens von **Siliciumtetrachlorid** ($SiCl_4$) und **Tetrachlorkohlenstoff** (CCl_4) gegenüber Wasser:

$$CCl_4 + 2\ H_2O \longrightarrow CO_2\uparrow + 4\ HCl \qquad [\Delta H = -376,6\ \text{kJ/mol}]$$
$$SiCl_4 + 2\ H_2O \longrightarrow SiO_2 + 4\ HCl \qquad [\Delta H = -278,2\ \text{kJ/mol}]$$

Beide Hydrolysen verlaufen stark *exergonisch*, wobei die Triebkraft für die Reaktion des Tetrachlorkohlenstoffs mit Wasser noch etwas größer ist als für die analoge Umsetzung von $SiCl_4$. Trotzdem ist CCl_4 gegenüber Wasser *kinetisch inert*, weil die vier Cl-Atome das zentrale C-Atom wirksam gegenüber dem nucleophilen Angriff einer Lewis-Base abschirmen. Im Falle des Siliciumtetrachlorids ist die sterische Abschirmung der Chloratome auf das größere Si-Atom wesentlich geringer, sodass Wasser das positiv polarisierte Si-Atom leichter angreifen kann. Darüber hinaus besitzt $SiCl_4$ im Gegensatz zu CCl_4 noch energetisch tiefliegende d-AO, die zur Bildung eines aktivierten Komplexes benutzt werden können [vgl. **MC-Fragen Nr. 1103, 1111, 1112**].

SiF_4 ist bei Ausschluss von Feuchtigkeit recht reaktionsträge. Dagegen reagiert es mit Wasser zu *gallertartiger* Kieselsäure und Flusssäure (HF), wobei sich die gebildete Flusssäure mit noch unverändertem SiF_4 zu **Hexafluorokieselsäure** ($H_2[SiF_6]$) umsetzt.

$$SiF_4 + 2\ HF \longrightarrow H_2[SiF_6]$$
$$3\ SiF_4 + 2\ H_2O \longrightarrow SiO_2 + 2\ H_2[SiF_6]$$

$H_2[SiF_6]$ ist im reinen, wasserfreien Zustand nicht bekannt; sie ist eine starke Säure, die beim Erwärmen in SiF_4 und H_2F_2 zerfällt. Sie bildet ein kristallines **Oxoniumsalz** $(H_3O^+)_2[SiF_6^{2-}]$ und ihre wässrigen Lösungen enthalten praktisch keine freie Flusssäure [vgl. **MC-Frage Nr. 1243**].

2.6.5 Sauerstoffverbindungen des Siliciums

2.6.5.1 Siliciumdioxid

Siliciumdioxid (SiO_2) ist in der Natur weit verbreitet und findet sich dort sowohl in kristalliner (**Quarz**) als auch in amorpher Form (**Kieselgur**).

Im Gegensatz zu CO_2 ist SiO_2 kein flüchtiger, sondern ein harter, hochschmelzender Feststoff. Dies beruht darauf, dass einerseits das größere Si-Atom gegenüber Sauerstoff die Koordinationszahl 4 besitzt und andererseits keine Si=O-Doppelbindungen gebildet werden. Das SiO_2-Molekül ist deshalb *nicht* monomer, sondern Silicium- und Sauerstoffatome bilden ein hochmolekulares, dreidimensionales Netzwerk, in dem jedes Si-Atom tetraedrisch von vier O-Atomen umgeben ist. Die Si-O-Bindung kann als stark polare Atombindung aufgefasst werden [vgl. **MC-Fragen Nr. 1097, 1117**].

SiO_2 bildet eine Reihe von polymorphen Modifikationen (Quarz, Tridymit, Cristoballit), deren häufigste und wichtigste Form **Quarz** ist. Quarzkristalle treten in zwei zueinander spiegelbildlichen Kristallformen auf [vgl. **MC-Fragen Nr. 1542, 1833**].

SiO_2 ist chemisch sehr reaktionsträge und wird von Säuren praktisch nicht angegriffen. Nur Flusssäure (HF) und Fluor (F_2) reagieren ziemlich leicht unter Bildung von SiF_4 oder $H_2[SiF_6]$. Konzentrierte Laugen vermögen SiO_2 beim Kochen sehr langsam zu lösen.

Durch Zusammenschmelzen von Quarzsand mit Metalloxiden oder Verbindungen, die in der Hitze leicht Metalloxide bilden, erhält man *amorphe Gläser*. Dabei wird der Verband der SiO_4-Gruppen in kleinere Bruchstücke gespalten; die dadurch entstehenden negativen Ladungen werden durch Metallionen kompensiert. **Normalglas** (Fenster-, Gebrauchs-, Flaschenglas) kann durch Zusammenschmelzen von Quarzsand (SiO_2), Soda (Na_2CO_3) und Kalk ($CaCO_3$) im Verhältnis 6:1:1 hergestellt werden; es enthält Na^+- und Ca^{2+}-Ionen als Gegenionen. Normalglas ist nicht transparent für kurzwelliges UV-Licht, unbeständig gegenüber Flusssäure und verhält sich nicht völlig inert gegenüber kochendem Wasser. Normalglas besitzt keinen definierten Schmelzpunkt, weil es sich bei Normalgläsern nicht um ferngeordnete, kristalline Festkörper handelt [siehe Kap. 1.3.2 und **MC-Fragen Nr. 1115, 1116, 1304**].

2.6.5.2 Orthokieselsäure, Polykieselsäuren, Metakieselsäuren

Zersetzt man Siliciumtetrahalogenide mit Wasser, so bildet sich **Orthokieselsäure** [H_4SiO_4]. Orthokieselsäure entsteht auch beim Ansäuern der Lösung eines Orthosilicats. H_4SiO_4 ist eine sehr schwache Säure ($pK_s = 10,0$).

Orthokieselsäure ist nur bei einem pH-Wert von 3,2 für einige Zeit beständig, bei größeren oder kleineren pH-Werten spaltet die Säure intermolekular Wasser ab. Als erstes Kondensationsprodukt tritt **Dikieselsäure** (**Pyrokieselsäure**) $[H_6Si_2O_7]$ auf.

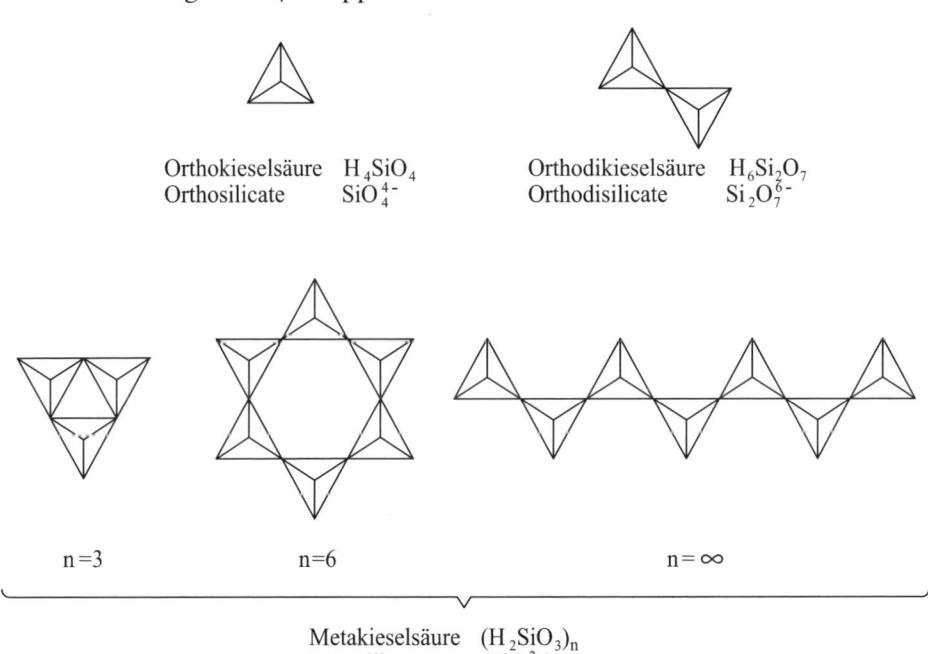

Die weitere Kondensation unter Wasseraustritt führt auf dem Wege über **Polykieselsäuren** $[H_{2n}Si_nO_{3n+1}]$ schließlich zur Bildung von **Metakieselsäuren** der Bruttozusammensetzung $[(H_2SiO_3)_n]$, deren Moleküle bei kleiner Zahl von n (n = 3–6) zu einem Ring geschlossen sind. Bei großen Zahlen von n liegen Metakieselsäuren, wie Abb. 2.18 zeigt, als Kettenmoleküle vor. Kettensilicate enthalten zu Gerüstanionen vereinigte SiO_4-Gruppen.

Abb. 2.18: Tetraedrische Anordnung der Atome in Kieselsäuren
[nur die Sauerstoffatome sind als Tetraederecken eingezeichnet]

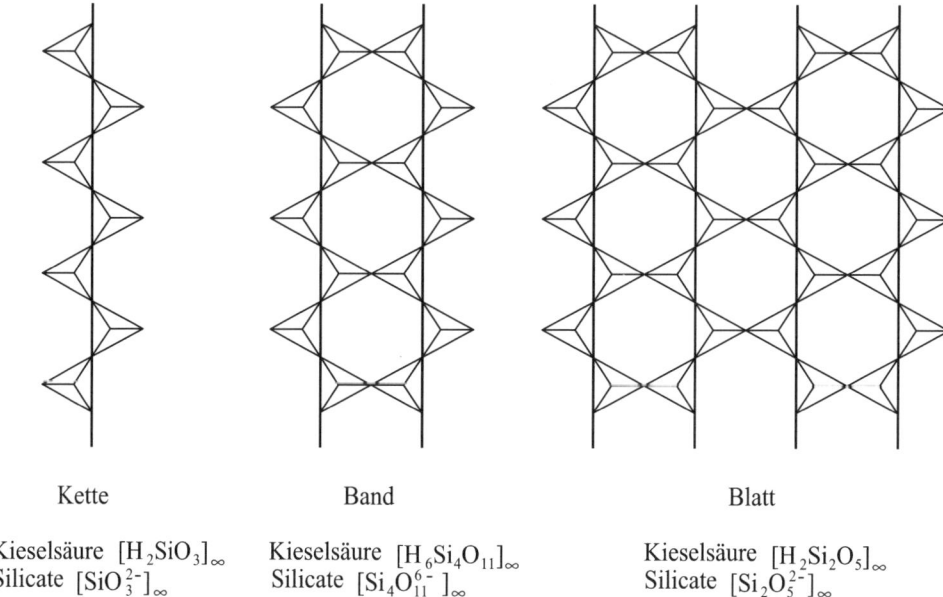

Kette   Band   Blatt

Kieselsäure $[H_2SiO_3]_\infty$ Kieselsäure $[H_6Si_4O_{11}]_\infty$ Kieselsäure $[H_2Si_2O_5]_\infty$
Silicate $[SiO_3^{2-}]_\infty$ Silicate $[Si_4O_{11}^{6-}]_\infty$ Silicate $[Si_2O_5^{2-}]_\infty$

Abb. 2.19:   Kieselsäuren mit Ketten-, Band- und Blattstruktur

Wie Abb. 2.19 veranschaulicht, können mehrere solcher *Ketten* zu *Bändern* und diese wiederum zu *Blättern* zusammentreten. Entsprechend ihrer Struktur spricht man dann von **Ketten-, Band-** oder **Blattsilicaten** [vgl. **MC-Fragen Nr. 1113, 1114**].

2.6.5.3 Silicate

Silicate sind die Salze der Orthokieselsäure und der Polykieselsäuren. Auch in den Silicaten besitzt das Si-Atom die Koordinationszahl 4, sodass isolierte SiO_3^{2-} -Anionen nicht existieren. Das *tetraedrisch* gebaute SiO_4^{4-} -Ion zeigt durch Verkettung der SiO_4-Gruppen ein großes Bestreben, zu größeren Molekülverbänden zusammenzutreten; jedes im Mittelpunkt eines Tetraeders (siehe Abb. 2.18 und 2.19) stehende Si-Atom ist von *vier* Sauerstoffatomen umgeben und jeweils zwei Si-Atome sind über eine Sauerstoffbrücke miteinander verbunden; dieses Sauerstoffatom stellt die gemeinsame Ecke zweier Tetraeder dar. Die Silicate enthalten daher als bestimmende Strukturelemente **Gerüstanionen**, die aus zahlreichen einzelnen SiO_4-Tetraedern aufgebaut sind.

Die **Orthosilicate** entsprechen größtenteils der formalen Zusammensetzung $Me_2^{II}SiO_4$; sie enthalten einzelne SiO_4^{4-} -Anionen; ihre Zusammensetzung schwankt allerdings in gewissen Grenzen.

Kettensilicate enthalten zu kettenartigen Gerüstanionen vereinigte SiO_4-Gruppen, die sich weiter zu Bändern und schließlich zu Blättern zusammenlagern können (vgl. Abb. 2.19). **Asbest** ist ein Sammelbegriff für faserige Kettensilicate.

In den **Schichtensilicaten** sind ebene Schichten aus SiO_4-Gruppen vorhanden, die durch zwischen den Schichten liegende Kationen zusammengehalten werden.

Statt zu Ketten, Bändern oder Schichten können die tetraedrischen SiO_4-Gruppen auch zu *dreidimensionalen Gittern* koordinieren, wie dies bei den verschiedenen Modifikationen des SiO_2 der Fall ist.

Prinzipiell den gleichen Aufbau zeigen **Gerüstsilicate**; bei ihnen vertreten aber Al-Atome einen Teil der Si-Atome und das Gitter enthält zum Ladungsausgleich Kationen wie Na^+, K^+ oder Ca^{2+}. Solche **Alumosilicate** sind als **Feldspäte** und **Glimmer** in der Natur weit verbreitet (vgl. Kap. 2.7.5). **Talkum** (Talk) ist ein natürlich vorkommendes Magnesiumsilicat der allgemeinen Formel $[Mg(OH)_2(SiO_5)_2]$, das oft geringe Mengen an Aluminiumsilicaten enthält [vgl. **MC-Fragen Nr. 1118, 1727**].

Durch Schmelzen von feingepulvertem SiO_2 mit Soda oder Pottasche (K_2CO_3) bzw. durch Kochen von SiO_2 mit konz. Laugen erhält man *wasserlösliche* **Alkalisilicate** [vgl. **MC-Frage Nr. 1542**]. Sie enthalten neben SiO_4^{4-} - auch $Si_2O_7^{6-}$ -, $Si_3O_{10}^{8-}$ - Anionen usw. Im Gegensatz zu echten Lösungen lassen sich die Teilchen einer solchen **Wasserglas-Lösung** mittels Dialyse abtrennen. Es handelt sich um *kolloidale Lösungen* mit Teilchen in der Größenordnung von 10^{-7} bis 10^{-5} cm.

$$2\ Na_2CO_3 + SiO_2 \longrightarrow Na_4SiO_4 + 2\ CO_2\uparrow$$

Silicate können auch durch Zusammenschmelzen von SiO_2 mit anderen Metalloxiden, -hydroxiden oder -carbonaten erhalten werden.

$$CaO + SiO_2 \longrightarrow CaSiO_3$$

2.6.6 Silicone

Siliciumhalogenide wie z. B. $SiCl_4$ hydrolysieren in Wasser zu Orthokieselsäure, die anschließend unter Wasserabspaltung zu dreidimensionalen Gitterverbänden kondensieren kann.

$$SiCl_4 + 4\ H_2O \longrightarrow Si(OH)_4 + 4\ HCl$$

Setzt man anstelle von Siliciumtetrachlorid organische Siliciumhalogenide, wie z. B. **Trialkylsiliciumchloride** [R_3SiCl] mit Wasser um, so entstehen zunächst **Silanole** (*Siliciumalkohole*), die ebenfalls leicht Wasser abspalten und in niedermolekulare **Siloxane** [R_3Si-O-SiR_3] übergehen [vgl. **MC-Fragen Nr. 1121, 1267**].

$$2\ (CH_3)_3Si\text{-}Cl \xrightarrow[\text{- 2 HCl}]{\text{+ 2 H}_2\text{O}} \underset{\textbf{Trimethylsilanol}}{2\ (CH_3)_3Si\text{-}OH} \xrightarrow{\text{- H}_2\text{O}} \underset{\textbf{Hexamethyldisiloxan}}{(CH_3)_3Si\text{-}O\text{-}Si(CH_3)_3}$$

Durch Reaktion von **Dialkyl-** [R_2SiCl_2] und **Monoalkylsiliciumchloriden** [$RSiCl_3$] mit Wasser erhält man über im monomeren Zustand nicht fassbare **Dialkylsilandiole** [$R_2Si(OH)_2$] bzw. **Alkylsilantriole** [$RSi(OH)_3$] hochmolekulare **Silicone** („*Siliciumketone*") mit ringförmigen, kettenartigen oder auch vernetzten Strukturen.

Silicone sind also **Polykondensationsprodukte** aus Silanolen, Silandiolen und Silantriolen [vgl. **MC-Fragen Nr. 1104, 1570, 1801**].

$$R_2SiCl_2 \xrightarrow[- 2\ HCl]{+\ 2\ H_2O} R_2Si(OH)_2 \longrightarrow \longrightarrow \longrightarrow$$

Silandiol

$$-O-\underset{\underset{R}{|}}{\overset{\overset{R}{|}}{Si}}-O-\underset{\underset{R}{|}}{\overset{\overset{R}{|}}{Si}}-O-\underset{\underset{R}{|}}{\overset{\overset{R}{|}}{Si}}-O-\underset{\underset{R}{|}}{\overset{\overset{R}{|}}{Si}}-$$

Silicon

Die Länge der Ketten und der Vernetzungsgrad werden durch den Anteil an Trialkylsiliciumchlorid [R$_3$SiCl] und Alkylsiliciumchlorid [RSiCl$_3$] im Gemisch mit Dialkylsiliciumchlorid [R$_2$SiCl$_2$] bestimmt [vgl. **MC-Frage Nr. 1119**].

Kondensiert ein Trialkylsilanol-Molekül [R$_3$SiOH] mit einer im Wachstum befindlichen Siloxan-Kette, so wird die Polykondensation abgebrochen. R$_3$SiO-Gruppen bilden die Kettenenden. Dagegen führen höhere Anteile an Alkylsilantriolen [RSi(OH)$_3$] zu einer stärkeren Vernetzung. Kettenförmige Makromoleküle mit mäßiger Kettenlänge sind flüssig (**Siliconöle**), wobei die Viskosität mit zunehmender Kettenlänge wächst; gering vernetzte Ketten besitzen Kautschukelastizität (**Siliconkautschuk**), während stark vernetzte Produkte eine harzartige Konsistenz haben (**Siliconharze**).

Die Si-C-Bindung ist *kinetisch inert* und wird unter normalen Bedingungen weder von Säuren noch von Laugen angegriffen. Der organische Anteil in den Makromolekülen macht die Silicone wasserabstoßend (*hydrophob*), sodass sie zur Imprägnierung verwendet werden können. Zur Herstellung der Silicone werden Silicium und Alkylchloride, z. B. Methylchlorid (CH$_3$Cl), bei 300–400 °C in Anwesenheit von Kupfer-Katalysatoren miteinander zur Reaktion gebracht und die gebildeten Alkylsiliciumchloride anschließend mit Wasser umgesetzt. Im Laboratorium können Alkylsiliciumchloride durch Reaktion von SiCl$_4$ mit **Grignard-Ver-**

bindungen (RMgCl) erhalten werden [vgl. **MC-Fragen Nr. 1120, 1121, 1267, 1480, 1570, 1648, 1801, 1834**].

$$CH_3CH_2\text{-}MgCl + SiCl_4 \longrightarrow CH_3CH_2\text{-}SiCl_3 + MgCl_2$$

2.6.7 Zinn und Blei

2.6.7.1 Vorkommen, Verwendung und Eigenschaften der Elemente

Vorkommen: In der Natur kommen Zinn und Blei vorwiegend als Sulfide und Oxide vor [**Bleiglanz** (PbS); **Zinnstein** (SnO_2)]. Weitere wichtige Bleierze sind $PbCO_3$, $PbCrO_4$ und $PbSO_4$. Zinn findet sich in der Natur im wesentlichen in Form von Zinn(IV)-Verbindungen [vgl. **MC-Fragen Nr. 1123, 1438, 1439, 1475**].

Die Metalle erhält man durch Reduktion der Oxide mit Kohle oder Kohlenmonoxid. Die sulfidischen Erze müssen zuvor durch Rösten in die betreffenden Oxide umgewandelt werden [vgl. **MC-Frage Nr. 1159**].

$$2\ PbS + 3\ O_2 \longrightarrow 2\ PbO + 2\ SO_2\uparrow \qquad \text{(Röstarbeit)}$$
$$PbO + CO \longrightarrow Pb + CO_2\uparrow \qquad \text{(Reduktionsarbeit)}$$

Blei ist ein weiches, dehnbares Schwermetall, das in einer kubisch-dichtesten Kugelpackung kristallisiert. **Zinn** tritt in drei verschiedenen Modifikationen auf [vgl. **MC-Frage Nr. 1125**].

$$\alpha\text{-Sn} \underset{\text{grau}}{\overset{13{,}2\ °C}{\rightleftharpoons}} \beta\text{-Sn} \underset{\text{weiß}}{\overset{161\ °C}{\rightleftharpoons}} \gamma\text{-Sn} \underset{\text{grau, spröde}}{\overset{232\ °C}{\rightleftharpoons}} \text{Schmelze}$$

Bei Raumtemperatur ist die metallische, weiße β-Form beständig. Die Umwandlung von β-Sn in α-Sn unterhalb von $13{,}2\ °C$ erfolgt sehr langsam, wobei Zinn in viele kleine Kristalle zerfällt. Haben sich aber einmal an vereinzelten Stellen graue Sn-Pusteln gebildet, so wirken sie als Kristallisationskeime für andere Bereiche, so dass sich die zerstörende Umwandlung rasch weiter ausbreitet (*Zinnpest*).

Verwendung: Zinn und Blei werden häufig als Bestandteile von Legierungen eingesetzt. *Bronze* ist z. B. eine Legierung von Kupfer und Zinn (vgl. auch Kap. 1.6.2). Die Hauptmenge an Blei wird für *Bleiakkumulatoren* benötigt [vgl. **MC-Frage Nr. 1124**].

Eigenschaften: Zinn ist bei Raumtemperatur gegenüber Luft und Wasser recht beständig, verbrennt jedoch bei starkem Erhitzen zu Zinndioxid (SnO_2). Mit freien Halogenen entstehen Tetrahalogenide (SnX_4). Zinn löst sich nur in starken Säuren und Basen unter H_2-Entwicklung. Gegenüber schwachen Säuren und Basen ist Zinn verhältnismäßig beständig [vgl. **MC-Fragen Nr. 1123–1127**].

$$Sn + 2\ HCl \longrightarrow SnCl_2 + H_2\uparrow$$

$$Sn + 4\ H_2O + 2\ HO^- \longrightarrow [Sn(OH)_6]^{2-} + 2\ H_2\uparrow$$

Blei wird von Wasser in Gegenwart von Luftsauerstoff langsam in Bleihydroxid [$Pb(OH)_2$] übergeführt.

$$Pb + 1/2\ O_2 + H_2O \longrightarrow Pb(OH)_2$$

Gegenüber Säuren, wie z. B. H_2SO_4, HCl und HF, die mit Blei schwerlösliche Salze [$PbSO_4$, $PbCl_2$, PbF_2] bilden, ist Pb beständig, weil sich auf der Oberfläche des Metalls ein schützender Überzug bildet (*Passivierung*). Säuren, die nicht passivieren, greifen Blei an; im Falle oxidierender Säuren, wie z. B. konz. Salpetersäure, erfolgt Auflösung unter Bildung eines Pb(II)-Salzes, bei nichtoxidierenden Säuren (z. B. Essigsäure) geschieht dies erst bei Zutritt von Luftsauerstoff. In heißen Laugen löst sich Blei unter Bildung von Hydroxoplumbiten [vgl. **MC-Frage Nr. 1128**].

$$Pb + 2\ H_2O + HO^- \longrightarrow [Pb(OH)_3]^- + H_2\uparrow$$

2.6.7.2 Verbindungen der vierwertigen Oxidationsstufe

Von den Wasserstoffverbindungen sind nur **Stannan** (SnH_4) und **Plumban** (PbH_4) bekannt.

Außer $PbBr_4$ und PbI_4 existieren von Zinn und Blei alle **Tetrahalogenide**. Mit Ausnahme der Fluoride sind es flüchtige Substanzen, die in Wasser zu wasserhaltigen Dioxiden hydrolysieren; die Hydroxide der allgemeinen Formel $M(OH)_4$ sind *nicht* bekannt. Die *thermische Beständigkeit* der Tetrahalogenide nimmt vom Kohlenstoff zum Blei hin ab. **Bleitetrachlorid** ($PbCl_4$) zerfällt bereits bei tiefen Temperaturen in $PbCl_2$ und Cl_2.

Zinntetrachlorid ($SnCl_4$), eine an der Luft stark rauchende farblose Flüssigkeit, kann durch direkte Synthese aus den Elementen hergestellt werden, während $PbCl_4$ nur aus $PbCl_2$ und Chlor darstellbar ist. Blei liefert bei der Umsetzung mit elementaren Halogenen lediglich Dihalogenide. Alle Tetrahalogenide sind Lewis-Säuren, die mit überschüssigen Halogenid-Ionen anionische Komplexe bilden [$SnCl_6^{2-}$, $PbCl_6^{2-}$] [vgl. **MC-Fragen Nr. 1124, 1127**].

Zinndioxid (SnO_2) und **Bleidioxid** (PbO_2) besitzen salzähnlichen Charakter. SnO_2 ist *polymorph* und in Wasser, Säuren oder Laugen unlöslich. Beim Schmelzen mit Alkalihydroxiden bilden sich **Hexahydroxostannate** ([$Sn(OH)_6$]$^{2-}$). Auch PbO_2 löst sich kaum in Säuren, jedoch bilden sich bei der Alkalischmelze oder beim Lösen in konz. Alkalihydroxid-Lösungen gleichfalls **Hexahydroxoplumbate** ([$Pb(OH)_6$]$^{2-}$). PbO_2 kann in alkalischer Lösung durch Oxidation mit starken Oxidantien hergestellt werden.

$$[Pb(OH)_3]^- + ClO^- \longrightarrow PbO_2 + Cl^- + HO^- + H_2O$$

Die *oxidierende* Wirkung der vierwertigen Oxide nimmt vom CO_2 zum PbO_2 deutlich zu. Blei(IV)-oxid ist ein starkes Oxidationsmittel [$E^\circ = +1{,}47$ V] und spaltet beim Erwärmen leicht Sauerstoff ab, wobei zunächst **Mennige** (Pb_3O_4) und erst bei noch stärkerem Erhitzen Pb(II)-oxid (PbO) gebildet wird. Pb_3O_4 ist ein Oxid, das Blei in den Oxidationsstufen **+2** und **+4** enthält (2 $PbO \cdot PbO_2$). Beweisend hierfür ist, dass beim Behandeln von Pb_3O_4 mit HNO_3 neben $Pb(NO_3)_2$ auch PbO_2 entsteht [vgl. **MC-Fragen Nr. 1129, 1130**].

Nur Zinn bildet eine Schwefelverbindung in der vierwertigen Stufe. **Zinn(IV)-sulfid** (SnS_2) löst sich in Alkalisulfid-Lösungen unter Bildung von **Thiostannaten**. Das oft als SnS_3^{2-} formulierte Anion ist *dimer* ($Sn_2S_6^{4-}$).

$$2\ SnS_2 + 2\ Na_2S \longrightarrow Na_4[Sn_2S_6]$$

2.6.7.3 Verbindungen der zweiwertigen Oxidationsstufe

Die **Dihalogenide** von Sn und Pb sind weitgehend salzartig und weniger flüchtig als die Tetrahalogenide. Sn(II)-Salze sind, besonders in alkalischer Lösung, *starke Reduktionsmittel* und gehen in Zinn(IV)-Verbindungen über [vgl. **MC-Fragen Nr. 1123, 1124, 1127, 1450**].

$$[Sn(OH)_3]^- + 3\ HO^- \longrightarrow [Sn(OH)_6]^{2-} + 2\ e^- \quad [E^\circ = -0{,}93\ V]$$

Demgegenüber wirken Pb^{2+}-Ionen *nicht* reduzierend. Alle Pb(II)-Halogenide sind in kaltem Wasser schwerlöslich. Auch die Dihalogenide von Sn und Pb sind Lewis-Säuren und bilden mit überschüssigen Halogenid-Ionen anionische Komplexe [$SnCl_3^-$, $PbCl_4^{2-}$] [vgl. **MC-Frage Nr. 1130**].

Sn(II)- und Pb(II)-Ionen ergeben mit HO^--Ionen schwerlösliche Hydroxide, die *amphoter* sind und sich in konz. Alkalihydroxid-Lösungen unter Bildung von **Hydroxostanniten** und **Hydroxoplumbiten** wieder auflösen [vgl. **MC-Fragen Nr. 1125, 1127**].

$$Me(OH)_2 + HO^- \longrightarrow [Me(OH)_3]^- \quad (Me:\ Sn,\ Pb)$$

Keines dieser Hydroxide besitzt eine exakte stöchiometrische Zusammensetzung. Es handelt sich vielmehr um stark wasserhaltige Oxide. **Zinn(II)-oxid** (SnO) und **Blei(II)-oxid** (PbO) sind hochschmelzende Feststoffe. PbO existiert in zwei Modifikationen unterschiedlicher Farbe (*Thermochromie*); die rote Form ist die thermodynamisch stabilere.

$$PbO_{rot} \xrightarrow{488\ ^\circ C} PbO_{gelb}$$

Beide Elemente bilden in der zweiwertigen Stufe schwerlösliche **Sulfide** (SnS, PbS), wobei PbS in Alkalisulfid-Lösungen unlöslich ist. Als weitere schwerlösliche Blei(II)-Salze sind $PbCrO_4$ und $PbSO_4$ zu nennen. $PbSO_4$ ist jedoch wie $BaSO_4$ in konz. Schwefelsäure löslich.

$$PbSO_4 + H_2SO_4 \longrightarrow H_2[Pb(SO_4)_2]$$

2.7 Borgruppe

Zu den Elementen der III. Hauptgruppe gehören **Bor** (B), **Aluminium** (Al), **Gallium** (Ga), **Indium** (In) und **Thallium** (Tl). Keines dieser Elemente kommt in der Natur elementar vor. Die Affinität der Elemente gegenüber elektronegativen Elementen (z. B. Chlor) ist größer als die Affinität gegenüber elektropositiven Elementen (z. B. Wasserstoff). Über die wichtigsten Eigenschaften der Elemente der III.Hauptgruppe informiert Tab. 2.18 [vgl. **MC-Frage Nr. 1272**].

Sonderstellung des Bors: Wie in den anderen Hauptgruppen so unterscheidet sich auch Bor als erstes Element der Gruppe stark von den übrigen Elementen.

Tab. 2.18: **Eigenschaften der Elemente der Borgruppe**

	B	Al	Ga	In	Tl
Elektronenkonfiguration	ns^2np^1				
Schmelzpunkt (°C)	2050	660,2	29,8	156,6	304
Siedepunkt (°C)	4050	2467	2400	2100	1457
Normalpotential [E/E(III)] (V)	-0,87	-1,69	-0,52	-0,34	+0,72
Ionisierungsenergie (kJ/mol)	799,7	577,8	577,8	556,8	590,3
Atomradius (pm)	80	143	135	157	170
Ionenradius [E^{3+}] (pm)	(23)	52	62	81	89
Elektronegativität	2,0	1,5	1,6	1,7	1,8
Metallcharakter	————————**Zunehmend**————————→				
Beständigkeit der E(I)-Verbindungen	————————**Zunehmend**————————→				
Beständigkeit der E(III)-Verbindungen	————————**Abnehmend**————————→				
Basencharakter der Oxide [E_2O_3]	————————**Zunehmend**————————→				
Säurecharakter der Hydroxide [$E(OH)_3$]	————————**Abnehmend**————————→				
Salzcharakter der Chloride [EX_3]	————————**Zunehmend**————————→				
Stabilität der Halogenide [B ⟶ Tl bzw. F ⟶ I]	————————**Abnehmend**————————→				

Das *polymorphe* Bor ist ein *Halbmetall*, die anderen Elemente dieser Gruppe sind *Metalle*. Bor bildet als einziges Element *keine* freien Ionen der Ladung +3 und ist in seinen Verbindungen kovalent gebunden. Bor ähnelt in seinem Verhalten stark dem Silicium (vgl. Kap. 1.2.4.6 „Schrägbeziehung") [vgl. **MC-Frage Nr. 1131**].

Wertigkeit: Bor und Aluminium kommen in der Oxidationsstufe **+3** vor; vom Gallium existieren bereits Verbindungen mit Ga^+-Ionen. Beim Thallium leiten sich dagegen die meisten Verbindungen von der Oxidationsstufe **+1** ab; Tl(I)-Verbindungen sind im allgemeinen stabiler als Tl(III)-Verbindungen und zeigen ein den Alkalimetallsalzen analoges Verhalten. Alle Thallium-Verbindungen sind hochtoxisch [vgl. **MC-Frage Nr. 1272**].

2.7.1 Bor

2.7.1.1 Vorkommen und Darstellung von Bor

Vorkommen: Bor ist ein Mischelement [^{10}**B** (18,83%), ^{11}**B** (81,17%)] und tritt in der Natur wie alle Elemente dieser Gruppe *nicht* elementar, sondern nur in gebundener Form als Derivate der Borsäure auf. Die wichtigsten Bormineralien sind **Kernit** [$Na_2B_4O_7 \cdot 3\ H_2O$] und **Borax** [$Na_2B_4O_7 \cdot 10\ H_2O$] [vgl. **MC-Fragen Nr. 1131, 1133**].

Darstellung: Amorphes Bor wird aus diesen Salzen gewonnen, indem man sie zunächst in **Bortrioxid** (B_2O_3) überführt und das Oxid anschließend mit Natrium oder Magnesium reduziert.

$$B_2O_3 + 3\ Mg \longrightarrow 2\ B + 3\ MgO$$

Hochreines, kristallisiertes Bor lässt sich durch Reduktion von **Bortrihalogeniden** (BCl_3, BBr_3) mit Wasserstoff oder durch thermische Zersetzung von **Bortriiodid** (BI_3) herstellen [vgl. **MC-Fragen Nr. 1132, 1136, 1137, 1835**].

$$2\ BX_3 + 3\ H_2 \longrightarrow 2\ B + 6\ HX$$
$$2\ BI_3 \longrightarrow 2\ B + 3\ I_2$$

2.7.1.2 Eigenschaften von elementarem Bor

Elementares Bor, das in mehreren Modifikationen auftritt, ist ein Halbleiter und nächst dem Diamanten das härteste Element. Die Bindung zwischen den Boratomen geschieht ähnlich wie in den Borhydriden durch mehrzentrige MO (*Elektronenmangelstrukturen*).

Trotz seines stark negativen Normalpotentials [$E^{\circ} = -0,87$ V] wird es weder von HCl noch von HF angegriffen und reagiert in der Kälte auch mit starken Oxidationsmitteln (z. B. HNO_3) nur langsam. Beim Schmelzen mit Soda/Pottasche-Gemischen entstehen Borate. Mit Halogenen reagiert Bor bei höheren Temperaturen unter Bildung von Bortrihalogeniden (BX_3). Beim Erhitzen an der Luft verbrennt Bor erst bei höheren Temperaturen zu B_2O_3. Bor bildet *nur kovalente Bindungen* und tritt *nur dreiwertig* und niemals einwertig auf. B^{3+}-Ionen sind *nicht* existent [vgl. **MC-Fragen Nr. 1132–1134, 1136, 1419, 1835**].

2.7.1.3 Bornitrid

Bornitrid $[(BN)_x]$ kann bei Weißglut aus den Elementen bzw. in besonders reiner Form durch Umsetzung von **Bortribromid** (BBr_3) mit flüssigem Ammoniak dargestellt werden, wobei zunächst **Boramid** $[B(NH_2)_3]$, dann **Borimid** $[B_2(NH)_3]$ und schließlich bei 750 °C Bornitrid gebildet werden.

$$2\ BBr_3 + 6\ NH_3 \xrightarrow{-\ 6\ HBr} 2\ B(NH_2)_3 \xrightarrow{-NH_3} B_2(NH)_3 \xrightarrow{-\ NH_3} (BN)_x$$

Bornitrid ist eine farblose, hochschmelzende Substanz. Das polymere BN-Molekül baut sich aus wabenförmig vernetzten, kovalent dreiwertigen B- und N-Atomen auf. Es besitzt die Schichtgitterstruktur von Graphit, aber im Gegensatz zu diesem liegen die „Sechsringe" der einzelnen Schichten senkrecht übereinander, sodass oberhalb und unterhalb eines jeden Boratoms ein N-Atom zu liegen kommt [der B-N-Abstand beträgt 145 pm, der Abstand der Schichten 335 pm]. Graphit und Bornitrid sind also *isoster*, aber aufgrund des Fehlens freier Valenzelektronen leitet $(BN)_x$ den elektrischen Strom *nicht*.

Bornitrid existiert wie Kohlenstoff noch in einer Diamantgitter-Modifikation. Sie ist von gleicher Härte und gleichem Aussehen wie Diamant, jedoch chemisch beträchtlich widerstandsfähiger [vgl. **MC-Frage Nr. 1135**].

2.7.2 Wasserstoffverbindungen des Bors (Borane)

Die **Borane** lassen sich in zwei Gruppen der allgemeinen Zusammensetzung B_nH_{n+4} und B_nH_{n+6} einteilen. Der einfachste Vertreter der Borhydride, *Monoboran* (BH_3), ist *nicht* als Substanz fassbar, weil einerseits die Elektronegativität des Bors zu groß ist, um eine salzähnliche Struktur mit Hydrid-Ionen zu ermöglichen und andererseits bei kovalenter Bindung von drei H-Atomen eine Elektronenpaarlücke am Boratom vorhanden wäre. Ein solches Molekül wäre eine extrem starke Lewis-Säure. Allerdings sind Addukte mit Lewis-Basen bekannt, wie zum Beispiel $[H_3B \longleftarrow NH_3]$. Darüber hinaus wird BH_3 auch als Zwischenprodukt einiger Reaktionen diskutiert.

Der einfachste Borwasserstoff ist **Diboran** (B_2H_6). Im Diboran besitzt das Boratom die Oxidationszahl **+3**, d. h., die H-Atome haben Hydridcharakter. Diboran ist gegenüber dem System $[2 \cdot BH_3]$ um 117 kJ thermodynamisch stabiler [vgl. **MC-Fragen Nr. 1131, 1135, 1138, 1139, 1144**].

2.7.2.1 Darstellung von Diboran und höheren Boranen

Diboran, wie die meisten Borhydride ein farbloses, unangenehm riechendes und entzündliches Gas, entsteht bei der Reaktion von **Bortrichlorid** (BCl_3) mit einer etherischen LiAlH$_4$-Lösung oder bei der Umsetzung von **Bortrifluorid** (BF$_3$) mit einer etherischen Alkaliboranat-Lösung [LiBH$_4$, NaBH$_4$]. LiBH$_4$-Lösungen können aus BF$_3$ und LiH in Ether hergestellt werden [vgl. **MC-Fragen Nr. 1138–1141, 1514**].

$$4\ LiH + BF_3 \longrightarrow 3\ LiF + LiBH_4$$
$$4\ BF_3 + 3\ MeBH_4 \longrightarrow 3\ MeBF_4 + 2\ B_2H_6 \quad [Me: Li, Na]$$

Durch thermische Spaltung von Diboran bei 100–250 °C erhält man höhere Borhydride. Diboran wird von Wasser zu Borsäure (H$_3$BO$_3$) und Wasserstoff hydrolysiert, mit Lithiumalkylen oder Alkylhalogeniden entstehen **Boralkylverbindungen** (R$_3$B) und mit Lithiumhydrid bildet sich **Lithiumboranat** (Li$^+$[BH$_4$]$^-$) [vgl. **MC-Fragen Nr. 1141, 1514**].

2.7.2.2 Struktur des Diborans

Borane, elementares Bor (!) sowie bestimmte Aluminiumorganyle zählt man zu den sog. **Elektronenmangelverbindungen** [vgl. **MC-Fragen Nr. 1136, 1138, 1139, 1141, 1163, 1278, 1581, 1692, 1814, 1835, 1867**].

Im Diboran sind die sechs H-Atome *nicht gleichwertig* gebunden. Für das Molekül wurde nachfolgende Struktur (Abb. 2.20) postuliert und schließlich auch bewiesen. Die beiden Boratome und die zwei Brücken-H-Atome liegen in einer Ebene; die terminalen Wasserstoffatome sind jeweils in Ebenen senkrecht dazu angeordnet. Der Bindungsabstand zwischen den Boratomen und den terminalen Wasserstoffatomen ist kürzer als zwischen den Boratomen und den Brücken-H-Atomen.

Im Diboran sind die terminalen Wasserstoffatome über normale kovalente **Zweizentrenbindungen** an die beiden Boratome gebunden. Für die Verknüpfung der resultierenden BH$_2$-Fragmente stehen noch zwei H-Atome und jeweils ein Elektron an jedem Boratom zur Verfügung; die beiden BH$_2$-Fragmente werden über *verbrückte* H-Atome zusammengehalten, die jeweils Bindungen zu beiden Boratomen ausbilden.

Die Bindungstheorie erklärt diesen Sachverhalt durch Bildung sog. **Dreizentrenbindungen**. Im Kap. 1.4.4 hatten wir gesehen, dass sich bei Anwendung der MO-Methode für die Bindung zweier Atome ein bindendes und ein antibindendes Molekülorbital ergibt. Werden in einem Molekül wie dem Diboran drei Atome miteinander verknüpft, lässt sich ein drittes Molekülorbital konstruieren, dessen Energie zwischen dem bindenden und antibindenden MO liegt und das keinen

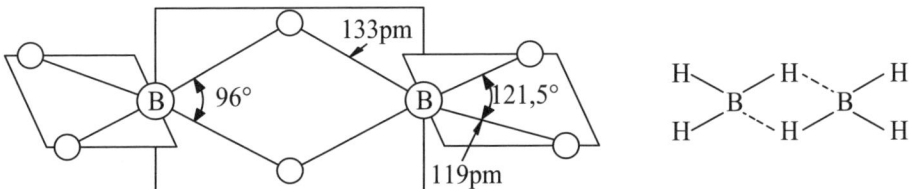

Abb. 2.20: Struktur des Diborans

Beitrag zur Bindung leistet; es wird *nichtbindendes Molekülorbital* genannt. In diesem speziellen Fall genügen auch zwei Elektronen im bindenden MO, um drei Atome miteinander zu verknüpfen. Man bezeichnet eine solche Bindung als **Zweielektronen-Dreizentren-Bindung** [vgl. **MC-Fragen Nr. 1136, 1138, 1139, 1141, 1145, 1331, 1595, 1653, 1729**].

Im Diboran ist das Boratom sp^3-hybridisiert. Mit je zwei sp^3-Hybridorbitalen werden die normalen Zweizentrenbindungen zu den terminalen H-Atomen geknüpft. Die verbleibenden beiden sp^3-Hybridorbitale überlappen dann mit je einem s-Orbital der Brücken-H-Atome. In den **Polyboranen** gibt es außer **B-H-B-** auch **B-B-B-Dreizentrenbindungen.**

2.7.2.3 Hydroborierung

(vgl. auch Ehlers, **Chemie II**, Kap. 3.5.4)

Unter Hydroborierung versteht man die Addition von Boranen an Doppelbindungssysteme. Am besten untersucht ist die Umsetzung von Alkenen mit Diboran, die als *anti-Markownikow-cis-Addition* abläuft. Die anti-Markownikow-Orientierung folgt aus der Polarisationsrichtung der BH-Bindung. Der Wasserstoff hat Hydridcharakter und addiert sich deshalb an das positivierte Atom der Doppelbindung [vgl. **MC-Frage Nr. 1137**].

Sofern keine sterisch gehinderten Alkene zum Einsatz kommen, reagieren bei niedrigen Temperaturen 6 Mol Alken mit einem Mol Diboran zu **Trialkylboranen.**

$$6 \ \ \text{-C=C-} \ + \ B_2H_6 \ \longrightarrow \ [(\text{H-C-C-})_3B]_2 \quad \textbf{(Trialkylboran)}$$

Die Trialkylborane werden meistens ohne Isolierung direkt weiterverarbeitet. Bei ihrer Hydrolyse mit Wasser entstehen **Alkane** und Borsäure, beim Behandeln mit alkalischer H$_2$O$_2$-Lösung bilden sich **Alkohole** als Folgeprodukte.

$$[(\text{H-C-C-})_3B]_2 \ \underset{+ \ H_2O_2/NaOH}{\overset{+ \ H_2O}{\bigg<}} \ \begin{array}{l} 6 \ \text{H-C-C-H} \quad \textbf{(Alkan)} \\ \\ 6 \ \text{H-C-C-OH} \quad \textbf{(Alkohol)} \end{array}$$

2.7.2.4 Hydroborate (Boranate)

Durch Anlagerung von Hydrid-Ionen (oder durch Abspaltung von Protonen) an Borane entstehen salzartige **Hydroborate (Boranate)**, wie z. B. **Lithiumboranat** [LiBH$_4$] oder **Natriumboranat** [NaBH$_4$] [vgl. **MC-Fragen Nr. 1138, 1139, 1141–1143**].

Die Darstellung und Eigenschaften der Tetrahydroborate sowie ihre Verwendung als Reduktionsmittel wurden bereits im Kap. 2.2.4.4 vorgestellt. Die Substanzen sind *ionisch* aufgebaut und enthalten das *tetraedrische* Boranat-Anion $[BH_4^-]$. Das Ion ist isoelektronisch zum CH_4-Molekül. $LiBH_4$ kann durch Reaktion von Lithiumhydrid (LiH) mit B_2H_6 oder Bortrifluorid (BF_3) hergestellt werden.

$$2\ LiH + B_2H_6 \longrightarrow 2\ Li^+[BH_4]^-$$
$$4\ LiH + BF_3 \longrightarrow 3\ LiF + Li^+[BH_4]^-$$

2.7.3 Sauerstoffverbindungen des Bors

2.7.3.1 Dibortrioxid

Dibortrioxid (B_2O_3), das Anhydrid der Borsäure, wird bisweilen auch **Bortrioxid** genannt. Man erhält es durch Erhitzen von Borsäure (H_3BO_3) als farblose, *glasige*, bei Rotglut erweichende Masse. Die Dehydratisierung der Borsäure verläuft über **Metaborsäure** (HBO_2) als Intermediat [vgl. **MC-Fragen Nr. 1134, 1146, 1152**].

$$2\ H_3BO_3 \underset{170\ °C}{\overset{-\ 2\ H_2O}{\rightleftharpoons}} 2\ HBO_2 \underset{>\ 500\ °C}{\overset{-\ H_2O}{\rightleftharpoons}} B_2O_3$$

Das Oxid, das sich schwer kristallisieren lässt, ist sehr hygroskopisch und geht unter Wasseraufnahme leicht wieder in Borsäure über.

2.7.3.2 Borsäure und Derivate

Borsäure (H_3BO_3) kommt in der Natur in freier Form vor und kristallisiert in einem Schichtengitter, dessen einzelne Ebenen durch H-Brückenbindungen zusammengehalten werden.

Borsäure löst sich in geringem Maße in Wasser (39,9 g/l bei 20 °C). Die wässrige Lösung wurde früher als schwaches Antiseptikum verwendet (*Borwasser*). H_3BO_3 ist eine sehr schwache *einbasige* Säure (pK_s = 9,24) und wirkt dabei nicht als Brönsted-Säure, sondern als *Lewis-Säure* unter Bildung des *tetraedrisch* gebauten **Tetrahydroxoborat-Ions** $[B(OH)_4^-]$ [vgl. **MC-Fragen Nr. 1131, 1135, 1146–1152, 1314, 1360, 1386, 1481, 1730**].

$$H_3BO_3 + 2\ H_2O \rightleftharpoons H_3O^+ + [B(OH)_4]^-$$

Die Löslichkeit der Borsäure in Wasser nimmt mit steigender Temperatur zu; wird die Konzentration an H_3BO_3 erhöht, so sinkt das pH und es bilden sich **Polyborat-Ionen** [vgl. **MC-Fragen Nr. 1148, 1149**].

$$3\ H_3BO_3 \longrightarrow [B_3O_3(OH)_4]^- + H_3O^+ + H_2O$$

Durch Zusatz organischer **Polyhydroxyverbindungen** [Ethylenglycol, Glycerol, Mannitol, Sorbitol u. a.] kann die *Acidität* einer wässrigen Borsäure-Lösung deutlich *erhöht* werden. Dieser Effekt beruht auf der Bildung einer *komplexen Säure*, die eine der Essigsäure vergleichbare Säurestärke aufweist [vgl. **MC-Fragen Nr. 1135, 1146, 1148–1150, 1730**].

Voraussetzung für die Komplexbildung ist, dass sich die beiden Hydroxylgruppen der organischen Komponente an benachbarten C-Atomen (vicinale Stellung) befinden und eine cis-Konfiguration einnehmen. Man benutzt diese Reaktion zur acidimetrischen Bestimmung der Borsäure (vgl. Ehlers, **Analytik II**, Kap. 6.2.2).

Von störenden Begleitstoffen kann die Borsäure leicht durch Abdestillieren des flüchtigen **Borsäuretrimethylesters** [$B(OCH_3)_3$] abgetrennt werden, indem man Borsäure-haltige Substanzen mit Methanol und konz. H_2SO_4 erhitzt. Die *Grünfärbung*, die dieser Ester der brennenden Alkoholflamme verleiht, dient zum qualitativen Borat-Nachweis (vgl. Ehlers, **Analytik I**, Kap. 2.2.2). Borsäuretrimethylester reagiert als Lewis-Säure [vgl. **MC-Fragen Nr. 1137, 1150, 1152**].

$$B(OH)_3 + 3\ CH_3OH \xrightarrow{\Delta} B(OCH_3)_3\!\uparrow + 3\ H_2O$$

Die Salze der Borsäure heißen **Borate**. Das Borat-Ion ist isoelektronisch zum Nitrat-Ion. Die Struktur der Borate leitet sich von der *planar* gebauten BO_3-Gruppe ab, die zwar auch als diskretes **Orthoborat-Ion** (BO_3^{3-}) auftreten kann, aber meistens zu größeren Molekülverbänden kondensiert [vgl. **MC-Fragen Nr. 1148, 1149, 1153, 1678**].

Im **Pyroborat** ($B_2O_5^{4-}$) sind zwei BO_3-Gruppen über ein gemeinsames Brücken-O-Atom miteinander verbunden; in den polymeren **Metaboraten** [$(BO_2)_n^{n-}$] sind die BO_3-Gruppen über zwei gemeinsame O-Atome zu Ringen oder Ketten miteinander verknüpft [vgl. **MC-Fragen Nr. 1154, 1278, 1679**].

Anionen der Metaborsäure [HBO_2]

Einen bemerkenswerten Sonderfall bildet **Borax** [$Na_2B_4O_7 \cdot 10\ H_2O$], dessen Anion zwei dreifach *(planar)* koordinierte und zwei vierfach *(tetraedrisch)* koordinierte Boratome enthält.

$$\left[\begin{array}{c} \text{OH} \\ \text{O}\!-\!\!\overset{\ominus}{\text{B}}\!-\!\text{O} \\ \text{HO}\!-\!\text{B} \quad \text{O} \quad \text{B}\!-\!\text{OH} \\ \text{O}\!-\!\underset{\ominus}{\text{B}}\!-\!\text{O} \\ \text{OH} \end{array}\right]^{2-}$$

Anion der Tetraborsäure $[B_4O_5(OH)_4]^{2-}$

2.7.3.3 Perborate

Durch Behandeln von Boraten mit Wasserstoffperoxid (H_2O_2) oder von Borsäure mit Natriumperoxid (Na_2O_2) entstehen **Perborate** unterschiedlicher Zusammensetzung [z. B. ($NaBO_2 \cdot H_2O_2 \cdot 3\,H_2O$)], die als Waschmittelzusätze Verwendung finden. Perborate sind *keine* Peroxoverbindungen des Bors, sondern *Additionsprodukte* aus H_2O_2 und gewöhnlichen Boraten (das B-Atom besitzt die Oxidationszahl **+3**). Das Perborat-Dianion hat folgende Struktur [vgl. **MC-Fragen Nr. 1134, 1137, 1146, 1150**].

$$\left[\begin{array}{c} \text{H}\!-\!\text{O} \qquad \text{O}\!-\!\text{O} \qquad \text{O}\!-\!\text{H} \\ \qquad \text{B} \qquad\qquad \text{B} \\ \text{H}\!-\!\text{O} \qquad \text{O}\!-\!\text{O} \qquad \text{O}\!-\!\text{H} \end{array}\right]^{2-}$$

Perborat-Dianion

2.7.4 Halogenverbindungen des Bors

Alle Halogenverbindungen sind ausgesprochen flüchtige Substanzen, die aufgrund der am Boratom vorhandenen Elektronenlücke als *Lewis-Säuren* wirken. Dabei nimmt vom **Bortrifluorid** (BF_3) zum **Bortriiodid** (BI_3) hin die thermische Stabilität stark ab, die Lewis-Säurestärke dagegen zu. Dies ist in erster Linie darauf zurückzuführen, dass in den *pyramidalen* BX_3-Molekülen in gewissem Ausmaß eine Delokalisierung der freien Elektronenpaare der Halogenatome eintritt. Dieser Effekt ist beim BF_3 am stärksten ausgeprägt, da hier infolge ähnlicher Atomradien eine p-p-Überlappung am ehesten möglich ist [vgl. **MC-Frage Nr. 1157**].

Bortriiodid

2.7.4.1 Darstellung der Bortrihalogenide

Die Bortrihalogenide sind durch direkte Reaktion von Bor mit den jeweiligen elementaren Halogenen zugänglich. **Bortrifluorid**, das häufig als flüssiger, bei Normaldruck destillierbarer *Bortrifluorid-Etherat-Komplex* [$(C_2H_5)_2O \longrightarrow BF_3$] verwendet wird, stellt man in der Regel durch Erhitzen von Bortrioxid (B_2O_3) mit Flussspat (CaF_2) und konz. H_2SO_4 her [vgl. **MC-Fragen Nr. 1156, 1305**].

$$B_2O_3 + 3\ H_2SO_4 + 3\ CaF_2 \longrightarrow 2\ BF_3 \uparrow + 3\ CaSO_4 \downarrow + 3\ H_2O$$

Bortribromid (BBr_3) lässt sich auch durch Umhalogenierung von Aluminiumtribromid ($AlBr_3$) gewinnen [vgl. **MC-Frage Nr. 1157**].

$$BF_3 + AlBr_3 \longrightarrow BBr_3 + AlF_3$$

2.7.4.2 Eigenschaften der Bortrihalogenide

Die Schmelz- und Siedepunkte der monomeren Bortrihalogenide sind in Tab. 2.19 zusammengestellt. Bortribromid und Bortriiodid sind Flüssigkeiten, die beiden anderen Bortrihalogenide (BF_3, BCl_3) sind bei Raumtemperatur stechend riechende Gase [vgl. **MC-Fragen Nr. 1131, 1135, 1156**].

Mit Ausnahme des Bortrifluorids werden die Borhalogenide von Wasser leicht und vollständig zu Borsäure hydrolysiert. Sie bilden deshalb bei der Berührung mit feuchter Luft Nebel.

$$BX_3 + 3\ H_2O \longrightarrow H_3BO_3 + 3\ HX$$

Bortrifluorid, ein als *Antibase* reagierendes, farbloses Gas, bildet hingegen zwei *Hydrate* [$BF_3 \cdot x\ H_2O$; x = 1,2], wobei das Monohydrat als direktes Additionsprodukt der Lewis-Base Wasser an die Lewis-Säure BF_3 angesehen werden kann [vgl. **MC-Fragen Nr. 629, 1155, 1156**].

Tab. 2.19: **Physikalische Eigenschaften der Bortrihalogenide**

Halogenid	BF_3	BCl_3	BBr_3	BI_3
Schmelzpunkt (°C)	-127,1	-107	-46	+43
Siedepunkt (°C)	-101	+12,5	+90,8	+210

Die Hydrate sind oberhalb von 20 °C nicht stabil und hydrolysieren weiter zu Borsäure und Borfluorwasserstoffsäure (HBF$_4$), die den sehr stabilen Tetrafluorokomplex [BF$_4^-$] enthält. **Fluoroborsäure** (HBF$_4$) ist eine sehr starke Säure [vgl. **MC-Fragen Nr. 1137, 1156**].

$$4\ BF_3 + 6\ H_2O \longrightarrow 3\ H_3O^+ + 3\ [BF_4]^- + H_3BO_3$$

In geringerem Umfang bildet sich auch **Hydroxofluoroborat**.

$$BF_4^- + H_2O \longrightarrow HF + [F_3B\text{-}OH]^-$$

BF$_3$ wird als Lewis-Säure-Katalysator bei zahlreichen organischen Synthesen eingesetzt [vgl. **MC-Frage Nr. 1156**].

2.7.5 Aluminium

2.7.5.1 Vorkommen von Aluminium

Aluminium ist mit 8% Massenanteil das häufigste Metall und das dritthäufigste Element in der Erdrinde. Wegen seiner hohen Sauerstoffaffinität kommt es in der Natur nicht gediegen, sondern nur in Form von Verbindungen vor. Zu den wichtigsten Mineralien gehören **Alumosilicate** wie z. B. (Me = Alkalimetall-Ion):

– **Feldspäte** Me[AlSi$_3$O$_8$] = (Me$_2$O · Al$_2$O$_3$ · 6 SiO$_2$)
– **Glimmer** Me$_5$[AlSi$_3$O$_{10}$] = (5 Me$_2$O · Al$_2$O$_3$ · 6 SiO$_2$).

Tone sind Verwitterungsprodukte Feldspat-haltiger Gesteine und bestehen hauptsächlich aus Al$_2$O$_3$, SiO$_2$ und Wasser. Als reines **Aluminiumoxid** (Al$_2$O$_3$) [„*Tonerde*"] tritt Aluminium in den Modifikationen **Korund** und **Schmirgel** auf (verunreinigt durch Eisenoxide und Quarz).

Unter den **Aluminiumhydroxiden** besitzt vor allem **Bauxit** [AlO(OH)] (= Al$_2$O$_3$ · H$_2$O) großtechnische Bedeutung. Ein anderes Hydroxid ist **Hydrargillit** [Al(OH)$_3$] (= Al$_2$O$_3$ · 3 H$_2$O). Darüber hinaus ist noch **Kryolith** (Na$_3$[AlF$_6$]) von technischem Interesse, das den beständigen anionischen Hexafluoroaluminat-Komplex [AlF$_6$]$^{3-}$ enthält [vgl. **MC-Fragen Nr. 1440, 1553, 1561, 1649, 1843**].

2.7.5.2 Darstellung von Aluminium

Metallisches Aluminium wird aus seinem Oxid durch *kathodische Reduktion* hergestellt. Vor der elektrolytischen Gewinnung des Metalls muss **Bauxit** zuerst in reine Tonerde übergeführt werden, da sonst die *Schmelzflusselektrolyse* von rotem, durch Fe$_2$O$_3$ verunreinigtem Bauxit an der Kathode Eisen ergäbe. Hierzu löst man Aluminiumhydroxid mit Lauge als **Hydroxoaluminat** [Al(OH)$_4^-$], aus dem reines Al(OH)$_3$ mit CO$_2$ gefällt und zu Al$_2$O$_3$ calciniert wird. Zuvor werden unlösliches Eisenhydroxid [Fe(OH)$_3$ ↓] und Siliciumdioxid (SiO$_2$ ↓) abfiltriert [vgl. **MC-Fragen Nr. 1158, 1160, 1161, 1164, 1680, 1804, 1857**].

$$Al_2O_3 \xrightarrow{\text{(NaOH)}} Na^+[Al(OH)_4]^- \xrightarrow{\text{(CO}_2)} Al(OH)_3 \xrightarrow[-H_2O]{\Delta} Al_2O_3$$
Bauxit

Das auf diese Weise gereinigte Aluminiumoxid wird anschließend einer Schmelz-flusselektrolyse unterworfen. Da der Schmelzpunkt von reinem Al_2O_3 [Schmp. ~ 2000 °C] sehr hoch liegt, elektrolysiert man eine Lösung des Oxids in geschmolze-nem **Kryolith** [Schmp. ~ 1000 °C] [vgl. **MC-Frage Nr. 1166**].

$$2\ Al_2O_3 \longrightarrow 4\ Al + 3\ O_2 \uparrow$$

Aus dem Schmelzdiagramm [Kryolith/Aluminiumoxid] ist ersichtlich, dass das am niedrigst schmelzende (*eutektische*) Gemisch aus 81,5% $Na_3[AlF_6]$ und 18,5% Al_2O_3 besteht und bei 935 °C schmilzt.

Das für die Al-Darstellung benötigte Kryolith wird aus Natriumtetrahydroxo-aluminat-Lösungen durch Versetzen mit Flusssäure (HF) abgeschieden. Kryolith ist nur wenig wasserlöslich.

$$[Al(OH)_4]^- + 6\ HF \longrightarrow [AlF_6]^{3-} + 2\ H_3O^+ + 2\ H_2O$$

2.7.5.3 Eigenschaften von Aluminium

Aluminium ist ein silberweißes, gut verformbares *Leichtmetall* [Schmp. 660 °C], das trotz seines stark negativen Normalpotentials [E^o = -1,69V] relativ reaktions-träge ist (*Passivität durch eine schützende Oxidschicht*). Durch Zulegieren von an-deren Metallen kann Aluminium härter und korrosionsbeständiger gemacht wer-den.

Feinverteiltes Al verbrennt beim Erhitzen an der Luft unter Lichterscheinung und starker Wärmeentwicklung (*Vakublitze*).

$$4\ Al + 3\ O_2 \longrightarrow 2\ Al_2O_3$$

Technisch wird die große Sauerstoffaffinität des Aluminiums genutzt, um be-stimmte Metalle aus ihren schwer reduzierbaren Oxiden (Cr_2O_3, Mn_3O_4, TiO_2, SiO_2 u. a.) herzustellen (**Aluminothermische Verfahren**). Ein Gemisch aus Eisen-oxid und Aluminiumgrieß dient als **Thermit** zum Schweißen und Verbinden von Eisenteilen [vgl. **MC-Fragen Nr. 1162, 1213, 1260, 1680**].

$$3\ Fe_3O_4 + 8\ Al \longrightarrow 4\ Al_2O_3 + 9\ Fe$$

Die Beständigkeit von Aluminium gegenüber oxidierenden Säuren (HNO_3) be-ruht auf der Bildung einer schützenden Al_2O_3-Schicht. Diese Schutzwirkung kann erheblich verbessert werden, indem man künstlich durch anodische Oxidation eine wesentlich dickere Oxidschicht erzeugt (**Eloxal-Verfahren**). In nichtoxidie-renden Säuren löst sich Al entsprechend seiner Stellung in der Spannungsreihe un-ter H_2-Entwicklung [vgl. **MC-Frage Nr. 1163**].

$$2 \text{ Al} + 6 \text{ H}^+ \longrightarrow 2 \text{ Al}^{3+} + 3 \text{ H}_2 \uparrow$$

In stark sauren oder stark alkalischen Lösungen ist Aluminium auch deshalb löslich, weil sich unter diesen Bedingungen die oxidische Schutzschicht nicht ausbilden kann. Sie wird fortwährend unter Bildung von Al^{3+}- oder $[\text{Al(OH)}_4]^-$-Ionen angegriffen, wodurch es zu einer dauernden H_2-Entwicklung kommt.

$$\text{Al(OH)}_3 + 3 \text{ H}^+ \longrightarrow \text{Al}^{3+} + 3 \text{ H}_2\text{O}$$
$$\text{Al(OH)}_3 + \text{HO}^- \longrightarrow [\text{Al(OH)}_4]^-$$
$$2 \text{ Al} + 2 \text{ NaOH} + 6 \text{ H}_2\text{O} \longrightarrow 2 \text{ Na}[\text{Al(OH)}_4] + 3 \text{ H}_2 \uparrow$$

Gegenüber Wasser und schwachen Säuren ist Aluminium sehr beständig, lebhaft mit Wasser reagiert jedoch *amalgamiertes* Aluminium.

2.7.6 Verbindungen des Aluminiums

Die Bindungen des Aluminiums zu anderen Elementen können sowohl ionischer als auch kovalenter Natur sein. Im Gegensatz zu Bor kann das größere Aluminium in seinen Verbindungen die Koordinationszahlen **4** *und* **6** annehmen [vgl. **MC-Frage Nr. 1163**].

2.7.6.1 Halogenverbindungen des Aluminiums

Das salzartige **Aluminiumtrifluorid** (AlF_3) [Schmp. 1290 °C] ist wegen seiner hohen Gitterenergie in Wasser schwerlöslich. Sehr beständig ist auch der Hexafluorokomplex $[\text{AlF}_6]^{3-}$. Die übrigen Halogenide sind leichtflüchtige Substanzen, die im geschmolzenen Zustand nur eine geringe elektrische Leitfähigkeit besitzen, weil mit Ausnahme von AlF_3 geschmolzene Aluminiumtrihalogenide aus *kovalent* gebauten Molekülen bestehen. Im festen, kristallinen Zustand bildet AlCl_3 dagegen ein ionisches Koordinationsgitter [vgl. **MC-Fragen Nr. 1168, 1591**].
Aluminiumtrihalogenide wie AlCl_3 lösen sich leicht in org. Lösungsmitteln (z. B. Benzen). Solche Lösungen enthalten *dimere* Al_2X_6-Moleküle, in welchen die beiden Al-Atome durch Mehrzentrenbindungen über zwei Halogenbrücken miteinander verknüpft sind [vgl. **MC-Frage Nr. 1167**].

$$\begin{matrix} \text{Cl} & & \text{Cl} & & \text{Cl} \\ & \diagdown \text{Al} \diagup & \diagdown & \text{Al} & \diagup \\ \text{Cl} & \diagup & \text{Cl} & \diagdown & \text{Cl} \end{matrix} = (\mathbf{Al_2Cl_6})$$

Die Lösungsmittel-freien Al-Halogenide sind *Elektronenmangelverbindungen* und ergeben als starke *Lewis-Säuren* mit einigen Lewis-Basen (**Ether, Amine** u. a.) oft ziemlich beständige Additionsprodukte [$\text{R}_2\text{O} \longrightarrow \text{AlCl}_3$]. Auf der Bildung solcher Addukte beruht auch die Verwendung von AlCl_3 als Katalysator bei gewissen S_E-Reaktionen an Aromaten (vgl. Ehlers, **Chemie II-Kurzlehrbuch**, Kap. 3.6.4 „Friedel-Crafts-Reaktionen" und **MC-Fragen Nr. 1164, 1167**).

Aluminiumtrichlorid ($AlCl_3$), eine sublimierbare Substanz [Sblp. 183 °C], kann technisch durch Erhitzen von Aluminium im Chlor- oder Chlorwasserstoff-Strom bzw. durch Einwirken von Chlor auf ein Gemisch von Al_2O_3 und Kohle hergestellt werden [vgl. **MC-Fragen Nr. 1163, 1166, 1276, 1680**].

$$2\ Al + 3\ Cl_2 \longrightarrow 2\ AlCl_3$$
$$2\ Al + 6\ HCl \longrightarrow 2\ AlCl_3 + 3\ H_2 \uparrow$$

$$Al_2O_3 + 3\ C + 3\ Cl_2 \xrightarrow{\ 800\ °C\ } 2\ AlCl_3 + 3\ CO \uparrow$$

Im Gegensatz zu AlF_3 bildet $AlCl_3$ mit weiteren Chlorid-Ionen nur tetraedrische $[AlCl_4]^-$-Komplexe. Durch Umsetzung von $AlCl_3$ mit Lithiumhydrid in Ether erhält man Lithiumaluminiumhydrid [$LiAlH_4$] (vgl. Kap. 2.2.4).

$$AlCl_3 + 4\ LiH \longrightarrow Li^+[AlH_4]^- + 3\ LiCl$$

Bei der Reaktion von wasserfreiem $AlCl_3$ mit Grignard-Verbindungen bilden sich **Aluminiumtrialkyle** (AlR_3) [vgl. **MC-Frage Nr. 1164**].

$$AlCl_3 + 3\ RMgCl \longrightarrow AlR_3 + 3\ MgCl_2$$

Die wasserfreien Aluminiumtrihalogenide reagieren spontan und sehr heftig mit Wasser, wobei mit wenig Wasser zunächst Lewis-Säure-Base-Addukte entstehen, die unter Abspaltung von Halogenwasserstoff basische Salze liefern [vgl. **MC-Frage Nr. 1167**].

$$AlCl_3 + H_2O \longrightarrow [H_2O \longrightarrow AlCl_3] \longrightarrow [HO\text{-}AlCl_2] + HCl$$
$$[HO\text{-}AlCl_2] + 2\ H_2O \longrightarrow Al(OH)_3 \downarrow + 2\ HCl$$

Bei einem Überschuss an Wasser entstehen schließlich hydratisierte Al^{3+}-Ionen, die ziemlich starke **Kationsäuren** darstellen.

$$AlCl_3 + 6\ H_2O \rightleftharpoons [Al(H_2O)_6]^{3+} + 3\ Cl^-$$
$$[Al(H_2O)_6]^{3+} + H_2O \rightleftharpoons [Al(H_2O)_5(OH)]^{2+} + H_3O^+$$

2.7.6.2 Sauerstoffverbindungen des Aluminiums

Aluminiumhydroxid [$Al(OH)_3$] ist in Wasser unlöslich und zeigt ein *amphoteres*-Verhalten; es löst sich sowohl in Säuren unter Bildung von hydratisierten Al^{3+}-Ionen als auch in Laugen unter Bildung von **Tetrahydroxoaluminat-Ionen** $[Al(OH)_4]^-$ [vgl. **MC-Fragen Nr. 1163, 1165**].

$$[Al(OH)_4]^- \xleftarrow{\ +\ HO^-\ } Al(OH)_3 \xrightarrow{\ +\ 3\ H_3O^+\ } [Al(H_2O)_6]^{3+}$$

Beim Versetzen von Aluminat-Lösungen mit CO_2 oder NH_4Cl fällt infolge Erniedrigung des pH-Wertes Al(III)-hydroxid wieder aus.

$$[Al(OH)_4]^- + NH_4^+ \longrightarrow Al(OH)_3 + NH_3 + H_2O$$

Aluminiumhydroxid fällt auch aus beim Erhitzen wässriger Lösungen von **Aluminiumacetat** $[Al(OOCCH_3)_3]$ oder durch Zugabe von Natriumcarbonat zu Aluminiumsulfat-Lösungen. Dies beruht darauf, dass Acetat- und Carbonat-Ionen Basen sind, die in Wasser unter Bildung von HO^--Ionen protolysieren. Letztere werden irreversibel von Al^{3+}-Ionen abgefangen [vgl. **MC-Frage Nr. 1165**].

$$CH_3COO^- + H_2O \rightleftharpoons CH_3COOH + HO^-$$
$$CO_3^{2-} + H_2O \rightleftharpoons HCO_3^- + HO^-$$
$$[Al(H_2O)_6]^{3+} + 3\ HO^- \longrightarrow Al(OH)_3\downarrow + 6\ H_2O$$

Frisch gefälltes Aluminiumhydroxid ist gallertartig, stark wasserhaltig und *amorph*; erst bei längerem Stehenlassen ordnen sich die $Al(OH)_6$-Oktaeder zu einem regelmäßigen Schichtengitter. Gealtertes Al(III)-hydroxid ist wegen seiner kleineren inneren Oberfläche und wegen der besseren Ordnung der Gitterbausteine viel reaktionsträger als das frische Fällungsprodukt. So löst sich z. B. gealtertes $Al(OH)_3$ nur schwer in Säuren. Die *Alterung* vollzieht sich bei Raumtemperatur nur langsam, bei höheren Temperaturen jedoch rascher [vgl. **MC-Frage Nr. 1162**].

Beim Entwässern von $Al(OH)_3$ bildet sich **Aluminium(III)-oxid** (Al_2O_3), bei dessen Verschmelzen mit Metalloxiden wasserfreie Aluminate der Form $[Me_2O \cdot Al_2O_3 = Me^IAlO_2]$ und $[MeO \cdot Al_2O_3 = Me^{II}Al_2O_4]$ entstehen. In der Natur finden sich vor allem *Mischoxide* des letzten Typs, sog. **Spinelle**, in denen Me^{II} z. B. für Mg, Fe, Co und Zn stehen kann. Aluminium wird dabei häufig isomorph durch dreiwertiges Eisen oder Chrom vertreten [vgl. **MC-Fragen Nr. 1162, 1166, 1527, 1629**].

2.7.6.3 Aluminiumsalze

Neben den Aluminiumhalogeniden ist auch das Sulfat und Nitrat in Wasser leichtlöslich. Die wässrigen Lösungen dieser Salze reagieren *sauer*. Wegen der Acidität von hydratisierten Al^{3+} Ionen sind dagegen die Aluminiumsalze mit schwachen Säuren (Carbonate, Sulfide, Cyanide, Acetate u. a.) in wässriger Lösung *nicht beständig* und werden durch die Protolyse mit Wasser zu Aluminiumhydroxid zersetzt.

$$2\ [Al(H_2O)_6]^{3+} + 3\ S^{2-} \longrightarrow 2\ Al(OH)_3\downarrow + 3\ H_2S\uparrow + 6\ H_2O$$

Aluminiumsulfat $[Al_2(SO_4)_3 \cdot 18\ H_2O]$ ist neben dem Oxid die meist verwendete Aluminiumverbindung. Sie wird durch Auflösen von $Al(OH)_3$ in konz. H_2SO_4 bei 100 °C erhalten. Durch Umsetzung dieses Salzes mit Barium- oder Bleiacetat erhält man ionogenes **Aluminiumacetat** $[Al(OOCCH_3)_3]$ („*essigsaure Tonerde*") [vgl. **MC-Frage Nr. 1184**]. Mit Kaliumsulfat vereinigt es sich zum **Alaun** $[KAl(SO_4)_2 \cdot 12\ H_2O]$.

Unter **Alaunen** versteht man ganz allgemein *Doppelsalze* der Form $Me^IMe^{III}(SO_4)_2 \cdot 12\ H_2O$, in denen Me^I = Na, K, Rb, Cs, Tl, NH_4 und Me^{III} = Al, Cr,

Fe, Co u. a. bedeuten kann. Von den 12 Molekülen Kristallwasser umgeben 6 in lockerer Bindung das einwertige, die restlichen 6 in fester Bindung das dreiwertige Metallion. Alaune zeigen in wässriger Lösung die Eigenschaften ihrer Einzelkomponenten [vgl. **MC-Fragen Nr. 1162, 1164, 1526, 1628**].

2.7.6.4 Wasserstoffverbindungen des Aluminiums

Eine monomere Verbindung AlH_3 (Alan) ist aus den gleichen Gründen nicht existenzfähig, wie sie für das monomere BH_3 bereits diskutiert wurden (vgl. Kap. 2.7.2). Wegen des größeren Radius des Al-Atoms betätigt aber Aluminium gegenüber Wasserstoff die Koordinationszahl 6, sodass **Alan** $[(AlH_3)_x]$ eine hochpolymere, nichtflüchtige Substanz darstellt.

Auch Alan ist eine *Elektronenmangelverbindung* mit **Al-H-Al-Dreizentrenbindungen**. Alan ist bei Raumtemperatur recht beständig und wird von Wasser zu $Al(OH)_3$ und H_2 hydrolysiert. Man erhält Alan aus $AlCl_3$ durch Umsetzung mit $LiAlH_4$ in Ether [vgl. **MC-Frage Nr. 1581**].

2.8 Erdalkalimetalle

Zu den Elementen der II.Hauptgruppe des Periodensystems gehören **Beryllium** (Be), **Magnesium** (Mg), **Calcium** (Ca), **Strontium** (Sr), **Barium** (Ba) und **Radium** (Ra). Mit Ausnahme des sehr harten Berylliums sind es relativ weiche, reaktionsfähige Metalle. Die allgemeine *Reaktionsfähigkeit* der Elemente nimmt als Folge des wachsenden Atomradius (Abnahme der Ionisierungsenergie) mit steigender Ordnungszahl zu. Beryllium gleicht in manchen Eigenschaften dem Aluminium (vgl. Kap. 1.2.4 „Schrägbeziehung"). Die wichtigsten Eigenschaften der Erdalkalimetalle sind in Tab. 2.20 zusammengestellt [vgl. **MC-Fragen Nr. 1171–1175**].

Tab. 2.20: Eigenschaften der Erdalkalielemente

	Be	Mg	Ca	Sr	Ba	Ra
Elektronenkonfiguration	$2s^2$	$3s^2$	$4s^2$	$5s^2$	$6s^2$	$7s^2$
Schmelzpunkt (°C)	1278	649	839	769	725	700
Siedepunkt (°C)	2970	1107	1494	1384	1640	1737
Atomradius (pm)	111	160	197	215	217	223
Ionenradius $[E^{2+}]$ (pm)	(45)	72	100	118	135	143
Ionisierungsenergie (kJ/mol)	899	738	590	540	503	-
Elektronegativität	1,47	1,23	1,04	0,99	0,97	0,97
Hydratationsenthalpie $[E^{2+}]$ (kJ/mol)	-2385	-1908	-1577	-1431	-1290	-1231
Normalpotential $[E/E^{2+}]$ (V)	-1,85	-2,40	-2,87	-2,89	-2,92	-
Basencharakter der Oxide			**Zunehmend** ⟶			
Basizität der Hydroxide			**Zunehmend** ⟶			
Löslichkeit der Hydroxide			**Zunehmend** ⟶			
Löslichkeit der Sulfate			**Abnehmend** ⟶			
Löslichkeit der Carbonate			**Abnehmend** ⟶			
Löslichkeit der Chromate			**Abnehmend** ⟶			
Stabilität der Carbonate			**Zunehmend** ⟶			
Stabilität der Nitrate			**Zunehmend** ⟶			
Allg. Reaktionsfähigkeit			**Zunehmend** ⟶			
Tendenz zur Bildung kovalenter Verbindungen			**Abnehmend** ⟶			

(Die Löslichkeitsangaben beziehen sich auf die Löslichkeit der Salze in Wasser)

2.8.1 Elemente

2.8.1.1 Vorkommen und Gewinnung der Elemente

Vorkommen: Kein Erdalkalimetall tritt in der Natur elementar auf. Das seltene Beryllium kommt als Berylliumaluminiumsilicat (**Beryll**) oder Berylliumaluminat (**Chrysoberyll**) vor. Magnesium tritt hauptsächlich als Chlorid, Carbonat, Silicat und Sulfat [$MgSO_4 \cdot 7\ H_2O$] (**Bittersalz**) auf. Wichtige Calciummineralien sind Calciumcarbonat [$CaCO_3$] (**Kalkstein, Kalkspat, Doppelspat, Kreide, Marmor**), Calciumsulfat [$CaSO_4$] (**Gips, Alabaster, Anhydrit**), Calciumfluorid [CaF_2] (**Flussspat**), Calciumphosphat [$Ca_3(PO_4)_2$] (**Phosphorit, Apatit**) und Calciumsilicat [$CaSiO_3$]. Wichtige Strontium- und Bariumsalze sind Carbonate und Sulfate [$BaSO_4$] (**Schwerspat**). Das radiumreichste Mineral ist **Pechblende** [im wesentlichen Urandioxid (UO_2)], in dem Radium als Zerfallsprodukt des Urans enthalten ist [vgl. **MC-Fragen Nr. 1173, 1176, 1180, 1181, 1373, 1680, 1833, 1917**].

Gewinnung: Die Elemente werden durch *Elektrolyse* ihrer *geschmolzenen Halogenide* gewonnen. Magnesium kann auch durch Reduktion von Magnesiumoxid (MgO) mit Ferrosilicium erhalten werden [vgl. **MC-Frage Nr. 1169**].

2.8.1.2 Eigenschaften und Reaktivität der Elemente

Die metallische Bindung der Erdalkalimetalle ist aufgrund ihres kleineren Atomradius fester als bei den Elementen der I.Hauptgruppe. Deshalb besitzen die Erdalkalielemente im Vergleich zu den Alkalimetallen höhere Schmelz- und Siedepunkte, höhere Dichten und eine größere Härte. Die Erdalkalimetalle sind silberglänzend und gute elektrische Leiter.

Bei den Erdalkalimetallen handelt es sich um sehr reaktive Elemente, die sich an der Luft mit einer Oxidschicht bedecken oder wie Calcium allmählich durchoxidieren. Barium muss zum Schutz vor der Oxidation durch Luftsauerstoff unter Petroläther aufbewahrt werden. Nur Beryllium bleibt infolge einer sich ausbildenden, kompakten Oxidschicht völlig blank.

Trotz ihres negativen Normalpotentials sind **Beryllium** und **Magnesium** an der feuchten Luft bzw. in *kaltem* Wasser beständig, weil sich wie beim Aluminium eine dünne hydroxidische Schutzschicht um das Metall bildet (*Passivierung*) [siehe Kap. 2.2.1 und **MC-Fragen Nr. 1170, 1178**]. Magnesium wird jedoch von kochendem Wasser bzw. von Wasserdampf angegriffen. Die übrigen Erdalkalimetalle reagieren heftig mit Wasser unter Bildung von Wasserstoff und Erdalkalimetallhydroxiden.

$$Me + 2\ H_2O \longrightarrow Me(OH)_2 + H_2 \uparrow \qquad [Me:\ Ca,\ Sr,\ Ba]$$

2.8.2 Verbindungen

2.8.2.1 Allgemeine Eigenschaften von Erdalkalisalzen

Alle Erdalkalimetalle kommen in stabilen Verbindungen nur in der *Oxidationsstufe +2* vor. Die hydratisierten Erdalkali-Ionen sind *Kationsäuren*, wobei infolge des wachsenden Ionenradius die Säurestärke vom Beryllium zum Barium hin abnimmt. Schon die wässrigen Lösungen von Magnesiumsalzen reagieren praktisch neutral.

$$[Be(H_2O)_4]^{2+} + H_2O \rightleftharpoons [Be(H_2O)_3(OH)]^+ + H_3O^+$$

Infolge ihrer hohen Tendenz hydratisierte Ionen zu bilden, nehmen einige feste Erdalkalisalze [$CaCl_2$, $CaSO_4$] leicht Hydratwasser auf und können als *Trocknungsmittel* von Substanzen verwendet werden, mit denen sie nicht reagieren. Zum Beispiel ist $CaCl_2$ zum Trocknen von Ammoniakgas ungeeignet [vgl. **MC-Fragen Nr. 1181, 1277, 1861**].

Im Gegensatz zu den Alkalimetallsalzen sind einige Verbindungen der Erdalkalimetalle in Wasser schwerlöslich. Ganz allgemein hängt die Löslichkeit eines Salzes von seiner Gitterenergie und der Hydratationsenthalpie der gelösten Ionen ab (vgl. auch Kap. 1.8.7); beim Vergleich von Salzen mit gleichem Anion kann man jedoch den Einfluss des Anions auf die Löslichkeit vernachlässigen, sodass vor allem die Eigenschaften der Erdalkali-Ionen als löslichkeitsbestimmende Faktoren zu beachten sind. In Tab. 2.21 und Tab. 2.22 sind die *Gitterenergien* und *Löslichkeiten* ausgewählter Erdalkalisalze aufgelistet. Die vom Be^{2+} zum Ba^{2+} hin abnehmenden Gitterenergien innerhalb einer Stoffklasse beruhen daher auf dem zuneh-

Tab. 2.21: **Gitterenergien von Erdalkalisalzen (in kJ/mol)**

Ion	Oxide [MeO]	Fluoride [MeF_2]	Carbonate [$MeCO_3$]
Mg^{2+}	3930	2908	3180
Ca^{2+}	3477	2611	2987
Sr^{2+}	3205	2460	2720
Ba^{2+}	3042	2368	2615

Tab. 2.22: **Löslichkeiten einiger Erdalkalisalze in Wasser (in mol/l bei 25 °C)**

Ion	Hydroxide [$Me(OH)_2$]	Fluoride [MeF_2]	Chloride [$MeCl_2$]	Sulfate [$MeSO_4$]	Carbonate [$MeCO_3$]
Mg^{2+}	**$1,3 \cdot 10^{-4}$**	$1,2 \cdot 10^{-3}$	5,6	$0,24 \cdot 10^1$	$1,2 \cdot 10^{-3}$
Ca^{2+}	$2,1 \cdot 10^{-2}$	**$2,0 \cdot 10^{-4}$**	5,4	$1,5 \cdot 10^{-2}$	$1,5 \cdot 10^{-4}$
Sr^{2+}	$6,5 \cdot 10^{-2}$	$1,0 \cdot 10^{-3}$	3,0	$5,0 \cdot 10^{-3}$	$7,0 \cdot 10^{-4}$
Ba^{2+}	$2,8 \cdot 10^{-1}$	$1,0 \cdot 10^{-2}$	**1,5**	**$1,0 \cdot 10^{-5}$**	**$1,0 \cdot 10^{-4}$**

menden Ionenradius des jeweiligen Erdalkali-Kations [vgl. **MC-Fragen Nr. 1177, 1179, 1336**].

Die *Hydratationsenthalpie* ist beim Be^{2+} am größten, beim Ba^{2+}-Ion am kleinsten. Während die Abnahme der Gitterenergie allein eine Zunahme der Löslichkeit zur Folge hätte, wirkt die im gleichen Sinne abnehmende Hydratationsenthalpie in entgegengesetzter Richtung; daher zeigt die *Löslichkeit* analoger Salze bei einem bestimmten Element ein *Maximum* oder ein *Minimum*.

2.8.2.2 Erdalkalisulfate und Erdalkalicarbonate

Die Löslichkeit der **Sulfate** der Erdalkalimetalle in Wasser nimmt mit steigendem Kationenradius deutlich ab; $BeSO_4$ und $MgSO_4$ sind leichtlöslich, $BaSO_4$ ist schwerlöslich in Wasser. Die Gitterenergie ändert sich in der Reihe $BeSO_4 \longrightarrow BaSO_4$ nur geringfügig, weil das Sulfat-Ion bedeutend größer ist als das jeweilige Kation. Deshalb wird die Löslichkeit der Erdalkalisulfate vor allem durch die Hydratationsenthalpie des Kations bestimmt, die beim Ba^{2+} am geringsten ist.

Wegen seiner Schwerlöslichkeit in Wasser und Säuren und der hohen Ordnungszahl des Bariums eignet sich **Bariumsulfat** ($BaSO_4$) als *Röntgenkontrastmittel* zur Magen-Darm-Darstellung [vgl. **MC-Frage Nr. 1659**].

Der gleiche Trend wie bei den Sulfaten findet sich auch bei den Löslichkeiten der **Carbonate**; alle Erdalkalicarbonate sind in Wasser *schwerlöslich*. Ihre thermische Beständigkeit nimmt vom $BeCO_3$ zum $BaCO_3$ hin zu. Die thermische Zersetzung von **Calciumcarbonat** ($CaCO_3$) („*Kalkbrennen*") wird großtechnisch genutzt. Aus dem erhaltenen **Calciumoxid** (CaO) („*gebrannter Kalk*") entsteht durch Zusatz von Wasser **Calciumhydroxid** [$Ca(OH)_2$] („*gelöschterKalk*"). Mit Sand angerührtes $Ca(OH)_2$ wurde früher als **Luft-Kalkmörtel** verwendet; durch Reaktion mit dem CO_2 der Luft bildet sich erneut $CaCO_3$, dessen miteinander verfilzte Kristalle das Mauerwerk zusammenhalten [vgl. **MC-Fragen Nr. 1181, 1273, 1277, 1731, 1861, 1918**].

$$CaCO_3 \xrightarrow{-\ CO_2 \uparrow} CaO \xrightarrow{+\ H_2O} Ca(OH)_2$$
$$Ca(OH)_2 + CO_2 \longrightarrow Ca(OH)(HCO_3) \longrightarrow CaCO_3 \downarrow + H_2O \uparrow$$

Im Gegensatz zu den Erdalkalicarbonaten sind die entsprechenden **Hydrogencarbonate** leichtlöslich in Wasser. Sie entstehen beim Einleiten von CO_2 in die betreffende Carbonat-Suspension.

$$CaCO_3 + CO_2 + H_2O \longrightarrow (Ca^{2+})_{aq} + 2\ (HCO_3^-)_{aq}$$

Die Löslichkeit von **Bariumcarbonat** ($BaCO_3$) in Wasser ist größer als nach dem Löslichkeitsprodukt zu erwarten wäre, weil Carbonat-Ionen mit Wasser teilweise zu Hydrogencarbonat- und Hydroxid-Ionen reagieren [vgl. **MC-Frage Nr. 1603**].

2.8.2.3 Oxide und Hydroxide der Erdalkalimetalle

Mit Ausnahme von Berylliumoxid (BeO) kristallisieren alle Oxide im NaCl-Gitter. Sie können im Laboratorium durch Glühen der Carbonate erhalten werden.

$$MeCO_3 \xrightarrow[-\ CO_2\uparrow]{\Delta} MeO \xrightarrow{+\ H_2O} Me(OH)_2$$

Bei den **Oxiden** und **Hydroxiden** der Erdalkalimetalle ist die Abfolge ihrer Löslichkeit in Wasser umgekehrt wie bei den Erdalkalisulfaten, da bei diesen Verbindungen die Gitterenergie vor allem von der Größe des betreffenden Kations abhängt (vgl. Tab. 2.21).

BeO reagiert wie Al_2O_3 nicht mit Wasser. Magnesiumoxid (MgO) löst sich nur wenig in Wasser; hochgeglühtes MgO ist in Wasser unlöslich. In der Reihe CaO < SrO < BaO wächst die Wasserlöslichkeit der Oxide, wobei die gebildeten O^{2-}-Ionen beim Lösen *quantitativ* zu HO^--Ionen protolysieren. Dies beinhaltet auch, dass die Löslichkeit der Hydroxide in der Reihe $Be(OH)_2 \longrightarrow Ba(OH)_2$ stark zunimmt. **Berylliumhydroxid** [$Be(OH)_2$] ist das einzige *amphotere* Hydroxid dieser Gruppe [vgl. **MC-Fragen Nr. 1336, 1918**].

$$Be^{2+} \xleftarrow[-\ 2\ H_2O]{+\ 2\ H^+} Be(OH)_2 \xrightarrow{+\ 2\ HO^-} [Be(OH)_4]^{2-}$$

Die wässrige Lösung von **Bariumhydroxid** [$Ba(OH)_2$] wird auch *Barytwasser* genannt [vgl. **MC-Frage Nr. 1101**].

Magnesiumhydroxid ist in Wasser schwerlöslich und wird deshalb durch Versetzen von Mg(II)-Salzlösungen mit Basen gefällt. In Gegenwart von Ammoniumsalzen bleibt die Fällung aus, weil die HO^--Ionen durch Ammonium-Ionen abgefangen werden und der freigesetzte Ammoniak mit Mg^{2+}-Ionen wahrscheinlich einen löslichen Diamminkomplex bildet [vgl. **MC-Fragen Nr. 1430, 1802**].

$$Mg^{2+} + 2\ HO^- \longrightarrow Mg(OH)_2 \xrightarrow{+\ 2\ NH_4^+} [Mg(NH_3)_2]^{2+} + 2\ H_2O$$

2.8.2.4 Komplexe der Erdalkalimetalle

Beryllium ergibt verhältnismäßig stabile *tetraedrische* Komplexe [BeF_4^{2-}, $Be(H_2O)_4^{2+}$, $Be(OH)_4^{2-}$, $Be(NH_3)_4^{2+}$]. Die übrigen Erdalkali-Ionen zeigen nur eine geringe Tendenz zur Komplexbildung; sie bilden lediglich mit einigen mehrzähnigen Liganden stabile Chelatkomplexe, wie z. B. mit **Ethylendiamintetraessigsäure**, einem sechszähnigen Liganden (vgl. Kap. 1.5.4). Ein weiterer wichtiger Mg-Komplex ist **Chlorophyll**.

2.8.2.5 Hydride der Erdalkalimetalle

Ca, Sr und Ba bilden *salzartige* Hydride mit H^--Ionen als Gitterbausteinen. Sie können durch Überleiten von Wasserstoff über die Metalle bei erhöhten Temperaturen dargestellt werden [vgl. **MC-Fragen Nr. 1181, 1277, 1861**].

Im Gegensatz dazu ist **Berylliumhydrid** (BeH_2) (wie auch MgH_2) eine feste, hochpolymere Substanz. BeH_2 bildet ein Kettengitter in dem die Be-Atome tetraedrisch von 4 H-Atomen umgeben sind und über **Be-H-Be-Dreizentrenbindungen** zusammengehalten werden.

$$\ce{>Be< ^H_H >Be< ^H_H >Be< ^H_H >Be< ^H_H >Be< ^H_H >Be< ^H_{II} >Be<}$$

2.8.2.6 Sonderstellung des Berylliums

Als erstes Element der Gruppe unterscheidet sich Beryllium stärker von den anderen Erdalkalimetallen als die übrigen Erdalkalielemente untereinander. Verantwortlich dafür ist der kleine Radius des Be-Atoms bzw. des Be^{2+}-Ions. Be^{2+}-Ionen wirken deshalb auf große Anionen stark *polarisierend* und die Bindungen, selbst zu den elektronegativsten Elementen, besitzen einen deutlich *kovalenten* Charakter. Dies zeigt sich auch in der schlechten elektrolytischen Leitfähigkeit geschmolzener Berylliumverbindungen. Be-Verbindungen sind *Elektronenmangelverbindungen* [vgl. **MC-Frage Nr. 1175**].

Die Tendenz zur Bildung von Kovalenzbindungen und die beobachtete *Zweibindigkeit* des Berylliums wird dadurch erleichtert, dass ein 2s-Elektron in ein leeres, nur wenig energiereicheres 2p-AO promovieren kann unter Bildung von zwei äquivalenten **sp-Hybridorbitalen**. Der relativ kleine Atomradius und das Bestreben, kovalente Bindungen einzugehen, führt auch zu der schon mehrfach erwähnten Ähnlichkeit zwischen Beryllium und Aluminium

Berylliumhalogenide unterscheiden sich in ihrer Struktur signifikant von den anderen Erdalkalihalogeniden. Das bei Raumtemperatur feste $BeCl_2$ (Schmp. 405 °C) ist noch weniger salzähnlich als BeF_2, indem hier $BeCl_4$-Tetraeder jeweils durch zwei als Brückenatome fungierende Chloratome miteinander verbunden sind [vgl. **MC-Frage Nr. 1174**].

$$\ce{Be< ^Cl_Cl >Be< ^Cl_Cl >Be< ^Cl_Cl >Be< ^Cl_Cl >Be<} \equiv (BeCl_2)_n$$

In Analogie zum dimeren Al_2Cl_6 treten im $BeCl_2$-Dampf neben monomeren $BeCl_2$- auch dimere Be_2Cl_4-Moleküle auf.

$$\overline{Cl} \Longrightarrow Be \underset{\underline{\overline{Cl}}}{\overset{\overline{\overline{Cl}}}{<}} Be \Longleftarrow \overline{Cl} \quad ; \quad \overline{Cl} \Longrightarrow Be \Longleftarrow \overline{Cl}$$

2.8.2.7 Magnesiumorganische Verbindungen

Magnesium reagiert in etherischer Lösung mit organischen Halogeniden unter Bildung von **Grignard-Verbindungen** (vgl. Ehlers, **Chemie II**, Kap. 3.8 und **MC-Frage Nr. 1183**).

$$R\text{-}X + Mg \longrightarrow R\text{-}Mg\text{-}X \quad [X = Cl, Br, I]$$

Die Grignard-Verbindungen sind feuchtigkeits- und häufig auch sauerstoffempfindlich; ihre Darstellung und ihre Reaktionen müssen daher in völlig wasserfreiem Milieu durchgeführt werden.

Die Struktur der Grignard-Reagenzien ist noch nicht vollständig geklärt. Fest steht nur, dass aus Grignard-Lösungen das Lösungsmittel nicht komplett ohne Zersetzung der Grignard-Verbindung entfernt werden kann; Grignard-Reagenzien sind in reinem, lösungsmittelfreiem Zustand nicht existent. Die C-Mg-Bindung ist stark polar, wobei das Mg positiv polarisiert ist, sodass Grignard-Verbindungen als *nucleophile Reagenzien* anzusehen sind.

Grignard-Verbindungen dienen auch als Startmaterial zur Herstellung anderer Organometallverbindungen. Hierzu setzt man die entsprechenden Halogenide von Metallen, die edler als Magnesium sind, mit Grignard-Verbindungen um, z. B.:

$$SiCl_4 + CH_3\text{-}Mg\text{-}Cl \longrightarrow CH_3\text{-}SiCl_3 + MgCl_2$$
$$PbCl_4 + 4\ CH_3CH_2\text{-}Mg\text{-}Cl \longrightarrow Pb(CH_2CH_3)_4 + 4\ MgCl_2$$

2.9 Alkalimetalle

Zu den Elementen der I. Hauptgruppe gehören **Lithium** (Li), **Natrium** (Na), **Kalium** (K), **Rubidium** (Rb), **Caesium** (Cs) und **Francium** (Fr). Die Alkalimetalle zeigen unter sich eine größere Ähnlichkeit als die Elemente irgendeiner anderen Gruppe. Sie treten in Verbindungen ausschließlich in der *Oxidationsstufe* **+1** auf. Alkalimetalle sind die reaktionsfähigsten Metalle. Alle **Francium-Isotope** sind radioaktiv und besitzen eine kurze Halbwertzeit. Die wichtigsten Eigenschaften der Alkalimetalle sind in Tab. 2.23 zusammengestellt.

Bei den Alkalimetallen wird der Einfluss des wachsenden Atom- bzw. Ionenradius besonders deutlich. Mit zunehmender Ordnungszahl (zunehmendem Radius) *nehmen* durchweg *ab*: Schmelzpunkt, Siedepunkt, Gitterenergie sowie die Leichtigkeit der thermischen Zersetzung der Carbonate und Nitrate. Das Normalpotential wird vom Lithium zum Caesium hin positiver. Die Alkalimetalle besitzen jeweils die niedrigste 1.Ionisierungsenergie innerhalb ihrer Periode, sodass die Bildung einwertiger Metallionen erleichtert ist [vgl. **MC-Fragen Nr. 1185, 1187, 1189, 1191, 1192, 1237, 1537, 1618, 1681**].

Tab. 2.23:   **Eigenschaften der Alkalimetalle**

	Li	Na	K	Rb	Cs
Elektronenkonfiguration	$2s^1$	$3s^1$	$4s^1$	$5s^1$	$6s^1$
Schmelzpunkt (°C)	179	97,5	63,7	39,0	38,5
Siedepunkt (°C)	1336	880	760	686	670
Ionisierungsenergie (kJ/mol)	520	496	419	403	376
Hydratationsenthalpie (kJ/mol)	-507,5	-398,3	-313,8	-289,1	-256,1
Atomradius (pm)	152	186	231	244	262
Ionenradius (pm)	68	98	133	148	167
Radius des hydratisierten Kations (pm)	340	276	232	228	228
Elektronegativität	1,0	0,9	0,8	0,8	0,7
Normalpotential (V)	-3,03	-2,71	-2,92	-2,99	-2,99

2.9.1 Elemente

2.9.1.1 Vorkommen und Gewinnung der Elemente

Vorkommen: Als Folge ihrer großen Reaktionsfähigkeit kommen die Elemente der I.Hauptgruppe *nicht elementar* vor. **Lithium** ist in der Natur relativ selten anzutreffen und tritt hauptsächlich als Silicat und Phosphat auf.

Natrium, das häufigste Alkalimetall, ist als Ion Bestandteil vieler Silicate. Zu den mineralisch vorkommenden und technisch nutzbaren Natriumsalzen zählen noch **Steinsalz** (NaCl), **Natronfeldspat** (NaAlSi$_3$O$_8$), **Kryolith** (Na$_3$AlF$_6$), **Glaubersalz** (Na$_2$SO$_4$) und **Borax** (Na$_2$B$_4$O$_7 \cdot$ 10 H$_2$O). Die wichtigsten Salze des **Kaliums** sind **Kalifeldspat** (KAlSi$_3$O$_8$), **Sylvin**(KCl) und **Carnallit** (KCl $\cdot$ MgCl$_2$). **Rubidium** und **Caesium** treten als Begleiter der anderen Elemente auf [vgl. **MC-Fragen Nr. 1464, 1681, 1682**].

Gewinnung: Die Metalle sind aufgrund ihres stark negativen Normalpotentials nur elektrolytisch darstellbar [vgl. **MC-Frage Nr. 1190**]. Infolge der spontanen Reaktion mit Wasser erfolgt die Gewinnung der Alkalimetalle durch **Schmelzflusselektrolyse** der *wasserfreien Chloride* oder *Hydroxide*, wobei die Metallionen durch Elektronenaufnahme an der Kathode zum Metall reduziert werden [vgl. **MC-Fragen Nr. 1180, 1190, 1332, 1681**].

2.9.1.2 Eigenschaften und Reaktivität der Elemente

Alle Alkalimetalle sind sehr weiche Metalle und extrem *oxidationsempfindlich*, so dass sie unter Petroläther aufbewahrt werden müssen. Ihre Reaktivität wächst mit zunehmender Ordnungszahl und läuft damit parallel zur Abnahme der Ionisierungsenergie. Als Folge der leichten Elektronenabgabe sind alle Alkalimetalle *starke Reduktionsmittel*. Sie reagieren direkt mit den meisten Nichtmetallen und bilden mit diesen binäre Verbindungen. Mit vielen Metallen wie z. B. Quecksilber reagieren sie zu Legierungen (vgl. Kap. 1.6.2 und **MC-Frage Nr. 1192**).

Die Alkalimetalle zeigen nur eine geringe Tendenz zur Bildung von Kovalenzbindungen. Allerdings besitzen die Bindungen in den metallorganischen Verbindungen der Alkalielemente kovalente Bindungsanteile. Die meisten Alkaliverbindungen sind sehr gut durch ein reines **Ionenmodell** zu beschreiben. Am ehesten besitzen noch Lithiumverbindungen, besonders **Lithiumorganyle**, kovalenten Bindungscharakter. Zudem wirkt das kleine Li$^+$-Ion stark polarisierend auf große Anionen und Moleküle von mäßig polaren Lösungsmitteln. Dieser Effekt erklärt auch die gute Löslichkeit mancher Lithiumsalze in Alkoholen und Ketonen. Auch **Alkalimetalldämpfe** enthalten in geringem Ausmaß kovalente Moleküle [vgl. **MC-Fragen Nr. 1186, 1188**].

2.9.1.3 Verhalten der Metalle gegenüber Wasser und Alkoholen

Die Alkalimetalle reagieren mit *Wasser* unter Bildung von löslichen **Alkalihydroxiden** (Me^+HO^-) und Wasserstoff; mit *Alkoholen* bilden sich **Alkalialkoholate** (Me^+RO^-). Alkalihydroxide und -alkoholate sind starke Basen [vgl. **MC-Fragen Nr. 1187, 1188**].

$$c_m = \sqrt[3+2]{\frac{10^{-96}}{2^2 \cdot 3^3}} = \sqrt[5]{\frac{10^{-96}}{108}} \approx 10^{-19} \text{ mol} \cdot \text{l}^{-1}$$

Generell nimmt die Reaktionsfähigkeit gegenüber Wasser vom Li zum Cs hin zu. So reagiert Lithium mit Wasser ohne zu schmelzen und ohne Entzündung des sich bildenden Wasserstoffs; Natrium schmilzt bei der Reaktion, ohne dass der Wasserstoff brennt; Kalium reagiert bereits so heftig, dass sich der freiwerdende Wasserstoff entzündet [vgl. **MC-Frage Nr. 1192**].

Die festen Alkalihydroxide sind typische Salze. Unter Luftzutritt aufbewahrte Alkalihydroxide sind immer Carbonat-haltig, da sie aus der Luft Kohlendioxid absorbieren. Sie weisen auch einen gewissen Wassergehalt auf [vgl. **MC-Fragen Nr. 1204, 1205, 1294**].

$$2 \text{ MeOH} + CO_2 \longrightarrow Me_2CO_3 + H_2O$$

2.9.1.4 Verhalten der Metalle gegenüber Sauerstoff und Halogenen

An der Luft verbrennt **Lithium** unter intensiv roter Lichterscheinung zu einem normalen **Oxid** (Li_2O). **Natrium** ergibt hingegen bei der Verbrennung ein **Peroxid** (Na_2O_2), das durch Erhitzen mit metallischem Natrium in ein normales Oxid (Na_2O) umgewandelt werden kann. **Kalium**, **Rubidium** und **Caesium** bilden beim Verbrennen an der Luft **Hyperoxide** (MeO_2) [**Superoxide**]. Die Stabilität der Peroxide und Superoxide nimmt mit steigender Ordnungszahl zu. Alle Oxide sind gut wasserlöslich und gehen dabei in Alkalimetallhydroxide über [vgl. **MC-Fragen Nr. 1186, 1202, 1203, 1520, 1805, 1806**].

$$4 \text{ Li} + O_2 \longrightarrow 2 \text{ Li}_2O$$
$$2 \text{ Na} + O_2 \longrightarrow Na_2O_2 \xrightarrow{+\ 2 \text{ Na}} 2 \text{ Na}_2O$$
$$K + O_2 \longrightarrow KO_2$$
$$Na_2O + H_2O \longrightarrow 2 \text{ NaOH}$$

Die Alkalimetalle reagieren heftig mit Chlor zu Alkalichloriden. Natrium reagiert mit Brom nur oberflächlich und mit Iod selbst bei Schmelztemperatur nicht; Kalium setzt sich hingegen mit diesen Halogenen unter heftiger Detonation um.

$$2\,Me + X_2 \longrightarrow 2\,MeX$$

2.9.1.5 Verhalten der Metalle gegenüber flüssigem Ammoniak

Alle Alkalimetalle lösen sich in *flüssigem Ammoniak* mit *blauer* Farbe. In den Lösungen liegen **solvatisierte Elektronen** und solvatisierte Metallkationen vor.

$$Me \xrightarrow{\ NH_3 fl.\ } (Me^+)_{solv.} + (e^-)_{solv.}$$

Die blaue Farbe der Lösung schreibt man den solvatisierten Elektronen zu. Solche Lösungen leiten den elektrischen Strom und wirken stark *reduzierend* [vgl. **MC-Fragen Nr. 1188, 1193–1196, 1496**].

Beim Erwärmen der Lösungen, bei ihrem Belichten (photochemisch) oder in Anwesenheit von Salzen der Übergangsmetalle tritt spontane Zersetzung unter Bildung von **Alkaliamiden** und Wasserstoff ein.

$$2\,Me + 2\,NH_3(fl.) \longrightarrow 2\,MeNH_2 + H_2\uparrow$$

2.9.2 Verbindungen

2.9.2.1 Allgemeine Eigenschaften von Alkalisalzen

Alle **Alkalihalogenide** sind salzartige, schwerflüchtige Substanzen von hoher Stabilität. Ihre *Gitterenergien* nehmen erwartungsgemäß in der Reihenfolge Fluorid > Chlorid > Bromid > Iodid bzw. in der Reihe Lithium >Natrium > Kalium > Rubidium > Caesium mit zunehmendem Ionenradius ab. Ihre Dämpfe enthalten Ionenpaare; sie zeigen typische *Flammenfärbungen* (vgl. Kap. 1.1.6). Chemisch reines **Natriumchlorid**, dessen Löslichkeit in Wasser sich nur wenig mit der Temperatur ändert [35,6 g bei 0 °C und 39,1 g NaCl bei 100 °C in 100 g H$_2$O], ist *nicht hygroskopisch*. Das Zerfließen von Kochsalz (**Speisesalz**) an der feuchten Luft beruht auf Beimengungen von Magnesiumchlorid [vgl. **MC-Fragen Nr. 1188, 1201, 1206, 1837**].

Tab. 2.24: **Löslichkeit der Alkalihalogenide in Wasser (Angaben in Mol/1000 g H$_2$O bei 25 °C)**

Element	Fluorid	Chlorid	Bromid	Iodid
Lithium	0,01	19,5	2,04	12,2
Natrium	0,98	6,15	8,80	12,0
Kalium	8,26	4,61	5,51	8,71
Rubidium	12,50	7,54	6,35	7,16
Caesium	-	11,1	5,68	1,69

Tab. 2.25: **Löslichkeit ausgewählter Alkalisalze in Wasser
(Angaben in Mol/1000 g H_2O bei 25 °C)**

Element	Nitrat	Sulfat	Carbonat	Phosphat
Lithium	10,1	3,17	0,18	$2,6 \cdot 10^{-3}$
Natrium	10,3	1,34	2,04	0,37
Kalium	3,21	0,634	8,06	4,85
Rubidium	3,62	1,80	19,7	-
Caesium	1,18	4,94	7,99	-

Die meisten Alkalisalze sind *in Wasser leichtlöslich*, wobei sich LiOH, LiF, Li_2CO_3 und Li_3PO_4 deutlich schlechter lösen als die entsprechenden Salze der anderen Alkalielemente. In Tab. 2.24 und 2.25 sind die Löslichkeiten einiger ausgewählter Alkalisalze aufgelistet [vgl. **MC-Fragen Nr. 1197, 1199, 1200, 1225**].

Zu den wenigen schwerlöslichen Salzen zählen **Natriumhexahydroxoantimonat** ($Na[Sb(OH)_6]$), **Natriumzinkuranylacetat** ($Na[Zn(UO_2)_3(CH_3COO)_9] \cdot 6\ H_2O$) sowie **Perchlorate** ($MeClO_4$), **Hexachloroplatinate** ($MePtCl_6$) und **Hexanitrocobaltate** ($Me_3[Co(NO_2)_6]$) des **Kaliums**, **Rubidiums** und **Caesiums** [vgl. **MC-Frage Nr. 1198**].

Stabile **Komplexe** der Alkalimetalle sind mit Ausnahme gewisser *Kronenether* nicht bekannt [vgl. **MC-Frage Nr. 1187**]. Li^+-Ionen bilden lediglich mit NH_3 labile Assoziate. Das Lithium-Ion ist stark hydratisiert, was in seiner hohen negativen Hydratationsenthalpie zum Ausdruck kommt. Li^+-Ionen besitzen von allen Alkalimetall-Ionen die größte Hydrathülle (vgl. Tab. 2.23). Die *starke Hydratation des kleinen Li^+-Ions* ist auch dafür verantwortlich, dass Lithium das negativste Normalpotential aller Alkalimetalle hat. Als einziges Alkali-Ion ist das Li^+-Ion eine (schwache) *Kationsäure* [vgl. **MC-Fragen Nr. 1191, 1192, 1681**].

Alle Alkalisalze sind *farblos*, sofern nicht die betreffenden Anionen im sichtbaren Spektralbereich Licht absorbieren und so eine Farbe erzeugen, wie z. B. $KMnO_4$, K_2CrO_4, $K_2Cr_2O_7$ u. a.

2.9.2.2 Sonderstellung des Lithiums

Die Sonderstellung des Lithiums [„Schrägbeziehung" zum Magnesium, vgl. Kap. 1.2.4] äußert sich nicht nur im Hydratationsverhalten und in der relativen Schwerlöslichkeit mancher Salze [LiOH, LiF, Li_2CO_3, Li_3PO_4], sondern zeigt sich auch in den chemischen Eigenschaften des Elements. So verbrennt Lithium an der Luft zum normalen Oxid (Li_2O) und bildet kein Peroxid oder Superoxid. LiOH, Li_2CO_3 und $LiNO_3$ zersetzen sich beim Erhitzen unter Bildung von Li_2O. Demgegenüber entstehen bei der Thermolyse der übrigen Alkalinitrate die betreffenden Nitrite. Darüber hinaus sind die Hydroxide und Carbonate des Na, K, Rb und Cs thermisch recht beständig [vgl. **MC-Fragen Nr. 1191, 1192, 1197, 1199, 1225, 1838**].

$$4 \ LiNO_3 \xrightarrow{\Delta} 2 \ Li_2O + 4 \ NO_2\uparrow + O_2\uparrow$$

$$2 \ NaNO_3 \xrightarrow{\Delta} 2 \ NaNO_2 + O_2\uparrow$$

2.9.2.3 Metallorganische Verbindungen

Auch organische Verbindungen der Alkalimetalle sind bekannt. So bildet Lithium mit Alkyl- oder Arylhalogeniden leicht **Lithiumorganyle**. Beispielsweise entsteht bei der Umsetzung von metallischem Li mit Ethylchlorid (CH_3CH_2Cl) in etherischer Lösung **Lithiumethyl** (CH_3CH_2Li) [vgl. **MC-Frage Nr. 1191**].

$$2 \ Li + CH_3CH_2Cl \longrightarrow LiCl + CH_3CH_2Li$$

Die Lithium-organischen Verbindungen sind gewöhnlich Flüssigkeiten oder relativ niedrig schmelzende Festkörper; sie besitzen einen typisch *kovalenten* Bindungscharakter und lösen sich in unpolaren Solventien.

Die anderen **Alkaliorganyle** können z. B. durch Umsetzung der Metalle mit Quecksilber-organischen Verbindungen hergestellt werden.

$$2 \ Me + HgR_2 \longrightarrow 2 \ MeR + Hg$$

Es sind *salzartige*, im Gegensatz zu den Lithiumorganylen in Kohlenwasserstoffen unlösliche, polymere Substanzen, die **Carbanionen** als negatives Gegenion enthalten [vgl. **MC-Frage Nr. 1186**].

2.10 Nebengruppenelemente, insbesondere Elemente der ersten Übergangsreihe

2.10.1 Allgemeine Eigenschaften von Nebengruppenelementen

Bei den **Übergangselementen** werden mit steigender Ordnungszahl schrittweise *innere* Elektronenschalen [d- und f-AO] bzw. bei den **Lanthaniden** und **Actiniden** innere f-Orbitale mit Elektronen besetzt. Obwohl die Auffüllung dieser Schalen mit den Elementen 28 (Ni), 46 (Pd) und 78 (Pt) jeweils abgeschlossen ist, rechnet man auch die Elemente der I. (Kupfergruppe) und II.Nebengruppe (Zinkgruppe) zu den Übergangsmetallen. Wie Tab. 2.26 zeigt, umfasst die erste Übergangsmetallreihe die Elemente vom Scandium (Sc) bis zum Zink (Zn), die zweite die Metalle vom Yttrium (Y) bis zum Cadmium (Cd). Die Elemente vom Lanthan (La) bis zum Quecksilber (Hg) bilden die dritte Übergangsmetallreihe, während die auf das Lanthan (La) bzw. Actinium (Ac) jeweils folgenden 14 Elemente als sog. *innere Übergangselemente* (Lanthaniden bzw. Actiniden) bezeichnet werden.

In ihren *physikalischen* und *chemischen Eigenschaften* unterscheiden sich die Übergangselemente sehr stark voneinander; einige sind unedel (z. B. Lanthan), andere zählen hingegen zu den Edelmetallen (Ag, Au, Platinmetalle).

Neben ihrer ausgesprochenen *Tendenz zur Komplexbildung* ist auch das *magnetische* und *spektrale Verhalten* (Farbigkeit zahlreicher Verbindungen) der Nebengruppenelemente sowie das Auftreten in relativ *vielen Oxidationsstufen* auf das Vorhandensein nur teilweise besetzter d- und f-AO zurückzuführen.

Der Befund, dass die d-Orbitale erst *nach* dem s-AO der nächsthöheren Hauptquantenzahl aufgefüllt werden, zeigt, dass bei den Übergangsmetallen das s-AO energieärmer ist als die d-Niveaus. Bilden sich jedoch aus den Atomen ein- und zweiwertige Kationen, so werden *zuerst* die Elektronen aus dem höheren s-Niveau

Tab. 2.26: Periodensystem der Nebengruppenelemente (ohne Lanthaniden und Actiniden)

III	IV	V	VI	VII	VIII			I	II
Sc	Ti	V	Cr	Mn	Fe	Co	Ni	Cu	Zn
Y	Zr	Nb	Mo	Tc	Ru	Rh	Pd	Ag	Cd
La	Hf	Ta	W	Re	Os	Ir	Pt	Au	Hg

abgespalten. Dies hat zur Folge, dass im Gegensatz zu den freien Atomen die d-AO der Ionen energetisch günstiger liegen als das nächsthöhere s-Orbital. Darüber hinaus können auch die d-Elektronen als *Valenzelektronen* fungieren [vgl. **MC-Fragen Nr. 1207–1211, 1544**].

2.10.1.1 Metalleigenschaften

Alle Übergangselemente sind **Metalle**. Im allgemeinen besitzen sie hohe Schmelz- und Siedepunkte sowie hohe Verdampfungsenthalpien. Eine Ausnahme bilden die Elemente der Zinkgruppe: Quecksilber ist bei Raumtemperatur flüssig, Zink und Cadmium besitzen relativ niedrige Schmelzpunkte und alle drei Metalle sind leicht verdampfbar; sie können durch Destillation gereinigt werden. Die meisten Übergangselemente kristallisieren in der dichtesten Kugelpackung und sind *gute elektrische Leiter*; diesbezüglich sind besonders die Elemente der I.Nebengruppe [Cu, Ag, Au] hervorzuheben.

Metallgewinnung: Nur wenige Übergangsmetalle kommen in der Natur *gediegen* (elementar) vor; man gewinnt die Metalle meistens durch *Reduktion der Oxide* mit Kohle oder Kohlenmonoxid (CO). Sulfidische Erze müssen zunächst durch Rösten in die betreffenden Oxide übergeführt werden. Metalle, die leicht *Einlagerungscarbide* [Mn, Cr, Ti, W u. a.] bilden, lassen sich nicht mit Kohle reduzieren; zu ihrer Reduktion werden Wasserstoff oder Aluminium eingesetzt bzw. man gewinnt sie elektrolytisch durch kathodische Reduktion [vgl. **MC-Fragen Nr. 1212, 1213**].

$$Cr_2O_3 + 2\ Al \longrightarrow 2\ Cr + Al_2O_3$$

2.10.1.2 Elektronenkonfiguration und Oxidationszahlen

Über die Valenzelektronenkonfigurationen und die wichtigsten Oxidationszahlen der ersten Reihe der Übergangsmetalle informiert Tab. 2.27.

Mit Ausnahme des Scandiums (Sc), das nur in der Oxidationsstufe +3 auftritt, bilden alle Elemente durch Abgabe der beiden 4s-Elektronen *zweiwertige* Ionen. Es überrascht, dass auch **Kupfer** vorzugsweise Cu(II)-Ionen bildet, obwohl aufgrund seiner Elektronenkonfiguration eher die Stufe +1 zu erwarten wäre. Dazu ist anzumerken, dass die relative Stabilität einer Oxidationsstufe auch von der Art der jeweils vorhandenen Anionen und Liganden abhängt. In wässriger Lösung sind hydratisierte Cu(I)-Ionen nicht beständig und disproportionieren zu Cu und Cu(II) (vgl. auch Kap. 2.11.1 und **MC-Frage Nr. 1223**).

Die Oxidationsstufe **+3** ist in der ersten Übergangsmetallreihe gleichfalls häufig anzutreffen. Mit zunehmender Ordnungszahl nimmt allerdings die Tendenz, in die Stufe +3 überzugehen, stark ab, sodass einige dreiwertige Ionen [Fe^{3+}, Co^{3+}] oxidierende Eigenschaften besitzen. Co(III)-Ionen wirken bereits so stark oxidierend, dass sie aus wässriger Lösung Sauerstoff entwickeln.

Tab. 2.27: **Elektronenkonfigurationen und Oxidationszahlen der Elemente der ersten Übergangsmetallreihe (selten auftretende Oxidationszahlen sind in Klammer gesetzt)**

Element	Elektronen-konfiguration	Oxidationszahlen
Scandium	$[Ar]3d^14s^2$	+3
Titan	$[Ar]3d^24s^2$	(+2), +3, +4
Vanadium	$[Ar]3d^34s^2$	+2, +3, +4, +5
Chrom	$[Ar]3d^54s^1$	+2, +3, (+4), (+5), +6
Mangan	$[Ar]3d^54s^2$	+2, (+3), +4, (+5), (+6), +7
Eisen	$[Ar]3d^64s^2$	+2, +3, (+4), (+6)
Kobalt	$[Ar]3d^74s^2$	+2, +3, (+4)
Nickel	$[Ar]3d^84s^2$	+2, (+3)
Kupfer	$[Ar]3d^{10}4s^1$	+1, +2
Zink	$[Ar]3d^{10}4s^2$	+2

Tab. 2.27 zeigt auch, dass innerhalb einer Reihe von Übergangsmetallen vor allem die mittleren Elemente die höchsten Oxidationszahlen erreichen. In der zweiten und dritten Reihe sind es die Elemente **Ruthenium** (Ru) und **Osmium** (Os), die in den Tetroxiden die höchstmögliche Oxidationszahl +8 besitzen. In den höchsten Oxidationsstufen bilden die Nebengruppenelemente jedoch nur Verbindungen mit den elektronegativsten Elementen [F, O, Cl]. Innerhalb einer Nebengruppe [z. B. Fe – Ru – Os] werden mit zunehmender Ordnungszahl die Verbindungen in den höheren Oxidationsstufen immer stabiler [vgl. **MC-Frage Nr. 1891**].

2.10.1.3 Atomradien, Ionenradien

Die Atom- und Ionenradien der Nebengruppenelemente sind im Allgemeinen kleiner als die der Hauptgruppenelemente der gleichen Periode. Anders als bei den Hauptgruppenelementen ist auch die Zunahme der Kernladung innerhalb einer Gruppe nicht immer mit einer Zunahme des Atomradius verbunden. Weil die Ionen der Übergangselemente relativ klein sind, besitzen sie eine hohe Ladungsdichte. Die geringe Größe der Ionen verbunden mit der Verfügbarkeit von d-Orbitalen für koordinative Bindungen erklärt die ausgeprägte Bereitschaft der Nebengruppenelemente zur Bildung von stabilen Komplexen (vgl. Kap. 1.5.2.2).

2.10.1.4 Normalpotentiale

Viele Metalle der Nebengruppen reagieren aufgrund ihres negativen Normalpotentials mit Säuren bzw. mit Wasserdampf unter Freisetzung von H_2. Einige Metalle sind jedoch schlechte Reduktionsmittel. Hierzu zählen Quecksilber, die Münzmetalle [Cu, Ag, Au] (siehe Kap. 2.11.1) sowie die Elemente der Platingruppe (vgl. Kap. 2.12). In Tab. 2.28 sind die Atom- und Ionenradien sowie die Normalpotentiale einiger Übergangsmetalle aufgelistet.

Tab. 2.28: Eigenschaften ausgewählter Übergangsmetalle

Element	Atomradius (pm)	Ionenradius		Normalpotential $[E^\circ]$ (V)		
		Me^{2+}	Me^{3+}	Me/Me^{2+}	Me/Me^{3+}	Me^{2+}/Me^{3+}
Chrom	124	73	63	-0,91	-0,74	-0,41
Mangan	137	67	65	-1,18	-0,28	+1,51
Eisen	124	78	65	-0,44	-0,04	+0,75
Kobalt	125	75	61	-0,27	-0,40	+1,80
Nickel	125	69	60	-0,25	-	+0,49
Kupfer	128	73	-	+0,35	-	-
Zink	133	74	-	-0,76	-	-

2.10.1.5 Chemie der Übergangsmetallionen

Die Übergangsmetalle bilden nur relativ wenige typische Salze, d. h. Substanzen, deren Gitter aus idealen, kugelförmigen Ionen aufgebaut sind. Vielmehr treten meist mehr oder weniger starke Wechselwirkungen zwischen den Metallkationen und den betreffenden Anionen auf, sodass die *Bindungen* in den Gittern in gewissem Umfang *kovalenten Charakter* annehmen. Am ehesten bleibt der *Salzcharakter* bei Verbindungen erhalten, die diese Metalle in niedrigen Oxidationsstufen (+2, +3) enthalten.

Viele Ionen von Nebengruppenelementen sind *paramagnetisch* und besitzen eine charakteristische *Farbe*.

In höheren Oxidationsstufen (+5, +6, +7) bilden eine Reihe von Übergangsmetallen **Oxokomplex-Anionen** (z. B. MnO_4^-, CrO_4^{2-}). Säuert man die wässrigen Lösungen einiger Oxokomplexe an, so entstehen durch Kondensation *mehrkernige Anionen*. Bei Vereinigung einer einzigen Art von Oxokomplexen, wie z. B. bei der Polykondensation von Chromat-Ionen (CrO_4^{2-}) zu Chrom(VI)-oxid (CrO_3), bezeichnet man sie als **Isopolyanionen** [vgl. **MC-Fragen Nr. 1214, 1215, 1807**].

Tab. 2.29: **pK$_s$ -Werte von Aquokomplexen einiger Übergangsmetalle**

Ion	Radius (pm)	pK$_s$	Ion	Radius (pm)	pK$_s$	Ion	Radius (pm)	pK$_s$
Fe^{2+}	78	9,51	Ce^{3+}	102	~9	Ni^{2+}	60	8,3
Fe^{3+}	65	2,22	Ce^{4+}	91	0,15	Cu^{2+}	73	6,8
Co^{2+}	75	9,3	Cr^{3+}	73	4,95	Zn^{2+}	74	9,66
Co^{3+}	61	4,79	Mn^{2+}	65	10,64	Ti^{3+}	67	1,7

Enthalten solche Lösungen noch andere Oxoanionen, so werden auch diese eingebaut und man erhält **Heteropolyanionen**, wie zum Beispiel **Molybdatophosphat** (vgl. Kap. 1.5.2).

Die hydratisierten Ionen der Übergangsmetalle sind **Kationsäuren**. Die pK$_s$-Werte einiger ausgewählter Hydrate sind in Tab. 2.29 zusammengestellt. Die Acidität dieser Kationsäuren hängt hauptsächlich vom Ionenradius und der Ionenladung ab; allerdings ist es nicht möglich, die Acidität der verschiedenen Ionen zueinander in eine einfache, gesetzmäßige Beziehung zu bringen.

Hierzu trägt z. B. bei, dass die hydratisierten Ionen nicht nur H$^+$-Ionen an H$_2$O-Moleküle abgeben, sondern sich zugleich auch zu *mehrkernigen* Komplexen vereinigen können.

$$[Fe(H_2O)_6]^{3+} + H_2O \rightleftharpoons [Fe(H_2O)_5(OH)]^{2+} + H_3O^+$$
$$2 [Fe(H_2O)_6]^{3+} + 2 H_2O \rightleftharpoons [Fe(H_2O)_5(OH)_2Fe(H_2O)_5]^{4+} + 2 H_3O^+$$

Im letztgenannten zweikernigen Eisenkomplex sind die beiden Fe(III)-Ionen über zwei HO$^-$-Brückenliganden miteinander verknüpft.

2.10.1.6 Lanthanide (Lanthanoide)

Die auf das Lanthan folgenden 14 Elemente, die sog. **Lanthaniden**, werden auch als Metalle der „**seltenen Erden**" bezeichnet [vgl. **MC-Frage Nr. 1297**].

Bei ihnen erfolgt die Auffüllung der **4f-Niveaus** mit Elektronen; allerdings ist anzumerken, dass infolge des geringen Energieunterschieds zwischen den 5d- und den 4f-Orbitalen nicht in allen Fällen völlige Klarheit über die Elektronenkonfiguration der freien Atome besteht.

Alle Lanthaniden bilden *dreiwertige* Ionen dadurch, dass die beiden 6s-Elektronen sowie ein 5d- oder 4f-Elektron abgegeben werden. Manche Lanthanidenelemente treten zusätzlich noch in den Oxidationsstufen **+2** und **+4** auf. In der vierwertigen Stufe sind diese Ionen starke Oxidationsmittel [z. B. Ce(IV)]. Demgegenüber ist das Eu^{2+}-Ion ein starkes Reduktionsmittel.

Viele Lanthanoide kommen in der Natur vergesellschaftet vor; eine ganze Reihe von ihnen kann aus **Monazit**, einem Phosphat-haltigen Silicat, gewonnen werden. Da sich die Lanthaniden nur im Aufbau der *drittäußersten* Schale unterscheiden, die von geringem Einfluss auf die chemischen Eigenschaften ist, verhalten sich die Elemente außerordentlich ähnlich.

Innerhalb der Reihe der Lanthaniden nimmt der *Ionenradius* von 115 pm (La^{3+}) auf 85 pm (Lu^{3+}) stetig ab (**Lanthaniden-Kontraktion**), eine Folge der von Element zu Element wachsenden Kernladung bei gleichzeitiger Auffüllung einer inneren Elektronenschale.

Die Elemente der Lanthanidengruppe sind weiche, sehr reaktionsfähige Metalle, die z.T. heftig mit Wasser unter Freisetzung von Wasserstoff reagieren und leicht von Luftsauerstoff oxidiert werden. In ihren *chemischen Eigenschaften* ähneln sie z.T. dem Calcium, z.T. dem Aluminium (E = Lanthanidenelement):

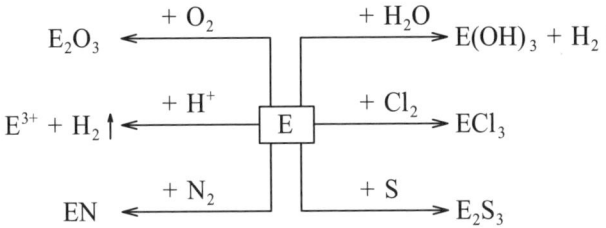

2.10.1.7 Actiniden (Actinoide)

Die exakte Elektronenkonfiguration der 15 Actinoiden ist noch nicht in allen Einzelheiten gesichert. Die Kerne der Actiniden sind *instabil* und zerfallen unter Aussendung von **α-Teilchen**. Auch die Actiniden sind ziemlich reaktionsfähige Metalle und bilden vorwiegend Verbindungen in den Oxidationsstufen +2, +4, +5 und +6.

2.10.2 Elemente der ersten Übergangsmetallreihe

2.10.2.1 Chrom

Chrom (Cr) tritt in der Natur hauptsächlich als **Chromeisenstein** ($FeCr_2O_4$), einem Spinell, und als **Rotbleierz** ($PbCrO_4$) auf. Zur Gewinnung des Metalls überführt man die Erze in Cr(III)-oxid (Cr_2O_3), das mit Aluminium reduziert wird. Ein Teil des Chromeisensteins wird durch Erhitzen mit Soda direkt in **Natriumchromat** (Na_2CrO_4) umgewandelt

$$Cr_2O_3 + 2\ Al \longrightarrow 2\ Cr + Al_2O_3$$
$$4\ FeCr_2O_4 + 7\ O_2 + 8\ Na_2CO_3 \longrightarrow 2\ Fe_2O_3 + 8\ Na_2CrO_4 + 8\ CO_2\uparrow$$

Metallisches Chrom ist sehr hart und trotz seines negativen Normalpotentials chemisch äußerst widerstandsfähig. Es löst sich zwar in Salzsäure unter Bildung von **Cr(II)-chlorid** und Freisetzung von H_2, nicht aber in oxidierenden Säuren wie HNO_3. Dies ist eine Folge der *Passivierung* des Metalls durch Bildung einer dünnen, undurchlässigen und festhaftenden Oxidschicht.

Alle Chromverbindungen sind *farbig*. Die wichtigsten Oxidationsstufen sind **+2**, **+3** und **+6**; am stabilsten sind Cr(III)-Verbindungen. Cr(II)-Ionen wirken stark reduzierend, während Cr(VI)-Verbindungen starke Oxidationsmittel darstellen.

Hydratisierte Cr(II)-Ionen können durch Reduktion höherer Oxidationsstufen mit Zink oder durch Reaktion von hochreinem Chrom mit verdünnten, nichtoxidierenden Säuren erhalten werden. Cr(II)-Salzlösungen sind nur unter Luftausschluss haltbar.

Das hydratisierte Cr^{3+}-Ion ist eine *schwache Kationsäure*. Versetzt man Cr(III)-Salzlösungen mit HO^--Ionen, so bildet sich **Chrom(III)-hydroxid** $[Cr(OH)_3]$, das bei höheren pH-Werten unter Bildung eines *grünen* Hydroxokomplexes wieder in Lösung geht. Beim Entwässern von $Cr(OH)_3$ entsteht **Chrom(III)-oxid** (Cr_2O_3).

$$[Cr(H_2O)_6]^{3+} \xrightarrow{\;+\;HO^-\;} [Cr(OH)_3]\downarrow \xrightarrow{\;+\;HO^-\;} [Cr(OH)_6]^{3-}$$
$$\downarrow$$
$$Cr_2O_3$$

Cr^{3+}-Ionen besitzen eine hohe Tendenz zur Komplexbildung. In diesen Komplexen ist das Cr(III)-Ion oktaedrisch von sechs Liganden umgeben. Die Komplexe sind im allgemeinen kinetisch inert und gehen nur langsam Ligandensubstitutionen ein; es sind high spin-Komplexe.

Die wichtigsten Chrom(VI)-Verbindungen sind **Cr(VI)-oxid** (CrO_3), **Chromate** (CrO_4^{2-}) und **Dichromate** $(Cr_2O_7^{2-})$. Die *gelb* gefärbten Chromate können durch Oxidation von Cr(III)-Salzlösungen mit alkalischer H_2O_2-Lösung erhalten werden.

$$2\;Cr^{3+} + 3\;H_2O_2 + 10\;HO^- \longrightarrow 2\;CrO_4^{2-} + 8\;H_2O$$

Beim Ansäuern solcher Lösungen ändert sich die Farbe in *orange* und es bilden sich zweikernige Dichromat-Ionen; die Reaktion ist umkehrbar. In konz. Säuren entsteht durch Polykondensation von CrO_4^{2-}-Ionen über verschiedene Isopolyanionen als Zwischenstufen schließlich das *rote*, polymere Chrom(VI)-oxid (CrO_3) (vgl. auch Kap. 2.10.1.5).

Chrom(VI)-Verbindungen wirken stark oxidierend $[E^\circ = +1{,}36\;V]$, wobei sie in neutraler oder saurer Lösung zu hydratisierten Cr^{3+}-Ionen oder zu Komplexen der Oxidationsstufe + 3 reduziert werden. In alkalischer Lösung ist die Oxidationswirkung der sechswertigen Stufe weniger stark ausgeprägt.

Bei den Oxiden des Chroms zeigt sich, dass die Metalloxide mit zunehmender Oxidationszahl stärker sauer werden. So besitzt **CrO** basische Eigenschaften, **Cr_2O_3** verhält sich amphoter und **CrO_3** ist ein Säureanhydrid.

2.10.2.2 Mangan

Die wichtigsten Manganerze sind **Oxide [Braunstein** (MnO_2), **Braunit** (Mn_2O_3), **Hausmannit** (Mn_3O_4)] und **Manganspat** ($MnCO_3$). Zur Herstellung des Metalls werden die gereinigten Oxide mit Aluminium reduziert. Mangan (Mn) ist ein sprödes, relativ unedles Metall [$E^o = -1{,}18$ V], das sich leicht in nichtoxidierenden Säuren zu Mn(II)-Verbindungen löst.

In seinen Verbindungen tritt Mangan in den Oxidationsstufen **+2, +3, +4, +5, +6** und **+7** auf. Viele dieser Verbindungen sind charakteristisch gefärbt.

In den stabilen Mn(II)-Verbindungen besitzt das Mn^{2+}-Ion ein halbbesetztes d^5-Niveau. In neutraler und saurer Lösung liegt es als *blassrosa* gefärbter Aquokomplex $[Mn(H_2O)_6]^{2+}$ vor. Im Gegensatz zum Cr(II)-Ion wirkt Mn^{2+} nicht reduzierend. Erhöht man den pH-Wert von Mn(II)-Salzlösungen, so fällt ein *weißes Hydroxid* $[Mn(OH)_2]$ aus, das wesentlich leichter zu oxidieren ist.

Mit Ausnahme des Phosphats und Carbonats sind alle Mn(II)-Salze in Wasser leichtlöslich. Mn(II)-Ionen bilden zahlreiche oktaedrische Komplexe; außer dem Hexacyanokomplex handelt es sich hierbei um high spin-d^5-Komplexe. Daneben existieren auch einige Komplexe mit tetraedrischer Ligandenanordnung.

In der +3-Stufe ist Mangan ein starkes Oxidationsmittel und nur in Festkörpern beständig [Mn_2O_3, $Mn_3O_4 = MnO \cdot Mn_2O_3$]; in wässriger Lösung disproportioniert es zu Mn(II) und Mn(IV).

$$2\ Mn^{3+} + 6\ H_2O \longrightarrow Mn^{2+} + MnO_2\downarrow + 4\ H_3O^+$$

Die wichtigste Verbindung des Mangans in der vierwertigen Stufe ist **Braunstein** (MnO_2), eine nicht-stöchiometrische Verbindung der Bruttoformel $MnO_{1{,}95}$. Mn(IV)-Verbindungen wirken z.T. erst beim Erhitzen oxidierend, wobei sie selbst zu Mn(II) reduziert werden. Gegenüber den meisten Säuren ist MnO_2 ziemlich inert. Von den Verbindungen der Oxidationsstufe +5 ist als einziges das *blaue* $Na_3MnO_4 \cdot 7\ H_2O$ bekannt, das in alkalischer Lösung durch Reduktion von Na_2MnO_4 mit Natriumformiat (HCOONa) erhalten wird. In neutralem Milieu disproportionieren Manganat(V)-Verbindungen zu Mn(VI) und Mn(IV).

$$2\ MnO_4^{2-} + HCOO^- + HO^- \longrightarrow 2\ MnO_4^{3-} + CO_2\uparrow + H_2O$$
$$2\ MnO_4^{3-} + 2\ H_2O \longrightarrow MnO_4^{2-} + MnO_2\downarrow + 4\ HO^-$$

Von den Manganat(VI)-Verbindungen ist vor allem das *tiefgrüne* MnO_4^{2-}-Ion zu erwähnen, das durch Zusammenschmelzen von Braunstein mit Ätzkali an der Luft erhalten wird [vgl. **MC-Fragen Nr. 1216, 1683, 1891**].

$$2\ MnO_2 + O_2 + 4\ KOH \longrightarrow 2\ K_2MnO_4 + 2\ H_2O$$

Zur Darstellung im Laboratorium fügt man dem Schmelzgemisch zweckmäßigerweise ein geeignetes Oxidationsmittel (z. B. KNO_3) hinzu (**Oxidationsschmelze**). Das MnO_4^{2-}-Ion ist in wässriger Lösung nur bei sehr hohen pH-Werten beständig; unterhalb von pH = 8 tritt eine rasche Disproportionierung zu Mn(IV) und Mn(VII) ein.

$$3 \; MnO_4^{2-} + 4 \; H_3O^+ \longrightarrow 2 \; MnO_4^- + MnO_2\!\downarrow + 6 \; H_2O$$

Das *tiefviolette* **Permanganat-Ion** (MnO_4^-) enthält das Metall in seiner höchsten Oxidationsstufe und wird durch elektrolytische Oxidation einer alkalischen K_2MnO_4-Lösung hergestellt.

MnO_4^--Ionen wirken stark oxidierend. Lösungen von **Kaliumpermanganat** ($KMnO_4$) zersetzen sich allmählich beim Stehenlassen, wobei die Zersetzung durch Licht katalysiert wird.

$$4 \; MnO_4^- + 4 \; H_3O^+ \overset{h\nu}{\longrightarrow} 3 \; O_2\!\uparrow + 6 \; H_2O + 4 \; MnO_2\!\downarrow$$

In *alkalischer* Lösung wird Permanganat zu MnO_2 reduziert.

$$MnO_4^- + 2 \; H_2O + 3 \; e^- \longrightarrow MnO_2\!\downarrow + 4 \; HO^- \qquad [E^\circ = +1{,}23 \; V]$$

In *saurer* Lösung entstehen hingegen Mn(II)-Verbindungen.

$$MnO_4^- + 8 \; H_3O^+ + 5 \; e^- \longrightarrow Mn^{2+} + 12 \; H_2O \qquad [E^\circ = +1{,}52 \; V]$$

Die zum Permanganat-Ion korr. Säure ($HMnO_4$) ist nicht bekannt. Dagegen lässt sich das entsprechende Anhydrid (Mn_2O_7) durch vorsichtiges Einwirken von konz. H_2SO_4 auf trockenes $KMnO_4$ als *rotes* Öl [Schmp. 5,9 °C] gewinnen.

2.10.2.3 Eisen

Eisen (Fe) ist *polymorph* und das vierthäufigste Element der Erdkruste. Die wichtigsten Eisenerze sind **Oxide [Hämatit** (Fe_2O_3), **Limonit** ($Fe_2O_3 \cdot xH_2O$), **Magnetit** (Fe_3O_4)]. Auch **Eisenspat** ($FeCO_3$) und **Pyrit** (FeS_2) haben eine gewisse technische Bedeutung erlangt.

Die Reduktion der Eisenerze mit Kohle (bzw. CO) geschieht im sog. **Hochofenprozess**. *Roheisen* enthält ca. 3–7% Fremdstoffe und kann aufgrund seiner Sprödigkeit nur vergossen, aber nicht geschmiedet oder gewalzt werden. Um es verformbar zu machen, muss sein Kohlenstoffanteil auf unter 1,7% herabgesetzt und die übrigen Begleitstoffe entfernt werden. Das Roheisen wird so zum **Stahl**.

Eisen-Sauerstoff-Verbindungen: Die drei **Eisenoxide** [FeO, Fe_2O_3, Fe_3O_4] besitzen in der Regel keine exakte stöchiometrische Zusammensetzung. **Eisen(II)-oxid** (FeO) kann durch Erhitzen von **Fe(II)-oxalat** (FeC_2O_4) im Vakuum als *schwarzes*, pyrophores Pulver erhalten werden.

$$FeC_2O_4 \overset{\Delta}{\longrightarrow} FeO + CO\!\uparrow + CO_2\!\uparrow$$

Eisen(III)-oxid (Fe_2O_3) wird durch Erhitzen von frisch gefälltem Fe(III)-hydroxid als *rotbraunes* Pulver gewonnen und ist *unlöslich* in NaOH-Lösung.

$$2 \; Fe(OH)_3 \overset{\Delta}{\longrightarrow} Fe_2O_3 + 3 \; H_2O$$

Eisen(II)-hydroxid [$Fe(OH)_2$] wird als *grünliche* Substanz definierter Zusammensetzung durch Zugabe von HO^--Ionen aus Fe(II)-Salzlösungen unter Luftausschluss gefällt. An der Luft oxidiert sich der Niederschlag außerordentlich leicht und geht dabei über graugrüne, dunkelgrüne und schwarze Zwischenstufen in *rotbraunes* „$Fe(OH)_3$" über. Bei den grünen, intermediär auftretenden Produkten handelt es sich um basische Salze, die neben Fe^{2+}-Ionen einen variablen Gehalt an Fe(III) aufweisen. Eisen(II)-hydroxid ist schwach *amphoter* und löst sich in Säuren und konz. Alkalihydroxid-Lösungen.

Im Gegensatz zu $Fe(OH)_2$ existiert *kein* **Fe(III)-hydroxid** mit definierter Zusammensetzung. Der bei Erhöhung des pH-Wertes aus wässrigen Fe(III)-Salzlösungen ausfallende gallertartige Niederschlag besteht aus stark wasserhaltigem Fe_2O_3. Fe(III)-oxid und Fe(III)-hydroxid sind Bestandteile des **Rostes**. Die Oxidation des Eisens an der Luft ist ein ziemlich komplizierter Vorgang, der durch Säuren begünstigt wird. Alkalische Lösungen hemmen dagegen das Rosten. Auch das Fe(III)-oxidhydrat ist schwach amphoter.

Fe(II)-Salze: Fe^{2+}-Ionen bilden mit nahezu jedem stabilen Anion recht beständige Salze. Manche von ihnen werden aber beim Aufbewahren an der Luft oberflächlich zu Fe(III)-Verbindungen oxidiert. Das Redoxpotential Fe^{2+}/Fe^{3+}[E^o = +0,75 V] ist pH-abhängig; es wird in sauren Lösungen positiver, in schwach alkalischem Milieu dagegen negativer [vgl. **MC-Frage Nr. 1220**].

Eisen(II)-chlorid ($FeCl_2$) entsteht beim Auflösen von Eisen in Salzsäure und kristallisiert als *grünes* Tetrahydrat. Das *weiße*, wasserfreie Salz erhält man beim Erhitzen von Fe in trockenem Chlorwasserstoff [vgl. **MC-Frage Nr. 1495**].

Eisen(II)-sulfid (FeS) dient im Laboratorium zur Schwefelwasserstoff-Herstellung.

$$FeS + 2\ HCl \longrightarrow FeCl_2 + H_2S \uparrow$$

Eisen(II)-sulfat ($FeSO_4 \cdot 7\ H_2O$) wird technisch durch Lösen von Eisenabfällen in H_2SO_4 oder durch Oxidation von teilweise geröstetem Pyrit an der Luft erhalten. Die infolge Hydrolyse sauer reagierende Lösung des Salzes wird an der Luft leicht zu einem basischen Salz [$Fe(OH)SO_4$] oxidiert. Wesentlich beständiger ist dagegen das Doppelsalz mit Ammoniumsulfat [$(NH_4)_2Fe(SO_4)_2$] (**Mohrsches Salz**).

Eisen(III)-Verbindungen: Fe(III)-Halogenide können als *rotbraune*, hygroskopische und flüchtige Feststoffe durch direkte Reaktion der Elemente gewonnen werden. **Eisen(III)-iodid** (FeI_3) zerfällt jedoch spontan, sodass es nicht isolierbar ist.

Eisen(III)-chlorid ($FeCl_3$) ist eine *mittelstarke Lewis-Säure*; eine wässrige Lösung des Salzes reagiert sauer. Das hydratisierte Fe^{3+}-Ion ist eine ziemlich *starke Kationsäure* (pK_s = 2,2). $FeCl_3$ dient in der org. Chemie u. a. zum qualitativen Nachweis von Phenolen und Enolen. Darüber hinaus wird $FeCl_3$ häufig auch als Lewis Säure-Katalysator bei S_E-Reaktionen verwendet [vgl. Ehlers, **Analytik I**, Kap. 3.2.4 „Eisen(III)-chlorid-Reaktion" und **MC-Frage Nr. 1495**].

Während das hydratisierte Fe^{3+}-Ion von $FeCl_3$-Lösungen nahezu *farblos* ist, sind die hydratisomeren Komplexe [$FeCl(H_2O)_5$]$^{2+}$, [$FeCl_2(H_2O)_4$]$^+$ und [$FeCl_3(H_2O)_3$] intensiv *gelb* gefärbt. Ebenso sind die bei der Hydrolyse des [$Fe(H_2O)_6$]$^{3+}$-Ions auftretenden Ionen [$Fe(OH)(H_2O)_5$]$^{2+}$ und [$Fe(OH)_2(H_2O)_4$]$^+$ *gelblich-braun*. Im weiteren Verlauf der Hydrolyse entsteht schließlich kolloides, *rotbraunes* $[Fe(OH)_3(H_2O)_3]$.

Von den meisten Anionen sind Fe(III)-Salze bekannt, sofern die betreffenden Anionen nicht reduzierend wirken. Über die Oxidationsstufe von +3 hinaus kennt man eine Reihe von Verbindungen, in denen Eisen in höheren Wertigkeitsstufen (**+4, +6**) auftritt. Solche Verbindungen sind sehr starke Oxidationsmittel [vgl. **MC-Fragen Nr. 321, 1582**].

Eisenkomplexe: Mit Ausnahme des Hexacyanoferrat(II) bilden Fe^{2+}-Ionen paramagnetische high spin-Komplexe mit meistens oktaedrischer Koordination. Der wichtigste Fe(II)-Komplex ist das **Häm**, der an ein globuläres Protein gebunden als **Hämoglobin** bezeichnet wird. Er verbindet sich mit Sauerstoff zu einer lockeren Additionsverbindung und besitzt demzufolge Bedeutung für die Sauerstoffübertragung im Blut [vgl. **MC-Frage Nr. 1220**].

Auch von Fe(III) sind zahlreiche high spin-d^5-Komplexe bekannt. Im Allgemeinen sind Fe(III)-Komplexe instabiler als die analogen Komplexe mit zweiwertigem Eisen. So sind z. B. die wässrigen Lösungen des **Kaliumhexacyanoferrat(II)** ($K_4[Fe(CN)_6]$) (**gelbes Blutlaugensalz**) viel beständiger als die wässrigen Lösungen von **Kaliumhexacyanoferrat(III)** ($K_3[Fe(CN)_6]$) (**rotes Blutlaugensalz**).

Die beim Zusammengießen einer Fe(III)-Lösung und einer Rhodanid-Lösung entstehenden Komplexe $[FeSCN(H_2O)_5]^{2+}$, $[Fe(SCN)_2(H_2O)_4]^+$ oder $[Fe(SCN)_3(H_2O)_3]$ besitzen eine intensiv *rote* Farbe und gestatten, selbst Fe^{3+}-Spuren noch analytisch nachzuweisen. In diesem Zusammenhang sei auch an das sog. **Berliner Blau** (**Turnbulls Blau**) ($K^+[Fe^{3+}Fe^{2+}(CN)_6]$) erinnert (vgl. Ehlers, **Analytik I**, Kap. 3.2.3).

Prussiate (**Pentacyanoferrate**) heißen Komplexe, in denen eine Cyanogruppe des $[Fe(CN)_6]$-Ions durch einen anderen einzähnigen Liganden ersetzt wurde. Sie besitzen die allgemeine Bruttozusammensetzung ($Y[FeX(CN)_5]$), wobei X = NO, CO, NH_3, NO_2, SO_3 u. a. m. bedeuten kann. Die wichtigste Verbindung dieser Art ist das **Natriumpentacyanonitrosylferrat** ($Na_2[FeNO(CN)_5]$).

2.10.2.4 Kobalt

Kobalt (Co) ist ein relativ hartes Metall, das ziemlich reaktionsträge ist und sich trotz seines negativen Normalpotentials [$E° = -0,28$ V] nur langsam in Säuren löst. Durch konz. HNO_3 wird es ähnlich wie Eisen *passiviert*.

In **Verbindungen** tritt Co in den Oxidationsstufen **+2** und **+3** auf [vgl. **MC-Frage Nr. 1582**]. Das hydratisierte Co^{2+}-Ion ist *rosa*, das wasserfreie Ion *hellblau* gefärbt. Im Gegensatz zum Fe(II)-Ion ist das Co(II)-Ion an der Luft vollkommen beständig; auch wässrige Co(II)-Salzlösungen sind an der Luft unbeschränkt haltbar. Beim Erhöhen des pH-Wertes fällt aus diesen Lösungen das schwach amphotere **Kobalt(II)-hydroxid** [$Co(OH)_2$] als *blauer* Niederschlag aus. Die blaue Modifikation ist wenig beständig und wandelt sich rasch in eine *rote* Form um.

$$Co^{2+} \xrightarrow{+\ HO^-} Co(OH)_2 \downarrow \xrightarrow{+\ HO^-} [Co(OH)_4]^{2-}$$

Durch Erwärmen unter Sauerstoffausschluss kann das Hydroxid in *olivgrünes* **Co(II)-oxid** (CoO) übergeführt werden. Durch Glühen von Co(II)-Verbindungen mit Al(III)- oder Zn(II)-Verbindungen bilden sich schwerlösliche Doppeloxide vom *Spinelltyp* [**Thenards-Blau** = Kobaltaluminat ($CoAl_2O_4$) bzw. **Rinmanns-Grün** = Kobaltzincat ($CoZnO_2$)] [vgl. **MC-Fragen Nr. 1217, 1684**].

Es sind nur wenige einfache Salze mit Co(III)-Kationen bekannt. Das Co^{3+}-Ion ist ein sehr starkes Oxidationsmittel und vermag z. B. Wasser zu Sauerstoff zu oxidieren.

In beiden Oxidationsstufen bildet Kobalt zahlreiche oktaedrische **Komplexe**. Alle Co(II)-Komplexe sind kinetisch inert und im allgemeinen leicht oxidierbar. In Gegenwart von Liganden, die Co^{3+}-Ionen komplexieren, wird die dreiwertige Stufe gegenüber der zweiwertigen viel stabiler. Ein Co(III)-Komplex von besonderem Interesse liegt im **Vitamin B$_{12}$** (*Cobalamin*) vor.

2.10.2.5 Nickel

Nickel (Ni) tritt in der Natur hauptsächlich in Verbindung mit Arsen und Schwefel auf. Zur Herstellung von metallischem Nickel werden die Erze in Sulfide übergeführt, diese anschließend geröstet und mit Kohle reduziert. Das hochreine Metall wird über **Nickeltetracarbonyl** [$Ni(CO)_4$] gewonnen. $Ni(CO)_4$ ist eine farblose, giftige Flüssigkeit [Sdp. 43 °C] und entsteht aus metallischem Nickel und CO bei mäßigem Erwärmen. Durch Erhitzen auf höhere Temperatur wird es wieder in die Ausgangskomponenten zerlegt.

$$Ni + 4\ CO \underset{200\ °C}{\overset{20\text{-}30\ °C}{\rightleftharpoons}} [Ni(CO)_4]$$

Im ungeladenen $Ni(CO)_4$-Komplex hat das zentrale Nickelatom die Oxidationsstufe *Null*. Der Komplex wird in der organischen Chemie bei Carbonylierungen von Acetylen *(Reppe-Synthese)* eingesetzt [vgl. Ehlers, **Chemie II** und **MC-Fragen Nr. 1428, 1543, 1582, 1660**].

$$HC\equiv CH + CO + H_2O \longrightarrow H_2C=CH\text{-}COOH \quad \textbf{Acrylsäure}$$
$$HC\equiv CH + CO + ROH \longrightarrow H_2C=CH\text{-}COOH \quad \textbf{Acrylsäureester}$$

Reines Nickel ist gegenüber Luft, Wasser und auch verd. Sauren relativ beständig. **Raney-Nickel** (RaNi) kann durch Behandeln einer Ni/Al-Legierung mit NaOH-Lösung erhalten werden, wobei Aluminium als Aluminat in Lösung geht. Frisch bereitetes, trockenes RaNi ist selbstentzündlich (*pyrophor*). Raney-Nickel wird vor allem in der org. Chemie als Katalysator bei Hydrierungen und Hydrogenolysen eingesetzt. Durch Waschen mit Essigsäure-Lösungen wird frisch hergestelltes RaNi partiell *desaktiviert* [vgl. **MC-Fragen Nr. 1218, 1219**].

$$R_3C\text{-}Cl + H_2 \xrightarrow{\text{(RaNi)}} R_3C\text{-}H + HCl \quad [\text{Hydrogenolyse}]$$

In seinen Verbindungen tritt Nickel fast ausschließlich in der Oxidationsstufe **+2** auf. Alle Ni(III)-Verbindungen sind extrem instabil. Wässrige Ni(II)-Salzlösungen enthalten das *apfelgrüne* $[Ni(H_2O)_6]^{2+}$-Ion; aus den Lösungen kann auf Zusatz von H_2S *schwarzes* **Nickelsulfid** (NiS) gefällt werden. Frisch gefälltes NiS ist ebenso wie CoS in Säuren löslich, altert aber an der Luft und wird dann säureunlöslich.

Nickelhydroxid $[Ni(OH)_2]$ ist im Gegensatz zu Fe(II)- und Co(II)-hydroxid *nicht amphoter* und in Alkalihydroxid-Lösungen völlig unlöslich. Durch Erhitzen von $Ni(OH)_2$, $NiCO_3$ oder $Ni(NO_3)_2$ erhält man das *grüne* **Ni(II)-oxid** (NiO).

Ni^{2+}-Ionen bilden zahlreiche **Komplexe**, die kinetisch sehr labil sind. Mit NH_3 und H_2O bildet Nickel oktaedrische Komplexe der Koordinationszahl 6; anderen Liganden gegenüber ist jedoch auch die Koordinationszahl 4 möglich, wie beispielsweise im tetraedrischen $[NiCl_4]^{2-}$ und im planar-quadratischen $[Ni(CN)_4]^{2-}$-Ion. Darüber hinaus existieren auch Nickelkomplexe der Oxidationsstufe 0 wie z. B. im $[Ni(CN)_4]^{4-}$- oder $[Ni(CO)_4]$-Komplex.

2.10.2.6 Titan

In der Natur kommt **Titan** (Ti) als **Rutil** (TiO_2) vor. Zur Gewinnung des reinen Metalls wird das oxidische Erz zunächst in **Titantetrachlorid** ($TiCl_4$) übergeführt und anschließend mit Magnesium reduziert.

In seinen **Verbindungen** tritt Titan in den Oxidationsstufen **+2**, **+3** und **+4** auf. Im chemischen Verhalten zeigt Titan eine deutliche Ähnlichkeit mit Zinn. So kristallisieren die Dioxide SnO_2 und TiO_2 im gleichen Kristallgitter, sind die Tetrachloride $SnCl_4$ und $TiCl_4$ farblose, flüchtige, destillierbare Flüssigkeiten, die beide an der Luft stark rauchen. Als Lewis-Säuren bilden sie mit *Ethern Additionsverbindungen* wie z. B. $R_2O \rightarrow TiCl_4$.

Ti(II)-Verbindungen sind nur in Abwesenheit von Luft und Wasser stabil; sie können durch Reduktion der vierwertigen Verbindungen mit elementarem Titan erhalten werden. An der Luft oxidieren sie leicht zu Ti(IV).

Die vierwertige Stufe ist die wichtigste und beständigste Oxidationsstufe des Elements. Allerdings existieren kaum echte Ti^{4+}-Ionen, eher besitzen Ti(IV)-Verbindungen einen kovalenten Bindungscharakter. **Titandioxid** (TiO_2) ist eine hochschmelzende Substanz, die durch Erhitzen mit Kohle im Chlor-Strom in $TiCl_4$ umgewandelt werden kann. Als starke Lewis-Säure reagiert Titantetrachlorid spontan mit Wasser zu TiO_2 und HCl [vgl. **MC-Frage Nr. 1221**].

In wässrigen Lösungen von Ti(IV)-Verbindungen sind weder Ti^{4+}- noch **Titanyl-Ionen** (TiO^{2+}) beständig. Vielmehr dürften in solchen Lösungen basische Salze wie z. B. $[Ti(OH)_2(H_2O)_4]X_2$ vorliegen. Diese Salze bilden mit H_2O_2 *gelb* bis *gelborange* gefärbte **Peroxotitanyl-Ionen** ($[Ti(O_2)]^{2+}$).

$$[Ti(OH)_2(H_2O)_4]^{2+} + H_2O_2 \longrightarrow [Ti(O_2)]^{2+} + 6\ H_2O$$

Elementares Titan ist Bestandteil zahlreicher korrosionsbeständiger Legierungen. TiO_2 wird als Farbpigment verwendet und $TiCl_4$ ist ein wichtiger Katalysator in der Kunststoffindustrie (vgl. Ehlers, **Chemie II-Kurzlehrbuch**, Kap. 3.18 „*Ziegler-Natta-Katalysatoren*").

2.11 Elemente der ersten und zweiten Nebengruppe

2.11.1 Kupfergruppe

Die drei Elemente **Kupfer** (Cu), **Silber** (Ag) und **Gold** (Au) kommen in der Natur *elementar* (gediegen) vor. Zu den wichtigsten Erzen zählen Sulfide und Oxide. Technisch genutzte Silbermineralien sind **Silberglanz** (Ag_2S) und **Hornsilber** (AgCl). Silber ist zudem Bestandteil vieler Blei- und Kupfererze.

2.11.1.1 Kupfer

Metallisches **Kupfer** ist leicht verformbar und zeigt nach Silber die beste elektr. Leitfähigkeit aller Metalle. Aus der großen Zahl an Kupferlegierungen sollen nur **Messing** (Cu/Zn) und **Bronze** (Cu/Sn) erwähnt werden [vgl. **MC-Frage Nr. 1582**].

In seinen Verbindungen tritt Kupfer in den Oxidationsstufen **+1** und **+2** auf. Cu(I) besitzt die Elektronenkonfiguration $[Ar]3d^{10}$ und ist isoelektronisch mit dem Ni-Atom. Seine Verbindungen sind *diamagnetisch* und meistens *farblos*. Bekannte **Cu(I)-Derivate** sind die *weißen*, schwerlöslichen Salze CuCl, CuBr, CuI (CuF ist nicht bekannt), CuCN sowie das *gelbe* oder *rote* (je nach Herstellung) Cu_2O. Cu(I)-oxid ist neben dem Sulfid (Cu_2S) die bei höheren Temperaturen stabilste Cu(I)-Verbindung. Eine ammoniakalische CuCl-Lösung vermag Kohlenmonoxid (CO) zu absorbieren [vgl. **MC-Fragen Nr. 1222, 1225**].

Das Cu^+-Ion ist eine weiche Lewis-Säure und koordiniert bevorzugt mit weichen Liganden (I^-, CN^-, S^{2-}, SCN^-). Cu(I)-Salze wie das *graue* Cu_2SO_4 können nur bei Ausschluss von Wasser erhalten werden; in Wasser disproportionieren sie zu metallischem Cu und Cu(II)-Salzen. Nur die *schwerlöslichen* **Cu(I)-Halogenide** sind gegenüber Wasser beständig. Infolge ihrer geringen Löslichkeit wird das Normalpotential (Cu^+/Cu^{2+}) positiver, so dass Cu(II) durch Iodid- oder Cyanid-Ionen zu Cu(I) reduziert werden kann.

$$2\ Cu^{2+} + 4\ I^- \longrightarrow 2\ CuI \downarrow + I_2$$
$$2\ Cu^{2+} + 4\ CN^- \longrightarrow 2\ CuCN \downarrow + (CN)_2 \uparrow$$

Durch **Komplexbildung** kann die +1-Stufe erheblich stabilisiert werden. Zum Beispiel erhält man aus Cu(II)-Salzlösungen mit einem Überschuss an CN^--Ionen den tetraedrischen Cu(I)-tetracyano-Komplex. Dieser Komplex ist so beständig, dass sich metallisches Kupfer in einer KCN-Lösung unter H_2-Entwicklung auflöst.

$$2 \; Cu^{2+} + 10 \; CN^- \longrightarrow 2 \; [Cu(CN)_4]^{3-} + (CN)_2 \uparrow$$

Auch in der Oxidationsstufe +2 bildet Kupfer zahlreiche Komplexe und Salze. Das Cu^{2+}-Ion enthält ein einzelnes, ungepaartes Elektron ist daher *paramagnetisch* .

Mit Ausnahme der *weißen* Derivate CuF_2 und $CuSO_4$ sind *wasserfreie* **Cu(II)-Verbindungen** *schwarz* oder *gelbbraun* gefärbt. Die meisten Komplexe des Cu(II)-Ions sind kinetisch labil und von *blauer* oder *grüner Farbe*. Besonders bekannt ist der *tiefblaue* **Tetramminkomplex** $[Cu(NH_3)_4]^{2+}$, der zum analytischen Nachweis des Elements herangezogen wird. Die Liganden in Cu(II)-Komplexen sind entweder quadratisch-eben angeordnet oder sie bilden wie im $[Cu(H_2O)_6]^{2+}$-Ion ein verzerrtes Oktaeder [vgl. **MC-Fragen Nr. 1582, 1685**]. Cu^{2+}-Ionen sind in wässriger Lösung beständiger als Cu^+-Ionen, da sie eine wesentlich größere Hydratationsenthalpie besitzen als Cu^+-Ionen [vgl. **MC-Frage Nr. 1223**]. Das hydratisierte Cu^{2+}-Ion ist nur eine mäßig starke Kationsäure. Beim Versetzen von Cu^{2+}-Salzlösungen mit einer Alkalihydroxid-Lösung fällt *blaues*, gallertartiges **Kupfer(II)-hydroxid** $[Cu(OH)_2]$ aus, das sich im Überschuss von Alkalihydroxid nur sehr wenig löst. Beim Erhitzen geht das Hydroxid in *schwarzes* **Cu(II)-oxid** (CuO) über.

$$Cu^{2+} + 2 \; HO^- \longrightarrow Cu(OH)_2 \downarrow \xrightarrow{\Delta} CuO + H_2O$$

In Gegenwart von Kaliumnatriumtartrat *(„Seignette-Salz")* wird $Cu(OH)_2$ durch Alkalilaugen nicht gefällt; es entstehen vielmehr blaue Lösungen eines Kupfertartrat-Komplexes, der als **Fehlingsche-Lösung** zum Nachweis reduzierender Stoffe dient; der Kupfer(II)-Tartratkomplex ist planar-quadratisch gebaut [vgl. **MC-Fragen Nr. 1339, 1393, 1585, 1816**].

2.11.1.2 Silber

Zur Darstellung von metallischem **Silber** bläst man Luft in eine Suspension von Silbererzen in einer wässrigen NaCN-Lösung. Da sich hierbei der stabile $[Ag(CN)_2]^-$-Komplex bildet, ist das Normalpotential (Ag/Ag^+) so stark herabgesetzt, dass die Oxidation zu Ag^+ bereits mit Luftsauerstoff möglich ist $[E^\circ \; (Ag/Ag^+) = +0{,}81 \; V; \; E^\circ \; (Ag/[Ag(CN)_2]^-) = -0{,}31 \; V]$ [vgl. **MC-Frage Nr. 1274**].

$$4 \; Ag + 8 \; CN^- + 2 \; H_2O + O_2 \longrightarrow 4 \; [Ag(CN)_2]^- + 4 \; HO^-$$

Aus dem Silberdicyano-Komplex wird das Metall mit starken Reduktionsmitteln (Zn, Al) gewonnen. Die Stabilität des Dicyanokomplexes ist so groß, dass auch das schwerlösliche **Silbersulfid** (Ag_2S) $[K_L = 10^{-49}]$ durch genügend hohe Cyanid-Konzentrationen in diesen löslichen Komplex übergeführt wird [vgl. **MC-Frage Nr. 1227**].

$$Ag_2S + 4 \; CN^- \longrightarrow 2 \; [Ag(CN)_2]^- + S^{2-}$$

Metallisches Silber ist ein weiches Metall mit der höchsten thermischen und elektrischen Leitfähigkeit. Es ist weniger reaktionsfähig als Kupfer, außer gegenüber H_2S (aus der Luft) und S^{2-}-Ionen, die das Metall oberflächlich in *schwarzes* Ag_2S umwandeln.

$$4 \, Ag + O_2 + 2 \, H_2S \longrightarrow 2 \, Ag_2S + 2 \, H_2O$$

In **Verbindungen** tritt Silber vor allem in der Oxidationsstufe **+1** auf, seltener in der Stufe +2 oder +3. Das hydratisierte Ag^+-Ion ist *farblos* und nur eine schwache Kationsäure; es bildet mit vielen Anionen *lineare* Komplexe der Koordinationszahl 2, wie z. B. $[Ag(NH_3)_2]^+$, $[Ag(S_2O_3)_2]^{3-}$, wobei die Stabilität solcher Silberkomplexe in folgender Reihe zunimmt [siehe Ehlers, **Analytik I**, Kap. 2.3.2.1 und **MC-Fragen Nr. 1538, 1617**]:

$$[AgCl_2]^- < [Ag(H_2O)_2]^+ < [Ag(NH_3)_2]^+ < [Ag(SCN)_2]^- < [Ag(S_2O_3)_2]^{3-}$$
$$< [Ag(CN)_2]^-$$

Auf der Bildung des Komplexes mit Thiosulfat-Ionen als Liganden beruht die Verwendung von $Na_2S_2O_3$ als *Fixiersalz* in der Photographie zum Herauslösen von unbelichtetem **Silberbromid** (AgBr) [vgl. **MC-Frage Nr. 1913**].

$$AgBr + 2 \, S_2O_3^{2-} \longrightarrow [Ag(S_2O_3)_2]^{3-} + Br^-$$

Aus wässrigen Ag(I)-Salzlösungen fällt bei Erhöhung des pH-Wertes *dunkelbraunes* **Silberoxid** (Ag_2O) aus, das in Wasser kaum löslich ist, sich dagegen gut in verd. Ammoniak-Lösung unter Bildung des Silberdiammin-Komplexes auflöst.

$$2 \, Ag^+ \xrightarrow[- \, H_2O]{+ \, 2 \, HO^-} Ag_2O \xrightarrow[- \, H_2O]{+ \, 4 \, NH_4^+} 2 \, [Ag(NH_3)_2]^+ + (2 \, H^+)$$

Infolge der stark polarisierenden Wirkung des relativ kleinen Ag^+-Ions und dem partiell kovalenten Charakter der Bindungen sind die meisten Silbersalze in Wasser *schwerlöslich*. Leicht löslich ist das Fluorid ($AgF \cdot H_2O$), das Nitrat ($AgNO_3$), das Chlorat ($AgClO_3$) und das Perchlorat ($AgClO_4$). **Silbersulfat** (Ag_2SO_4) ist in Wasser nur wenig löslich [vgl. **MC-Frage Nr. 1224**]. Die Löslichkeit der **Silberhalogenide** nimmt vom **Silberchlorid** (AgCl) zum **Silberiodid** (AgI) hin ab. Allerdings lösen sich die Silberhalogenide in gewissem Umfang in konz. Halogenid-Lösungen unter Bildung von Dihalogenokomplexen (z. B. $[AgCl_2]^-$). AgCl ist unter Komplexbildung in Ammoniak löslich. AgI löst sich dagegen nicht in wässrigem Ammoniak, wohl aber in einer wässrigen Cyanid-Lösung [vgl. **MC-Fragen Nr. 1226, 1228, 1229, 1408**].

$$AgCl + 2 \, NH_3 \longrightarrow [Ag(NH_3)_2]^+ + Cl^-$$
$$AgI + 2 \, CN^- \longrightarrow [Ag(CN)_2]^- + I^-$$

2.11.1.3 Gold

Die wichtigsten Oxidationsstufen von **Gold** sind **+1** und **+3**. Au^+-Ionen wirken stark oxidierend, können aber durch Komplexbildung, z. B. mit CN^--Ionen, stabilisiert werden. In wässriger Lösung disproportionieren Au(I)-Salze zu Au und

Au(III). Auch Au(III)-Verbindungen wirken stark oxidierend. $AuCl_3$ und $AuBr_3$ können durch direkte Reaktion der Elemente erhalten werden; auf Zusatz von Halogenwasserstoffsäuren gehen sie in die sehr stabilen $[AuCl_4]^-$ bzw. $[AuBr_4]^-$-Komplexe über. Auf der Bildung des Tetrachlorokomplexes beruht die Löslichkeit von elementarem Gold in Königswasser.

$$4\ Au + 12\ Cl \cdot \longrightarrow 3\ [AuCl_4]^- + Au^{3+}$$

2.11.2 Zinkgruppe

Zink (Zn) kommt in der Natur elementar vor. Die wichtigsten Erze sind **Zinkblende** (ZnS) und **Zinkspat** ($ZnCO_3$). Daraus gewinnt man das Metall durch Überführen der Erze in **Zinkoxid** (ZnO) und anschließende Reduktion mit Kohle. Zink ist ein sprödes Metall und wirkt stark reduzierend [E° = -0,76 V] [vgl. **MC-Frage Nr. 1230**].

Cadmium (Cd) wird als Nebenprodukt bei der Reduktion von Zinkerzen gewonnen.

Das wichtigste Quecksilbererz ist **Zinnober** (HgS). **Quecksilber** (Hg) ist im Gegensatz zu allen anderen Metallen bei Raumtemperatur flüssig [Schmp. -38,8 °C] und infolge seines niedrigen Siedepunktes flüchtig und ziemlich giftig [vgl. **MC-Fragen Nr. 1476, 1484, 1500, 1682**].

2.11.2.1 Zink

Das zum Cu^+-Ion isoelektronische Zn^{2+}-Ion ist *farblos* und *diamagnetisch*. Es tritt in wässriger Lösung als schwach saurer Aquokomplex auf. Bei Erhöhung des pH-Wertes wässriger Zn(II)-Salzlösungen fällt *weißes* **Zinkhydroxid** [$Zn(OH)_2$] aus, das im Überschuss von Hydroxid-Ionen als Tetrahydroxo-Komplex wieder in Lösung geht.

$$Zn^{2+} \xrightarrow{+\ HO^-} Zn(OH)_2 \downarrow \xrightarrow{+\ HO^-} [Zn(OH)_4]^{2-}$$

Aufgrund der Bildung dieses Komplexes wirkt Zink in alkalischer Lösung viel stärker reduzierend als in saurer.

$$Zn + 4\ HO^- \longrightarrow [Zn(OH)_4]^{2-} + 2\ e^- \qquad [E^\circ = -1,22\ V]$$

Von den **Komplexen** des Zinks sind der Tetrammin- und der Tetracyanokomplex zu erwähnen, die beide thermodynamisch stabil, dagegen kinetisch labil sind.

Zink(II)-oxid (ZnO), ein *weißer* Feststoff, wird aufgrund verschiedenartiger Gitterstörungen beim Erhitzen *gelb*; ZnO sublimiert bei höheren Temperaturen unzersetzt und ist in Säuren und Alkalihydroxid-Lösungen löslich.

Zink(II)-chlorid ($ZnCl_2$), eine stark hygroskopische, in der org. Chemie häufig als Katalysator eingesetzte Lewis-Säure, kann durch Erhitzen von Zink im Chlor-Strom oder durch Auflösen von Zn in Salzsäure hergestellt werden. Beim Lösen in

Wasser bilden sich verschiedene Chlorokomplexe; beim Stehenlassen solcher Lösungen scheiden sich gewöhnlich basische Salze wie Zn(OH)Cl ab [vgl. **MC-Frage Nr. 1230**].

Zinkfluorid (ZnF_2) ist in Wasser schwerlöslich und bildet mit überschüssigen F^--Ionen *keinen* Fluorokomplex.

2.11.2.2 Cadmium

Cadmium gleicht in seinen Eigenschaften stark dem Zink. In seinen Komplexen zeigt Cadmium die Koordinationszahl 4 und 6. Die meisten Komplexe entsprechen in ihrer Zusammensetzung den Zinkkomplexen, sie sind jedoch wesentlich stabiler als diese.

Cadmiumhydroxid [$Cd(OH)_2$] ist im Gegensatz zu $Zn(OH)_2$ *nicht amphoter*. In der Hitze geht es in das *gelbbraune Cadmium(II)-oxid* (CdO) über. Aufgrund konduktometrischer Messungen scheinen manche Cd(II)-Salze wie $CdCl_2$, $CdBr_2$ schwache Elektrolyte zu sein.

2.11.2.3 Quecksilber

Quecksilber löst viele Metalle (Cu, Ag, Au, Alkalimetalle) zu *Amalgamen*. Einige dieser Legierungen wie **Silberamalgam** sind weich, plastisch verformbar und erhärten nach einiger Zeit; in den Alkaliamalgamen ist die Reaktionsfähigkeit des Alkalimetalls so stark abgeschwächt, dass z. B. **Natriumamalgam** mit Wasser nur langsam Wasserstoff entwickelt.

Über die wichtigsten chemischen Reaktionen des Quecksilbers, das in seinen Verbindungen in den Oxidationszahlen **+1** und **+2** auftreten kann, informiert das folgende Schema [vgl. **MC-Frage Nr. 1860**].

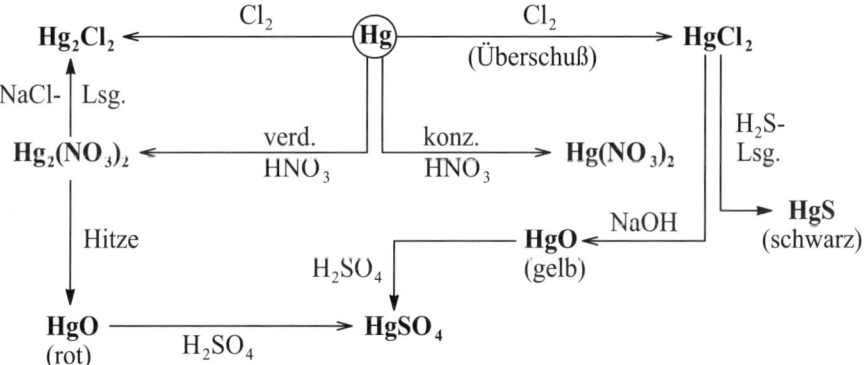

In **Hg(I)-Verbindungen** sind jeweils zwei „Hg^+"-Ionen *kovalent* miteinander verknüpft. Dafür spricht der *Diamagnetismus* des Hg_2^{2+}-Ions. Ein Hg^+-Ion besäße ein ungepaartes Elektron und wäre paramagnetisch. Das *bimolekulare* Hg_2^{2+}-Ion tritt auch in wässriger Lösung auf und ähnelt in seinen chemischen Eigenschaften dem Ag^+-Ion; so bildet es gleichfalls schwerlösliche Halogenide, deren Löslichkeit vom

Fluorid zum Iodid hin stark abnimmt. Hg(I)-Verbindungen sind u. a. aus Hg(II)-Salzen und elementarem Hg darstellbar.

Hg(I)-chlorid [*Kalomel*] (Hg_2Cl_2) färbt sich infolge Disproportionierung zu Hg(II) und Hg an der Luft allmählich schwarz. Aus Hg_2Cl_2 und Ammoniak entsteht das *„schwarze Präzipitat"*, ein Gemisch von Quecksilber und *„weißem, schmelzbaren Präzipitat"* ([$Hg(NH_3)_2]Cl_2$) [vgl. **MC-Fragen Nr. 1231, 1347**].

In der **zweiwertigen** Stufe tritt Hg häufig in Form von Komplexen auf, in denen es die Koordinationszahl 4 zeigt. Eine Lösung von **Kaliumtetraiodomercurat** ($K_2[HgI_4]$) dient als *Neßlers Reagenz* zum Nachweis von Ammoniak und Ammonium-Ionen. Das farblose $K_2[HgI_4]$ wird aus **Quecksilber(II)-iodid** (HgI_2) und überschüssigem KI hergestellt. HgI_2 existiert in einer *roten* und einer *gelben* Modifikation [vgl. **MC-Frage Nr. 1441**].

$$HgI_2 + 2\ KI \longrightarrow K_2[HgI_4]$$
$$\text{(rot/gelb)} \qquad\qquad \text{(farblos)}$$

Hg(II)-chlorid [*Sublimat*] ($HgCl_2$) existiert im Gitter in *undissoziierten, kovalent* gebundenen $HgCl_2$-Molekülen, die auch in Lösung weitgehend erhalten bleiben. Im Gegensatz dazu ist **Hg(II)-fluorid** (HgF_2) eine Ionenverbindung. Aufgrund der geringen Dissoziation von $HgCl_2$-Molekülen in wässriger Lösung weisen solche Lösungen nur eine relativ geringe elektrische Leitfähigkeit auf [vgl. **MC-Fragen Nr. 1233, 1735, 1892**]. Auch Organoquecksilber-Verbindungen wie z. B. **Diphenylquecksilber** [$(C_6H_5)_2Hg$] besitzen einen weitgehend kovalenten Molekülbau.

Aus Hg(II)-chlorid und NH_3-Gas erhält man das *„weiße, schmelzbare Präzipitat"* ([$Hg(NH_3)_2]Cl_2$), mit Ammoniak-Lösung entsteht demgegenüber das *„weiße, unschmelzbare Präzipitat"*, das ein Kettengitter bildet, wobei die Ketten untereinander durch Chlorid-Ionen zusammengehalten werden.

$$\overset{+}{}\quad\overset{+}{}\quad\overset{+}{}\quad\overset{+}{}\quad\overset{+}{}$$
$$-NH_2-Hg-NH_2-Hg-NH_2-Hg-NH_2-Hg-NH_2-Hg-$$

Beim Versetzen einer Hg(II)-Salzlösung mit HO^--Ionen fällt *rotes* oder *gelbes* **Hg(II)-oxid** (HgO) aus. Hydroxide des Quecksilbers sind nicht bekannt. Erwärmt man HgO in einer wässrigen NH_3-Lösung, so entsteht eine Verbindung der Zusammensetzung $Hg_2NOH \cdot 2H_2O$, die sog. *Millonsche Base*, die definierte Hg_2N^+-Gruppen in ihrem Gitter enthält.

Auch **Quecksilber(II)-sulfid** (HgS) tritt in zwei – einer *roten* und einer *schwarzen* – Modifikationen auf, die sich in ihrer Kristallstruktur unterscheiden. Die rote Form ist thermodynamisch stabiler. Schwarzes HgS bildet sich beim Einleiten von H_2S in eine Hg(II)-Salzlösung [vgl. **MC-Fragen Nr. 1232, 1484, 1808, 1833**].

Auf die Giftigkeit von Quecksilberdämpfen und von *löslichen* Hg-Verbindungen wie $HgCl_2$ wird nochmals explicit hingewiesen.

2.12 Platinmetalle

Zu den Platinmetallen zählen die Elemente **Ruthenium** (Ru), **Rhodium** (Rh), **Palladium** (Pd), **Osmium** (Os), **Iridium** (Ir) und **Platin** (Pt). Es sind ziemlich reaktionsträge (positives Normalpotential) und schwer zu oxidierende Metalle, die alle in der Natur *elementar* auftreten. Über einige Eigenschaften der Platinmetalle informiert Tab. 2.30.

In Verbindungen besitzt **Ruthenium** die Oxidationszahlen +2, +3, +4, +5, +6, +7 und +8, während die Oxidationsstufe +3 die wichtigste des **Rhodiums** ist.

Palladium, das häufigste und unedelste Platinmetall, existiert in Verbindungen überwiegend in den Oxidationsstufen +2 und +4. Seine auffallendste Eigenschaft ist die Fähigkeit, große Mengen (das 600–3000fache seines Volumens) Wasserstoff unter Bildung eines *Einlagerungshydrids* zu lösen (vgl. Kap. 2.2.4). Es findet neben Rh und Pt Anwendung als Hydrierungskatalysator. Palladium löst sich im Gegensatz zu Platin in konz. HNO_3.

Von den Verbindungen des **Osmiums** ist vor allem das farblose **Osmiumtetroxid** (OsO_4) [Schmp. 40 °C; Sdp. 134 °C] von Interesse, das in der organischen Chemie zur *cis-Hydroxylierung* von Alkenen eingesetzt wird (vgl. Ehlers, **Chemie II-Kurzlehrbuch**, Kap. 3.2.16).

Iridium tritt überwiegend in den Oxidationsstufen +3 und +4 auf. Das Metall wird selbst von Königswasser nicht angegriffen.

Platin ist das praktisch wichtigste Metall dieser Gruppe und bevorzugt in seinen Verbindungen, insbesondere seinen Komplexen, die Oxidationszahlen +2 und +4. Platin ist wie Pd in Königswasser löslich. Auch in einer Alkalihydroxid-Schmelze tritt Losung unter Bildung eines Hexahydroxoplatinat-Komplexes ($[Pt(OH)_6]^{2-}$) ein. Über die wichtigsten **Platinkomplexe** und deren Isomerie informierte Kap. 1.5.2.5).

Tab. 2.30: **Eigenschaften der Platinmetalle**

	Ru	Rh	Pd	Os	Ir	Pt
Ordnungszahl	44	45	46	76	77	78
Elektronenkonfiguration	$4d^75s^1$	$4d^85s^1$	$4d^{10}$	$5d^66s^2$	$5d^76s^2$	$5d^96s^1$
Schmelzpunkt (°C)	2310	1966	1554	2700	2410	1772
Siedepunkt (°C)	3900	3727	2970	>5300	4130	3827
Atomradius (pm)	133	134	138	134	135	138

Anhang

Elemente, Elementsymbole, Ordnungszahlen, Atommassen

Element	Symbol	Ordnungszahl	Relative Atommasse	Element	Symbol	Ordnungszahl	Relative Atommasse
Actinium	Ac	89	227,0278	Mendelevium	Md	101	258
Aluminium	Al	13	26,98154	Molybdän	Mo	42	95,94
Americium	Am	95	243	Natrium	Na	11	22,98977
Antimon	Sb	51	121,75	Neodym	Nd	60	144,24
Argon	Ar	18	39,948	Neon	Ne	10	20,179
Arsen	As	33	74,9216	Neptunium	Np	93	237,0482
Astat	At	85	210	Nickel (Niccolum)	Ni	28	58,69
Barium	Ba	56	137,33	Niobium [Niob]	Nb	41	92,9064
Berkelium	Bk	97	247	Nobelium	No	102	259
Beryllium	Be	4	9,01218	Osmium	Os	76	190,2
Bismut	Bi	83	208,9804	Palladium	Pd	46	106,42
Blei (Plumbum)	Pb	82	207,2	Phosphor	P	15	30,97376
Bohrium	Bh	107	267	Platin	Pt	78	195,08
Bor	B	5	10,811	Plutonium	Pu	94	244
Brom	Br	35	79,904	Polonium	Po	84	209
Cadmium	Cd	48	112,41	Praseodym	Pr	59	140,9077
Caesium	Cs	55	132,9051	Promethium	Pm	61	145
Calcium	Ca	20	40,078	Protactinium	Pa	91	231,0395
Californium	Cf	98	251	Quecksilber (Mercurium)	Hg	80	200,59
Cer	Ce	58	140,12	Radium	Ra	88	226,0254
Chlor	Cl	17	35,453	Radon	Rn	86	222
Chrom	Cr	24	51,996	Rhenium	Re	75	186,207
Cobalt (Kobalt)	Co	27	58,9332	Rhodium	Rh	45	102,9055
Curium	Cm	96	247	Rubidium	Rb	37	85,4678
Dubnium	Db	105	262	Ruthenium	Ru	44	101,07
Dysprosium	Dy	66	162,50	Rutherfordium	Rf	104	261
Einsteinium	Es	99	252	Samarium	Sm	62	150,36
Eisen (Ferrum)	Fe	26	55,847	Sauerstoff (Oxygenium)	O	8	15,9994
Erbium	Er	68	167,26	Scandium	Sc	21	44,9559
Europium	Eu	63	151,96	Schwefel (Sulfur)	S	16	32,06
Fermium	Fm	100	257	Seaborgium	Sg	106	266
Fluor	F	9	18,998403	Selen	Se	43	78,96
Francium	Fr	87	223	Silber (Argentum)	Ag	47	107,8682
Gadolinium	Gd	64	157,25	Silicium	Si	14	28,0855
Gallium	Ga	31	69,723	Stickstoff (Nitrogenium)	N	7	14,0067
Germanium	Ge	32	72,59	Strontium	Sr	38	87,62
Gold (Aurum)	Au	79	196,9665	Tantal	Ta	73	180,9479
Hafnium	Hf	72	178,49	Technetium	Tc	43	98
Hassium	Hs	108	269	Tellur	Te	52	127,60
Helium	He	2	4,00260	Terbium	Tb	65	158,9254
Holmium	Ho	67	164,9304	Thallium	Tl	81	204,383
Indium	In	49	114,82	Thorium	Th	90	232,0381
Iod	I	53	126,9045	Thulium	Tm	69	168,9342
Iridium	Ir	77	192,22	Titan	Ti	22	47,88
Kalium	K	19	39,0983	Uran	U	92	238,029
Kohlenstoff (Carboneum)	C	6	12,011	Vanadium [Vanadin]	V	23	50,9415
Krypton	Kr	36	83,80	Wasserstoff (Hydrogenium)	H	1	1,0079
Kupfer (Cuprum)	Cu	29	63,546	Wolfram	W	74	183,85
Lanthan	La	57	138,9055	Xenon	Xe	54	131,29
Lawrencium	Lr	103	260	Ytterbium	Yb	70	173,04
Lithium	Li	3	6,941	Yttrium	Y	39	88,9059
Lutetium	Lu	71	174,967	Zink	Zn	30	65,38
Magnesium	Mg	12	24,305	Zinn (Stannum)	Sn	50	118,69
Mangan	Mn	25	54,9380	Zirconium [Zirkon]	Zr	40	91,224
Meitnerium	Mt	109	270				

Periodensystem der Elemente

	I a	II a	III b	IV b	V b	VI b	VII b	VIII b			I b	II b	III a	IV a	V a	VI a	VII a	0
1	1 **H** 1.008																	2 **He** 4.003
2	3 **Li** 6.94	4 **Be** 9.01											5 **B** 10.81	6 **C** 12.011	7 **N** 14.01	8 **O** 16.00	9 **F** 19.00	10 **Ne** 20.18
3	11 **Na** 22.99	12 **Mg** 24.31											13 **Al** 26.98	14 **Si** 28.09	15 **P** 30.97	16 **S** 32.06	17 **Cl** 35.45	18 **Ar** 39.95
4	19 **K** 39.10	20 **Ca** 40.08	21 **Sc** 44.96	22 **Ti** 47.90	23 **V** 50.94	24 **Cr** 52.00	25 **Mn** 54.94	26 **Fe** 55.85	27 **Co** 58.93	28 **Ni** 58.71	29 **Cu** 63.55	30 **Zn** 65.37	31 **Ga** 69.72	32 **Ge** 72.59	33 **As** 74.92	34 **Se** 78.96	35 **Br** 79.90	36 **Kr** 83.80
5	37 **Rb** 85.47	38 **Sr** 87.62	39 **Y** 88.91	40 **Zr** 91.22	41 **Nb** 92.91	42 **Mo** 95.94	43 **Tc** 98.91	44 **Ru** 101.07	45 **Rh** 102.91	46 **Pd** 106.4	47 **Ag** 107.87	48 **Cd** 112.40	49 **In** 114.82	50 **Sn** 118.69	51 **Sb** 121.75	52 **Te** 127.60	53 **I** 126.90	54 **Xe** 131.30
6	55 **Cs** 132.91	56 **Ba** 137.34	57 * **La** 138.91	72 **Hf** 178.49	73 **Ta** 180.95	74 **W** 183.85	75 **Re** 186.2	76 **Os** 190.2	77 **Ir** 192.22	78 **Pt** 195.09	79 **Au** 196.97	80 **Hg** 200.59	81 **Tl** 204.37	82 **Pb** 207.2	83 **Bi** 208.98	84 **Po** (209)	85 **At** (210)	86 **Rn** (222)
7	87 **Fr** (223)	88 **Ra** 226.03	89 ** **Ac** (227)	104 **Rf** (261)	105 **Db** (262)	106 **Sg** (266)	107 **Bh** (267)	108 **Hs** (269)	109 **Mt** (270)									

Lanthaniden *	58 **Ce** 140.12	59 **Pr** 140.91	60 **Nd** 144.24	61 **Pm** (145)	62 **Sm** 150.4	63 **Eu** 151.96	64 **Gd** 157.25	65 **Tb** 158.93	66 **Dy** 162.50	67 **Ho** 164.93	68 **Er** 167.26	69 **Tm** 168.93	70 **Yb** 173.04	71 **Lu** 174.97
Actiniden **	90 **Th** 232.04	91 **Pa** 231.04	92 **U** 238.03	93 **Np** 237.05	94 **Pu** (244)	95 **Am** (243)	96 **Cm** (247)	97 **Bk** (249)	98 **Cf** (249)	99 **Es** (254)	100 **Fm** (257)	101 **Md** (258)	102 **No** (255)	103 **Lr** (256)

Löslichkeitsprodukte (pK$_L$-Werte)

$pK_L = - \log K_L$

Salz	pK$_L$	Salz	pK$_L$	Salz	pK$_L$	Salz	pK$_L$
BaF_2	5,77	$AgOH$	7,7	Ag_2CO_3	11,3	Ag_2S	49
CaF_2	10,46	$Al(OH)_3$	32,3	$BaCO_3$	8,8	As_2S_3	25,3
MgF_2	8,16	$Be(OH)_2$	18,6	$CaCO_3$	8,33	Bi_2S_3	96
PbF_2	7,5	$Cd(OH)_2$	13,92	$CdCO_3$	11,28	CdS	28
SrF_2	8,52	$Co(OH)_2$	15,7	$CoCO_3$	12	CoS	22
		$Cr(OH)_3$	30,2	Li_2CO_3	0,5	Cu_2S	46,7
$AgCl$	9,96	$Cu(OH)_2$	19,75	$MgCO_3$	3,7	CuS	~40
$CuCl$	6	$Fe(OH)_2$	14,74	$MnCO_3$	10,06	FeS	21
Hg_2Cl_2	17,96	$Fe(OH)_3$	37,2	$NiCO_3$	6,85	HgS	52
$PbCl_2$	4,77	$Mg(OH)_2$	11,05	$PbCO_3$	13,48	MnS	15
		$Mn(OH)_2$	14,15	$SrCO_3$	8,8	NiS	21
$AgBr$	12,3	$Ni(OH)_2$	15,8	$ZnCO_3$	10,2	PbS	28
$CuBr$	7,4	$Pb(OH)_2$	15,55			SnS	28
Hg_2Br_2	21,89	$Sb(OH)_3$	41,4	Ag_2SO_4	4,92	ZnS	23
$PbBr_2$	5,34	$Sn(OH)_2$	25,53	$BaSO_4$	10		
		$Sn(OH)_4$	56	$CaSO_4$	4,32	Ag_2CrO_4	11,7
AgI	16	$Zn(OH)_2$	16,75	$PbSO_4$	8	$Ag_2Cr_2O_7$	6,7
CuI	11,3			$SrSO_4$	6,56	$BaCrO_4$	9,7
Hg_2I_2	28,35	$NaHCO_3$	2,92			Hg_2CrO_4	8,7
PbI_2	8,09			Ag_3PO_4	17,7	$PbCrO_4$	18,8
		$KClO_4$	2,05	$Ba_3(PO_4)_2$	38,3	$SrCrO_4$	4,44
$BiOCl$	6,15	$RbClO_4$	2,4	$Ca_3(PO_4)_2$	31,9		
		$CsClO_4$	2,5	$Pb_3(PO_4)_2$	54	$AgCN$	11,4
K_2PtCl_6	5,85			$Sr_3(PO_4)_2$	31	$AgSCN$	12

Säuredissoziationskonstanten (pK$_s$-Werte)

pK$_s$ = $-$ log K$_s$

Säure	Formel	pK$_s$	Säure	Formel	pK$_s$
Aluminiumhydrat	$[Al(H_2O)_6]^{3+}$	4,85	Iodwasserstoff	HI	-8
Ammoniak	NH_3	~23	Kieselsäure	H_4SiO_4	10,0
Ammonium-Ion	NH_4^+	9,25	Kohlensäure	H_2CO_3	3,30
Arsenige Säure	H_3AsO_3	9,23	Kohlensäure	CO_2/H_2O	6,46
Arsensäure	H_3AsO_4	2,32	Perchlorsäure	$HClO_4$	-9
Borsäure	H_3BO_3	9,24	Periodsäure	H_5IO_6	1,64
Bromsäure	$HBrO_3$	~0	Phosphinsäure	H_3PO_2	2,0
Bromwasserstoff	HBr	-6	Phosphonium-Ion	PH_4^+	~0
Chlorige Säure	$HClO_2$	2,0	Phosphonsäure	H_3PO_3	1,80
Chlorsäure	$HClO_3$	~0	Phosphorsäure	H_3PO_4	1,96
Chlorwasserstoff	HCl	-3	Pyrophosphorsäure	$H_4P_2O_7$	0,85
Chromsäure	H_2CrO_4	0,74	Rhodanwasserstoff	HSCN	~4
Cyanwasserstoff	HCN	9,40	Salpetersäure	HNO_3	-1,32
Dihydrogenphosphat	$H_2PO_4^-$	7,12	Salpetrige Säure	HNO_2	3,35
Dithionige Säure	$H_2S_2O_4$	0,35	Schwefelsäure	H_2SO_4	-3
Eisen(III)-hydrat	$[Fe(H_2O)_6]^{3+}$	2,22	Schweflige Säure	SO_2/H_2O	1,96
Fluorwasserstoff	HF	3,14	Schwefelwasserstoff	H_2S	6,92
Fulminsäure	HNCO	3,92	Selenige Säure	H_2SeO_3	2,46
Hydrogencarbonat	HCO_3^-	10,40	Selensäure	H_2SeO_4	-3
Hydrogenphosphat	HPO_4^{2-}	12,32	Selenwasserstoff	H_2Se	3,77
Hydrogensulfat	HSO_4^-	1,92	Stickstoffwasserstoff	HN_3	4,76
Hydrogensulfid	HS^-	13,00	Tellurige Säure	H_2TeO_3	2,70
Hydrogensulfit	HSO_3^-	7,0	Tellursäure	H_6TeO_6	7,70
Hydroxid-Ion	HO^-	~24	Tellurwasserstoff	H_2Te	2,64
Hydroxonium-Ion	H_3O^+	-1,74	Tetraborsäure	$H_2B_4O_7$	~4
Hypobromige Säure	HOBr	8,68	Wasser	H_2O	15,74
Hypochlorige Säure	HOCl	7,25	Wasserstoff	H_2	38,6
Hypoiodsäure	HOI	10,60	Wasserstoffperoxid	H_2O_2	11,62
Iodsäure	HIO_3	0,77			

Normalpotentiale (E°-Werte) bei 25 °C (in Volt)

(Bei den in alphabetischer Reihenfolge der Elementsymbole aufgelisteten korrespondierenden Redoxpaaren ist jeweils die reduzierte Form zuerst genannt).

Red/Ox	E^o	Red/Ox	E^o	Red/Ox	E^o
Ag/Ag^+	+0,81	Cu/Cu^+	+0,13	HNO_2/NO_2	+1,07
$Ag/[Ag(CN)_2]^-$	-0,31	Cu/CuI	-0,19	HNO_2/NO_3^-	+0,94
Al/Al^{3+}	-1,69	Cu/Cu^{2+}	+0,35	NO_2/NO_3^-	+0,81
$Al/[Al(OH)_4]^-$	-2,33	Cu^+/Cu^{2+}	+0,17	Na/Na^+	-2,71
AsH_3/As	-1,43	CuI/Cu^{2+}	+0,85	Ni/Ni^{2+}	-0,25
As/H_3AsO_3	+0,25	F^-/F_2	+2,85	O_2/O_3	+1,90
H_3AsO_3/H_3AsO_4	+0,56	Fe/Fe^{2+}	-0,44	H_2O/O_2	+0,82
Au/Au^+	+1,70	Fe/Fe^{3+}	-0,04	H_2O/H_2O_2	+1,77
Au/Au^{3+}	+1,50	Fe^{2+}/Fe^{3+}	+0,75	HO^-/HO_2^-	+0,88
$Au/[AuCl_4]^-$	+1,00	H_2/H_3O^+	0,00	H_2O_2/O_2	+0,68
B/H_3BO_3	-0,87	Hg/Hg_2^{2+}	+0,80	PH_3/P	-0,06
Ba/Ba^{2+}	-2,92	Hg/Hg^{2+}	+0,85	P/H_3PO_3	-0,51
Be/Be^{2+}	-1,85	$Hg/[HgI_4]^{2-}$	-0,04	H_3PO_2/H_3PO_3	-0,50
Bi/BiO^+	+0,32	Hg_2^{2+}/Hg^{2+}	+0,92	H_3PO_3/H_3PO_4	-0,28
Br^-/Br_2	+1,07	I^-/I_2	+0,54	Pb/Pb^{2+}	-0,13
Br^-/BrO_3^-	+1,42	I^-/HOI	+0,99	$Pb/PbSO_4$	-0,36
Ca/Ca^{2+}	-2,76	I^-/IO_3^-	+1,09	Pb^{2+}/PbO_2	+1,47
Cd/Cd^{2+}	-0,40	IO_3^-/H_5IO_6	+1,70	$Pt/[PtCl_6]^{2-}$	+0,73
Ce/Ce^{3+}	-2,48	K/K^+	-2,92	S^{2-}/S	-0,51
Ce^{3+}/Ce^{4+}	+1,44	La/La^{3+}	-2,52	H_2S/S	+0,17
Cl^-/Cl_2	+1,36	Li/Li^+	-3,02	S/H_2SO_3	+0,45
Cl^-/ClO^-	+1,49	Mg/Mg^{2+}	-2,40	H_2SO_3/SO_4^{2-}	+0,14
Cl^-/ClO_3^-	+1,45	Mn/Mn^{2+}	-1,18	$S_2O_4^{2-}/SO_3^{2-}$	-1,4
$Cl_2/HOCl$	+1,63	Mn^{2+}/MnO_2	+1,35	$S_2O_3^{2-}/S_4O_6^{2-}$	+0,08
Co/Co^{2+}	-0,27	Mn^{2+}/MnO_4^-	+1,52	$SO_4^{2-}/S_2O_8^{2-}$	+2,05
Co/Co^{3+}	-0,42	MnO_2/MnO_4^-	+1,63	SbH_3/Sb	-0,51
Co^{2+}/Co^{3+}	+1,80	MnO_4^{2-}/MnO_4^-	+0,56	Sb/SbO^+	+0,21
Cr/Cr^{2+}	-0,91	NH_4^+/N_2	+0,27	Si/SiO_2	-0,86
Cr/Cr^{3+}	-0,74	NH_4^+/NO_3^-	+0,87	Sn/Sn^{2+}	-0,16
Cr^{2+}/Cr^{3+}	-0,41	N_2H_4/N_2	-1,16	Sn^{2+}/Sn^{4+}	+0,15
Cr^{3+}/CrO_4^{2-}	+1,34	NH_2OH/NO_3^-	-0,30	Ti/Ti^{3+}	-1,2
$Cr^{3+}/Cr_2O_7^{2-}$	+1,36	NO/HNO_2	+0,99	Ti^{3+}/TiO^{2+}	+0,1
$Cr(OH)_3/CrO_4^{2-}$	-0,13	NO/NO_2	+1,03	Zn/Zn^{2+}	-0,76
Cs/Cs^+	-2,99	NO/NO_3^-	+0,95	$Zn/[Zn(OH)_4]^{2-}$	-1,22

Nomenklatur anorganischer Verbindungen

1. Binäre Verbindungen

Die Namen von chemischen Verbindungen werden durch Aneinanderfügen der Substanzbestandteile und Angabe ihrer Mengenverhältnisse gebildet. Für binäre Verbindungen, die nur aus zwei Elementen bestehen, gelten folgende Regeln:

– Der *deutsche* Name des weniger elektronegativen Bestandteils wird zuerst genannt.
– Dann folgt der *lateinische* Name des elektronegativeren Elements, dessen Endung durch die Silbe „**id**" ersetzt wird. Der lateinische Name wird in manchen Fällen gekürzt wiedergegeben (z. B. Oxid anstelle von Oxygenid).
– Bei binären Verbindungen der **Nichtmetalle** erhält der Name desjenigen Elements das Surfix „**id**", das in der folgenden Reihe rechts vom anderen steht:

   B - Si - C - Sb - As - P - N - H - Te - Se - S - I - Br - Cl - O - F

– Die Anzahl der Atome werden durch *griechische* Zahlworte angegeben, die man dem Namen der Elemente, auf die sie sich beziehen, voranstellt. Das Präfix „**mono**" wird oftmals weggelassen.

Beispiele

F_2O	Sauerstoffdifluorid	PCl_5	Phosphorpentachlorid
IBr	Iod(mono)bromid	SF_6	Schwefelhexafluorid
CS_2	Kohlenstoffdisulfid	N_2O_3	Distickstofftrioxid

– Häufig wird das Mengenverhältnis auch indirekt durch die „**Stocksche Bezeichnungsweise**" ausgedrückt. Hierzu wird die **Oxidationsstufe** des Elements mittels *römischer* Zahlen angegeben, die in Klammern unmittelbar hinter den Namen gesetzt werden.

Beispiele

N_2O:	Distickstoff(mon)oxid	= Stickstoff(I)-oxid
N_2O_4:	Distickstofftetroxid	= Stickstoff(IV)-oxid
PbO_2:	Bleidioxid	= Blei(IV)-oxid

Für einige Verbindungen existieren **Trivialnamen**, wie zum Beispiel Wasser (H_2O), Ammoniak (NH_3) oder Hydrazin (N_2H_4).
   Zur Bezeichnung **binärer Ionenverbindungen** bedient man sich derselben Regeln. Der Name eines Salzes besteht aus dem *deutschen* Namen des **Kations** gefolgt vom *lateinischen* Namen des **Anions**, der das Surfix „**id**" trägt. Dabei ist zusätzlich zu beachten:

– Bei Metallen, die mehrere *Kationen unterschiedlicher Ladung* bilden, wird die Ladung in der Stockschen Bezeichnungsweise angegeben.
– Mehratomige Kationen, in denen Wasserstoff gebunden ist, erhalten die Endung „**onium**".

Beispiele

Li_3N	Lithiumnitrid	$SnCl_2$	Zinn(II)-chlorid
Fe_2O_3	Eisen(III)-oxid	$CaCl_2$	Calciumchlorid
$(NH_4)_2S$	Ammoniumsulfid	CuI	Kupfer(I)-iodid

2. Verbindungen aus mehreren Elementen

Bei der überwiegenden Zahl anorganischer Verbindungen, die aus mehreren Elementen aufgebaut sind, ist es möglich, ein charakteristisches *„Bezugsatom"* für die Bezeichnung auszuwählen. Man benennt dann diese Substanzen analog den **Komplexverbindungen** (vgl. Kap. 1.5.1), wobei der Name des elektropositiveren Bestandteils vorangestellt wird und die nachfolgende Nennung des elektronegativeren Elements die Endung „at" erhält. Anionische Liganden bekommen die Endung „o". Die Oxidationszahl des Bezugsatoms wird nach der Stockschen Bezeichnungsweise angegeben.

Diese systematische Nomenklatur gilt auch für **Ionenverbindungen** mit mehratomigen Anionen.

Häufig werden solche Verbindungen aber in einer verkürzten Form gekennzeichnet. In Einzelfällen sind Trivialnamen durchaus noch gebräuchlich.

Beispiele

Na_2SO_4:	Natriumtetr(a)oxosulfat(VI)	= Natriumsulfat
K_2SO_3:	Kaliumtrioxosulfat(IV)	= Kaliumsulfit
Ag_3PO_4:	Silbertetr(a)oxophosphat(V)	= Silberphosphat
$HClO_4$:	Hydrogentetr(a)oxochlorat(VII)	= Perchlorsäure
H_2SiF_6:	Dihydrogenhexafluorosilicat(IV)	= Hexafluorokieselsäure

3. Nomenklatur von Elektrolyten

Wegen der Bedeutung von Säuren, Basen und Salzen für die anorg. Chemie soll die Nomenklatur dieser Substanzklassen an einigen Beispielen nochmals verdeutlicht und durch zusätzliche Möglichkeiten einer rationellen Bezeichnungsweise erweitert werden.

– *Wässrige Lösungen binärer Verbindungen*, die saure Eigenschaften besitzen, werden durch das Anhängen der Endung **„säure"** an den Namen der Verbindung gebildet (Bsp.: HI = Iodwasserstoffsäure, HBr = Bromwasserstoffsäure).

Eigene Namen haben u. a. die folgenden wässrigen Lösungen: HF = **Flusssäure**, HCl = **Salzsäure** oder HCN = **Blausäure**.

– **Basen** werden als **Metallhydroxide** entsprechend den im Abschnitt 1 aufgeführten Regeln benannt (Bsp.: $Zn(OH)_2$ = Zink(II)-hydroxid; TlOH = Thallium(I)-hydroxid).

– **Salze** von binären Säuren erhalten die Endung **„id"**. Ihre Bezeichnung folgt den Regeln im Abschnitt 1 (Bsp.: I^- = Iodid oder S^{2-}= Sulfid).

– **Ternäre Säuren** bestehen aus drei Elementen. Enthalten sie Sauerstoff, so spricht man von **Oxosäuren**. Zu ihrer Bezeichnung wird zuerst die Anzahl der Sauerstoffatome genannt, gefolgt vom deutschen Namen des Zentralatoms, gefolgt von der Endung „**säure**" und der Oxidationszahl des Zentralatoms.

Häufig wird bei den Oxosäuren aber auf die Bezeichnung der Sauerstoffatome verzichtet. Darüber hinaus existieren vielfach gebräuchlichere *Trivialnamen*.

Beispiele [systematischer Name/gekürzter systematischer Name/Trivialname]

HOCl:	Oxochlorsäure(I)	HNO_2:	Dioxostickstoffsäure(III)
	Chlorsäure(I)		–
	Hypochlorige Säure		Salpetrige Säure
$HClO_2$:	Dioxochlorsäure(III)	HNO_3:	Trioxostickstoffsäure(V)
	Chlorsäure(III)		–
	Chlorige Säure		Salpetersäure
HIO_4:	Tetroxoiodsäure(VII)	H_2SO_4:	Tetroxoschwefelsäure(VI)
	–		Schwefelsäure(VI)
	Periodsäure		Schwefelsäure

– Die Namen der **Anionen** von ternären Säuren werden wie die Namen der Säuren gebildet, jedoch wird der lateinische Name des Zentralatoms verwendet und an Stelle von -säure wird die Endung „**at**" angefügt. Bei den nach wie vor gebräuchlichen Trivialnamen erhalten die Anionen von Säuren, die mit „**ige**" bezeichnet werden, die Endung „**it**".

Beispiele

ClO_2^-:	Dioxochlorat(III)	NO_2^-:	Dioxonitrat(III)
	Chlorat(III)		Nitrat(III)
	Chlorit		Nitrit
ClO_4^-:	Tetroxochlorat(VII)	SO_3^{2-}:	Trioxosulfat(IV)
	Chlorat(VII)		Sulfat(IV)
	Perchlorat		Sulfit

– Bei **Salzen** wird zuerst der Name des Kations genannt, gefolgt vom Namen des Anions, wobei deren Zahl durch ein vorangestelltes griechisches Zahlwort gekennzeichnet wird. Wenn Wasserstoffatome vorhanden sind, werden sie mit dem Namen **Hydrogen** wie ein Kation behandelt.

Beispiele

$FeSO_4$:	Eisen(II)-tetroxosulfat(VI)
	Eisen(II)-sulfat
K_2HPO_4:	Dikaliummonohydrogentetroxophosphat(V)
	Dikaliumhydrogenphosphat

Bei manchen **sauren Salzen** wird auch noch der historische Name mit dem Präfix „**bi**" benutzt [Bsp.: HCO_3^- = Bicarbonat (Hydrogencarbonat); HSO_3^- = Bisulfit (Hydrogensulfit)].

Tab.: Griechische Präfixe

Präfix	Zahl	Präfix	Zahl	Präfix	Zahl
mono-	1	penta-	5	nona-	9
di-	2	hexa	6	deca-	10
tri-	3	hepta-	7	undeca-	11
tetra-	4	octa-	8	dodeca-	12

Maßeinheiten

SI-Einheiten und abgeleitete SI-Einheiten

Messgröße	Einheit		Symbol
Basiseinheiten			
Länge	Meter		m
Masse	Kilogramm		kg
Zeit	Sekunde		s
Elektrischer Strom	Ampere		A
Temperatur	Kelvin		K
Stoffmenge	Mol		mol
Leuchtstärke	Candela		cd
Supplementäre Einheiten			
Ebener Winkel	Radiant		rad
Raumwinkel	Steradiant		sr
Einheiten mit eigenem Namen			
Kraft	Newton	$= kg \cdot m \cdot s^{-2}$	N
Energie	Joule	$= N \cdot m$	J
Leistung	Watt	$= J \cdot s^{-1}$	W
Druck	Pascal	$= N \cdot m^{-2}$	Pa
Elektr. Ladung	Coulomb	$= A \cdot s$	C
Elektr. Potentialdifferenz (Spannung)	Volt	$= J \cdot C^{-1}$	V
Elektr. Widerstand	Ohm	$= V \cdot A^{-1}$	Ω
Elektr. Leitfähigkeit	Siemens	$= V^{-1} \cdot A$	S
Elektr. Kapazität	Farad	$= C \cdot V^{-1}$	F
Frequenz (Schwingungen pro Zeiteinheit)	Hertz	$= s^{-1}$	Hz
Radioaktivität (atomare Ereignisse pro Zeiteinheit)	Becquerel	$= s^{-1}$	Bq
Einheiten ohne eigenen Namen			
Fläche	m^2		
Volumen	m^3		
Dichte	$kg \cdot m^{-3}$ ($g \cdot cm^{-3}$)		
Stoffmengenkonzentration	$mol \cdot dm^{-3}$		

Gebräuchliche Nicht-SI-Einheiten und ältere Maßeinheiten

Messgröße	Einheit	Symbol	SI-Maß
Gebräuchliche Nicht-SI-Einheiten			
Zeit	Minute	min	60 s
	Stunde	h	3 600 s
	Tag	d	86 400 s
	Jahr	a	$3{,}15569 \cdot 10^7$ s
Volumen	Liter	l	1 dm^3
Temperatur	Grad Celsius	°C	K + 273,15
Druck	Bar	bar	10^5 Pa
Energie	Elektronenvolt	eV	$1{,}6022 \cdot 10^{-19}$ J
Ebener Winkel	Grad	°	$\pi/180$ rad
Ältere, nicht mehr zu verwendende Einheiten			
Länge	Ångström	Å	10^{-10} m = 100 pm
Kraft	Dyn	dyn	10^{-5} N
Energie	Erg	erg	10^{-7} J
	Kalorie	cal	4,184 J
Druck	Torr (mm Hg-Säule)	Torr	133,322 Pa
	Phys. Atmosphäre	atm	101,325 kPa
Viskosität	Poise	P	10^{-1} Pa·s
Dipolmoment	Debye	D	$3{,}338 \cdot 10^{-30}$ C·m
Radioaktivität	Curie	Ci	$3{,}7 \cdot 10^{10}$ Bq

Präfixe zur Bezeichnung der Vielfachen von Maßeinheiten

Präfix	Abk.	Faktor	Präfix	Abk.	Faktor
giga-	G	10^9	centi-	c	10^{-2}
mega-	M	10^6	milli-	m	10^{-3}
kilo-	k	10^3	micro-	μ	10^{-6}
hecto-	h	10^2	nano-	n	10^{-9}
deca-	da	10^1	pico-	p	10^{-12}
deci-	d	10^{-1}	femto-	f	10^{-15}

Verzeichnis der Wortabkürzungen

Abb.	= Abbildung		Diss.	= Dissoziation
Abh.	= Abhängigkeit		DK	= Dielektrizitätszahl
abh.	= abhängig			
Abk.	= Abkürzung		EA	= Elektronenaffinität
abs.	= absolut		eff.	= effektiv
äquiv.	= äquivalent		Eig.	= Eigenschaft
alkal.	= alkalisch		Einfl.	= Einfluß
allg.	= allgemein		einschl.	= einschließlich
AME	= Atommasseneinheit		Einw.	= Einwirkung
anal.	= analytisch		elektr.	= elektrisch
Anm.	= Anmerkung		EMK	= Elektromotorische
anorg.	= anorganisch			Kraft
AO	= Atomorbital		EN	= Elektronegativität
App.	= Apparatur		End.	= Endzustand
aq.	= aquo, hydratisiert		ESR	= Elektronenspinresonanz
arith.	= arithmetisch		ethanol.	= ethanolisch
arom.	= aromatisch			
asym.	= asymmetrisch		flüss.	= flüssig
Atm.			Forts.	= Fortsetzung
(atm.)	= Atmosphäre		frakt.	= fraktioniert
bas.	= basisch		gasf.	= gasförmig
Bd.	= Band		GE	= Gitterenergie
bes.	= besonders		gesätt.	= gesättigt
Best.	= Bestimmung		Gew.	= Gewicht
bez.	= bezeichnet		ggf.	= gegebenenfalls
Bsp.	= Beispiel		Ggs.	= Gegensatz
Bldg.	= Bildung		Ggw.	= Gegenwart
bzgl.	= bezüglich		GK	= Gegenstandskatalog
bzw.	= beziehungsweise		Gl.	= Gleichung
ca.	= circa		Herst.	= Herstellung
CH	= Chinon		HCH	= Hydrochinon
chem.	= chemisch		HG	= Hauptgruppe
conc.	= konzentriert			
const.	= konstant		i.d.R.	= in der Regel
cycl.	= cyclisch		IE	= Ionisierungsenergie
			incl.	= inclusive
Darst.	= Darstellung		IR	= Infraroter Spektralbereich
Dest.	= Destillation		irrev.	= irreversibel
dest.	= destilliert			
d. h.	= das heißt		Kap.	= Kapitel
Diff.	= Diffusion		Kat.	= Katalysator

kat.	= Katalysiert	pos.	= positiv
kin.	= kinetisch	pot.	= potentiell
konj.	= konjugiert	präp.	= präparativ
konst.	= konstant	prim.	= primär
konz.	= konzentriert	Prod.	= Produkt
Konz.	= Konzentration	prop.	= proportional
korr.	= korrespondierend	proz.	= prozentig
krist.	= kristallisiert, kristallin	PSE	= Periodensystem der
KZ	= Koordinationszahl		Elemente
LCAO	= Linearkombination von	qual.	= qualitativ
	Atomorbitalen	quant.	= quantitativ
LM	= Lösungsmittel		
Lösl.	= Löslichkeit	Reakt.	= Reaktion
lösl.	= löslich	Red.	= Reduktion, -smittel
Lp.	= Löslichkeitsprodukt	red.	= reduziert
Lsgm.	= Lösungsmittel	rel.	= relativ
Lsg.	= Lösung	rev.	= reversibel
		RG	= Reaktionsgeschwindigkeit
magn.	= magnetisch	RT	= Raumtemperatur
max.	= maximal		
MC	= multiple choice	S.	= Seite
Min.(min)	= Minute	s.	= siehe
mögl.	= möglich	s.a.	= siehe auch
MO	= Molekülorbital	Sblp.	= Sublimationsprodukt
Mol.Gew.	= Molekulargewicht	Schmp.	= Schmelzpunkt
MWG	= Massenwirkungsgesetz	Sdp.	= Siedepunkt
		Sek. (sec)	= Sekunde
Nachw.	= Nachweis	sek.	= sekundär
nasc.	= nascierend	sog.	= sogenannt
Nd.	= Niederschlag	solv.	= solvatisiert
neg.	= negativ	spez.	= spezifisch
NG	= Nebengruppe	Std.	= Stunde
NMR	= kernmagnetische	Stab.	= Stabilität
	Resonanz	s.u.	= siehe unten
NWE	= Normalwasserstoff-	swl.	= schwerlöslich
	Elektrode	symm.	= symmetrisch
o.a.	= oben angeführt	Tab.	= Tabelle
org.	= organisch	techn.	= technisch
Ox.	= Oxidation, -smittel	Temp.	= Temperatur
ox.	= oxidiert	tert.	= tertiär
pharm.	= pharmazeutisch	u. a.	= unten angeführt,
Ph.Eur.	= Europäisches Arzneibuch		= unter anderem
phys.	= physikalisch	u. a.m.	= und andere mehr

unabh.	= unabhängig		verd.	= verdünnt
undiss.	= undissoziiert		Verf.	= Verfahren
unlösl.	= unlöslich		Vers.	= Versuch
unspez.	= unspezifisch		versch.	= verschieden
usw.	= und so weiter		vgl.	= vergleiche
u.U.	= unter Umständen		VIS	= Sichtbarer Spektralbereich
UV	= Ultravioletter Spektral- bereich		Vol.	= Volumen
			wäßr.	= wässrig
VB	= Valenzbindung			
(i.) Vak.	= (im) Vakuum		z. B.	= zum Beispiel
Verb.	= Verbindung		Zers.	= Zersetzung
Verd.	= Verdünnung		z.T.	= zum Teil

Verzeichnis der Zeichen und Symbole

[ ]	= Kennzeichnung von Komplexverbindungen
	= Kennzeichnung von Konzentrationen (Aktivitäten) in Gleichungen des MWG
	= Kennzeichnung der Dimension
$\longrightarrow$	= Zeichen für eine einseitig verlaufende Reaktion
$\rightleftharpoons$	= Zeichen für umkehrbare Reaktionen (Gleichgewichte)
Δ	= Reaktions-, Differenz, Erhitzen
Δ_o	= Aufspaltung im oktaedrischen Ligandenfeld
Δ_q	= … im planar-quadratischen…
Δ_t	= … im tetraedischen …
$\downarrow$	= Zeichen für Bildung eines schwerlöslichen Niederschlags
$\uparrow$	= Zeichen für Bildung eines Gases
(I),(II),..	= Zeichen für die Wertigkeit eines Kations: einwertig, zweiwertig, …
	= Hauptgruppennummer (PSE)
%	= Prozent
a	= Aktivität, Anno (Jahr)
A	= Ampere, Arbeit, Fläche
A$^-$	= Anion
Å	= Ångström=10^{-8} cm
ab	= antibindend
AcO$^-$	= Acetatanion
Ar	= Aryl-Rest, Aromat, Elementsymbol Argon
As	= Amperesekunde, Elementsymbol Arsen
at	= Atmosphäre
b	= bindend
B	= Symbol für eine Base, Bestandteil, Elementsymbol Bor
Bq	= Becquerel
c	= Konzentration (mol l^{-1}), Lichtgeschwindigkeit
C	= Gesamtkonzentration (mol l^{-1}), Elementsymbol Kohlenstoff, Coulomb
C-2	= C-Atom, numeriert
5-C	= Anzahl der C-Atome
°C	= Grad Celsius
cal	= Kalorie
Ch	= Chinon
ChH$_2$	= Hydrochinon
cm	= Zentimeter
cm$_3$ (ccm)	= Kubikzentimeter

d	= Orbitalbezeichnung (Elektronenzustand)
	= Differenz, Abstand
d_γ, d_ε	= Orbitalbezeichnungen in Komplexen
D	= D-Linie, Wellenlänge des Na-Lichtes
	= Diffusionskoeffizient
	= Debye (Einheit des Dipolmomentes)
	= Elementsymbol Deuterium
Dq	= Aufspaltungsenergie in Komplexen
dt	= Zeitdifferenz
e	= Elementarladung
e^-	= Elektron, negative Elementarladung
e^+	= Positron, positive Elementarladung
E, E'	= Energie, Potential, Element, Feldstärke
	= molale Dampfdruckerniedrigung
ΔE	= Energiedifferenz, Potentialdifferenz
E_a	= Aktivierungsenergie
E_1	= monomolekulare Eliminierung
E^o	= Normalpotential, Standardpotential
E_B	= Bindungsenergie, Dissoziationsenergie
E_g	= molale Gefrierpunktserniedrigung
E_{kin}	= kinetische Energie
E_{pot}	= potentielle Energie
E_s	= molale Siedepunktserhöhung
E_S	= Sublimationsenergie
E_z	= Zersetzungsspannung, Zellspannung
EDTA	= Ethylendiamintetraessigsäure
en	= Ethylendiamin
Et_2O	= Diethylether
EtOH	= Ethanol
eV	= Elektronenvolt
f	= Orbitalbezeichnung (Elektronenzustand)
F	= Faraday-Konstante, Fläche, Freiheitsgrad
	= freie Energie, Elementsymbol Fluor
ΔF	= Freie Reaktionsenergie
f_i, f_a	= Aktivitätskoeffizient
fl	= flüssig
Fp	= Schmelzpunkt
g	= Gramm
G	= Gewicht, freie Enthalpie
G^o	= freie Standardenthalpie
ΔG	= freie Reaktionsenthalpie
ΔG_f^o	= freie Standardbildungsenthalpie
ΔG_r^o	= freie Standardreaktionsenthalpie
Gew.%	= Gewichtsprozent

h	= Stunde, Plancksches Wirkungsquantum
H	= Hamilton-Operator, Elementsymbol Wasserstoff
	= Enthalpie
ΔH	= Reaktionswärme, Reaktionsenthalpie
ΔH^o	= Standardreaktionsenthalpie
ΔH_f^o	= Standardbildungsenthalpie
HA	= Symbol für eine Säure (bes. Brönsted-Säure)
Hal^-	= Halogenidion
HAm	= Ameisensäure
HB	= Brönsted-Base
HOAc	= Essigsäure
I	= Stromstärke (in Ampere), -fluß
	= Elementsymbol Iod
	= Ionenstärke einer Lösung
+/-I	= induktiver Effekt
J	= Joule
k	= Proportionalitätsfaktor
	= Boltzmann-Konstante
	= Geschwindigkeitskonstante, Zerfallskonstante
K	= Konstante, Kraft, Verteilungskoeffizient
	= 1.Elektronenschale
	= Elementsymbol Kalium, Gleichgewichtskonstante
	= Kelvin
K_a	= Thermodynamische Gleichgewichtskonstante, Säurekonstante
K_b	= Basenkonstante
K_c	= Stöchiometrische Gleichgewichtskonstante
K_D	= Dissoziationskonstante
K_L	= Löslichkeitsprodukt
	= Ionenprodukt eines Lösungsmittels
K_s	= Säurekonstante
K_S	= Stabilitätskonstante
K_w	= Ionenprodukt des Wassers
kcal	= Kilokalorie
kg	= Kilogramm
kJ	= Kilojoule
Kp	= Siedepunkt
kPa	= Kilopascal
l	= Länge (Abstand, Strecke), Liter
	= Nebenquantenzahl
L	= elektrische Leitfähigkeit, Ligand, Lösung
	= Löslichkeit, 2. Elektronenschale
lg (log)	= dekadischer Logarithmus

LH	= amphiprotisches Lösungsmittel
ln	= natürlicher Logarithmus
m	= milli, meta, Meter
	= Masse, Massenzahl, Molarität
	= Magnetquantenzahl
Δm	= Massendefekt
m_e	= Masse Elektron
m_p	= Masse Proton
M	= Molgewicht, relative Molekülmasse, Metall
	= 3.Elektronenschale, Molar(ität)
M^o	= neutrales Molekül
M^+	= Molekülkation
M^-	= Molekülanion
mbar	= Millibar
Me	= Metall
Me^+	= Metallkation
meV	= Millielektronenvolt
mg	= Milligramm
ml	= Milliliter
mm	= Millimeter
mol	= molar
mV	= Millivolt
n	= Anzahl der übertragenen Elektronen
	= Kernladungszahl, Hauptquantenzahl
	= Normalität, Stoffmengenkonzentration, Molzahl, Wertigkeit
n, n^o	= Neutron
N	= Elementsymbol Stickstoff, 4.Elektronenschale
	= Zahl der Teilchen, Zahl der Atome
	= normal (maßanalytisch), Normalität
N_A	= Avogadrosche Zahl
NaOAc	= Natriumacetat
nb	= nichtbindend
N_L	= Loschmidtsche Zahl
nm	= Nanometer $\quad - 10^{-7}$ cm
NMe	= Nichtmetall
o	= ortho
O	= Elementsymbol Sauerstoff
p	= para, Druck(at), Dipolmoment
	= Orbitalbezeichnung (Elektronzustand)
p, p^+	= Proton
Δp	= Druckdifferenz, Dampfdruckerniedrigung
p_c	= kritischer Druck
P	= Elementsymbol Phosphor, sterischer Faktor, Phase

Pa	= Pascal
pH	= Wasserstoffionenexponent (negativer dekadischer Logarithmus der Wasserstoffionenaktivität)
pK	= negativer dekadischer Logarithmus der Gleichgewichtskonstanten, Gleichgewichtsexponent
pK_a, pK_s	= Säureexponent
pK_b	= Basenexponent
pK_L	= negativer dekadischer Logarithmus des Löslichkeitsproduktes
pK_w	= Ionenexponent des Wassers
pm	= 100 Angström (Pikometer)
pOH	= Hydroxidionenexponent, negativer dekadischer Logarithmus der Hydroxidionenkonzentration
q	= Ladung, Orbitalbezeichnung
Q(q)	= Wärme, Ladung
ΔQ	= Wärmemenge, -differenz
r	= Radius, Abstand
r_o	= Gleichgewichtsabstand
R	= Ohmscher Widerstand, Rydberg-Konstante
	= Universelle Gaskonstante, Alkyl-Rest
R', R'',...	= organischer Rest, über ein C-Atom gebunden
RaNi	= Raney-Nickel
RO^-	= Alkoholat-Ion
ROH	= Alkohol
s	= Sekunde, Spinquantenzahl
	= Orbitalbezeichnung (Elektronenzustand)
S	= Elementsymbol Schwefel, Entropie
ΔS	= Reaktionsentropie
ΔS_f^o	= Standardbildungsentropie
S^o	= Singulett-Grundzustand, Standardentropie
S^1	= 1.angeregter Singulett-Zustand
$S_N 1$	= monomolekulare nucleophile Substitution
S_R	= Radikalische Substitution
sp^x	= Hybridorbitalbezeichnung (x = 1,2,3)
t	= Zeit, Temperatur in °C
$t_{1/2}$, t_H	= Halbwertszeit
Δt_g	= Gefrierpunktserniedrigung
Δt_s	= Siedepunktserhöhung
T	= Temperatur in Kelvin
	= Elementsymbol Tritium
ΔT, Δt	= Temperaturdifferenz
T_c	= kritische Temperatur
T^0	= Triplett-Grundzustand

T^1	= 1.angeregter Triplett-Zustand
T_s	= Siedetemperatur
u	= Beweglichkeit, Geschwindigkeit
	= Umlaufgeschwindigkeit (Elektron)
	= Atommasseneinheit
U	= Potential, Spannung (in Volt)
	= Innere Energie, Elementsymbol Uran
ΔU	= Reaktionswärme (bei konstantem Volumen)
Ü	= Überspannung
U_g	= Gitterenergie
v	= Geschwindigkeit
V	= Volt (Einheit der Spannung)
	= Volumen, Elementsymbol Vanadin
ΔV	= Volumenänderung
V_c	= kritisches Volumen
Vol%	= Volumenprozent
W	= Bildungswärme, Wahrscheinlichkeit
	= Elementsymbol Wolfram
Ws	= Wattsekunde
x_i	= Meßwert, Molenbruch des Stoffes i
X	= Halogenatom
X^-	= Symbol Anion, häufig für Halogenid
X^o	= Meßgröße X im Standardzustand
z	= Ladungszahl
Z	= Zentralatom(-ion), maximale Orbitalbesetzung
	= Kernladungszahl, Stoßzahl
α	= α-Strahlen
	= Dissoziationsgrad, Protolysegrad
	= Nachbarposition zu einer funktionellen Gruppe
	= kubischer Ausdehnungskoeffizient
β	= β-Strahlen
	= Spannungskoeffizient
ε	= Dielektrizitätszahl
ε_o	= Dielektrizitätszahl (Vakuum)
γ	= γ-Strahlen
	= kubischer Ausdehnungskoeffizient
ρ_t	= Dichte bei t °C
σ	= Spezifischer Widerstand, Bindungsart
η	= Überspannung

$\varkappa$	=	spezifische Leitfähigkeit
δ^+	=	positive Partialladung
δ^-	=	negative Partialladung
π	=	Bindungsart
λ	=	Wellenlänge
ν	=	Frequenz
ν, ν', ν^*	=	Wellenzahl
μ	=	Dipolmoment
	=	Mikrometer
μ_i	=	induziertes Dipolmoment
μ_p	=	permanentes Dipolmoment
Λ	=	Äquivalentleitfähigkeit
Π	=	Osmotischer Druck
Ψ	=	Wellenfunktion

Rechenhilfen

Erfahrungsgemäß bereiten infolge der Kürze der für die Lösungen der MC-Fragen zur Verfügung stehenden Zeit Berechnungen mit Hilfe

- der Henderson-Hasselbalch-Gleichung,
- der Nernstschen Gleichung

dem Studenten einige Mühe. Aus diesem Grund wurde im vorliegenden Buch versucht, diese Berechnungen schrittweise und so exakt wie möglich durchzuführen, so daß der Student die Möglichkeit besitzt, sie leicht und bequem nachzuvollziehen.

Hierzu sollen auch die u. a. trivialen Rechenhilfen der Potenzrechnung und des logarithmischen Rechnens dienen, die häufig Bestandteil der Anwendung der o.a.Gleichungen sind:

Potenzrechnung

$$(X)^{\frac{a}{b}} = \sqrt[b]{X^a} \qquad\qquad X = \frac{10^x}{10^y} = 10^{(x-y)}$$

$$X = \frac{10^x}{10^{-y}} = 10^{(x+y)} \qquad\qquad X = \frac{10^{-x}}{10^{-y}} = 10^{(y-x)}$$

Logarithmisches Rechnen

$$\ln X = 2,3 \cdot \log X; \qquad \log 1 = 0$$

$$\log \frac{a \cdot b}{c} = \log \frac{a}{c} + \log b = \log a + \log b - \log c$$

$$- \log \frac{a \cdot b}{c} = \log c - \log a - \log b$$

$$\log 10^{-x} = -x; \quad -\log 10^{-x} = x; \quad \log 10^x = x;$$

$$\log x^a = a \log x; \quad \log x^{-a} = -a \log x$$

Sachregister